国家出版基金项目
NATIONAL PUBLICATION FOUNDATION

"十四五"时期国家重点出版物出版专项规划项目

中国天眼（FAST）工程丛书

中国天眼

结构、机械与工程力学卷

李　辉　宋立强　姚　蕊
李庆伟　朱博勤　雷　政　　著

人民邮电出版社
北　京

图书在版编目（CIP）数据

中国天眼. 结构、机械与工程力学卷 / 李辉等著.
北京：人民邮电出版社，2024. -- （中国天眼（FAST）
工程丛书）. -- ISBN 978-7-115-65412-0

Ⅰ. TN16

中国国家版本馆 CIP 数据核字第 2025W8B525 号

内 容 提 要

本书回顾 FAST 从概念到初步设计的研发历程，包括 FAST 在工程建设前的研发阶段、工程建设期间、设备调试期间和设备运行维护期间，在望远镜结构、机械与工程力学等专业方面所面临的技术难题和挑战、解决问题的方法和设计方案、工程实施的详细过程等，内容涵盖 FAST 台址工程、FAST 主体支承结构（包括设备基础、圈梁和格构柱、索网结构、反射面单元和馈源支撑塔等），以及 FAST 机电设备，并对 FAST 设备调试和运行维护进行了详细介绍。

本书是 FAST 团队成员历经 20 多年研发和工程实施所获工作成果的总结，可以帮助读者系统地了解 FAST 团队在将理想变为现实的过程中所付出的艰辛努力和筚路蓝缕的创业历程。本书适合作为相关领域的工程技术人员的参考书，也可供对 FAST 工程感兴趣的读者阅读。

- ◆ 著　　　　　李　辉　宋立强　姚　蕊　李庆伟　朱博勤
　　　　　　　　雷　政
　　责任编辑　邓昱洲
　　责任印制　马振武
- ◆ 人民邮电出版社出版发行　　北京市丰台区成寿寺路 11 号
　　邮编　100164　　电子邮件　315@ptpress.com.cn
　　网址　https://www.ptpress.com.cn
　　北京盛通印刷股份有限公司印刷
- ◆ 开本：700×1000　1/16
　　印张：38　　　　　　　　　　2024 年 12 月第 1 版
　　字数：660 千字　　　　　　　2024 年 12 月北京第 1 次印刷

定价：279.00 元

读者服务热线：(010)81055410　印装质量热线：(010)81055316
反盗版热线：(010)81055315

丛书编委会

主　编：姜　鹏

副主编：李　辉　　甘恒谦　　孙京海　　朱　明

编　委：王启明　　孙才红　　朱博勤　　朱文白

　　　　朱丽春　　金乘进　　张海燕　　潘高峰

　　　　于东俊

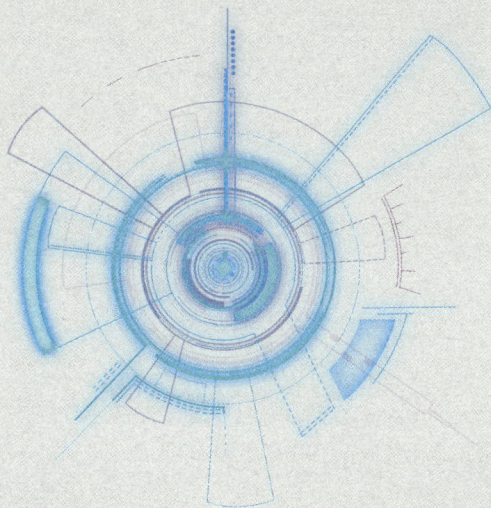

重大科技基础设施是为探索未知世界、发现自然规律、实现技术变革提供极限研究手段的大型复杂科学研究系统，是突破科学前沿、解决经济社会发展和国家安全重大科技问题的物质技术基础。在诸多重大科技基础设施之中，500 米口径球面射电望远镜（FAST）——"中国天眼"，以其傲视全球的规模与灵敏度，成为中国乃至世界科技史上的璀璨明珠。

作为"中国天眼"曾经的建设者，我对参与这项举世瞩目的工程深感荣幸，更为"中国天眼（FAST）工程丛书"的出版感到无比喜悦与自豪。本丛书不仅完整记录了"中国天眼"从概念萌芽到建成运行的创新历程，更凝聚着建设团队二十余载的心血与智慧。翻开本丛书，那些攻坚克难的日日夜夜仿佛重现眼前：主动反射面、馈源支撑、测量与控制、接收机与终端等系统的建设，台址开挖、观测基地等单位工程的每一个细节，无不彰显着中国科技工作者的执着与担当。本丛书不仅是对过往奋斗历程的忠实记录，更是我国科技自立自强的生动写照。

"中国天眼（FAST）工程丛书"科学价值卓越。本丛书通过翔实的资料、严谨的数据和科学的记录，全面展示了当前世界最大单口径、最灵敏的射电望远镜——"中国天眼"的科学目标。"中国天眼"凭借其无与伦比的灵敏度，成功捕捉到来自遥远星系，甚至宇宙边缘的微弱信号。这些信号如同穿越时空的信使，为我们揭示了宇宙深处的奥秘。本丛书生动展示了"中国天眼"如何助力科学家们发现新的脉冲星、快速射电暴等天体现象，这

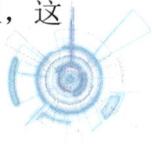

些发现不仅丰富了天文学的观测数据库，更为我们理解极端物理条件下的天体形成机理提供了宝贵线索。

"中国天眼（FAST）工程丛书"技术解析深入。本丛书深入剖析了"中国天眼"在设计、建造、调试、运行等各个环节中的技术创新与突破。从选址的精心考量到结构的巧妙设计，从高精度定位系统的研发到海量数据的处理与分析，每一项技术成果都凝聚了无数科技工作者的智慧与汗水。这些技术创新不仅推动了我国天文学领域的进步，也为其他领域的科技发展提供了宝贵的经验和启示。

"中国天眼（FAST）工程丛书"社会意义深远。作为"十一五"期间立项的国家重大科技基础设施，"中国天眼"的建造和运行不仅提升了我国在全球科技竞争中的地位和影响力，更为我国创新驱动发展战略的实施注入了强大的动力。"中国天眼（FAST）工程丛书"是一套集科学性、技术性与人文性于一体的优秀著作。本丛书的出版，是对 FAST 工程最好的记录。它不仅系统梳理了工程建设的经验，为我们揭开了"中国天眼"这一神秘而伟大的科学装置的面纱；更展现了科技工作者追求卓越的精神，为我们提供了深入思考科学、技术与社会关系的宝贵素材。

希望本丛书能为射电天文从业者提供一些经验和技术借鉴，激励更多年轻人投身天文事业。未来，期待他们可以建设更多的天文大科学装置，在探索宇宙的道路上不断前行。

中国科学院国家天文台原台长

FAST 工程经理、总指挥

2024 年 12 月

在浩瀚宇宙的探索之旅中，每一次科技的飞跃都是人类智慧与勇气的结晶。作为中国天文学乃至国际天文学领域的一项壮举，500米口径球面射电望远镜（FAST）——"中国天眼"的建成与运行，无疑是射电天文探索宇宙奥秘历程中的一座重要里程碑。而今，随着"中国天眼（FAST）工程丛书"的问世，我们可以更加全面、深入地了解这一伟大工程，感受其背后的技术创新与科学精神。

作为一名在射电天文领域深耕多年的科研人员，我非常荣幸地向广大读者推荐这套珍贵的学术丛书。"中国天眼（FAST）工程丛书"分为5卷，每一卷聚焦"中国天眼"的不同维度，共同构建了一幅完整而丰富的科学画卷。

《中国天眼·总体卷》作为开篇之作，系统介绍了"中国天眼"的总体设计思路、建设背景及战略意义，为其余各卷的详细阐述奠定了坚实的基础。该卷不仅概览了工程全貌，而且深刻阐述了"中国天眼"在天文学领域的重要地位，对于理解其科学价值具有重要意义。

《中国天眼·结构、机械与工程力学卷》从专业技术的角度，详细剖析了"中国天眼"构造的奥秘。无论是独特的台址系统，还是极具特色的主动反射面和馈源支撑系统，都展现了我国科研人员与工程技术人员的智慧与精湛技艺。这些技术的成功应用，不仅保证了"中国天眼"的稳定运行与高效观测，更为我国乃至全球的工程技术树立了新的标杆。

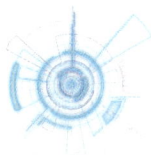

《中国天眼·电子电气卷》将我们带入了一个充满科技与创新的电子世界。接收机的研制及性能测试、电磁兼容的研究及实现、电气系统的设计及实施……这些看似枯燥的技术细节，实则是"中国天眼"能够稳定运行并持续获得高质量科学数据的关键所在。

《中国天眼·测量与控制卷》聚焦测控系统的设计与实现。作为"中国天眼"的"神经系统"，测控系统负责望远镜的精准定位、稳定运行与数据采集等核心任务。该卷详细介绍了测控系统的设计思路、技术难点、分析方法及解决方案，让我们领略到现代测控技术的先进性与复杂性。

《中国天眼·数据与科学卷》介绍了"中国天眼"在数据采集、处理与存储方面的创新成果，不仅展示了"中国天眼"在寻找脉冲星、快速射电暴，以及中性氢巡天等领域的卓越表现，还探讨了这些发现对现代天文学研究的推动作用，是科研人员进行天文观测数据分析的实用指南。

"中国天眼（FAST）工程丛书"的出版，是 FAST 团队对多年建设、调试和运行经验的全面记录与总结，为未来重大科技基础设施建设提供了宝贵经验。同时，这套专业的学术丛书，为科研人员和相关专业的师生提供了重要的学习资料与技术参考，有助于科技人才培养，为射电天文及相关领域的发展注入强劲动力。

中国科学院紫金山天文台研究员
中国科学院院士

2024 年 12 月

人类仰望苍穹时，总是在想：我们是谁？我们从哪里来？我们要往哪里去？我们是否孤独？……如何科学解答人类的困惑，天文学家一直在努力寻求突破。

1609 年，意大利科学家伽利略用他自制的放大倍数为 32 倍的望远镜指向星空时，可谓人类第一次揭开宇宙的神秘面纱。随着科技的飞速发展，人类探索宇宙的手段日新月异。500 米口径球面射电望远镜（Five-hundred-meter Aperture Spherical radio Telescope，FAST）的建成，正是人类迈向未知世界的重要一步。

FAST 是"十一五"重大科技基础设施建设项目。该项目利用贵州的天然喀斯特洼地作为望远镜台址，建造世界最大单口径射电望远镜，以实现大天区面积、高精度的天文观测。项目总投资 11.7 亿元，2011 年 3 月 25 日开工建设，2016 年 9 月 25 日工程落成启用。落成启用当天，习近平总书记发来贺信指出："天文学是孕育重大原创发现的前沿科学，也是推动科技进步和创新的战略制高点。500 米口径球面射电望远镜被誉为'中国天眼'，是具有我国自主知识产权、世界最大单口径、最灵敏的射电望远镜。"从此，FAST 有了享誉全球的名字——中国天眼。

以南仁东为首的中国天文学家团队提出建设"中国天眼"的想法，并为之呕心沥血。在南仁东等老一辈科学家的带领下，"中国天眼"的工程技术人员迅速成长。为了工程建设，他们开始了异地坚守、舍家拼搏的奉献之旅。2011 天，数百名科技工作者用自己最好的青春年华，谱写了"中国天眼"最美的乐章。

2020 年 1 月，"中国天眼"通过国家验收后进入了安全、高效、稳定的

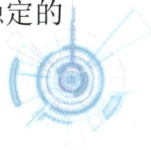

望远镜运行阶段。FAST 拥有科学的管理模式、合理的运维体系、专业的运维队伍、开放的国际平台、海量的科学存储，实现了全链条、高效率的运行管理，连续四年荣获中国科学院国家重大科技基础设施评选第一名的佳绩。截至 2024 年 11 月，FAST 发现的脉冲星已超千颗，超过同一时期国际上其他望远镜发现脉冲星的总和；开展中性氢巡天任务，构建并释放了全球最大的中性氢星系样本，样本数量和数据质量远超国内外其他中性氢巡天项目；在脉冲星物理、快速射电暴起源、星系形成演化及引力波探测等领域，产出了一系列世界级科研成果。

11 篇重要成果发表于《自然》和《科学》主刊。快速射电暴相关成果入选《自然》《科学》杂志 2020 年度十大科学发现 / 突破，并于 2021 年、2022 年连续两年入选我国科学技术部发布的中国科学十大进展。"FAST 探测到纳赫兹引力波存在的关键性证据"这一成果入选《科学》杂志 2023 年度十大科学突破、中央广播电视总台发布的 2023 年度国内十大科技新闻和两院院士评选的 2023 年中国十大科技进展新闻。此外，FAST 团队获得了 9 项省部级科技一等奖及"中国土木工程詹天佑奖"等 19 项社会奖励，先后被授予首届国家卓越工程师团队、第六届全国专业技术人才先进集体、第 23 届中国青年五四奖章集体等多项荣誉称号。

为了总结 FAST 关键技术，传承科学精神，深入展现这一世界级天文观测设施的科技成就与建设历程，FAST 团队成员共同编撰了"中国天眼（FAST）工程丛书"。丛书旨在全面、深入、系统地记录 FAST 的科学目标、技术创新、工程建设、运行管理及其对科学研究的深远影响，为国内外科研人员立体而生动地呈现 FAST 全貌，同时也为我国的科技基础设施建设与运行管理提供宝贵的经验借鉴。

"中国天眼（FAST）工程丛书"包含 5 卷，每一卷聚焦 FAST 的不同维度，共同构成了"中国天眼"完整的知识体系。

《中国天眼·总体卷》作为丛书的开篇之作，从宏观视角出发，简述了射电天文学和射电望远镜，在此基础上全面阐述了 FAST 的设计概念、核心科学目标、建设与调试情况、运行管理情况及未来规划，使读者能够清晰地了解 FAST 的总体蓝图和发展历程。

《中国天眼·结构、机械与工程力学卷》从结构、机械与工程力学专业的角度对 FAST 进行介绍，内容涵盖望远镜台址系统和两大工艺系统——主动反射面和馈源支撑。回顾 FAST 从创新概念的提出，到当前已进入正常的设备运行维护这 20 多年的历史，讲述 FAST 在工程建设前的研发阶段，在工程建设、设备调试和设备运行维护期间，在望远镜结构、机械与工程力学等专业方面所面临的技术难题和挑战、解决问题的方法和设计方案、工程实施的详细过程等。该卷内容翔实，介绍了所涉及的专业理论、研究背景和可能的应用，对于有志从事相关研究的科研工作者和工程技术人员具有重要的参考意义，有助于培养启发性思维。

《中国天眼·电子电气卷》主要包括 3 部分内容：接收机研制及性能测试、电磁兼容研究及实现、电气系统设计及实施。第一部分汇总描述 FAST 7 套接收机的主要构成、性能指标、关键技术及研制过程，包括初步设计、详细设计、部件加工、组装测试、安装调试等。第二部分主要介绍 FAST 的电磁兼容指标、各分系统的电磁兼容设计及实施、各部件的电磁辐射特性及屏蔽效能测试、电磁波环境监测及保护等。第三部分主要介绍 FAST 供电系统设计及施工、综合布线系统设计及施工、各分系统电气设备的主要构成及功能、防雷系统设计及实施等。该卷从天眼工程实例出发，系统介绍望远镜接收机、电磁兼容系统以及电子电气系统的原理、设计、研制过程等，可以给射电天文从业者提供相关的参考。

《中国天眼·测量与控制卷》主要包括 3 部分内容。第一部分详细介绍建立基准控制网的过程，这是实现高精度测控的基础条件。高精度测量是望远镜控制乃至整个望远镜高效观测的前提。第二部分详细介绍望远镜测量，针对反射面和馈源支撑的不同测量需求，深入介绍多种测量方案和测

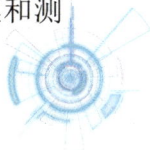

量设备。第三部分详细介绍望远镜控制，控制系统是 FAST 在观测时实现望远镜功能和性能的执行机构，根据功能和控制对象的不同，分为总控、反射面控制和馈源支撑控制，涉及多种创新控制方法。该卷可以帮助读者了解 FAST 如何在复杂的环境中保持高精度运行，对于未来新一代、更先进的大型望远镜研制具有重要的参考借鉴作用。

《中国天眼·数据与科学卷》深入讲解 FAST 的科学目标、时域科学与频域科学、科学数据处理、科学数据存储，以及基于这些数据所开展的前沿科学研究。从发现新的脉冲星到研究黑洞和中性氢，从探索宇宙起源到寻找地外文明，FAST 正刷新着人类对宇宙的认知，展示了其在天文学发展方面的巨大潜力。同时，该卷可以帮助读者了解 FAST 海量数据的存储和管理过程，掌握海量数据存得住、管得好的实用方法。

"中国天眼（FAST）工程丛书"的顺利出版，得到了国家出版基金的大力支持以及人民邮电出版社的鼎力帮助。国家出版基金的资助，为丛书的编撰提供了坚实的资金保障；人民邮电出版社以其专业的编辑团队、丰富的出版经验，为丛书的顺利出版提供了全方位的支持与帮助。在此，我谨代表丛书编委会向国家出版基金和人民邮电出版社致以最诚挚的感谢！同时，也要感谢所有参与 FAST 项目设计、建设、运行与研究的科研人员、工程技术人员，以及为丛书编撰提供宝贵建议的各位同仁，是你们的辛勤工作与无私奉献，共同铸就了"中国天眼（FAST）工程丛书"这一科技与文化的结晶。

我们期待，"中国天眼（FAST）工程丛书"的出版能够激发更多人对科学的热爱与追求，推动天文学及相关领域的发展，为人类探索宇宙奥秘贡献更多的智慧与力量。

中国科学院国家天文台副台长

FAST 运行和发展中心主任、总工程师

2024 年 12 月

前　言

　　被誉为"中国天眼"的 500 米口径球面射电望远镜（FAST）是我国"十一五"重大科技基础设施建设项目，是具有我国自主知识产权、世界最大、最灵敏的单口径射电望远镜。2020 年 1 月 11 日，FAST 通过国家验收并投入使用。短短几年时间，FAST 已经在脉冲星搜索、快速射电暴起源、中性氢巡天等热点天文研究领域取得了一批重大成果，连续多次成为国内外科技进展热点。FAST 正在吸引国内外的一流科技人才前来研究前沿科研课题，逐渐成为国际天文学术交流的重要平台。

　　在技术方面，FAST 独特的工程概念和创新技术开创了以低成本建造巨型射电望远镜的新模式。找到独一无二的大型天然洼地台址、光机电一体化的柔性轻型馈源支撑和基于瞬时抛物面成形技术的主动反射面是 FAST 的三大创新，由此 FAST 的工作原理完全不同于传统的射电望远镜。FAST 从提出概念到通过国家验收走过了 26 年的历程，它的成长史同时也是南仁东及项目团队筚路蓝缕、艰苦卓绝的创业史。团队成员主要依靠国内的技术力量，攻克了诸如洼地选址与开挖、超高应力幅耐疲劳钢索研制、大跨度柔索牵引并联机器人、远距离高精度测量与控制、动光缆、大跨度设备安装、望远镜调试等技术难关，涉及多个专业学科或交叉学科，有力提升了国内相关领域的科研水平和设备研发能力。

　　本书是 FAST 的第一部综合性专业著作，系统介绍 FAST 从提出概念到工程施工，再到设备运行维护的全部过程，主要从岩土、结构、力学和机

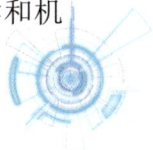

电设备的角度阐述 FAST 的创新点，论述设备研发、设备调试和设备运维中存在的主要问题及解决过程。

其中，第 1 章从射电望远镜发展的角度论述 FAST 的特点与创新；第 2 章介绍 FAST 从概念到初步设计的研发历程；第 3 章介绍 FAST 台址工程，包括岩土工程勘察、台址开挖设计、台址开挖施工、台址稳定性监测等；第 4 章介绍 FAST 主体支承结构，包括设备基础、圈梁和格构柱、索网结构、反射面单元、馈源支撑塔，以及超大跨度结构安装施工等；第 5 章介绍 FAST 机电设备，包括促动器、索驱动系统、馈源舱及舱停靠平台等；第 6 章介绍 FAST 设备调试，论述主动反射面和馈源支撑两大工艺系统的技术指标、功能调试和达标过程；第 7 章介绍 FAST 投入正式使用后各种设备运行维护所遇到的问题及其处理方法、思路；第 8 章为总结与展望。

本书由 FAST 团队成员撰写。其中第 1 章、第 2 章和第 8 章由李辉撰写；第 3 章由朱博勤撰写；第 4 章由李辉、宋立强和李庆伟撰写；第 5 章由姚蕊、雷政和李辉撰写；第 6 章由李辉、李庆伟和姚蕊撰写；第 7 章由李辉、雷政、宋立强和李庆伟撰写。全书由李辉统稿、校订审核。

在此我们向对本书进行细致审阅，并提出宝贵修改意见的审校者表示衷心的感谢！此外，杨清阁、杨磊、施小安、黄琳、李铭哲和王勇为本书提供了部分图片和说明等原始参考资料，在此一并表示衷心的感谢！

书中若有不妥之处，恳请专家和读者指正。

李辉、宋立强、姚蕊、李庆伟、朱博勤、雷政
2024 年 8 月于国家天文台总部

目 录

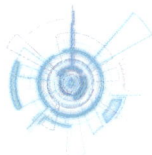

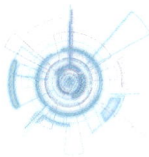

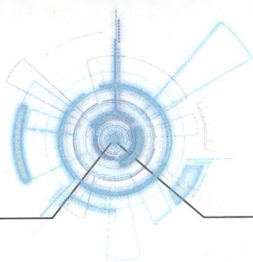

第1章 绪论

　　射电天文学的诞生为天文学研究翻开了新的一页。世纪之交，各国积极探索筹建大口径射电望远镜，以求在宇宙新千年难题上有所突破。在此背景下，500米口径球面射电望远镜（Five-hundred-meter Aperture Spherical radio Telescope，FAST）应运而生，它的建成和运行是全世界天文学研究领域的一件大事。它以全新的设计思路和三项自主创新，得天独厚的台址优势和超高的灵敏度优势，开创了建造巨型射电望远镜的新模式，实现了我国在该领域的跨越式发展。

　　FAST 工程是我国"十一五"重大科技基础设施建设项目，它利用贵州天然喀斯特洼地作为望远镜台址，建造世界第一大单口径射电望远镜，以实现大天区面积、高精度的天文观测。望远镜台址坐落于贵州省黔南布依族苗族自治州平塘县克度镇金科村大窝凼洼地，东北距平塘县城约 85km，西南距罗甸县城约 45km，建设总投资 11.7 亿元。FAST 全景如图 1.1 所示。

图 1.1　FAST 全景

| 1.1 射电望远镜 |

可见光和广播电视信号都是以光速传播的电磁波，其区别在于波长不同。宇宙天体辐射覆盖整个电磁波频段，从低频无线电一直到高能 X 射线和伽马射线。地球大气为人类观测宇宙开了两个窗口，即可见光窗口和射电波窗口，如图 1.2所示。千百年来人类仅通过可见光这一狭窄窗口来观测宇宙，直至 1933 年美国贝尔实验室的卡尔·古特·央斯基（Karl Guthe Jansky）发现并确认来自银河系中心的电磁辐射后，才开启了射电天文学和利用射电波窗口观测宇宙的新纪元。

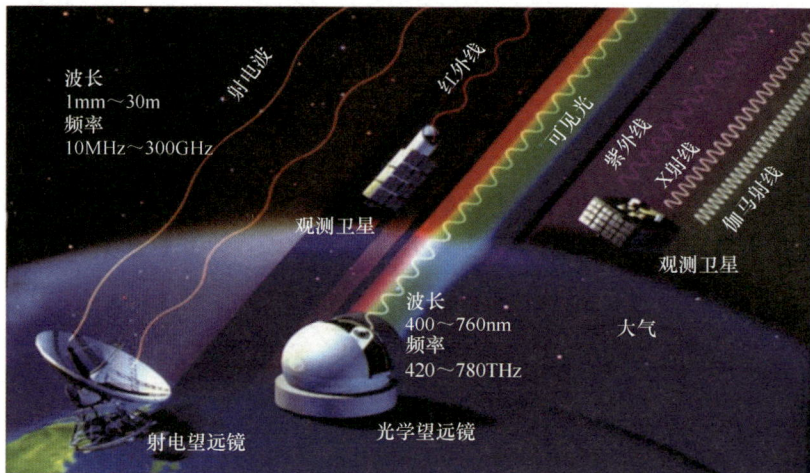

图 1.2 宇宙天体各频段电磁辐射及相对于地球大气的透明度

射电天文学创立至今不到百年，到 20 世纪 60 年代，天文学家观测到四大天文发现：类星体、脉冲星、星际分子和 3K 背景辐射。射电天文观测还成就了 6 项诺贝尔物理学奖，成为新思想和新发现的摇篮，丰厚的科学产出深刻地影响了人类对自然的认识。

射电天文学使用射电望远镜观测宇宙天体。射电望远镜是第二次世界大战以后随着新生的射电天文和雷达技术的爆发而快速发展起来的新型观天"利器"。对于上述四大天文发现，射电望远镜也功不可没。射电望远镜是指在射电波频段（波长范围为 1mm ～ 30m，频率范围为 10MHz ～ 300GHz）接收宇宙天体辐射的电磁波信号并进行天文学研究的天文望远镜。人们一般比较熟悉的天文望远镜是光学望远镜，即在可见光频段（波长范围为 380 ～ 760nm）和红外频段（波长范围为 760 ～ 2500nm）接收宇宙天体辐射的电磁波信号并进行天文学研究的天文望远镜。由于射电波对地球大气的穿透能力强，基本不受大气对流层气象条件的影响，因此理论上射电望远镜可以做到全天候观测，与光学望远镜相比，这是一个很大的优势。

射电望远镜的基本构成如图 1.3 所示。现代的大型射电望远镜都是反射式望远镜，其基本构成包括大型天线、跟踪系统和接收系统 3 个部分。其中大型天线包括主反射面和馈源接收机两部分，主要功能是将主反射面接收到的信号聚焦到焦点，由处于焦点位置的馈源接收机转换为电流信号，再由接收系统进一步放大信号、降噪，并进行显示和分析，因此主反射面的面形一般是旋转抛物面。有时候为了使馈源接收机和接收系统的走线方便，人们也会在焦点位置偏前的部位放置一面副反射面（副镜），通过副镜的二次反射，将焦点调整到主反射面底部，在此安装馈源接收机。支撑馈源接收机或副镜的支架结构称为望远镜馈源支撑。望远镜的跟踪系统保障望远镜可以改变观测指向，跟踪观测天区的不同目标。望远镜的指向通常由两个独立的球坐标来表示，即俯仰角和方位角，其中望远镜俯仰角的变化范围代表了望远镜的跟踪系统能够调节指向的最大范围，即可观测天区的大小。

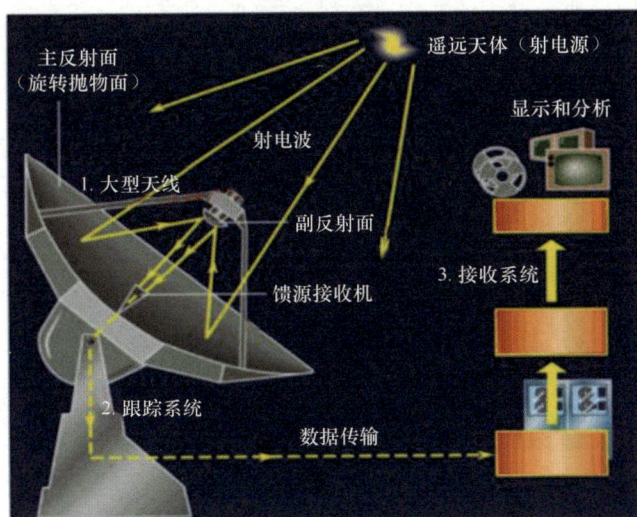

图 1.3 射电望远镜的基本构成

衡量射电望远镜性能的指标有很多，其中一项主要的指标是主反射面的口径，即其有效接收面的等效直径。口径越大，意味着主反射面的有效接收面积越大，

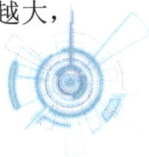

望远镜也能够观测到越暗的宇宙天体，该指标被称为望远镜的灵敏度（与口径的平方成正比）。口径越大，意味着望远镜可以分辨遥远天体的更多细节，该指标被称为望远镜的分辨率（与口径的倒数成正比）。对于单口径望远镜而言，灵敏度指标相对而言更为重要。

来自宇宙深处的电磁波非常微弱，有人估计，70多年来全世界射电望远镜接收的天体辐射总能量还不够用来翻动一页书。口径越大则射电望远镜收集的天体辐射信噪比越高，即有用的信号占比越高，因此探测宇宙边缘的信息需要巨大口径的射电望远镜，在条件许可的情况下，人们往往倾向于选择大口径望远镜。

所谓单口径射电望远镜（Single-Dish Radio Telescope）是指图1.3所示的只有一面天线的望远镜。事实上多个单口径射电望远镜还可以像计算机联网一样进行组合，形成射电望远镜阵列（Radio Telescope Array）或综合口径望远镜（Aperture Synthesis Telescope），从而大大提高望远镜的分辨率。如图1.4所示，于1981年建成的美国甚大阵（Very Large Array，VLA）将27个口径为25m的射电望远镜散布在36km的范围，构成一个巨大的"Y"形。通过多台望远镜联合观测和对观测数据的干涉处理，其分辨率与口径为36km的单口径射电望远镜相当，从而可以取得媲美甚至超过光学望远镜的分辨率和成像能力。

图1.4　美国甚大阵

大口径的单天线望远镜与由多面小口径望远镜组成的射电望远镜阵列相比，在灵敏度和接收频段两个方面具有优势，有相对长的科学寿命，其科学特长在于发现。而射电望远镜阵列的优势在于对天体目标进行精细成像。单口径射电望远镜是射电望远镜阵列的基本单元，两者相辅相成。

| 1.2　从全可动望远镜到阿雷西博射电望远镜 |

20 世纪 60 年代以前，全世界建造的大型单口径射电望远镜都采用图 1.3 所示的大型天线和跟踪系统。作为大型天线组成部分的主反射面和馈源接收机可以作为一个整体进行刚体转动，改变望远镜指向以便跟踪目标天体。在这种跟踪系统下，望远镜的大型天线通过两个维度的刚体转动来改变望远镜的观测指向。这种望远镜又称为全可动望远镜（Fully Steerable Telescope）。

1937 年，美国人格罗特·雷伯（Grote Reber）在自家后院建造了世界上第一台真正的射电望远镜，口径约 10m，如图 1.5 所示。雷伯用这台望远镜于 1941 年完成了全球首次射电天文巡天观测，发现了天鹅座、仙后座和人马座中的 3 个强射电源。

第二次世界大战结束以后，射电望远镜迎来了快速发展的时期，全球各地纷纷建造各种新型的大口径全可动射电望远镜。1972 年德国的埃菲尔斯伯格射电望远镜（Effelsberg Radio Telescope）建成，2000 年美国西弗吉尼亚州的绿岸射电望远镜（Green Bank Radio Telescope）建成，如图 1.6 所示。这两台望远镜的有效口径均为 100m 左右，号称当时地球表面最大的机器。100m 口径基本上已是地面全可动望远镜的工程极限。前文已经论述，全可动望远镜的主反射面必须保持旋转抛物面的

图 1.5　世界上第一台真正的射电望远镜

面形，而影响主反射面面形的因素包括重力场、不均匀的太阳辐射和风场等。随着口径的增大，全可动望远镜的主反射面要克服上述因素的不利影响并且保持足够面形精度[1]的难度越来越大。超过 100m 口径的地面全可动望远镜要么在技术上难以实现，要么性价比较低。

1　面形精度是指主反射面实际面形与理想面形的误差，用实际面形上一定数量点的误差的均方根统计值表示。

(a) 埃菲尔斯伯格射电望远镜　　　　　　　(b) 绿岸射电望远镜

图 1.6　全可动射电望远镜

由于全可动望远镜对口径的限制，美国康奈尔大学在 1963 年建成的阿雷西博射电望远镜（Arecibo Radio Telescope）采用了全新的设计理念，将固定的球冠形反射面铺设在波多黎各的山谷中，反射面不能转动，通过接收机馈源舱的方位调整和俯仰运动，实现对天空中带状区域的跟踪扫描，从而突破了全可动望远镜的 100m 口径极限，其主反射面口径达到了 305m，如图 1.7（a）所示。1974 年，拉塞尔·A. 赫尔斯（Russell A. Hules）和约瑟夫·H. 泰勒（Joseph H. Taylor）利用阿雷西博射电望远镜观测到了第一例脉冲双星。这一发现证明了广义相对论预言的引力波的存在，因此他们荣获 1993 年度诺贝尔物理学奖。

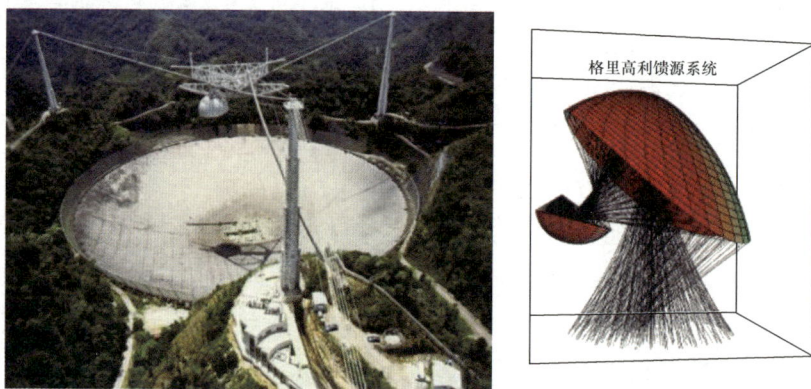

(a) 望远镜全貌　　　　　　　　　　(b) 馈源舱内的几何光学

图 1.7　阿雷西博射电望远镜

阿雷西博射电望远镜与全可动望远镜的主要区别是采用了不同的大型天线

设计（几何光学）原理，如图 1.7（b）所示。为了克服重力场的不利影响，阿雷西博射电望远镜的主反射面被直接固定于地面，并采用了球冠形的形状，因为球面对于任意指向的平行电波的聚焦方式是一样的，从而避免了跟踪系统对主反射面刚体旋转的要求。但是，球冠形反射面只能将平行电波聚焦成线段，从而产生了球差。为克服球差，人们设计了一个直径约 30m、重约 80t 的馈源舱，内部放置了两块巨大的副镜，采用复杂的格里高利馈源系统（Gregorian Feed System），并经过 3 次反射最终将信号聚焦到一点。阿雷西博射电望远镜跟踪系统的基座是由 3 个塔和 3 组拉索支撑的边长为 90m、重约 800t 的巨型正三角形平台。平台下方连接可水平旋转的圆弧形格构梁，梁下悬挂馈源舱。梁水平旋转，舱沿梁运动，从而实现馈源舱对信号在方位角和俯仰角两个维度上的跟踪，但俯仰角只能达到 20° 左右。相比之下，全可动望远镜的俯仰角一般接近 90°。阿雷西博射电望远镜的另一个缺点是巨大的支撑平台对电波信号的遮挡也不可忽视，达到了有效接收面积的 9% 左右，从而减小了望远镜的实际有效口径。

| 1.3　FAST 的创新与飞跃 |

综上所述，在单口径射电望远镜中，全可动望远镜的主反射面采用抛物面聚焦的方式，馈源舱内的几何光学简单，信号接收效率高，但其口径受到了 100m 瓶颈的限制；阿雷西博射电望远镜采用球冠形反射面与格里高利馈源系统几何光学的设计，轻松突破了 100m 口径极限，实现了望远镜灵敏度的巨大提升，但馈源舱内复杂的几何光学也导致其信号接收效率不高，观测天区有限，且存在不可忽视的遮挡效应。在这种情况下，可以兼顾二者优点并最大限度避免二者缺点的 FAST 横空出世，开创了建造单口径射电望远镜的新模式。

FAST 的第一项创新是为望远镜在贵州找到了一个理想的台址，即天然的喀斯特洼坑，其深度足够安置曲率半径达到 300m、张角达到约 ±60° 的球冠形主反射面，且喀斯特洼坑在坑底存在天然的落水洞，保证了即使在暴雨情况下，封闭的洼坑也不会被大水淹没。其他的好处还包括建造成本低和人烟稀少，以及人为的电磁波干扰少等。

FAST 的第二项创新是采用了 6 根柔性钢索（柔索）牵引直径约 13m、重约 30t 的馈源舱的轻型馈源支撑技术，取消了阿雷西博射电望远镜庞大而又笨重的

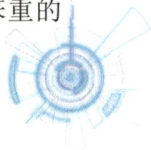

巨型支撑平台，其遮挡效应几乎可以忽略不计。FAST 的跟踪系统由两个独立的控制系统构成。反射面控制系统负责实现 300m 口径的抛物面在球冠形反射面的移动，实现反射面对望远镜指向的跟踪；馈源支撑控制系统驱动 6 根柔索协调收放，实现馈源舱对望远镜指向的初步跟踪，舱内安装 AB 转轴机构和斯图尔特平台（Stewart 平台，6 杆并联机器人），实现馈源接收机指向的二次精调补偿。两级控制系统由望远镜总控系统协调实现同步控制。

FAST 的第三项创新是基于瞬时抛物面成形技术的主动反射面。FAST 虽然与阿雷西博射电望远镜相似，采用了球冠形主反射面，但人们发现如果口径为 300m 的旋转抛物面（焦比[2]为 0.46 ～ 0.47）的位置调整得当，其与曲率半径为 300m 的球面的径向几何差只有不到 0.5m，如图 1.8 所示。这意味着 FAST 在工作时可通过一定的调整将球面主动调整为抛物面，从而获得像全可动望远镜一样简单的几何光学和高信号接收效率，避免使用复杂的格里高利馈源系统和笨重的馈源舱，同时又可以像阿雷西博射电望远镜一样轻松突破 100m 口径的极限。

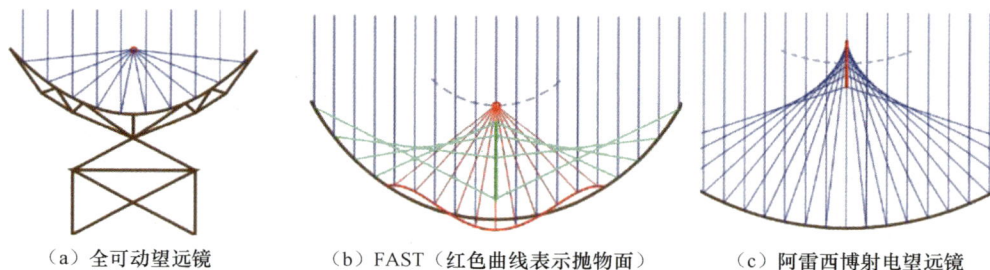

（a）全可动望远镜　　　（b）FAST（红色曲线表示抛物面）　　　（c）阿雷西博射电望远镜

图 1.8　3 种单口径射电望远镜主反射面的几何光学示意

由于上述的创新，FAST 成为最灵敏的单口径射电望远镜，并且继阿雷西博射电望远镜之后再次开创了建造巨型射电望远镜的新模式，实现了该领域的跨越式发展。

| 1.4　FAST 系统组成 |

FAST 的建设包含 6 个系统，即台址勘察与开挖、主动反射面、馈源支撑、

2　焦比是指抛物面的焦距与抛物面口径的比值。

测量与控制、接收机与终端、观测基地建设。其中台址勘察与开挖、主动反射面和馈源支撑 3 个系统是本书重点介绍的内容，涵盖建设阶段的研制和工程实施、调试阶段的设备测试和试运行，以及运行阶段的管理和维护等。

台址勘察与开挖：在建设阶段，对选定区域的地形、工程地质和水文地质环境进行初步勘察（即初勘）、详细勘察（即详勘）和专项勘察，对开挖工程、边坡支护和灾害防治工程进行设计和施工。虽然台址地形非常接近反射面球冠形，但洼地必须经过修整开挖，开挖量超过 100 万立方米。洼地需要有良好的漏水性能。在调试和运行阶段，对台址地灾隐患、水文地质环境和排水性能进行定期巡查，对发现的地质灾害进行治理，对破损的排水系统、道路设施等进行修复。

主动反射面：周边支承结构（圈梁和格构柱）和索网结构构成反射面结构部分的主体，索网上铺设反射面单元。近万根钢索编织成 4000 多个边长为 11m 左右的三角形索网构型（反射面单元不是严格意义上的等边三角形），索网节点数达到 2200 多个，作为控制索网主动变形的液压促动器的连接点。在调试和运行阶段，测试反射面的主动变形和目标跟踪功能，保障反射面结构和机电设备的正常、安全运行。

馈源支撑：在洼地周边山峰建造 6 座支撑塔，安装千米尺度的柔索牵引并联机器人（索驱动机构），终端平台为馈源舱，实现其空间位姿的一次调整。舱内安装 AB 转轴机构和斯图尔特平台，用于空间位姿二次精调定位。在调试和运行阶段，测试馈源支撑的目标跟踪功能和位姿精调定位精度，保障馈源支承结构和机电设备的正常、安全运行。

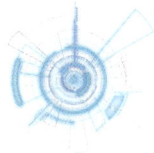

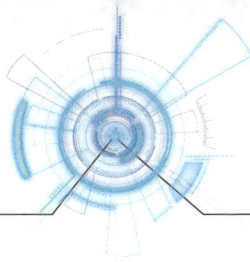

第2章 从概念到初步设计的研发历程

FAST 从最初提出概念开始，大部分时间处于项目预研究阶段，也就是项目建设开始前的预先准备阶段。在这个阶段，FAST 团队了解了射电天文望远镜技术和射电天文学的发展趋势，进行前期的科学目标调研，并对已有技术进行分析。同时，FAST 团队还探索了一些创新设想，研究和完善切实可行的技术方案，抢占射电望远镜技术发展的制高点，为后续的正式施工打下基础。这是一个非常关键的时期，奠定了后来 FAST 迥异于传统射电望远镜的特质。

FAST 是怎样提出的？作为一台射电望远镜，FAST 应该采用什么样的方案？FAST 应该在哪儿找到它的安家之地？如何设计 FAST 的反射面系统和馈源支撑系统？FAST 是怎么样从一个初步概念逐步趋于完善，并进入工程可实施的设计阶段的？本章将为读者介绍 FAST 最初的十几年历程。

| 2.1 历程概述 |

2.1.1 LT 工程的中国方案

1993 年，在日本京都召开的第 24 届国际无线电科学联盟大会上，科学家们专门组织了题为"第三个千年的射电望远镜"的学术报告和讨论会，探讨 21 世纪射电望远镜的发展，并成立了国际大射电望远镜工作组（Large Telescope Work Group，LTWG），组织国际射电天文界探讨这一巨大工程的科学目标，预测其科学产出，提出不同的技术路线并比较它们的可行性和造价，该会议面向全球天文学家开放。后来大射电望远镜（Large Telescope，LT）的概念又被扩展为包含平方千米射电望远镜阵（Square Kilometer Array，SKA）。响应 LT 倡议的国家包括澳大利亚、加拿大、中国、法国、德国、印度、荷兰、俄罗斯、英国和美国。这次会议的契机成为"500 米口径球面射电望远镜（FAST）"工程孕育和发芽的起点。1994 年，南仁东正式提出利用喀斯特洼地作为望远镜台址，建设中国的大射电望远镜，作为国际 SKA 的先导单元。

以南仁东为代表的中国科学家积极参加 LTWG 的第一、二次工作会议，并于1995 年 10 月在贵阳举办了第三次工作会议及球面射电望远镜研讨会，在此期间向参会代表介绍了贵州初步选址和 LT 工程预研究工作的进展情况[1]。该会议不仅得到了国内外科学家的热切关注，而且会议举办方面向全国的主要科研机构介绍了这样一项涉及众多交叉学科的庞大项目的工程背景和预研究工作，以便为科学家们和工程师们在未来的工程实施中寻求合作、博采众长和共克难关打下基础。1995 年 11 月，由当时的中国科学院北京天文台牵头，联合国内 20 余所大学和科研机构组建了 LT 中国推进委员会，南仁东任委员会主任，这就是后来 FAST 团队的前身。

1994 年的两次 LTWG 会议后，各国科学家所讨论的众多 LT /SKA 工程几经淘汰和简化，只剩下两种方案，如图 2.1 所示。方案 1 是由几万面小口径抛物面天线或宽带振子组成的致密自适应相位阵；方案 2 是由 30 余面直径为300 ～ 500m 的不可动球冠形反射面望远镜组成的综合孔径阵，每一面天线均类似美国阿雷西博射电望远镜，也称为阿雷西博型射电望远镜阵。

（a）基于小口径天线的致密自适应相位阵　　（b）基于超大口径巨型望远镜的综合孔径阵

图 2.1　LT/SKA 工程的两种方案

两种方案均有各自的优缺点。方案 1 的优点是造价较低、指向和跟踪系统可

1　参见 1996 年中国科学院北京天文台（后更名为中国科学院国家天文台）国际大射电望远镜中国推进委员会发布的《国际大射电望远镜（LT）争建建议书》。

靠性较高，缺点是成千上万面天线或零部件的连接可靠性差、信号（本征参考信号、中频数据信号、时间定标信号、计算机通信及遥测信号、遥控信号等）传输稳定性差，性价比不高，且小孔径存在混淆效应，如何部署宽带、如何实现均匀的频率响应均是要解决的难题。方案 2 的优点是性价比高，需要的单口径天线数量少，天线间的连接和信号传输相对容易，但覆盖天空的范围小，馈源设计复杂、造价高，需要研究革新的工程可实施技术方案[2]。

经过比较和讨论，参会科学家大都认为方案 2 的阿雷西博型射电望远镜阵列风险较大，且可供建设的区域十分有限，不看好其前景。在这种情况下，南仁东及其团队经过慎重考虑，却出人意料地选择了方案 2 作为推进中国 LT 工程的可实施方案。中国幅员辽阔，地形地貌众多，尤其是西南地区拥有全球最广泛发育的喀斯特地貌，形成了无数的天然洼坑，其中不乏适合球冠形反射面大口径射电望远镜建造的球形洼坑，可以有效降低工程难度和造价，而且其天然漏斗的水文地质特性可确保地形相对封闭的台址无水患之虞，洼坑及周边地区人烟稀少的常态也完美满足射电望远镜应远离人为电磁干扰的需求。在当时，这绝对算得上是一个大胆的设想。1993 年中国口径最大的射电望远镜还是在乌鲁木齐刚刚竣工的 25m 口径望远镜，连阿雷西博射电望远镜口径的十分之一都不到，远远落后于欧美等发达国家。一般而言，大口径意味着较大的望远镜接收面积和较高的灵敏度，因此口径是检验天文望远镜能力和先进性的一项极为重要的性能指标。自 1609 年意大利科学家伽利略发明世界上第一架天文望远镜以来的 400 多年间，天文望远镜的发展史就是一部望远镜口径不断增大的历史，射电望远镜也不例外。近代以来天文学的发展也多次证明，获得突破性天文发现的前提往往是观天"利器"——天文望远镜的性能有了突破性的进展。

要改变中国天文学的落后状态，唯有先从改变中国望远镜设备的落后面貌着手，而各国科学家倡议的 LT /SKA 工程正提供了这样一个中国可在射电天文领域追赶世界先进水平的契机。在这个十国参与竞争的工程项目中，中国可以胜出的最大资本是西南地区，特别是贵州具备优秀的喀斯特洼地台址，因此方案 2 符合中国利益。

---

2 参见 1996 年中国科学院北京天文台国际大射电望远镜中国推进委员会发布的《国际大射电望远镜（LT）争建建议书》。

2.1.2 独一无二的喀斯特洼地台址

从 1994 年开始，FAST 团队使用遥感技术、地理信息系统、全球定位系统（Global Positioning System，GPS）、现场考察与计算机图像分析方法等对贵州喀斯特地貌进行了台址搜寻和评估。到 1995 年 LTWG 的第三次工作会议召开时，FAST 团队已着重对平塘和普定两县的 391 个候选洼地进行了综合评价和预测，建立了地形地貌数据库，对 15 个洼地进行了高分辨率的三维图像分析。会议结束后，全体与会代表驱车去了平塘和普定两县的喀斯特地区进行实地考察。美国前阿雷西博天文台台长、康奈尔大学的焦瓦内利（Giovanelli）教授认为洼地的分布及可能的候选洼地、洼地直径等与阿雷西博台址相比对 LT 工程更有利。加拿大卡尔加里大学的泰勒（Taylor）教授说："你们可能在球冠形反射面类型的 LT 工程选址及工程预研究方面走在前面了。"LTWG 会议科学委员会主席布朗（Braun）博士认为这种喀斯特条件据他所知在世界上是"独一无二"的。LTWG 所拟出的会议备忘录中也写道："现场考察的确加深了从卫星遥感测图得到的印象，在广阔的地域有着适宜建造球面射电望远镜的地貌，每平方千米就有几个直径和深度合适的洼地，表明为建造 LT 那样的球形反射面阵列，有很大的选择余地"[3]。

在接下来的约 10 年时间里，FAST 团队几乎对贵州省所有有价值的候选洼地都进行了现场考察和综合评估，包括洼地区域稳定性、喀斯特地貌发育规律、工程地质和水文地质、气候、洼地形态特征等。根据洼地形态特征普查到合适的候选洼地达到 400 多个，其入选条件包括洼地有较规则的形态，椭圆度小于 1.5；有较完整的封闭区域，周围至少有 3 个山峰环绕；山峰与山峰的距离大于 300m；洼地深度大于 100m。其中平塘县开口直径超过 500m 且深度超过 150m 的近圆形洼地较多。FAST 团队共计对 80 个洼地制作了高分辨率（5m/px）数字地形模型（Digital Terrain Model，DTM），完成了对洼地工程量拟合分析[4]。最终平塘县克度镇金科村大窝凼洼地以近乎完美的球面形态和最小的洼地（开挖）工程量脱颖而出，其洼地 DTM 图像和三维图如图 2.2 所示。

---

3 参见 1996 年中国科学院北京天文台国际大射电望远镜中国推进委员会发布的《国际大射电望远镜（LT）争建建议书》。

4 参见 2001 年 10 月中国科学院国家天文台大射电望远镜实验室（总编）发布的《创新工程重大项目 KJCX1-Y-01"大射电望远镜 FAST 预研究"总结报告——附件二：FAST/SKA 选址技术报告》。

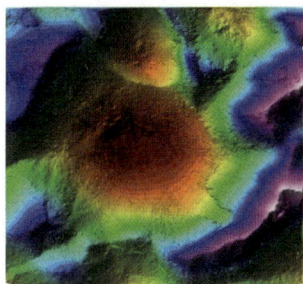

（a）洼地 DTM 图像　　　　　（b）洼地三维图

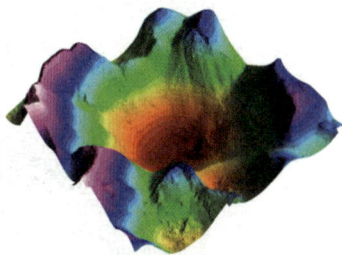

图 2.2　大窝凼洼地 DTM 图像和三维图

以大窝凼洼地的形态尺寸判断，中国 LT 工程的球冠形反射面可做到口径为 500m 且反射面张角达到约 120°，分别达到了阿雷西博射电望远镜的约 1.7 倍和 3 倍，一旦建成，将成为最大、最灵敏的射电望远镜。

在 FAST 台址的选址工作中，FAST 团队历经艰险，走遍了贵州山水，运用卫星遥感、地形和工程地质测绘、工程地质和水文地质钻探、开挖量估算、无线电环境监测、气象要素监测等手段，综合分析自然环境灾害历史数据、周边居民房屋分布情况及搬迁难度等方面，最终完成 FAST 台址选址。

2.1.3　光机电一体化的馈源支撑

与阿雷西博射电望远镜类似，中国 LT 工程的反射面口径已远超出地面全可动望远镜的工程极限，反射面与馈源之间不可能有任何刚性连接，需要采用跨度大、自重轻的悬索结构。然而，考虑到中国 LT 工程远超阿雷西博射电望远镜的巨大尺寸和可能 2～3 倍于阿雷西博射电望远镜的天顶角覆盖范围，如果照搬阿雷西博射电望远镜的悬索平台式馈源支撑方案，则整个馈源支撑将重达万吨，巨大的电波遮挡、高额造价和工程难度使其完全行不通。1995 年，段宝岩等[1-2] 提出了基于大跨度柔性悬索牵引系统的无平台馈源支撑方案，引起了国际天文界的关注。如图 2.3 所示，新方案取消了刚性三角形支撑平台，改用 6 根悬索直接牵引和驱动馈源完成望远镜的指向和跟踪功能，相当于把阿雷西博射电望远镜的不可动柔性悬索支撑平台缩小和简化，并改造为集光、机、电和控制为一体的柔索牵引并联机器人。这个方案使得中国 LT 工程的馈源支撑偏离阿雷西博射电望远镜的既定设计，走向了轻量化和小型化，尽管该方案中反射面聚焦的工作原理仍然与阿雷西博射电望远镜的基本一致，该方案依旧成为后来 FAST 的创新起点。

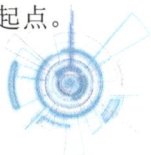

按几何光学方法，旋转抛物面可以将来自太空遥远天体的平行电波信号聚焦为一点（即点焦），而球冠形反射面因球差的存在只能形成线焦，如图 2.4 所示。

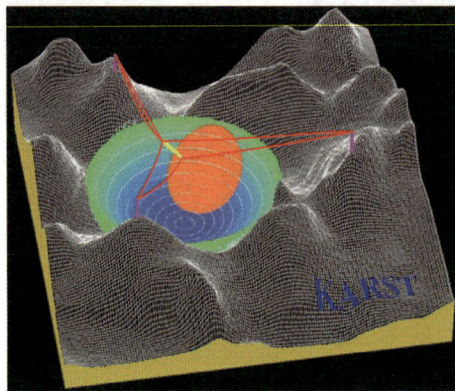

注：本图由聂跃平和朱博勤绘制。

图 2.3　基于光机电—体化馈源支撑的早期 FAST 方案

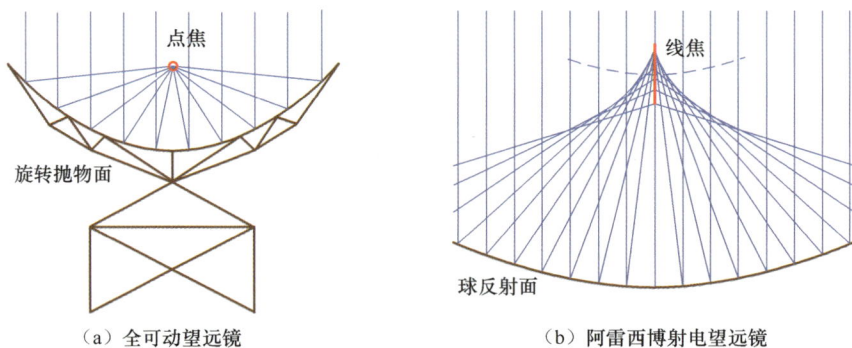

（a）全可动望远镜　　　　　　　　（b）阿雷西博射电望远镜

图 2.4　射电望远镜反射面几何光学示意

　　阿雷西博射电望远镜在建成后的 30 多年时间内一直使用线馈源，直到 1997 年阿雷西博射电望远镜完成了一次升级改造[3]，在三角形平台下方加挂了一个直径约 30m、重约 80t 的馈源舱，舱内增加了格里高利馈源系统，通过安装二次反射副镜将球差改正为点焦。因此，当时中国 LT 工程方案仍然沿用了线馈源方案。

　　考虑到 FAST 团队当时正在积极申请加入国际 SKA 项目，这个最早的中国 LT 工程方案被命名为平方千米面积综合孔径射电望远镜（Kilometer-Square Area Radio Synthesis Telescope，KARST）项目[4]。后来，由几万面小口径抛物面天线组成的自适应阵列的方案成为国际 SKA 项目的主流技术路线时，中国 LT 工程就从中独立出来，走上独自研发的道路，并被重新命名为"500 米口径球面射电望远镜（FAST）"。尽管如此，FAST 仍与国际 SKA 项目保持了紧密的联系。

2.1.4　基于瞬时抛物面成形技术的主动反射面

在早期的 KARST 方案中，球冠形反射面是固定不动的，需要超长的线馈源接收汇聚的电波信号。这对线馈源的设计是巨大的挑战，因为难以保证超长线馈源的刚度，且线馈源设计难度和复杂度远大于点馈源。事实上阿雷西博射电望远镜也通过 1997 年的升级改造基本舍弃了线馈源。1998 年邱育海提出了基于瞬时抛物面成形技术的主动反射面的概念[5-6]，从另一个创新的角度规避了球差和线焦的问题，这是 FAST 研发史上的一个关键里程碑。瞬时抛物面成形原理如图 2.5 所示。

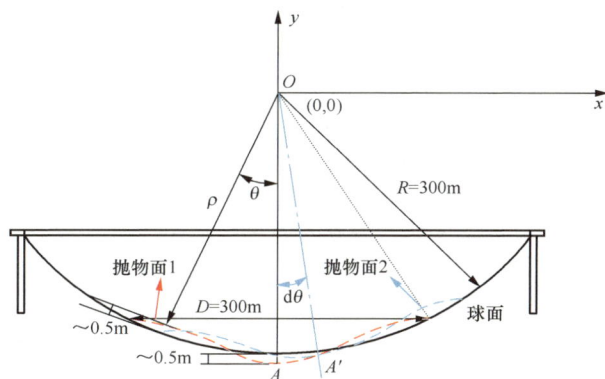

（a）反射面球面与抛物面变形

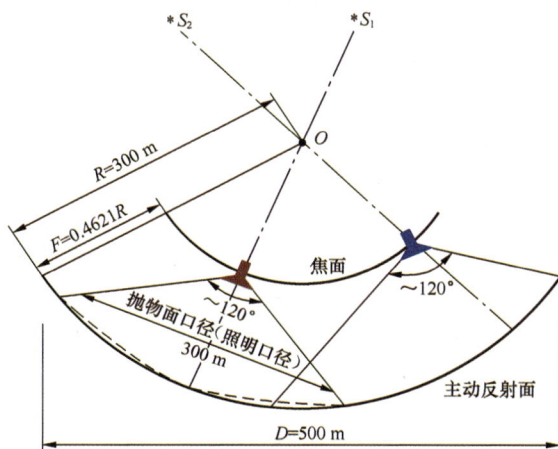

（b）主动反射面的跟踪和指向原理

图 2.5　瞬时抛物面成形原理

　　主动反射面的基本原理来源于一个简单的曲面几何关系：一个曲率半径为 R 的球面与一个对称轴经过该球心、口径为 D 且焦比在 [0.46, 0.47] 变化的旋转抛物面相比，几何差别不大。这里的抛物面口径是指抛物面与球面相交所形成大圆的直径。参考图 2.5（a）可用极坐标公式表示抛物线的方程，如式（2.1）所示。

$$\rho(\theta) = \begin{cases} 2\gamma D \dfrac{\left(\sqrt{\cos^2\theta + \dfrac{R+c}{\gamma D}\sin^2\theta} - \cos\theta\right)}{\sin^2\theta}, & |\theta| \leqslant \arcsin\left(\dfrac{D}{2R}\right) 且 \theta \neq 0 \\ R+c, & \theta = 0 \end{cases} \quad (2.1)$$

式（2.1）中 c 和 γ 均为常数。c 代表抛物面顶点 A 相对于球面的径向偏移，以球面外法线方向为正；γ 为焦比。由口径边缘处的圆与抛物线相交的条件，可以推导 c 与 γ 之间存在约束关系，如式（2.2）所示。

$$\frac{D}{8\gamma R} = \sqrt{1 - \frac{D^2}{4R^2} + \frac{(R+c)D}{4\gamma R^2}} - \sqrt{1 - \frac{D^2}{4R^2}} \quad (2.2)$$

如令 $D=R$，则式（2.2）被进一步简化为

$$c = \left(\frac{\sqrt{3}}{2} + \frac{1}{16\gamma} - 1\right)R \quad (2.3)$$

　　经过圆心作任意方向射线与两曲线相交，计算其夹在两条曲线间的线段长度 $\Delta\rho = \rho - R$。可以证明，当将 γ 调整到合适值时，$\Delta\rho$ 不大于 $\dfrac{R}{600}$ 的结论是成立的。取 $R=300$m，当 $\gamma=0.4611$ 时，$c=0.473$m，变形抛物面与球面的几何差 $\Delta\rho$ 在 ±0.473m 范围内；当 $\gamma=0.4621$ 时，$c=0.383$m，变形抛物面与球面的几何差 $\Delta\rho$ 在 $-0.508 \sim 0.383$m。这个径向位移差基本上在 ±0.5m 以内，与望远镜的尺寸相比是很小的。

　　这个事实表明，如果放弃球冠形反射面固定不动的概念，通过某种调节机构将 300m 口径范围内的球面各点沿径向调整很短的距离就能实现反射面从球面到抛物面的变化，从而可以改正球差，完成从线焦到点焦的改变。这种调整在工程上是不难实现的，事实上一些大口径全可动望远镜（如美国绿岸射电望远镜）也采用了类似的反射面主动调整技术，以补偿在重力作用下不同俯仰角对反射面面形精度的影响。

　　由于反射面的口径是 500m，而需要调整的抛物面口径（也称为照明口径）

只有 300m，每次只有一部分反射面需要从球面调整到抛物面，而不同部分反射面的面形调整也伴随着望远镜指向（抛物面对称轴）的变化而变化，如图 2.5（b）所示。对于两个不同的天空指向 $*S_1$ 和 $*S_2$，FAST 使用了不同部分的反射面进行观测。假设在地球自转作用下，某一个射电源从 $*S_1$ 方向旋转到 $*S_2$ 方向，FAST 观测所使用的抛物面则从左侧一直移动到右侧，而馈源喇叭也要同步从左侧抛物面的焦点位置一直移动到右侧抛物面的焦点位置，从而完成望远镜的跟踪和指向功能。馈源喇叭形成的轨迹即抛物面焦点轨迹构成的焦面，是与球冠形反射面同球心的球冠面。图 2.5（b）所示实际上就是基于主动反射面原理的 FAST 几何光学示意。

可以看出，这种主动反射面的方案与绿岸射电望远镜相比还是有很大的不同。绿岸射电望远镜的调整幅度一般在毫米量级或更小尺度，目的仅是保持反射面面形精度不受姿态角变化的影响，而不负责反射面的跟踪和指向；FAST 的主动反射面最大调整幅度达到米量级，相对而言难度要大得多，且它不仅考虑保持反射面面形精度，还需要负责反射面的跟踪和指向。如果不考虑反射面的刚体转动，绿岸射电望远镜的主动反射面需要调整和控制的反射面面形只有一个，而 FAST 的主动反射面有许多反射面面形需要调整和控制，这使得二者在工作原理和望远镜指向标校方面都存在不小的差异。

可以看出，主动反射面概念的引入使 FAST 设计方案发生了脱胎换骨的变化，已经完全不同于美国阿雷西博射电望远镜的设计方案，开创了一种全新的建设巨型射电望远镜的新模式。这种方案与升级改造后的阿雷西博射电望远镜相比，可以取消格里高利馈源系统的二次反射副镜，从而减少由信号多次反射导致的损失，而且可以将阿雷西博射电望远镜的馈源舱从直径约 30m 和重约 80t 减小到直径约 13m 和重约 30t。相比传统的全可动望远镜，FAST 轻松突破了反射面 100m 口径的极限，同时保留了抛物面聚焦的几何光学设计，即兼具全可动望远镜的效率优势和阿雷西博射电望远镜的大口径与高灵敏优势。

2.1.5　馈源支撑的二次精调机构

引入主动反射面概念极大地简化了馈源系统的设计，馈源体积和质量基于点馈源的设计得以大幅度降低，馈源系统可以像升级改造后的阿雷西博射电望远镜一样安装于一个轻便的馈源舱内，由光机电一体化的柔索牵引并联机器人（一次支撑索系）驱动馈源舱完成望远镜观测过程中对抛物面实时焦点的跟踪。

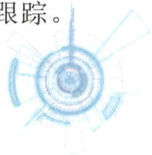

然而，这种方案也存在两个主要问题。首先，具有数百米跨度的柔性悬索在风扰下容易引起馈源舱振荡，从而降低舱内的馈源对抛物面实时焦点的跟踪精度；其次，柔性悬索对馈源舱的姿态调整能力也十分有限。馈源对抛物面实时焦点的跟踪不仅是对空间位置的跟踪，还包括对馈源指向的跟踪，即馈源喇叭的开口始终指向抛物面的顶点方向，球心、抛物面顶点与馈源喇叭对称轴保持共线，并与抛物面对称轴保持一致[5]，如图 2.5（b）所示。

为克服上述缺点，2000 年苏玉鑫和段宝岩[7-8]进一步提出了改进的光机电一体化馈源支撑设计方案，即在馈源舱和馈源之间增加斯图尔特平台（6 杆并联机器人），对舱内馈源的位姿进行进一步的补偿和修正，原来的一次支撑索系可作为一次粗调机构完成馈源对观测轨迹和姿态指向的初步跟踪，位置精度达到厘米或分米量级，如图 2.6 所示。

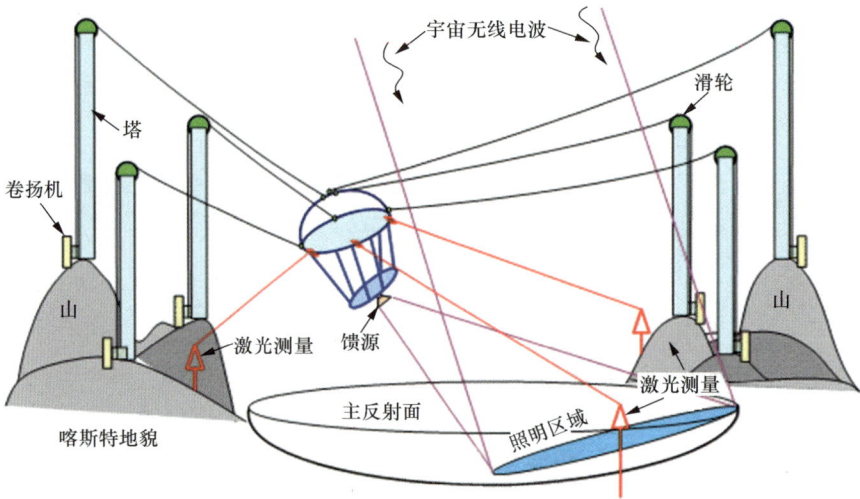

注：图中黑线代表悬索，红线代表激光测量，粉线代表入射的电波信号。

图 2.6　改进的柔性轻型光机电一体化馈源支撑设计方案一

该方案仍存在一个问题，即未给出一次支撑索系可以调整的馈源舱姿态角范围，进而计算斯图尔特平台的角度补偿范围。如果角度补偿范围太大，斯图尔特平台需要很大的工作空间，这对于斯图尔特平台和馈源舱的设计都极为不利。如果以一次支撑索系为主完成馈源舱姿态角的调整，则很可能导致索力过大和一次

5　在馈源回照的特殊模式下，馈源喇叭开口可以不指向抛物面顶点，而是向反射面中心一侧偏移，以屏蔽地面噪声。

支撑索系的工作空间存在奇异点。为解决上述问题，2000 年清华大学 FAST 课题组在建设馈源支撑 20m 和 50m 模型[6]时提出，在馈源舱和斯图尔特平台之间进一步增加一个类似万向节的正交水平两轴旋转机构（AB 转轴机构或 XY 转轴机构），如图 2.7 所示，可以帮助调整和补偿馈源舱姿态角，减轻一次支撑索系和斯图尔特平台的工作压力。

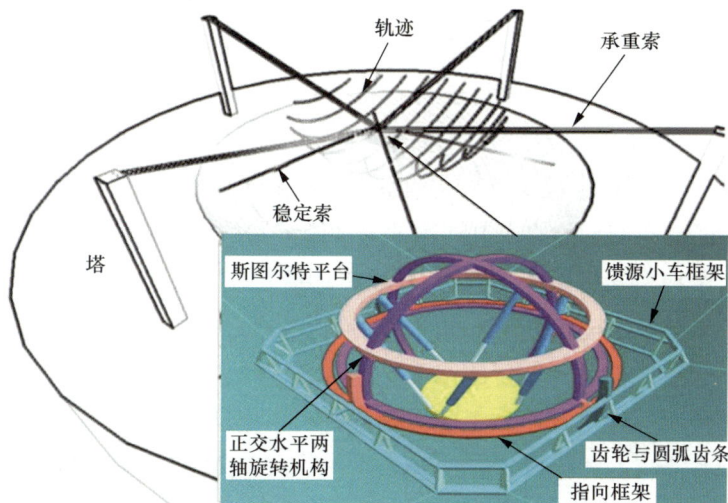

图 2.7　改进的柔性轻型光机电一体化馈源支撑设计方案二

经过不断完善，最终的馈源支撑设计方案就此形成：由柔索牵引并联机器人牵引馈源舱，完成对馈源轨迹的一次粗调跟踪和馈源舱姿态角的初步调整；由舱内 AB 转轴机构完成对馈源舱姿态角的进一步调整补偿，最后由斯图尔特平台完成馈源位姿残差的二次精调补偿。至此，柔性轻型光机电一体化的馈源支撑设计方案已初具雏形，完成了射电望远镜创新模式的初步探索，成为 FAST 的三大创新之一。

2.1.6　模型试验与原理样机

2000 年前后，FAST 三大创新概念均已形成，即独一无二的洼地台址、主动反射面和柔性轻型光机电一体化的馈源支撑。然而，从概念到可实施的技术方案之间仍然有许多关键问题需要解决，特别是主动反射面和柔性轻型光机电一体化的馈源

6　参见 2001 年清华大学发布的《大射电望远镜移动小车支撑方案之试验研究》。

支撑在工程建设上涉及结构、机械、力学和控制问题，二者均有大量的零部件处于循环加载和相对运动中，且反射面与馈源之间无刚性连接，望远镜的跟踪和指向需要二者的协调联动，这与传统的全可动望远镜差异很大。各种复杂的因素交织在一起，使得项目预研究除了理论分析和数值计算以外，还需要通过各种模型试验和原理样机验证创新方案的可行性。

在主动反射面方面，FAST团队对反射面的支承结构型式进行了初步探索。首先研究了离散式结构方案，将整个结构分成若干独立的刚性结构单元面板，并配备一定数量的驱动机构，由此建立了用于功能验证的1:3缩尺试验模型[9]；随后同济大学[7]、清华大学[10-11]和哈尔滨工业大学[12-15]等团队先后研究了整体式张拉结构方案[8]，在面板和驱动机构之间引入柔性索网结构，作为承载刚性分块单元并实现反射面主动变形的媒介，并由此增加圈梁和格构柱的周边支承结构。在分析比较两种结构型式优缺点的同时，FAST团队也研究了刚性分块单元的结构轻量化方案，包括单元与其支承结构的滑动连接方案。

在柔性轻型光机电一体化的馈源支撑方面，FAST团队对柔性支撑体系的动力学性能和控制性能进行了大量的力学分析和模型试验[16-24]。FAST团队建设了多个大尺度的馈源支撑试验模型，包括清华大学的20m和50m模型[9]、西安电子科技大学的5m和50m模型[10]、密云机构的40m模型[23]等。路英杰[22]首次建立了基于多体动力学的馈源支撑反馈控制仿真系统。2007年中国科学院国家天文台还与德国专家合作建立了1:1的原型虚拟样机进行全过程数值仿真试验（End-to-End Simulation）[11]，并进行了模拟望远镜跟踪工况和换源工况的大量数值试验，将试验结果与力学仿真分析结果进行对比，检验设计方案的可行性。

基于这些工作的进展，FAST团队于2005年在密云建设了口径约30m的FAST缩尺模型（以下简称密云模型[15]），2006年9月6日该模型成功观测到了中性氢的21

7　参见2003年同济大学发布的《500米口径主动球面望远镜（FAST）反射面系统分析设计与试验研究验收报告》和2004年同济大学发布的《500米口径主动球面望远镜（FAST）反射面全球面张拉索体系研究》。

8　参见2004年3月哈尔滨工业大学空间结构研究中心发布的《大射电望远镜FAST整体索网主动变形反射面结构研究报告》。

9　参见2003年清华大学发布的《大射电望远镜FAST移动小车——馈源稳定系统耦合研究》。

10　参见2002年2月西安电子科技大学发布的《大射电望远镜馈源支撑与指向跟踪系统仿真与实验研究总结报告》。

11　参见2007年德国MT Areospace公司发布的 Final report of FAST focus cabin suspension-simulation study。

厘米谱线，作为 FAST 方案可行性的有力证明。2009—2010 年，基于馈源支撑原型虚拟样机和仿真分析的成果，又进一步改造和完善了该模型中的馈源支撑系统[23]。

2.1.7　国内外专家评价

2006 年 3 月 29 日，中国科学院牵头邀请了一批国内外著名天文学家、学者和工程师作为评审专家，组织召开了 FAST 项目国际评审咨询会议，这是 FAST 项目在国家立项申请过程中的一个关键节点。评审委员会听取了 FAST 团队的报告和专家的讨论，其详细的关键技术预研究工作深深打动了评审委员会，特别是 FAST 团队通过与国内多家研究机构广泛合作，完成了对大型反射面和馈源舱索支撑等挑战性技术的预研究。最终评审委员会呈交中国科学院院长的评议结论中写道[12]："精良装备的 FAST 将为新的科学发现和突破天体物理学前沿热点问题提供独一无二的手段⋯⋯评审委员会全体一致认为：令人激动的 FAST 项目无疑是可行的，并且建议尽快地推动其进入下一步——详细设计和建设。"

另外，评审委员会认为，随着 FAST 项目进入工程建设阶段，项目的推进方式完全不同于方案设计和可行性研究阶段，FAST 团队还需要在许多方面对关键科学技术问题展开研究，或者对工程项目进行周密的考虑和规划。这些方面包括 FAST 项目的科学意义、可实现科学目标的望远镜技术指标、实现技术指标的技术方案、项目管理和人员配置、工程投资和进度管理、建成后的运行计划等。

2006 年 9 月底，FAST 项目建议书由中国科学院上报到中华人民共和国国家发展和改革委员会（以下简称国家发展改革委）。2006 年 10 月，中国科学院创新重要方向性项目"500 米口径球面射电望远镜（FAST）关键技术优化研究"通过由中国科学院基础科学局主持的验收，验收专家组认为，项目实现对 FAST 有关关键技术的优化，完成密云模型建设，并通过天文试验观测，验证了密云模型的整体性能，相关研究成果推动了 FAST 关键技术的工程方案，为未来 FAST 的工程设计和建设奠定了基础。2006 年 11 月，受国家发展改革委的委托，中国国际工程咨询有限公司在北京对国家重大科技基础设施 FAST 的项目建议书进行了专家评估。2007 年 4 月，国家自然科学基金委员会对交叉学科重点项目"巨型射电天文望远镜（FAST）总体设计与关键技术研究"进行中期评估，与会专家认为项目提出了有特色的总体技术方案，并进行了试验验证，很好地完成了阶段性任务。

12　参见 2006 年中国科学院国家天文台发布的《500 米口径球面射电望远镜（FAST）项目建议书》。

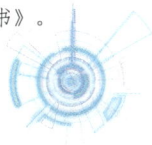

2.1.8 国家立项与可行性研究报告

2007 年 7 月 10 日，FAST 工程终于获得国家发展改革委批准正式立项，项目总投资 6.6723 亿元（后调整至 11.7 亿元），预计建设工期为 5.5 年。2008 年 10 月，国家发展改革委批复 FAST 项目可行性研究报告（发改高技〔2008〕2878 号）。此时 FAST 团队已经经历了大约 13 年极其艰辛的探索和预研究工作，工程可行性已经得到论证，整体建设方案趋于定型，正在向工程实施阶段的初步设计迈进。

FAST 团队利用贵州喀斯特地区的洼坑作为望远镜台址，建造 500m 球冠形主动反射面望远镜。FAST 总体性能指标如表 2.1 所示[13]。

表 2.1 FAST 总体性能指标

性能	指标
主动反射面	半径约 300m，口径约 500m， 球冠张角 110°～120°
有效照明口径	300m
焦比	0.467
天区覆盖	天顶角 40° 跟踪时间 4～6h
工作频率	70MHz～3GHz
灵敏度（L 波段）	天线有效面积与系统噪声温度之比（A/T）～2000m^2/K 系统噪声温度（T）～20K
偏振	全偏振（双圆或双线偏振），极化隔离度优于 30dB
分辨率（L 波段）	2.9′
多波束（L 波段）	19 个
观测换源时间	＜10min
指向精度	8″

台址洼地的深度和定位方便的轻型馈源，使望远镜在不损失 300m 口径照明面积的情况下达到最大 40°的天顶角。如果采用特别的照明设计，例如使用研发中的新技术，即相控阵馈源（Phased Array Feed，PAF），最大天顶角可达 60°，使望远镜的天区覆盖越过银河系中心。参照国际巨型射电望远镜计划，例

---

13 参见 2008 年中国科学院国家天文台发布的《500 米口径球面射电望远镜（FAST）项目可行性研究报告（评估修改版）》。

如 SKA，通过天线有效面积与系统噪声温度之比标明其核心频段（即 L 波段）的灵敏度。由于巨大的接收面积和先进的接收机配置，FAST 在其核心频段的灵敏度估算约为 2000m²/K。在此核心频段，拟采用有 19 个喇叭的多波束馈源以提高巡天效率。受限于馈源支撑索系驱动速度，望远镜的最长观测换源时间设定为 10min；指向精度为 8″，为最高工作频率 3GHz 主波束半功率宽度的 1/10。

如图 2.8 所示，除台址开挖以外，FAST 工程主要建设内容包括以下 5 个方面：①在贵州喀斯特洼地内铺设口径为 500m 的球冠形主动反射面，通过主动控制在观测方向形成 300m 口径瞬时抛物面；②采用光机电一体化的柔性轻型馈源支撑平台，加上馈源舱内的二次调整装置，在馈源与反射面之间无刚性连接的情况下，实现高精度的指向跟踪；③在馈源舱内配置覆盖频率为 70MHz～3GHz 的多频段、多波束馈源和接收机系统；④针对 FAST 科学目标使用不同用途的终端设备；⑤建造一流的天文观测站。

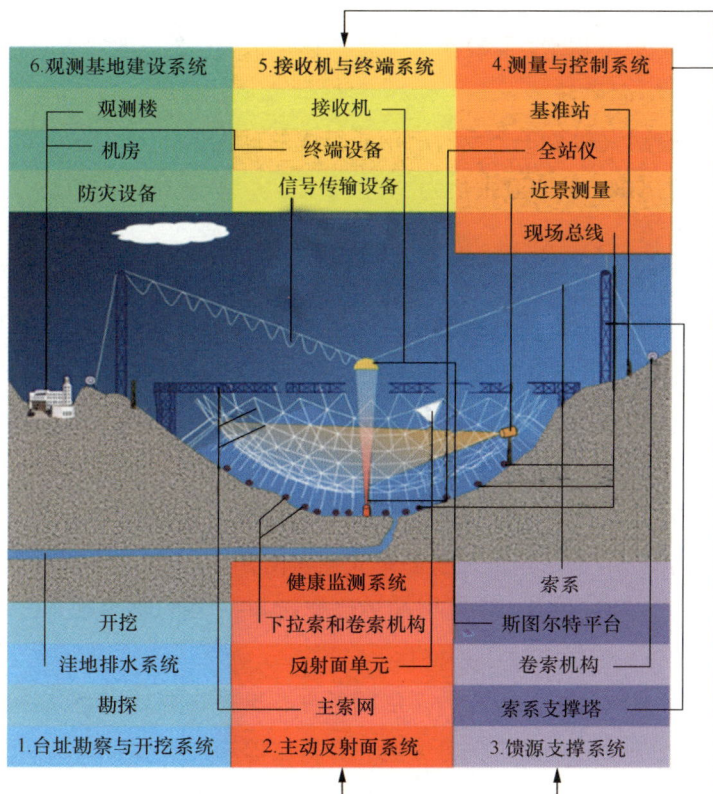

图 2.8　FAST 系统构成

　　整个建设工程可以划分为 6 个系统，其构成包括台址勘察与开挖系统、主动反射面系统、馈源支撑系统、测量与控制系统、接收机与终端系统、观测基地建设系统，其中除了台址勘察与开挖系统和观测基地建设系统，其余 4 个系统均为望远镜工艺系统，本书主要介绍的 3 个系统分别为台址勘察与开挖系统、主动反射面系统和馈源支撑系统，其建设内容分别如下。

1．台址勘察与开挖系统

　　主要建设内容为查清台址工程地质和水文地质条件，开挖并清理洼地，使其满足望远镜建设的需求。

　　① 在土石方开挖前，对台址区方圆 2km 地形进行 1∶1000 地形测绘；开挖后，对方圆 0.8km 地形进行 1∶500 地形测绘。

　　② 对方圆 0.8km 地形进行详勘，查清台址工程地质和水文地质条件。

　　③ 开挖并清理洼地，集中在 500m 洼地中心区域，使其满足望远镜建设的需求。

　　④ 为保证洼地不积水，需要在半山腰修建拦水渠、在洼地底部修建排水隧道。

2．主动反射面系统

　　建设近万根钢索和数千个反射面单元组成的球冠形索网—分块单元支承结构体系，口径约为 500m，球冠张角为 110°～120°，变形抛物面的均方差为 5mm。具体工作如下。

　　洼地内和边坡的土建工程：在反射面外，绕洼地一周建造约 25m 高的挡风墙；沿反射面口径圆周，根据洼地周边地貌，建造 50 根支撑钢柱；在钢柱上架设直径为 500m 的钢圈梁，用于悬挂索网反射面；建造约 2400 个下拉索地锚。

　　主动反射面索网：主索网由 7000 余根钢索通过约 2400 个索网节点连接而成；每个索网节点下方连接下拉索，下拉索下方与卷索机构相连。卷索机构包括电机、减速器、末端执行机构、多种控制器等，通过地锚固定连接在洼地上。索网节点上方安装边长约为 11m 的三角形反射面单元，它由背架、面板、微调机构和连接部件等组成，共约有 4600 块。在反射面边缘架设 40m 高的防噪墙（该项在建设期间被取消）。

　　健康监测系统：监测索网应力及周围温度、风速等环境参数。该系统包括多种传感器、动力与信号线路、信号采集和分析仪器等。

　　现场安装和检测装备：反射面背架和面板的工装与检测设备、反射面结构维修通道、装配吊装设备等。

3. 馈源支撑系统

建设千米尺度的柔索支撑体系，在馈源舱内安装并联机器人用于位姿二次精调，最终调整空间定位精度为 10mm。

① 构建光机电一体化的一次支撑索系。在洼地周边山峰建造 6 座支撑塔，建设千米尺度的柔索支撑体系及其导索、卷索机构，以实现馈源舱的一级空间位置调整。

② 制造直径为 10m 左右的馈源舱。在馈源舱内安装并联机器人用于位姿二次精调，实现馈源 10mm 空间定位精度。

③ 制造两级调整机构之间的转向机构，辅助调整馈源接收机的姿态角。

④ 建造地面至馈源舱之间的能源和信号通道。

| 2.2 主动反射面的探索 |

除中国科学院国家天文台 FAST 团队以外，参与 FAST 反射面早期研究的还包括哈尔滨工业大学、清华大学、同济大学、中国科学院南京天文仪器研究中心、东北大学、解放军信息工程大学、法尔胜泓昇集团、贵州云马飞机制造厂、巨力集团、中国电子科技集团公司第五十四研究所、中国电子科技集团公司第三十九研究所、浙江东南网架股份有限公司、美国国家射电天文台（National Radio Astronmy Observatory，NRAO）等一大批国内外科研院所和企业。FAST 的成功离不开所有人员的努力和付出，当时的很多方法和设计随着 FAST 的不断完善而未被采纳，或发生了很大的变化，然而 FAST 能够成长壮大并取得今天的成就，离不开当初各方的探索和试错。历史将永远记住所有团队人员曾经为 FAST 所做出的奉献。

研究人员对主动反射面的探索最初主要集中在反射面支承结构型式方面。要实现反射面从球面到抛物面的转换，反射面表面应该采用柔软易变形的薄膜材料，但为实现反射电波信号的功能，采用易导电且耐腐蚀的铝合金金属材料是具有最佳性价比的选择。一般的金属薄膜材料无法经受住长期反复大变形的疲劳载荷作用，工程上难以实现，或者容易在外扰下因振动和变形而难以保持面形精度。因此，将反射面整体分割成独立的分块单元，通过大量分块单元的位姿调整来拟合球面和抛物面的方案在工程上是可行的做法。分块单元的最优尺寸与曲面拟合精度是紧密相关的，相关内容将在 4.3 节详细介绍。

2.2.1 反射面支承结构方案

支承结构方案一直是主动反射面研制的核心问题之一，涉及以下两个问题。①分块单元采取什么样的结构型式？②分块单元与促动器怎么连接来实现分块单元的位姿调整和曲面拟合？为此，1999 年同济大学[14] 提出了基于六边形固定分块刚性单元的反射面分割方案[9]。基于该方案构想，整个 FAST 反射面球冠被划分为 1788 个边长为 15m 的六边形球面分块单元，每个单元由 3 台促动器支撑并顶推驱动调整位姿，相邻 3 个单元共享 1 台促动器。观测中促动器沿球面径向运动，如图 2.9 所示。研究人员选取球冠上中等高度位置的 4 个相邻单元制作了 1 : 3 的缩尺模型。根据主动反射面总体功能的要求，该模型包含 4 个刚性单元和 3 台促动器，4 个单元采取了 4 种不同的背架结构型式，分别由同济大学、中国科学院南京天文仪器研究[15] 和中国科学院国家天文台大射电望远镜实验室[16] 制作完成，以便寻找轻量化单元的优化方案，总体试验在上海晓艄钢结构有限公司进行。该模型还同时附带了 3 个单元与促动器之间连接的补偿接头，以考察主动变形时单元相对于接头的滑动和位姿变化。基于该模型，FAST 团队也对反射面的测量和控制方案进行了初步探索。

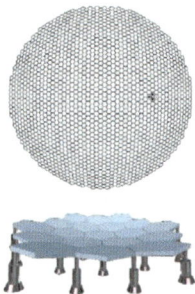

（a）仿真模型 　　　　　　　　　（b）实物图片

图 2.9　六边形分块刚性单元仿真模型及实物图片

14　参见 2001 年 10 月中国科学院国家天文台大射电望远镜实验室（总编）发布的《创新工程重大项目 KJCX1-Y-01"大射电望远镜 FAST 预研究"总结报告——附件三：500 米口径主动球面望远镜（FAST）反射面系统分析与试验研究》。

15　参见 2001 年 10 月中国科学院国家天文台大射电望远镜实验室（总编）发布的《创新工程重大项目 KJCX1-Y-01"大射电望远镜 FAST 预研究"总结报告——附件四：FAST 反射面试验模型背架与面板研制》。

16　参见 2001 年 10 月中国科学院国家天文台大射电望远镜实验室（总编）发布的《创新工程重大项目 KJCX1-Y-01"大射电望远镜 FAST 预研究"总结报告——附件五：三杆模块姿态控制机构及本地控制实验系统》。

在作者看来，这种方案的主要缺点首先是促动器采用顶推方式驱动单元沿径向运动 1m 左右，运动方向与单元重力方向不重合，最大夹角达到 60°，需要承受很大的压弯载荷，对促动器性能要求很高；其次是要求洼地圆度接近理想球面圆度，否则很难以较低成本的促动器基座适应复杂的地形变化，增加了建造和维护成本。

在阿雷西博索网反射面的启发下，2003 年南仁东等人[10]提出了自适应索网反射面的方案，开始了对整体张拉式索网反射面方案的探索。最初提出的自适应索网反射面方案采取了类似阿雷西博反射面的整体张拉式四边形索网结构，所不同的是索网节点可通过 3 根下拉索进行径向调节，完成面形转换，如图 2.10 所示。与离散式分块刚性单元方案相比，新方案的主要优点在于反射面单元与促动器之间增加了柔性整体张拉式索网，使得促动器驱动单元承载方式从压弯变成了轴心受拉，大大降低了对促动器的要求。拉索结构具有自重轻、抗拉强度高、横向变形相对较大的特点，适合 FAST 反射面主动变形工况。初步的分析表明，500m 长的钢索即使产生 1m 的挠度，其弹性伸长量也只有 4mm 左右，因此如果采用柔性索网结构实现 FAST 反射面主动变形的功能，钢索产生的额外最大应力一般不会超过工程容许应力。基于该方案的初步力学仿真结果也证明其具有很好的应用前景。

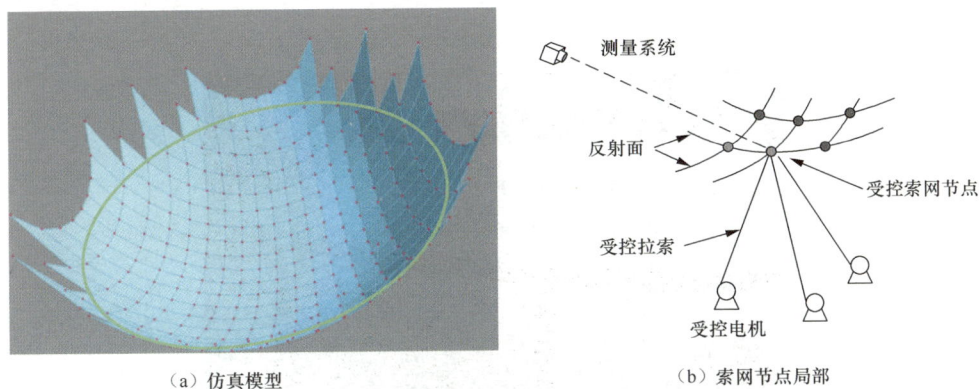

（a）仿真模型　　　　　　　　　　　（b）索网节点局部

图 2.10　基于四边形网格划分的自适应索网反射面方案

在此基础上，同济大学[17]、清华大学[10-11]、哈尔滨工业大学[12-15]等多个团队

17　参见 2003 年同济大学发布的《500 米口径主动球面望远镜（FAST）反射面系统分析设计与试验研究验收报告》和 2004 年同济大学发布的《500 米口径主动球面望远镜（FAST）反射面全球面张拉索网体系研究》。

也分别提出了更为完善的整体张拉式索网反射面方案[18]。其中哈尔滨工业大学对3种索网结构方案（一种四边形网格，两种三角形网格，分别为凯威特型和短程线型网格）分别进行了分析和对比，建议采用三角形网格方案。三角形网格的优势在于可以拟合任意曲面，对于分块单元采用柔性结构或刚性结构的设计具有较大的灵活性。而采用四边形网格时，如果使用刚性分块单元，反射面变形时单元四角点无法同时移动到指定抛物面上，所以四边形网格的分块单元只能采用柔性结构，如此又出现了新的问题，比如如何避免柔性结构的松弛和单元结构在大风下的变形或振动等。在两种三角形网格方案中，短程线型网格方案的网格种类和拉索数量最少，有利于工程实施中的批量制造，且仿真分析表明其受力比较均匀，因而成为推荐方案。同时，哈尔滨工业大学还进一步建议将每个索网节点的3根下拉索简化为一根径向下拉索；为实现整体索网的有效张拉成形，索网周边设立圈梁和格构柱等周边支承结构。相关内容将分别在4.2节和4.3节介绍。

2006年口径为30m的FAST密云模型在密云观测站建成，如图2.11所示，其中反射面的索网结构和反射面单元采用了哈尔滨工业大学所提方案的基本设计思想，并验证了方案的有效性，从此该方案成了FAST索网结构研制的主要出发点和设计依据。

图 2.11 FAST 密云模型（主动反射面系统）

---

18 参见2004年3月哈尔滨工业大学空间结构研究中心发布的《大射电望远镜FAST整体索网主动反射面结构研究报告》。

2.2.2　背架结构型式

在提出各种反射面分块方案的同时，研究人员也开始研究分块单元的轻量化背架结构型式。由于反射面面形精度的高要求，背架结构主要由结构刚度控制，其结构强度一般均能满足要求。先后提出的结构方案包括刚性结构方案、半刚性结构方案和柔性结构方案等，其中柔性结构方案主要适用于四边形网格体系，在确定采用三角形网格体系后未再对其进行深入的分析。刚性结构方案较多，如单层结构、双层网架结构、单层弦支结构、铝合金空间网架结构等，半刚性结构方案则采用刚性边框和内部柔性子索网体系相结合的方案。上述很多方案均采用了1∶1分块单元模型进行现场测试，如图2.12所示。

图 2.12　基于刚性结构方案的 1∶1 分块单元模型

经过多轮分析和比较，研究人员逐渐倾向于铝合金空间网架结构，其优点为耐腐蚀性强、自重相对较轻、卸载后容易恢复原状、制造和安装相对简单等。现场铝反射面单元称重、刚度和强度检测试验[19]也表明，全铝单元结构变形为弹性形变。相关内容将在4.4节介绍。

2.2.3　分块单元与索网的约束连接

分块单元与索网的约束连接也是主动反射面研究的一项重要内容。根据索网结构＋分块单元方案的总体要求，索网结构和分块单元是相对独立的，在索网变

19　参见 2009 年中国科学院国家天文台 FAST 团队发布的《FAST 铝反射面单元称重、刚度和强度检测试验》。

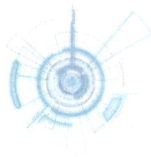

位时分块单元与索网结构之间将产生自由的相对滑动，以保障分块单元结构内部不产生附加应力，分块单元只作为载荷作用于索网节点上。因此单元结构相对于索网节点的连接必须是一个静定结构型式，而不能是超静定结构型式。索网节点除了要保证分块单元与索网结构的可靠连接，还要保证二者的独立性。《反射面单元方案优化设计报告》[20]提出两种约束连接方式：简化式和机械式，如图2.13所示。

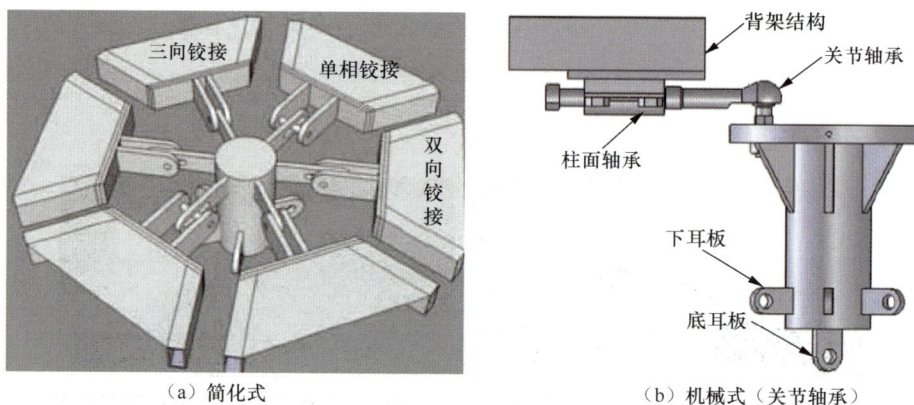

（a）简化式　　　　　　　　　　　　　　　（b）机械式（关节轴承）

图 2.13　分块单元与索网节点之间的约束连接方式

约束连接的主要工作原理是使三角形分块单元的 3 个端部自由度分别约束 3 个平动（即三向铰接或球铰，以下称为 0# 连接）、约束 2 个平动（双向铰接或柱面副，以下称为 1# 连接）、约束 1 个平动（单向铰接或平面副，以下称为 2# 连接），从而保证分块单元与索网节点的静定结构连接方式。简化式方案如图 2.13（a）所示，该方案采用节点耳板、单元叉耳、连接销钉、耳板和叉耳开孔或开槽方式实现上述 3 种约束连接方式，其中连接销钉与耳板孔槽之间留有足够间隙，保证叉耳在一定范围内转动自由度的释放。这种方案结构简单，造价低廉，并被成功应用到了密云模型中，但销钉在孔槽内滑动存在不易润滑的问题，且由于孔槽与销钉间存在间隙使得反射面主动变形时节点位置精度不易控制。

3 种约束连接中 1# 连接和 2# 连接的设计难度相对较大。机械式方案采用柱面轴承／平面副和球铰组合的关节轴承来实现其功能，如图 2.13（b）所示，具有精度高、润滑可保障的优点，但造价较高。该方案在建设期间得到了进一步的优化和试验研究，相关内容将在 4.4 节介绍。

20　参见 2013 年中国建筑科学研究院发布的《反射面单元方案优化设计报告》。

2.2.4　主索疲劳问题的初步探索

索网结构中处于球面的索段称为主索。索网结构变形时，索网节点的最大径向位移可达 ±0.5m，根据力学仿真分析结果，其主索应力幅最大可达到 360MPa[13-14]。2009—2010 年，FAST 团队委托哈尔滨工业大学依据仿真得到的应力幅进行了钢绞线和钢拉杆的单向受拉循环加载疲劳试验。拉索疲劳试验样品参数如表 2.2 所示。拉索试件的轴向等幅拉伸设备采用电液伺服作动器，加载频率不超过 4.4Hz。结果表明，大多数钢绞线在经过 10 万次左右的加载循环后发生疲劳破坏，如图 2.14 所示，无法满足 FAST 的要求[21]。

表 2.2　拉索疲劳试验样品参数

类型	直径 /mm	有效截面积 /mm²	平均应力 /MPa	应力幅 /MPa	长度 /m	数量 /根	加载循环次数 /万次
江阴（钢绞线）	24	300	400	380	3	2	62.8/57.3
					11	2	5.5/0
巨力（钢绞线）	30	550	450	500	3	2	2.9/3.4
					11	1	2.5
贵绳（钢绞线）	36	833	309	344	3	2	9.3/11.4
					11	1	8.1
巨力（钢拉杆）	30	706	370	400	3	2	1.4/1.9
					6	1	1.8

注：加载循环次数为每一根钢绞线分别测试。

（a）破坏后的索具　　　　　　　　（b）破坏后的拉索

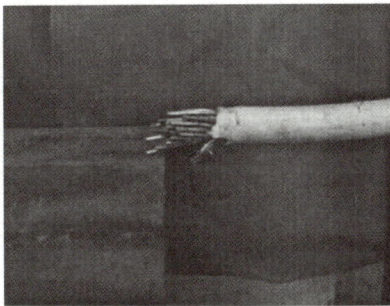

图 2.14　拉索疲劳试验结果

21　参见 2010 年中国科学院国家天文台 FAST 团队发布的《FAST 反射面索网疲劳研究工作进展》。

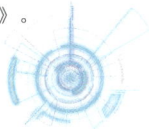

考虑到 FAST 主索中索头的刚性效应，实际工况下主索应力幅接近 430MPa。FAST 团队的调研结果也表明，国内大多数工程用钢绞线实际所承受的应力幅为 100MPa 左右。在《桥梁缆索用热镀锌钢丝》（GB/T 17101—2008）中，钢绞线单丝的 200 万次寿命的疲劳试验强度规定值为 360MPa。由于绞线间摩擦、应力腐蚀及不均匀受力的影响，整束钢绞线疲劳强度只能更低，在国内应力幅最高的只有上海浦江缆索的钢绞线，其疲劳强度达到 300MPa。因此，解决 FAST 主索疲劳问题非常急迫。

为解决上述疲劳问题，FAST 团队主要从以下几个方面入手提出解决方案。

1. 拉索内部结构

从拉索内部结构型式入手，解决方案可分为钢索方案和碳纤维复合绞线（Carbon Fiber Composite Core，CFCC）方案两种。关于钢索方案，FAST 团队先咨询美国专家金宜中（King）和丹尼斯（Dennis），后又咨询了同济大学、东京制钢、上海申佳金属制品有限公司和上海浦江缆索股份有限公司等院校和公司，具体结论可总结如下。

国家标准中规定单丝疲劳应力幅达到 360MPa 时，基于循环加载次数统计的单丝疲劳寿命可达 200 万次。上海申佳曾有 1670MPa 级钢绞线在应力幅为 450MPa 时 200 万次的单丝疲劳试验记录。上海浦江缆索有抗拉强度为 1600MPa 的拉索在应力幅为 300MPa 时 200 万次的疲劳试验记录。上述厂家建议采用 1670 等级的钢绞线，相比 1860 等级，其母材韧性更好；采用半平行束镀锌钢索，以尽量避免单丝之间的摩擦应力腐蚀问题。

关于 CFCC 方案，FAST 团队咨询了东京制钢。其产品疲劳性能较好，应力幅为 577MPa，平均应力可达最大应力的 75%，应力循环次数能达到 200 万次。其锚制工艺为浇铸，填料是树脂加膨胀剂。加锚具后疲劳性能有所降低，在相同应力幅下只能保证 100 万次应力循环。CFCC 抗剪切强度低，外面可包一层树脂来减少剪切危害，运输时可适当弯折。目前 CFCC 主要被应用于桥梁领域，可将安全系数设为不大于 2。

2011 年 3 月—6 月，FAST 团队先后在日本和国内实验室进行了 3 根 CFCC 的疲劳测试及静载性能试验[22]。试验结果表明，无论是日本设计生产的锚具还是国内设计生产的锚具，CFCC 都在 FAST 碳纤维索网疲劳应力幅为 400MPa 的要求下，达到了 200 万次疲劳试验的要求，满足 FAST 工程对于索网疲劳强度的要求。

---

22 参见 2011 年中国科学院国家天文台 FAST 团队发布的《碳纤维索调研及试验研究报告》。

对 6 根索的静载性能试验表明，尽管经受了疲劳载荷，CFCC 在静载下的变形量偏差大部分都为 1 ～ 2mm，证明 CFCC 的弹性模量稳定性比较好，符合 FAST 索网高强度、高精度的要求。

CFCC 的缺点是国内外碳纤维索网的应用案例不太多，特别是用于索膜结构的案例很少，其工程风险是必须考虑的；此外，当时 CFCC 大多依赖进口，成本昂贵，其价格也成为应用的另一制约因素。

2．节点 / 拉索加弹簧

节点 / 拉索加弹簧方案的本质是为拉索卸载或部分卸载，在相同的节点径向位移下可降低拉索疲劳应力幅，间接延长疲劳寿命。FAST 团队主要探索了 3 种可能的方案。方案一如图 2.15（a）所示，在索网节点位置加径向弹簧，在索网变形过程中，通过下拉索牵引，使弹簧承担部分变形，减小节点径向位移。方案二如图 2.15（b）所示，通过四杆机构，使主索应力变化幅值主要作用于节点弹簧上。方案三是直接在拉索上串联弹簧以降低整根拉索的综合弹性模量。

无论哪种方案，都引入了复杂的弹簧及相关机构，方案一仿真结果表明弹簧变形量需要在数百毫米量级才能将拉索应力幅降低到约 250MPa，其弹簧长度和质量都远远超出实际工程要求。此外弹簧本身的制造工艺、抗疲劳设计和抗老化工艺也进一步增加了问题的复杂性，因此 3 个方案可行性均存在问题。

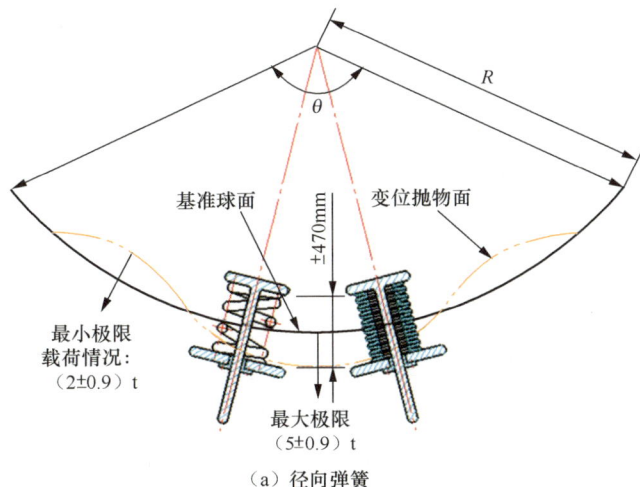

（a）径向弹簧

图 2.15 节点 / 拉索加弹簧方案

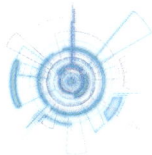

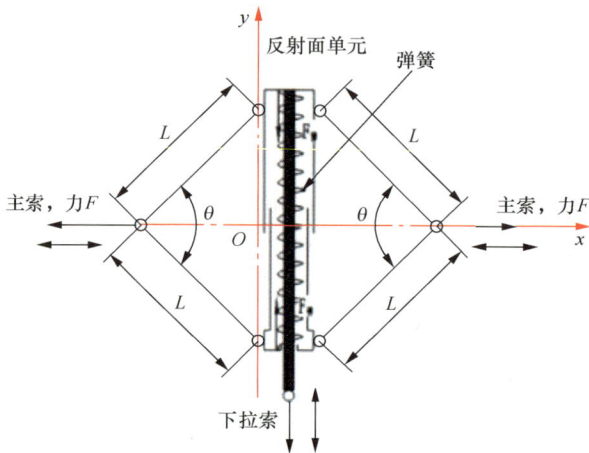

（b）四杆机构及弹簧

图 2.15　节点／拉索加弹簧方案（续）

3．索网变位策略

索网变位策略的优化本质上是减少索网节点在抛物面变位中的总行程，从而降低拉索疲劳应力幅。通过减小抛物面口径，例如从 300m 减小至 250m 时，最大应力幅可降至 250MPa，但是由此带来的照明效率的损失是 FAST 团队无法接受的。如果保持抛物面口径不变，则从抛物面方程［见式（2.1）］可以计算出最优的焦比约为 0.4611，对应节点径向最小行程为 ±0.473m 左右，对改善拉索应力幅效果有限。

经过多方比较和试验分析后，FAST 团队逐渐确定了以钢索方案为攻坚克难的主攻方向，这样既能满足 FAST 工程要求，也能控制其综合成本。接下来的工作将从单丝选材、线束构成和锚具等钢索内部结构型式着手，进行超高应力幅抗疲劳钢索的研制，详细介绍参见 4.3 节。

2.2.5　促动器的初步探索

促动器通过下拉索连接索网节点，根据控制指令执行索网机构的变形运动与定位，从而实现望远镜反射面从球面变成抛物面的指向跟踪功能。关于促动器（卷索机构）的研究起步相对较晚，主要原因是促动器行程、载荷、速度、功率、工作模式和控制方案等输入条件确定的时间较晚，这些输入条件依赖反射面其他子系统和测控系统的研究进展和设计方案。2005 年在建设密云模型时 FAST 团队共研制了 3

种基于不同设计方案的卷索机构，如图 2.16 所示，并分析比较了它们的性能、可靠性、寿命和可维护性、功耗和成本等。

在早期阶段，卷索机构均为基于电机直接驱动的机械式机构。图 2.16 中间的机构使用三相交流鼠笼电机通过两套串联的涡轮涡杆减速，带动丝杠伸缩，由于具有高性价比，最后确定在密云模型中使用。

图 2.16　早期研制的 3 种机械式卷索机构（促动器）

　　FAST 促动器是反射面主动变形的驱动单元，也是一个典型的非标产品，需要在野外环境工作，且数量多达数千台，其寿命、可靠性、抗电磁辐射干扰、可控运动的位置精度、工作协同性、故障对索网安全的影响等备受关注。密云模型所采用的促动器仅为模型样机，还远不能满足 FAST 真实工作环境的要求。

　　2006—2011 年，根据密云模型促动器暴露的问题，FAST 团队与合作单位又研制了 9 台促动器原理样机[23]，如图 2.17 所示。

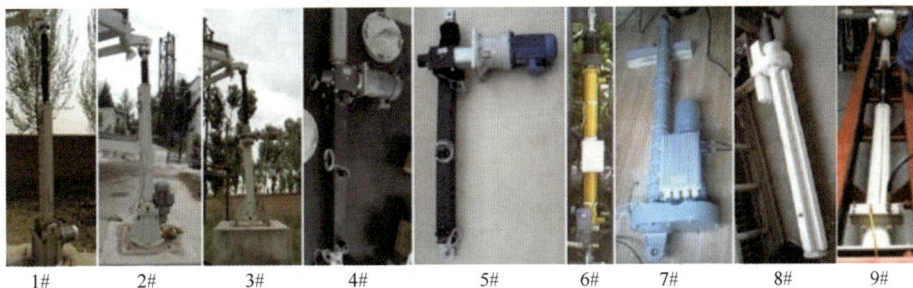

1#　2#　3#　4#　5#　6#　7#　8#　9#

图 2.17　促动器原理样机

　　在已研制的促动器原理样机中，1# ～ 8# 样机为机械式，9# 样机为液压式，1# ～ 6# 样机均为恒转速电机，其中，只有 3# 样机勉强在密云模型现场做完磨损试验，对一台 7# 样机进行了变频调速开发，另一台 7# 样机在大窝凼现场进行反复启停的磨损试验，8# 样机为中国电子科技集团公司第五十四研究所自行研制的变

23　参见 2011 年中国科学院国家天文台 FAST 团队发布的《Limtech 促动器室外带载运行试验总结》《FAST 工程试验报告（FAST/BG011-2011-ZF-005）——SEW 变频电机促动器试验总结》《滚珠丝杆加速磨损试验总结》。

速促动器，9# 样机采用变速输出方式。促动器原理样机运行测试效果如表 2.3 所示。

表 2.3　促动器原理样机运行测试效果

样机编号	特点	问题	备注
1#	滚珠丝杠 + 蜗轮蜗杆减速箱 + 普通三相电机下置（清华大学制造）	非工业化产品，细节问题较多	800mm 行程
2#	T 形丝杠 + 齿轮减速箱 + 普通三相电机下置（清华大学制造）	非工业化产品，细节问题较多	800mm 行程
3#	滚珠丝杠 + 蜗轮蜗杆 + 摆线针轮减速器 + 普通三相鼠笼电机中置（清华大学制造）	非工业化产品，细节问题较多，防转销子太细	800mm 行程
4#	不锈钢护套 +T 形丝杠 + 蜗轮蜗杆升降机 + 普通三相鼠笼电机中置（力姆泰克公司制造）	整体较长	800mm 行程
5#	尼龙护套 +T 形丝杠 + 蜗轮蜗杆升降机 + 普通三相鼠笼电机中置（力姆泰克公司制造）	减速箱不匹配	800mm 行程
6#	尼龙护套 +T 形丝杠 + 蜗轮蜗杆升降机 + 带减速箱的普通三相鼠笼电机下置（力姆泰克公司制造）	T 形丝杠在频繁启停下寿命较短，电器接线乱、易坏，试验后丝杠磨损严重	1200mm 行程
7#	T 形丝杠 + 减速电机下置（长沙起落架制造厂制造）	T 形丝杠寿命有待测试。电器接线无防护，减速电机选择有误。频繁启停零部件，寿命显著缩短	1200mm 行程
8#	T 形丝杠 + 齿轮减速箱 + 交流伺服电机中置（中国电子科技集团公司第五十四研究所制造）	受电磁干扰，耐潮湿性能未知，成本偏高	1200mm 行程
9#	液压传动（无锡市三信传动控制有限公司制造）	成本高，低速爬行。寿命及可靠性待测试	1200mm 行程

　　上述 9 台促动器原理样机的测试暴露了很多问题，主要集中在促动器零部件的润滑性差、磨损严重、寿命短和可靠性差等问题，以及各种机械部件和电子元件组装后的机电结合问题。促动器的工作模式、传动方式、电机选择、耐久性和寿命等都是研制促动器时亟待解决的问题。

　　针对促动器的深入研究和样机试验主要是在建设和调试阶段完成的，相关内容将在 5.1 节详细介绍。

| 2.3 光机电一体化柔性轻型馈源支撑的探索 |

除中国科学院国家天文台 FAST 团队以外，参与 FAST 馈源支撑早期研究和探索的还包括清华大学、西安电子科技大学、北京理工大学、中国科学院力学研究所、解放军信息工程大学、德国 MT Areospace 公司、德国达姆施塔特工业大学、中国电子科技集团公司第五十四研究所、华侨大学、中广电广播电影电视设计研究院塔桅设计所、中国电力顾问集团华北电力设计院工程有限公司、北京起重运输机械设计研究院有限公司、北京布来得通信技术开发公司、烽火通信科技股份有限公司和北京康宁光缆有限公司等一大批国内外科研院所和企业。

大跨度索牵引刚柔耦合并联机构的动力学性能和控制精度始终是 FAST 馈源支撑方案研究的核心，特别是在极限风速下柔性支撑索系的跟踪和定位精度是关键技术课题。在确立一次支撑索系（柔索牵引并联机构）—AB 转轴机构—斯图尔特平台三级馈源位姿调整的构型设计方案后，系统整体的动力学特性如何？设计方案是否可行（在风扰下馈源跟踪精度是否可满足要求）？各级机构位姿调整的误差如何分配？采取怎样的控制策略？相关的设备参数指标如何确定？需要进行哪些技术攻关和测试？围绕这些问题，研究人员展开了深入的研究。

2.3.1 早期理论分析与模型试验

如前文所述，西安电子科技大学团队和清华大学团队分别建立了各自独立的馈源支撑 50m 缩尺模型，如图 2.18 所示，以验证技术方案和技术指标的可行性。两个模型都包括一次支撑索系及其索驱动机构、斯图尔特平台、支撑塔、测量与控制系统等重要元素。其中西电模型（FAST 馈源索支撑 50m 模型）采用了 6 塔 6 索的柔索牵引并联机构构型，但最初馈源舱内不包含 AB 转轴机构，由并联 6 索完成初级位姿调整，作为二次精调的斯图尔特平台补偿剩余位姿残差；清华模型（FAST 移动小车—馈源稳定平台耦合系统 50m 模型）在馈源舱内增加了 AB 转轴机构作为附加的馈源位姿调整补偿机构，但其一次支撑索系比较复杂，分为 8 根承载索和 4 根牵引索，分别承担承载馈源舱和驱动馈源舱的任务，建立 4 座刚性铁塔作为索系的支承结构。

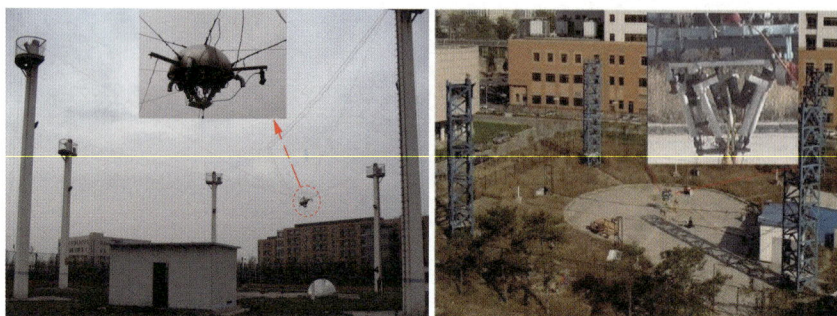

（a）西电模型　　　　　　　　　（b）清华模型

图 2.18　馈源支撑 50m 缩尺模型

基于西电模型对并联 6 索系统非线性动力学及风激振动进行了分析，完成了柔性时变结构的动力学仿真。有限元非线性动力学分析给出一次支撑索系的前 10 阶自振频率为 0.04 ～ 0.18Hz，在风速约为 17m/s 时，馈源舱最大位移约为 50cm。另一个独立的力学分析[24] 给出一次支撑索系的前 18 阶自振频率为 0.15 ～ 0.55Hz，系统自振频率未能完全避开风谱频段的主峰，由于风谱模型差异，风致振动响应在 0.15Hz 附近较大。西电模型试验完成了一次支撑索系的开环与闭环控制，实现了馈源舱在焦面上的运动，并能将馈源舱的位置误差控制在预测的误差内，实现了馈源舱的粗定位。在现场风速约为 2m/s、舱体速度约为 2cm/s 时，开环控制的误差在 3.5cm 以内，闭环控制的误差为 1.5 ～ 2.0cm，对应 500m 原型，闭环控制的误差为 18 ～ 24cm[25]。

清华模型的重要物理量遵循了模型相似律原则，试验模型的控制系统同时使用 API 激光跟踪仪、指向电机编码器、索张力传感器等多种测量方式，实时计算 18 台电机的控制量，实现了三级位姿调整机构的协调控制。按相似律原则根据试验结果对原型进行了预测，分析表明，在风速约为 2m/s 时，馈源的定位精度可达 4 ～ 7mm[26]。2005 年在建设 FAST 密云模型时，馈源支撑部分基本复制了清华模型的设计方案。

24　参见 2001 年 10 月中国科学院国家天文台大射电望远镜实验室 (总编) 发布的《创新工程重大项目 KJCX1-Y-01 "大射电望远镜 FAST 预研究"总结报告——附件九：悬索支撑系统的静动力响应分析及舞动评估》。

25　参见 2002 年 2 月西安电子科技大学发布的《大射电望远镜馈源支撑与指向跟踪系统仿真与实验研究总结报告》。

26　参见 2003 年清华大学发布的《大射电望远镜 FAST 移动小车——馈源稳定系统耦合研究》。

由于斯图尔特平台安装于馈源舱内，严格意义上并无固定的基平台，清华大学课题组还初步研究了悬挂状态下斯图尔特平台的控制稳定性问题[24]，发现动平台（馈源平台）与静平台（馈源舱）的质量比和一次支撑索系的阻尼是影响控制稳定性的主要因素，并建议合适的质量比为 1：10。按此推算，如果馈源平台质量为 3t，则应控制馈源舱质量为约 30t。

2.3.2　馈源支撑 1：1 原型全程仿真

随着 2007 年 FAST 正式立项和初步设计工作的展开，馈源支撑设计方案面向工程可实施方向逐步细化，一些关键的参数指标需要逐步收敛确定，例如一次支撑索系的构型优化、索力范围、馈源舱在索系牵引下的倾角范围、各级调整机构误差分配和补偿控制策略等，这些是后续设备研制和选型的基础。前期已经完成了 40 ～ 50m 尺度的缩尺模型及相关理论分析和试验工作，其中基于清华模型的仿真工作[22] 首次建立了基于多体动力学的反馈控制仿真系统，对密云模型 50m 尺度时变索系驱动馈源小车运动控制试验和柔性悬挂斯图尔特平台振动控制试验进行了动力学与反馈控制一体化仿真，仿真结果与物理试验结果相符合。上述工作还不足以为工程可实施方案和详细设计提供充分和详尽的依据。一方面，前期缩尺模型仍然存在方案设计和设备选型改进的可能，经过改进的设计方案很难通过已有模型的改造和试验来检验其有效性；另一方面，缩尺模型不能完全代替原型，部分参数如阻尼是无法模拟的。在这种情况下，采取基于 1：1 原型虚拟样机的系统整体仿真分析是较为理想的选择，相对于缩尺实物模型，原型虚拟样机费用低廉、性价比高，可以为所有关键设备和影响系统工作性能的因素建立仿真模型并进行综合分析，以弥补实物模型在工况模拟上难以面面俱到的缺点，且可以方便地修改任何模块，实现系统设计改进和仿真模型的互动。

在国外，基于虚拟样机技术的全程仿真分析被用于天文望远镜性能详细设计阶段已经十分普遍。全程仿真即从输入端到输出端的仿真，输入端为望远镜观测控制指令，输出端为馈源平台的位姿信息结果，对在输入、输出两端之间望远镜所具备的全过程功能进行仿真，得到望远镜总体控制的误差表和各项影响因素所导致的误差分项，分析各项因素对误差的贡献和优化过程，实现设计改进与仿真检验的完美互动。这种全程仿真还可以全面检验 FAST 馈源支撑整体设计方案的可行性。

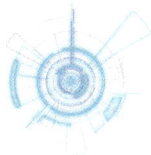

2006 年年底，中德合作的 FAST 馈源支撑全程仿真项目正式启动，由中国科学院国家天文台、德国 MT Areospace 公司和德国达姆施塔特工业大学三方组成仿真小组，由来自德国 MT Areospace 公司的专家汉斯·J. 克歇尔（Hans J. Kärcher）担任组长 [27]。

仿真小组没有完全照搬西电模型或清华模型的设计方案，而是采用了一种改进的新方案 [25]，如图 2.19 所示。该方案最初于 2006 年年初提出，经过克歇尔与 FAST 团队多次讨论、修改完善后确定。新方案继承了西电模型中一次支撑索系的简洁和清华模型关于舱内二次调整机构的设计思想，同时在具体构型和布局上有所调整，其中 6 塔 6 索完全按 600m 直径圆周对称布置，将 6 索分成 3 组与馈源舱的 3 个对称角点连接，可以防止馈源舱自旋振动。舱内明确采用星形框架结构作为舱主体结构，同时也是一次支撑索系的控制终端和 AB 转轴机构的基座，自上而下采用星形框架 +AB 转轴机构 + 斯图尔特平台 + 馈源平台的连接顺序实现馈源的二次位姿调整补偿，作为馈源舱构型 1。同时还选取单摆式馈源舱构型 2 作为馈源二次位姿调整补偿的备用方案，此方案将星形框架改为单摆式框架，其特点在于始终确保两轴转向机构的基座（A 轴或 X 轴）处于水平位置，不随馈源舱位置和倾斜角的变化而改变。最终全程仿真的结果证明构型 2 的二次位姿调整补偿精度不佳，甚至相对于一次支撑索系的控制误差有发散趋势，因而被淘汰。

基于构型 1 的设计，仿真小组采用 ANSYS 和 MATLAB/Simulink 联合仿真的方式建立了全程仿真模型，如图 2.20 所示。整个模型在控制体系上分为两个层次，即一次支撑索系粗调控制，以及馈源舱内包含 AB 转轴机构和斯图尔特平台在内的二次精调控制。两级控制系统通过串联方式耦合。其中一次支撑索系包括舱—索悬挂系统动力学模型、作用于馈源舱的风载荷模型、主动质量阻尼器模型、6 台卷索机构（卷扬机）模型。对风速的模拟包括基于多年现场监测估算的平均风速和基于 Dawenport 谱的脉动风速模型，最大平均工作风速为离地面 10m 高处取 4m/s，换算到馈源舱焦面高度则约为 6m/s，系统存活极限风速约为 8m/s。主动质量阻尼器原本安装并作用于星形框架，因需要采用大吨位的质量块，可能导致馈源舱超重并占用较大空间，在后续仿真中未使用。此外，建立了激光全站仪的白噪声测量模型，将测量误差设为 1.5mm，测量时延设为 160ms。该

27　参见 2007 年德国 MT Areospace 公司发布的 *Final report of FAST focus cabin suspension-simulation study*。

模型同时对馈源舱内星形框架和馈源平台的位姿进行测量和反馈。舱—索悬挂系统的阻尼是影响仿真结果的重要参数，根据前期密云模型试验结果，阻尼比取 0.22%，相关内容将在 2.3.4 小节介绍。此外，仿真模型还包括两级控制系统的控制器模块和主控制器模块，其控制算法设计优化与全程仿真结果形成了互动。上述各仿真模型除舱—索悬挂系统动力学模型以外均可按常规方法在 Simulink 进行建模和调试，在文献 [26-30] 中有详细介绍。下文将重点介绍舱—索悬挂系统动力学建模和全程仿真分析结果。

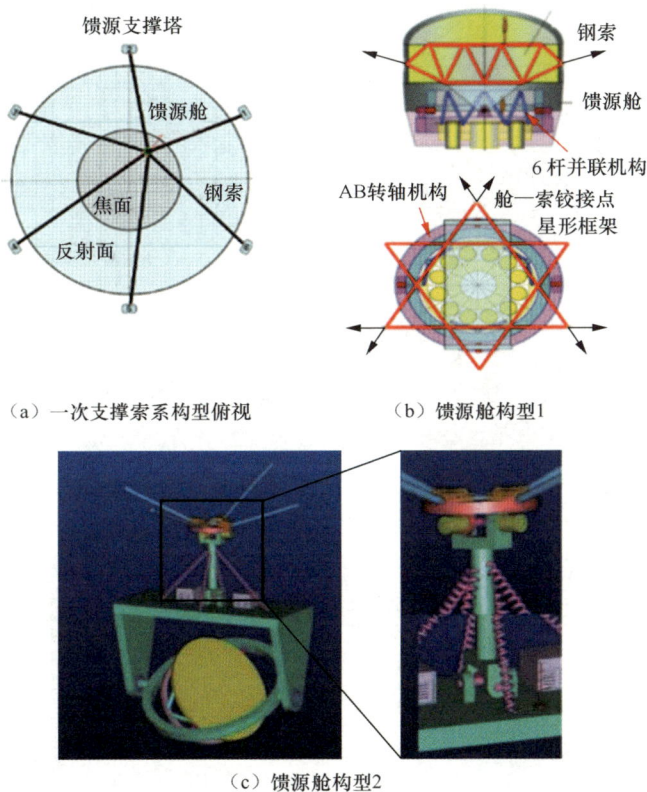

（a）一次支撑索系构型俯视　　　（b）馈源舱构型1

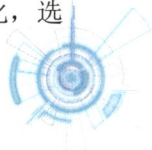

（c）馈源舱构型2

图 2.19　馈源支撑全程仿真所采用的设计方案

在整个全程仿真模型建模中，舱—索悬挂系统的建模难度最大，也是整个仿真工作的核心内容。馈源舱移动会导致 6 索索长和索张力改变，整个系统表现出一定的时变性和几何非线性特征，这对于高精度定位控制分析是不可忽视的。考虑到馈源舱振幅最大为厘米或分米量级，远远小于悬索的跨度（200 ～ 400m），对于舱—索悬挂系统的动力学分析可以在其静力平衡位置附近进行线性简化，选取焦面上几个典型位置建立动力学模型，在不超过 3m 范围内动力学模型变化量可以忽略不计。由于馈源舱跟踪运动速度很慢，最大不超过 12mm/s，运动数米所需的时间在全程仿真中足以体现馈源支撑工作特点。对于低速运动的舱—索悬挂系统还可进一步采用瞬时结构假定法，假设系统的质量、刚度和阻尼仅与馈源舱的位置有关，而与舱体和支撑索的运动速度无关。

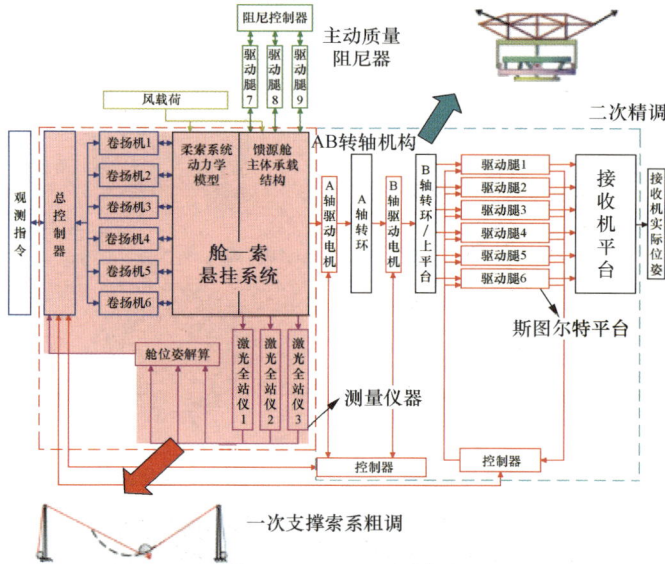

（a）仿真模型总体构成

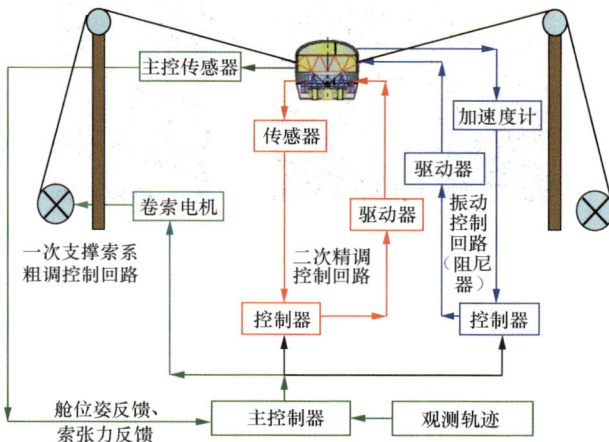

（b）仿真模型控制系统构成

图 2.20 馈源支撑全程仿真模型

柔性系统（舱—索悬挂系统）的结构位形、索应力和柔索力学参数相互耦合，导致按照给定的馈源舱位置和姿态角精准建模十分困难。首先应进行舱—索悬挂系统的静力分析，得到满足静力平衡条件的馈源舱位置和姿态，进而求解 6 索位形。李辉等人[31-32]通过柔索悬链线方程，建立索位形与索力的非线性函数关系，同时假设馈源舱为刚体，建立馈源舱在 6 索张力和重力作用下的 6 自由度平衡方程，引入 6 索张力方差最小的目标函数，通过优化求解 6 索张力和馈源舱倾角在焦面球冠上的分布情况如图 2.21 所示。

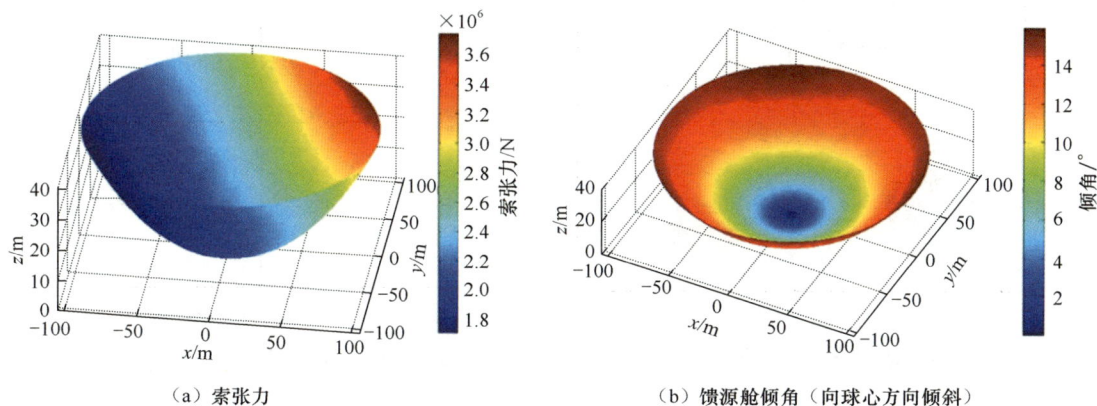

（a）索张力

（b）馈源舱倾角（向球心方向倾斜）

注：图 2.21（a）中仅显示 1 索张力分布情况，依次旋转 60° 可得到其余 5 索张力分布情况。

图 2.21　6 索张力和馈源舱倾角在焦面球冠上的分布情况

图 2.21（a）所示的结果可以结合馈源舱移动速度为卷扬机相关参数和设备选型提供基础。图 2.21（b）所示的结果与馈源平台的工作指向相结合，则为馈源舱内 AB 转轴机构和斯图尔特平台的最大补偿角范围及补偿角分配提供了设计依据。从图 2.21（a）所示的索张力结果出发，还可进一步计算 6 索的索位形，从而选择典型馈源舱位置，通过有限元方法建立舱—索悬挂系统的动力学模型（有限元模型），如图 2.22（a）所示。该模型包含卷扬机卷筒（约束其转轴）、塔顶导向滑轮和馈源舱的星形框架（含舱全部质量）。将图 2.21（a）所示的索张力作为索段单元的预应力输入，仿真分析得到系统在重力作用下的馈源舱平衡位置，其与所选定的目标位置误差为厘米量级，姿态角则基本一致，从而可在焦面任意位置实现舱—索悬挂系统的精确建模。释放 6 个卷筒转轴的旋转约束，并对该系统进行模态分析，得到前 20 阶固有频率及第 4 阶振型，如图 2.22（b）所示。其中，前 3 阶自振频率对应释放卷筒旋转自由度后馈源舱的刚体运动，第 4 阶～第 15 阶自

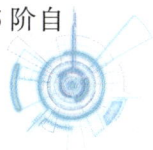

振频率对应舱—索悬挂系统的振动，其中悬索振型为半个周期正弦波（驻波）。第 16 阶及以上为 1 个波长索振或更高阶振动模态，对应 1 个周期正弦波（驻波）或更多的悬索振动。基于这些振动模态可进一步得到舱—索悬挂系统的输入输出传递函数，如图 2.23 所示，体现了柔性系统振动频率较低的特点，再加上系统较低的阻尼比，对柔性馈源支撑控制算法及其稳定性产生了极为重要的影响。

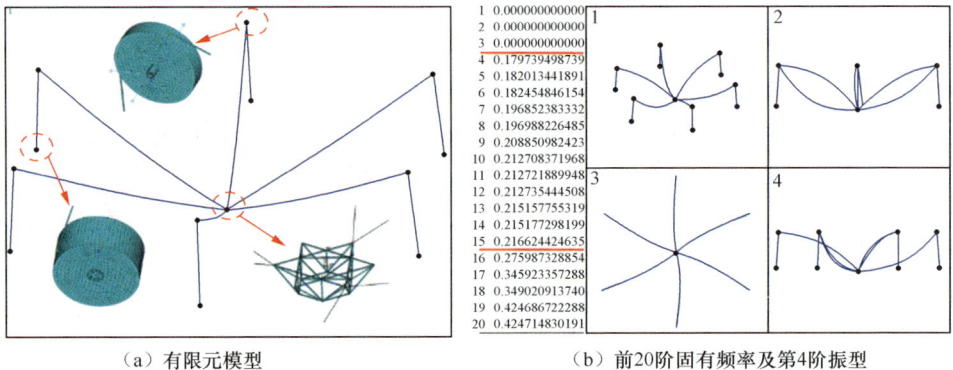

（a）有限元模型

1	0.000000000000
2	0.000000000000
3	0.000000000000
4	0.179739498739
5	0.182013441891
6	0.182454846154
7	0.196852383332
8	0.196988226485
9	0.208850982423
10	0.212708371968
11	0.212721889948
12	0.212735444508
13	0.215157755319
14	0.215177298199
15	0.216624424635
16	0.275987328854
17	0.345923357288
18	0.349020913740
19	0.424686722288
20	0.424714830191

（b）前20阶固有频率及第4阶振型

图 2.22 馈源舱位于焦面中心（WP1）时舱—索悬挂系统有限元模型及模态分析结果

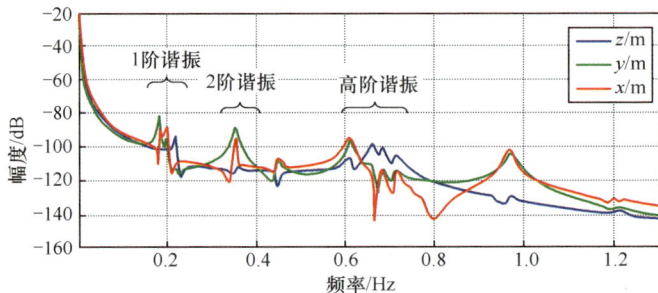

图 2.23 舱—索悬挂系统输入输出传递函数（输入为卷筒扭矩，输出为馈源舱振幅）

全程仿真模型的运行结果依赖于建模时的基本参数，如表 2.4 所示。如前文所述，进行仿真时只选择数个典型的馈源舱位置点及附近的轨迹进行仿真模拟，在此范围内舱—索悬挂系统为线性时不变模型。典型位置点可选取焦面中心点（WP1）、焦面边缘离某一塔最近位置点（WP2）和焦面边缘离相邻两塔最近位置点（WP3），分别代表索张力分配均匀和极端的情况。仿真结果表明，馈源接收机平台的位姿误差均方根（Root Mean Square，RMS）值均小于 10mm，达到了设计的要求，如表 2.5 所示。图 2.24 所示为在 WP1 位置点时，通过全程仿真得到的馈源平台空间定位误差曲线，其中图 2.24（a）为作用于馈源舱的风载荷时程曲线，图 2.24（b）为舱上平台和稳定平台的控制误差时程曲线，图 2.24（c）为控制误差频谱曲线。可见在一次支撑索系粗调控制下，舱上平台的位姿误差 RMS 值为 8.314mm，经过二次精调控制后，稳定平台的定位精度进一步提高到位姿误差 RMS 值只有 4.008mm。此外，从误差频谱曲线中可以看出，二次精调能够有效地补偿低于 0.18Hz 的准静态位置误差，但对基于舱索系统主频率 0.18Hz 的位姿误差基本没有补偿作用。

表 2.4　全程仿真模型的基本参数

参数	取值	参数	取值
支撑塔分布圆半径	300m	馈源舱自重	约 30t
焦面球冠曲率半径	160m	单位长度索自重	约 68N/m
焦面球冠口径	206m	索弹性模量	约 1.5×10^5MPa
支撑塔高度	150m	索公称直径	约 50mm
馈源舱直径	约 10m	馈源舱重心相对位置	索锚点下方约 246mm
6 索长度变化范围	140～420m	卷扬机卷筒直径	2m
舱—索悬挂系统阻尼比	0.22%	平均风速（离地面 10m 高）	4m/s
星形框架质量	约 16t	外环框架直径	约 8m
两轴转向框架自重	约 4t	内环框架直径	约 6m
8 个驱动腿质量	约 1.5t	内环至馈源平台净高	约 2m
馈源平台质量	约 3t	馈源平台直径	约 4m
舱内附属设备质量	约 5.5t	斯图尔特平台净高	约 5m

表 2.5　全程仿真输出端位姿误差 RMS 值统计

馈源舱位置	舱内机构			
	星形框架		馈源平台	
	空间定位误差 /mm	指向误差 /rad	空间定位误差 /mm	指向误差 /rad
WP1	8.314	—	4.008	7.100×10^{-4}
WP2	13.020	—	6.424	6.200×10^{-4}
WP3	11.693	—	6.900	8.901×10^{-4}

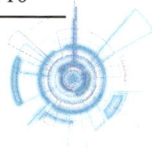

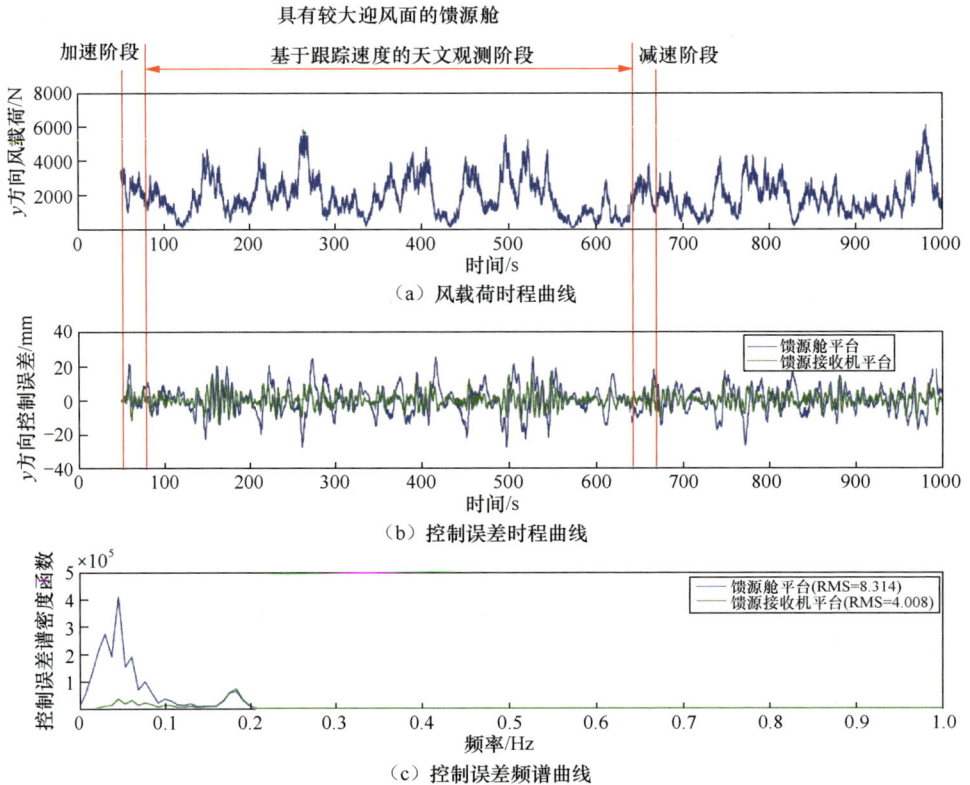

具有较大迎风面的馈源舱

（a）风载荷时程曲线

（b）控制误差时程曲线

（c）控制误差频谱曲线

图 2.24　焦面中心（WP1）一次支撑索系粗调和二次精调的位置控制误差仿真结果

综上所述，由馈源支撑全程仿真得出如下重要结论。

① 当前的柔性轻型光机电一体化馈源支撑方案是可行的。

② 风扰是影响柔性馈源支撑定位精度的主要因素。

③ AB 转轴机构采用开环和准静态模式补偿馈源舱倾角与馈源平台指向之间的稳态角度误差，最大补偿角范围根据图 2.21（b）为 25°（40°减去最大倾角 15°，馈源回照模式中下降约为 15°）。

④ 斯图尔特平台采用相对较快的控制模式补偿剩余的位姿残差，但其有效工作频段应小于舱—索悬挂系统的最低自振频率（0.18Hz），否则将引起系统共振，导致二次精调控制误差超标。

这些重要结论为后续馈源支撑的详细设计和工程实施提供了关键依据，仿真模型也在建设阶段根据工作进展不断完善，包括将支撑塔结构纳入仿真模型、将风载荷作用对象扩展到 6 索等，使得仿真结果更加贴近工程实际，促进了工程建设的顺利进行。

2.3.3　机构完整的缩尺模型

馈源支撑全程仿真工作圆满结束后，为检验仿真成果和重要结论，以及测试控制算法和检验舱内设备信号传输技术方案的可行性，2008—2010 年 FAST 团队委托清华大学对密云模型馈源支撑部分进行更新改造，按照全程仿真的馈源支撑方案重新建设了 40m 尺度机构完整的缩尺模型［以下简称密云模型（馈源支撑系统）］[23]，如图 2.25 所示。通过该模型进一步验证了 FAST 馈源支撑机构的运动学和大跨度索并联刚柔耦合机构的控制精度。

（a）馈源舱模型远景　　　　　　　　（b）馈源舱模型近景

图 2.25　密云模型（馈源支撑系统）

该模型重新设计并建造了 6 座支撑塔、塔顶导向滑轮、绳索收放机构（卷扬机）、馈源舱及舱内 AB 转轴机构和斯图尔特平台等，6 索牵引并联机构的关键尺寸设计均遵循 1∶15 的模型相似率。在馈源舱外侧和斯图尔特平台（馈源平台）各配置 3 个激光靶标，分别由激光全站仪和 API 激光跟踪仪进行测量，满足位置测量和姿态解算的需求。在 6 索与舱连接端各配备索力传感器，与激光位姿测量和电机编码器数据共同构成 6 索牵引并联机构（一次支撑索系）的控制反馈。

该模型完成了对三级调整机构的尺度综合设计、6 索牵引并联机构的性能分析、AB 转轴机构和斯图尔特平台的机械设计、两级控制系统的算法设计和调试，之后进行了 6 索牵引并联机构的开环和闭环控制试验、模拟天文观测轨迹的两级控制系统联调试验。图 2.26 所示的红线即模拟天文观测跟踪的理论轨迹曲线。

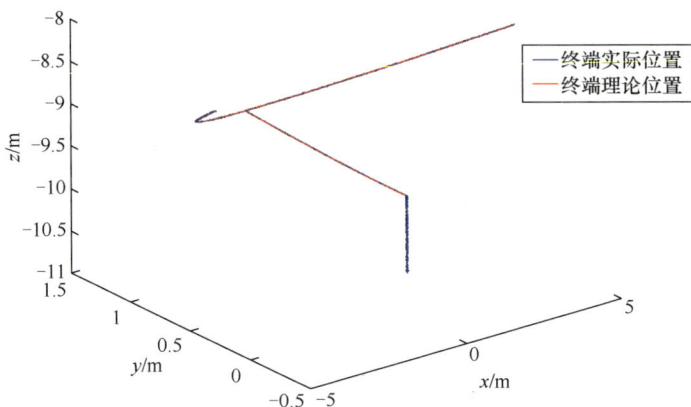

图 2.26 模拟天文观测的跟踪轨迹曲线

在模拟天义观测轨迹跟踪工况中，观测轨迹的最大天顶角为 30°，将运行总时间设定为 5000s，有效跟踪观测时间为 4500s，馈源舱跟踪速度为 4.47mm/s，按模型相似率换算得到原型的跟踪速度为 17.31mm/s，高于最大跟踪速度 11.2mm/s。观测过程中现场最大风速为 1.6 ～ 3.3m/s。

通过激光全站仪反馈的馈源舱位姿数据、AB 转轴机构和斯图尔特平台的运动参数，通过运动学正解运算可以求出馈源平台的实际运动轨迹，如图 2.26 中的蓝线所示，可见试验中给定的理论轨迹与实际轨迹能够完全重合。

试验给出的馈源平台位姿误差时程曲线如图 2.27（a）所示，其中 3 个方向综合的位置误差 RMS 值为 1.89mm，满足当时验收指标 RMS 值为 2mm 的要求。馈源平台姿态误差时程曲线如图 2.27（b）所示，采用了滚动 / 俯仰 / 偏航角度描述。馈源平台转角 RMS 值分别为 A 轴 0.045°、B 轴 0.045°、C 轴 0.40°，由于 C 轴垂直于馈源平台，其角度误差不影响天文观测，A 轴和 B 轴的转角精度也满足 RMS 值小于 0.2° 的指标要求。

为量化斯图尔特平台的补偿作用，还进行了定点控制试验，将一次索支撑索系粗调控制开启，但将舱内二次精调控制关闭，测量馈源平台的位置误差时程，在同样 5000s 时间统计的位置误差 RMS 值达到约 6mm，最大误差达到 20mm，均满足验收指标的要求。

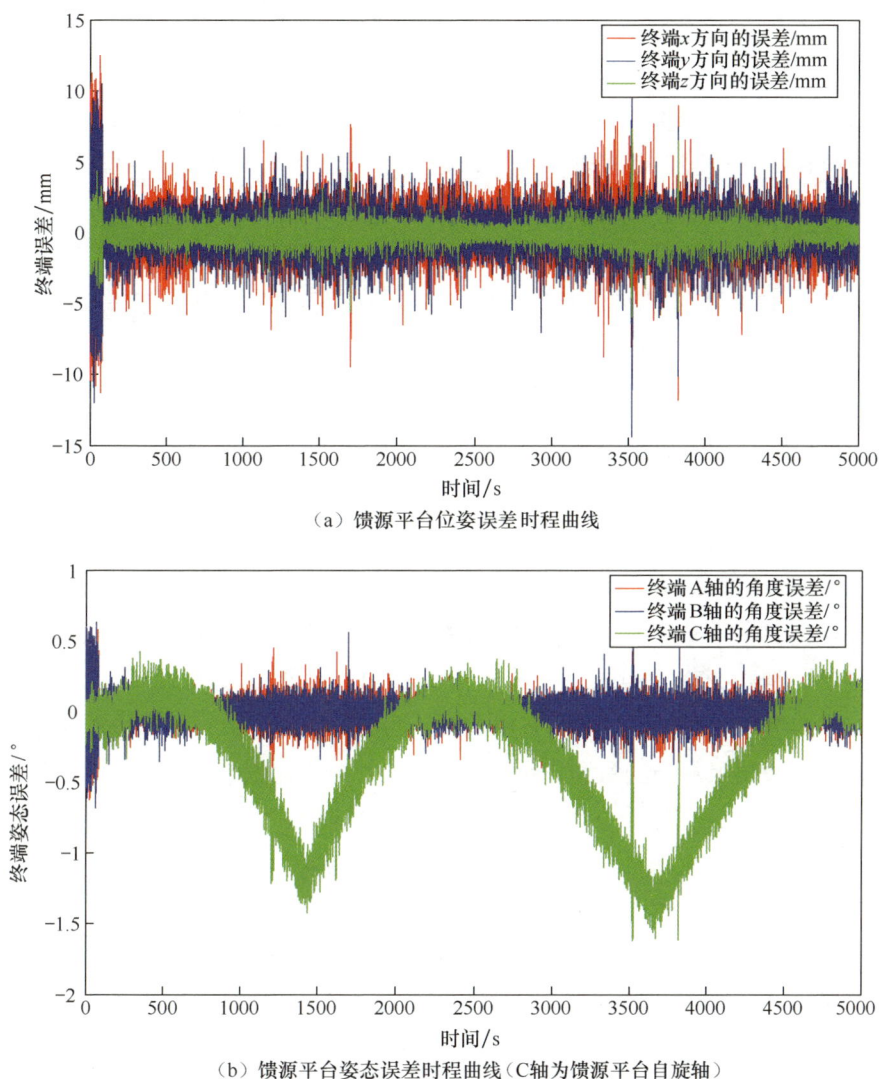

（a）馈源平台位姿误差时程曲线

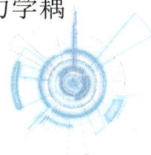

（b）馈源平台姿态误差时程曲线（C轴为馈源平台自旋轴）

图 2.27 斯图尔特平台补偿前后的馈源平台位姿误差时程曲线

2.3.4 舱—索悬挂系统阻尼试验

阻尼是影响 FAST 馈源支撑系统控制精度的重要因素。前期已完成的全程仿真和密云模型（馈源支撑系统）试验在阻尼问题上得出一致的结论：舱—索悬挂系统具有一定的阻尼是两级联调系统能够达到定位精度所必需的，并且阻尼越大，可以实现的控制精度也越高，其原因是两级联调控制系统本身存在动力学耦合问题。

作为闭环反馈控制系统，当反馈信号存在误差，无法精确计算控制量时，斯图尔特平台的运动调整会对馈源舱框架产生额外的反作用力，如果工作频段与舱—索悬挂系统振动频率接近，则效果趋向于激励整个联调系统发生共振。只有系统具有一定的阻尼，使激励能量迅速衰减，才能够保证系统的控制稳定性，从而达到要求的控制精度。

基于 2007 年密云模型（馈源支撑系统）试验得到的结果，舱—索悬挂系统阻尼比偏低，为 0.22% 左右，这也是馈源支撑全程仿真中所选取的舱—索悬挂系统阻尼比。因此，FAST 团队更关心在原型尺度上舱—索悬挂系统的阻尼情况，这是对系统进行精确仿真和评价性能的前提条件。但是目前在理论上没有能够准确计算阻尼的方法，因此对于阻尼的分析只能从试验出发，找出各种系统参数对阻尼的影响趋势或规律。

为了准备此项试验工作，2009 年 7 月 FAST 馈源支撑系统研发人员与测控系统研发人员合作成立了馈源支撑舱索系统模型阻尼试验小组，开展各模型相关的阻尼测量和识别工作。模型阻尼试验从 2009 年 8 月开始，经过试验小组各位成员约一年的努力，基本上完成了 10m 尺度、西电模型和密云模型（馈源支撑系统）舱—索悬挂系统阻尼的测量和识别工作，获得了一批较为完整的原始数据及基于该数据的阻尼识别结果 [33]。在此基础上形成了当前的阶段性试验总结报告 28。

该报告分析了 FAST 馈源支撑舱索系统的阻尼情况，由 3 部分组成：舱索运动的气动阻尼、索材料阻尼及舱—索铰接点和索—滑轮接触点的摩擦。理论分析表明舱—索运动的气动阻尼对总体阻尼贡献不大。振动数据采用 API 测量，阻尼识别采用易卜拉欣时域（Ibrahim Time Domain，ITD）识别法。

由于舱—索悬挂系统具备非线性动力学特性，舱—索悬挂系统的阻尼也是非线性的，阻尼随舱振幅的衰减而减少，但在振幅衰减到一定临界值后趋于稳定，选取此稳定值作为试验识别的系统阻尼值。根据大量振动试验和识别结果，10m尺度模型和西电模型的阻尼比为 0.2% ～ 1.0%，密云模型（馈源支撑系统）的阻尼比大部分为 1.0% ～ 2.0%。其中 10m 尺度模型的最小阻尼比为 0.2% ～ 0.3%，西电模型的最小阻尼比约 0.4%，密云模型（馈源支撑系统）的最小阻尼比约 0.6%，最大阻尼比超过 2.4%。一般情况下舱的垂直或翻滚振动的阻尼明显高于舱的扭转

28　参见 2010 年中国科学院国家天文台 FAST 团队发布的《馈源支撑舱索系统模型阻尼试验报告》。

振动的阻尼。

结合全程仿真结果和密云模型（馈源支撑系统）联调测试结果分析，模型试验得到的系统阻尼情况是有利于实现柔性馈源支撑的定位精度指标的。为进一步准确推算原型的阻尼情况，该报告还计划搭建 100m 尺度舱—索悬挂系统模型并进行振动试验，但由于种种原因，此计划未能实施。在 FAST 建成以后，试验小组对舱—索悬挂系统原型进行了振动试验和阻尼识别，得到的最低阻尼比为 0.35%，完全可以保障实现柔性馈源支撑的定位精度指标。原型测试情况详见 6.2 节。

2.3.5　6 索牵引并联机构优化设计

随着柔性轻型馈源支撑方案可行性得到了充分的论证，FAST 工程进入工程可实施设计阶段，其中基于一次支撑索系的 6 索牵引并联机构的设计是重中之重。6 索牵引并联机构虽然只有 6 套驱动机构，其数量与反射面系统多达数千的主索、下拉索、促动器和反射面单元数量不能相比，但其 6 套驱动机构在工作原理上采用串联设计，需要协同工作才能保证馈源支撑正常运行，其中任何一套驱动机构出现故障均将导致 FAST 因故障停机。这种特点同样适用于舱内二次精调机构，因此对系统故障的容错率较低，对系统可靠性要求较高。

为满足 FAST 天文观测的特殊工况要求，6 套驱动机构如何设计？关键性能指标如何确定？为此，FAST 团队于 2009 年与北京起重运输机械设计研究院合作进行 FAST 索驱动支撑机构的方案优化设计研究[29]。基于前期全程仿真分析、密云模型（馈源支撑系统）试验工作和相关技术文档[30]，确定了 6 索牵引并联机构的基本尺寸构型和方案优化设计的输入参数，分别如图 2.28（a）和表 2.6 所示。这次优化设计的成果主要有两个，一是对钢丝绳安全系数和轮—绳径绳比的取值进行了论证；二是对舱内设备供电和信号传输的两种方案选型进行了优缺点对比、分析，并提出了倾向性意见。

29　参见 2010 年北京起重运输机械设计研究院发布的《500 米口径球面射电天文望远镜（FAST）索驱动支撑机构方案优化设计研究报告》。

30　参见 2009 年中国科学院国家天文台 FAST 团队发布的《入舱光缆弯曲频次的估算》《FAST 馈源支撑舱——索系统的运动谱及索张力谱估算》和 2010 年中国科学院国家天文台 FAST 团队发布的《FAST馈源支撑一级索驱动机构的位置及姿态控制精度》《FAST 馈源支撑 6 索驱动机构的动态特性研究》。

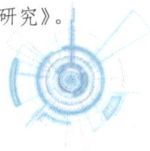

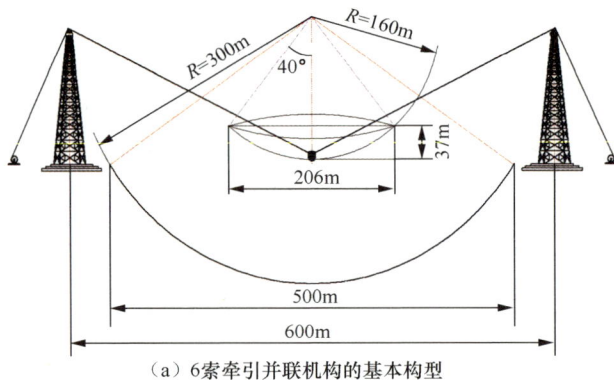

（a）6索牵引并联机构的基本构型

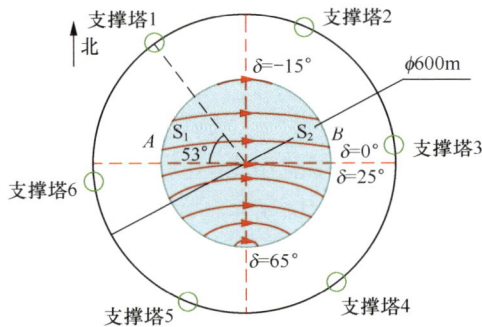

（b）馈源舱在焦面球冠的跟踪轨迹（红线，δ为赤纬角度）

图2.28　6索牵引并联机构的基本构型及天文跟踪轨迹示意

表2.6　6索牵引并联机构方案优化设计的输入参数

参数	取值	参数	取值
支撑塔分布圆半径	300m	最大跟踪速度	11.6mm/s
焦面球冠曲率半径	160m	最大换源速度	400mm/s
焦面球冠口径	206m	跟踪工况最大加减速时间	2s
馈源舱质量	30t	换源工况最大加减速时间	20s
一次支撑定位精度	100mm	钢丝绳使用寿命	5 年
6索长度变化范围	140～420m	索张力变化范围	120～320kN
索力水平摆角范围	±20°	极端工况最大索张力	500kN
索力垂直摆角范围	−25.17°～−13.65°	降舱时索力俯仰角	−42°

1. 钢丝绳安全系数及径绳比

钢丝绳是一种重要的承载部件，也是提升机械中易损且消耗最大的部件之一，它被广泛应用于建筑、冶金、运输、林业等行业。各行业规范或规程对钢丝绳安全系数和径绳比的选择也不尽相同，如《起重机设计规范》《煤矿安全规程》《高空作业吊篮安全规则》《电梯制造与安装安全规范》和索道相关规范等均选择了不同的钢丝绳安全系数和径绳比。目前，各个行业对于钢丝绳安全系数的选择大多是通过试验和统计等定性分析方式确定的。钢丝绳的损坏通常有 3 种形式：一是弯折疲劳损坏；二是反复的加载卸载产生的疲劳损坏；三是磨损。在实际的生产应用中，人们通常用钢丝绳的最小破断拉力与全部工作载荷的比值作为钢丝绳安全系数。在确定钢丝绳安全系数时，钢丝绳的磨损和弯折疲劳损坏是很难精确计算的，究其原因是很难建立一个科学、合理、实用的钢丝绳疲劳强度计算模型。目前，研究人员对钢丝绳研究的焦点并不完全聚焦于精确的强度计算，而是关注如何使所选用的钢丝绳达到合理的使用寿命。随着钢丝绳制造水平和钢丝材质性能的不断提高、使用经验的积累以及科技创新，钢丝绳安全系数呈逐渐降低趋势。

根据对钢丝绳安全系数影响因素的分析，以及对钢丝绳在不同设备中采用的安全系数及径绳比的统计，可以看出钢丝绳安全系数和径绳比选择的趋势。

① 重要度越高的钢丝绳，其安全系数越高。

② 钢丝绳受力情况全面、精确，其安全系数可取较小值。

③ 运行速度慢、冲击载荷小的钢丝绳，其安全系数可取较小值。

④ 维护、检修难度大的场合，钢丝绳安全系数要取较大值。

⑤ 钢丝绳安全系数与径绳比存在相互依存、相互补充的关系，当工作环境允许采用较大的径绳比时，安全系数可以取较小值（如索道）。反之，径绳比取值较小时，安全系数取较大值。

⑥ 钢丝绳安全系数和径绳比的取值与钢丝绳本身的结构有关，不同类型的钢丝绳选取的安全系数和径绳比有所不同。

由表 2.6 所示的输入参数、图 2.28（b）所示的跟踪轨迹曲线，以及图 2.21（a）所示的索张力分布情况可以看出，索驱动机构是一个长时间、慢速、平稳、重复工作的机构，索力连续缓慢变化，与起重机、各类提升机和索道等设备有着很大的区别。这是一个有着特殊工作状态的设备，不能完全套用起重机或索道的设计参数。

钢丝绳设计寿命为 5 年，按每天 24h、每月 30 天、每年 11 个月计算，设计

寿命为 39600h，按每天 20 次工作循环（跟踪过程＋换源过程），每个工作循环的工作次数是 2 次，5 年的工作次数为 66000 次。钢丝绳及索具工作条件具有以下特征。

①吊载物（馈源舱）价格昂贵。

②钢丝绳维护、检修难度大。

③工作寿命内，长期持续性承载。

④驱动段钢丝绳弯折位置较多。

⑤系统运行速度慢，钢丝绳设计寿命内弯折次数较少。

⑥无明显冲击载荷、循环载荷。

由以上特征，可得出以下结论。

①钢丝绳的选用，要求有较高的安全性能。

②悬索段与单线往复式索道线路段相似（长期承载，无冲击载荷、循环载荷，舱端锚固），其破坏形式以磨损为主，锚固不当时，根部可能出现疲劳破坏。

③驱动段工况与电梯、升降机的类似（常载荷，反复弯折），虽然工作寿命内弯折次数较少，但弯折对钢丝绳的影响还是主要因素。如果径绳比选取不当，会加速钢丝绳的弯折疲劳破坏。

④相同条件下，驱动段工况较为恶劣，该工况为危险工况，选用钢丝绳应以此工况为参考依据。

因此，基于已有规范标准及相关文献，并考虑驱动机构布置的可行性，确定钢丝绳安全系数取 4.5，当索包角大于或等于 180°时，径绳比取 50，当索包角小于 180°时，径绳比可适当减小。建议在机构布置及设备运输可行的情况下，选用更大的径绳比。

2. 舱内设备供电和信号传输方案

馈源舱中各机构和设备的运行需要电力支持，馈源接收机收到的电波信号、控制舱内设备运行的信号数据及舱与地面控制室之间的通信信号也需要传递，因此馈源舱与地面之间需要一条包含动力电缆和信号线光缆在内的缆线连接通道。然而，FAST 馈源舱与地面之间采用柔性连接，而且这种柔性连接随着馈源舱的大范围移动而不断改变长度和方向，其进舱缆线连接通道的方案选择面临困难。早期西电模型采用工厂行车的可滑动电缆，而清华模型则直接将缆线拖曳在地上，显然二者在实际工程中均不具备可行性。经过长期的讨论，FAST 团队提出了 3

种方案：窗帘式连接机构（窗帘方案）、索包缆复合体（索包缆方案）和借鉴架空索道的脱挂抱索器方案。最后一种方案因可靠性难以保证而被淘汰，剩下两种方案如图 2.29 所示。

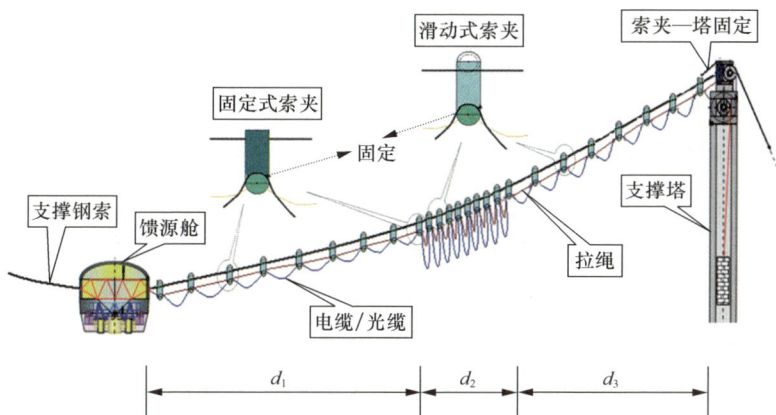

（a）窗帘式连接机构

（b）索包缆复合体

图 2.29　舱内设备供电和信号传输方案示意

　　窗帘方案中，缆线两端分别连接馈源舱和支撑塔，中间悬空部分被挂载在固定式索夹和滑动式索夹（滑车）上，并由此悬挂到钢丝绳上，缆线总长度根据钢丝绳最大长度（由馈源舱的运动范围确定）和每段所需要的缆线悬垂富余量来确定。图 2.29（a）中左端 d_1 的所有索夹均为固定式索夹，相互保持最大间距，以防止缆线在舱附近堆积造成对舱及舱内设备的干涉。其余索夹均为滑动式索夹，如图 2.29（a）中的 d_2 和 d_3 索段，但右端的滑动式索夹通过刚性连接相对于塔顶

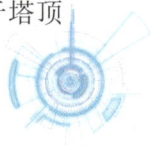

位置固定。索包缆方案则直接将缆线当作绳芯包裹进钢丝绳中，如图 2.29（b）所示，缆线直接作为钢丝绳的一部分承受弯曲和挤压等载荷。

窗帘方案将缆线悬挂在钢丝绳下与其一起运行，该方案能满足 FAST 工程的要求，且选用的设备都是成熟产品，需要新设计、试制的部件较少，因此该方案的可靠性较高。其缺点是机构设计相对索包缆复合体较为复杂，且在极端天气条件下，若钢丝绳上结冰，可能会影响系统正常运行。索包缆方案优点是结构相对简单，也不需要复杂的悬垂机构，未来钢丝绳安装、更换和维护较为简单。其缺点是缺乏实际工程应用案例，对其机械性能、力学性能及制造工艺需要进行详细可行性分析，包括进行大量的试验验证，以确定该方案实际操作的可行性，其应用风险较大。最终推荐选择窗帘方案。

窗帘式连接机构和堆积的信号线是否会增大馈源舱的倾角而带来对姿态调整的影响？基于改进的全程仿真力学模型，李辉等人[34-35]在 6 索附加窗帘式连接机构后对索张力和舱倾角所受的影响进行了分析。分析结果表明，悬挂的缆线会增大索张力和舱内 AB 转轴机构的补偿工作空间，但与无窗帘式连接机构的情况相比，这种不利影响较小，可以接受。

2.3.6　动光缆试验

6 索牵引并联机构优化设计推荐采用窗帘方案实现馈源舱内设备的供电和信号传输，其中的关键问题是悬垂的电缆和光缆能否经受住往复的动态弯曲考验。弯曲的电缆尚且有工厂行车等类似工程案例可供参考，而动态弯曲的光缆几乎没有现成案例可供参考。虽然部分军用光缆也能承受 1000 次左右的弯曲（参见中华人民共和国国家军用标准 GJB 1428A—1999，目前已废止），但远不能满足 FAST 的需求。在 FAST 天文观测工况下，其光缆在 5 年内需要满足不低于 6.6 万次的反复弯曲[31]，才能与钢丝绳一并更换。这种需要承受反复弯曲并满足 FAST 特殊使用工况要求的光缆被称为动光缆，以区别于一般的普通用途光缆和军用光缆。

FAST 动光缆的研制有 3 个技术难题。首先，动光缆跟随馈源舱在距离地面百米高空中悬浮，维护和更换不易，需要确保光缆在 5 年内信号传输通道的可靠性和稳定性，保持光缆结构的完整性，在光缆反复弯曲的过程中，保证光缆内部

31　参见 2009 年中国科学院国家天文台 FAST 团队发布的《入舱光缆弯曲频次的估算》。

结构的稳定性，加强件无明显变形，外护套无破裂、无鼓包现象。同时光缆的外护套不仅要经受风吹、日晒、雨淋等恶劣自然环境的考验，还要经受往复弯曲运动过程对光缆各个组成部分产生机械老化影响。其次，不同于常规光缆相对静止的工作状态，FAST 入舱数据和信号的光传输路径长度为千米尺度，其采用模拟信号传输机制。相较通信领域普遍采用的数字信号传输，模拟信号传输在满足望远镜电磁屏蔽要求、舱内设备功耗水平要求以及系统复杂度要求上有优势。模拟信号传输系统对于光信号在光缆中传输的稳定性要求更高，一般要求在光缆弯曲过程中光功率传输的实时稳定性，光功率实时起伏小于 0.5dB。最后，悬挂缆线的滑车（索夹）、电缆和光缆均需要轻量化，使滑车长度变短、质量更轻，同时光缆必须具备更小的弯曲半径，光缆在弯曲过程中的最小弯曲半径约为光缆直径的 13.5 倍。

为解决上述问题，研制出适合 FAST 的专用动光缆，从 2009 年 3 月起，FAST 团队先后咨询了烽火通信科技股份有限公司、上海竣联光缆科技有限公司、中国电子科技集团公司第二十三研究所（上海传输线研究所）、阿雷西博射电望远镜运维团队、北京康宁光缆有限公司、北京布来得通信技术开发公司等国内外公司或科研机构，范围覆盖大型光缆供应商、光电信息传输线技术研究所、光缆用户和光缆试验设备供应商等。

随后，FAST 团队与北京布来得通信技术开发公司、烽火通信科技股份有限公司和北京康宁光缆有限公司合作，开展了 FAST 动光缆的研制和性能试验工作[32]。由烽火通信科技股份有限公司和北京康宁光缆有限公司各自独立完成动光缆设计和样品生产，北京布来得通信技术开发公司设计试验方案并进行试验检验。动光缆试验主要测试两项性能：①光缆长期耐弯曲的疲劳寿命，最初设定的弯曲频次为 6.6 万次，后增加到 10 万次，简单弯曲加载的测试也被扩展为同时测试弯曲、卷绕、扭转和拉伸等综合工况的机械性能测试；②在疲劳寿命试验过程中同时监测光缆通光信号附加衰减的变化情况，其光功率实时起伏最大不应超过 0.1dB（光缆试验段约 200m，只有实际长度的 1/5 左右）。FAST 动光缆疲劳寿命试验装置原理示意和实验场景如图 2.30 所示。

32　参见 2010 年中国科学院国家天文台 FAST 团队发布的《FAST-JAYD 96F 光缆机械性能试验大纲》。

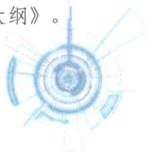

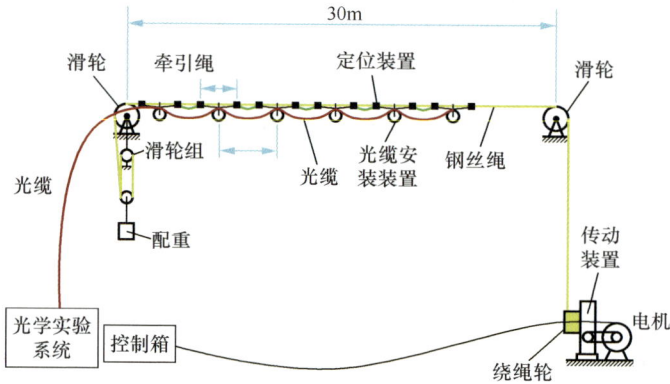

（a）原理示意

（b）实验场景

图 2.30　FAST 动光缆疲劳寿命试验装置原理示意和实验场景

　　通过大量的不间断试验，各合作方对特殊设计和制造的新型光缆结构和性能进行检验，共同分析试验发现的问题，并改进光缆的结构设计和材料，经过反复试验，最终确定了光缆的结构与设计，选用了烽火通信科技股份有限公司的动光缆定型产品。FAST 动光缆截面构造如图 2.31 所示，FAST 动光缆相关材料和性能参数如表 2.7 和表 2.8 所示。该产品是一种特制的大芯数、超稳定、弯曲可动光缆，采用 48 芯以满足 FAST 多通道信号传输的需求，并且克服了将 48 根直径为 250μm 的裸光纤穿过长度为 3m、直径为 0.9mm 的保护管等技术难点，有效地提高了光纤的稳定性，降低了安装难度，具有优异的光学传输性能[36]。

光纤
纤膏
松套管
中心加强件
缆膏
铝带
内护套
芳纶纱
外护套

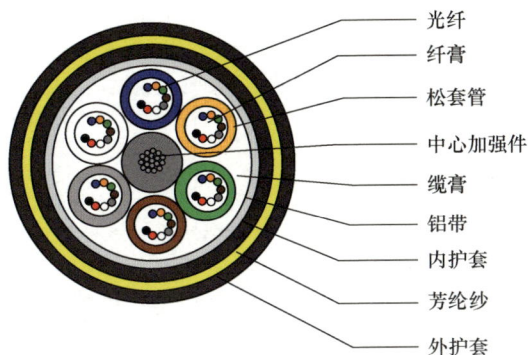

图 2.31　FAST 动光缆截面构造

表 2.7　FAST 动光缆相关材料

名称	材料或型号	说明	符合标准
外护套	线型低密度聚乙烯（Linear Low Density Polyethylene，LLDPE）	标称厚度为 1.5mm	GB/T 15065—2009
芳纶纱	芳纶纱	辅助增强，芳纶纱间隔放置，使护套间部分黏结	YD/T 1181.2—2008
内护套	LLDPE	标称厚度为 0.6mm	GB/T 15065—2009
铝带	双面覆膜铝带	扎纹	YD/T 723.2—2007
缆膏	触变性油膏	阻水、防潮	YD/T 839.3—2000
中心加强件	多股不锈钢钢丝绳	1.5mm ＋聚乙烯（Polyethylene，PE）护套厚度（mm）＝ 2.3mm	GB/T 9944—2002
松套管	聚对苯二甲酸丁二酯（Polybutyleneterephthalate，PBT）	直径为 2.15mm。颜色包括蓝、橙、绿、棕、灰、白	GB/T 20186.1—2006
纤膏	触变性油膏	阻水、防潮	YD/T 839.3—2000
光纤	G.657.A1	颜色包括蓝、橙、绿、棕、灰、白、红、黑	YD/T 1954—2009

注：光缆芯数为 48 芯；光缆直径为 11.9mm；光缆质量为约 130kg/km。

表 2.8　FAST 动光缆性能参数

项目		要求
允许的拉力	短期（光纤应变≤ 0.3%）	2200N
	长期（光纤应变≤ 0.05%）	1200N
允许的侧压力（短期）		1800N/dm

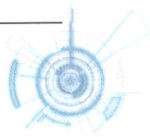

续表

项目	要求
使用温度	−30℃～60℃
弯曲疲劳寿命	不低于 6.6 万次 （实际试验超过 10 万次）
光功率实时起伏	不超过 0.5dB （实际试验不超过 0.044dB）

| 2.4 FAST 工程初步设计方案 |

2009 年 2 月，中国科学院和贵州省人民政府批复了 FAST 工程初步设计方案和概算（科发建复字〔2009〕14 号），总投资 6.6723 亿元。2016 年 3 月，中国科学院和贵州省人民政府下达了《关于调整 500 米口径球面射电望远镜国家重大科技基础设施项目初步设计方案及概算的批复》（科发函字〔2016〕104 号），调整后项目总投资 11.7 亿元。

FAST 总体性能指标没有变化，如表 2.1 所示。总体设计方案以科学目标、应用目标和建设目标为指引，采用总体设计、分步实施和逐步到位的设计思想，按照建设内容，FAST 工程分为 6 个系统，系统构成如图 2.8 所示。

初步设计方案进一步明确了台址勘察与开挖系统、主动反射面系统和馈源支撑系统的建设目标和技术性能指标。

2.4.1 台址勘察与开挖系统

台址勘察与开挖系统包括台址详勘、台址开挖和排水隧道工程等 3 个子系统。台址详勘的目标是根据前期的台址初勘结果和《岩土工程勘察规范》（GB 50021—2001）的规定及 FAST 工程的性质，对场地进行综合性岩土工程勘探，以查明场地岩土工程性质、地下岩溶发育状况和地下水埋深及动态变化，为工程建设打下良好基础。FAST 工程的重要性等级为一级，岩土工程勘察等级为甲级。台址详勘内容包括工程地质钻探、工程地质测绘、井下电视等，采用地微振测试、室内岩样和土样试验及其水质分析等勘探测试方法，对场地进行综合性岩土工程勘探。

　　台址开挖的目标是基于台址详勘资料、1∶1000 数字高程模型、高分辨率图像和土石方堆放场地,进行台址开挖施工方案的优化设计,计算最优土石挖方量,优化道路设计和排水工程设计,进行边坡防护和地灾治理,满足各系统设备基础的接口要求。

　　排水隧道是防止极端罕见大洪水导致排水不畅而设计的隧道,起点位于 FAST 台址底部,向东通往邻近的水淹凼排水,隧道长约 1.1km。除了大窝凼洼地底部原有的排水通道应保持畅通,排水隧道可显著增强大窝凼的泄洪能力。

　　建设期间,台址勘察与开挖系统进一步被细化为台址详勘、开挖及填方工程、灾害防治工程及边坡支护工程、道路工程、排水工程等子系统。建设期台址勘察与开挖系统的工作将在本书第 3 章介绍。

2.4.2　主动反射面系统

　　主动反射面系统的目标是建成目前世界上最大单口径天线的基于瞬时抛物面成形技术的主动反射面。反射面的功能是将接收到的电磁波反射到焦点,以便通过接收机对这些电磁波进行接收和记录。它具有主动变形功能以及抵抗背架和面板自重及风载荷等的作用。系统的主体结构采用索网支撑方式,反射面单元为三角形空间网架结构,通过促动器实现主动变形,并建造有防噪墙(建设期间取消)和挡风墙等。

　　主动反射面主体采用了柔性索网结构方案,它由周边支承结构(圈梁)、主索网(含下拉索和索网节点)、反射面单元(含背架结构和面板)、促动器、地锚等零部件组成,如图 2.32 所示。圈梁是内径为 500m 的格构式钢结构,它由 50 根 2～53m 高的钢结构支柱支承;主索网按照短程线型的网格划分方式编织成 500m 口径的球面,主索网的四周连接于外缘圈梁结构上,索网由约 7000 根主索、约 2400 个索网节点及约 2400 根下拉索组成;反射面单元被分割为约 4600 块,采用三角形结构,边长为 10～12m;每根下拉索连接促动器,促动器再与地锚连接,促动器采用三相交流电机和减速器驱动。另外,在反射面外缘安装了一圈金属网架结构作为防噪墙(建设期间取消)。在反射面周围建有挡风墙,以减少风载荷对反射面的影响。此外,主动反射面系统还包括监测反射面正常运行的健康监测子系统。

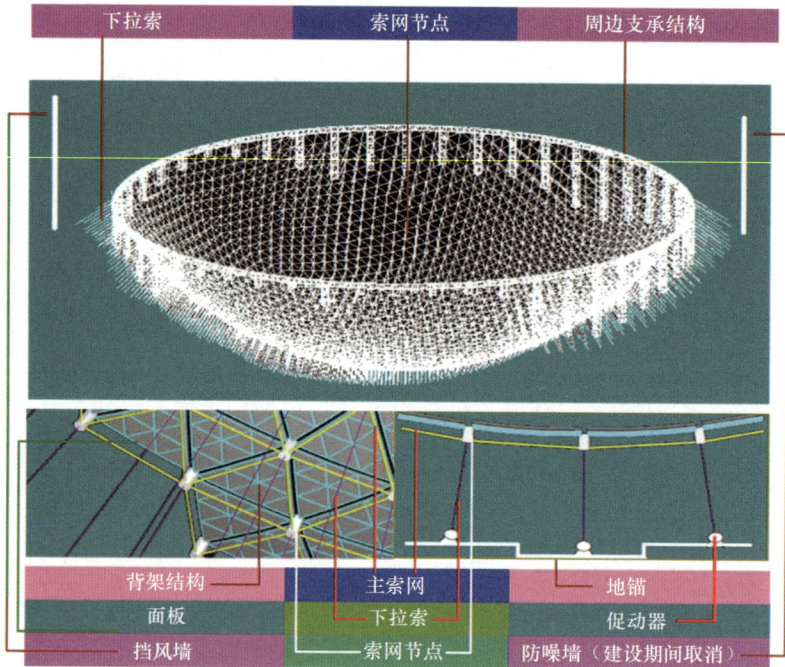

图 2.32　主动反射面系统构成

主动反射面系统总体技术性能指标及各子系统设计指标如表 2.9 所示 [33]。

表 2.9　主动反射面系统总体技术性能指标及各子系统设计指标 [34]

名称		功能作用和性能指标
主动反射面系统		在 500m 口径范围内可以连续形成口径为 300m、焦比为 0.467 的抛物面；变形抛物面表面误差为 5mm @1.5GHz；反射面透光率大于 35%；表面沿径向主动变形位移为 67 ～ 95cm；表面沿径向主动变形速度为 1.1 ～ 1.6mm/s。表面精度指标分解：面板设计误差为 2.2mm；面板制造误差为 2.5mm；面板温度效应法向误差为 1mm；索网误差为 2mm；安装误差为 1mm；测控误差为 2mm
子系统	圈梁结构	圈梁内径为 500m；支柱数量为 50 根；支柱高度为 2 ～ 60m。圈梁是球面主索网周边支承结构，必须保证结构的刚度和强度，为球面主索网提供有效的支承条件，结构型式的选取必须考虑喀斯特洼地地貌复杂性，做到结构传输路径简单，连接可靠，加工、制作及安装方便等。圈梁支柱基础与台址勘察与开挖系统之间存在接口，台址开挖需要考虑支柱周边区域的边坡防护和危岩防护

33　参见 2009 年中国科学院国家天文台发布的《国家重大科技基础设施建设项目——500 米口径球面射电望远镜（FAST）项目初步设计方案》。

34　表中所列为在初步设计阶段的主动反射面系统技术性能指标，随着项目在建设阶段的工作进展，部分中间性能指标有所修正。表 2.10 同理。

续表

名称		功能作用和性能指标
子系统	索网结构	索网结构支撑反射面单元，可通过控制下拉索使索网主体结构从球面变形为抛物面，以实现反射面的主动变形。 要求在 500m 口径范围内可以连续形成口径为 300m、焦比为 0.467 的抛物面。主索网节点拟合精度：误差 RMS 值为 2mm；下拉索最大拉力为 50 ～ 65kN。 按照短程线型的网格划分方式编织成 500m 口径的球面主索网，将主索网的四周连接于周边支承圈梁结构上，每个主索网节点连接下拉索使其作为稳定索和控制索，下拉索下端再与促动器连接，通过控制促动器实现反射面基准态的成形和工作态的变位
	反射面单元	每个单元为三角形结构，由背架、连接关节、调整螺栓和面板等组成。背架在顶点上均装有连接关节，通过这些关节将其悬挂在主索网上形成望远镜反射表面。背架和面板之间通过调整螺栓连接。 单元数量约 4600 块；索网节点约 2400 个；背架子结构为三角形结构，边长为 10 ～ 12m，铺设面板的背架节点拟合精度误差 RMS 值 ≤ 2.5mm
	促动器	制造 2400 套促动器。促动器可根据控制指令执行索网机构的变形运动与定位。工作拉力为 50 ～ 65kN；工作行程为 67 ～ 95cm；总行程为 100 ～ 120cm；速度为 1.1 ～ 1.6mm/s；定位精度为 ±0.25mm。 基本要求：能根据总线输入的目标位置执行指定伸长量；能在拉力指标范围内运动；压缩长度在保证总行程下尽量缩短；质量可靠，尽量减少维护工作；传动效率尽量提高；可自锁；可防雨、防锈、防虫、防雷击；电磁辐射小；自重轻，成本低
	地锚	促动器固定部分通过法兰盘与地锚连接。地锚抗拔力为 100kN；中心位置精度满足土建要求，即 ±2cm。地锚与地址勘察与开挖系统之间有接口，地锚上表面需适应洼地地形变化，其倾角范围为 0°～ 60°，地锚位置尽可能避开洼地内螺旋道路
	挡风墙及防噪墙	防噪墙（建设期间取消）位于圈梁结构上方，采用不锈钢钢丝网制成，高度为 42m。反射面四周设置挡风墙，顶端与圈梁上表面齐平。挡风墙体由彩钢板构成，其支承结构采用格构式桁架结构
	健康监测	实测反射面结构的风压分布和脉动风速、温度载荷及其分布场、关键部位结构应力和位移、结构整体振动、正常工作变位状态等，对超出正常界限和异常情况进行多级报警

2.4.3　馈源支撑系统

FAST 建设目标是建造馈源支撑和跟踪系统，包括 6 座百余米高的支撑塔、千米尺度的柔索支撑体系、约 15m 直径的馈源舱和舱内的 10m 尺度精调并联机器人。天文观测时，馈源支撑系统承载和驱动馈源在百米尺度的工作空间内运动，实时以毫米量级精度定位于瞬时焦点。

总体设计方案为在洼地周边山峰建造 6 座百余米高的支撑塔，建设千米尺度

的柔索支撑体系及其导索、卷索机构，以实现馈源舱框架的一级空间位置调整。两轴转向机构辅助调整馈源舱的姿态角，如图 2.33 所示。由于存在风扰和控制残差，一次支撑索系不能满足馈源的定位要求，最大位置偏差为 100mm。在直径约 15m 的馈源舱内安装并联机器人（斯图尔特平台），用于位姿的二级调整，实现馈源舱的空间定位精度为 10mm。舱体在空中 200m 的范围内运动，承载馈源的下平台俯仰角在 0°～40°内变化。

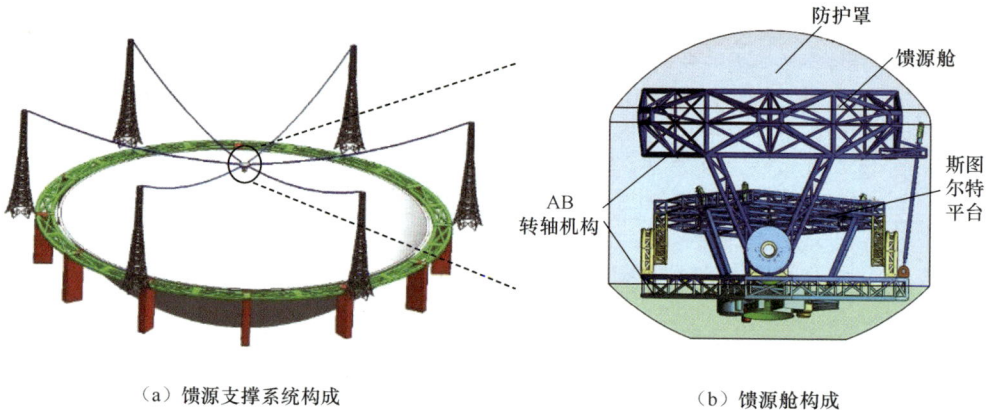

（a）馈源支撑系统构成　　　　　　　　　　（b）馈源舱构成

图 2.33　馈源支撑系统构成

馈源支撑系统总体技术性能指标及各子系统设计指标如表 2.10 所示。

表 2.10　馈源支撑系统总体技术性能指标及各子系统设计指标

名称		功能作用和性能指标
馈源支撑系统		焦面球冠空间：顶点距反射面中心高差约 140m，口径约 206m，球冠曲率半径约 160m；馈源舱不超过 30t，其中馈源平台承载约 3t；一次支撑索系空间定位精度为 100mm；二次精调定位精度为 10mm；最大跟踪速度为 11.6 mm/s；最大换源速度（无定位精度要求）为 200～400mm/s
子系统	支撑塔	在洼地周边山峰建造 6 座百余米高的支撑塔。6 座支撑塔按圆周等间距、轴对称排列，与反射面同圆心。相邻两座塔的位置相对于分布圆圆心所成张角为 60°。各塔在圆周的确切方位将根据望远镜对于支撑塔的使用要求、土建要求和建设成本来确定，并进行优化设计。支撑塔的高度：塔顶至反射面中心高差为 270m，塔分布圆直径为 600m，塔最低一阶自振频率为 1.0Hz。支撑塔基础与台址勘察与开挖系统之间存在接口，需要尽量避开洼地环形检修道路和螺旋道路。台址开挖需要考虑支撑塔周边区域的边坡防护和危岩防护

续表

名称		功能作用和性能指标
子系统	索驱动机构	与支撑塔相对应，建设千米尺度的柔性支撑体系，整个一次支撑索系由 6 根并联的柔性钢丝绳组成。各索一端与馈源舱相连，6 根索共同承担约 30t 的馈源舱静载荷，另一端绕过支撑塔顶的导向滑轮与地面的卷索机构相连。并联支撑索系与馈源舱和卷索机构共同组成柔索牵引并联机器人机构。当望远镜处于工作状态时，各索长度将随着馈源舱的运动而改变。 一次支撑索系空间定位精度为 100mm；最大跟踪速度为 11.6mm/s；最大换源速度（无定位精度要求）为 200 ~ 400mm/s；索径约 48mm，安全系数为 4.5，径绳比约为 50；6 索长度最大变化量约 200m。 工作状态下稳态索张力变化范围为 140 ~ 320kN，极端工况下可达 500kN。入舱信号传输采用特制的动光缆，5 年弯折疲劳寿命不低于 3.3 万次，信号传输实时功率起伏不高于 0.5dB
	馈源舱	由于索驱动机构难以满足馈源平台 10 mm 定位精度和指向角度的要求，舱内采用 AB 转轴机构进行姿态角度补偿以满足最大观测角需求，同时 AB 转轴机构串联一个斯图尔特平台以满足最终精度要求。 舱直径约 15m；总重约 30t；舱—索高强度连接关节接口有 6 个，位于舱重心上方 1m 左右；高精度靶标碳纤维支架接口有 4 个；舱内有约 3m 高的空间放置控制器材；提供密封舱外防护罩。AB 转轴机构两向转动角度为 ±25°，承载约 9t；斯图尔特动平台（馈源平台）姿态角工作空间为 ±5°，位置工作空间（含姿态角）为半径不小于 100mm 的空间球；动平台承载约 3t，高精度靶标碳纤维支架接口不小于 3 个，中心定位精度为 10mm
	舱停靠平台	在反射面中心处地面建造馈源舱装配、检测和维护平台，同时作为索驱动机构 6 索更换和维护的作业平台，其与台址勘察与开挖系统、主动反射面系统、接收机与终端系统、测量与控制系统均存在接口和配合的要求。 平台外接圆直径约 16m，高约 9m，承载馈源舱质量，满足馈源舱升舱、降舱等要求，满足与其他 4 个系统的接口衔接要求
	动态监测	实测支撑塔的风速和结构整体振动，监测索驱动机构、馈源舱和舱停靠平台工作状态等，对超出正常界限和发生异常情况进行多级报警

注：除支撑塔和索系、馈源舱和斯图尔特平台外，初步设计报告对馈源支撑系统无明确的子系统分类。为叙述方便，作者采用了建设期间的子系统分类方式。

本章小结

本章主要从望远镜的结构、机械和工程力学专业角度简要介绍了 FAST 从概念到初步设计阶段的经过，其中包括从初步设计方案被批复到 FAST 工程开工前夕的研发历程。在这个时间跨度几乎长达建设时间 3 倍的预研究和初步设计阶段，许多创新的概念被提出、分析论证、仿真计算或进行模型试验，各种可能的技术方案被探索、被试错，国内外许多高校、科研院所和企业都参与其中，与中国科

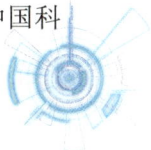

学院国家天文台一道为推动 FAST 工程完工付出了辛勤的努力。

　　本章主要介绍了主动反射面和馈源支撑两大工艺系统的初步探索和研究进展，追溯 FAST 两大创新概念提出的背景和对 FAST 的影响，为解决两大创新所面临的关键问题和技术难点，以及攻坚克难的初步历程。对主动反射面系统而言，其主体支承结构方案的演变、主动变形引发的索网结构超高应力幅疲劳问题、特殊要求的索网—反射面单元连接节点、满足 FAST 特殊工况的非标促动器是整个系统研发工作的核心。对馈源支撑系统而言，柔索牵引系统的力学性能及其所引发的馈源位姿分级调整机构和位姿控制精度问题成为系统研发的核心工作。FAST 团队为此先后建设了 3 个较大的缩尺试验模型，并建立了 1∶1 虚拟样机进行全程仿真论证，对影响柔性系统力学性能的阻尼进行了试验，最后一个机构完整的缩尺试验模型完全按照全程仿真推荐方案建设，检验了仿真结论。此外，FAST 团队还对核心的柔索牵引系统进行了优化设计，对入舱信号传输的动光缆进行了产品试验选型，使得馈源支撑系统设计朝工程可实施方向推进了一大步。

　　严格地说，FAST 初步设计距离工程可实施方案仍有不小的距离，其中一些参数和指标在建设过程中进行了修正和完善，还有一些遗漏的指标参数需要补充。直到工程开工前夕，FAST 工程仍有许多关键技术尚处于攻坚克难阶段，工程不确定性的风险仍然存在。这也体现了 FAST 这种国家大科学装置工程项目的特别之处。大科学装置工程项目的建设与一般的仪器和装备项目有很大的不同，主要体现在：①跟踪和瞄准前沿科学目标，追求装备性能超前，无现成成熟经验可供借鉴；②技术方案错综复杂，需要在建设中研制大量非标设备，具有工程与科学研究的双重属性；③工程经费和进度可能超出预定计划，甚至可能面临颠覆性失败的风险。

　　FAST 正在这种困难和希望并存、黑暗与光明同在的状态下不断前行，迎接新挑战的到来。

参考文献

[1]　　DUAN B, ZHAO Y, WANG J, et al. Study of the feed system for a large radio telescope from the viewpoint of mechanical and structural engineering[C]//Proceedings of the 3rd meeting of the Large Telescope Working Group and of a workshop on Spherical Radio Telescepes. Guizhou: China Building Industry Press, 1996: 85-102.

[2]　　DUAN B. A new design project of the line feed structure for large spherical radio

telescope and its nonlinear dynamic analysis[J]. Mechatronics, 1999, 9(1): 53-64.

[3]　KILDAL P S, BAKER L, HAGFORS T. Development of a dual-reflector feed for the Arecibo radio telescope: an overview[J]. IEEE Antennas and Propagation Magazine, 1991, 33(5):12-16.

[4]　PENG B, NAN R. Kilometer-square area radio synthesis telescope KARST project[J]. IAU Symposium, 1997, 179: 93-94.

[5]　QIU Y. A novel design for a giant Arecibo-type spherical radio telescope with an active main reflector [J]. MINRAS, 1998, 301: 827-830.

[6]　邱育海 . 具有主动主反射面的巨型球面射电望远镜 [J]. 天体物理学报 , 1998, 18(2): 222-228.

[7]　SU Y X, DUAN B. The mechanical design and kinematics accuracy analysis of a fine-tuning stable platform for the large spherical radio telescope[J]. Mechatronics, 2000, 10 (7): 819-834.

[8]　SU Y X,　DUAN B. The application of the Stewart platform in large spherical radio telescopes[J]. Journal of Robotic Systems, 2000, 17(7): 375-383.

[9]　罗永峰 , 邓长根 , 李国强 , 等 . 500m 口径主动球面望远镜反射面支撑结构分析 [J]. 同济大学学报 : 自然科学版 , 2000, 284: 497-500.

[10]　NAN R, REN G, ZHU W, et al. Adaptive cable-mesh reflector for the FAST[J]. Acta Astronomica Sinica, 2003, 44(suppl.): 13-18.

[11]　路英杰 , 任革学 . 大射电望远镜 FAST 整体变形索网反射面仿真研究 [J]. 工程力学 , 2007, 24(10): 165-169.

[12]　钱宏亮 , 范峰 , 沈世钊 , 等 . FAST 反射面支承结构整体索网方案研究 [J]. 土木工程学报 , 2005, 38(6): 18-23.

[13]　钱宏亮 , 范峰 , 沈世钊 , 等 . FAST 反射面支承结构整体索网分析 [J]. 哈尔滨工业大学学报 , 2005, 37(6): 750-752.

[14]　钱宏亮 . FAST 主动反射面支承结构理论与试验研究 [D]. 哈尔滨 : 哈尔滨工业大学 , 2007.

[15]　钱宏亮 , 范峰 , 金小飞 , 等 . FAST 30m 模型整体索网结构试验研究 [J]. 土木工程学报 , 2007, 41(4): 17-23.

[16]　孙欣 . 大射电望远镜悬索式馈源支撑系统的非线性静力学、运动学和动力学理论及方法的研究 [D]. 西安 : 西安电子科技大学 , 2001.

[17]　仇原鹰. 大射电望远镜馈源支撑与指向跟踪系统的力学模型分析及实验研究 [D]. 西安: 西安电子科技大学, 2002.

[18]　REN G, LU Q, ZHOU Z. On the cable car feed support configuration for FAST [J]. Astrophysics and Space Science, 2001, 278(1): 243-247.

[19]　ZHU W. Modeling of a feed support system for FAST [J]. Experimental Astronomy, 2004, 17: 177-184.

[20]　朱文白. FAST 望远镜天文规划和馈源支撑的相关研究 [D]. 北京: 中国科学院大学, 2006.

[21]　訾斌, 段宝岩, 杜敬利. 柔索驱动并联机器人动力学建模与数值仿真 [J]. 机械工程学报, 2007, 43(11): 82-88.

[22]　路英杰. 大射电望远镜馈源支撑系统定位与指向控制研究 [D]. 北京: 清华大学, 2007.

[23]　唐晓强, 邵珠峰, 姚蕊. 索驱动及刚性并联机构的研究与应用——"中国天眼"40m 缩尺模型馈源支撑系统研发 [M]. 北京: 清华大学出版社, 2020.

[24]　周潜. 斯图尔特机构在低频大幅主动减振中的应用研究 [D]. 北京: 清华大学, 2005.

[25]　KÄRCHER H J, LI H, SUM J, et al. Proposed design concepts of the FAST focus cabin suspension [C]//STEPP L M, GILMOZZI R. Proceedings of SPIE, Marseille, 2008-06. Bellingham: SPIE-International Society for Optical Engineering, 2008: 701239.

[26]　SUN J, NAN R, ZHU W, et al. Simulation model of FAST focus cabin for pointing accuracy analysis[C]//STEPP L M, GILMOZZI R. Proceedings of SPIE, Marseille, 2008-06. Bellingham: SPIE-International Society for Optical Engineering, 2008: 701701L.

[27]　BRUNO S, SIMON K, FRANCIS F, et al. Trajectory control of cable suspended FAST telescope focus cabin[C]//STEPP L M, GILMOZZI R. Proceedings of SPIE, Marseille, 2008-06. Bellingham: SPIE-International Society for Optical Engineering, 2008: 7018O.

[28]　孙京海. FAST 馈源支撑系统全过程仿真分析与实验研究 [D]. 北京: 中国科学院大学, 2010.

[29]　李辉, 孙京海, 朱文白, 等. FAST 望远镜柔性馈源支撑系统的全程仿真研究 [J]. 计算机辅助工程, 2011, 41(2): 133-154.

[30]　孙京海, 朱文白, 李辉. FAST 大跨度索牵引运动控制系统全过程仿真分析 [J]. 高技术通讯, 2012, 22(2): 192-197.

[31]　LI H, NAN R, KÄRCHER H J, et al. Working space analysis and optimization of the

main positioning system of FAST cabin suspension [C]//STEPP L M, GILMOZZI R. Proceedings of SPIE, Marseille, 2008-06. Bellingham: SPIE-International Society for Optical Engineering, 2008: 70120T.

[32]　李辉, 朱文白, 潘高峰. FAST 望远镜馈源支撑中的力学问题及其研究进展 [J]. 力学进展, 2011, 41(2): 155-177.

[33]　LI H, SUN J, ZHANG X, et al. Experimental study on the damping of FAST cabin suspension system[C]//STEPP L M, GILMOZZI R. Proceedings of SPIE, Amsterdam, 2012-07. Bellingham: SPIE-International Society for Optical Engine, 2012: 84445Y-1.

[34]　李辉, 朱文白, 潘高峰. 500 m 口径球面射电望远镜进舱缆线连接机构的设计及其静力学分析 [J]. 机械工程学报, 2010, 46(7): 7-15.

[35]　李辉, 朱文白, 潘高峰. 基于索力优化的 FAST 柔索牵引并联机构的静力学分析 [J]. 工程力学, 2011, 28(4): 185-193, 207.

[36]　LIU H, PAN G, LIN Z, et al. High-stability 48-core bendable and movable optical cable for FAST telescope optical transmission system[J]. Optical Fiber Technology, 2017, 38:1-6.

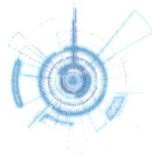

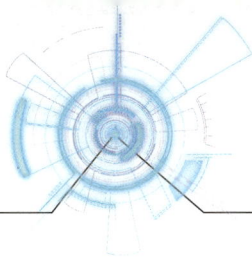

第3章 FAST 台址工程

　　利用天然的巨型岩溶洼地作为台址是 FAST 三项自主创新之一，是 FAST 工程概念的前提和基础。FAST 台址——大窝凼洼地由岩溶地貌发育天然形成，中下部地形十分类似于球冠形，洼地底部海拔为 841.2m，位于西偏南的最低垭口海拔为 981.2m，位于东北的最高山顶海拔为 1201.2m，洼地高差达 360m，完全封闭的地形高差为 140.0m。

　　大窝凼洼地除了有距今 2.2 亿年前中三叠统的白云质灰岩沉积地层作为物质基础，还受到多时期的构造整体抬升、断层活动产生的结构破碎、长期地下水和地表水应力的侵蚀、溶蚀等多个因素共同作用才发育形成。岩溶发育的必然性和岩层结构、局部地质构造的偶然性，鬼斧神工地造就了"U"形、巨型规模的大窝凼峰丛岩溶洼地。

　　洼地的形成有偶然性和随机性，巨型规模的洼地需要多个有利条件的共同作用，如地质断层或破碎带穿过、灰岩层不太厚也不太薄、岩层基本水平、区域地表和地下水力坡度明显加大等，也正是由于这些巨型洼地形成因素的共同存在，使得洼地的地形、地质构造和地下岩溶十分复杂，通常的工程建设都会避开大型岩溶洼地，而 FAST 工程选址于这种特殊的地形地貌环境，必将带来复杂多变的台址条件。

　　FAST 台址工程的目标就是充分利用大窝凼洼地的"U"形地形条件，为 FAST 创造适宜的"家"。台址的地质灾害可以通过台址开挖和不稳定边坡治理防治，使 FAST 工程结构的地基基础和场地环境稳定，消除不良边坡和地基对 FAST 的威胁，实现台址的"长治久安"。FAST 台址工程主要包括工程测绘、岩土工程勘察、台址开挖设计、台址开挖施工、不稳定边坡与地灾治理、排水工程、进场道路施工、台址稳定性监测等方面。岩土工程勘察、台址开挖设计、台址开挖施工和台址稳定性监测是其中重要的组成部分。

| 3.1　岩土工程勘察 |

大型工程建设的岩土工程勘察是针对工程所在的场地基础和岩土环境而展开的，即根据工程建设的要求分专题开展调查、测试与试验，分析、评价场地的地质基础、地质环境特征和技术参数，给出对工程建设的施工建议。岩土工程勘察通常包括对区域内水文地质、建设场地的地质灾害、构建物基础工程地质等方面的调查研究和分析判断。岩土工程勘察要对下列专题给出明确的报告：区域的地形地貌、气象和水文等；场地的不稳定边坡、不良基础类型和危害性质、危害触发工况和危害程度；场地岩土地层的构造、形成的地质年代、成因、土质类型、岩土类型、岩土结构及其空间差异和工程特性；通过采样测试或原位试验获得岩土地基的物理力学性质，评价工程建设的适宜性；查明地表水的径流方式、路径、流量、地下水类型、水质及埋深、补给、排泄条件及动态特征；按照工程特性和专项要求、工程设计和建设工艺要求，综合分析评价场地和地基的工程地质环境和条件，对不利的岩土条件提出切实可行的处理方案；明确提出岩土工程结论和合理化建议。

岩土工程勘察应按照时间先后分阶段进行，岩土工程勘察可分为可行性研究勘察、初步勘察、详细勘察、专项勘察、施工勘察等。阶段性勘察的目标和程度都不尽相同，勘察程度越来越详细、深入，勘察内容越来越专（项），勘察的部位也越来越细致、具体。其中，可行性研究勘察就是 FAST 选址阶段的前期综合调查工作，详见《中国天眼·总体卷》。

3.1.1　台址初勘

FAST 台址初勘[1]是在前期综合调查的基础上开展的。2006 年 3 月 21 日—7 月 26 日，贵州地质工程勘察院在贵州省黔南布依族苗族自治州平塘县克度镇金科村大窝凼进行 FAST 台址初勘，钻取大窝凼分水岭以内 21 个钻孔 1138m 进尺的岩芯，并开展了工程地质与水文地质及环境地质测绘、EH-4 连续电导率剖面测量（EH-4 Continuous Conductivity Profile Measuring）、跨孔电磁波计算机断层扫描（Computed Tomography，CT）透视、单孔超声波测试、地下水连通试验、钻孔注水试验、中心孔水位测量和地下水长期观测综合地质调查等勘察工作，为 FAST 工程的立

1　参见 2006 年贵州地质工程勘察设计研究院发布的《贵州省平塘县大窝凼 FAST 候选台址综合工程地质初勘报告》。

项推进提供了必要的基础岩土工程资料。

1. 气象和水文条件

大窝凼属中亚热带，冬春半干燥、夏季湿润型气候，四季分明，冬暖夏凉。年平均气温为 16.3℃，最冷月 1 月平均气温为 6.8℃，最热月 7 月平均气温为 25.4℃，最高气温为 38.1℃，最低气温为 –7.7℃。年平均最高气温 ≥ 30℃ 的天数为 65.7 天，最低气温 ≤ 0℃ 的天数为 14.1 天。平均无霜期为 316.7 天。年平均降雨量为 1259.0mm，集中于下半年。年平均降雨天数（日降水量 ≥ 0.1mm）为 174.5 天，日降水量 ≥ 5.0mm 的天数为 57.1 天，暴雨天数（日降水量 ≥ 50.0mm）为 3.6 天，大暴雨天数（日降水量 ≥ 100.0mm）为 0.3 天。最大日降水量曾达 172.0mm。年平均日照时数为 1316.9h，占可照时数的 30%，以夏季较多，冬季较少。年平均风速为 1.4m/s，全年以东北风为多，夏季盛行南风，冬季盛行东北风。全年静风频率为 48%，1 月静风频率为 39%，7 月静风频率为 50%，年平均雨凇天数为 1.6 天，最长持续时数可达 36h 以上，雨凇最多出现在 1 月和 2 月。年平均相对湿度为 80%，最大在夏季，达 83% 左右，最小在冬季，达 76% 左右。全年平均有雾天数为 45.0 天。

经调查，近 50 年来，大窝凼在大降水之后的最大淹没高程约为 842.15m，24h 之内可消完，落水洞有较强的消水能力；附近的六水（地名）在大降水之后的最大淹没高程约为 826.0m。上游航龙（地名）涨水之后，只有附近的水淹凼被地下水淹没，每年 1～3 次，历史上最大的淹没高程约为 772.5m。

2. 地形地貌条件

大窝凼东北距贵州省平塘县城约 85km，西南距贵州省罗甸县城约 45km，经省道、县级公路到达牛角（地名），从牛角到大窝凼修建了专门的毛石公路，勘探钻机设备可由 5t 货车运到大窝凼，交通比较方便。

大窝凼洼地所在地区位于贵州高原向广西丘陵过渡的斜坡地带，地势北高南低，区域内碳酸盐岩广泛分布，岩溶峰丘、洼地、落水洞极为发育，地形起伏不平，呈锯齿状，如图 3.1 所示。大窝凼洼地由一大一小两洼地组成（见图 3.2），小洼地位于大洼地北侧，它们被一梁状山脊分隔，隔梁顶标高为 928.50m。大洼地底标高为 841.2m，底部为稻田，地势平坦，稻田外围为缓坡旱地，有 12 户村民居住，东面、南面斜坡中部以上为阶梯状石崖陡壁和陡坡，西面为陡坡；小洼地底标高为 889.50m，底部为竹林，外围为缓坡旱地，东侧斜坡中部以上为石崖陡壁，其余为陡坡，无住户。大、小洼地边壁在标高 841.2m 到 980.0m 之间，组成一个相对闭合的大窝凼洼地，标高为 981.2m 以上不闭合，东、南、西、北四

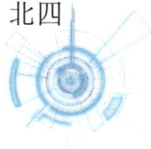

面各有一个垭口，其中东垭口标高为1095.90m，经垭口通向丁家湾；南垭口标高为1003.1m，属大窝凼的主要出入口，与进入大窝凼的毛石公路相连；西垭口最低，标高为981.2m，翻过垭口进入另一个洼地，洼地呈哑铃形，底标高范围940.6～953.10m；北垭口标高约1050m，通向热路、底笋。大窝凼地形剖面形态近似U形，水平方向断面的形状比较规则，近似圆形，以ZK6号钻孔为圆心，标高960m以东的半径约为250m，以西的半径约为340m，以北越过山梁到达小洼地北坡，半径约450m，以南半径约260m。洼地四周共有5个较大的山峰，最高峰位于洼地南东东侧，峰顶高程为1201.20m，地形最大高差为360m。

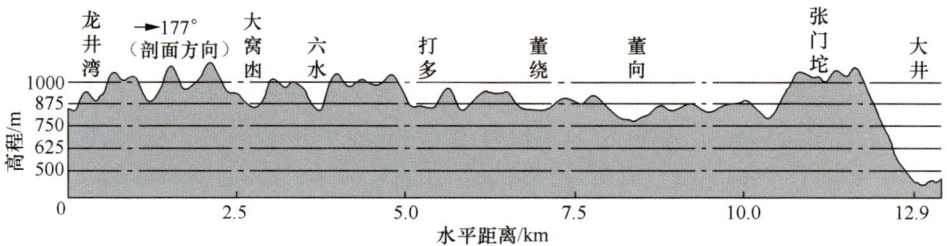

图3.1 大窝凼—大井地势

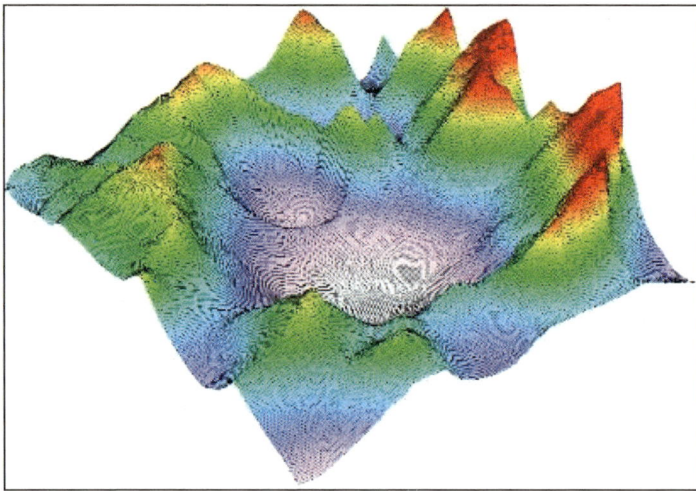

图3.2 大窝凼洼地地形地貌三维效果

3．地层岩性

大窝凼场地位于贵州省平塘县克度向斜东翼近轴部，轴部为三叠系沉积物（地层），两翼向东、向西分别出露二叠系沉积物（地层）和石炭系沉积物（地层）。

（1）石炭系（C，Carboniferous）

下统大塘组（C_1d）：沉积物以岩层为主，岩性变化大，下段为石英砂岩、中厚层灰岩夹页岩或硅质岩，厚度为 7 ～ 675m；上段主要为中厚层灰岩、瘤状及燧石灰岩，厚度为 300 余米。中统黄龙群（C_2hn）：上部为厚层块状致密灰岩，下部为块状结晶白云岩或白云质灰岩，厚度为 500m。上统马平群（C_3mp）：为块状致密灰岩，质地极纯，厚度为 250m 左右。

（2）二叠系（P，Permian）

中统茅口组（P_2m）：沉积物以岩层为主，由灰岩及瘤状白云质灰岩组成，厚度为 133 ～ 668m。上统吴家坪组（P_3w）：以中厚层燧石灰岩为主，偶夹硅质岩、页岩，底部为一层不稳定的 25 ～ 30m 厚的铁铅质黏土岩，局部含不连续的 1 ～ 5 层煤。

（3）三叠系（T，Triassic）

下统大冶组（T_1d）：沉积物以岩层为主，由薄至厚层灰岩及白云岩组成，厚度为 71 ～ 361m。中统小米塘组（T_2xm）：主要岩性为中至厚层细粒白云岩、白云岩化灰岩等，厚度为 500m 左右。中统凉水井组（T_2l）：主要为中至厚层致密灰岩、白云质灰岩，夹含泥质灰岩，厚度约 1600m。

（4）第四系（Q，Quaternary）

第四系沉积物分布零星，主要为坡积红黏土、残积红黏土、冲积沙砾层，厚度一般小于 5m，地形陡峻，洼地底部以及斜坡地带有成层崩塌块石堆积层分布，厚度变化大。

4．区域地质构造

台址区地处扬子准地台黔南台陷贵定南北向构造变形区南端与广西山字形构造体系的复合部，区域地质构造较发育，构造线总体呈南北向展布。

（1）褶皱

台址区内区域性褶皱主要有克度向斜、砂厂背斜及董当向斜，各褶皱构造的基本特征描述如下。

克度向斜： 系区内主要的褶皱构造，轴向总体呈南北向，轴迹延伸长达 50 余千米，轴迹向南被董当断层破坏，轴迹不清；在克度以西轴向向西突出呈弧形展布，克度以南，向斜轴部由中三叠统凉水井组地层组成，两翼地层则分别为下三叠统和二叠系地层。克度以北向斜轴和翼部地层均由下三叠统至石炭系地层组成。向斜轴部地层宽缓，两翼岩层产状稍陡，倾角为 5°～ 25°，东翼岩层较缓，倾角为 4°～ 18°，受董当断层（F_1）影响，其影响范围的岩层产状变陡，倾角达

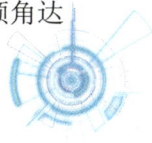

5°～35°，为不对称褶皱。

砂厂背斜：位于场地南外侧，轴向总体呈近东西向展布，由于受董当断层错移破坏，该断层以西背斜轴向呈北东 15°方向展布，以东则呈北西 205°方向展布，向东分别被董架断层（F_4）和腾子冲断层（F_5）错切，核部由二叠系中上统的茅口组和吴家坪组地层组成，两翼地层为三叠系中下统大冶组、小米塘组和凉水井组地层，背斜南翼岩层产状较陡，倾角为 20°～30°，北翼较缓，岩层倾角为 10°～18°，核部狭窄，为一斜歪褶皱。

董当向斜：位于砂厂背斜南侧，轴向总体呈近东西向展布，由于受董当断层错切和影响，断层西侧轴向为北东 25°，东侧则为北西 295°，向东扬起，向西倾伏，轴部由中三叠统边阳组和小米塘组地层组成，两翼地层为下三叠统地层，向斜轴部较宽缓，岩层倾角为 4°～10°，两翼岩层产状较陡，其中南翼岩层产状稍陡，倾角为 25°～30°，北翼稍缓，岩层倾角为 10°～20°，为一宽缓不对称褶皱。

（2）断层

台址区内断层较发育，共发育 F_1、F_2、F_3、F_4、F_5 这 5 条规模不等的断层，按其展布方向可以分为南北向和北西向两组，尤其以南北向组最发育。各断层的基本特征如下。

① 董当断层（F_1）：发育于克度向斜东翼近轴部处，是场地规模最大的断层，走向为南北向，区域上延伸长约 20km，在场地南侧错切克度向斜轴、砂厂背斜轴和董当向斜轴，错距为 500～800m，并破坏克度向斜南部轴迹，使得其向斜轴迹不清；断层破碎带发育，宽约 30m，由断层角砾岩及断层泥组成，角砾棱角分明，大小不等，普遍有后期溶蚀和溶隙充填胶结现象，胶结物为钙质，充填物为碎石黏土，产状为倾向 265°～270°、倾角为 60°～75°，为上盘下降的张性正断层。该断层两盘地层均由中下三叠统和中上二叠统地层组成，通过场地时两盘岩层均为中三叠统凉水井组灰岩、白云质灰岩夹泥质白云岩、泥灰岩。受断层影响，两盘岩性产状变陡，尤其是西盘岩层倾角达到 18°～35°，东盘稍缓，岩层倾向北东，倾角为 4°～12°。两盘岩层相背倾斜。

② 店塘断层（F_2）：发育于董当断层东盘，在场地南缘被董当断层阻切，向南延伸又被 F_3 断层错切，走向为北西 345°，延伸规模约 1km，断层破碎带发育，宽约 1.5m，由断层角砾岩组成，钙质胶结，断层面清楚，断层产状为倾向北东 75°、倾角为 86°，两盘岩层均为中三叠统的凉水井组灰岩、白云质灰岩、泥质白云岩，岩性基本相同，断层不清，但受断层影响，两盘岩性明显相对或相背对

倾斜，而且南西盘岩层产状比北东盘岩层产状陡，为一正断层。

③ F₃ 断层：位于场地南外侧，走向为北西 300°，向西延伸被错切店塘断层，并被董当断层阻切，延伸规模大于 2km。断层破碎带清楚，宽约 10m，由断层角砾岩及断层泥组成，钙质胶结。断层倾向北东 30°，倾角为 80°，两盘岩层均为中三叠统凉水井组的岩性，断距不清，据地貌及岩性判断，为一张扭性断层。

④ 董架断层（F₄）：位于董当断层东侧，与之相距（平距）约 6km，走向近南北向，区域延伸长约 10km。断层倾向东，倾角为 63°～82°，两盘地层均为中下三叠统凉水井组、小米塘组和大冶组，地层断距约 200m，为一上盘下降的张性正断层。

⑤ 腾子冲断层（F₅）：位于场地东外侧，与之相距（平距）约 12km，北段走向呈南北向，南段走向为北东 15°，区域延伸长大于 15km。断层倾向东，倾角为 50°～60°，两盘地层均为二叠系及三叠系地层，地面断距约 300m，为一上盘下降的张性正断层。

（3）区域性节理裂隙

受区域构造应力场的影响，台址区内主要发育两组节理，其走向分别为北东 30°～45° 及北西 320°～340°，有的节理已发展成裂隙，宽度为 0.1～0.5m，常有碎石黏土充填，其贯穿性强。这两组节理为 X 剪节理，在台址区内较发育。

（4）构造配套及分期

台址区内发育南北向和近东西向两组褶皱，次级褶曲不发育，仅在断层附近有一部分拖拉褶曲和岩层的挠曲现象，从地层展布情况及褶曲和轴（核）部和翼部地层与断层的关系可知：区内近东西向褶皱形成时间早于南北向褶皱形成时间，在受东西向地层挤压，形成南北向褶皱的同时，南北向纵张节理和北东、北西向 X 形剪节理，挤压后期的舒张，应力释放就在南北向纵张节理的基础上形成南北向的张性正断层和北西向的张扭性断层，所发育的断层挽近期没有活动迹象。因此，区内的地质构造发育经历了多期次、多序次的发生和发展，才形成区内当今的地质构造格局。

5．活动断裂及地震

根据贵州省地质局于 1980 年完成的资料《贵州主要构造体系与地震分布规律》，经过大窝凼的董当断层（F₁）不是贵州主要构造体系，不属于挽近期活动断层，为地区性的一般断层。工作区及克度镇周边的主要活动断裂有松桃—碧痕营断裂带、罗甸八茂断裂带、惠水—边阳断裂带、贵定中田坝断裂带、平塘开花

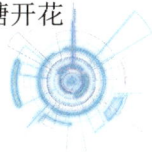

寨断裂、都匀断裂、独山断裂、福泉黄丝断裂等。

（1）松桃—碧痕营断裂带

该断裂带属新华夏构造体系，总体走向北东55°～60°，断层延长为570km以上，北东方向延伸进入湖南，与大庸——慈利活动断裂带相交。断层面倾向南东或北西，两盘地层为新元古代下江群地层至二叠系地层，断层破碎带显著，挤压强烈，拖曳褶曲发育，岩石具硅化。

由牵引褶曲及地质体之错移所指示的断层反钟向扭动清楚，力学性质属扭压性。断裂带南端碧痕营地区发育了复杂的第四纪断陷槽谷，其中的下更新统地层厚度达数十米，且微具倾斜和发育小断层。断陷槽谷附近历史地震较多，4.8～5级地震就有4次，近年来小震又较为频繁。另在贵阳等地亦有历史地震记载，断裂的挽近期活动性质可能为扭张。

（2）罗甸八茂断裂带

该断裂带属新华夏构造体系，总体走向北东45°，长约35km，倾向南东或北西，倾角为55°～83°，切割二叠系至中三叠统地层，有燕山期辉绿岩侵入。断层破碎带发育，宽50～100m，由角砾岩、透镜状石英晶体团块组成，断层面沿走向及倾向均呈舒缓波状，具有少量擦痕，属压扭性断裂。沿断裂带形成谷地和山鞍，断裂既控制了早第三纪盆地的形成，又切割了下第三系地层。

（3）惠水—边阳断裂带

该断裂带属川黔经向构造体系，总体走向南北，呈向西凸出的弧形，长约98km，北段主要据航片上之断裂形迹连接。断层倾向西，倾角为40°～70°，表现为压性。断层破碎带发育，有角砾岩分布，并具有牵引褶曲，断层发育在石炭系——三叠系地层中。它的挽近期活动控制了自早第三纪以来惠水地区断陷盆地的发育，以及现今河流的延伸方向和河曲的展布，并切断了第三系。断裂带上的惠水等地有历史地震记载，1970年在断杉附近发生过3级地震。断裂的挽近期活动在惠水地区明显表现为张性，断层三角面也较显著。

（4）贵定中田坝断裂带

该断裂带属川黔经向构造体系，总体走向南北，长约56km，黄丝断层以北倾向东，以南倾向西，倾角为40°～70°，切割石炭系至中三叠统地层，局部见约20m宽的破碎带，最大断距约500m，属压性断层。沿断裂带发育洼地或山间谷地，断层崖亦明显。断层北段有低温热水出露，贵定附近在1819年曾发生过5.75级地震，显示断裂的现代活动相对较剧烈。

（5）平塘开花寨断裂

该断裂带属川黔经向构造体系，总体走向南北，倾向西或东，倾角陡，长约45km，切割石炭系、二叠系地层，断距最大约500m，属张性或压扭性断裂。断裂带具有多期活动特点。在开花寨地区既控制了晚第三纪断陷盆地的形成，又穿切了第三系地层，断距为40m左右。由于断裂的近代活动，在开花寨一带，现仍发育有规模不大的断陷盆地。旁侧断崖显著，1980年还发生了3.5级地震。

（6）都匀断裂

该断裂带属川黔经向构造体系，总体走向近南北，倾向东，倾角为45°～65°，长为99km左右，切割了中寒武统至中三叠统地层，最大断距约2000m，一般为200～500m，自北而南断裂活动迹象显示，沿断裂带形成谷地、山鞍或陡距逐渐减小，断裂带发育了断层角砾岩，局部宽度达50余米，力学性质属压性断裂。其挽近期缓地形的分界，在都匀地区发育条形断裂盆地，附近有低温热水出露。都匀地区曾有过多次历史地震记载，1976年尚有震感。

（7）独山断裂

该断裂带属川黔经向构造体系，总体走向北东25°左右，长约60km。断层发育于泥盆系至二叠系地层中，一般向西倾斜，倾角较陡，断距可达数百米至2000米。在独山附近，上部发育仰冲牵引褶曲，破碎带宽约200m，由角砾岩和灰岩透镜体组成，影响带的破碎岩块上有巨大的构造镜面，其上擦痕陡斜；甲涝河附近的强烈挤压带宽约100m，石炭系砂页岩十分破碎，断面上有宽约5m的直立岩带及构造透镜体、挤压片理等，阻水性良好；在南端新场附近，断裂穿切下第三系，断距仅为30～40m，第三系还发育了北西西至东西向的张裂或扭张断裂。这些现象表明经向构造带的独山断裂，在形成时期可能为纵张断裂，之后经过多次活动，而近代表现为压或压扭性活动。

（8）福泉黄丝断裂

该断裂带属川黔经向构造体系，总体走向近东西，略呈向南凸出的弧形，长为45km左右。断层倾向南，倾角为58°～70°，切割上寒武统至中三叠统地层，断距东段约为1500m，西段约为200m，中段见断层角砾岩带，宽为1～1.5km，属经向构造带的槽张断裂。断裂控制了志留、泥盆、石炭系地层的沉积。断裂带在地貌上形成山间谷地，旁侧断崖或断层三角面发育，在黄丝附近尚有断裂台地分布。断裂曾多期活动，且近代的活动性质为张性。

川黔经向活动断裂是工作区周边的主要活动断裂，就发震的具体构造位置而

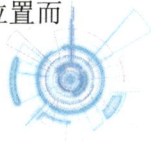

言，川黔经向活动断裂与伴生的近东西向断裂的交会地段、与新华夏系北东—北北东向断裂的斜接或反接部位，易于发震。大窝凼及其附近没有川黔经向活动断裂、新华夏系活动断裂经过，不易发震。

台址及克度镇周边的挽近活动断裂都属于全新活动断裂，其中的松桃—碧痕营断裂带和贵定中田坝断裂带的地震震级不小于 5 级，可进一步判定为发震断裂；工作区和克度镇周边的活动断裂的地震震级都小于 6 级，基分级属于Ⅲ级微弱全新活动断裂。

场地工程地质经过工程地质测绘、钻探、单孔超声波测试、EH-4 测试及跨孔电磁波 CT 透视，初步查明大窝凼洼地岩土类有三叠系中统凉水井组（T_2l）碳酸盐岩、断层角砾岩、第四系崩塌堆积块石（Q^{col}）及黏土（Q^{dl}），三叠系中统凉水井组 T_2l 进一步被细分为 T_2l^1 白云质灰岩、T_2l^2 含泥质灰岩及 T_2l^3 白云质灰岩，其中 T_2l^1 白云质灰岩、T_2l^3 白云质灰岩岩性相同。

6. 岩土厚度及其分布

经过钻探、单孔超声波测试、跨孔电磁波 CT 透视及 EH-4 测试，初步查明岩土层的厚度及其分布，如图 3.3 所示。

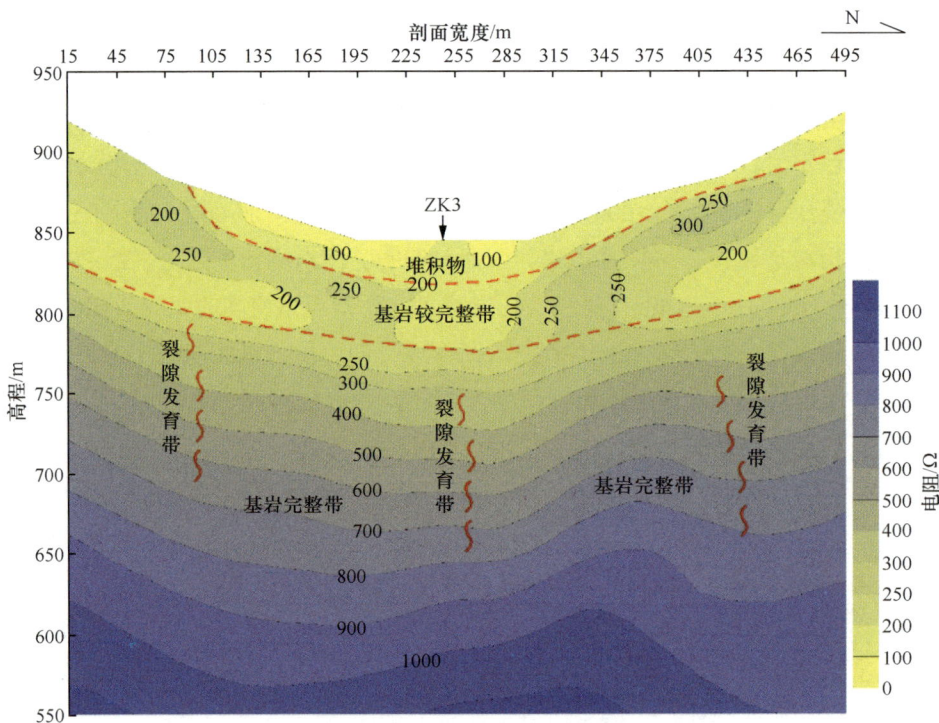

图 3.3　FAST 候选台址初勘 EH-4 勘测Ⅲ剖面图

① T_2l^1 白云质灰岩：未出露地表，只在 ZK11、ZK18、ZK19、ZK20 号孔深部遇到。

② T_2l^2 含泥质灰岩：出露于大窝凼洼地东侧 ZK10 号孔一带，属大窝凼洼地东侧缓坡过渡到陡坡地带的基岩层，ZK7～ZK9 号孔一带被埋藏于块石之下，层顶高程为 808.78～829.41m。

③ T_2l^3 白云质灰岩：属于大窝凼洼地的主要地层，大范围分布和大面积出露地表，陡坡及石崖主要由该岩层组成，缓坡地带该岩层埋深一般为 5～20.6m，南坡 ZK20 号孔处达 42.1m。

④ 断层角砾岩：董当断层近南北向经过大窝凼洼地，沿 ZK19—ZK16—ZK14 号孔分布，破碎带宽度约 30m，角砾碎块为白云质灰岩，被方解石脉、方解石团块以及钙泥质胶结，岩石成分不均匀。在大窝凼洼地内，董当断层角砾岩被覆盖，埋深为 3～33.1m。

⑤ 第四系崩塌堆积块石：崩塌形成，块石成分主要为白云质灰岩，偶见断层角砾岩块、碎石，主要分布于洼地底部及坡度不大的斜坡地带。在大窝凼洼地内，斜坡地段块石堆积层厚度为 0～42.1m（ZK20 号孔），洼地底部的块石堆积层厚度一般为 20.6～38.5m。ZK6、ZK17 号孔未钻穿，厚度分别超过 62.35m、45.17m。

⑥ 黏土：分布于洼地的底部，大窝凼洼地黏土层厚度为 2.8～5.7m。

7. 岩土工程特性及物理力学性质

根据物质组成、结构构造及成因的不同对场地地层进行一级岩土单元划分，在此基础上按岩体的完整程度、风化情况、波速特性对一级岩土单元进行二级单元划分，按密实程度及波速特性对块石进行二级单元划分，按网纹裂隙发育情况及有机质含量等对黏土进行二级单元划分。台址场地典型钻探岩芯如图 3.4 所示。

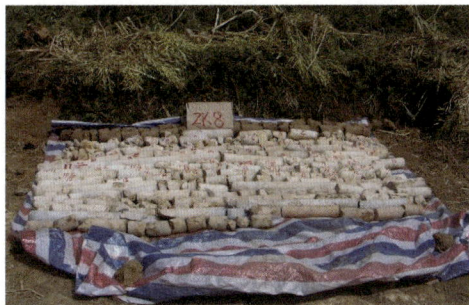

图 3.4　典型钻探岩芯

① A_1 单元。为较完整（局部完整）白云质灰岩，呈浅灰色、灰色，微晶至细晶结构，厚层状，钻探采芯呈柱状，柱状岩芯长度一般为 15～35cm，个别岩芯长度达 100cm，岩溶现象不发育，岩石硬脆，中至微风化，岩芯采取率一般为

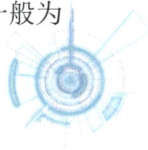

75%～85%，局部达 100%。单孔法超声波测试纵波速一般值 V_p=3450～4450m/s，厚度加权平均值 $\overline{V_\mathrm{p}}$ =3900m/s，块样 $\overline{V_\mathrm{p}}$ = 4650m/s，岩体完整性指数 K_v=0.55～0.90，$\overline{K_\mathrm{v}}$ = 0.70。A_1 单元为 T_2l^1 及 T_2l^3 白云质灰岩的主体。

②A_2 单元。为较破碎白云质灰岩，呈浅灰色、浅黄灰色，微晶至细晶结构，厚层状，节理较发育，方解石脉较多，钻探采芯呈碎块及少量柱状，岩芯采取率一般为 55%～75%，中风化。单孔法超声波测试纵波速一般值 V_p=2750～3450m/s，厚度加权平均值 $\overline{V_\mathrm{p}}$ = 3040m/s，块样 $\overline{V_\mathrm{p}}$ = 4650m/s，岩体完整性指数 K_v= 0.35～0.55，$\overline{K_\mathrm{v}}$ = 0.43。A_2 单元呈透镜状零星分布于 A_1 单元之上或穿插于 A_1 单元之中。

③B_1 单元。为较完整（局部完整）含泥灰质岩，呈浅灰色、浅黄灰色，泥晶至微晶结构，中至厚层状，无软弱夹层。钻探采芯呈柱状，岩芯长度一般为 10～30cm，少数达 40～50cm，岩芯采取率一般为 65%～80%，局部可达 95% 以上，岩溶不发育，岩石致密，中至微风化。单孔法超声波测试纵波速一般值 V_p=3000～3800m/s，厚度加权平均值 $\overline{V_\mathrm{p}}$ = 3300m/s，块样 $\overline{V_\mathrm{p}}$ = 4050m/s，岩体完整性指数 K_v=0.55～0.88，$\overline{K_\mathrm{v}}$ = 0.66。B_1 单元为 T_2l^2 含泥质灰岩的主体。

④B_2 单元。为较破碎含泥质灰岩，呈浅黄色、褐灰色，泥晶至微晶结构，中至厚层状，无软弱夹层。钻探采芯呈碎块及少量短柱状，岩芯采取率一般为 40%～60%，方解石脉发育。单孔法超声波测试纵波速一般值 V_p=2400～3000m/s，厚度加权平均值 $\overline{V_\mathrm{p}}$ = 2800m/s，块样 $\overline{V_\mathrm{p}}$ = 4000m/s，岩体完整性指数 K_v=0.35～0.55，$\overline{K_\mathrm{v}}$ = 0.49。B_2 单元呈透镜状上覆于 B_1 单元之上或穿插于 B_1 单元之中。

⑤C_1 单元。为较完整断层角砾岩，呈红灰色、灰白色，由白云质灰岩碎块被方解石脉、方解石团块及少量钙泥质胶结而成，角砾碎块尺寸从 1cm×2cm×3cm 至 100cm×200cm×300cm 不等，胶结程度较好，钻探采芯以柱状为主，节长一般为 10～30cm，岩芯采取率一般为 45%～65%，岩质较硬脆，中风化，局部微风化。单孔法超声波测试纵波速一般值 V_p=3410～3900m/s，厚度加权平均值 $\overline{V_\mathrm{p}}$ = 3550m/s，块样 $\overline{V_\mathrm{p}}$ = 4600m/s，岩体完整性指数 K_v=0.55～0.75，$\overline{K_\mathrm{v}}$ = 0.60。

⑥C_2 单元。为较破碎断层角砾岩，角砾碎块成分主要为白云质灰岩，块径从 1cm×2cm×3cm 至 100cm×200cm×300cm 不等，被方解石和钙泥质胶结、半胶结，大块体间偶见未完全固化的黏土混碎石角砾等细粒充填物，结构不均

匀，较疏松。钻探采芯多呈碎块状，偶见大块石的柱状岩芯，岩芯采取率一般为 30%～45%，中风化。单孔法超声波测试纵波速一般值 V_P=2720～3410m/s，厚度加权平均值 $\overline{V_p} = 3000$m/s，室内块样 $\overline{V_p} = 4600$m/s，岩体完整性指数 K_v=0.35～0.55，$\overline{K_v} = 0.43$。C_2 单元上覆于 C_1 单元之上或穿插于 C_1 单元内。

⑦ D_1 单元。为崩塌堆积块石，崩塌形成，块径大小悬殊，大的达 3.0m×4.0m×5.0m 以上，小的只有 1cm×0.2cm×3cm 左右，大小混杂，块石含量一般为 90%～95%，块体间为黏土、碎石、角砾的混合体充填物，充填物含量一般为 5%～10%。该单元为古崩塌的堆积物，块体间的充填物一般已经固化，对块体具有较强的黏结作用。单孔法超声波测试纵波速一般值 V_P=2500～3500m/s，波速值较大。D_1 单元为块石堆积层的主体。

⑧ D_2 单元。块体成分、块径大小、块体之间的充填物以及各组分的含量与 D_1 单元的基本相同，但充填物的固化程度高低不一，一般以松散和半固化为主，导致结构松散，钻探掉块、垮塌现象严重。单孔法超声波测试纵波速一般值 V_P=1410～2500m/s。D_2 单元主要为近期崩塌堆积形成的，上覆于 D_1 单元之上，厚度为 0～5.0m，局部呈透镜体分布于 D_1 单元之中。

⑨ E_1 单元。为黏土层的上半部分，呈黄色、褐黄色，网纹裂隙极发育，可塑状。

⑩ E_2 单元。为黏土层的下半部分，呈灰褐色、褐黑色，含少量有机质，略具有腥臭味，可塑状。

根据岩样测试、统计、计算，参照《建筑地基基础设计规范》（GB 50007—2002）、《建筑边坡工程技术规范》（GB 50330—2002）、《建筑基坑支护技术规程》（JGJ 120—99）及《工程地质手册》[1] 等有关规范、规程、手册规定，各岩土单元物理力学指标及承载力建议值如表 3.1 所示。

表 3.1　各岩土单元物理力学指标及承载力建议值

岩土类型	单元编号	天然重度/（kN·m⁻³）	干重度/（kN·m⁻³）	湿重度/（kN·m⁻³）	干抗压强度/MPa	湿抗压强度/MPa	弹性模量/GPa	泊松比	内聚力/kPa	内摩擦角/°	压缩模量/MPa	变形模量/MPa	承载力特征/kPa
白云质灰岩	A_1	—	27.1	27.3	48.8	31.4	40.7	0.23	700	40	—	—	6200
	A_2	—	27.0	27.2	48.8	31.4	30	0.24	280	30	—	—	4500

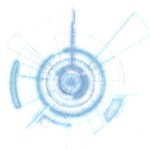

续表

岩土类型	单元编号	天然重度/(kN·m⁻³)	干重度/(kN·m⁻³)	湿重度/(kN·m⁻³)	干抗压强度/MPa	湿抗压强度/MPa	弹性模量/GPa	泊松比	内聚力/kPa	内摩擦角/°	压缩模量/MPa	变形模量/MPa	承载力特征/kPa
含泥质灰岩	B_1	—	25.2	25.7	31.7	25.6	31.6	0.24	300	30	—	—	5100
	B_2	—	25.1	25.6	31.7	25.6	25.0	0.25	200	25	—	—	3800
断层角砾岩	C_1	—	25.6	27.2	17.3	16.1	32.9	0.23	100	25	—	—	3200
	C_2	—	25.3	26.9	17.3	16.1	20	0.26	80	20	—	—	2300
崩塌堆积块石	D_1	—	22	25	—	—	—	—	50	25	—	120	1500
	D_2	—	22	25	—	—	—	—	20	20	—	30	400
黏土	E_1	17.8	—	—	—	—	—	—	31.3	5.3	4.4	—	130
	E_2	17.8	—	—	—	—	—	—	25.0	5.0	4.0	—	110

8. 岩溶发育规律

影响岩溶发育的首要因素是碳酸盐岩类岩石中的化学成分，其中的钙、镁等可溶物含量以及酸不溶物含量所占比例直接影响岩溶发育的速度和强度。

区内主要分布地层为三叠系中统凉水井组（T_2l）白云质灰岩、含泥质灰岩，以及小米塘组（T_2xm）白云岩、白云质灰岩的纯碳酸盐岩，据贵州省地质调查院大小井流域调查，凉水井组（T_2l）中的白云质灰岩和含泥质灰岩 CaO 含量为 54.13%、MgO 含量为 0.52%、CaO/MgO 是 104.10、酸不溶物含量为 0.69%，小米塘组（T_2xm）白云岩、白云质灰岩 CaO 含量为 54.85%、MgO 含量为 0.31%、CaO/MgO 是 174.61、酸不溶物含量为 0.29%，岩层中丰富的钙镁物质为区内岩溶发育奠定了基础。

大窝凼周区岩溶发育以区域岩溶为特点，同一地层和地势的岩溶发育具有较好的一致性。

① 岩溶发育多沿构造断裂呈带状分布，如大井地下河主管道主要沿近南北向的董当断层发育。

② 岩溶发育沿有区域优势的北东、南东向一组共轭裂隙呈 X 形发育，如地表所见溶蚀裂隙、沟槽及深部 CT、EH-4、前期高密度电法剖面反映的低阻段连线勾画的岩溶发育带等。

③ 区域地下水或地下河管道、洼地等地下水排泄基准面控制了岩溶发育深度，如六水岩溶泉出露高程均为 820m 左右，其受洼地排泄基准面控制；大小井地下河主管道或其支流管道控制着控制区的发育深度，通过钻探、CT、EH-4、前期高密度电法剖面成果，工作区大窝凼洼地垂向岩溶发育规律为第一个发育带位于高程为 880 ～ 882m 处，第二个发育带位于高程为 800m 左右处，岩溶发育最大深度接近高程为 760 ～ 640m 处。

④ 勘察工作的各种勘探手段都反映在大窝凼洼地内 250m 以上深度范围均未有大型溶洞或岩溶管道发育。

9. 斜坡稳定性分析与评价

大窝凼四周陡坡及石崖壁上有松动危岩体分布，斜坡中下部至洼地底有成层分布、厚度及其变化较大的崩塌块石堆积体分布，斜坡稳定与否对工程建设的决策意义重大，需要有明确的结果。

进行地质测绘时发现工作区的陡坡、石崖有 12 处明显的松动危岩体分布。在大窝凼洼地内有 BT01 ～ BT06、BT08、BT09 共 8 处，其中 BT01 ～ BT06 集中分布于大窝凼洼地南坡至北坡上。自然状态下崩塌规模不大，塌落之后多被斜坡植被阻拦后就地堆积，采取必要的工程措施（如清除、岩锚加固或布设拦阻墙、网等）之后，可进行工程建设。

现状斜坡（没有被开挖）在天然状态下，即使整个边坡全部饱水，稳定性系数仍大于 1.23，属于稳定态。

整体向下开挖约 10.0m，使崩塌块石的坡面平稳，质量减少，在天然状态和饱水加地震作用的不利工况组合条件下，稳定性系数大于 1.3，合理开挖后的斜坡也属于稳定态。

经过场地的董当断层破碎带胶结总体良好，不属于活动断层；综合勘探深度范围内没有发现大规模溶洞；覆盖土层主要为块石层，一般为胶结—半胶结状态，承载力大，场地土类型为中硬—坚硬土；T_2l^2、T_2l^3 白云质灰岩、含泥质灰岩是场地主要地层，坚固性好。工程地质、环境地质测绘没有发现岩溶塌陷、不均匀沉降地质灾害。地基稳定性良好。

场地所在地区抗震设防烈度为 6 度，设计的基本地震加速度为 0.05g，抗震

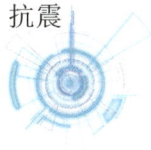

设防分组为第一组。场地分布的岩土承载力大,不存在振动液化问题。同一建(构)筑物基础应选择坚固性变化不大的同一组地层作基础持力层,也可将基础同时置放在坚固性相近(如白云质灰岩和含泥灰岩)的不同地基岩层上。地震也易使陡坡、石崖上的零星松动危岩体发生崩塌,应引起重视。

10. 水文地质

FAST 台址地下水主要可分为第四系松散岩类孔隙水和碳酸盐岩类溶洞裂隙水。第四系松散层的孔隙是地下水的储集场所。受构造因素影响,岩体北东和南东向两组共轭裂隙和表层风化裂隙发育,经溶蚀,裂隙空间规模不断加大,成为大气降水入渗通道和地下水储集运移的空间。

FAST 台址地下水属于两源型补给,主要接受大气降水补给,区内年降水量较为充沛,但在时空上分布不均。地域上,降水量分配的总体趋势为从上游向下游逐渐减少;时间上,每年丰水期降水量占全年降水总量的 50% ~ 70%,是地下水接受补给的主要时期,其他季节降水少,地下水接受补给的量较少。

FAST 台址地下水接受补给的方式有集中补给和分散补给两种。集中补给普遍存在于摆郎河深切河谷地带以及流域下游的峰丛洼地区,是指大气降水通过落水洞或规模较大的溶蚀裂隙直接注入地下补给地下水,具有补给量大、补给迅速的特点;分散补给主要存在于区内碎屑岩及不纯碳酸盐岩分布区,是指大气降水、农田灌溉回归水等沿岩石的构造或风化裂隙、溶隙、溶孔等信道缓慢渗入补给地下水,具有分散、面广、补给量小、速度慢的特点。

FAST 台址位于大井地下河中下游区,地形起伏大,峰丛洼地发育,地表漏斗、落水洞、溶洞发育密度大,其大气降水可通过上述岩溶个体直接注入地下。

FAST 台址区内地下水径流方向为自北向南。在碎屑岩或不纯碳酸盐岩分布区,地下水主要沿不同成因发育的裂隙呈分散流状径流;在纯碳酸盐岩出露区,地下水多以管道流形式集中径流。台址区断裂构造较发育,其破碎带岩溶化程度较高,沿董当断层及 F2 断层串珠状洼地发育,地下水沿断裂带集径流。

深部碳酸盐岩类裂隙溶洞水赋存于碳酸盐岩类地层的溶蚀裂隙和溶洞管道中,水位埋深大,ZK11 号水文钻孔在 75.40m 揭示该地下水,其余 50m 浅孔均未揭示。据区域水文地质资料,该地下水除通过地表松散堆积体孔隙、溶蚀裂隙、洼地、落水洞及溶蚀管道等接受大气降水的补给外,可能还得到北部上游地下水的补给,并沿区内发育的南东向优势裂隙通过溶蚀裂隙、溶蚀破碎带或溶蚀管道向南东方向径流,排泄于大窝凼东侧的大井地下河主管道。由于大井地下河支系发育,沿其南北向主管道,东西侧有许多树枝状小支系汇入。大窝凼属于大井地下水河系西侧众多小支系之一,流域面积小,对深部碳酸盐岩类裂隙溶洞水的径流补给量相对有限。

大井地下水主管道经过大窝凼东侧 1km 的水淹凼,历史上一旦上游航龙涨水,水淹凼将被水淹,每年 1 ~ 3 次,淹没深度约 35.0m,淹没水位标高约 772.50m,比大窝凼低约 68.4m。在水淹凼历次淹没期间,大窝凼都没有地下水回灌使其落水洞喷涌被淹记录,比实测大窝凼深部地下水位最高值低 14.65m。造成大窝凼被淹没的原因是大气降水量超过其实际消水能力,降水量与消水量不对等,大井地下河主管道涨水不会造成大窝凼被淹。

钻孔注水试验和地下水联通试验结果表明,块石层的渗水能力中等,断层角砾及下伏基岩的渗水能力弱。钻孔地下水位动态监测发现,大窝凼洼地地下水的水位受降水量多少影响明显,ZK11 号孔水位监测资料证明了场地块石层及基岩层的渗透能力弱。两次地下水示踪试验结果进一步显示大窝凼和六水分属两个不同的地下水系统,没有水力联系,大窝凼属于大井地下河水系。

大窝凼内 4 个泉点的水样分析结果显示,台址区内地下水 Ca^{2+}、Mg^{2+} 平均含量分别为 47.25mg/L、17.58mg/L,K^+、Na^+ 平均含量分别为 0.10mg/L、0.45mg/L,Cl^-、SO_4^{2-}、HCO_3^- 平均含量分别为 1.79mg/L、9.40mg/L、3.74mmol/L,pH 平均值为 7.39,全硬度(以 $CaCO_3$ 计)为 192.44mg/L。台址区地下水为弱碱性的软水类型,属 HCO_3-Ca-Mg 型水,水质较好。pH 值过高或过低、侵蚀性 CO_2、HCO_3^- 均不会造成对混凝土结构的腐蚀。水中的 Cl^- 含量也不会对混凝土结构中的钢筋造成腐蚀。

11. 初勘结论及建议

① 大窝凼洼地斜坡中上部及山峰由 T_2l^3 白云质灰岩组成,岩层面倾向与坡向相反或斜交,整体稳定性良好;斜坡中下部由崩塌块石堆积体组成,总体稳定。大窝凼的总体稳定性良好,存在的小规模崩塌及危岩体可以通过工程措施解决。

② 大窝凼勘探深度内无大规模的水平岩溶管道和较大规模的溶洞发育,不会产生岩溶塌陷;董当断层经过大窝凼,属不活动断层,胶结良好,对地基稳定基本无影响;场地无砂土分布,不发生液化。大窝凼地基稳定。

③ 大窝凼属大井地下水河系，六水属小井地下水河系，二者无水力联系。大窝凼地下水有第四系松散岩类孔隙水和碳酸盐岩类溶洞裂隙水两种类型，松散堆积体孔隙水的水量不大，深部裂隙溶洞水埋深大于 50.0m。大窝凼被淹没不是深部裂隙溶洞水上升造成的，而是由于大气降水和表层松散孔隙水汇入大窝凼的水量超过落水洞的消水能力造成的，可以采用工程疏排措施解决淹没问题。

④ 大窝凼洼地的环境稳定性、地基稳定性总体上良好，对 FAST 工程建设影响不大，适宜选作 FAST 台址进行工程建设。

⑤ 建议在后续的工作开展之前先进行大比例尺地形图测量，继续进行松动危岩体的测绘，清查松动危岩体。

⑥ 进一步勘察，详细查明地基岩土性质以及查明是否存在不良洞隙管道，以便进一步分析、评价场地的稳定性。

⑦ 增加抗拔试验、现场直剪试验，确定各岩土层的抗剪强度，进行现场静载荷试验确定块石堆积体的承载力，为边坡稳定性评价及边坡支护、拉锚设计提供数据。

⑧ 加强大窝凼气象的观测，并开展大窝凼、水淹凼、六水淹没资料的搜集和大窝凼地下水位监测工作，为工程建设、排水设计提供可靠资料。

3.1.2　台址详勘

大型工程建设进入可行性研究论证阶段，对精度要求高、地基基础范围大的区域，需要开展详细的工程勘察，获得地基基础的工程地质环境条件及空间差异。详勘成果中地基承载能力、岩土参数和稳定性是"因地制宜"开展工程结构设计最重要也最基础的指标。

大窝凼洼地的详勘[2]，以 FAST 台址的初勘为基础，勘察内容包括工程地质、水文地质和环境地质等与 FAST 相关的方面，在勘察范围、勘察内容和勘察程度上与初勘明显不同。

FAST 台址详勘区域包括台址周边分水岭范围以内区域和工程建设临时用地区。台址详勘包括分水岭范围以内区域不稳定地质体的调查，边坡稳定性分析，变电站、馈源支撑塔址、舱停靠平台、圈梁和格构柱、反射面坡面、岩堆体和崩

2　参见 2010 年贵州省建筑工程勘察院发布的《中科院国家天文台 500 米口径球面射电望远镜（FAST）台址详勘岩土工程勘察报告》和《FAST 候选台址详勘 P-S 波测井报告》。

塌槽等重点点位的勘察。勘察内容包括工程地质、水文地质和环境地质的各个方面，如钻探获得的结构、岩土抗压性、地下水特征与排水通道、岩堆和崩塌槽的稳定性等 [2]。勘察程度更全面、更详细，要给出设计所需的各类参数，每个结构基础至少布置一个钻孔，并辅助地球物理勘探（物探）和井下电视、注水等方式获取孔位的岩土特性。台址详勘工程量如表 3.2 所示。

表 3.2　台址详勘工程量

项目	内容	工程量
测量	FAST 工程独立坐标系和水准高程复测	D 级 GPS 控制点 GPS7、GP09、GP13、GP14、GP15、GP21 及 I 级公共点 I-17、I-18、I-30、I-33、I-35、I-36
	地形断面测量	米字形测线布置，1:500 比例尺的 4 条地形断面实测，测线长度共计 4.0km（564 个测点）
	工程钻孔定位	钻孔孔位放线测量和定位共 289 个点
工程测绘	岩体结构面样方调查	取样窗法调查，调查样方有 23 个，调查面积约 2000m^2
	块石（岩堆）结构、地形坡度样方调查	采用取样窗法调查块石（岩堆）结构、地形坡度两个指标，调查 78 个样方，调查面积约 17600m^2
	地表岩溶工程地质测绘	测绘两处溶蚀腔和 1 处溶洞的方位和规模
	危岩体工程地质测绘	10 个危岩体分布区，面积约 17600m^2
	其他测绘	包括松动危岩体、井泉点、崩塌体、典型岩溶点等的测绘
钻探工程	钻孔	在反射面坡面、圈梁和格构柱、6 个塔基等位置，布置钻孔 204 个，其中控制性钻孔有 72 个，一般钻孔有 132 个，总进尺为 6245.52m
	钻孔声波测试	钻孔声波测试 113 个孔，测点距为 20～40cm，接收探头间距约 20cm，测线累计长 221m
地球物理勘探	井地地震 CT 剖面及地震折射层析成像法物探	井地地震 CT 剖面经过中心的两条呈十字相交的侧线（南北 I 剖面 0°、东西 III 剖面 90°）；地震折射层析成像法探测剖面（ I 剖面 0°、 II 剖面 45°、 III 剖面 90°、 IV 剖面 135°，其中 I、III 剖面与地震 CT 探测的 I、III 剖面重合）。测线上布置测点共 3360 点
	纵波—剪切波（P-S 波）测井方法	选取 B01、F15、F45、F50、F78 等 5 个钻孔进行 P-S 波测井，测井深度累计共 60m
	地微振测试	9 个测点，每测点均按东西、南北、垂直 3 个方向测试，在每个方向采集 24 次记录数据

续表

项目	内容	工程量
水文地质试验	注水、抽水、压水	在 FZ-4 钻孔中进行注水试验，并选择洼地近正方形 2 号井（泉点）做抽水试验，井长、宽分别为 3.10m 和 3.03m；对 B1 钻孔进行压水试验
室内测试	物理力学参数和腐蚀性试验	腐蚀性试验土样有 3 件、水样有 3 件；岩芯样有 92 件、点载荷样有 12 件、岩块样有 12 件，样件岩质测试包括抗压、抗剪（含摩擦强度）

FAST 台址详勘结果认为，大窝凼岩层产状以大窝凼洼地的南北长轴为界（董当断层），以东（董当断层下盘）岩层产状为 30°～50° ∠7°～12°，层面间平均距为 3.2m，平均张开度为 34.0mm，平均迹长为 9.4m，以钙质胶结为主，层间偶有黏土充填。以西（董当断层上盘）岩层产状为 290°～320° ∠18°～30°，层面平均间距为 2.1m，平均张开度为 38.0mm，平均迹长为 5.2m，以泥、钙质胶结为主。除此之外，通过调查统计查明场地节理裂隙发育，主要受 4 组节理、裂隙控制。

图 3.5 中的 4 组倾向分别如下。① 30°～65° ∠70°～89°，平均间距为 4.2m，平均张开度为 345mm，平均迹长为 6.5m。② 120°～155° ∠62°～88°，平均间距为 3.6m，平均张开度为 355.0mm，平均迹长为 6.9m。③ 188°～210° ∠75°～88°，平均间距为 3.4m，平均张开度为 259mm，平均迹长为 4.9m。④ 260°～295° ∠72°～89°，平均间距为 4.5m，平均张开度为 251.0mm，平均迹长为 5.7m。

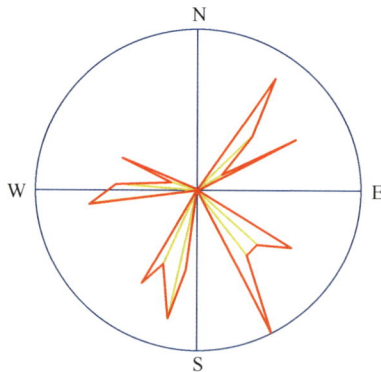

图 3.5　FAST 台址倾向玫瑰图

依据各钻孔钻探岩芯、取芯率、样品及其测试结果，综合分析得到了 FAST 台址区各岩土单元特征，如表 3.3 所示。

表 3.3　FAST 台址区各岩土单元特征

一级岩土单元 代号／岩性	二级岩土单元 序号／性状	特征描述	单孔超声波（纵波）V_p/(m·s⁻¹) 域值	$\overline{V}_p$	剪切波 P-S波/(m·s⁻¹) 均值	地震波 V_p/(m·s⁻¹)	视吸收系数 β_s/(dB·m⁻¹)	视电阻率 ρ_s/(Ω·M)	岩石坚硬程度	岩体完整性指数 $\overline{K}_v$	岩体基本质量等级
A 白云质灰岩	A₁ 较完整（局部完整）白云质灰岩	呈浅灰色、灰色，微晶至细晶结构，厚层状，节理较发育，方解石脉充填，钻探采芯呈长柱状及短柱状，柱状采芯长度一般为 10～40cm，个别岩芯长度达 120cm，局部现象岩较发育，溶蚀裂隙较多，岩局部孔隙见黏土充填的溶洞，岩石局部微风化，中至微风化，岩芯采取率一般为 75%～85%，局部可达 90%	3405～4889	3801	2287	>3500	≤1.8	300 到几千	较硬岩	0.62	III
	A₂ 较破碎，白云质灰岩	呈浅灰色，浅黄灰色，微晶至细晶结构，厚层状，节理较发育，方解石脉较多，溶蚀晶孔较发育，受断层影响，局部角砾岩化，钻探采芯呈碎块状及少量短柱状，柱状岩芯节长一般为 10～15cm，岩芯采取率一般为 55%～75%，岩芯较硬，岩质较硬，中风化	3000～3550	3350	2287	<3500	≤1.8	300 到几千	较硬岩	0.45	IV
B 含泥质灰岩	B₁ 较完整（局部完整）含泥质灰岩	呈浅灰色、浅黄灰色、泥晶至微晶结构，中至厚层状，无软弱夹层。钻探采芯呈柱状，节长一般为 10～30cm，少数达 40～50cm，岩芯采取率一般为 65%～80%，采取率可达 95% 以上，岩溶不发育，岩石致密，中至微风化	3150～3850	3210	2237	>3500	≤1.8	300 到几千	较软岩	0.58	IV

续表

一级岩土单元 代号/岩性		二级岩土单元 序号/性状		特征描述	物性参数								
					单孔超声波(纵波) V_P/(m·s⁻¹)		剪切波/P-S波/(m·s⁻¹)	地震波 V_P/(m·s⁻¹)	视吸收系数 β_S/(dB·m⁻¹)	视电阻率 ρ_S/(Ω·M)	岩石坚硬程度	岩体完整性指数 $\overline{K_v}$	岩体基本质量等级
					域值	$\overline{V_P}$均值	均值						
B	含泥质灰岩	B₂	较破碎含泥质灰岩	呈浅黄色、褐灰色，泥晶至微晶结构，中至厚层状，无软弱夹层。钻探采芯呈块状及少量短柱状，岩芯采取率一般为40%～60%，方解石脉发育	2500～3000	2880	2237	<3500	≤1.8	300到几千	较软岩	0.47	IV
C	断层角砾岩	C₁	较完整断层角砾岩	呈红灰色、灰白色，由白云质灰岩碎块被方解石脉及少量钙泥质胶结而成，角砾块尺寸从1cm×2cm至100cm×200cm×300cm不等，胶结程度较好，钻探采芯呈柱状为主，岩芯采取率一般为45%～65%，节长一般为10～30cm，岩质较硬脆，中风化，局部微风化	2800～3900	3084	1564	>3500	≤2.0	300到几千	较软岩	0.56	IV
		C₂	较破碎断层角砾岩	角砾碎块成分主要为白云质灰岩，块径1cm×2cm×3cm至100cm×200cm×300cm不等，被方解石和大块体间偶见钙泥质胶结，半胶结，大块体间偶见完全固化的黏土混碎石角砾等细粒充填物，结构不均匀，较疏松，钻探采芯多呈块状，偶见大块石的柱状岩芯，岩芯采取率一般为30%～45%，中风化	2500～2900	2720	1564	<3500	≤2.0	300到几千	较软岩	0.38	IV

续表

一级岩土单元 代号	二级岩土单元 岩性	二级岩土单元 序号	性状	特征描述	物性参数								
					单孔超声波(纵波) V_P/(m·s⁻¹)		剪切波 P-S 波/(m·s⁻¹)	地震波 V_P/(m·s⁻¹)	视吸收系数 β_S/(dB·m⁻¹)	视电阻率 ρ_S/(Ω·M)	岩石坚硬程度	岩体完整性指数 K_v	岩体基本质量等级
					域值	$\overline{V}_p$	均值						
D 块石(岩堆)	D₁ 块石(岩堆)	D₁	较密实 块石(岩堆)	崩塌堆积形成，块体成分为白云质灰岩及少量含泥灰岩，块径大小悬殊，大的达 3.0m×4.0m×5.0m 以上，小的只有 1cm×2cm×3cm 左右，块石含量一般为 80%~90%，块体间为黏土。碎石、角砾的混合体充填，结构密实。该单元为古崩塌堆积体，结构密实，岩芯多呈短柱状，采取率一般为 65%~80%	2250~3650		2105	>2500 且 <3500	≤2.0	100~400			
		D₂	较松散 块石(岩堆)	近期崩塌堆积形成，块体大小及其块体之间的充填物以及各组分的含量与 D₁ 单元的基本相同，结构松散至中密，钻探掉块，跨塌现象严重，岩芯采取率一般为 65%~75%，岩芯呈短柱及碎块状。下覆于 D₁ 单元，厚度为 2.0~7.0m 不等，局部呈透镜体分布于 D₁ 单元之中	1523~2600		786	<2500	≤2.0~3.0	100~400			
E 覆盖层	E₁	E₁	黏土	为黏土层的上半部分，呈黄色、褐黄色、网纹裂隙极发育，可塑状			226			20~200			
	E₂	E₂	含有机质黏土	为黏土层的下半部分，呈灰褐色，含少量有机质，略具有腥臭味，可塑状			226			20~200			

大窝凼洼地的地形地貌呈五边形的锥状负地形，峰凼高差约350m，洼地面积为0.56km²，洼地底面积为0.035km²，峰底洼地面积率为6.5，地表水径流形态分为洼地界面上锥峰的散流区和排泄性能较差的岩溶洼地的汇流区。坡面植被发育，坡体结构为陡岩、块石（岩堆）缓坡，地表坡度为24°～39°，洼地每年被淹3～6次，历史最大淹没高程约842.15m，雨后24h之内积水疏排完。

FAST台址是标准的峰丛洼地地貌结构，呈圆锥状峰林正地形与似倒圆锥状（漏斗状）洼地负地形共同组成的正负地形组合系统。岩溶发育现象自上而下为5个，依次为：①走向南东，标高为1017m左右，地表分布在场地南偏东方向；②走向北北西，标高为934～941m，地表分布在场地东北方向；③走向近南北，标高为890m左右，地表分布在场地东北方向；④钻孔中揭示，标高为842～890m，分布在洼地的东部和西部；⑤走向东西，标高在740m以下，呈东西向的大井地下水河系支流（大窝凼—水淹凼）地下管道系。这5个岩溶发育标高层主要由FAST台址发育的4组结构面控制形成，随着岩溶下切作用的不断发展，将场地切割为近五边形的洼地，正负地形相互依存、互为补偿，构成相对稳定的平衡态结构。

FAST台址地下水按峰丛洼地岩溶水赋存特点，其赋存、分布以及动态特征可分为浅表层第四系松散岩类［含洼地底部黏土和洼地斜坡块石（岩堆）层］孔隙水和深部碳酸盐岩类溶洞裂隙水，主要表现为地表水缺乏，地下水以管道流为主，埋藏深。

浅表层第四系松散岩类孔隙水赋存于洼地斜坡及底部的块石（岩堆）层中，主要接受大气降水的补给，补给区小，补给量少，径流距离短，其排泄方式为向深部通过基岩溶隙、落水洞补给深部碳酸盐岩类溶洞裂隙水以及通过蒸发排泄，雨季主要通过落水洞向深部碳酸盐岩类溶洞裂隙水排泄。

深部碳酸盐岩类溶洞裂隙水赋存于碳酸盐岩类地层的溶蚀裂隙和溶洞管道中，水位埋深大，初勘CK11号水文孔在75.40m处揭示该地下水，在B1号深孔实际观测地下水水位高程757.15～787.15m，埋深50.08～80.04m，其余钻孔均未揭露（包含初勘钻孔）。

台址区内地下水属HCO_3-Ca-Mg型水。侵蚀性CO_2含量为27.71mg/L，场地地下水对混凝土结构的腐蚀为弱腐蚀，水的pH值为8.92，水对混凝土结构的腐蚀为微腐蚀；土的pH值为6.80，土对混凝土结构的腐蚀为微腐蚀；水中的Cl^-含量对混凝土结构中的钢筋的腐蚀为微腐蚀，土中的Cl^-对混凝土结构中钢筋的腐蚀为中等腐蚀。

根据FAST的馈源支撑塔、主反射面、圈梁和格构柱结构物的特点，载荷施加给地基的力有垂直向下、垂直向上、斜向下、斜向上、水平向坡面等力流。因此，FAST 台址工程地基承载特性将考虑下面 3 个方面：①岩土体抗剪强度；②地基岩土体锚固特性；③地基岩土承载能力。结合 FAST 台址工程构筑物的工程特点，FAST 台址地基主要持力层将放置在下列岩土单元上，A_1 单元为较完整或局部完整的白云质灰岩，B_1 单元为较完整或局部完整的含泥质灰岩，C_1 单元为较完整断层角砾岩，D_1 单元为密实块石（岩堆）。这些岩土单元的抗剪强度如表 3.4 所示。

表 3.4　FAST 台址岩土单元的抗剪强度

岩土单元	岩石抗剪特性				岩体结构面抗剪特性			
	抗剪强度		摩擦强度		抗剪强度		摩擦强度	
	$\phi/°$	C/MPa	$\phi/°$	C/MPa	$\phi/°$	C/MPa	$\phi/°$	C/MPa
A_1 单元	57.447	5.405	34.45	1.41	49.0	4.13	35.0	0.14
B_1 单元	54.66	3.885	33.54	1.21	39.0	0.32	21.8	0.11
C_1 单元	51.471	2.400	33.14	0.93	—	—	—	—
D_1 单元	52.88	2.160	33.50	0.95	—	—	—	—

地基岩土承载能力是评测 FAST 台址地基环境的重要条件，岩土单元地基承载力特征值及其有关设计参数建议值如表 3.5 所示。

表 3.5　FAST 台址岩土单元地基承载力特征值及其有关设计参数建议值

岩土单元	地基承载力特征值及其有关设计参数建议值
较完整（局部完整）白云质灰岩（A_1 单元）	岩石单轴饱和抗压强度标准值 $f_{rk}=37.23MPa$，属较硬岩。A_1 单元的完整性指数 $\overline{k_v}=0.62$，较完整；考虑到场地为岩溶强发育等级及施工因素，取折减系数 $\psi_r=0.13$，按 $f_a=\psi_r f_{rk}$ 确定白云质灰岩（A_1 单元）的承载力特征值为 $\psi_r=0.13$，$f_a=4840kPa$
较破碎白云质灰岩（A_2 单元）	岩石单轴饱和抗压强度标准值 $f_{rk}=37.23MPa$，属较硬岩。A_2 单元的完整性指数 $\overline{k_v}=0.45$，较破碎；考虑到场地为岩溶强发育等级，取折减系数 $\psi_r=0.10$，按 $f_a=\psi_r f_{rk}$ 确定白云质灰岩（A_2 单元）的承载力特征值为 $\psi_r=0.10$，$f_a=3723kPa$
较完整（局部完整）含泥质灰岩（B_1 单元）	岩石单轴饱和抗压强度 $f_{rk}=26.69MPa$，属较软岩。B_1 单元的完整性指数 $\overline{k_v}=0.58$，较完整；考虑到场地为岩溶强发育等级，取折减系数 $\psi_r=0.14$，按 $f_a=\psi_r f_{rk}$ 确定含泥灰岩（B_1 单元）的承载力特征值为 $\psi_r=0.14$，$f_a=3737kPa$
较破碎含泥质灰岩（B_2 单元）	岩石单轴饱和抗压强度 $f_{rk}=26.69MPa$，属较软岩。B_2 单元的完整性指数 $\overline{k_v}=0.47$，较完整；考虑到场地为岩溶强发育等级及施工因素，取折减系数 $\psi_r=0.10$，由 $f_a=\psi_r f_{rk}$ 确定含泥灰岩（B_2 单元）的承载力特征值为 $\psi_r=0.10$，$f_a=2669kPa$

续表

岩土单元	地基承载力特征值及其有关设计参数建议值
较完整断层角砾岩（C_1单元）	岩石单轴饱和抗压强度f_{rk}=18.68MPa，属较软岩。C_1单元的完整性指数$\overline{k_v}$=0.56，较完整；考虑到场地为岩溶强发育等级及施工因素，取折减系数ψ_r=0.14，由$f_a=\psi_r \cdot f_{rk}$确定断层角砾岩（C_1单元）的承载力特征值为ψ_r=0.14，f_a=2615kPa
较破碎断层角砾岩（C_2单元）	岩石单轴饱和抗压强度f_{rk}=18.68MPa，属较软岩。C_2单元的完整性指数$\overline{k_v}$=0.38，较破碎；考虑到场地为岩溶强发育等级，取折减系数ψ_r=0.10，由$f_a=\psi_r \cdot f_{rk}$确定断层角砾岩（C_2单元）的承载力特征值为ψ_r=0.10，f_a=1868kPa
密实块石（岩堆）（D_1单元）	根据其物质组成、块径大小及密实度情况，将FAST台址区块石（岩堆）定为类岩质岩堆，其力学行为基本与节理发育岩体的类似。参照岩体强度、变形评价方法确定其承载力特征值。密实块石（岩堆）（D_1单元）的岩石单轴饱和抗压强度f_{rk}=14.65MPa，考虑到场地密实块石（岩堆）的完整性，取折减系数ψ_r=0.11，确定其承载力特征值为f_a=1612kPa
黏土层（E单元）	洼地底范围内的黏土层（E单元）分为E_1单元和E_2单元，假设基础埋深d=0.50m，基础宽度b=3.0m，取γ=17.0kN/m³，确定黏土层的承载力特征值为E_1单元f_a=130kPa，E_2单元f_a=110kPa

FAST台址陡崖区危岩稳定性分析。调查了FAST台址危岩易发区共10处，存在于高陡边坡及陡崖上，分布在台址场区的1H方位、3H方位、5H方位和5H～7H方位处。其失稳、运动而造成崩塌，将是FAST台址常见的地质灾害。FAST台址区陡峻的地形是危岩发育的地貌特征，6组岩体结构面是形成危岩的主要地质构造特征，大量存在岩体结构面的卸荷裂缝宽张是危岩发育的结构组合特点，暴雨及地震等是危岩发育的动力因素。

FAST台址危岩体特征信息如表3.6所示。

表3.6　FAST台址危岩体特征信息

危岩易发区编号	工程地质条件	危岩体形态	危岩体结构面发育特征	危岩破坏类型
W1	危岩易发区位于大窝凼南部的陡坡，坡角约为46°；地层岩性为含泥灰岩，呈灰色、灰白色，中厚层至厚层状，弱风化，岩体呈整体状	有两处危岩体，分别是：①长为21m、宽为4m、高为19.5m、体积为1638m³；②长为21m、宽为7.6m、高为22.8m、体积为7491.26m³	岩层产状为48°∠6°，发育两组近垂直裂隙：①节理、裂隙产状为60°∠86°，延伸4.0～7.0m，间距为0.6～2.4m，张开度为0.1～0.3m，部分被充填。②节理、裂隙产状为290°∠76°走向延伸4.6～8.0m，间距为3～7m，张开度为0.10～0.22m，结构面间无充填	倾倒式，向北方倾倒

续表

危岩易发区编号	工程地质条件	危岩体形态	危岩体结构面发育特征	危岩破坏类型
W2	危岩易发区位于大窝凼南部的陡坡、W1危岩易发区东侧，为董当断层影响带，坡面类型为切向坡，坡角约为46°；地层岩性为白云质灰岩，呈灰色、灰白色、中厚层至厚层状，弱风化，岩体呈整体状	有两处危岩体，分别是：①长为20m、宽为3.5m、高为15.1m、体积为1057m³；②长为20m、宽为5.3m、高为17.6m、体积为1865.6m³	岩层产状为48°∠6°，发育两组近垂直裂隙：①节理、裂隙产状为320°∠86°，延伸4.0～7.0m，间距为0.6～5.0m，张开度为0.5～1.2m，部分被充填；②节理、裂隙产状为54°∠82°走向延伸4.6～8.0m，间距为3～7m，张开度为0.10～0.22m，纵向延伸几乎与岩体等高，上部张开度较大位置有充填，下部结构面间无充填	倾倒式，向北方倾倒
W3	危岩易发区位于大窝凼南南东部的悬崖，董当断层下盘，W1、W2东南侧，为董当断层影响带，坡面类型为切向坡，坡度角约为60°；地层岩性为白云质灰岩，呈灰色、灰白色，中厚层至厚层状，弱风化，岩体呈整体状	有一处危岩体，长为20m、宽为2.7m、高为10.5m、体积为567m³	岩层产状为42°∠9°，发育两组近垂直裂隙：①节理、裂隙产状为310°∠86°，延伸2.0～9.0m，间距为0.6～2.4m，张开度为0.1～0.3m；②节理、裂隙产状为54°∠85°，延伸2.0～9.0m，张开度为0.10～0.22m，结构面间无充填	倾倒式，向北方倾倒
W4	危岩易发区位于大窝凼南南东部的悬崖，W3东侧，W1、W2东南侧，为董当断层影响带，坡面类型为切向坡，坡度角约为60°；地层岩性为白云质灰岩，呈灰色、灰白色，中厚层至厚层状，弱风化，岩体呈整体状	有两处危岩体，分别是：①长为30m、宽为4.4m、高为7.1m、体积为937.2m³；②长为30m、宽为5.1m、高为11.3m、体积为1728.9m³	岩层产状为43°∠10°，发育两组近垂直裂隙：①节理、裂隙产状245°∠79°，延伸4.0～11.0m，间距为4.0m，张开度为0.8～1.2m；②节理、裂隙产状为20°∠88°，延伸4.0～11.0m，结构面间有块石充填	倾倒式，向北方倾倒

续表

危岩易发区编号	工程地质条件	危岩体形态	危岩体结构面发育特征	危岩破坏类型
W5	危岩易发区位于大窝凼南东部的悬崖、5H馈源支撑塔正上方、董当断层下盘，坡角大于80°；岩体为厚层、巨厚层白云质灰岩，呈灰色，弱风化，岩体呈整体状	有6处危岩体，分别是：①长为80m、宽为4m、高为14.7m、体积为4704m³；②长为20m、宽为9m、高为28.9m、体积为5202m³；③长为20m、宽为14.5m、高为32.3m、体积为9367m³；④长为100m、宽为9.0m、高为42.1m、体积为37890m³；⑤长为100m、宽为6.7m、高为17.6m、体积为11792m³；⑥长为100m、宽为11m、高为19.2m、体积为2120m³	结构面共发育3组：①岩层层面产状为32°∠6°，延伸2.5～3.5m，间距为0.4～4.0m，张开度为0.1～0.2m；②节理、裂隙产状为20°∠86°，延伸4m，张开度为0.2～0.4m；③节理、裂隙产状为250°∠87°，延伸4m	倾倒式，向北东方向倾倒
W6	危岩易发区位于大窝凼南东部的悬崖、董当断层下盘、5H馈源支撑塔正东方，坡角大于80°；岩体为厚层白云质灰岩，呈灰色，弱风化，岩体呈整体状	有4处危岩体，分别是：①长为65m、宽为13m、高为22.7m、体积为1918.5m³；②长为65m、宽为17m、高为22.4m、体积为29172m³；③长为90m、宽为11m、高为42.6m、体积为42174m³；④长为48m、宽为31m、高为11m、体积为1636.8m³	结构面共发育3组：①岩层层面产状为325°∠30°，延伸2～10.0m，间距为0.5～4.0m，张开度为0.15～0.25m；②节理、裂隙产状为15°∠80°，延伸1.0～5.0m，张开度为0.1～0.8m；③节理、裂隙产状257°∠78°，延伸1.0～5.0m，间距为0.8～2.0m，张开度为0.1～0.3m	倾倒式，向南西方倾倒
W7	危岩易发区位于大窝凼南东部的悬崖、董当断层下盘，坡角为55°；岩体为厚层白云质灰岩，呈灰色，弱风化，岩体呈整体状	有一处危岩体，长为91m、宽为5.5m、高为15.5m、体积为7757.75m³	结构面共发育3组：①岩层层面产状为18°∠2°，延伸2～10.0m，间距为2.0～4.0m，张开度为0.10～0.25m；②节理、裂隙产状为190°∠87°，延伸1.0～3.0m，张开度为0.2～0.8m；③节理、裂隙产状265°∠86°，延伸1.0～3.0m，间距为0.8～2.0m，张开度为0.2～0.8m	倾倒式，向西方倾倒
W8	危岩易发区位于大窝凼东部3H处的山体、董当断层下盘，坡角为53°；岩体为厚层白云质灰岩，呈灰色，弱风化，岩体呈整体状	有3处危岩体，分别是：①长为20m、宽为4m、高为15.4m、体积为1232m³；②长为190m、宽为12m、高为43m、体积为98040m³；③长为190m、宽为7m、高为22.8m、体积为30324m³	结构面共发育3组：①岩层层面产状为155°∠27°；②节理、裂隙产状为90°∠86°，延伸2.0～5.0m，张开度为0.1～0.8m；③节理、裂隙产状为258°∠86°，延伸0.6～8.0m，间距为0.8～2.0m，张开度为0.1～0.3m	倾倒式，向西方倾倒

续表

危岩易发区编号	工程地质条件	危岩体形态	危岩体结构面发育特征	危岩破坏类型
W9	危岩易发区位于大窝凼北东部的悬崖、QL6～QL8 圈梁柱基上、董当断层下盘，坡角为 65°。岩体为厚层白云质灰岩，呈灰色，弱风化，岩体呈整体状	有一处危岩体，长为 30m、宽为 2.5m、高为 6.2m、体积为 465m³	结构面共发育 3 组：①岩层层面产状为 13°∠8°，延伸 2～10.0m，间距为 0.5～4.0m，张开度为 0.10～0.25m；②节理、裂隙产状为 198°∠85°，延伸 1.0～5.0m，张开度为 0.1～0.6m，有枯枝烂叶充填；③节理、裂隙产状为 258°∠87°，延伸 1.0～5.0m，间距为 0.8～2.0m，张开度为 0.1～0.3m	倾倒式，向南西西方倾倒
W10	危岩易发区位于小窝凼东部、大窝凼东北部的悬崖，1H 馈源支撑塔正东方，董当断层下盘，坡角为 70°～85°；岩体为厚层白云质灰岩，呈灰色，弱风化，岩体呈整体状	有 4 处危岩体，分别是：①长为 4m、宽为 25m、高为 6.41m、体积为 640m³；②长为 135m、宽为 25m、高为 138m、体积为 465750m³；③长为 135m、宽为 40m、高为 138m、体积为 745200m³；④长为 200m、宽为 15m、高为 65m、体积为 195000m³	结构面共发育 3 组：①岩层层面产状为 20°∠4°，延伸 2～10.0m，间距 0.5～4.0m，张开度为 0.15～0.25m；②节理、裂隙产状为 190°∠87°，延伸 1.0～5.0m，张开度为 0.1～0.8m，有黏土充填；③节理、裂隙产状为 260°∠84°，延伸 1.0～138m，间距 0.8～2.0m，张开度为 0.1～0.4m	倾倒式，向南西方倾倒

经过工况复核计算和模拟，FAST 台址危岩易发区有 10 处，在工况 3（考虑地震力）情况下危岩易发区有 6 处，危岩体共 13 处，总体量为 322990m³。在考虑危岩自重、裂隙水压力（暴雨状态），不考虑地震力的工况下，安全等级为 1.50 时有危岩 8384m³。在考虑危岩自重、裂隙水压力（天然状态）、地震力的工况下，安全等级为 1.30 时有危岩 330433m³，安全等级为 1.40 时有危岩 419391m³，安全等级为 1.50 时有危岩 864891m³。

3.1.3　专项勘察

FAST 的专项勘察[3] 是在台址详勘的基础之上的、针对边坡稳定性和地基承载力的具体勘察，是在具体稳定性指标要求和边坡稳定系数要求下的工程地质勘察和评价，是评价在台址区域建设望远镜是否适宜的专业性勘察，是台址开挖、不

3　参见 2010 年贵州地质工程勘察设计研究院发布的《FAST 台址岩土工程危岩与崩塌堆积体专项勘察报告》。

稳定边坡和地质灾害防治施工图设计主要的输入参数和设计前提。

"FAST 台址岩土工程危岩与崩塌堆积体专项勘察"以大窝凼洼地分水岭范围内及影响范围为工区范围，通过地质调查、测绘、工程测量、钻探、物探测试、岩土室内测试等，清查危岩及崩塌堆积体的分布、规模、稳定性，为后期开挖及灾害防治设计、施工提供了依据。

1. 危岩及崩塌堆积体专项地质测绘

危岩调查，即采用追索法对区内所有地形坡度大于 50°、高度大于 5m 的陡崖、陡坡地段的危岩逐一进行调查，用油漆进行标记，拍照记录并填写记录卡片。为确定陡崖斜坡的整体稳定性，调查时对陡崖顶部的卸荷及溶蚀裂隙发育情况一并进行了调查。

崩塌堆积体调查，即对堆积面积大于 $50m^2$ 及位于陡坡地段有可能再次发生滚落、体积大于 $2m^3$ 的孤立崩塌块石进行测绘标注。区内危岩主要分布于地形坡度大于 55°的陡崖地段，尤以南侧、东侧山体斜坡最为发育，单体规模小、分布广。除在 BT1 危岩带上发现 5 处单体规模超过 $1000m^3$ 的危岩块体以外，其他地段均未发现单体规模超过 $200m^3$ 的危岩块体，且以小于 $10m^3$ 的居多。

受节理、卸荷裂隙、溶蚀裂隙的切割及树木根劈作用的影响，区内多数陡崖表层岩体较为破碎，加上陡崖面起伏不平及岩石差异性风化形成的顺层凹腔和悬空的影响，从而在陡崖体上形成了大量的松动危岩。在 76 处危岩（带）中，危岩总方量约 $145764m^3$，其中处于不稳定状态的危岩（带）有 63 处，处于基本稳定状态的危岩（带）有 13 处。

调查发现的 48 处崩塌堆积体（含零星崩落块石）中处于不稳定状态的有 15 处，处于基本稳定状态的有 25 处，处于稳定状态（整体稳定、局部不稳定）的有 8 处。

全部专项调查的边坡崩塌体、危岩体按照编号、坐标、规模（单位为 m^3）、斜坡外形特征、地层岩性、斜坡结构类型、岩体结构特征、稳定性、现今变形破坏迹象及未来变形破坏方式预测、工程治理措施与建议等 10 项内容进行定性、定量、定位描述和分析。不仅要有岩性、结构、形态特征描述，还应有稳定性分析、破坏方式推迟和治理建议。

2. 钻探与井下电视

在东南 5H 崩塌槽处布置 1 条勘探线、5 个钻孔；在西北（松林坡）及西南面各布置 2 条勘探线，每条勘探线上布置 4 个钻孔。专项钻探总计布置 21 个钻孔，开孔口径 $\Phi130mm$，终孔孔径 $\Phi91mm$。要求钻探深度进入稳定基岩不小于 5m；

钻探施工过程中 ZK1、ZK2、ZK4、ZK5、ZK21 号钻孔孔内坍塌严重，因所得资料能满足对崩塌堆积体的评价需求，未继续向下钻探至基岩面。

由于钻孔孔内坍塌严重，专项勘察时只获得了 21 个钻孔中 12 个钻孔的井下电视测试结果。井下电视可以较好地显示钻孔壁岩工体钻切的影像，从颜色、影像纹理结构和上下关系分析钻孔位岩性、层位特点。

ZK4 号钻孔位于 5H 崩塌槽的前缘堆积地带。如图 3.6 所示，ZK4 井下电视照片显示钻孔深度为 14.0m 以上的岩土体为土石松散结构（套管段）；深度 14.0 ～ 32.0m 处的岩土体为崩塌堆积体，色杂，主要呈灰至灰黄色，含白云岩、灰岩等碎屑，缝隙较大。27.0 ～ 32.0m 处，崩塌堆积体中土的含量较大，块石较小。这反映了多次崩塌堆积的特点。

图 3.6　专项勘察 ZK4 井下电视照片

专项勘察的 21 个钻孔由于钻孔漏水现象，只获得了 8 个钻孔的超声波测试结果。同时，取了 15 件基岩样开展室内基岩样抗拉强度试验；取了 12 件崩塌堆积体胶结块样开展室内直剪试验。

专项勘察进一步完善了洼地地基的结构及特性，提出了不同部位尤其是工程建设重点部位地基力学指标。

专项勘察对地层岩性的划分如下。①黏土（Q_4^{el+dl}）：分布于洼地底部及松林坡一带，松林坡一带厚度为 0.2～2.0m，初勘揭露洼地底部厚度为 2.80～5.70m。②崩塌堆积体（Q_4^{col}）：主要分布于洼地底部及坡度不大的斜坡地带，由块石及少量碎石、黏土组成，块石含量为 90%～95%，碎石、黏土含量为 5%～10%，充填于块体间的缝隙中。③断层角砾岩：专项勘察 ZK7、ZK8、ZK16 号钻孔，遇到断层角砾岩，角砾成分为白云质灰岩、含泥质白云岩，呈棱角状、次棱角状，粒径一般小于 3cm，以 1～10mm 居多，钙质、铁泥质胶结，胶结物颜色多为铁红色。④基岩（T_2l^3）：浅灰色、微红色中至厚层状白云质灰岩，夹含泥质灰岩，大面积出露地表，陡坡、陡崖主要由该岩层组成。⑤基岩（T_2l^2）：含泥质灰岩，主要出露于大窝凼洼地东侧、南东侧，属大窝凼洼地东侧、南东侧缓坡过渡到陡坡地带的基岩层，在 ZK3 号钻孔遇到。⑥基岩（T_2l^1）：白云质灰岩，未出露地表，专项勘察钻孔未揭露，在 2006 年的初勘钻孔 ZK11、ZK18、ZK19、ZK20 中出现。

专项勘察根据调查、测绘、钻探、井下电视、样品测试、稳定性模型分析，提出了 FAST 台址边坡防治的建议 [3]，如下。

① 清除处于陡斜坡地带的零星崩塌块石及小规模崩塌堆积体；洼地斜坡地带尚分布有许多零星崩塌块石，台址开挖对其稳定性将造成很大影响，建议对其进行清除。

② 对于 WY18 崩塌堆积体，台址平场时将其下部大部开挖掉，建议平场时同时将上部的崩塌堆积体一并清除。

③ DJ1-1 崩塌堆积体在 ZK3 号钻孔附近基岩埋藏深度较浅，可在 ZK3 号钻孔附近设置一排抗滑桩对其进行支挡。

④ 调查 WY91 崩塌堆积体时未发现有滑移变形迹象，由于其处于陡斜坡区，其下方为拟建的 3H 馈源支撑塔塔腿及基础，且其方量较小，为确保工程安全，建议将其整体清除。

⑤ 调查 WY15 崩塌堆积体时未发现有滑移变形迹象，由于其处于陡斜坡区，

其下方为拟建的 9H 馈源支撑塔塔腿及基础，为确保工程安全，建议对其进行补充勘察后再对其治理方案进行设计。

3.1.4　施工勘察

FAST 台址施工勘察[4]是在施工阶段，对开挖和治理施工过程中发现的与已有勘察结论有明显差异或新的地质地基稳定性问题而开展的勘察工作，施工勘察还包括施工达到设计要求时开展的勘察。例如，钻探、钎探以保证有不少于 5m 厚的稳定基岩作为持力层，岩样测试进一步获取稳定基础基岩的抗压、抗剪特性，地球物理勘察和坡面地质测绘以明确坡面治理达到设计原则和指标的要求，基础现场勘察分析、评价基础围岩的稳定性特征。

施工勘察是为满足工程建设需求的、直接为施工而展开的、对已有勘察结论进行检验的勘察工作。因此，施工勘察需要跨越施工周期，随着施工进程而展开。施工勘察的结论以专题报告的形式呈现，并作为开挖设计变更的依据。

FAST 台址的施工勘察包括：①对 FAST 台址开挖工程的反射面坡面开挖工程（清表工程、土石方开挖工程）中出现的岩土工程地质问题进行的施工勘察；② FAST 台址开挖工程的场区道路开挖工程（螺旋检修道路、圈梁环形检修道路及补充检修道路）两侧路肩墙地基承载力的确定；③对 FAST 台址开挖工程的场区永久排水系统开挖工程（排水隧道、排水管涵、环形排水沟、消能池、环形消能池）中出现的岩土工程地质问题进行的施工勘察；④对 FAST 台址开挖工程的馈源支撑塔基基础开挖工程（包括塔底索驱动机器房所处场地开挖后形成人工边坡和确定塔基基础人工挖孔桩地基承载力）中出现的岩土工程地质问题进行的施工勘察；⑤对 FAST 台址开挖工程的小窝凼回填土石方填方工程、清表工程、落水洞保护工程等方面工程进行岩土工程地质的施工勘察。

根据场地已有的勘察以及开挖过程中不断揭露新地质地基情况，对大窝凼浅表层进行地面踏勘，对工程地质岩土条件进行分区，共分为 14 个区域，如图 3.7 所示。

4　参见 2011 年贵州地质工程勘察设计研究院发布的《FAST 台址南垭口边坡勘察报告》，以及 2012 年贵州地质工程勘察设计研究院发布的《FAST 工程台址开挖 WY-D18 崩塌堆积体施工勘察报告》《FAST 工程台址开挖 WY-D15 崩塌堆积体施工勘察报告》。

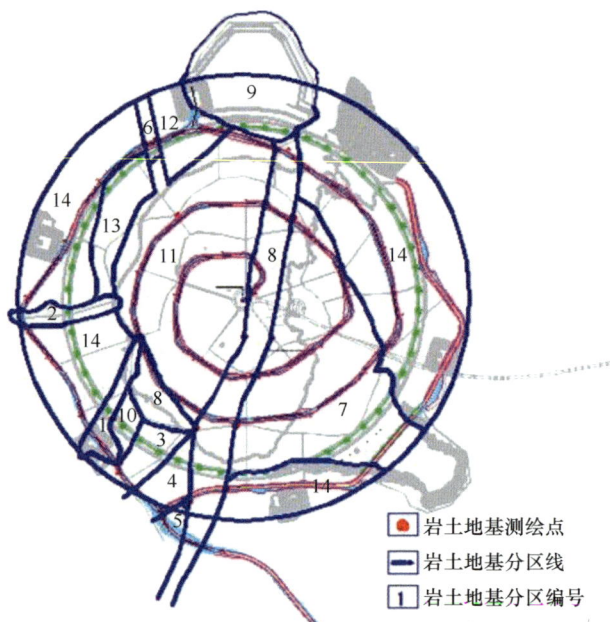

图 3.7　FAST 反射面区岩土地基调查分区

| 3.2　台址开挖设计 |

FAST 是世界上利用大型岩溶洼地建设的最大工程，在 FAST 建设之前，国内缺乏相关的专题研究。在国外，美国阿雷西博射电望远镜也坐落于洼地内。相比之下，FAST 台址的工程技术条件更为复杂，所需解决的工程难题也更多。文献 [4] 对 FAST 建设中遇到的难题进行了分析，总结出以下 3 个方面。

第一，阿雷西博台址处于东西向向斜轴部南侧，岩层平缓，岩性为海底突起的珊瑚礁岩，具有结构疏松、多孔、性脆、硬度和强度低等特点。FAST 台址出露地层为中三叠统凉水井组石灰岩，岩石强度大，岩溶强发育，加之董当断层的作用，使得该场地的地质环境及构造复杂度远超阿雷西博台址。

第二，阿雷西博台址无排水廊道，但高差小，可采用抽水泵将积水排出台址外。FAST 台址高差大，最大达到 360m，坡度陡，需要设计排水系统，防止极端情况下的积水和保护坡面环境。

第三，阿雷西博射电望远镜的反射面固定不动，而 FAST 反射面可以主动变形。FAST 的工作特点决定了台址开挖具有较高精度要求，特别是需要精确定位台址开挖中心位置。

在 FAST 台址开挖和支护设计中存在许多关键技术问题，包括望远镜开挖中心的多参数最优化选择与精确定位、大型岩溶洼地深切斜坡危岩体与溶塌巨石混合体（崩塌堆积体）的空间分布状况及其对 FAST 的危害性、台址开挖形成的高陡边坡群的稳定性及工程加固等。目前，针对溶塌巨石混合体（崩塌堆积体）的稳定性分析和评价，以及相应的支护结构设计，尚缺乏明确的设计规范作为指导依据。此外，台址开挖形成的超大规模球冠形边坡和两处高差 100m 以上的超高边坡具有地质条件复杂、坡度陡的特点，且下部边坡与反射面区域重合，边坡表面要承担 2225 根下拉索的拉应力作用，边坡稳定性分析评价和边坡治理也是台址开挖和支护设计所面临的技术难题。

在确定台址最优开挖中心方面，需要考虑多重影响因素。

① 反射面开挖的工程量：工程量与开挖中心的平面位置和开挖深度有关。

② 边坡开挖及地质灾害防治成本：需要考虑边坡开挖工程量，地质灾害防治面积越大，成本越高。开挖中心位置越低，所需投入的成本也会随之增加。

③ FAST 工作性能：望远镜位置越低，洼地屏蔽各种电磁波干扰的效果越好。因此 FAST 工作性能与开挖深度有关。

④ D2 单元清除系数：D2 单元为崩塌堆积体，必须尽量清除，以避免对 FAST 的运行维护造成不利影响，并减少地质灾害防治的额外成本。该因素与开挖中心的位置有关。

⑤ FAST 运行和维护成本：开挖面抬高 1m，FAST 结构成本增加约 100 万元，同时会一定程度增加望远镜建造和维护难度。该因素与开挖深度有关。

⑥ 馈源支撑塔基础选址优化：馈源支撑塔基础需要避开陡崖、崩塌堆积体、岩溶等不良地质条件密集分布的区域。该因素与开挖中心的平面位置有关。

⑦ 圈梁和格构柱基础选址优化：圈梁和格构柱基础需要避开高陡地形，以降低基础建造成本。该因素与开挖中心的平面位置有关。

在自然状态的岩溶洼地中开展 FAST 工程建设，需要有适合工程的地形、稳定的山体边坡、场地排水、工程设备基础和进出场道路等。FAST 台址开挖设计 [5] 是完全按照工程建设要求、根据工程性能指标、依据岩土勘察结果和专项规范而

5　参见 2010 年贵州正业工程技术投资有限公司发布的《中科院国家天文台 500 米口径球面射电望远镜（FAST）工程台址开挖施工图设计》。

展开的。开挖设计需遵循开挖工程量小、造价低，对 FAST 工程性能影响小，圈梁、馈源支撑塔地基建设条件好，有利于不良地质现象的治理，合理利用场地，便于施工组织，尽量减少与反射面下拉索的干涉，开挖工程与 FAST 整体工程关系最优（性价比最高）等方面的原则。

FAST 台址开挖设计包括开挖及填方工程、灾害防治及边坡支护工程、道路工程和排水工程 4 个子系统。

① 开挖及填方工程：开挖工程由 500m 反射面开挖工程、圈梁开挖工程、道路与排水开挖工程、边坡开挖及危岩体清除工程等构成；填方工程由小窝凼填方及填方碾压工程构成。

② 灾害防治及边坡支护工程：灾害防治工程由抗滑桩、微型桩及拦石墙工程构成；边坡支护工程由边坡锚喷工程、道路重力式挡墙及主动防护网工程构成。

③ 道路工程：由环形检修道路（桥梁）工程（含 5H 方位处桥梁工程）、螺旋检修道路工程构成。

④ 排水工程：由隧道排水工程、径向排水工程、边坡排水工程、填方区地下排水和道路排水工程等构成。

3.2.1　台址开挖概况

FAST 台址开挖工程根据开挖区域平面分布范围共分为 5 个区：①反射面坡面开挖区；②圈梁和格构柱基础开挖区；③环形检修道路开挖区；④螺旋检修道路开挖区；⑤馈源支撑塔塔基基础平面开挖区。

1．环形圈梁和格构柱基础、环形检修道路及以上区域土石方开挖

环形圈梁和格构柱基础、环形检修道路及以上区域土石方开挖根据设计按 1∶0.3 坡率，每 10m 高设置 2m 宽平台进行控制。环形圈梁和格构柱基础、环形检修道路开挖在圈梁和格构柱基础部位开挖的原则是当地面高程大于 971.168m 时，在 14m 径向范围内开挖到标高为 971.168m，当地面高程小于 971.168m 时，不开挖。环形检修道路按设计道路参数（坡度、宽度）进行开挖。施工时应优先开挖至小窝凼堆场区，便于堆场及时消纳开挖的土石方量，同时利于环形检修道路的形成。

2．反射面坡面部分及螺旋检修道路土石方开挖

反射面坡面开挖后最终形状为半径约 304m、张角为 120° 的反球冠形，反射面口径为 500m，现状最低标高约 841.5m。反射面坡面共由 21 个台阶分级开挖形成，分阶高度为 5～10m，对各分阶开挖范围采用不同开挖直径和开挖标高进行控制。各分阶范围内螺旋检修道路的路基应结合各平台统一开挖形成。

3．馈源支撑塔塔基基础平面开挖

FAST 的 6 个馈源支撑塔均处于斜坡地带，如果直接在现有地形修建，则塔基高程差不能满足要求。开挖设计根据馈源支撑塔设计单位提供的各馈源支撑塔塔基允许高程差，对馈源支撑塔位置进行平基开挖，开挖平面上以能实现馈源支撑塔及塔底索驱动机器房的布置，并预留一定的施工作业面，竖向以实现各馈源支撑塔塔基允许高程差作为控制。土石方开挖根据设计按 1∶0.3 坡率，每 10m 高设置 2m 宽平台进行控制。

4．填方工程

FAST 台址开挖工程将产生大量土石方，预计开挖土石方量为 $8.884 \times 10^5 m^3$。根据大窝凼周边地形情况，选择两块场地作为土石方堆场，其中小窝凼堆场位于场区北侧，最大回填标高为 940m，填方量为 $5.604 \times 10^5 m^3$，最大堆填高度为 49m；南侧堆场，最大填方量为 $9.9 \times 10^5 m^3$。

填方工程采用振动压实法，有效分层压实厚度一般为 0.3～0.8m，填料要求最大直径不大于分层厚度的 2/3。小窝凼堆场拟作为后期拼装场地使用，根据场地工程地质条件，结合回填区域的后期使用功能，采用振动平碾对回填土石方进行处理。振动平碾回填后，填土地基承载力 $f_{ak} \geq 180kPa$，压实系数不小于 0.94。小窝凼底部铺填不小于 2m 厚的大块石，块石粒径不小于 800mm，对原有岩溶排水通道进行保护。填料级配的不均匀系数 $C_u = d60/d10 \geq 5$，曲率系数 $1 \leq C_s = (d30 \times d30)/(d60 \times d10) \leq 3$，填料最大粒径不得大于 500mm，压实厚度每层暂定为 800mm。回填顶面以下 300mm 范围内控制最大填料粒径不大于 150mm。填方临空一侧按 1∶1.5 进行放坡处理。

南侧堆场只作为排土场使用，后期考虑复垦。

5．开挖施工要求

反射面坡面开挖施工前，对大窝凼现有落水洞洞口采用超过洞口直径 3 倍的块石堆填，堆填的块石粒径不小于落水洞洞口直径，堆填高度不小于 2m，同时采用土工膜覆盖，对落水洞进行保护，使施工过程中原有排水系统通畅。

场区土石方开挖应严格贯彻"有序开挖"的原则，坚持由上至下、断面分割、化大为小的原则，同时开挖形成螺旋检修道路路基。

开挖严格按照优先顺序进行：①人工清除挖方区域植被层，清除危险性较大的危石，同时在洼地底部落水洞堆砌不小于 2m 厚的大块石进行保护；②做好地

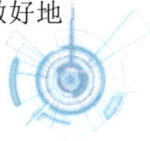

表截排水措施，待排水工程施工完成后，对边坡自上而下分层开挖；③采用大型机具开挖，形成出碴道路（结合螺旋检修道路进行布置），同时按设计规定的分层开挖厚度和坡率开挖一定高度后，需要等待必要的支护工程完成后方可进行下一分层高度的开挖；④采用小型机具或人工进行清坡，同时为防止大型机具对原有岩土体造成大的扰动和破坏，需要预留不小于20cm厚岩土体。为满足开挖面与反射面法向间距不小于4m的技术要求，开挖误差需要控制在 ±0.2m 以内，不能欠挖，地下有构筑物时可超挖。

3.2.2 危岩与边坡治理

1. 崩塌堆积体治理

FAST 台址的斜坡中上部至洼地底部均有成层分布、厚度变化较大、形态各异的崩塌块石体（崩塌堆积体）。工程地质特点符合崩塌堆积体的定义，即岩石山坡在各种物理、化学作用下失稳，产生塌滑、剥落，形成大小不一的岩石碎块、岩屑，在自然力作用下搬运、堆积形成的松散堆积物体，属于典型的不良工程地质体。

对于崩塌堆积体主要考虑其滑动模式为折线滑动，假定滑动面为密实崩塌堆积体 D1 与松散崩塌堆积体 D2 交界面，或 D2 自身失稳的情况，工况为雨季，滑动面的力学指标主要根据前期勘察报告、崩塌堆积体稳定性的计算参数确定：① D1 在天然状态下重度为 γ=24.0kN/m³、C=120kPa、ϕ=35°，在饱和状态下重度为 γ=24.5kN/m³、C=100kPa、ϕ=30°；② D2 在天然状态下重度为 γ=21.0kN/m³、C=0kPa、ϕ=40°，在饱和状态下重度为 γ=21.5kN/m³、C=0kPa、ϕ=36°。

对位于 5H 崩塌槽的崩塌堆积体（DJ1），在圈梁外侧设置抗滑桩，能同时实现崩塌堆积体治理和危岩防治。抗滑桩为 C30 钢筋砼结构，单排，桩与桩中心距离约 8m，桩身尺寸为 2.5m×2.5m，护壁采用 C20 混凝土现场浇筑。桩间设置钢筋混凝土冠梁 C30。在冠梁上设置被动防护网防治危岩滚落破坏圈梁。

（1）清除

主要用于清除 WY14、WY18、WY19、WY35、WY48、WY76、WY91 崩塌堆积体。其中 WY18 崩塌堆积体下部位于开挖面内，开挖反射面坡面后已清除大半；WY18 崩塌堆积体上部坡度较大，局部达到 60°，稳定性很差，对 7H 馈源支撑塔的危害较大，应对崩塌堆积体清除处理。崩塌堆积体 WY91 坡角较大，稳定性很差，对下部馈源支撑塔的危害很大，若对崩塌堆积体清除处理的方量较小，且位于陡坡之上，可直接清除处理。

（2）微型桩支护

对于西南侧斜坡中上部崩塌堆积体 WY15、WY17，将微型桩支护布置于崩塌堆积体下部边缘，以防止局部崩塌堆积体滑落及松散岩石滚落。微型桩直径约 130mm，采用 3 根 Φ25mm 钢筋，分 4 排呈梅花形布置，桩间距约 1m。桩群所在位置堆积体采用 C25 混凝土灌浆填筑裂隙。

（3）危岩防治

台址分水岭范围内危岩的防治是 FAST 台址开挖时需要处理的重要工程地质问题，圈梁和格构柱基础及道路开挖后，已经清理了部分危岩，如 1H 馈源支撑塔边坡放坡、5H 馈源支撑塔边坡放坡、圈梁平台边坡、外环检修道路边坡放坡等区域的危岩，在放坡开挖后已被清除。

危岩稳定性由底部岩体抗拉强度控制。危岩体抗拉强度标准值（单位为 kPa）应根据岩体抗拉强度标准值乘以 0.4 的折减系数确定。危岩稳定性计算参数：白云质灰岩取 γ=26.12kN/m³，f_{lk}=615kPa；灰岩取 γ=27.43kN/m³，f_{lk}= 615kPa。

根据现有地形及结构面，危岩防治主要手段有爆破清除、锚杆施工、锚杆结合钢盘喷射混凝土加固防治、裂缝灌浆回填砂浆等，主要防治对象为开挖平场后需要防治的各危岩体。

2. 挖方边坡支护

挖方边坡主要分布在东北侧及南侧地势较高处及 3H、5H、7H、9H 馈源支撑塔基，受圈梁及环形检修道路开挖平场工作的影响，形成高大岩质边坡，按照工程结构位置和边坡坡面设计要求、边坡岩体节理裂隙发育情况、边坡加固措施、环境造型等因素综合考虑放坡开挖。

相应岩土力学指标参考勘察资料及相关规程、规范，结合场地岩土工程特性，边坡稳定性计算参数、岩体力学参数分别取白云质灰岩为 γ=27.25kN/m³，C=282kPa，ϕ=27.6°；含泥灰岩为 γ=25.87kN/m³，C=242kPa，ϕ=27.6°。岩体结构面参数一般为 C=130kPa，ϕ=32°；结构面结合程度较差时，C=90kPa，ϕ=27°；结构面结合程度很差时，C=50kPa，ϕ=18°。

WFBP1 边坡坡面按 1∶0.1 放坡，每 10m 加设 2m 宽马道后边坡处于稳定状态，但考虑到边坡高度较高，坡度较陡，未能全部清除岩石风化及危岩，主要采用锚杆（格构锚索）挂网喷射砼面板对边坡进行处理。WFBP2 边坡坡面按 1∶0.1 放坡，每 10m 加设 2m 宽马道后边坡处于稳定状态；WFBP2 边坡为危岩 BT1-5 区，危岩体十分破碎，基座岩体压碎严重；放坡开挖以后岩体完整性较差，边坡高度

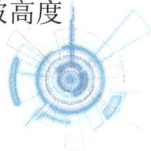

小于 12m，主要采用锚杆（格构锚索）挂网喷射砼面板对边坡进行处理。1H 馈源支撑塔边坡坡面按 1：0.3 放坡，每 10m 加设 2m 宽马道后边坡处于稳定状态。1H 馈源支撑塔边坡高度为 100m 以上，主要采用锚索、锚杆挂网喷射砼面板对边坡进行处理。3H、5H、7H、9H 馈源支撑塔边坡坡面按 1：0.3 放坡，每 10m 加设 2m 宽马道后边坡处于稳定状态。3H、5H、7H、9H 馈源支撑塔边坡高度都为 30m 以内，主要采用锚杆挂网喷射砼面板对边坡进行处理。

3.2.3　检修道路

为了保障 FAST 运行检修交通，需要设置检修道路。根据工程需要和场地条件，检修道路的设计技术指标如下：①公路等级为矿山道路三级；②设计速度为 20km/h；③路基宽度为 4.5m（螺旋检修道路 K0+000 至 K0+600 段及环形检修道路）、4.0m（螺旋检修道路 K0+600 至 K2+918.852 段）；④路面宽度为 3.5m；⑤路面类型为沥青混凝土；⑥最大纵坡为 10.9%；⑦平曲线最小半径一般为 30m，极限为 15m；⑧汽车载荷等级为公路Ⅱ级。

检修道路包括螺旋检修道路和环形检修道路。螺旋检修道路由起点（K0+000）至终点（K2+918.852），螺旋检修道路全长为 2.919km，路线走向受圈梁、馈源支撑塔等的控制；环形检修道路由起点（K0+000）至终点（K0+810.195），环形检修道路全长为 0.810km，路线走向受促动器地锚、塔基等的控制。

3.2.4　排水系统

依据大比例尺地形图分析，大窝凼分水岭集水面积为 0.657km²，河长为 0.559km，主河道坡降为 536‰。地形和暴雨降水特性显示，大窝凼洪水均由暴雨产生，具有陡涨陡落、峰量集中、涨峰历时短等山区性河流的特点。形成暴雨的天气系统主要受冷锋低槽和两高切变影响，汛期自每年 5 月初开始，10 月底结束。大洪水多发生在 6～7 月。根据"贵州省年最大 1h 暴雨均值及 C_v 等值线图"确定暴雨统计参数，排水系统所能承受的最大暴雨量设计值采用最大 1h 降水量均值（45.0mm），C_v 为 0.40，C_s/C_v 为 3.5。经计算，50 年一遇最大 1h 降水量为 93.7mm，50 年一遇设计洪峰流量为 34.5m³/s。

根据地形坡度、上游集水面积布设截水、排水方向和位置，以及排水沟断面。

1. 径向排水沟

径向排水沟主要收集分段外围排水沟雨水，每个径向排水沟设计排水流量为

1.112 ～ 2.636m³/s。排水沟交接处设置消能兼拦沙水池一座。

2．道路边沟

道路边沟主要收集反射面覆盖区域的排水，按照一般公路排水沟设计原则，考虑排水沟设计宽度为 0.4m，设计高度为 0.35m。施工采用浆砌石外加砼抹面。结合公路设计方案具体分段计算公路排水沟设计断面。道路边沟排水分段进入径向排水沟，被排至底部消能池。

3．底部消能池

径向排水沟排出的水进入底部环向排水沟，再流入底部消能池，消能池的主要作用是消能和收集泥沙。水池尺寸按照 10m×9m 的矩形水池设计，水池深度为 8m，采用钢筋混凝土浇筑。反射面底部最低高程为 834m，考虑 4m 的安全高度，则水池设计水面高程为 830m。

4．排水隧道

为确保项目安全，在岩溶地下通道堵塞的极端情况下（即不考虑洼地天然排泄能力）设计排水隧道。排水隧道排水流量按照 50 年一遇设计洪峰流量为 34.5m³/s 计算。反射面底部最低高程为 834m，考虑 4m 的安全高度，则设计水面高程为 830m。

排水隧道采用无压隧道设计方案。隧道分为明挖段、衬砌段和主隧道段。明挖段和衬砌段主要在 D_1 单元开挖，明挖段长 58.588m，采取钢筋混凝土矩形衬砌，衬砌顶部回填。主隧道长 1062.499m，采用复合式衬砌，锚杆＋钢筋网＋喷射混凝土支护，在 Ⅴ 级和 Ⅳ 级围岩条件下增设工字钢和钢筋格栅拱架支护。排水隧道设计断面宽度为 3.0m，设计水深为 2.5m，考虑安全高度为 0.5m，设计直墙高度为 3.0m。排水隧道纵向比降按照 5：1000 设计。排水隧道总长度为 1.121km，隧道进口处地面高程为 827.0m，出口处地面高程为 821.4m。排水至反射面东面约 1km 的水淹凼，根据地形图资料，水淹凼底部高程为 737.5m。排水隧道出口处地面高程较水淹凼底部高程高 83.9m，完全可满足自由排水的要求。

| 3.3　台址开挖施工 |

FAST 台址开挖工程是一个以开挖反射面为核心的开挖工程，同时是一个以危岩防治、高边坡开挖及支护、馈源支撑塔开挖及支护为主体的自然地质灾害

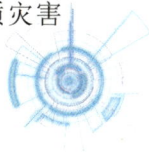

防治工程，整个工程集中在南北长 800m、东西宽 700m 的天然洼地内，施工高差为 300 余米。具体特点如下：开挖施工单项集中，场地小，高差大，工序之间相互干扰大、施工难度大；施工地形陡，灾害防治及边坡支护工程量大；开挖精度要求高，安全风险大；固定作业周期；采用时空交叉，既处理分部工程前后衔接，又降低空间安全威胁；采用信息化施工，既能根据开挖施工实际调整进度，又能及时处理勘察、设计的局限，修改设计，使施工完全满足 FAST 对台址的要求。

1. 检修道路施工

检修道路的施工进度直接影响开挖的工期，检修道路的施工质量需要经过施工过程中超重车辆来往检验，道路施工首先要打破南垭口瓶颈，跨越崩塌堆积体 WY18，从反方向对 WFBP1 边坡进行施工。在施工前期修建了一条临时施工便道跨越崩塌堆积体 WY18，在 9H 馈源支撑塔附近形成双向作业的条件，在小窝凼修建了一条直达 1H 馈源支撑塔高边坡顶端的临时便道，确保 1H 馈源支撑塔高边坡尽早开工。先修建能通车的简易道路，再施工建设挡土墙、水沟等支挡措施，达到设计的路基标准，后期对路面进行施工，保证路面不被超重车辆破坏。

2. 土石方开挖

土石方开挖主要包括反射面开挖、1H 高边坡开挖、WFBP1 边坡开挖、WY15 崩塌堆积体开挖、馈源支撑塔边坡开挖。这些开挖项目施工特点各不相同，但是均存在很大的翻挖工作量，部分位置（5H 崩塌堆积体、1H 下方反射面坡面）仅能进行人工清理；安全控制要点各不相同，爆破工艺（爆破参数、抛掷距离、岩体完整性）各不相同，运输方案（坡度、方向、道路宽度）也各不相同。

3. 高边坡支护

1H 高边坡支护高度为 100m，WFBP1 边坡支护高度为 120m，脚手架稳定性要求高，喷射混凝土困难，锚杆注浆压力要求高，材料运输困难。

搭设脚手架前应先检查现有边坡的稳定情况，将边坡上的松石、危石彻底清除，确定安全后再搭设脚手架。钢管支架应置于坚硬、稳定的岩石上，不得置于浮渣上，立柱间距为 1.5m，架子宽度为 1.2m，横杆高度为 1.5m，以满足施工操作需求。搭设钢管支架要牢固、稳定，钢管与坡面之间必须楔紧，相邻钢管支架之间应连接牢靠，以确保施工安全。

锚孔验收合格后插入锚杆，锚杆注浆时应将压浆管伸至距孔底 100mm 处。注浆材料按试验室提供的配合比进行调配，可加入早强剂和微膨胀剂。注浆时应从孔底开始连续均匀进行，使用专用注浆机进行工作。为了保证注浆质量，可采用合理调整配合比、加大注浆压力等措施在喷混时增大空压机压力，通过两台空压机串联增加供风量。

4. 排水隧道施工

排水隧道由 1 个隧道施工队进行施工，下设掘进、衬砌、综合 3 个工班。经过多次方案论证，决定从隧道出口展开施工，这样能提前进洞来保证施工进度，防止施工过程中由于围岩类别的变化出现溶洞等不良地质，造成工期延误。

5. 危岩及崩塌堆积体防治施工

危岩治理采用爆破清除、裂隙灌浆回填和锚喷支护；崩塌堆积体的防治采用抗滑桩和微型桩。危岩治理是施工作业全面展开的关键步骤。施工前采用 GPS 和激光全站仪对危岩进行准确定位，用彩旗、喷漆、红色包装袋等对危岩所处位置进行醒目标示并留下影像资料，施工前报现场监理，监理同意后进行施工，施工后留下影像资料并请监理现场确认。

根据每种危岩所处的位置、埋深情况、范围大小、顺坡或反坡等实际情况制定危岩治理专项施工方案。危岩治理需要根据每种危岩的现场实际情况制定相对应的施工方案，或爆破清除，或裂隙灌浆回填，或锚杆结合挂网喷射（锚喷支护）混凝土。

FAST 台址开挖工程分部分项工程量信息如表 3.7 所示，FAST 台址开挖工程场景如图 3.8 所示。

表 3.7　FAST 台址开挖工程分部分项工程量信息

工程项目	工程量	备注
土石方开挖	$95.86 \times 10^4 \mathrm{m}^3$	
小窝凼回填	$57.47 \times 10^4 \mathrm{m}^3$	
危岩治理	104 处	包括 WY15、WY17、WY18
高边坡支护	$38438 \mathrm{m}^2$	1H 高边坡、WFBP1、WFBP2 及南垭口
检修道路	3989m	
道路水稳层	$17929 \mathrm{m}^2$	
浆砌工程	$19564 \mathrm{m}^3$	
涵洞	30 座	包括 1 座小窝凼涵洞
排水沟工程	8102m	包括 3990m 道路边沟
消能池	23 座	包括 1 座底部消能池
排水隧道	1121m	

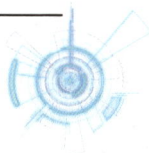

图 3.8　FAST 台址开挖工程场景

6.“绿色”施工

天然的 U 形岩溶洼地是在长期的地质引力作用下形成的。洼地地形体现了内外引力作用与地表和岩层的平衡状态，这种平衡是动态的，当任何相关因素发生变化并积累到一定程度时，就会失去平衡，出现崩塌、滑坡、倾覆、塌陷等，修正引力状态从而达到新的平衡。

大窝凼就是在不断的引力调整过程中形成的，所以在开挖设计和开挖过程中不仅要尽可能较少对原有稳定边坡的侵扰，又要对稳定性程度不高的山体、边坡进行清理、加固等方式的治理，实现“长治久安”，满足 FAST 这一永久工程对台址稳定和安全的要求。

FAST 工程遵循“绿色”原则，包括最大限度减少对原始状态的扰动；开挖堆填尽量减少运输距离和堆填区；回填小窝凼不仅能减少清运工作量，而且可以压实平整出反射面单元的拼装场地；浆砌石料就地取材；单独清运堆放窝凼底部耕种熟土，将其用作后续植被恢复所需的土壤；挂网喷浆封闭松散开挖面，浆砌挡墙保障土石切坡的稳定性。FAST 台址开挖工程最终场景如图 3.9 所示。

图 3.9   FAST 台址无人机遥感影像

| 3.4   台址稳定性监测 |

自然状态下，降水、地面流水、冻融、干湿季变化、温度变化、植被生长、地面振动等因素都是造成边坡、块石失稳的外动力。这种外动力日积月累，造就了地面形态。所以即使没有人为的作用，也会产生边坡崩滑、块石掉落等现象。人为清除载荷、切坡，改变地面水的汇聚、振动，大大改变了外动力作用状况和周围支撑状况，也会影响稳定性。因此应采用封闭、加固、阻挡等措施尽力保持稳定。但长期在日晒、雨淋等各种自然引力作用下，治理措施是否有效、治理工程是否达到效果、是否有新的不稳定边坡或危岩对工程产生影响，只有通过台址稳定性监测来评价。对于一个大型的基于大土石方量、高陡边坡区的建设工程，长期的台址稳定性监测是监视边坡、治理工程稳定状态，发现并解决问题、保障安全主要的方式。

FAST 工程详勘、专项勘察、施工勘察已经清晰地揭示场地的地基条件和不稳定区域，开挖和工程治理已处置了不稳定边坡。但不稳定边坡的规模、地形条件、汇水条件、土体结构和土体厚度决定了工程治理难以达到"根治"的效果。在运行期间，应重点关注和监测。FAST 台址稳定性监测重点区域的边坡特点如表 3.8 所示。

表 3.8　FAST 台址稳定性监测重点区域的边坡特点

监测区	土体概况	备注
1H 高边坡	位于场地东北侧，1H 馈源支撑塔北侧，圈梁和格构柱基础部分开挖平场工程完成后，圈梁平台最高标高为 972.168m。边坡总长为 170m，最大坡高为 100m（高程为 1071m 以上的岩体被全部清除）。为挖方形成的高岩质逆向边坡。场地基岩产状为倾向 217°∠8°，边坡总体倾向 217°	开挖后边坡后坡岩体较完整，工程完整度一般，岩体类型为 II 类，破坏后果很严重，边坡安全等级为一级，边坡采用的支护型式主要为锚喷支护
1H 陡坡	位于场地东侧，反射面坡面范围内，为坡面残留的危岩体。这些危岩体分别在促动器地锚 B366 到 B367 之间、促动器地锚 B368 到 B369 之间及促动器地锚 B425 左下部，危岩体量为 2～8m³。危岩基本裸露，岩性为三叠系中统凉水井组（T₁）中风化白云质灰岩，岩层产状为 15°∠9°。陡坡坡度为 70°～85°，主崩方向大致为一 261°。岩体受构造作用影响强烈，发育两组节理，节理 L1 为 147°∠72°，节理 L2 为 236°∠78°，因节理、层理相互切割，岩体后部节理发育，岩体破碎，完整性较差。由于地势较陡，岩体向临空方向卸荷，形成众多卸荷裂隙，危后缘开裂 10～30cm，下部局部悬空，且经过长期的风化和外力作用，形成了危岩体	危岩体破坏模式为坠落式或倾倒式。危岩体破坏后果严重，岩体破坏后果等级为 L2 级，采用的治理措施主要为主动网＋锚固＋支撑
5H 崩塌槽高边坡	位于场地东南侧。边坡总长为 554.7m，最大坡高为 88.7m，为挖方形成的高岩质切向边坡。场地基岩产状为 115°∠5°	开挖后边坡后坡岩体较完整，结构面结合程度差，岩体类型为 II 类，破坏后果严重，边坡安全等级为一级，边坡采用的支护型式主要为锚喷支护

续表

监测区	土体概况	备注
WY15 崩塌堆积体	位于场地南侧，7H 馈源支撑塔上方。WY15 崩塌堆积体宽约 86m，长约 60m，面积约 5100m²，平均厚度约 9.0m。崩塌堆积体主要由碎块石组成，局部夹薄层黏土，块石含量为 90% 以上，结构松散，多处架空。崩塌堆积体区地层为三叠系中统凉水井组三段（T_2l^3）浅灰色、灰白色、褐黄色薄层至中厚层状白云质灰岩	WY15 破坏后果严重，工程安全等级为一级；WY15 采用的治理措施为坡率法清除、放坡
WY18 崩塌堆积体	位于大窝凼南西侧，7H 馈源支撑塔东侧。场区螺旋检修道路施工时，对中上部残留的崩塌堆积体进行了切坡，局部边坡土体多次发生滑塌，对 7H-1、7H-2 塔腿及下方环形检修道路的安全造成威胁。WY18 中上部残留的崩塌堆积体宽约 10～75m，长为 30～65m，面积约 3200m²，平均厚度约 5m，体积约 16000m³；崩塌堆积体主要由黏土及碎、块石组成，黏土含量约为 50%～70%，未胶结，结构松散	WY18 破坏后果严重，工程安全等级为一级；WY18 采用的治理措施为抗滑桩支挡
促动器地锚 D251 附近滑塌体（简称 D251 滑塌体）	位于大窝凼西南坡，发生小规模滑塌处，主滑方向为 55°，后缘陡坎高为 1.5m，后缘坡宽为 5m，中部宽约 9.6m，滑源区斜长为 12.5m，平均厚度约 1.2m，估算滑塌体体积近 100m³。滑塌特征：滑塌发生在第四系崩塌堆积体内；滑塌体物质为灰褐色黏土夹碎块石，结构较为松散，碎块石含量约为 30%～50%，碎块石一般粒径为 20～50cm，最大粒径为 0.7m×0.9m×1.0m；滑床物质为黄褐色黏色黏土夹碎块石，结构较为密实	D251 滑塌体破坏后果严重，工程安全等级为一级；D251 滑塌体采用的治理措施为锚杆＋格构及部分挡墙支挡

FAST 台址稳定性监测包括锚索应力计监测、边坡变形监测、边坡巡查等方面[6]。

3.4.1　锚索应力计监测

对锚索预应力的监测可以获得支护结构体系施工预应力的变化情况，检验加固工程是否达到预期效果，通过长期的监测结果对坡体稳定状态做出评价，并配合其他的调查或监测分析决策边坡的稳定性和需要采取的治理措施。

锚索应力计监测点位于 1H 高边坡（1H 馈源支撑塔上边坡溶蚀槽）、5H 崩塌槽高边坡（环形路上边坡）、WY18 崩塌堆积体（7H 馈源支撑塔抗滑桩）这 3 个施工时就安置了应力计的锚索区，共计 21 个应力计。其中 1H 高边坡应力计锚索分布如图 3.10 所示。

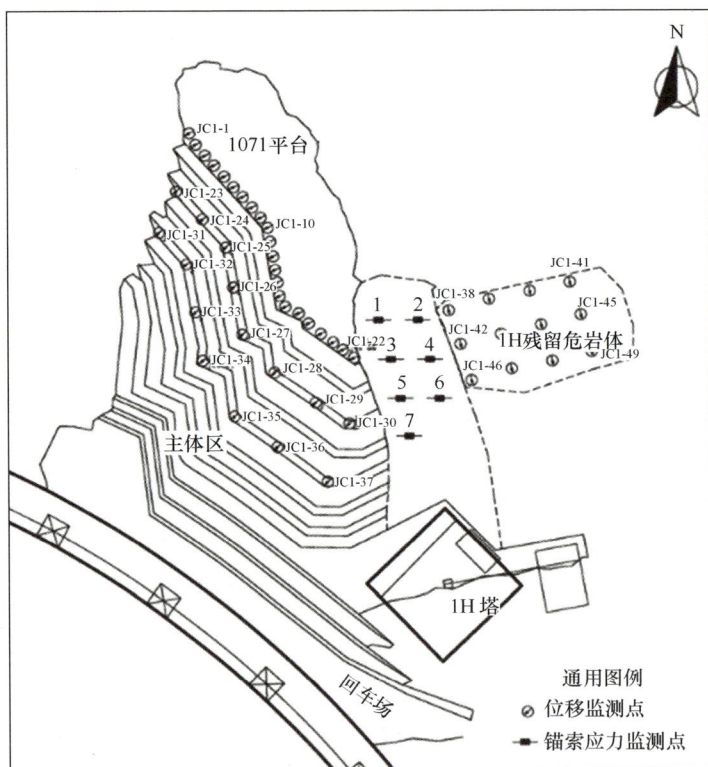

图 3.10　1H 高边坡应力计锚索分布

图 3.10 中的 1 号应力计监测点（应力计编号为 151154），分别于 2014 年 3

6　参见 2016 年贵州地质工程勘察设计研究院发布的《FAST 台址工程稳定性监测（第二期）》。

月 25 日、2014 年 4 月 27 日、2014 年 5 月 29 日、2014 年 7 月 5 日、2014 年 8 月 7 日、2014 年 9 月 9 日、2014 年 10 月 12 日、2014 年 11 月 10 日、2014 年 12 月 15 日、2015 年 1 月 12 日、2015 年 2 月 3 日、2015 年 3 月 14 日、2015 年 4 月 21 日、2015 年 5 月 20 日、2015 年 6 月 23 日、2015 年 7 月 18 日、2015 年 8 月 3 日、2015 年 8 月 24 日、2015 年 9 月 20 日、2015 年 10 月 20 日、2015 年 11 月 27 日、2015 年 12 月 20 日、2016 年 1 月 21 日、2016 年 2 月 25 日、2016 年 3 月 24 日、2016 年 4 月 20 日、2016 年 5 月 23 日、2016 年 6 月 29 日、2016 年 7 月 24 日、2016 年 8 月 14 日、2016 年 9 月 14 日共 31 次测得参数并计算了应力状况。其应力变化曲线如图 3.11 所示。

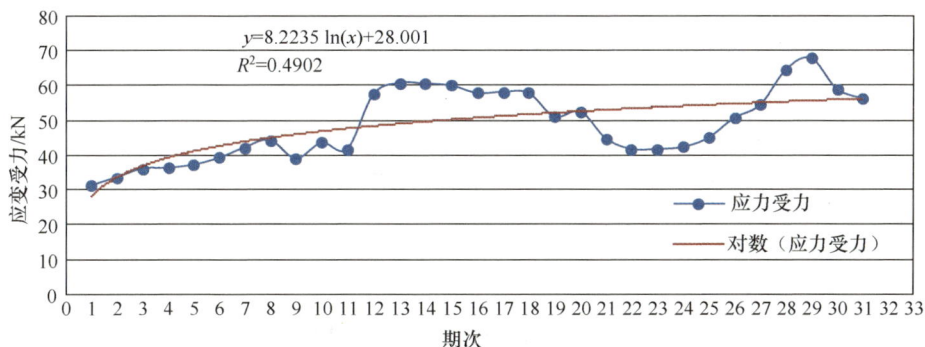

图 3.11　1H 高边坡（溶蚀槽）1 号应力计监测点内应力变化曲线

3.4.2　边坡变形监测

　　边坡变形监测也称为地变形测量，是监测若干点位位置变化状态的重要手段，其内容通常包括对水平位移和垂直位移的大小、方向及速率变化的监测。变形监测要监测到变形的变化过程且不遗漏其重大变化，根据单位时间内变形量的大小及外界因素影响确定变形监测周期。在遇暴雨、发现变形速度加快或监测过程中发现突发灾害时，应缩短监测周期，增加监测次数。在雨季（每年 4～9 月）每 1～2 个月监测一次，在旱季每 2～3 个月监测一次。

　　FAST 台址边坡变形监测点分布范围以开挖高边坡、大型工程治理边坡和重点监测边坡为主，监测点布置于 1H 高边坡上部及顶部边缘（49 个）、1H 陡坡（环形检修道路与螺旋检修道路间，7 个）、5H 崩塌槽上边缘与陡坡脚（42 个）、WY15 崩塌堆积体（WY18 崩塌堆积体上坡，17 个）、WY18 崩塌堆积体螺旋检

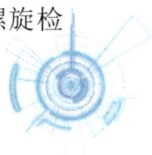

修道路上方（16 个）、D251 滑塌体（WY18 崩塌堆积体下部，25 个）。

　　图 3.12 所示为 JC3-3 号地位移监测点，2014 年 4 月 16 日至 2016 年 9 月 14 日期间共对 JC3-3 号地位移监测点进行了 28 次位移监测，其中的平面位移矢量线如图 3.13 所示。

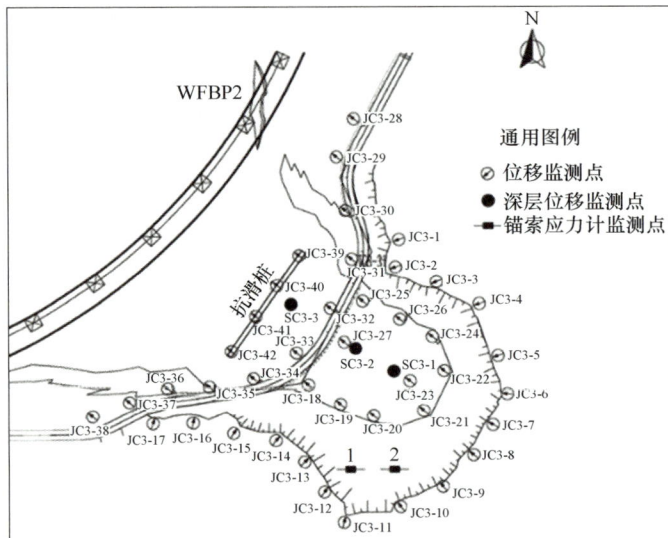

图 3.12　5H 崩塌槽边坡变形监测点分布

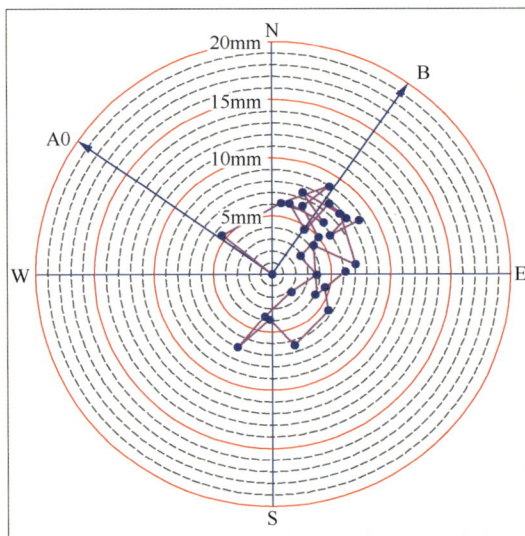

图 3.13　第 28 期 5H 崩塌槽 JC3-3 号监测点平面位移矢量线

3.4.3　边坡巡查

边坡巡查指通过熟悉场地工程地质、水文地质和施工工程的专业技术人员的不定期巡视、巡查，范围包括大窝凼洼地分水岭内的各种边坡，如自然边坡，尤其是陡坡危岩、治理边坡、支护工程边坡和设防护边坡，发现是否有新形成的危岩、不稳定边坡，监视治理后工程是否产生破裂、形变痕迹，以便及时妥善处理。具体的异常现象有挡墙、基坑、桩体的表面裂缝或沉降，局部土体、土石、石块的坠落，构筑物破坏和树木歪斜，出水异常，防护网的锈蚀，网丝断裂、基础松动及锚杆松动等，即所有可能产生或预示坡体（块石）失稳、威胁望远镜安全的情况。巡查工作定期覆盖全区，遇有重要的情况以专题报告形式及时发布。

本章小结

在 FAST 工程中，选择天然的巨型岩溶洼地作为台址是其设计和建设的核心理念。这种选择不仅因为洼地的自然地形能够提供良好的观测条件，还因为其地质结构能够为大型设备的稳定性提供支持。为了充分利用大窝凼洼地的 U 形地形，FAST 的建设团队进行了全面的工程研究和实施，确保为 FAST 创造一个适宜、安全的"家"。FAST 台址工程全方位地开展了岩土工程勘察、台址开挖设计、台址开挖施工和台址稳定性监测等 4 个方面的主题工程。通过这 4 个方面的系统性工作，能够针对具体场地的特点，因地制宜地进行建设，确保工程的成功实施和长期稳定运行。本章是对这些工程的实施过程、技术细节及其成果的详细总结和分析。

岩土工程勘察按照时间先后分阶段进行，本章分别介绍了台址初勘、台址详勘、专项勘察与试验和施工勘察等。不同阶段的勘察目标和程度不尽相同，随着勘察程度越来越详细、深入，勘察内容越来越专（项），勘察的部位也越来越细致、具体。台址勘察主要帮助人们了解大窝凼及其周边场地的地层岩性、区域地质构造、岩土厚度及分布、岩土工程特点及物理力学性质、水文地质和工程地质等情况，同时也了解不良地质情况，评价台址环境及地基稳定性，提供地基承载能力、岩土参数和稳定性等参数，为台址开挖、灾害防治和设备基础等的设计和施工提供依据。

台址开挖设计包括开挖及填方工程、灾害防治及边坡支护工程、道路工程、排水工程 4 个子系统。场区土石方开挖应严格贯彻"有序开挖"的原则，坚持由

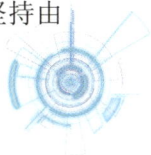

上至下、断面分割、化大为小的原则，同时开挖形成螺旋检修道路路基。开挖施工严格按照优先顺序进行。灾害防治及边坡支护工程主要包括崩塌堆积体治理和挖方边坡支护的设计。检修道路包括螺旋检修道路和环形检修道路，总长度将近4km。排水系统包括径向排水沟、道路边沟、底部消能池和排水隧道。

台址开挖工程是一个以反射面开挖为核心的开挖工程，同时是一个以危岩治理、高边坡开挖及支护、馈源塔开挖及支护为主体的自然地质灾害防治工程，整个工程集中在大窝凼天然洼地内，施工高差跨越 300 余米。具体特点如下：开挖施工地形陡，难度大，灾害防治及边坡支护工程量大；开挖精度要求高，安全风险大；整个开挖工程采用信息化施工，既能根据开挖施工实际调整进度，又能及时处理勘察和设计的局限，修改设计，使施工完全满足 FAST 对台址的要求。台址开挖工程遵循"绿色"原则，除了必要的开挖填方以外，最大限度减少对原始状态的扰动，实现台址的"长治久安"。

台址开挖工程完成后的稳定性监测工作，包括锚索应力监测、边坡变形监测和边坡巡查等。通过稳定性监测监视台址边坡和治理工程稳定状态，及早发现问题和解决问题，保障台址安全。

参考文献

[1] 《工程地质手册》编写委员会 . 工程地质手册 [M]. 3 版 . 北京：中国建筑工业出版社，1994.

[2] 白文胜 . 井地地震 CT 及地面折射层析物探在 FAST 台址洼地探测中的应用 [J]. 工程勘察，2010，增刊第 1 期：614-618.

[3] 朱博勤 . FAST 工程勘察技术理论与实践 [M]. 武汉：湖北科学技术出版社，2021.

[4] 沈志平，等 . FAST 开挖系统关键技术及安全性研究 [M]. 北京：科学出版社，2018.

第4章 FAST主体支承结构

如果把台址洼地比作 FAST 的家，那么主体支承结构就充当了 FAST 的脊梁和框架，构造了外形轮廓，并为 FAST 设备运行和天文观测提供了主要的工作平台。FAST 主体支承结构包括各种设备基础、圈梁和格构柱、索网结构、反射面单元、馈源支撑塔等。各种结构的外形差别很大，既有超过百米的高耸钢管塔结构，又有长度近 2km 的环形钢圈梁结构，还有多达 6670 根主索构成的跨度达 500m 的超大跨度柔性钢索网结构。同时，FAST 还拥有全世界规模最大的全铝合金结构，即 4450 块单元构成的反射面板，每一个反射面单元均可在其支撑点附近进行小幅度滑移，以适应反射面的主动变形。

作为望远镜的一部分，FAST 主体支承结构与传统的建筑结构之间又存在着明显区别。例如，要求馈源支撑塔的第一阶固有频率不低于 1Hz、要求反射面单元面板面形误差不大于 1.5mm、要求索网主索长度误差不超过 1mm、主索疲劳应力力幅最大达到 500MPa 等。这些要求都远远超出了传统建筑结构的范畴，充分体现了 FAST 结构的难点和创新点。此外，大跨度和超大跨度结构的应用也对结构安装的施工工艺提出了很高要求，使得 FAST 在结构安装方面也开发了一批创新工艺和方法。

| 4.1 设备基础 |

FAST 的设备基础包括促动器基础（地锚）、圈梁和格构柱基础、馈源支撑塔基础、索驱动基础（地滑轮）、索驱动机器房设备基础和舱停靠平台基础等，FAST 设备基础的平面分布如图 4.1 所示。此外，还有索网结构安装和反射面单元吊装时使用的临时设备基础。本节主要介绍永久性设备基础，临时设备基础将在 4.6.1 小节中介绍。除设备基础以外，台址反射面下方还分布有大量的混凝土步道和钢栈道，基本上延伸到每一个地锚、测量基墩和中继室，便于对现场设备的巡查和维护。

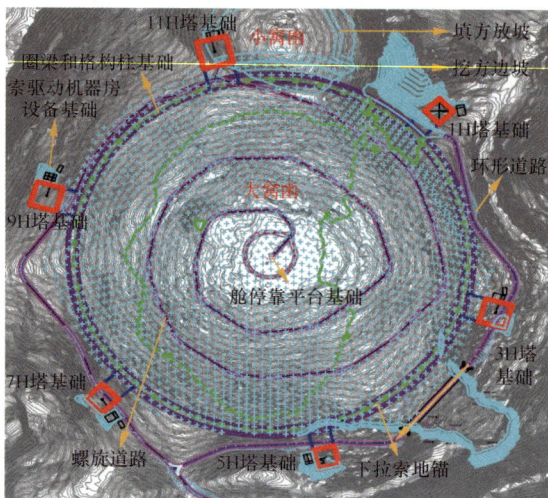

注：索驱动基础位于馈源支撑塔中心（滑轮基础）及附近区域（机器房及卷扬机基础）。

图 4.1　FAST 设备基础的平面分布

永久性设备基础与台址工程的详勘和开挖设计工作密不可分，二者存在接口，由此确定了台址详勘、专项勘察、施工勘察、开挖与边坡支护设计的部分内容。

4.1.1　促动器基础

1. 功能及性能指标

FAST 主动反射面包括 2225 根下拉索，每根下拉索下端连接促动器，促动器再与其基础相连。通过控制一定数量的促动器伸缩，即可实现反射面索网变位和观测功能。共有 2225 个地锚，用于承载促动器伸缩对地面所施加的交变上拔力，如图 4.2 所示。

与一般的工程设备基础相比，地锚存在一定特殊性。首先，地锚需要承受促动器传下来的交变上拔力，其交变幅度最大可达到 50 ~ 70kN，差不多是其平均承载的 3 倍左右，在交变上拔力作用下基础结

图 4.2　促动器与地锚

构的抗疲劳问题比较突出；其次，地锚数量多、分布广，各个地锚所处位置的工程地质条件和地形条件差别较大，再考虑到喀斯特洼地溶洞较多的特点，为基础设计和施工带来了一定困难；再次，很多地锚位置与螺旋检修道路和运输空间存在干涉，为避开道路和运输空间，其位置不再指向反射面球心的径向方向，而是有较大的偏角，不过对索网结构的设计影响不大；最后，为适应球面倾角和促动器的运动方向，地锚表面存在与球面切线方向平行的倾角，也为基础施工和促动器安装带来了一定的困难。

地锚的安全等级为永久地锚二级。根据促动器设计要求，非岩石地基的基础埋深不小于 500mm；地锚最大上拔力可达 70 ～ 100kN，最大抗拔疲劳次数不低于 30 万次；考虑边坡稳定性，地锚基础滑移量不超过 5mm；促动器与锚杆之间有良好的电连接性能[1]。

2．接口与设备要求

促动器上端与索网下拉索相连，促动器下端通过连接底座与地锚连接，地锚包括锚杆、预埋件及锚墩等。为保证液压促动器的正常运动范围，在液压促动器底盘法线方向半圆锥角 15° 范围内，不允许发生干涉。促动器与地锚之间的连接底座如图 4.3 所示。

对连接底座中心的安装误差应控制在 ±30mm 以内[2]，或者保证下拉索的理论指向角度误差不超过 1.5°[3]。

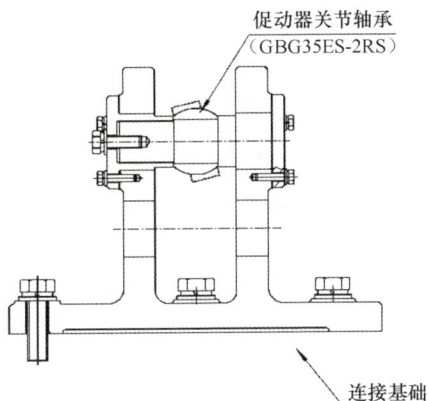

图 4.3　促动器与地锚之间的连接底座

3．抗拔疲劳试验

地锚的抗拔力主要由锚杆承担。FAST 团队在项目初步设计阶段进行了现场锚杆的抗疲劳试验[4]。试验地点选择了大窝凼现场的 A 区和 B 区，分别代表软岩石区和硬岩石区。软岩石区地层为块石土，块石为中风化白云岩，岩芯呈短柱状、碎块状，土呈砂状。硬岩石区地层为中风化含泥质灰岩，岩芯呈柱状、短柱状，完整性良好。

1　参见 2012 年中国科学院国家天文台发布的《FAST 工程反射面地锚施工图设计任务书》。

2　参见 2012 年 3 月东南大学发布的《FAST 索网和圈梁结构优化设计及施工方案研究报告》。

3　参见 2012 年中国科学院国家天文台 FAST 团队发布的《FAST 工程反射面地锚施工图设计任务书》。

4　参见 2010 年中国科学院国家天文台 FAST 团队发布的《FAST 地锚疲劳试验》。

　　试验加载及测量装置如图 4.4 所示。在软岩石区，设置水平的锚杆水泥平台，低于地面约 0.4m，锚杆垂直于水泥平台。在硬岩石区，无水泥平台，锚杆垂直于岩石表面。选用普通中空 RD32N 型锚杆。对锚杆施加 10 ～ 50kN 的交变上拔力，循环次数大于 30 万次，加载频率为 4 ～ 6Hz。

　　在软岩石区和硬岩石区分别选择了 3 根锚杆和 2 根锚杆，锚固长度分别为 8m、4m、4m、1.4m 和 1.3m。试验结果表明，5 根锚杆中的 4 根可以承受 30 万次的交变上拔力加载循环，其中有一根锚

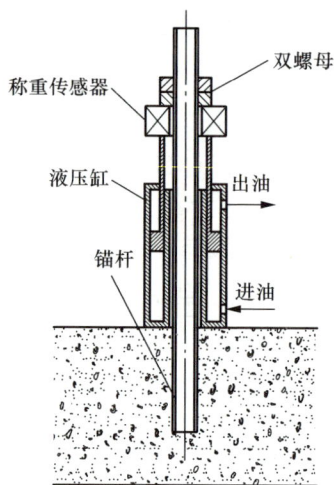

图 4.4　锚杆抗拔疲劳试验加载及测量装置

杆（1.3m）的循环次数超过了 100 万次。余下的 1 根锚杆（1.4m）在硬岩石区的试验中承受了约 18.9 万次循环后从根部断裂，经分析可能是加载不均，发生弯折，且之前进行过拉拔破坏试验，本身存在缺陷。试验中在 5 根锚杆的锚固区均未发现松动失效现象。

　　尽管试验结果表明锚杆锚固区抗拔疲劳强度满足要求，考虑到现场复杂的地质和地形条件，以及庞大的地锚数量，在基础施工完毕后的维护期内仍需要加强巡查，及时发现地锚松动或被拔出的异常现象，根据具体地质和地形情况及时改进地锚设计，加强地锚的锚固。

4．设计

　　FAST 工程地锚设计包括确定各种类型地锚的分布范围、结构设计及与台址道路、排水渠、圈梁基础干涉的解决方案。要求在初步设计方案的基础上进一步优化设计，控制投资，限额设计。反射面地锚共有 2225 个。根据台址详勘和开挖设计施工的相关资料，分别找出与台址道路、排水渠、圈梁基础干涉的下拉索基础，制订避免干涉的解决措施，保证台址道路的通行高度不低于 2.2m。

　　（1）锚杆设计要求

　　① 检查锚杆质量必须做抗拔疲劳试验。试验要求每 300 根锚杆必须抽样一组；设计变更或材料变更时，应抽样另一组，每组锚杆不得少于 3 根。

　　② 锚杆质量合格条件为 $P_{AN} \geqslant P_A$ 且 $P_{Amin} \geqslant 0.9P_A$。式中，$P_{AN}$ 为同批试件

抗拔力的平均值；P_A 为锚杆设计锚固力；P_{Amin} 为同批试件抗拔力的最小值。

③ 锚杆抗拔力不符合要求时，可用增加锚杆的方法予以补强。

④ 对于全长黏结型锚杆，应检查砂浆密实度，砂浆密实度大于 75% 为合格。

（2）锚杆基础施工精度要求

① 锚杆定位偏差不宜大于 20mm，锚杆偏斜度不应大于 5%，钻孔深度超过锚杆设计长度应不小于 0.5m。

② 基础中心坐标放样误差 ≤ 10mm，基础坐标方位角误差 ≤ 1°，基础倾角误差 ≤ 1°。

（3）地锚设计

根据《FAST 工程场地岩土地基调查分区图》地质资料中的地质界线及北京市建筑设计研究院提供的《FAST-S01-09 关于下拉索索力的文》，可将地锚布置场地划分为 14 个区。经统计，2225 个地锚分区如表 4.1 所示。

表 4.1　地锚分类统计

地质条件	最大拉力为 70kN 的地锚个数	最大拉力为 100kN 的地锚个数	地锚总数
黏土、沙土夹块石区	24	2	26
黏土夹块石区	17	3	20
断层影响胶结较好区	23	4	27
断层影响胶结较差区	9	4	13
基岩破碎区（裂隙发育）	5	2	7
强风化（白云沙）基岩区	53	0	53
岩溶崩塌体	500	11	511
董当断层区	220	4	224
小窝函回填区	25	13	38
断层影响破碎基岩区	15	4	19
断层影响强风化区	576	0	576
断层影响溶蚀区	40	6	46
残破堆积区	77	0	77
中风化较完整基岩区	492	96	588

地锚采用锚杆基础型式。非岩石地基上独立基础尺寸为 1.2m×1.2m×0.45m（长×宽×高），基础设置 4 根锚杆；岩石地基上独立基础尺寸为 1.0m×1.0m×0.45m（长×宽×高），基础设置 3 根锚杆。基础最小埋深 0.2m，基础顶部预埋

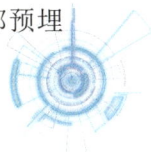

钢板与过渡连接盘焊接，钢板尺寸为 500mm×500mm×16mm。锚杆孔径为 70 ～ 100mm，锚筋为 Φ20mm HRB335 螺纹钢筋，水泥砂浆强度为 M30。地锚基础预留接地端子，接地端子与基础内钢筋和锚杆相连作为自然接地装置。接地端子为热镀锌扁钢，尺寸为 50mm×5mm×1000mm。

根据《建筑边坡工程技术规范》（GB 50330—2002），锚杆锚固体与地层的锚固长度应满足式（4.1）。

$$L_a \geq \frac{N_{ak}}{\xi_1 \cdot \pi \cdot D \cdot f_{rb}} \tag{4.1}$$

式中 L_a 为锚固段长度（m）；D 为锚固体直径，本工程地质条件较差区域取 100mm，地质条件较好区域取 70mm；f_{rb} 为地层与锚固体黏结强度特征值（kPa），根据 FAST 中空锚杆极限抗拔试验，黏结强度特征值为 180/2.2 ≈ 81.8kPa，土体与锚固体黏结强度特征值取 25kPa；N_{ak} 为锚杆轴向拉力标准值（kN），下拉索最大拉力分别为 50kN、60kN、70kN、100kN，动载荷系数取 1.5；ξ_1 为锚固体与地层黏结工作条件系数，对永久性锚杆取 1.0。锚杆基础构造如表 4.2 所示。

表 4.2　锚杆基础构造

地质条件	锚杆孔径 /mm	锚杆根数	最大拉力为 70kN 以下的锚固段长度 /m	最大拉力为 100kN 的锚固段长度 /m
黏土、沙土夹块石区	100	4	4	5.4
黏土夹块石区	100	4	4	5.4
断层影响胶结较好区	70	3	3	3
断层影响胶结较差区	100	4	4	5.4
基岩破碎区（裂隙发育）	70	3	3	3
强风化（白云沙）基岩区	70	3	3	3
岩溶崩塌体	100	4	4	5.4
董当断层区	70	3	3	3
小窝凼回填区	100	4	4	5.4
断层影响破碎基岩区	70	3	3	3
断层影响强风化区	70	3	3	3
断层影响溶蚀区	70	3	3	3
残破堆积区	100	4	4	5.4
中风化较完整基岩区	70	3	3	3

5．施工

反射面地锚工程共有锚墩 2225 个，其中基础锚杆采用 Φ20mm 锚杆，锚杆总长度为 33093.3m，地锚基础施工完成情况如图 4.5 所示。由于施工场地地形复杂、落差大，机器设备难以进入，地锚工程以人工作业为主。

（a）单个地锚近景   （b）全景

图 4.5 地锚施工完成情况

4.1.2 圈梁和格构柱基础

1．功能与性能指标

圈梁和格构柱基础承受圈梁、索网及反射面单元等的重力载荷，以及索网变位时产生的交变载荷，圈梁和格构柱基础与格构柱数量一致，共 50 个。格构柱底落在混凝土承台上，通过锚栓使柱底板和混凝土承台连接。锚栓规格为 M42，每根工字钢柱底按"3×3"布置。

50 个圈梁基础编号与格构柱编号一致，为 GGZ01 ～ GGZ50，其中 GGZ01位于正北侧小窝凼填方区，50 个基础按顺时针方向以轴对称排列。1H 方向的圈梁和格构柱基础坐落在岩质高边坡上，5H 及 7H 方向的圈梁和格构柱基础坐落在块石岩堆上，12H 方向的圈梁和格构柱基础坐落在小窝凼回填区。

预埋地脚螺栓定位误差控制为 ±50mm[5]，圈梁和格构柱基础最大承载力如表 4.3 所示[6]。

表 4.3 圈梁和格构柱基础最大承载力

最大水平剪力 F_y/kN	最大水平剪力 F_z/kN	最大竖向反力 F_x/kN	最大绕 y 轴弯矩 M_y/（kN·m）	最大绕 z 轴弯矩 M_z/（kN·m）	最大绕 x 轴扭矩 T_x/（kN·m）
380	1066	4572	11138	14151	846

---

5 参见 2012 年 3 月东南大学发布的《FAST 索网和圈梁结构优化设计及施工方案研究报告》。

6 参见 2010 年中国科学院国家天文台 FAST 团队发布的《FAST 地锚疲劳试验》和 2012 年 12 月北京市建筑设计研究院有限公司发布的《FAST 工程圈梁索网施工图设计第 1 部分——计算书》。

2. 设计

圈梁和格构柱基础设计按其设计施工分区图分别设计，如图 4.6 所示，型式分为独立基础＋基础锚杆和人工挖孔灌注桩（嵌岩桩）[7]。其中第 4#（GGZ04）、第 15#（GGZ15）和第 16#（GGZ16）格构柱基础采用独立基础＋基础锚杆型式，独立基础嵌入岩石中，基础深 800mm，其他格构柱基础采用人工挖孔灌注桩（嵌岩桩）型式。独立基础及基础梁采用 C30 混凝土，基础及基础梁下设 100mm 厚 C15 素混凝土垫层。基础锚杆采用 HPB300、HRB335 和 HRB400 牌号钢筋。

由于 50 个圈梁和格构柱基础环绕台址边坡一圈，不同位置基础所处地形地貌和地质条件都不一样，很多位置所处边坡本身也需要进行开挖放坡或填方成形，且基础承受的反力较大，因此圈梁基础设计与其边坡开挖支护设计是紧密联系的。关于边坡开挖支护详见 3.2.2 小节。

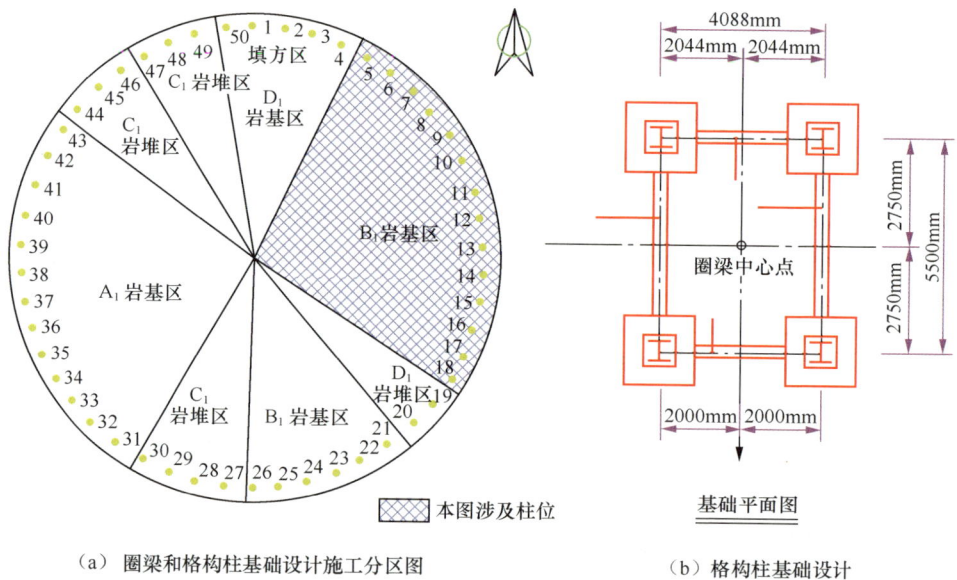

（a）圈梁和格构柱基础设计施工分区图　　　　（b）格构柱基础设计

图 4.6　圈梁和格构柱基础设计施工分区图及基础设计

如图 4.6（a）所示，第 1#（GGZ01）～第 3#（GGZ03）和第 50#（GGZ50）格构柱基础处于填方区，不需要进行边坡支护；第 4#（GGZ04）格构柱基础位于填方区东侧的平地上，有董当（F_1）断层经过，地基边坡稳定性主要受 C_1 单元岩体

7　参见 2012 年贵州正业工程技术投资有限公司发布的《500m 射电望远镜（FAST）索网与圈梁基础工程开挖支护设计施工图》。

破裂角控制，边坡采用锚杆＋挂钢筋网喷射砼（GGZ04，厚 150mm）进行防护；第 5#（GGZ05）～第 17#（GGZ17）格构柱基础处于 B_1 岩基区，其边坡在开挖后形成较大面积的岩质边坡，边坡采用锚杆＋挂钢筋网喷射砼（厚 150mm）进行防护，或者上边坡采用锚杆＋挂钢筋网喷射砼（厚 150mm）进行防护，下边坡采用格构＋锚索进行防护；第 18#（GGZ18）～第 23#（GGZ23）格构柱基础需要开挖放坡，所处泥质灰岩边坡采用锚杆＋挂钢筋网喷射砼（厚 150mm）进行防护；第 24#（GGZ24）～第 28#（GGZ28）格构柱基础也需要开挖放坡，开挖形成的边坡高度最大达到 33.5m，处于洼地断层影响带，边坡采用锚杆＋挂钢筋网喷射砼（厚 150mm）进行防护；第 29#（GGZ29）～第 49#（GGZ49）格构柱基础需要开挖放坡，清除上部块石岩堆及黏土，泥质灰岩及块石岩堆边坡采用锚杆＋挂钢筋网喷射砼（厚 150mm）或喷射砼（厚 80mm）进行防护。

3．施工

根据望远镜的建造设计要求，所有圈梁基础均位于高边坡位置，最大坡率接近 1∶0.1，十分陡峭。由于场地限制，大型机械无法到达，基础型式选取人工挖孔桩。部分基岩位置，选用锚杆基础，以减少工程量及造价。人工挖孔桩桩径为 1.2m，最深处为 25m 以下，采用 C30 混凝土护壁。为了减少开挖量，个别过于陡峭的桩基础采用明桩型式，其余大部分基础采用暗桩型式。

圈梁和格构柱基础工程于 2012 年 11 月开始施工，2013 年 10 月竣工，2013 年 11 月 30 日通过验收，共完成 50 个圈梁和格构柱基础的施工。圈梁和格构柱基础实物如图 4.7 所示。

4.1.3　馈源支撑塔基础

1．功能与性能指标

FAST 馈源支撑塔采用了 4 腿空间桁架的钢管塔结构型式，支撑塔的每个塔腿对

图 4.7　圈梁和格构柱基础实物

应一个独立基础。6 个支撑塔按时钟顺序命名，从东北开始依次为 1H、3H、5H、7H、9H 和 11H。其 4 个塔腿命名规则为以人站在塔位中心并面向反射面，其左前方、右前方、右后方和左后方分别为 -1、-2、-3 和 -4。

FAST 馈源支撑塔基础承受塔体传来的下压力、上拔力和水平剪力等载荷，同时作为引雷器还负责将塔体被闪电击中产生的雷电流导入大地。单个馈源支

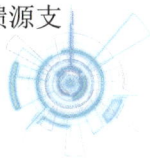

撑塔基础所承受的下压力最大可达 5000kN，上拔力最大可达 700kN，水平剪力最大可达 600kN。为尽量减少塔长短腿的高差，部分塔基础出露高度较大，成为明桩，如 3H-2 基础出露高度超过 8m，不得不附加扶梯，便于施工人员攀登作业。

由于馈源支撑塔结构采用热浸镀锌防腐设计，在现场施工时塔结构全部采用螺栓连接，故对馈源支撑塔基础及其接口提出了较高的定位精度要求，如表 4.4 所示。

表 4.4　馈源支撑塔基础及其接口的定位精度要求

项目	允许偏差
实际塔位中心相对于理论塔位中心的水平位置误差	30mm
11H 塔塔脚中心相对实际塔位中心的水平位置误差	10mm
1H、5H、7H 塔塔脚中心相对实际塔位中心的水平位置误差	6mm
3H、9H 塔塔脚中心相对实际塔位中心的水平位置误差	6.5mm
同组地脚螺栓中，每一地脚螺栓的中心相对于柱脚中心的水平位置误差	2mm
基础混凝土上表面标高	20mm
地脚螺栓倾斜度	5/1000
基础上表面（混凝土）水平度	1/1000

2. 设计

（1）塔址优化定位

FAST 馈源支撑塔位于贵州省平塘县克度镇附近的大窝凼，所处地貌属于石灰岩溶蚀山地，地面起伏较大，相对高度变化一般为 100 ～ 300m；山体大部分地段基岩裸露；溶洼及溶沟处，有厚度较薄的第四纪沉积物覆盖。台址大窝凼的四周半山腰处均匀布置了 6 个馈源支撑塔。

6 个馈源支撑塔均匀布置在直径为 600m 的圆周上。对初步拟定的 FAST 馈源支撑塔 6 个塔位的地形及地质条件进行了现场初步勘测，主要对 6 个馈源支撑塔周围的地形、地貌、地层岩性和边坡稳定性做了现场了解和调查，为评价立塔条件和确定塔位定位优化方案提供基础资料。经现场反复考察，在对顺 14°、顺 20°、顺 18°、顺 23°、顺 30°、逆 8° 等多方案的经济性及技术可行性进行比较后，确定顺 23º 方案为塔位定位优化方案，详见 4.5 节。

（2）基础型式

馈源支撑塔基础可供选择的基础型式包括岩石锚杆基础、岩石嵌固式基础和桩基础[8]。在地质条件较好的区位，馈源支撑塔基础优先选择岩石锚杆基础和岩石嵌固式基础，以保证基础的安全、稳定。

① 岩石锚杆基础

岩石锚杆基础以地脚螺栓作为锚筋直接锚入机械钻凿成的岩孔内并采用高标号水泥砂浆或细石混凝土进行灌注，通过水泥砂浆或细石混凝土在岩孔内的胶结，使锚筋与岩体结成整体，借助岩石本身受力、岩石与砂浆的黏结力以及砂浆与锚筋的黏结力来抵抗上部杆塔结构传来的外力，以保证对杆塔结构的锚固稳定。1H 和 5H 塔的 8 个馈源支撑塔基础采用岩石锚杆基础。

② 岩石嵌固式基础

岩石嵌固式基础底部嵌固于基岩中，充分利用岩石的剪切能力，达到提高基础抗拔能力的目的，主要用于软质岩石（强至中风化），且易于人工开挖（凿）的地基。塔腿 7H-3、7H-4、11H-2、11H-3 和 9H 塔的 4 个馈源支撑塔基础均采用岩石嵌固式基础。

③ 桩基础

7H 和 11H 塔的塔腿 7H-1、7H-2、11H-1 和 11H-4 采用了单桩基础，其中 11H-1 和 11H-4 均处于小窝凼回填区，桩长分别达到 26m 和 35m，桩径均为 2m。

（3）基础材料的选择

① 混凝土

桩基础采用 C30 混凝土，岩石锚杆基础采用 C30 细石混凝土，其余基础型式采用 C25 混凝土；基础保护帽采用 C15 混凝土；基础垫层采用 M10 碎石灌浆垫层。

基础用混凝土其质量标准符合《混凝土结构设计规范》（GB 50010—2010）的要求。

② 钢材

基础主筋采用 II 级钢筋，箍筋采用 I 级钢筋，其质量标准符合《碳素结构钢》（GB/T 700—1988）、《低合金高强度结构钢》（GB/T 1591—1994）的要求。

地脚螺栓根据需要采用 Q235 钢或 35 号优质碳素钢，其质量标准应符合《优质碳素结构钢》（GB/T 699—1999）的要求。

3．施工

采用岩石基础施工是关键，除了按照一般钢筋混凝土基础的施工要求外，尚

8　参见 2010 年中国电力工程顾问集团华北电力设计院工程有限公司发布的《FAST 馈源支撑塔方案设计与优化技术报告》。

需注意以下几点 [1]。

① 采用岩石基础的情况下，必须逐个鉴定岩体的稳定性、覆盖层厚度、岩石的坚固性及岩石风化程度等情况，这需要地质人员积极配合。

② 开凿岩孔后，孔壁的清洗工作非常重要，应将黏附在孔壁上的岩石粉屑、松动的岩石清除掉，特别要注意泥岩等在钻孔时遇水软化黏附在孔壁上，一定要将其清除干净，使浇灌进去的混凝土能与原状岩石相结合，保证混凝土与孔壁的黏结可靠。

③ 要重视混凝土浇筑振捣密实工作。

④ 馈源支撑塔基础通过地脚螺栓与塔脚法兰连接，各腿基础相对高差大，距离远，对螺栓定位精度要求高。

馈源支撑塔基础工程于 2012 年 10 月开始施工，2013 年 11 月 29 日完成验收。馈源支撑塔基础施工如图 4.8 所示。

（a）基础钢筋笼绑扎及螺栓定位　　　　　（b）基础实物

图 4.8　馈源支撑塔基础施工

4.1.4　索驱动基础

1．功能与性能指标

FAST 索驱动基础工程为 FAST 工程馈源支撑系统索驱动设计、制造及安装项目的子工程，主要内容包括索驱动系统的维修卷扬机基础、塔底导向滑轮基础 / 定滑轮基础、1H 和 5H 拖运轨道基础、机器房驱动机构基础、塔底至机器房的入舱电缆桥架基础等，此外，还包括 5H、7H 和 9H 斜坡硬化道路等附属设施。索驱动的设备基础工程规模较小，结构也比较简单，此处主要介绍规模相对较大和较复杂的 6 个机器房驱动机构基础和塔底导向滑轮基础。机器房驱动机构基础、塔底导向滑轮基础及其基础地脚螺栓如图 4.9 所示。地脚螺栓规格详见 5.2.3 小节。

　　6 个机器房驱动机构基础均分布在 6 个馈源支撑塔塔底周边，依地形建设一块相对平坦的地方作为 6 套索驱动卷扬机的机器房，其基础为驱动机构（电机、减速机和卷筒）提供固定平台基座。除 3H 和 11H 机器房以外，其余 4 个机器房位置均在半山腰上，依靠二次开挖和边坡支护开凿出机器房基础平台和支撑塔塔底部分平面［见图 4.10（a）］、塔底滑轮到机器房卷筒（距离约 20m）的钢丝绳摆动平面，以及斜坡便道。11H 机器房位于小窝凼回填平地，相对容易建设。3H 机器房位于洼地东侧岩质边坡区和环形检修道路内侧，地形陡峭，其高差超过 15m，无平地可开挖，只能建设 6 腿明桩支承平台作为机器房设备基础，如图 4.10（b）所示，因而难度和造价最高。

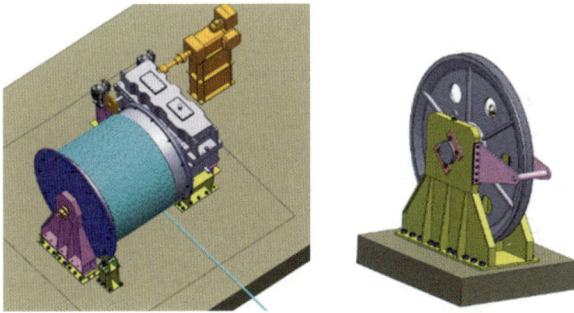

（a）效果图

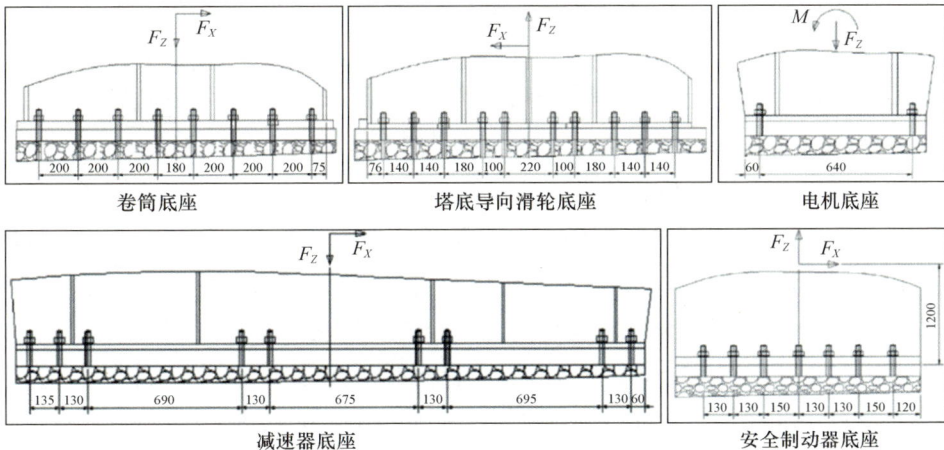

卷筒底座　　　　　　　塔底导向滑轮底座　　　　　　　电机底座

减速器底座　　　　　　　　　　　　　　安全制动器底座

（b）基础地脚螺栓

注：单位为 mm。

图 4.9　机器房驱动机构、塔底导向滑轮基础及其基础地脚螺栓

(a) 5H 机器房基础　　　　　　　　(b) 3H 机器房基础承台

图 4.10　索驱动机器房基础施工

索驱动设备的混凝土基础、预埋板和地脚螺栓需要满足设备安装精度和索驱动机构的使用要求，具体要求如下。

① 机器房基础平面外形尺寸偏差小于等于 20mm。

② 机器房基础平面中心点至塔位中心点水平距离偏差小于等于 20mm，垂直标高误差小于等于 10mm，在钢丝绳摆动区域，机器房混凝土地面至塔底导向滑轮基础面之间不得有障碍物。

③ 机器房混凝土地面的平面度偏差小于等于 2mm/m，全长不超过 10mm。安装驱动机构的基础承台的平面度偏差小于等于 1mm/m，全长不超过 5mm。塔底导向滑轮基础的平面度偏差小于等于 1mm/m，全长不超过 3mm。

④ 卷筒基础预埋板十字中心点与塔底导向滑轮基础预埋板十字中心点连线应垂直于卷筒纵轴，偏差不超过 10mm。

⑤ 电机、减速机和卷筒的基础预埋板共享一个水平面，板与板之间平面偏差小于等于 5mm（用于减速机安装的 4 块板之间平面偏差为 2mm）。各板十字中心点连线应相互平行或垂直，相邻连线尺寸偏差不超过该尺寸的 1/900。

⑥ 电机、减速机和卷筒的基础预埋螺栓伸出长度偏差小于等于 5mm，螺纹长度允许偏差为 3mm。电机和卷筒基础预埋板 4 个螺栓孔形成的对角连线长度偏差不大于 2mm，相邻螺栓间距偏差小于等于 1mm。减速机基础的 4 块预埋板的预埋螺栓应对称于减速机安装纵轴，允许偏差为 1mm，每块板上相邻螺栓间距偏差小于等于 1mm，螺栓垂直度偏差不超过其伸出长度的 2/1000。

此外，对外露螺栓、钢板和其他结构件采取防腐措施，满足防腐要求，符合国家标准《工业建筑防腐蚀设计规范》（GB 50046—1995）和《涂装前钢材表面锈蚀等级和除锈等级》（GB/T 8923—1988）的规定。

2. 设计与施工

索驱动基础工程于 2013 年 8 月 1 日开工建设，在解决了诸如垂直交叉作业，工序之间相互干扰大、施工难度大，施工条件狭窄、材料运输工程量大，预埋件型号多、精度要求高，安全风险大等施工问题后，于 2014 年 8 月 6 日竣工验收，共完成 6 处大型设备基础。

4.1.5　舱停靠平台基础及周边设施

1．功能

舱停靠平台是进行馈源舱建造组装、降舱停靠、维护、检测，以及支撑索系安装和更换等工作的工艺平台，建在主动反射面中心底部的 FAST 开挖中心处。FAST 台址舱停靠平台主装配区域为 Φ13m 的圆台（与开挖中心同心），以开挖中心为分布圆心。主装配区域包括 6 个舱支撑装置立柱和 3 处滑轮装置（均以开挖中心为圆心，均匀分布，其中一处与正北方向成 16° 角），其中 6 个舱支撑装置立柱以整个承台作为基础，3 处滑轮装置需要独立的基础。

2．设计

舱停靠平台基础位于 FAST 的开挖中心处，主要分为主装配区域、公用区域两部分。主装配区域为 Φ13m 的圆台，公用区域为 Φ13 ～ 26m 的圆环带区域，在 Φ26 ～ 32m 为环形排水渠，如图 4.11 所示。

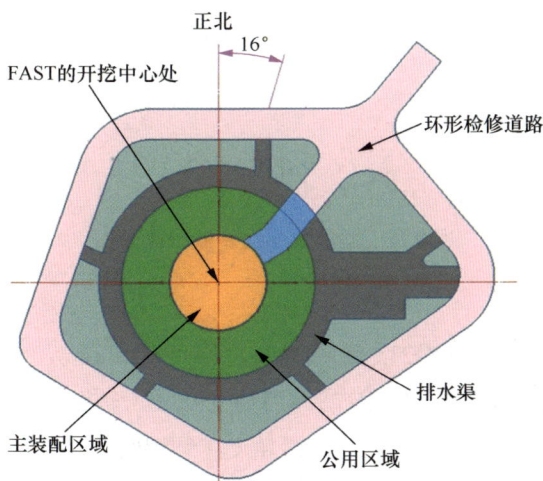

图 4.11　舱停靠平台基础示意

（1）工程内容

工程内容包括辅助立柱基础、升降立柱与滑轮支撑装置组合基础、中心 Φ1.2m

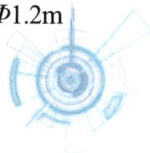

圆孔预埋、防雷接口、便桥和 Φ22m 范围内地面硬化（中心 Φ1.2m 范围内除外）等的施工。

（2）基建要求

辅助立柱基础共 3 处，位于主装配区域；升降立柱与滑轮支撑装置组合基础共 3 处，位于主装配区域与公用区域结合部。辅助立柱基础以开挖中心为圆心，均匀分布在 Φ10.3m 的圆周上（基准点为预埋板的中心），其中一处位于北偏西 44°位置。

升降立柱与滑轮支撑装置组合基础以开挖中心为圆心，均匀分布在 Φ10.3m 的圆周上，其中一处位于北偏东 16°位置。舱停靠平台基础平面分布如图 4.12 所示。

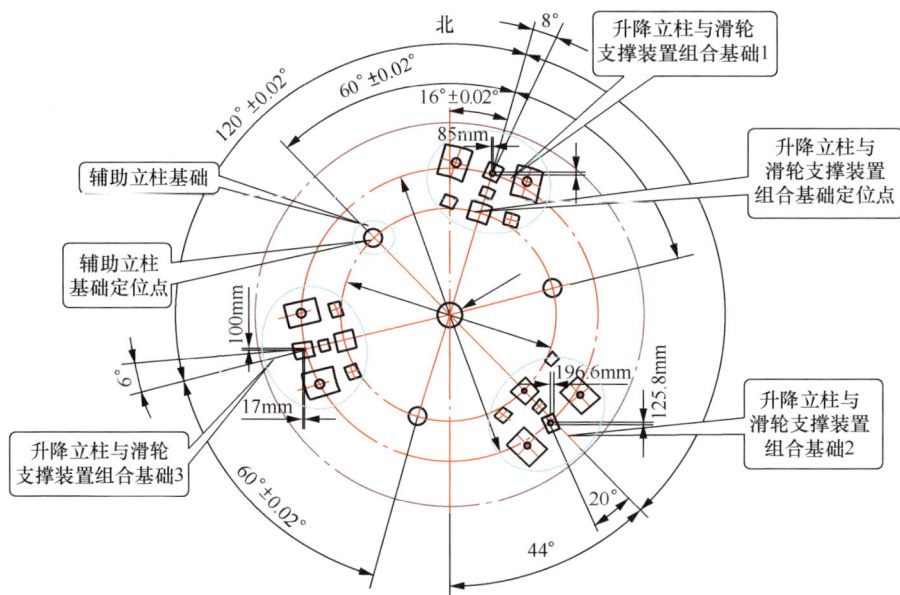

图 4.12　舱停靠平台基础平面分布

（3）基础预埋板

所有预埋板材料均为 Q235 热轧钢板，厚度为 20mm，上表面的粗糙度为 25μm，均采用热浸锌涂覆工艺，锌层厚度为 150μm。辅助立柱基础共 3 处，每处各有 1 块预埋板，共 3 块。升降立柱与滑轮支撑装置组合基础共 3 处，每处有 7 块预埋板。

3．施工

舱停靠平台基础工程于 2013 年 12 月开始施工，于 2014 年 4 月完成，如图 4.13 所示。

图 4.13　舱停靠平台基础工程

4.1.6　钢栈道与步道

1. 功能

反射面促动器数量多，分布广，所处地形复杂多样。为了方便促动器安装及维护工作，位于陡坡及悬崖上的地锚都设有钢栈道或步道。钢栈道总长度为 1567.45m；步道采用人工开挖和弱爆破，总开挖长度为 27396.9m。

2. 设计

步道设计原则如下。

① 设置环状人行步道作为地锚点检修通道，环状人行步道中线与地锚点间距为 1.4m。

② 环状人行步道间采用"之"字形人行梯道或钢扶梯相连。

③ 道路边坡（1∶0.3）与人行步道相连处设置钢扶梯。

④ 地形坡度大于 80°时，采用人工栈道，不能修栈道时设带护笼钢梯。

根据《自然保护区工程设计技术规范》，环状人行步道宽度为 0.8m，纵坡小于 18%。纵坡超过 15%的路段，路面应做防滑处理；当纵坡超过 18%时，按台阶、梯道设计，台阶踏步数不得小于 2 级，每段小于 20 级。踏步宽度为 300 ～ 380mm，高度为 120 ～ 170mm，每级踏步应有 1% ～ 2%向下倾斜的自行排水坡度。步道设计如图 4.14 所示。

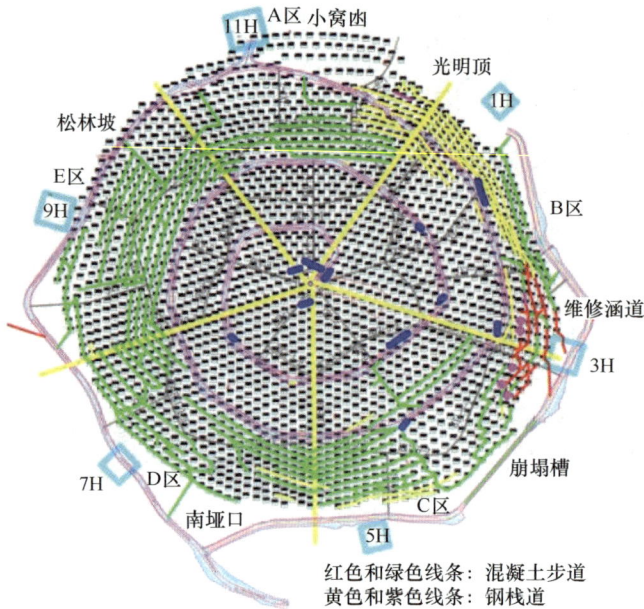

图 4.14　步道设计

钢栈道宽度不小于 0.9m。钢材采用等边角钢，节点钢板、方钢及其他钢构件采用 Q235 钢材，钢筋为 $\Phi25mm$ 热轧带肋钢筋，力学性能和化学成分应符合有关标准规定。钢栈道设计如图 4.15 所示。钢栈道采用现场焊接施工，焊缝质量按三级焊缝质量标准设计。钢结构采取防锈措施，在构件被彻底除锈后，涂防锈漆两道，灰色面漆两道。

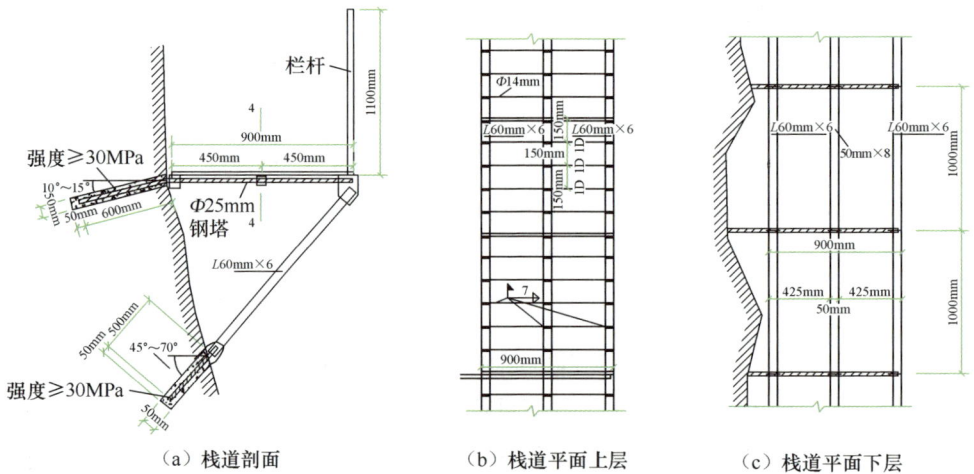

（a）栈道剖面　　　　　　（b）栈道平面上层　　　　　　（c）栈道平面下层

图 4.15　钢栈道设计

3．施工

现场维护用钢栈道主要分布在 1H～3H、5H 方向。混凝土步道分布在 6H 方向，钢栈道主要用于 1H 方向陡峻地形上与步道相连，实拍图分别如图 4.16 和图 4.17 所示。

图 4.16　混凝土步道实拍图

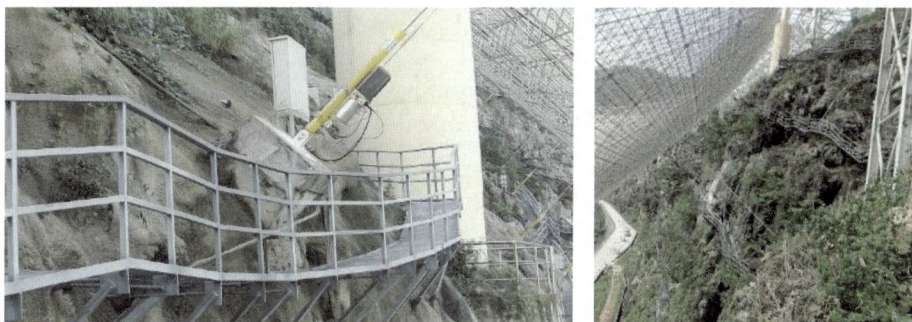

图 4.17　钢栈道实拍图

| 4.2　圈梁和格构柱 |

4.2.1　功能与组成

FAST 主动反射面由促动器、反射面单元和主体支承结构等组成，其中主体支承结构为格构柱、圈梁和索网组成的超大跨度空间结构。索网是反射面单元的支承结构，而圈梁和格构柱是索网的支承结构。圈梁和格构柱全部采用空间钢桁架结构型式，外表涂覆防腐油漆，面漆为白色。

1. 格构柱

格构柱柱顶支承圈梁，柱底与设备基础相连，共 50 根，每根格构柱均为四肢柱，如图 4.18 所示。受场地地形影响，格构柱高度各不相同，在 6.419 ～ 57.419m 范围内变化。格构柱径向尺寸为 5.5m、环向尺寸约 4.0m，由工字形截面钢管和圆钢管组成，通过节点板、相贯节点、焊接球节点相连。圈梁通过滑动支座支承于格构柱柱顶，每个柱顶设两个滑动支座，共 100 个支座。

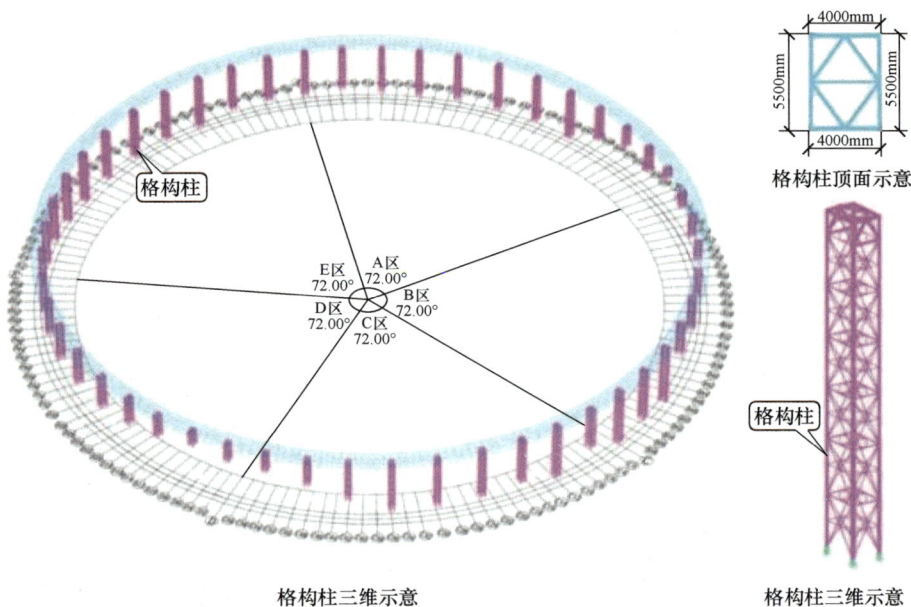

格构柱顶面示意

格构柱三维示意

格构柱三维示意

图 4.18 格构柱

格构柱柱底落在混凝土承台上，通过锚栓使柱底板和混凝土承台之间连接。每根工字钢柱肢底锚栓按"3+2+3"布置，规格为 M42。格构柱柱肢与腹杆的连接采用耳板螺栓连接型式：腹杆通过封板上焊接耳板与柱肢上耳板采用高强螺栓连接，工字钢腹杆与柱肢采用桁架整体节点型式连接。

在每组格构柱柱顶均设置了两个圈梁支座，支座为双向滑动支座，将圈梁环向与径向约束释放，仅提供圈梁的竖向支承，该支座的使用降低了格构柱高度对结构整体刚度的影响。为了使体系更加合理、可靠，在圈梁和格构柱之间设置了水平连杆，通过结构布置实现圈梁和格构柱的环向支承，避免了成品单向滑动支座滑轨"卡死"的情况。圈梁和格构柱结构的连接关系如图 4.19 所示。

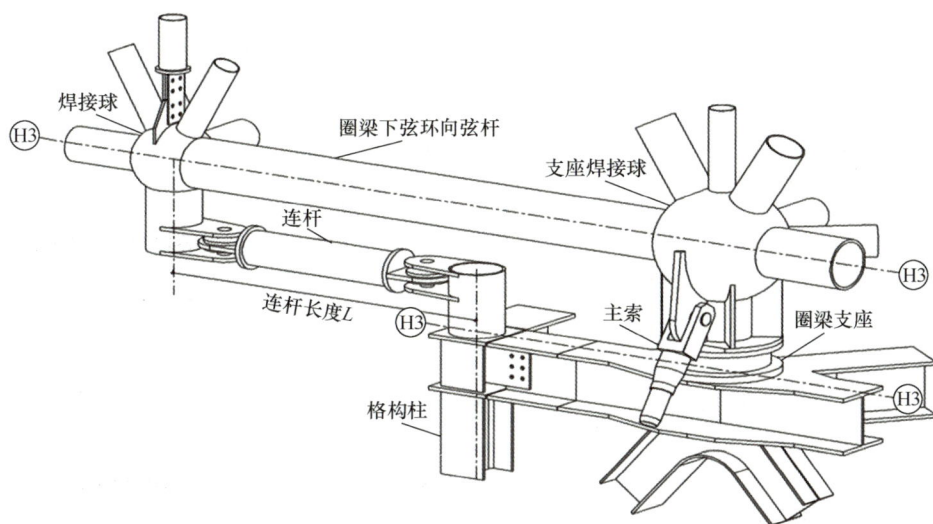

图 4.19　圈梁和格构柱结构的连接关系

2．圈梁

圈梁通过双向滑动支座落于格构柱上，为主索网提供支承。圈梁下表面与每个格构柱通过两个滑动支座相连，共 100 个滑动支座。支座两侧安装抗拔装置，环向设置销轴拉杆圈梁支座。柱顶的两个角点及桁架下弦球节点上均设置 $14×\Phi325mm$ 的圆钢管，二者通过 $10×\Phi245mm$ 水平拉杆连接。

圈梁内圈直径为 500.8m，高为 5.5m，宽为 11m，为立体桁架型式，由圆钢管和焊接异形构件组成，通过焊接球和节点板连接，如图 4.20 所示。圈梁可分为 A、B、C、D、E 共 5 个扇区，绕着圆中心旋转对称。每个扇区可分为 10 个节段，共 50 个节段，每个节段跨度约为 31.5m。

圆钢管腹杆与不规则箱形弦杆采用耳板高强螺栓连接，与圆钢管弦杆采用焊接球连接。工字钢腹杆与弦杆采用刚性连接。在不规则箱形弦杆上翼缘、边腹板各设置一道 70mm×45mm 扁钢轨道（反射面单元吊装设备预留轨道），下翼缘设置 70mm×45mm 扁钢轨道。

3．索网接口

在圈梁下弦节点每隔两个节间布置一道拉索耳板，拉索耳板焊接在圈梁下弦内侧焊接球节点上，由此与 150 根索网边缘主索进行连接，如图 4.21 所示。耳板与球节点的焊缝承受较大的主索拉力和索网主动变形导致的疲劳载荷，是圈梁结构的关键受力部位。

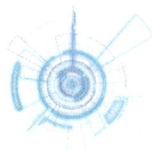

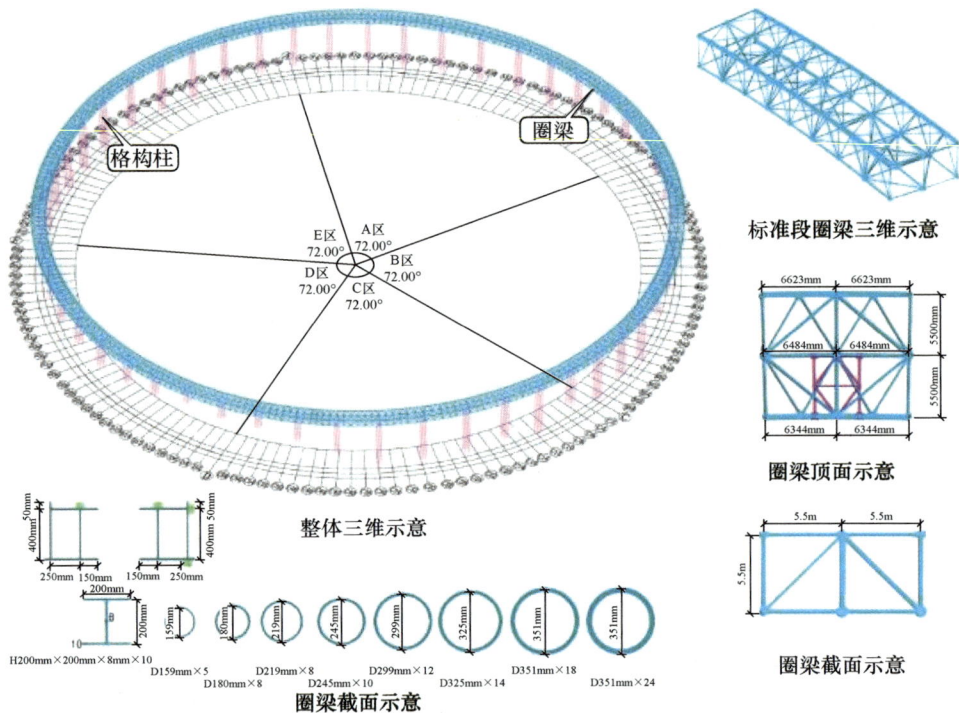

格构柱

圈梁

E区 72.00°　A区 72.00°
D区 72.00°　B区 72.00°
C区 72.00°

整体三维示意

标准段圈梁三维示意

6623mm　6623mm
6484mm　6484mm
5500mm
5500mm
6344mm　6344mm

圈梁顶面示意

5.5m　5.5m
5.5m

圈梁截面示意

50mm
400mm
250mm 150mm
50mm
400mm
150mm 250mm
200mm
10
200mm
H200mm×200mm×8mm×10

159mm
D159mm×5
180mm
D180mm×8
219mm
D219mm×8
245mm
D245mm×10
299mm
D299mm×12
325mm
D325mm×14
351mm
D351mm×18
351mm
D351mm×24

圈梁截面示意

图 4.20　圈梁上弦内外侧弦杆截面

图 4.21　圈梁球节点与索网边缘主索的连接

4．附属设施

为方便圈梁及格构柱的日常维护与检修，在圈梁和格构柱上还设置了马道与扶梯。环向圈梁内部全通长设置马道，水平横梁为"H"形钢，规格为 HW148mm×100mm×6mm×9mm，柱肢及水平防护栏杆采用箱形钢管，规格为方钢管 60mm×40mm×3mm、方钢管 40mm×40mm×3mm，走道板支撑为角钢，规格为 L56mm×5mm。相邻两个格构柱之间均布设有 2 榀马道吊篮。同时在 A54 轴、B36 轴、D6 轴线格构柱上设置 3 根从地面至马道的钢扶梯。马道与爬梯示意如图 4.22 所示。

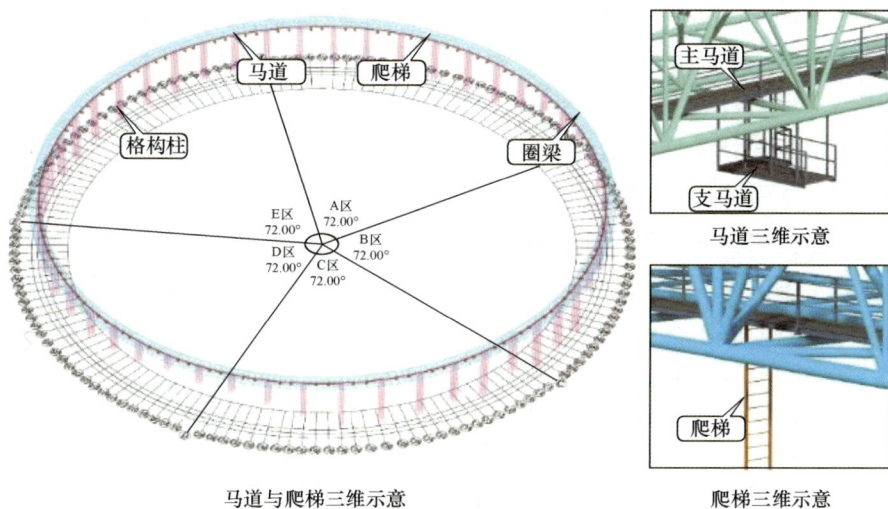

图 4.22　马道与扶梯示意

此外，还在反射面外围建设 FAST 挡风墙，分别建于 1H、3H、7H、8H 处 4 个垭口，用于阻挡由大窝凼外的山谷来风，从而降低 FAST 反射面的风载，起到保护主体结构的作用。墙体主要由钢柱、钢梁及彩钢板等组成。由于垭口地势起伏产生的钢结构与地基的间隙，使用加气混凝土砌块进行封闭。共计完成了 160 延米的挡风墙基础及挡风墙安装施工。

4.2.2　方案优化

在 FAST 反射面的最初设计中并没有考虑圈梁和格构柱等支承结构体系，当时采取的是分块刚性单元的反射面分割方案，详见 2.2 节。随着整体张拉式索网反射面方案的提出和被采纳，作为周边支承结构的圈梁和格构柱方案也逐步成熟。2005 年密云缩尺模型的建成和试验进一步证明了基于整体张拉式索网 + 周边环绕钢梁和钢柱支承结构体系的反射面方案的可行性和优越性。以此为起点，整体张

拉式索网及其周边支承圈梁和格构柱结构开始进入初步设计阶段，这也说明了圈梁和格构柱与索网的设计是一体化的，二者之间有着紧密的联系，甚至二者互相构成对方的边界条件或载荷设计输入条件。

受到索网主动变形工作模式的影响，作为周边支承结构体系的圈梁和格构柱所承受的主要工作载荷之一也是索网主动变形所导致的、由 150 根边缘主索对圈梁球节点施加的一种特殊且长期动态往复的疲劳载荷。除此之外，还有球面基准态的索网主索预应力、结构自重（恒载荷）、活载荷、风载荷、地震载荷、温变载荷等，以及各种载荷的组合。索网主动变形引发的工作载荷详见 4.3 节有关抛物面主动变形的力学仿真分析和索网结构设计等内容。

随着各项设计条件的逐渐清晰，圈梁和格构柱结构方案也在不断迭代优化，进一步优化主索截面及环梁杆件截面规格，并形成结构初步设计方案。圈梁和格构柱是主索网张拉的边界，其自身的边界条件与刚度对主索网的成形与受力有重要的影响。圈梁的优化工作基于以前研究方案的布置方式，在满足结构刚度需求的前提下，对圈梁布置进行优化调整，使调整后的结构简洁、受力路径明确、经济指标合理，同时更利于现场施工。

1. 圈梁

圈梁内径为 500.8m，外径为 522m，自身宽度为 11m，高度为 5.5m，在宽度（径向）方向圈梁被等分为 2 个节段，每段长 5.5m，主索网支撑于圈梁球节点上，在主索网的支承点上沿圈梁径向布置平面桁架，非支承点未布置沿圈梁径向的平面桁架，如图 4.23 所示。

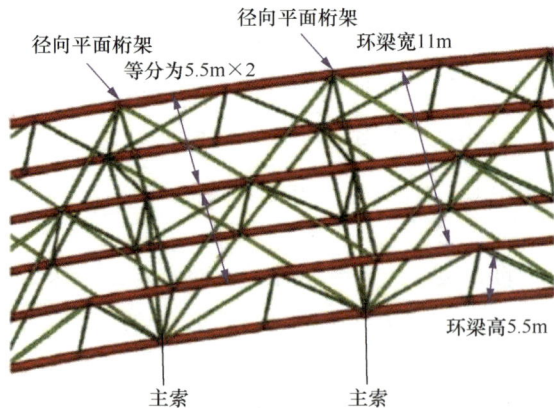

图 4.23 圈梁局部细节

2．格构柱

格构柱柱顶支承圈梁，柱底连接于设备基础，共 50 根，每根格构柱均为四肢柱。受场地地形影响，各个格构柱高度均不相同。为与圈梁的分格对应，将格构柱的平面尺寸调整为 4m×5.5m，在柱顶设置圈梁支座，通过调整支座来实现不同的圈梁边界条件。格构柱具体尺寸如图 4.24 所示。

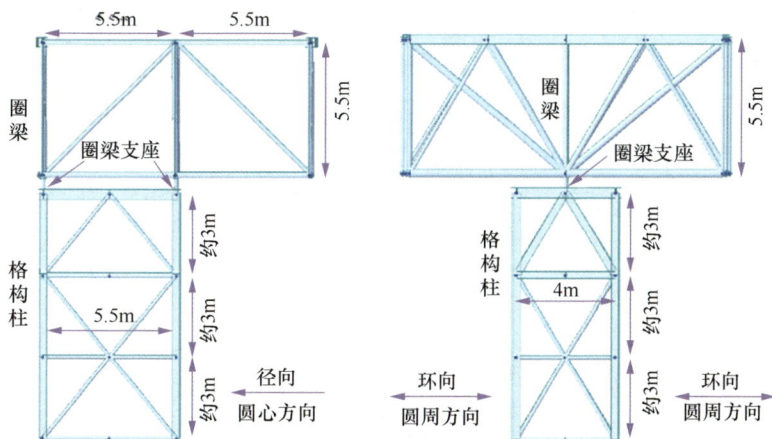

图 4.24　格构柱具体尺寸

3．边界条件

由于 50 根格构柱高度不同，导致钢柱的水平刚度差异很大，刚度的不均匀性对包括索网在内的整体结构受力有较大影响。此外，圈梁为宽度为 11m 的均匀圆环，该圆环本身具有较大的刚度，可以考虑充分利用圈梁自身的刚度给主索网提供支承。基于以上两方面原因，将圈梁和格构柱"脱开"，靠圈梁支座联系两部分结构。圈梁支座可以实现不同的边界条件。优化过程中，在相同的设计条件下，从格构柱与圈梁用钢量、圈梁变形、格构柱柱底反力，以及主索网变形等方面研究了 3 种边界条件方案[2]。方案一为环向与径向均释放，方案二为环向约束、径向释放，方案三为三向固定铰约束。3 种边界条件方案下的计算结果如表 4.5 所示。

表 4.5　3 种边界条件方案下的计算结果

结构指标	方案一的计算结果	方案二的计算结果	方案三的计算结果
用钢量	2690t	2674t	2480t
圈梁变形（径向水平变形）	最大 138mm，且均匀	最大 133mm，且均匀	最大 206mm，不均匀
格构柱柱底反力	反力小	反力较小	反力大，且很不均匀
主索网变形	均匀	均匀	不均匀

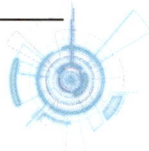

根据上述计算结果，综合考虑不同边界条件下结构用钢量、圈梁变形均匀性、格构柱柱底反力，以及主索网变形均匀性等指标，并且考虑结构的可靠性，FAST 最终采用环向约束、径向释放的边界条件（方案二）。

4. 构件截面形式

圈梁和格构柱采用不同的截面形式会对整个结构的用钢量产生影响，考虑到 FAST 体量巨大，为寻求最优经济指标，对结构的不同截面方案也进行了优化分析。根据建筑市场的常用截面形式，在相同的设计条件下，比较了工字形截面、圆形截面，以及工字形 + 圆形截面共 3 种形式的用钢量，其计算结果如表 4.6 所示。

表 4.6　不同截面形式下的计算结果

截面形式	用钢量 /t
工字形截面	3543
圆形截面	2674
工字形 + 圆形截面	2666

根据上述计算结果，综合考虑工字形截面钢管开口的优势，节点可以通过螺栓连接，减少现场焊接工作量与焊接变形，FAST 最终采用工字形 + 圆形界面的截面形式。

5. 防噪墙与挡风墙

FAST 团队原计划在圈梁上建设防噪墙，如图 4.25（a）所示，以屏蔽地面噪声并减少风载荷对望远镜的影响。因防噪墙高达数十米，如果直接建在圈梁上则建造成本过高，对降低 FAST 整体造价不利，故防噪墙计划被取消，转而计划在周边山地建设挡风墙，实现防噪墙的挡风功能。文献 [2] 基于 FAST 台址中心区 800m×800m 的 1∶500 地形总图进行了风场数值建模，并对新增挡风墙后洼地的风环境进行了数值模拟。经实地勘测，FAST 台址所在地四面环山，仅 1H、3H、7H、8H 处有 4 个垭口与外界相通，故优化了挡风墙的设计方案，将挡风墙建于 4 处的垭口，如图 4.25（b）所示，大幅降低了挡风墙的造价。

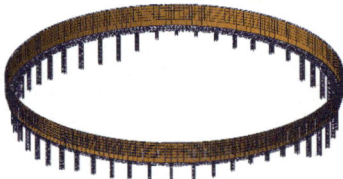

（a）防噪墙效果图　　　　　　　　（b）挡风墙（7H 垭口）实拍图

图 4.25　防噪墙与挡风墙

4.2.3　结构设计

1. 设计依据及基本要求

圈梁和格构柱的结构设计与索网结构设计是一并进行且同时完成的，具体情况可参考专著[2-3]和报告[9]。本小节仅介绍圈梁和格构柱部分的结构施工图设计，索网部分的情况详见 4.3 节相关内容。结构设计须符合以下国家施行的相关设计规范和标准。

①《建筑结构可靠度设计统一标准》（GB 50068—2001）。

②《工程结构可靠度设计统一标准》（GB 50153—92）。

③《建筑结构载荷规范》（GB 50009－2006）。

④《钢结构设计规范》（GB 50017－2003）。

⑤《空间网格结构技术规程》（JGJ 7—2010）。

⑥《预应力钢结构技术规程》（CECS 212：2006）。

⑦《钢结构高强度螺栓连接技术规程》（JGJ 82—2011）。

⑧《优质碳素结构钢》（GB/T 699—1999）。

⑨《合金结构钢》（GB/T 3077—1999）。

⑩《关节轴承 向心关节轴承》（GB/T 9163—2001）。

⑪《建筑地基基础设计规范》（GB 50007—2002）。

⑫《建筑桩基技术规范》（JGJ 94—2008）。

⑬《建筑地基处理技术规范》（JGJ 79—2002）。

⑭《建筑基桩检测技术规范》（JGJ 106—2003）。

其他参考资料如下。

①《FAST 整体支承结构的索网疲劳分析和钢构设计报告》。

② OVM.ST 型高应力幅拉索体系[4]。

③《反射面单元方案优化设计报告》[10]。

④ 关于 FAST 台址详勘岩土工程勘察的报告[11]。

9　参见 2012 年 3 月北京市建筑设计研究院发布的《FAST 反射面索网与圈梁结构优化及疲劳性能评估》、2011 年 10 月东南大学发布的《FAST 整体支承结构的索网疲劳分析和钢构设计报告》，以及 2012 年 3 月东南大学发布的《FAST 索网和圈梁结构优化设计及施工方案研究报告》。

10　参见 2013 年中国建筑科学研究院发布的《反射面单元方案优化设计报告》。

11　参见 2010 年贵州省建筑工程勘察院发布的《中科院国家天文台 500 米口径球面射电望远镜（FAST）台址详勘岩土工程勘察报告》。

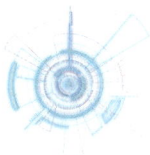

⑤《500 米口径射电望远镜反射面单元吊装方案初步设计研究报告》[12]。

⑥《反射面单元吊装方案设计与吊拼装场地规划报告》[13]。

⑦《500 米口径球面射电望远镜建设项目工程场地地震安全性评价报告》[14]。

2．设计参数的选取

（1）结构重要性系数

FAST 的设计使用年限为 30 年，考虑结构各部分的重要程度，参考《建筑结构可靠度设计统一标准》《工程结构可靠度设计统一标准》，钢圈梁及支承结构的安全等级为一级，重要性系数取 1.1。

（2）材料材质及强度取值

圈梁部分材质：当钢板厚度 ≤ 40mm 时，采用 Q345C 钢；当钢板厚度 > 40mm、≤ 60mm 时，采用 Q345C-Z15 钢；当钢板厚度 > 60mm、≤ 90mm 时，采用 Q345C-Z25 钢，性能满足《低合金高强度结构钢》（GB/T 1591—2008）和《厚度方向性能钢板》（GB/T 5313—2010）的要求。

格构柱材质：当钢板厚度不大于 40mm 时，采用 Q345B 钢；当钢板厚度 > 40mm、≤ 60mm 时，采用 Q345B-Z15 钢，性能满足《低合金高强度结构钢》和《厚度方向性能钢板》的要求。

（3）钢材的设计强度及控制应力比

钢材的设计强度及控制应力比如表 4.7 所示。

表 4.7　钢材的设计强度及控制应力比

钢材规格	密度 ρ / (kg·m^{-3})	弹性模量 E/ (1×10^5MPa)	规范标准	设计强度 /MPa		本工程控制应力比
Q345	7850	2.06	《钢结构设计规范》	$t \leq 16$mm，310		0.65
				$16 < t \leq 35$mm，295		

控制应力比取 0.85 / 1.2 / 1.1 ≈ 0.64，其中 0.85 为一般钢结构工程中的控制应力比，1.2 为考虑载荷的分项系数，1.1 为结构的重要性系数。构件及节点控制应力比均按此标准。

12　参见 2012 年北京起重运输机械设计研究院发布的《500 米口径射电望远镜反射面单元吊装方案初步设计研究报告》。

13　参见 2012 年上海市机械施工有限公司发布的《反射面单元吊装方案设计与吊拼装场地规划报告》。

14　参见 2010 年武汉地震工程研究院和贵州省地震局工程地震研究中心共同发布的《500 米口径球面射电望远镜建设项目工程场地地震安全性评价报告》。

圈梁和格构柱结构为非线性结构，计算模型中载荷输入均为标准值，最终的结构抗力需要引入载荷分项系数修正。

3. 载荷

① 恒载荷：反射面单元载荷按 1972t 计算；索网节点、索体自重与索头锚具按照生产厂家提供的实际质量取值。恒载分项系数为 1.2。

② 基准球面（态）下的索预应力，详见 4.3.4 小节的相关内容，预应力分项系数为 1.2。

③ 主动变位产生旋转抛物面状态下索应力。在 FAST 使用过程中，通过张拉下拉索形成抛物面，详见 4.3.4 小节和 4.3.7 小节的相关内容。按照天顶角 26.4°以下，以索网节点作为抛物面顶点的抛物面，共计有 550 种抛物面变形工况。预应力分项系数同基准球面（态）也为 1.2。

④ 活载荷：根据《反射面单元方案优化设计报告》，面板活载荷为 0.01kN/m²（考虑局部可能堆积树叶、树枝等）。按照《建筑结构载荷规范》将标准值作 0.2kN/m² 的增减。按照《钢结构设计规范》将屋面均布活载荷标准值取为 0.3kN/m²。

由于《反射面单元方案优化设计报告》中活载荷取值与规范差距较大，在计算索结构时，活载荷遵照规范的取值。考虑到面板 50% 的开孔率，对活载荷做折减，具体如下：在基准球面（态）下，取活载荷为 0.15kN/m²，按照投影面积施加；在各种旋转抛物面工况下，不计算活载荷。

⑤ 温度载荷：在基准球面（态）下，假定合拢温度为（15±2）℃，设计温差为 ±25℃；在各种旋转抛物面工况下，同基准球面（态）取为 ±25℃。

⑥ 风载荷：FAST 的工作风速为 4m/s，极限风速为 14m/s。按照《建筑结构载荷规范》的规定，50 年重现期的风压不得小于 0.3kN/m²。地面粗糙度为 B 类，体型系数采用计算流体动力学的分析结果，风振系数取 1.8。考虑到反射面面板开孔率为 50%，风载荷折减 0.6。由于工程规模庞大，无法进行风洞试验，FAST 设置了挡风墙以减小风载荷，对现场风压进行实测，对馈源舱上采集到的 1 年的风速数据进行了统计分析，平均风速最大不超过 10m/s，小于设计风速。

⑦ 雪载荷：《建筑结构载荷规范》未给出平塘县的雪载荷。根据气象资料给出的积雪最大深度，按照《建筑结构载荷规范》给出的公式计算，雪载荷为 0.03kN/m²。

⑧ 地震载荷：抗震设防烈度为 6 度，特征周期为 0.3s。

⑨ 索网检修载荷为 1.0kN，作用点为结构任意节点处，不超过 50 个点。

⑩ 反射面单元吊装施工载荷：取值详见 4.6 节相关内容。

⑪ 马道载荷：2.5kN/m。

4．载荷组合及其对应的控制应力比

圈梁和格构柱结构作为索网的支承结构，其主要作用是承受索网主动变形到基本球面和抛物面时产生的载荷。因此，圈梁和格构柱的设计计算需要与索网结构的计算一起进行。根据 FAST 的天空覆盖范围，将反射面上的变位抛物面划分为 550 个工况进行计算，考虑不同载荷的不利组合，圈梁和格构柱计算载荷组合及其对应的控制应力比如下。

① 组合 1 ～ 550：旋转抛物面，圈梁和格构柱控制应力比为 0.65。

② 组合 551：球面基准态，圈梁和格构柱控制应力比为 0.65。

③ 组合 552：球面基准态 + 活载荷，圈梁和格构柱控制应力比为 0.65。

④ 组合 553 ～ 1102：旋转抛物面 + 升温 25℃，圈梁和格构柱控制应力比为 0.65。

⑤ 组合 1103：球面基准态 + 升温 25℃，圈梁和格构柱控制应力比为 0.65。

⑥ 组合 1104：球面基准态 + 活载荷 + 升温 25℃，圈梁和格构柱控制应力比为 0.65。

⑦ 组合 1105 ～ 1654：旋转抛物面 + 降温 25℃，圈梁和格构柱控制应力比为 0.65。

⑧ 组合 1655：球面基准态 + 降温 25℃，圈梁和格构柱控制应力比为 0.65。

⑨ 组合 1656：球面基准态 + 活载荷 + 降温 25℃，圈梁和格构柱控制应力比为 0.65。

⑩ 组合 1657 ～ 1786：考虑圈梁对称性，取 1/5 圈梁（平面位置 –18° ～ –90°），根据《500 米口径射电望远镜反射面单元吊装方案初步设计研究报告》，在圈梁上每隔 0.5°放置设备载荷起始点，用来模拟吊装设备（转运机车与轨道单机车）在圈梁上行走时的移动载荷，共计 130 个工况，圈梁与格构柱控制应力比为 0.7。

⑪ 组合 1787 ～ 1926：考虑圈梁对称性，取 1/5 圈梁（平面位置 –18° ～ –90°），根据《反射面单元吊装方案设计与吊拼装场地规划报告》，在圈梁上每隔 0.5°放置设备载荷起始点，用来模拟缆索吊在圈梁上行走时的移动载荷，共计 140 个工况，圈梁和格构柱控制应力比为 0.7。

⑫ 组合 1927 ～ 2061：考虑圈梁对称性，取 1/5 圈梁（平面位置 –18° ～ –90°），根据《反射面单元吊装方案设计与吊拼装场地规划报告》，在圈梁上每隔 0.5°放置设备载荷起始点，用来模拟行走塔吊在圈梁上行走时的移动载荷，共计 135 个

工况，圈梁和格构柱控制应力比为 0.7。

⑬ 组合 2062 ～ 2064：基本风压取 0.3 kN/m²，取最不利的 3 个风向角（120°、210° 及 300°）考虑风载荷对结构的影响[2]，共计 3 个工况，圈梁和格构柱控制应力比为 0.72。

5．设计计算与验算

（1）结构受力分析及基础设计

建立包含索网结构的整体有限元模型，如图 4.26 所示。根据上述载荷组合，对圈梁和格构柱结构进行有限元分析，并提取各个格构柱整体支反力，以及各格构柱柱肢支反力进行基础设计，提取相关构件内力，进行节点设计。

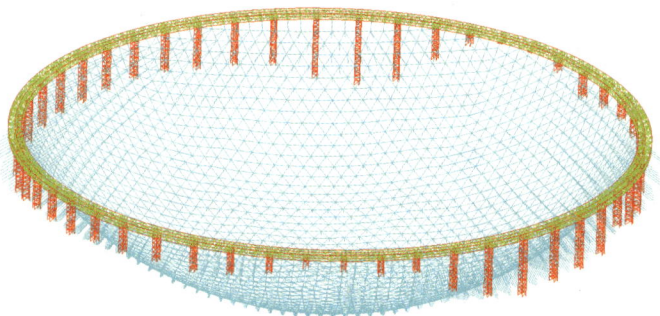

图 4.26　整体有限元模型

（2）整体稳定性分析

鉴于圈梁为一圆环，在使用过程中由于主索的拉力作用，圈梁整体处于受压状态，在平面内为一整体受压结构，需要保证整体稳定性满足规范要求。根据《空间网格结构技术规程》要求，当按弹性全过程分析时，安全系数 K 需要大于 4.2，当按弹塑性全过程分析时，安全系数 K 可取为 2.0。分析时考虑恒载荷（含结构自重）与索预应力状态标准组合的载荷模式。

由于在使用过程中索网会形成不同抛物面，而不同抛物面状态下圈梁和格构柱结构的稳定性也不相同，本节主要选取 4 种状态进行计算，分别为基准态、天顶角最小时的抛物面态（抛物面 1）、天顶角居中时的抛物面态（抛物面 2），以及天顶角最大时的抛物面态（抛物面 3）。每种状态下索网都为圈梁贡献了刚度，为了体现圈梁本身的稳定性，每种状态均进行了单圈梁和格构柱结构（模式 1）以及带索网整体结构（模式 2）两个模式的屈曲分析。特征值屈曲分析采用

ANSYS 进行计算。通过计算，结构设计满足了整体稳定性要求。

（3）疲劳分析与验算

使用 FAST 进行天文观测时，根据天体的位置，通过促动器拖动下拉索来控制索网变位，在反射面的不同位置不断张拉出满足观测要求的抛物面，这使得支撑反射面索网结构的圈梁和格构柱也会长期承受循环变化的载荷，导致圈梁和格构柱钢结构构件与连接部位可能出现疲劳破坏。按照《钢结构设计规范》的规定：直接承受动力载荷重复作用的钢结构构件及其连接，当应力变化的循环次数 n 等于或大于 50000 次时，应进行疲劳计算。

根据 FAST 的设计方案，FAST 主索网通过 150 个节点拉在圈梁下弦，圈梁直接承受主索网传过来的动载荷，圈梁通过支座落于 50 个格构柱上，格构柱落于基础上。由于支座的设置，可以认为圈梁和格构柱相互作用很小。因此，可以认为格构柱不直接承受动力载荷，不需要进行疲劳验算。

因此，在选择圈梁和格构柱的钢材时，遵循了《钢结构钢材选用与检验技术规程》（CECS 300：2011）的相关要求：需要验算疲劳的焊接结构，其钢材应具有常温冲击韧性的合格保证（质量等级 B 级）。当结构工作温度不高于 0℃但高于 −20℃时，Q235 钢和 Q345 钢应具有 0℃冲击韧性的合格保证（质量等级 C 级）；……。因此，圈梁钢材材质选择 Q345C，格构柱钢材材质选择 Q345B。

按照《钢结构设计规范》的规定，在疲劳计算时采用容许应力幅法，应力按弹性状态计算，容许应力幅按构件和连接类别以及应力循环次数确定。在应力循环中不出现拉应力的部位不计算疲劳。在 FAST 圈梁疲劳验算时按照常幅疲劳进行，应力循环次数取为 200 万次。《钢结构设计规范》的容许应力幅计算公式为 $[\Delta\sigma]=(C/n)^{1/\beta}$，计算可得该循环次数下不同构件和连接类别的容许应力幅，$[\Delta\sigma]_{2\times10^6}$ 表示构件承受不低于 200 万次应力循环的容许应力幅，如表 4.8 所示。

表 4.8   不同构件和连接类别的 $[\Delta\sigma]_{2\times10^6}$

1 号的容许应力幅	2 号的容许应力幅	3 号的容许应力幅	4 号的容许应力幅	5 号的容许应力幅	6 号的容许应力幅	7 号的容许应力幅	8 号的容许应力幅
176MPa	144MPa	118MPa	103MPa	90MPa	78MPa	69MPa	59MPa

表 4.8 中的构件和连接类别按照《钢结构设计规范》附录 E 中的规定取值。

在附录 E 中仅规定了轧制型钢的类别，未规定圆钢管的类别。在《钢管结构技术规程》（CECS 280：2010）的附录 A 中规定了无缝钢管主体金属的 $[\Delta\sigma]_{2\times10^6}=$ 160MPa，直缝钢管主体金属的 $[\Delta\sigma]_{2\times10^6}=$140MPa（壁厚 t<12.5mm）、$[\Delta\sigma]_{2\times10^6}=$125MPa（壁厚 t>12.5mm）。为了提高圈梁的抗疲劳性能，圈梁用钢管为无缝钢管，格构柱用钢管为直缝钢管。因此，本节在进行圈梁无缝钢管疲劳设计时按照 160MPa 的容许应力幅进行计算。

● 圈梁钢结构构件疲劳验算

在验算疲劳时，每根构件均遍历了整个使用过程中最大轴力工况 1 与最小轴力工况 2，工况 1 与工况 2 的应力差即认为是该构件的应力幅，用应力幅与构件的容许应力幅进行比较即完成构件疲劳验算。对于钢管构件，由于存在弯矩作用，圆截面上各点可能会产生不同的拉应力，因此考虑在钢管截面上 8 个等分位置分别计算疲劳性能。

对于所有的钢管构件，在圈梁工作服役期间，截面各点的最大拉应力变化幅为 28.82MPa<$[\Delta\sigma]_{2\times10^6}=$160MPa，满足设计要求。

● 圈梁钢结构节点疲劳验算

在圈梁钢结构节点设计中，主要用到了焊接球以及螺栓与节点板组合的两种节点类型，节点疲劳验算如下。

焊接球节点：构件与焊接球的焊缝为一级全熔透焊缝，其强度与构件等强。参考《钢管结构技术规程》附录 A 中的相关规定，疲劳设计时认为构件与焊接球连接焊缝符合附录 A 项次 3 的构造细节，即该焊缝为圆管的对接焊缝。该构造下焊缝处主体金属的 $[\Delta\sigma]_{2\times10^6}=$71MPa（壁厚 t<8mm）、$[\Delta\sigma]_{2\times10^6}=$90MPa（壁厚 8mm<$t$<12.5mm）。在整个服役过程中，所有圈梁构件应力幅最大为 28.82MPa，不同壁厚的构件，该焊缝容许应力幅最小为 71MPa>28.82MPa，满足疲劳设计要求。

螺栓与节点板组合节点：在圈梁异型截面与其他构件连接的节点设计中，采用高强螺栓与节点板组合的节点型式，其中典型的节点如图 4.27 所示，按照规范规定，在该节点中共有 4 处需要验算疲劳，分别为圆钢管与杆端封板焊缝处的主体金属（连接一），杆端封板与杆端节点板焊缝处的主体金属（连接二），高强螺栓处的主体金属（连接三），梯形节点板与梁翼缘、腹板焊缝处的主体金属（连接四）。按照规范对各连接处分别进行疲劳验算，均满足规范要求。

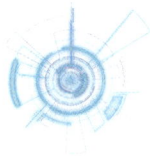

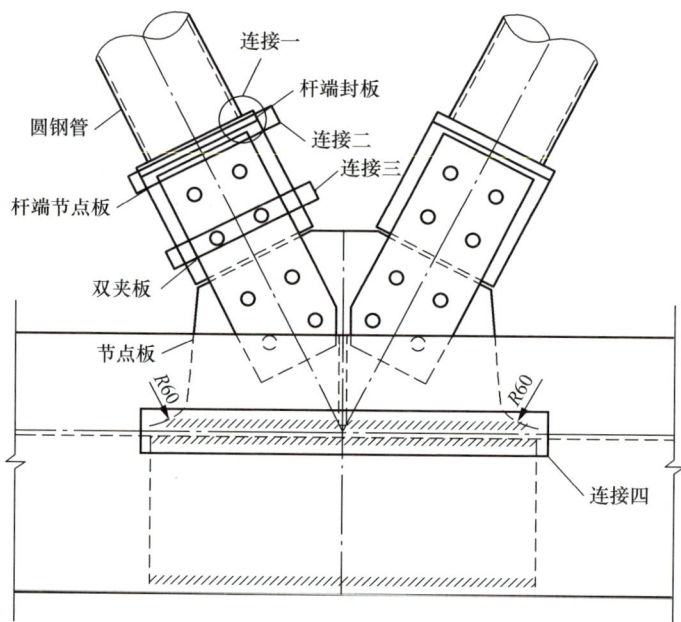

图 4.27   典型螺栓与节点板组合节点

（4）抗震分析与验算

根据 FAST 台址工程场地地震安全性评价报告，确定场地设计地震动参数、设计峰值加速度和设计峰值速度。根据本工程项目的重要性，在结构抗震分析中选取的是 50 年超越概率 2% 的地震动加速度反应谱，影响系数 α_{max} 为 0.2488。本工程场地抗震设防烈度为 6 度，设计基本地震加速度为 0.05g，地震分组为第一组，工程场地类别为 II 类。

依照安评报告反应谱和选取的地震动加速度，对整体结构进行了振型分解反应谱和时程分析，评估结构体系在强震作用下的安全性，分别进行了结构模态分析、结构基底反力分析、圈梁支座内力和变形分析等工作。

结构模态分析结果表明，结构的振型主要表现为两种：钢结构圈梁的振动和索网的振动。前几阶振型主要表现为钢结构圈梁的振动，说明索网的刚度大。由于下拉索的设置，索网的竖向刚度大，振型主要表现为平动和扭转，未出现竖向振动。

结构基底反力分析结果表明，不同地震波激励下，结构的基底反力不同，柱肢在时程中未出现支座拔力。由于圈梁采用了径向释放的滑动支座，格构柱柱肢的水平力较小，径向和环向的峰值均小于 100kN。

圈梁支座内力和变形分析结果表明，格构柱柱顶支座是整个结构的关键部位，它支承着圈梁和索网结构。

从上述抗震分析来看，FAST 钢结构和索网承载力为非抗震控制，在满足索网正常使用条件下，也满足结构抗震承载力要求。

（5）圈梁滑动支座设计

FAST 圈梁结构通过滑动支座支承于格构柱上，每组格构柱柱顶均设置了两个双向滑动支座，该支座将索网传给圈梁的载荷传至格构柱上，同时具备滑动性的支座设计也可将格构柱刚度不同对结构的影响降到了最低。圈梁滑动支座设计主要通过前面的计算结果，统计出圈梁滑动支座的设计参数。

● 支座反力

遍历所有载荷工况，包括非抗震工况以及抗震工况计算结果，统计了各工况下支座单元的内力（相当于支座竖向反力），根据统计结果可知：所有工况下支座最大反力均为负值，无拔力，在设计支座时可以不考虑抗拔；所有工况下支座最小反力设计值为 –2729.5kN，取 –3000kN，在支座厂家设计支座时，按 3000kN 的承载力进行设计。

● 支座滑动量

可以统计出支座在所有载荷工况下的径向滑动量。根据统计结果可知：支座滑动的最大值为 37.5mm，最小值为 –232.0mm，径向滑移以背离圆心为正（圈梁外扩），指向圆心为负（圈梁压缩），并不对称。在使用过程中支座指向圆心的位移较大，同时很少出现背离圆心的位移。显然，如果不进行处理，在服役过程中支座将一直处于较大的偏心受压状态，对支座受力以及支座附近构件的受力都不利。

基于以上的计算结果，在设计圈梁时考虑将圈梁支座滑动处外扩 100mm，即圈梁所在半径比格构柱所在半径大 100mm。计算模型以及施工图中均按此外扩值进行设计。综合以上的变形值可知，支座真正的滑动量为最大 37.5mm+100mm =137.5mm，最小 –232.0mm+100mm= –132.0mm，按 137.5mm 考虑。在计算模型中，滑动支座的摩擦系数按 0.03 考虑，但实际上聚四氟乙烯板的摩擦系数一般都比 0.03 要小，同时考虑到一些不确定因素，在设计支座的滑动量时按 ±200mm 考虑。

综上所述，在进行圈梁双向滑动支座设计时，承载力为 3000kN，不考虑抗拔，径向滑动量为 ±200mm，环向滑动量为 ±50mm，支座摩擦系数不大于 0.03，并有试验数据保证摩擦系数在滑动支座 30 年的使用过程中都不大于 0.03。

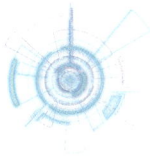

4.2.4 大跨度结构安装施工

圈梁和格构柱矗立于大窝凼周边山坡上，全部采用现场焊接的钢结构构件加工方式，50 个圈梁节段段间跨距达到 31.5m，总用钢量接近 6000t。除北边小窝凼填方边坡外，大部分格构柱所处地形陡峭，附近无道路或者是路况很差的施工便道，大型机械安装施工设备无法进场或靠近，因此主体钢结构的安装施工受到很大制约。在这种情况下，大型路桥工程建设中常用的滑移施工技术非常适合反射面圈梁的安装施工[15]。这种施工技术的实质是充分利用大型结构本身作为施工设备和构件运输的通道，将钢结构安装施工和搭设运输通道合为一体，同时进行，显著地提升了结构安装施工效率。

1. 钢构件加工拼装与安装施工

整个钢结构安装施工方案可分为钢构件的加工拼装和钢构件的安装施工两部分。钢构件的加工拼装主要在小窝凼的填方平地上进行，包括格构柱分块节间的拼装和 50 个圈梁节段的拼装，如图 4.28 所示。

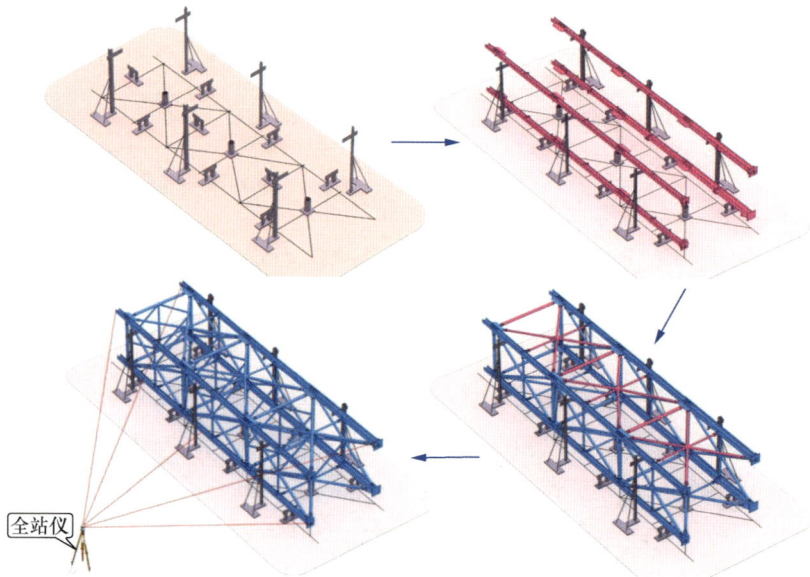

全站仪

图 4.28　钢构件的加工拼装

15　参见 2012 年江苏沪宁钢机股份有限公司发布的《FAST 圈梁制造和安装工程（FAST/HT013-2012-ZF-018）施工组织设计》。

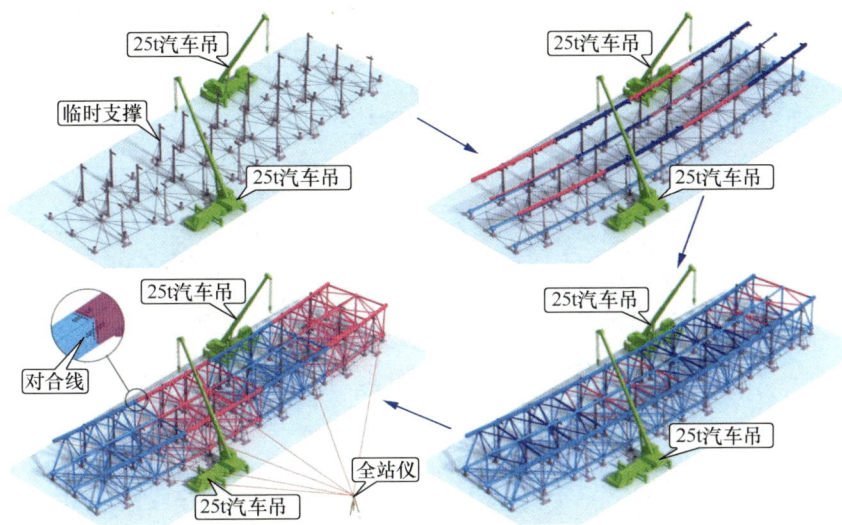

图 4.28　钢构件的加工拼装（续）

钢构件的安装施工又分为格构柱的安装施工和圈梁的安装施工两部分，圈梁的安装施工采用滑移施工技术，格构柱的安装施工根据地形和格构柱高度采用不同的施工方案。

2．格构柱安装施工

根据现场场地情况，对 50 根格构柱采用 3 种安装方法组织安装施工，即汽车吊散件安装、扒杆散件安装、履带式起重机分块安装。具体分区划分及钢柱编号如图 4.29 所示。3 种安装方法都是相对成熟的施工方法，本书不详述。

格构柱安装指标要求如下。

① 格构柱柱肢定位轴线偏差不大于 2.0mm，钢柱底板水平度不大于 1/1000。

② 弯曲矢高不大于 $H/1200$（H 为钢柱高度），且不应大于 15.0mm。

③ 柱肢的垂直度不大于 $H/1000$，且水平偏差不应大于 20.0mm。

④ 柱顶圈梁支座支承面位置偏差不大于 15.0mm。

⑤ 格构柱标高偏差不大于 $H/1500$（H 为钢柱高度），且不大于 10mm。

⑥ 格构柱顶面水平度不大于 1/1000。

3．圈梁分块安装施工

根据圈梁的结构特性及现场环境的实际情况，施工中将圈梁划分成 50 个分块（49 个滑移分块和 1 个合拢分块），利用格构柱及柱顶工装滑移支架，通过圈梁上弦结构轨道及滑移工装上的轨道将圈梁分块滑移至指定部位、落架、定位安装。

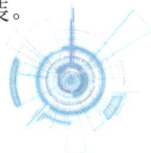

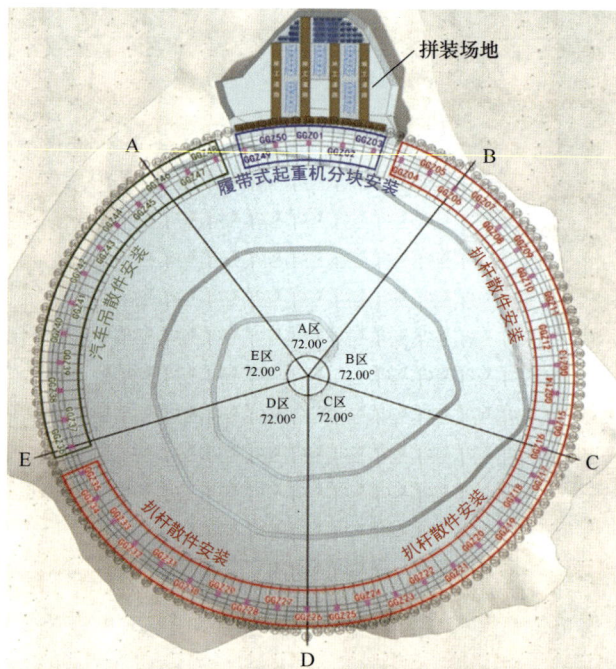

图 4.29　具体分区划分及钢柱编号

由于圈梁环向支撑于 50 根格构柱上，因此利用格构柱划分圈梁滑移分块。根据现场场地情况，初始节搁置于 GGZ01 和 GGZ02 格构柱上，同时两端均悬挑出一个圈梁节段，并且在分块位置上弦位于节点向外偏移 500mm 处，下弦于节点焊接球位置分段，便于分块对接；后续滑移分块均于格构柱柱顶支座处悬挑一个圈梁节间段进行分段划分，50 根格构柱将圈梁切分成 50 个安装分块。

（1）初始分块的安装

根据现场情况，圈梁和格构柱共用一个拼装场地。为便于安装，将圈梁初始分块置于拼装场地的旁边。安装过程如下：初始分块在拼装场地拼装好后，利用最大起吊质量为 180t 的履带式起重机将其吊装至固定滑移支撑架上组拼，组拼完成后，通过液压爬行器，沿着滑移支撑架上的轨道，径向滑移至结构安装位置，随后在格构柱柱顶及滑移轨道上设置液压千斤顶，使初始分块落架就位。落架后与滑动支座栓接（焊接），完成初始分块的安装。

固定滑移支撑架位于格构柱 GGZ01 和 GGZ02 之间，在支撑架顶部设置两条双轨，考虑滑移单元分块吊装定位，轨道间距设置为 26m，双轨间距为 2m。固定滑移支撑架顶标高为 –167.503m（比格构柱顶标高低 500mm），支撑轨道采用规格为 H900mm×300mm×16mm×28mm 的热轧型钢，顶标高为 −166.603m，在工字钢上翼缘中心设置滑移路轨。固定滑移支撑架效果如图 4.30 所示。

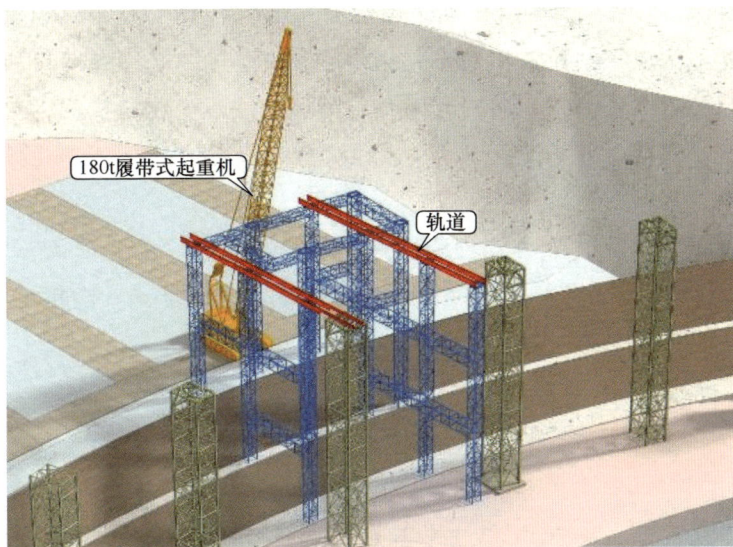

图 4.30　固定滑移支撑架效果

在初始分块安装完成后，由于后续滑移分块需要径向滑移至初始分块上弦后进行圆周滑移，在初始分块滑移安装完成后，需要升高固定滑移支撑架，升高后的滑移支撑架顶标高为 −159.158m。升高后的固定滑移支撑架效果如图 4.31 所示。

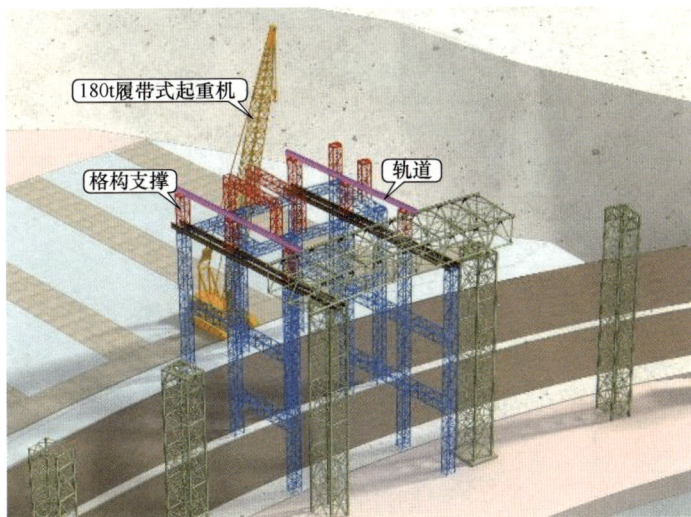

图 4.31　升高后的固定滑移支撑架效果

（2）滑移分块的安装

滑移分块的安装按逆时针方向依次进行，安装过程如下：圈梁滑移分块在拼装场地整体拼装；将圈梁滑移分块用最大起吊能力180t履带式起重机吊装至固定滑移支撑架上，组拼成滑移分块；滑移分块经过两次径向滑移和一次圆周滑移，到达安装位置，并利用提升设备将滑移分块落架至格构柱柱顶，然后对滑移分块进行精确测量、调整固定，经复检合格后进行圈梁支座的焊接施工，完成安装。

圈梁圆周滑移及就位需要利用滑移工装完成，滑移工装设备（见图4.32）由三大部分组成，即圈梁平板车（横断面见图4.33）、箱梁板车（横断面见图4.34）及滑移箱梁。

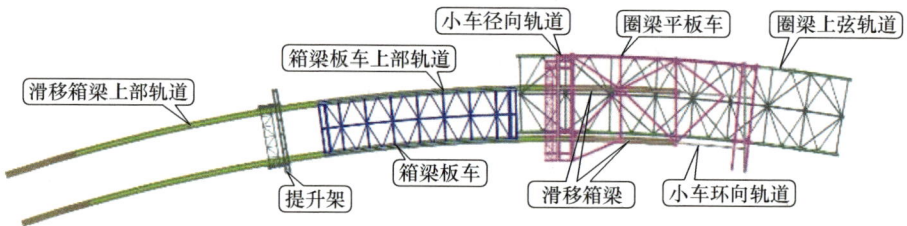

图 4.32　滑移工装设备示意

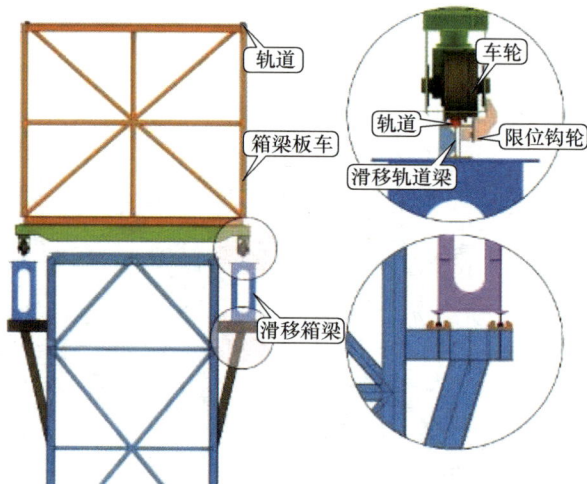

图 4.33　圈梁平板车横断面示意

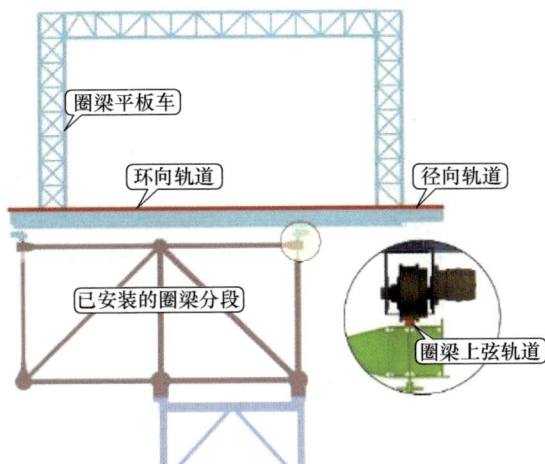

图 4.34　箱梁板车横断面示意

初始分块的安装过程如图 4.35 所示。

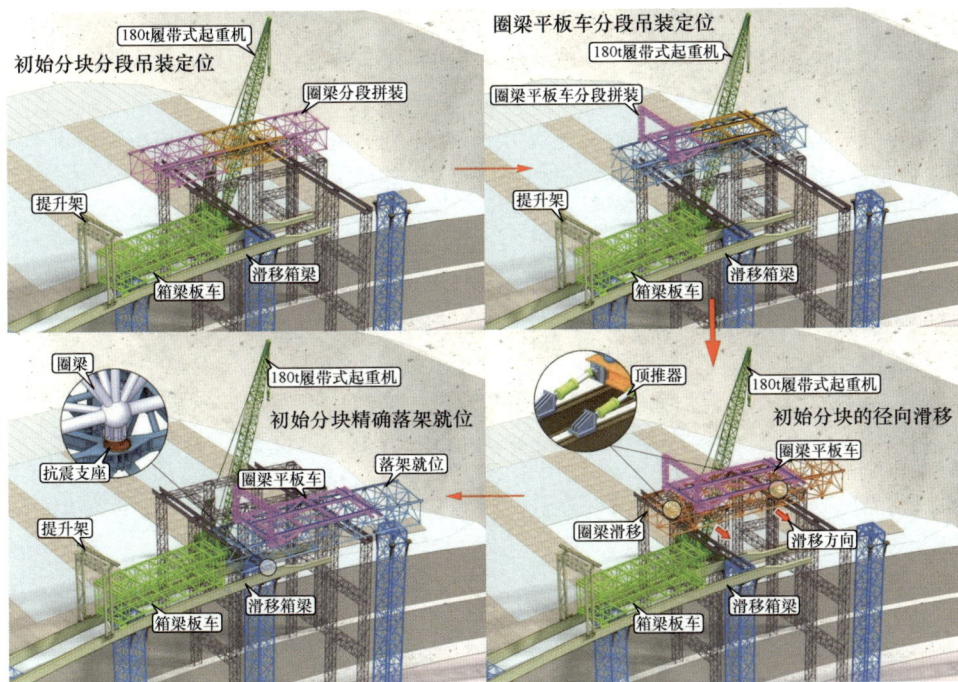

图 4.35　初始分块的安装过程

后续滑移分块的安装过程如图 4.36 和图 4.37 所示。

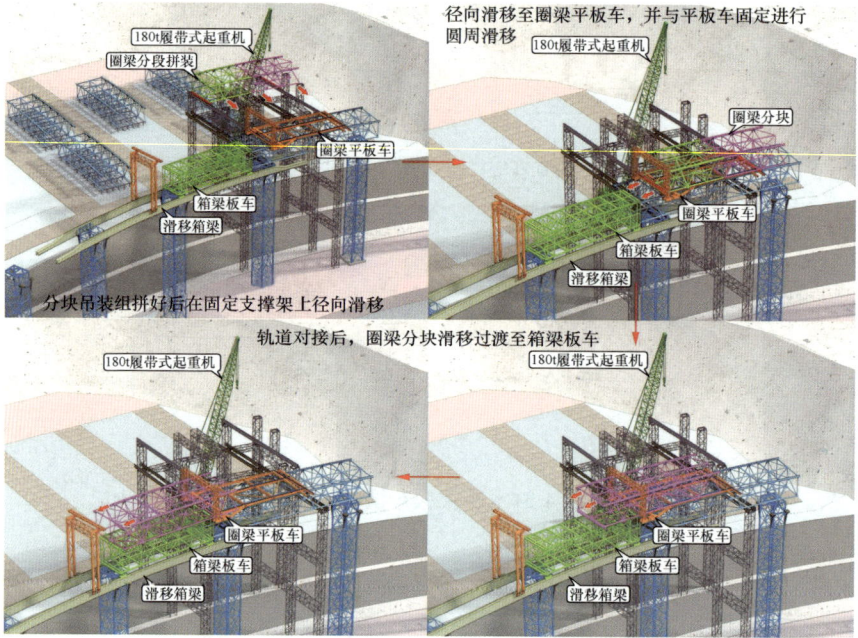

图 4.36 后续滑移分块的安装过程（一）

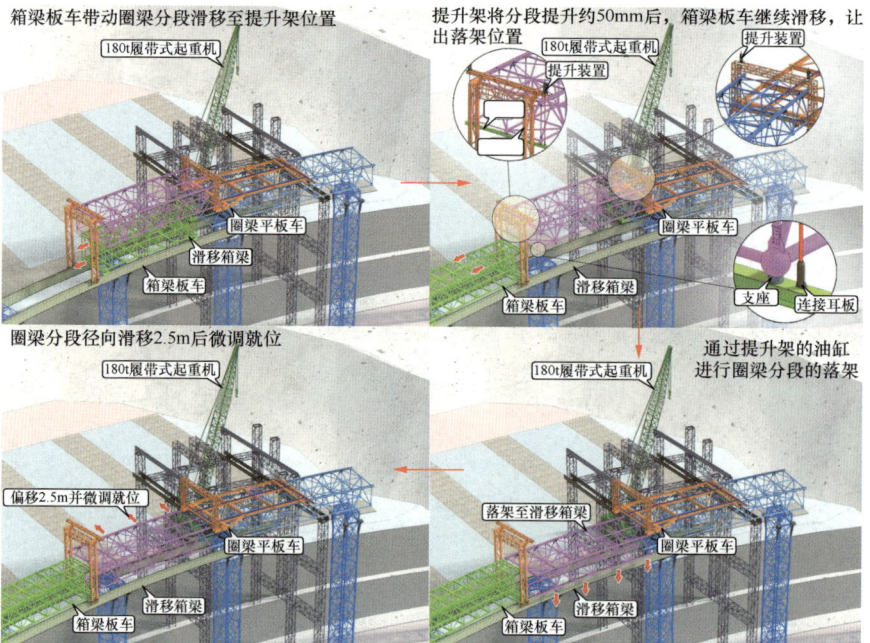

图 4.37 后续滑移分块的安装过程（二）

　　滑移分块从拼装场地吊装开始，至圈梁安装就位，共需要完成 3 次滑移：第一次是从滑移支撑架径向滑移至圈梁平板车；第二次是圈梁平板车进行圆周滑移，并过渡到箱梁板车滑移至安装位置附近；第三次是圈梁分块径向滑移 2.5m 并微调就位，完成与柱顶抗震支座的连接，分块安装完成。需要说明的是，为确保滑移分块圆周滑移过程中格构柱稳定，不产生较大偏心载荷，滑移时圈梁分块重心基本与格构柱中心线重合，经测算，滑移分块滑移时的位置相对于安装位置向内径方向偏移了 2.5m。

　　根据上述流程依次进行滑移分块的滑移安装，直至所有滑移分块安装就位。

（3）合拢分块的安装

　　待所有滑移分块完成安装后，进行合拢分块的安装。安装合拢分块采取直接提升的施工方案，即在已安装好的圈梁分块端部节点位置设置提升梁，合拢分块根据已安装完成的圈梁端部实际尺寸，在安装位置的地面进行整体拼装。拼装完成并检查其合拢对接尺寸满足高空对接要求后，在合拢段端部焊接安装提升框架梁，同时对合拢分块端部杆件局部采取加强措施，防止提升过程中的挠度变形，经调试并预提升检查无误后，对合拢分块进行提升安装就位。合拢分块的安装过程如图 4.38 所示。

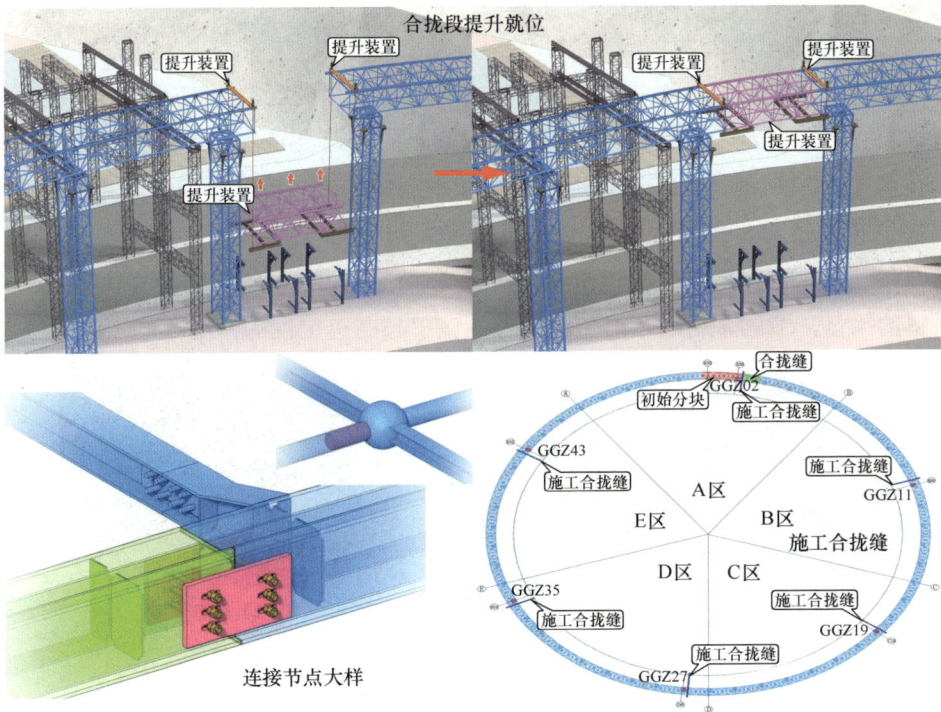

图 4.38　合拢分块的安装流程

圈梁安装完成后，经检验，各项指标均满足验收要求。验收指标如下：圈梁的跨中垂直度不大于 15.0mm；侧向弯曲矢高不大于 10.0mm；圈梁异型截面构件现场对接焊缝错边量不大于 $t/10$（t 为对接钢板厚度较小值），且不大于 3mm；圈梁宽度方向尺寸偏差不大于 6.0mm。

圈梁和格构柱钢结构工程于 2013 年 1 月 30 日正式开工，2013 年 3 月 25 日开始钢构件的现场拼装，2013 年 5 月 9 日开始格构柱的安装，2013 年 8 月 26 日开始圈梁初始分块的安装，2013 年 12 月 31 日完成圈梁合拢分块的安装就位，标志着主体结构工程施工完成。后续又完成了拉索耳板的焊接施工和全部钢结构的涂覆施工，2014 年 9 月整体工程通过了竣工验收。图 4.39 所示为竣工验收时圈梁和格构柱全景照片。

图 4.39　竣工验收时圈梁和格构柱全景照片

4．圈梁安装技术创新

（1）倒扣式轨道滑移系统

在格构柱间内外两侧设置可移动的两根弧形临时承载钢箱梁，将滑移轨道倒扣并连接于钢箱梁底面，滑移顶推装置倒置固定于格构柱顶端，在内外侧不同线速度条件下，利用液压同步滑移技术连续顶推钢箱梁进行弧形滑移，在承载钢箱梁上设置箱梁板车和提升架，解决了圈梁分为 50 个节段依次滑移推进安装到位的难题，如图 4.40 所示。与传统滑移技术相比，倒扣式轨道滑移可有效减少临时承载钢箱梁和滑移轨道等辅助材料的用量，节约了材料，对整个圈梁的施工起到决定性的作用。

（a）两连跨承载钢箱梁　　　　　　（b）轨道倒扣

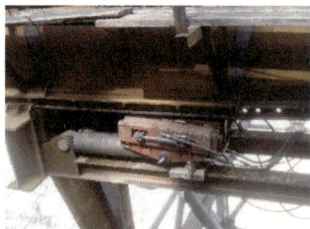

图 4.40　倒扣式轨道滑移系统

（2）内外侧线速度不同的多功能平板车滑移系统

在已安装完成的圈梁上设置多功能平板车，多功能平板车上设有径向轨道、环向轨道和车载提升架，在圈梁上弦构件的顶部设置环向滚动行走轨道，供多功能平板车沿环向行走。利用拼装胎架上的径向轨道，将分块圈梁滑移至多功能平板车上，运输至已安装圈梁的末端，解决了分块组拼的圈梁长距离运输难题，如图 4.41 所示。

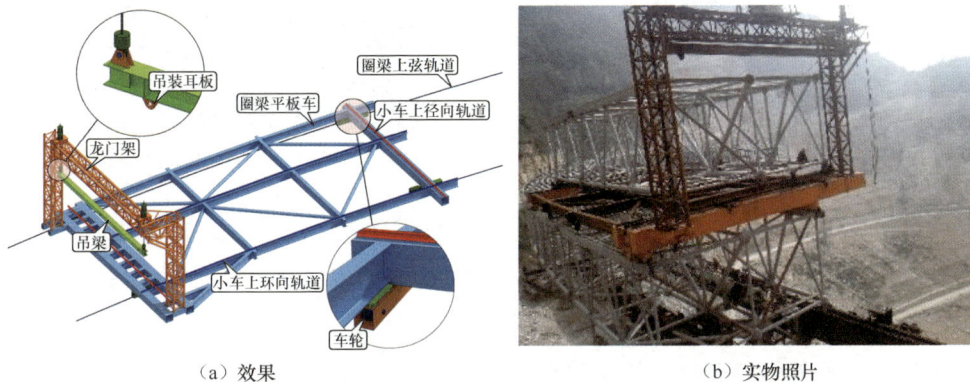

（a）效果　　　　　　　　　　　　　（b）实物照片

图 4.41　多功能平板车滑移系统

（3）双向滑移变轨技术

为实现运输圈梁分节由拼装胎架径向滑移至多功能平板车，以及运输到末端后环向滑移至箱梁板车，在多功能平板车上设计了相互交叉的径向轨道和环向轨道。为保证滑移时被滑移圈梁分块处于滑移轨道方向上，不偏离轨道，设置限位装置。该限位装置可以同时实现两个方向的滑移限位，通过 4 根限位插销与限位孔之间的拔插，实现了双向滑移变轨，如图 4.42 所示。

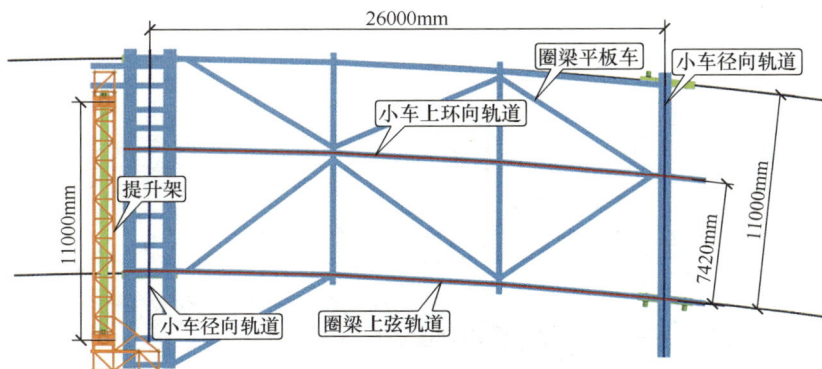

图 4.42　双向滑移变轨技术

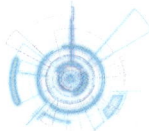

（4）顶推横向滑移偏心就位技术

在圈梁落架位置，利用多功能平板车和承载钢箱梁上的提升架，将分节圈梁提升脱离箱梁板车以便箱梁板车开出，供分节圈梁落架，通过横向滑移顶推使其就位，解决了圈梁偏心安装的技术难题。滑移顶推装置如图 4.43 所示。

图 4.43　滑移顶推装置

（5）复杂地形条件下大跨度圈梁安装成套设备

为解决山区复杂地形条件下的圈梁安装问题，面对天文观测设备精度要求高、各专业工艺衔接要求误差小等诸多难点，专门设计了适应现场作业环境的圈梁安装设备。

圈梁分节高空安装所用承载设备是解决圈梁安装问题的重点，设计研发了可用于环向滑移的滑移箱梁，该滑移箱梁支承于既有格构柱结构。利用滑移箱梁底部的倒扣轨道实现环向行走，利用在滑移箱梁上部设计的箱梁提升架与多功能平板车上车载龙门架组合来提升圈梁分块，在滑移箱梁上设计了可移动的箱梁板车用于圈梁分块，由多功能平板车滑移至其上，如图 4.44 所示。

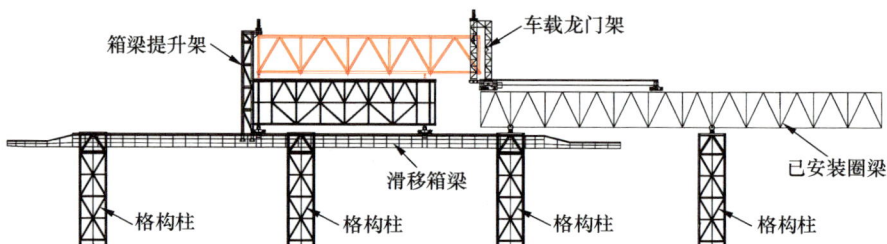

（a）原理示意

（b）实物照片

图 4.44　大跨度圈梁安装成套设备

| 4.3　索网结构 |

4.3.1　功能与组成

FAST 索网结构是世界上跨度最大、精度最高的柔性索网结构，也是世界上第一个采用主动变位工作方式的索网体系。索网结构由主索网和下拉索两部分构成，包含 6670 根主索、2225 个节点盘和 2225 根下拉索，总质量约 1300t。主索网为短程线型三角形网格，6670 根主索通过 2225 个节点盘相互连接在一起。除边界节点盘外，每个节点盘连接 6 根主索和 1 根下拉索。主索网通过 150 根边缘主索与周边支承结构——圈梁和格构柱连接，2225 根下拉索下端与地面促动器相连以控制整个索网变形。节点盘采用圆盘节点型式，在与主索销轴对应处设置关节轴承，以实现钢索在节点处转动。索网结构整体如图 4.45 所示。

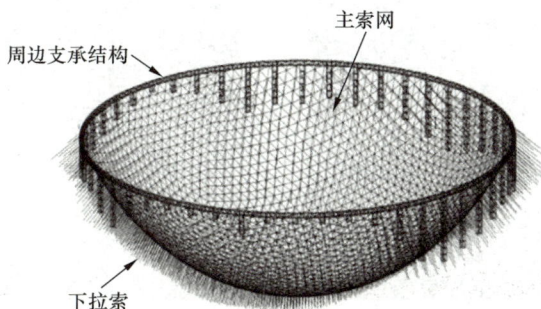

图 4.45　索网结构整体

索网结构是实现 FAST 反射面系统功能的核心部件，不仅承载反射面单元，而且通过索网的主动变形，实现主动反射面的瞬时抛物面成形功能。从这个角度上看，FAST 索网结构与土木建筑工程的索网结构完全不同，它是一种"形控"结构，其控制载荷是索网主动变位产生的索应力和疲劳应力，外载荷如自重、反射面单元质量、温度应力、风载荷和地震载荷等对 FAST 索网结构运行不具有决定性的影响。

索网结构的主动变位工况实质上是一种特殊的长期往复应力循环和疲劳载荷，由此带来了主索的疲劳问题。索网在基准球面（态）时，主索应力水平为

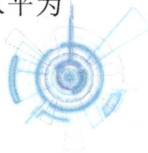

500～600MPa。当索网变位到抛物面态时，主索应力变化范围为–340～130MPa，最大应力幅接近500MPa。按FAST工作寿命30年统计，主索承受疲劳应力的循环次数可达到数十万次的量级。超高的疲劳应力幅和应力循环次数完全超出了国内外现行设计规范和标准，最终在中国科学院国家天文台FAST团队和合作单位的不懈努力下，一种可承受超高疲劳应力幅的新型钢索得以研制成功。在200万次循环加载情况下主索可承受500MPa应力幅的疲劳强度，其加工长度误差要求在常温（20℃）不超过1mm，远高于相关行业标准。

与传统射电望远镜相比，FAST索网结构不仅十分特殊，而且研制的难度和所付出的代价也非常大。纵观传统射电望远镜的反射面/反射体结构，其构成主要为背架结构和面板，如图4.46所示的埃菲尔斯伯格射电望远镜。阿雷西博射电望远镜的反射面也存在索网结构，如图4.47所示[16]，不过其作用与传统射电望远镜的背架结构的类似，主要是为面板提供支撑并保持反射面的球面面形，索网结构本身无主动变形功能。

图4.46　埃菲尔斯伯格射电望远镜反射面　　图4.47　阿雷西博射电望远镜反射面

2000年建成的绿岸射电望远镜因其工作频段较高（最大达到115GHz），对反射面面形精度要求不低于0.21mm，故采用了主动面形技术，在面板与背架之间增加了促动器，对反射面面形进行微调，促动器行程范围为±25mm[5-6]。绿岸射电望远镜及其反射面构成如图4.48所示。将上述3台国外著名大型单口径射电望远镜与FAST比较，可以看出各望远镜反射面构造的不同特点。

16　参见Fred Espenak发布的"The Arecibo Observatory-Photo Gallery B"。

（a）全景照片　　　　　　　　　　　　（b）反射面实物照片

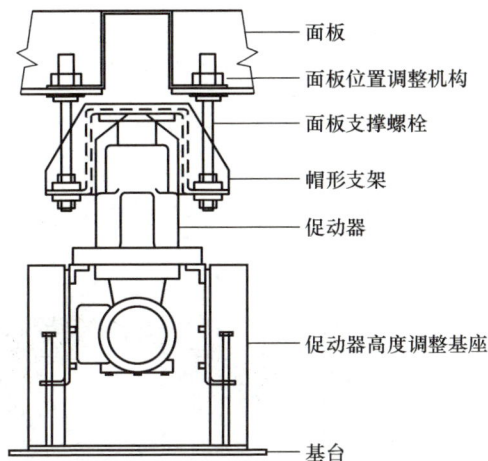

面板

面板位置调整机构

面板支撑螺栓

帽形支架

促动器

促动器高度调整基座

基台

（c）促动器与面板连接设计

图 4.48　绿岸射电望远镜及其反射面构成

埃菲尔斯伯格射电望远镜和阿雷西博射电望远镜采用的是支承结构+面板的型式，支承结构既可以是刚性的背架，也可以是柔性的索网，其反射面不具有主动调节的功能。FAST 和绿岸射电望远镜均采用主动面形技术，但两者有本质的区别。绿岸射电望远镜采用支承结构+促动器+面板的型式，促动器顶推面板进行微调，使得望远镜在任何指向均保持最佳抛物面，其促动器行程远小于面板尺寸；FAST 采用促动器+索网+单元面板的型式，促动器拉动索网主动变形，进而带动单元面板拟合抛物面，促动器行程范围为 ±500mm，与单元面板的尺寸相当。FAST 的促动器行程远远超过绿岸射电望远镜的促动器行程，多数促动器倾角较大，最大达到约 60°，因此无法像绿岸射电望远镜那样采用顶

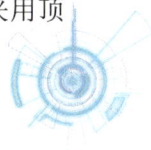

推模式的促动器，否则因行程过大和偏心压弯的承载模式将造成促动器活塞杆的严重磨损。最终，FAST 促动器采用了活塞杆轴心受拉的模式，由索网结构的弹性内力平衡促动器的下拉力，同时实现反射面的主动变形。在这种反射面构型设计中，基于整体张拉体系的柔性索网结构就成为必不可少的关键环节和功能部件。

4.3.2 整体张拉式索网方案及历史演变

早期的 FAST 反射面支承结构体系采用离散式结构设计方案 [17]，将整个 500m 口径的反射面划分为 1788 块边长约 7.5m 的六边形刚性单元，单元可采用网架结构或预应力张拉结构。每个单元靠其角点两两相隔的 3 台促动器通过顶推方式实现反射面的主动变位和工作抛物面的拟合，变位过程中各个单元之间相互独立，如图 4.49 所示 [7]。该设计方案中未考虑后来的柔性索网结构，也不包含圈梁和格构柱等周边支承结构。这种方案的主要缺点是单元背架结构自重较大，促动器工作载荷大，对促动器工作性能要求很高；并且很难低成本地适应复杂地形变化，增加了建造和维护成本。

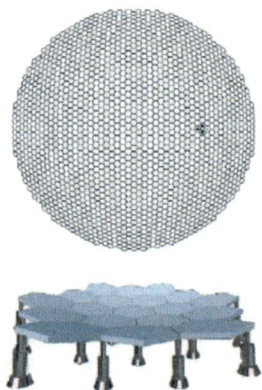

(a) 设计方案   (b) 试验模型

图 4.49 FAST 反射面支承结构体系早期设计方案及试验模型

---

17 参见 2001 年 10 月中国科学院国家天文台大射电望远镜实验室发布的《创新工程重大项目 KJCX1-Y-01 "大射电望远镜 FAST 预研究"总结报告——子课题研究报告汇总——附件三：FAST 反射面系统分析设计与试验研究》和 2003 年 8 月同济大学发布的《500 米口径主动球面望远镜（FAST）反射面系统分析设计与试验研究验收报告》。

　　为有效降低成本，一种基于整体张拉的柔性索网结构设计方案应运而生，主要思想是在反射面单元与促动器之间增加一级"柔性索网"作为反射面单元的直接支承结构，索网节点连接下拉索和促动器，将促动器工作方式由顶推改为下拉，由促动器驱动索网变形来实现反射面的主动变位和对抛物面的拟合[8]。这种设计方案可以有效降低促动器的工作载荷和单元结构自重，同时此方案也极大地降低了对洼地地形的要求，从而降低了反射面整体造价。

　　2002 年在中国科学院国家天文台 FAST 团队的牵头下，国内多所科研院校课题组开始了对 FAST 主动反射面整体索网支承结构的研究，相继提出了多个索网结构构型和支撑方案并进行理论分析。清华大学提出了一种可以称为索—膜（反射面板）一体化结构的构想[9]，将反射面板直接铺设在球面主索网上，与索单元形成一个共同受力的整体，主索网采用四边形网格划分方式，为每个主索节点设置 3 根下拉索，如图 4.50 所示；同济大学采用的方案与上述索—膜一体化结构方案类似，不同之处在于为每个主索节点设置单根下拉索，并且建立了包括索网和膜（反射面板）在内的有限元模型对此方案进行初步分析工作[10]；哈尔滨工业大学[18]对索—膜一体化结构方案进行了较深入的分析研究，最终推荐了一种基于整体索网 + 刚性分块单元的改进方案[11-12]。该改进方案将原方案中的面板（膜）替代为刚性背架 + 面板（即反射面单元），将每块单元铺设在主索网上，单元仅通过背架结构与主索节点连接，且通过构造措施只作为一种载荷作用于主索节点。该方案受力明确，结构型式及节点构造均相对简单，背架形状容易控制，且可以将面板做成一定曲率的球面，提高了反射面板对抛物面的拟合精度。在此基础上，研究人员进一步分析了索网的网格划分型式和每个索网节点的下拉索设置方式，最终推荐采用三角形网格划分和每个节点设置单根径向下拉索的方案。2006 年 30m 口径的 FAST 缩尺试验模型在密云观测站建成，如图 4.51 所示，其中反射面的索网结构和反射面单元采用了改进方案的基本设计思想，并验证了该方案的有效性。自此，该方案成了 FAST 索网结构研制的主要出发点和设计依据。

18　参见 2004 年 3 月哈尔滨工业大学空间结构研究中心 FAST 项目课题组发布的《大射电望远镜 FAST 整体索网主动反射面结构研究报告》。

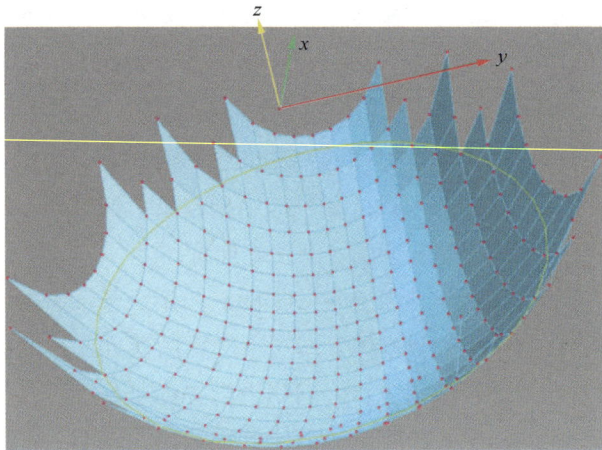

（a）仿真分析

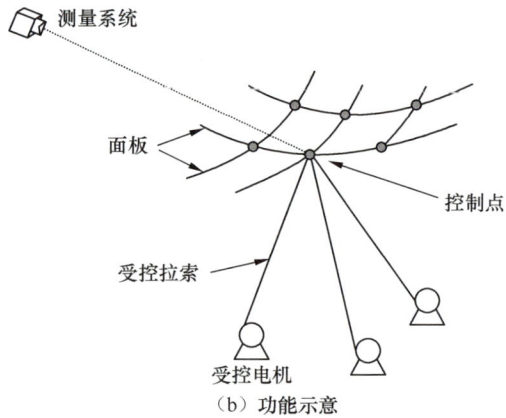

（b）功能示意

图 4.50 基于四边形网格划分的索—膜一体化结构方案

图 4.51 基于"整体索网＋刚性分块单元"方案的反射面缩尺模型

4.3.3　索网构型及优化

1．索网网格划分方式

球面索网网格划分有三角形网格和四边形网格两种方式。3 点确定一个平面，采用三角形网格能较好解决反射面单元背架结构的支承问题，且三角形单元可用来拟合任意曲面（包括球面和抛物面），有利于提高分块单元对曲面面形的拟合精度。采用四边形网格划分方式时，球面上的 4 点无法同时移到指定的抛物面上，会影响反射面的拟合精度；另外，三角形单元与四边形单元相比平面形状稳定性更好，其构成的球面索网面内形状比较稳定，在变位过程中索网形状更易控制。因此三角形单元网格划分是一种较为合理的索网网格划分方式。

球面三角形网格仍有多种划分方式，常见的有三向网格、凯威特型网格及短程线型网格等，如图 4.52 所示。由于 FAST 的换源和跟踪工作模式使反射面索网的任意区域都可能被调节到工作抛物面上，因此从某种意义上希望索网网格划分比较均匀，且主索网各索段受力没有明显的主次之分。此外，索网不同尺寸网格的种类越少则越有利于反射面结构（包括主索和反射面单元等）的加工制作。下面对不同网格划分方式进行对比分析。

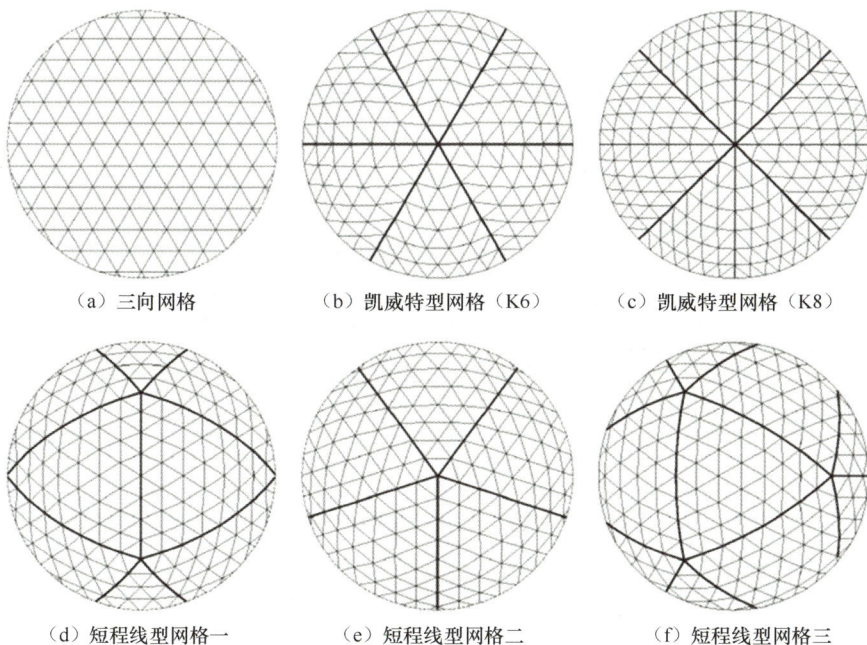

（a）三向网格　　　　　（b）凯威特型网格（K6）　　　　　（c）凯威特型网格（K8）

（d）短程线型网格一　　　（e）短程线型网格二　　　　（f）短程线型网格三

图 4.52　球面索网的三角形网格划分方式

　　三向网格是由 3 组相互平行的平面对球面切割而成的 [见图 4.52(a)]，比较适用于高跨比较小的情形，否则实际网格在不同位置尺寸相差较大。FAST 反射面的高跨比大，并且网格尺寸直接影响单元面板与抛物面的拟合精度，因此三向网格划分方式不适合 FAST 索网结构。凯威特型网格根据主肋的根数通常可以分为 K6 型 [见图 4.52(b)] 和 K8 型 [见图 4.52(c)]，图中粗线表示网格的主肋。这种划分方式对称性好，网格相对较均匀，在结构工程领域常用于圆形屋顶的单层网壳结构。短程线型网格划分方式首先将完整球面按正二十面体划分为 20 个等边三角形，与其对应的大圆弧为短程线型网格的基本网格，然后按照等弧长原则对基本网格进行细划分。根据基本网格交点在反射面上位置的不同，可以将短程线型网格分为 3 种 [见图 4.52(d)、图 4.52(e) 及图 4.52(f)]，图中粗线表示基本网格。短程线型网格只有基本网格的交点与 5 个三角形相连，其他节点均与 6 个三角形相连。这种划分方式具有传力路径短的优点，索长度也比较均匀。表 4.9 列出了两种凯威特型网格和 3 种短程线型网格的一些关键参数。在这些划分方式下，三角形单元的边长均相近（ 11m 左右），所以主索和下拉索的数量均相近，同样主索节点数量（等于下拉索的数量）及反射面单元的数量（约为下拉索数量的 3 倍）也相近。短程线型网格的反射面单元种类数较少，便于生产加工，而凯威特型网格对称性较好，主索的种类数较少。凯威特型网格主索长度范围比较离散，而由于 3 种短程线型网格划分方式的本质是一样的，其主索长度分布趋势一样，且相对比较均匀，长度范围为 10.4 ～ 12.5m，网格划分的均匀程度其实也代表了索网受力的均匀性[12]。

表 4.9　三角形网格划分方式的对比

网格划分方式	主索数量	下拉索数量	单元种类	对称轴数量	主索网受力均匀程度
凯威特型网格（K6）	7140	2269	406	6	不均匀
凯威特型网格（K8）	7008	2209	300	8	
短程线型网格一	7020	2289	约 250	2	较均匀
短程线型网格二	6675	2226		5	
短程线型网格三	7035	2295		3	
三向网格	不适合				

注：本表参考并引用了文献 [12] 的分析结果，但短程线型网格二引用了实际工程统计数量。

2．反射面拟合精度及分块单元尺寸

根据天文观测的需要，要求反射面分块单元（以下简称单元）与抛物面的拟合误差 RMS 值在理想情况下（不考虑加工制作及主索网调节误差）小于 2.3mm。为了减小拟合误差，可以将单元面板的上表面做成球面（或近似球面）形状，工作时用球面子块拟合抛物面，通过改变单元尺寸可以使反射面满足拟合精度的要求。单元尺寸越小，拟合精度越高，但是同时增加了单元和主索的数量，尤其是增加了下拉索的数量，增加了系统控制难度及工程总造价。因此在满足设定的拟合误差的前提下，应尽量选用较大的单元尺寸。在确定了短程线型网格二的索网网格划分方式后，主要就是选取合适的单元边长和单元面板曲率半径。

单元拟合抛物面的过程实际上是一个优化过程，主要涉及 3 个优化参数，即单元面板曲率半径、单元边长和单元顶点相对于抛物面的距离 d，如图 4.53 所示。其中参数 d 可在单元结构设计或反射面控制算法中进行优化，调节 d 为最优值使得单元拟合误差的均值为 0。因此 d 的优化与索网没有直接关系，本节不详述，仅考虑与索网关系密切的单元面板曲率半径和单元边长的优化问题，此时均假定 d 已取最优值。

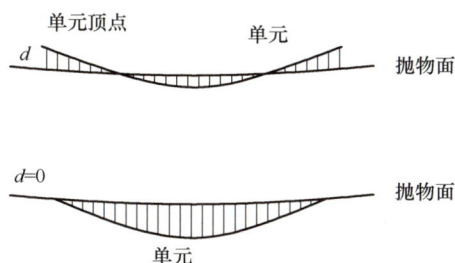

图 4.53　单元拟合抛物面时其顶点与抛物面位置关系示意

设定抛物面口径为 300m，焦比（焦距与口径之比）为 0.4621，可以用式（4.2）表示。

$$\begin{cases} x^2 + y^2 - 554.5300 \times z - 166.5711 = 0 \\ x^2 + y^2 \leqslant 300^2 \end{cases} \qquad (4.2)$$

式（4.2）中坐标 x、y、z 单位均为 m。考虑到式（4.2）表示的抛物面的对称性，以及随坐标 z 的增大，抛物面曲率半径也不断增大的事实，可知单元在抛物面的不同高度，其拟合误差会有所变化。如图 4.54（a）所示，我们绘出式（4.2）所示抛物面，取一个倒置三角形单元或正置三角形单元，其 3 个顶点均在抛物面上

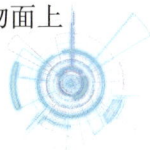

或附近（假设已经使 d 的取值最优）。让单元顶点从抛物面顶点出发，在抛物面内沿径向向上运动，计算在不同位置（单元中心到抛物面对称轴的距离）上该单元相对抛物面的拟合误差 e。假定单元边长 l 取值为 $8 \sim 15\mathrm{m}$，r 为单元顶点到抛物面顶点（或对称轴）的水平距离，单元面板曲率半径为 $315\mathrm{m}$，函数关系 $e(l, r)$ 可通过 MATLAB 编程计算并绘图显示，如图 4.54（b）所示。

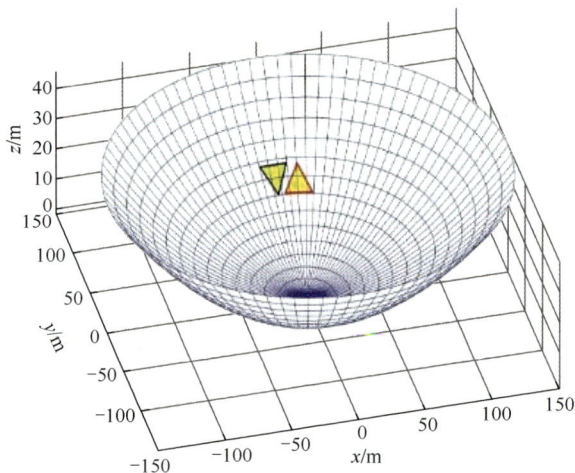

（a）抛物面与单元

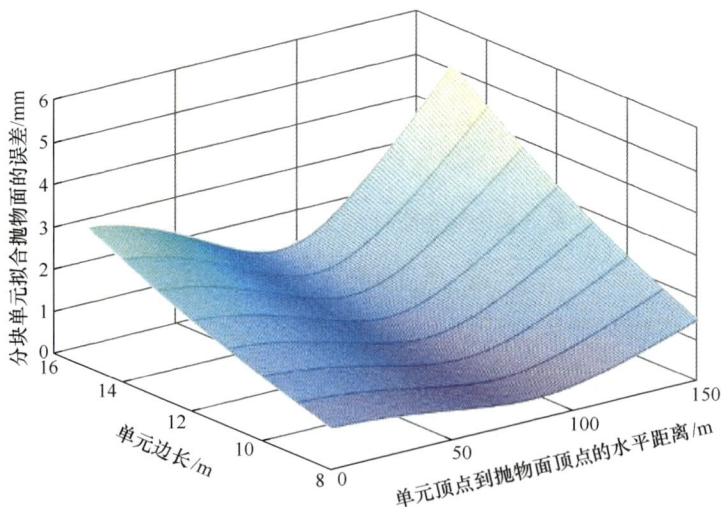

（b）单元拟合误差 e 与单元边长 l 和水平距离 r 的关系

图 4.54 单元相对于抛物面的误差

由图 4.54（b）可以看出，单元拟合误差不仅与单元面板曲率半径和单元边长相关，也与其在抛物面的不同位置相关，在 $r=80\text{m}$（即抛物面中部环带区域）时，拟合误差最小，在抛物面顶部和边缘环带区域，拟合误差均增大。因此，在给定单元边长 l 和单元面板曲率半径 R 后，应综合考虑在抛物面不同环带区域的拟合误差变化和同一环带区域可容纳单元的数量，来计算全部单元对抛物面的拟合误差。我们按照图 4.54（a）所示的倒置三角形单元和正置三角形单元交错布置模式，假设将三角形单元沿水平环带一圈一圈铺满整个抛物面，通过 MATLAB 编程近似计算拟合误差 E 与单元边长 l 和单元面板曲率半径 R 的函数关系 $E(l, R)$，并绘制成图，如图 4.55 所示。

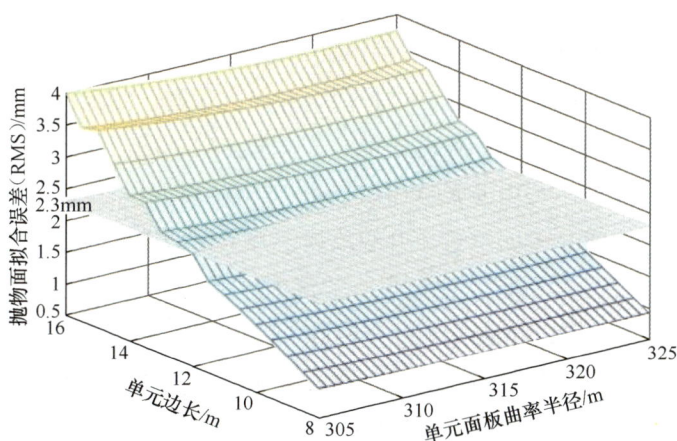

（a）拟合误差与单元边长和单元面板曲率半径的关系

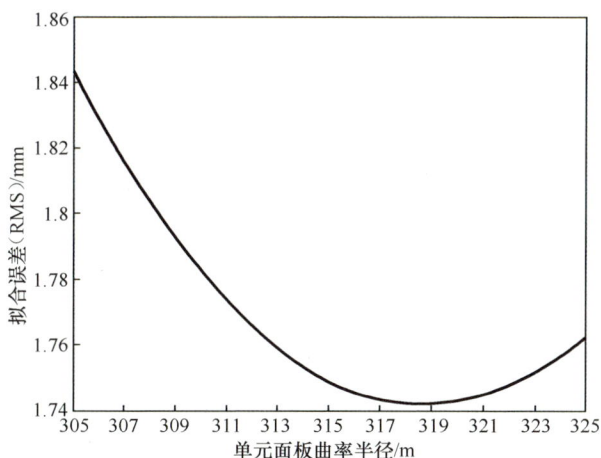

（b）拟合误差与单元面板曲率半径（单元边长为 11m）的关系

图 4.55　抛物面拟合误差与单元边长和单元面板曲率半径的关系

由图 4.55（a）可以看出，单元边长对拟合误差影响较大，基本成线性递增关系；单元面板曲率半径达到 300m 左右，其变化对拟合误差的影响不明显。在满足抛物面拟合误差不超过 2.3mm 前提下，最大可容许单元边长为 12m 左右。上述计算是在假定所有单元均为等边三角形的基础上进行近似计算得到的，实际上短程线型网格划分方式是做不到每一个单元尺寸完全相等的。最终我们采用表 4.9 中的短程线型网格二的索网网格划分方式，将单元边长控制在 10～11.5m 范围，平均为 11m。由图 4.55（b）可以看出，理论近似拟合误差小于 1.85mm，有足够的误差余量；单元面板最佳曲率半径大约为 318.5m，这与文献 [11] 的计算结果基本一致。在图 4.55（b）所示范围，当单元面板曲率半径达到 300m 以上时，由于拟合误差对单元面板曲率半径变化的敏感度不高，实际工程中采用的单元面板曲率半径为 315m。

最后，为满足其他系统的运行维护要求并简化索网—圈梁接口的设计，我们对索网结构进一步进行了局部优化处理 [13]。根据 FAST 的工作原理，馈源舱需要通过 6 个馈源支撑塔，利用缆索悬挂在空中。FAST 需要保证 30 年工作年限，要考虑馈源舱及接收机系统的维修及升级改造。为了保证馈源舱能顺利到达索网正下方的舱停靠平台，索网设计中把中心节点的 5 根主索（含 1 根下拉索）去掉，预留了内接圆直径为 21.6m 的正五边形网孔，如图 4.56 所示。

由于反射面索网采用短程线分型，利用平面在一定高度对半径为 300m 的短程线型网格进行切割，便可得到 500m 口径球面索网。但是索网边缘的主索无论长短还是方向都极其不规则、种类繁多，这给圈梁节点的制作和安装都带来极大的麻烦。为此，我们对索网边缘的主索进行了特殊处理。所有靠近圈梁的主索节点，都通过索垂直连到圈梁上，如图 4.57 所示。

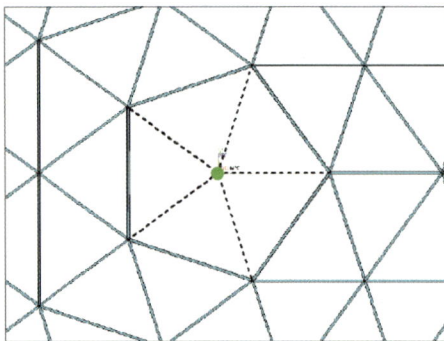

图 4.56　索网中心预留的正五边形网孔
（虚线表示去掉的 5 根主索）

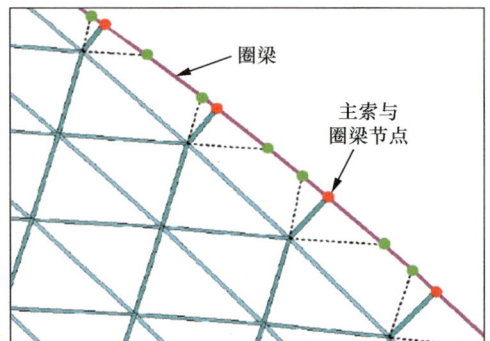

图 4.57　索网边缘的主索被裁直和简并处理

4.3.4　索网主动变形的力学仿真分析

根据前述内容，我们已经确定了采用"圈梁和格构柱 + 整体索网"结构作为 FAST 反射面支承结构，按照短程线型网格二编织球面主索网，主索网在球面基准态具有 5 边对称的特性［见图 4.52（e）］，主索长度为 11m 左右，每个索网节点连接一根径向的下拉索与促动器相连，控制索网主动变形。根据 FAST 反射面主动变位的功能要求，我们需要详细分析在此过程中包括索网结构在内的反射面整体支承结构的应力和位移变化情况，为随后的索网结构详细设计奠定基础，这个过程实际上也是与结构优化设计交错进行的。

1. 整体支承结构的力学建模

反射面整体支承结构主要包括三大部分：主索网（含 6670 根主索）、2225 根下拉索与由圈梁和格构柱构成的周边支承结构，如图 4.45 所示。三部分结构在反射面主动变形过程中相互影响和相互作用，在力学分析中缺一不可，必须进行整体考虑和分析。为便于仿真分析和简化计算模型，考虑到结构可能采用的材料类型、材料受力范围和约束方式，我们引入如下假设或简化条件。

① 结构材料的本构关系采用线弹性模型，材料本身在工作应力范围内为小变形模式。

② 主索和下拉索为理想的单向受拉单元。

③ 促动器不参与力学建模，其牵引下拉索和索网节点进行主动变位的功能可通过对下拉索施加虚拟温度载荷改变下拉索长度实现。

④ 考虑索网结构整体的几何非线性大变形和应力刚化效应。

⑤ 反射面单元不参与力学建模，其自重以集中载荷形式施加到相应索网节点。

⑥ 设备基础均采用理想的刚性约束或铰接约束，假定 3 个平动位移为 0。

我们采用通用的大型有限元分析软件 ANSYS，并基于该软件二次开发的平台编制了一系列力学分析程序模块，包括基准球面（态）索网找形、抛物面主动变形、大天顶角抛物面主动变形和主索疲劳统计分析等模块。建模所用的结构单元和材料性质如表 4.10 所示。

表 4.10　建模所用的结构单元和材料性质

结构构件	单元类型	密度 / (kg·m^{-3})	弹性模量 / (×10^{5}MPa)	温度膨胀系数 (×10^{-5})
主索和下拉索	Link10 单向受拉单元	9027.5	2.2	1.2
圈梁和格构柱（钢结构）	BEAM188 梁单元	7850	2.06	1.2

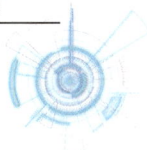

2．基准球面（态）主索网找形

基准球面是 FAST 索网进行主动变位的基准位置和参考点。作为大跨度柔性结构，主索网面形与结构内力直接关联，因此主索网找形分析的本质是寻求合适的索网初始预应力分布，使索网在构件预应力、自重、温度载荷和反射面单元自重等外载荷共同作用下，索网节点均在基准球面上保持静力平衡状态，将位置误差控制在容许阈值以内。

对于预应力结构的找形方法有平衡矩阵理论、动力松弛法、力密度法和非线性有限元法等。文献 [12] 采用了平衡矩阵理论和非线性有限元法进行索网形态分析，文献 [3] 主要采用非线性有限元法进行索网找形分析，均取得了不错的结果。此处主要介绍文献 [3] 的分析方法，根据该研究可以采用两种方法对主索网进行基准球面找形：逆迭代法和主动变位球面找形法。逆迭代法的主要思路是通过修改索网节点坐标，不断进行力学模型的静力平衡分析，直至索网节点均与基准球面的位置误差 Δ 小于给定阈值为止，如图 4.58 所示。

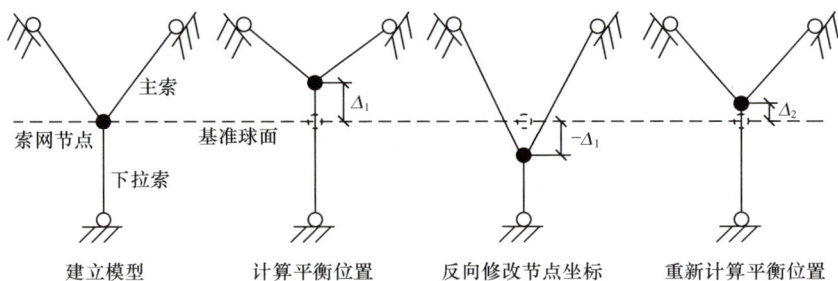

图 4.58　逆迭代法步骤

逆迭代法具有较好的收敛性，适用于较强的几何非线性结构，但由于在迭代过程中不断修改节点坐标，导致最终计算完成后索网节点坐标分布失去了五等分轴对称性，意味着全部主索的无应力长度分布也失去了五等分轴对称性，不利于后期索网加工制造和安装。主动变位球面找形法的思路是当计算得到的索网节点平衡位置偏离基准球面时，修改下拉索预应力，驱动索网节点回到球面位置，直到位置误差 Δ 小于给定阈值为止，如图 4.59 所示。

采用主动变位球面找形法得到的索网节点坐标同样可以被较好地收敛到基准球面，同时保留了索网结构的对称性，因此后续设计中均采用该方法进行球面找形，以此为基础进行下一步的分析工作。图 4.60 所示为采用主动变位球面找形法得到的主索节点位移和主索应力分布。

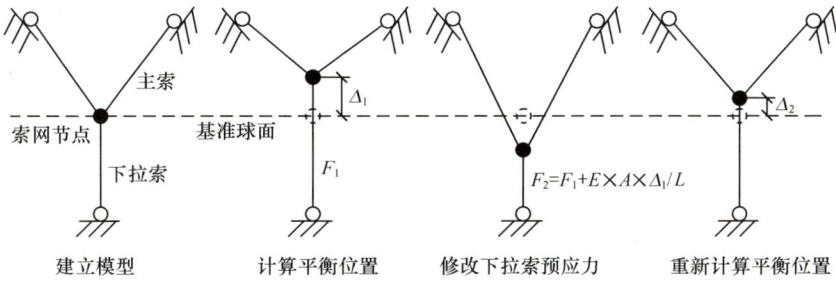

注：E 表示弹性模量，A 表示截面面积。

图 4.59　主动变位球面找形法步骤

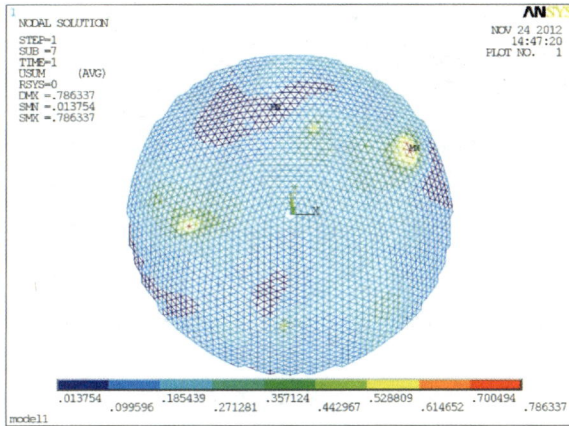

（a）主索节点位移（mm）

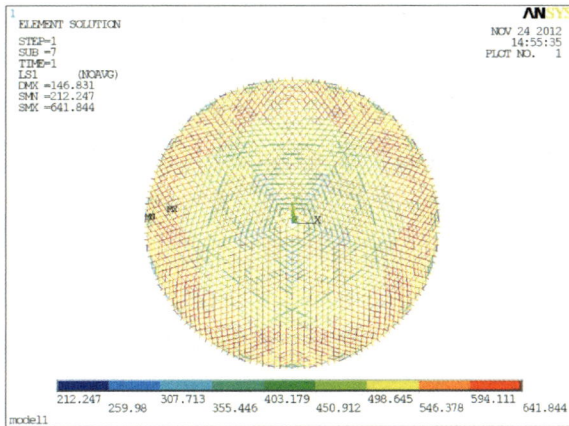

（b）主索应力分布（MPa）

图 4.60　主动变位球面找形法仿真结果

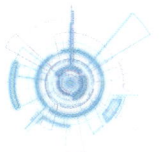

3．抛物面主动变位分析

FAST 在天文观测过程中，反射面面形需要在基准球面和抛物面之间进行频繁切换，从而实现对观测天体跟踪和换源两项基本的观测工况。在跟踪工况下，工作抛物面在基准球面进行连续移动；在换源工况下，将出现两个不同指向的抛物面并存的情况，其中一个抛物面对应 FAST 当前的观测指向，将逐步消失，另一个抛物面对应 FAST 换源到位后的观测指向，将逐步形成，两个抛物面的消失 / 形成过程同步进行。这两种工况示意如图 4.61 所示。

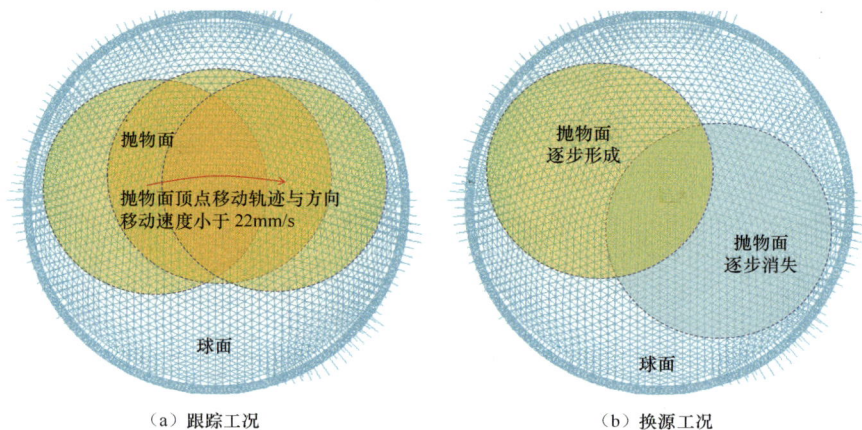

（a）跟踪工况　　　　　　　　　　　（b）换源工况

图 4.61　观测工况下 FAST 反射面主动变位示意

固定于地面的天文望远镜在天文观测时的跟踪天体速度一般非常缓慢，与地球自转速度相当，换算得到抛物面在球面切向移动速度最大不超过 22mm/s[14]，换算到促动器的径向运动速度最大约 1.0mm/s[12-13]。反射面换源工况可以根据跟踪工况进行人为设置，且在时间上应与馈源支撑系统完成换源工况的时刻同步。在参考 FAST 馈源支撑系统的技术指标后，我们确定最长换源时间不超过 10min，换算得到促动器的运动速度最大不超过 1.6mm/s。因此 FAST 反射面主动变位的过程基本上被视为准静态过程，可以将全过程分解为一系列对应于不同时刻的、具有不同指向的抛物面变形或者两个抛物面变形的叠加，从而大大减少了仿真分析的工作量。

在已经确定抛物面口径为 300m 的情况下，抛物面的焦比取值仍然有多种选择。选取不同焦比的抛物面对索网结构的各项性能指标都不同。主要评价指标包括①变位过程中主索应力范围；②下拉索最大拉力和平均拉力；③促动器行程范围；④主索截面尺寸。基于对这些指标的综合考虑和参考文献 [15] 的分析结果，我们最终选择了式（4.2）表示的抛物面，其焦比为 0.4621，在上述 4 个指标方面均有不错的性能，既满足了反射面各项技术指标要求，又兼顾了较低的运行维护成本。关于上述选择的原因还可以进一步参考 4.3.7 小节关于大天顶角＋温变组合工况验算的结果。

我们采用 ANSYS 软件二次开发平台 ANSYS 参数化设计语言（ANSYS Parametric Design Language，APDL）编制了专门进行抛物面主动变位分析的程序模块，通过输入抛物面的 3 个主要参数，即方位角 α、天顶角 β 和环境温度 T，即可完成一次仿真分析过程并自动存储各种分析结果，极大地减少了大批量的抛物面主动变位仿真分析工作，为下一步的索网疲劳评估奠定了基础。程序模块的主要分析步骤如下。

① 输入反射面整体支承结构的有限元模型，此时已完成索网球面找形，所有索网节点均位于基准球面。

② 输入工作抛物面的顶点坐标（方位角 α、天顶角 β）和环境温度 T。

③ 根据抛物面顶点位置确定变位区域，逐一计算变位区域内各个索网节点与抛物面的径向距离 Δ，判断其是否满足精度要求。

④ 对于不满足精度要求的索网节点，根据 Δ 对下拉索施加反向虚拟温度载荷，相对于施加等效预张力。

⑤ 进行结构几何非线性有限元计算，更新并检查变位区域内各个索网节点的径向距离 Δ。

⑥ 如有不满足精度要求的情况，重复步骤④和⑤，直至变位区域内所有索网节点与抛物面的径向位置差满足设定精度要求。

⑦ 输出仿真计算结果。

仿真分析流程如图 4.62 所示。图 4.63 给出了一个跟踪工况下抛物面主动变形的仿真分析算例，由此可以看出抛物面主动变形工况下索网节点最大径向位移范围为 −383 ～ 508mm，主索应力范围为 100 ～ 700MPa。此外，大量文献 [2,3,12,16] 对各种不同指向的抛物面变位工况进行了仿真分析和研究，表明在正常抛物面主动变位策略下，主索应力超限、疲劳应力超限、下拉索虚牵、下拉索应力超限和反射面单元碰撞等危及反射面结构安全的情况不会发生，或者通过结构构件的设计优化可以避免。

在换源工况下，我们设定换源起点位置的原抛物面面形（用抛物面与球面的径向几何差 l_1 表示）按比例逐步消失，换源终点位置的新抛物面面形（用抛物面与球面的径向几何差 l_2 表示）按比例逐步张拉成形。假设某一时刻 l_1 下降为 εl_1（$0 \le \varepsilon \le 1$），则 l_2 增长为 $(1-\varepsilon)l_2$。由此可见，当两个抛物面存在重叠时，其叠

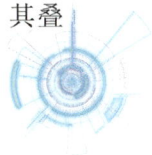

加区域的几何差总可以满足式（4.3）。

$$\left| \varepsilon l_1 + (1-\varepsilon) l_2 \right| \leqslant \varepsilon l_{max} + (1-\varepsilon) l_{max} = l_{max} \tag{4.3}$$

式（4.3）表明在换源工况下的抛物面主动变位分析仍然可以采用图 4.62 所示的分析流程，叠加两个按比例消失或成形的抛物面面形即可。因此，如果跟踪工况下抛物面变位分析满足要求，则在换源工况下两个叠加抛物面的主动变位分析也能满足要求。

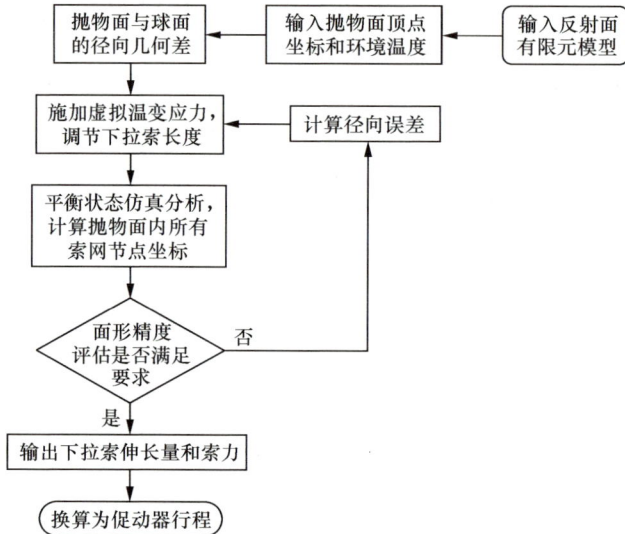

图 4.62　仿真分析流程

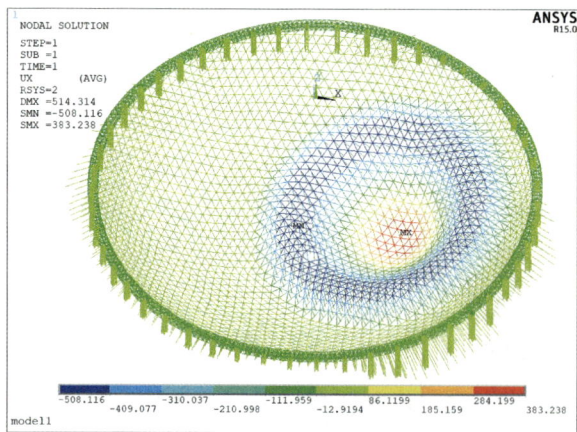

（a）径向位移（mm）

图 4.63　跟踪工况下抛物面（方位角为 40°、天顶角为 20°、环境温度为 20℃）主动变形的仿真分析算例

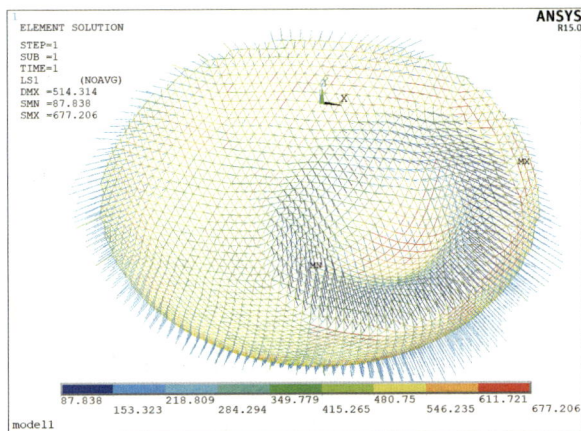

（b）索网应力（MPa）

图 4.63　跟踪工况下抛物面（方位角为 40°、天顶角为 20°、
环境温度为 20℃）主动变形的仿真分析算例（续）

4．大天顶角抛物面主动变位分析

上述内容所描述的反射面主动变位仿真分析均设定抛物面顶点的最大天顶角不超过 26.4°，此时抛物面照明区域尚未溢出反射面基准球面范围，因此天顶角在 0°～26.4° 范围内的抛物面变位工况可被定义为小天顶角抛物面变位工况。然而，FAST 可观测天区的最大天顶角为 40°，当抛物面顶点落在 26.4°～40° 天顶角范围内时，工作抛物面边缘部分区域已溢出基准球面范围，观测抛物面有效口径小于 300m。当天顶角为 40° 时，抛物面有效口径仅为 255m[17]。大天顶角工况与小天顶角工况主要的区别是索网变形开始受到周边支承结构的强力制约，与其相邻的抛物面边缘区域的索网节点无法被张拉到预定的抛物面上，导致该区域反射面无法变位到指定抛物面，即产生过渡区。过渡区内的反射面面形无法满足面形精度要求，而且索网结构受力和变形均比较复杂，不能简单照搬小天顶角工况下的索网变位策略，否则容易产生下拉索虚牵、反射面单元碰撞和主索疲劳应力超限等问题。

过渡区的变位策略是大天顶角抛物面主动变位分析的主要难点。图 4.64 给出了一个大天顶角抛物面主动变位工况的算例，可见在照明面积溢出球面的索网边缘位置存在过渡区，区域内的索节点位置偏离抛物面面形 100～200mm，周边主索应力及下拉索应力与正常抛物面状态的相比偏小，甚至出现虚牵。当天顶角小于 40° 时，过渡区处于下拉索伸长变位区间，如果天顶角进一步增大，过渡区有

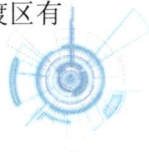

可能处于下拉索收缩变位区间，主索应力及下拉索应力将偏大，甚至可能超限。因此，过渡区的变位策略不能再遵循满足抛物面面形的需求，而是通过调节下拉索优先保证结构安全。

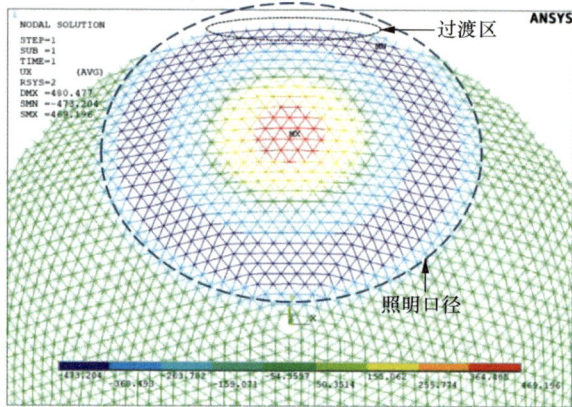

（a）索网节点径向位移（mm）

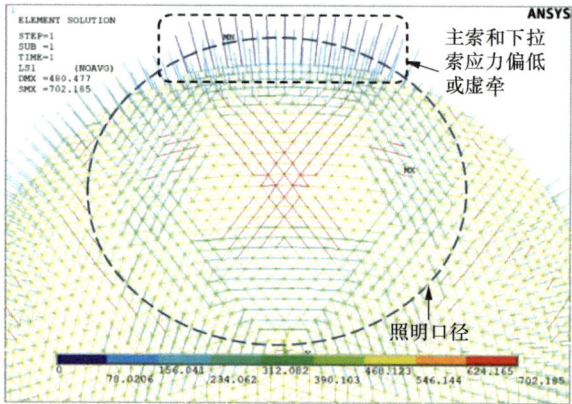

（b）主索和下拉索应力（MPa）

注：抛物面口径为 300m，顶点方位角为 90°，天顶角为 31.68°，环境温度为 20℃。

图 4.64　大天顶角抛物面主动变位工况的算例

大天顶角抛物面主动变位的迭代分析流程如图 4.65 所示，在图 4.62 所示流程基础上增加了过渡区变位策略。在过渡区变位分析的每一次迭代中，首先寻找出不满足应力要求的下拉索和主索。下拉索索力可以被换算成促动器油压，其临界值下限可取临界油压 0.2MPa，保证下拉索不虚牵；上限为促动器的最大工作负载（70kN）。主索应力的临界值选取较为复杂，需要同时满足应力不超限和不虚牵、小于 500MPa 疲劳应力幅和反射面单元不碰撞的要求。考虑到过渡区均在索网边缘附近，索节点径向位移有限，可以先选取 $\sigma_{max}=\sigma_0$ 和 $\sigma_{min}=\max(0, \sigma_0-500)$（MPa）作为初始临界值的上下限，其中 σ_0 为球面状态的主索应力。完成初步的变位分析后，还需要校核主索的疲劳应力评估和分析反射面单元碰撞情况，视条件满足与否修改 σ_{min} 和 σ_{max}，再进行新一轮抛物面变位分析，直至满足结构安全要求。主索的疲劳应力评估将在 4.3.5 小节介绍，反射面单元碰撞将在 4.4 节介绍。

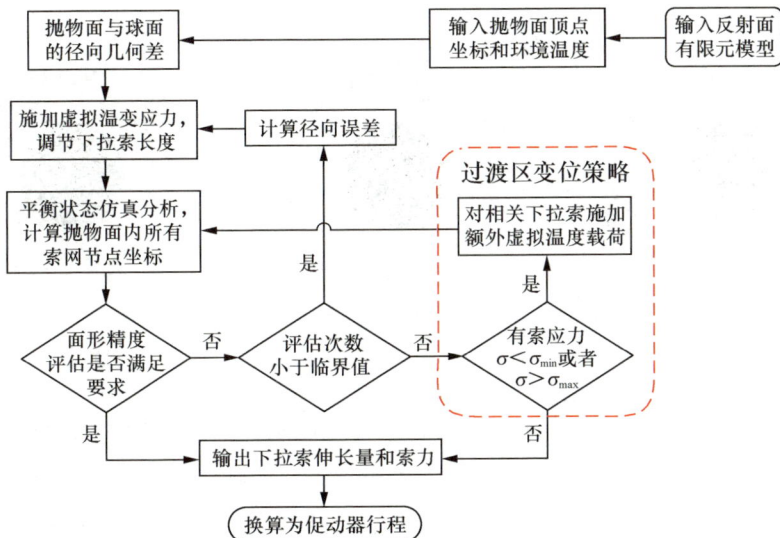

图 4.65　大天顶角抛物面主动变位的迭代分析流程

找出不满足应力要求的下拉索，给定每次迭代时下拉索伸长量的调节步长（如取 2 ～ 5mm），将其换算为相关下拉索的额外虚拟温度载荷，施加到该下拉索。找出不满足应力要求的主索，将额外虚拟温度载荷施加到主索两端的下拉索上。至此，完成了过渡区变位策略的一轮迭代过程。对小天顶角抛物面变位，完成仿真分析需要的迭代计算次数一般不超过 5 次。与之相比，完成大天顶角（ $\geqslant 30°$ ）抛物面变位的仿真分析需要的迭代计算次数都在 100 次以上，有时还需要视主索疲劳情况和反射面单元碰撞可能性修改临界应力 σ_{min} 和 σ_{max} 并重新进行计算，因此所需计算量和计算时间明显更多。

4.3.5　索网疲劳评估

FAST 索网结构的主动变形对于结构构件而言，本质上是一种长期的往复疲劳加载过程。主动变位抛物面的顶点移动轨迹由天文观测任务所决定，具有较大的

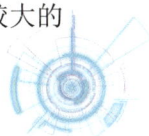

随机性，但从望远镜 30 年设计寿命的长周期观察，又具有很大的确定性。《基于科学目标的换源（跟踪）次数估计》[19] 从 FAST 科学目标和观测模式的一些假设出发，估计了 FAST 在 30 年内的换源／跟踪次数。其中短距离换源／跟踪次数可达 50 万次；中距离换源／跟踪次数可达 60 万次；长距离换源／跟踪次数可达 60 万次。将其中 1 年内的抛物面顶点轨迹曲线叠加画到平面图中，得到图 4.66 所示的效果，由此可见其数量是相当惊人的。

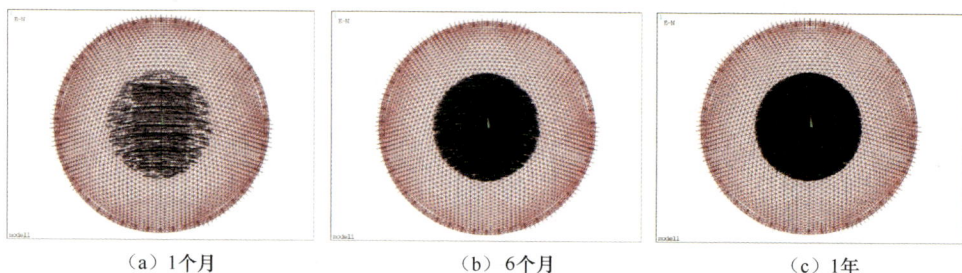

(a) 1 个月　　　　　　　　(b) 6 个月　　　　　　　　(c) 1 年

图 4.66　估计 FAST 反射面工作 1 年所经历的抛物面顶点轨迹曲线

FAST 天文观测的换源／跟踪次数与索网构件的应力疲劳循环次数并不等价，需要将所有估计的观测轨迹曲线离散成有限点数的抛物面顶点坐标，并对每一顶点按轨迹时间顺序进行抛物面变形仿真分析，从而得到索网构件的应力—时程曲线样本。在此基础上采用合适的应力疲劳循环次数统计方法，才能得到我们所关心的某个索网构件疲劳应力循环次数的统计结果。然而其中的难题在于，根据上述轨迹曲线所得到的离散抛物面顶点多达 341 万个，如果要对每个顶点所代表的抛物面面形进行仿真分析并存储所有构件应力计算结果，则无论计算量还是存储量均是难以实现和接受的。

文献 [3] 采用了基于插值计算的处理方法，事先对全部轨迹曲线所覆盖区域（见图 4.64）的约 550 个索网节点逐一进行抛物面变位仿真分析，并存储计算结果。然后利用这 550 个索网节点作为插值计算节点，对于轨迹曲线上的任意离散轨迹点，筛选出最近的 3 个索网节点，并进行插值计算，给出对应于该轨迹点的构件应力计算结果，或者直接用最近的索网节点计算结果进行代替，由离散轨迹点时序最终生成构件应力—时程曲线样本。考虑到索网网格划分较为均匀，相邻索网节点间距均为 11m 左右，相对于抛物面口径尺寸，11m 尺度的构件应力变化不大。因此采用这种方法不仅大大减少了仿真计算工作量和仿真结果存储量，而且计算误差也不超过 5%。

19　参见 2011 年中国科学院国家天文台 FAST 团队发布的《基于科学目标的换源（跟踪）次数估计》。

有了基于全部观测轨迹曲线的索网各构件应力—时程曲线样本后，就要统计各构件的应力疲劳循环次数，即将构件应力—时程曲线简化为一系列的全循环或半循环的过程，可称其为计数法[18]。不同的计数法对构件疲劳循环应力次数统计结果影响较大，对 FAST 索网结构而言，统计的重点在于得到不同应力幅下的应力疲劳循环次数，因此量程计数法和雨流计数法成为两种相对可靠的统计方法，分别为文献 [3] 和文献 [19] 所采用。二者循环总次数的统计结果基本相近，前者简单，易于实现且计算量小，但统计结果导致结构设计的安全裕度偏小；后者相对复杂且计算量大，但统计结果使结构设计的安全裕度更大。下面将主要介绍雨流计数法[20]。

如图 4.67 所示，将应力—时程曲线的时间轴保持向下，整条曲线形同一座高层建筑，假想一雨点从 1 号位置出发依次往下沿曲线流动，根据雨点向下流动的轨迹统计载荷循环。计数规则如下。

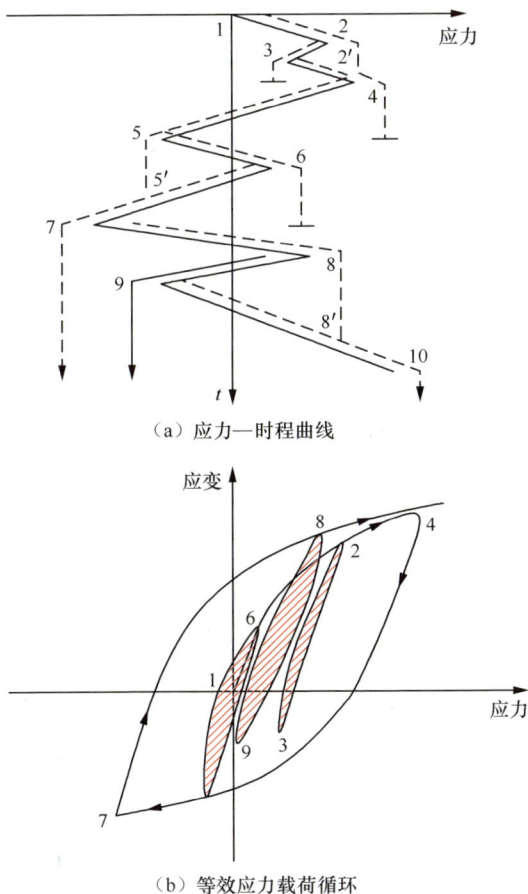

（a）应力—时程曲线

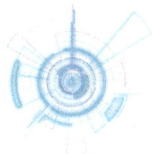

（b）等效应力载荷循环

图 4.67　基于雨流计数法统计的疲劳载荷循环示意

① 雨点依次从载荷时间历程峰值位置的内侧沿着斜坡往下流。

② 雨点从某一个峰值点开始流动，当遇到比其起始峰值更大的峰值时要停止流动。

③ 雨点遇到上面流下的雨滴时，必须停止流动。

④ 对所有全循环（包含应力上升段和下降段的循环）记下每个循环的应力幅度。

⑤ 将第一阶段计数后剩下的非全循环进行合并处理，再进行第二阶段的雨流计数，计数循环的总数等于两个计数阶段的计数循环之和。

文献 [21] 基于上述方法计算并统计了 FAST 索网结构构件的应力疲劳循环次数，如图 4.68 所示。在 FAST 未来 30 年可能发生 22.87 万次观测的情况下，索网将会承受 400～455MPa 应力幅近 3 万次，承受 300～400MPa 应力幅 5 万余次，承受 200～300MPa 应力幅近 3 万次。如果以标准规范的规定值（200MPa）为依据，应力幅超过 200MPa 的疲劳次数约为 11 万次。如果考虑 0～200MPa 应力幅，疲劳次数约 17 万余次。

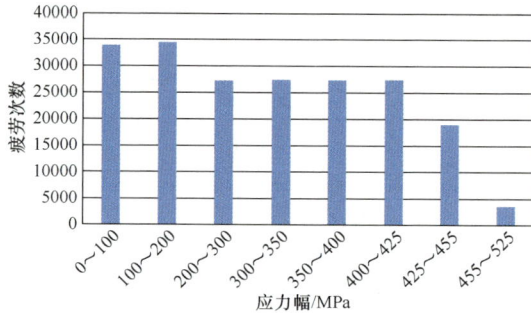

（a）各个应力幅段的疲劳次数峰值

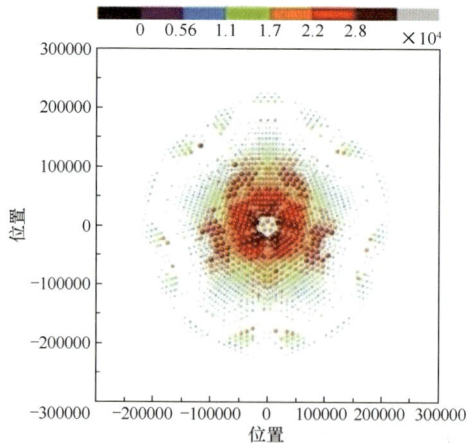

（b）索网主索在300～500MPa应力幅段的疲劳次数

图 4.68　应力疲劳循环次数统计结果

值得一提的是，上述关于主索疲劳次数的估算是在 FAST 建设期间根据未来可能的科学目标和观测计划得出的，难免较实际情况存在较大误差。随着 FAST 于 2020 年年初通过国家验收并投入使用，目前 FAST 实际观测时间已超过 10000h。记录 FAST 最近几年真实发生的观测轨迹数据，并在此基础上进行钢索疲劳次数统计是下一步需要开展的工作。

在确定索网主索抗疲劳目标时我们不能简单引用上述结论。FAST 索网的变位控制是通过 2225 台促动器联动控制实现的，这些促动器构成一个复杂耦合的控制系统。进行索网变位观测时，促动器载荷可能会在某些非正常工况下超过正常载荷。而且按照国际惯例，这种大型天文观测设备一般会超限期服役。以美国阿雷西博射电望远镜为例，其运行时间已超过 50 年，远远长于原先设计的 30 年使用寿命。此外，FAST 与其他望远镜的工作原理均有较大差别，在它的建设期及今后运维期均没有先例可循，其高创新性也意味着高风险性，必要的谨慎乃至保守设计是不可缺少的。因此，我们最终确定索网主索的抗疲劳性能指标为在 500MPa 应力幅下，需要通过 200 万次应力疲劳循环而不发生断裂或被破坏。该指标是相关标准规定值的两倍左右，远远超出了现有成熟产品的性能。

4.3.6　超高疲劳应力幅主索研制

现有钢索产品能否满足在 500MPa 应力幅下 200 万次疲劳加载的性能指标对于 FAST 索网结构至关重要。哈尔滨工业大学研究团队曾对国内 3 个厂家提供的钢绞线和钢拉杆试件进行了高应力幅（344 ~ 500MPa）下的疲劳性能试验[19]，结果根据 Smith 疲劳等效应力准则和应力幅—疲劳次数（寿命）曲线（*S-N*）试验曲线仅有两根钢绞线通过了疲劳试验。显然这个结果无法满足 FAST 索网结构的要求。考虑到该疲劳性能指标即使在国际上也属罕见，这就使得超高疲劳应力幅主索的研制成为 FAST 索网结构乃至整个 FAST 能否顺利成功建造和运行的关键。

这种特殊钢索的研制必须从钢索的基本组成单元（单丝母材）开始，进而针对涂层工艺和锚固工艺等多方面展开系统研究。

1. 母材性能

根据相关标准《桥梁缆索用热镀锌钢丝》（GB/T 17107—1997），钢丝的疲劳性能只要求满足 360MPa。国外相应的美国后张法协会（PTI）标准也只是要求单丝的疲劳强度为 370MPa。幸运的是，上述数据都是以往的历史经验数据。随着材料工艺的进步，针对单丝母材疲劳性能的试验数据是不足的。故明确母材疲

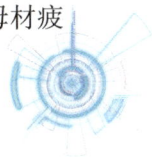

劳性能是高疲劳性能钢索研制的首要任务。我们
通过多方考察和比较，选择了超级 82B 钢丝进
行疲劳性能试验，将疲劳应力幅设置为 600MPa
（144 ～ 744MPa），加载频率设置为 10Hz。钢丝
直径为 5mm，试验样品标距为 200mm。试验在
5t 的电磁脉动疲劳试验机（见图 4.69）上进行。

　　总共 6 个试验样品，全部通过了 200 万次的
疲劳性能试验，证明随着材料工艺的进步，母材

图 4.69　单根钢丝疲劳试验

疲劳性能相比标准规范已显著提高，高疲劳性能钢索研制工作具备可行性。

2．单根钢绞线疲劳性能

　　虽然单丝母材的疲劳性能高于 FAST 索网的使用要求，并留有 100MPa 左右
的余量。但由于组成钢索的单丝之间有摩擦腐蚀问题，会显著降低钢索疲劳性能。
《斜拉索设计、试验与安装条例》（PTI 标准）中就规定，以钢丝作为疲劳抽检样
本时，其疲劳应力幅应该高于钢索结构应力幅约 172MPa，所以 100MPa 余量的
合理性仍有待验证。

　　既然摩擦腐蚀是导致钢索结构的疲劳性能降低的主要原因，合理选择涂层类
型应有利于提高钢绞线的疲劳性能。常用的钢绞线按涂层类型可大致分为光面钢
绞线、镀锌钢绞线、环氧填充钢绞线、环氧涂层钢绞线。为了能探索最优的选择，
对上述几种钢绞线进行了单根钢绞线疲劳试验。试验在江苏科技大学的 50t 液压
材料试验机上进行，将试验应力幅设置为 550MPa，上限应力为 744MPa，加载频
率为 10Hz，样品两端采用夹片锚夹持固定。样品长度为 1m，可有效避免锚固端
的锚固效应。试验数据如表 4.11 所示。试验应力幅设置了 50MPa 的余量，是为
了避免多股钢绞线不均匀受力及群锚效应的影响。

表 4.11　单根钢绞线试验数据

钢绞线规格	载荷 /kN	应力幅 /MPa	加载次数 / 万次
光面	27.28 ～ 104.28	550	30
光面	27.28 ～ 104.28	550	28.8
光面	27.28 ～ 104.28	550	20.7
光面	27.28 ～ 104.28	550	28
光面	27.28 ～ 104.28	550	15
镀锌	27.28 ～ 104.28	550	55.8

钢绞线规格	载荷 /kN	应力幅 /MPa	加载次数 / 万次
镀锌	27.28 ～ 104.28	550	50.8
环氧填充	27.28 ～ 104.29	550	27
环氧填充	27.28 ～ 104.29	550	17
环氧涂层	27.28 ～ 104.29	550	200
环氧涂层	27.28 ～ 104.29	550	200

　　试验结果表明，涂层工艺对钢绞线疲劳性能的影响非常显著。光面钢绞线和环氧填充钢绞线的疲劳性能相差无几，基本在 30 万次以内发生破坏。环氧填充钢绞线虽然利用环氧材料填充了钢丝之间的缝隙，但钢丝之间依然直接接触，并没有改善钢绞线在疲劳加载条件下单丝之间的接触受力状态，故其疲劳性能无明显改善。相对意外的是，镀锌钢绞线的疲劳性能要优于普通钢绞线的。镀锌工艺在钢绞线的表面镀一层锌铁合金，会减小钢丝的静载强度，故镀锌钢绞线在业内一般都会降级使用。但本节的疲劳试验结果却恰恰相反，镀锌后钢绞线的疲劳寿命可提高到 50 万次左右。分析原因，可能镀锌层使钢丝表面软化，改善了钢丝之间接触的应力集中问题，使接触应力的分布更趋于平均。同时镀锌层的磨损也需要一个过程，从而延长钢绞线的疲劳寿命。从破断的钢绞线中取出单根钢丝，可见其表面的磨损现象非常明显，如图 4.70 所示。

图 4.70　镀锌钢丝的划痕

　　相比之下，环氧涂层钢绞线可以通过 200 万次以上的疲劳加载。这主要是由于环氧涂层能较好地隔离单丝之间的接触，其耐磨性能更优于镀锌层，且不会降低钢丝强度，故能有效缓解摩擦腐蚀效应，进而有效地提高钢绞线的疲劳性能。

3．整索结构

　　虽然单根钢绞线通过了疲劳试验验证，且预留 50MPa 的裕度，但整索结构的研制工作仍然面临挑战，尤其是锚固技术的研究。我们对传统挤压锚固技术采取了改进措施：在索体与锚具之间添加一层缓冲材料，缓解挤压过程对索体的损伤，再

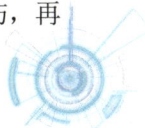

以内挤压形式锚固。整索结构加工完成后，进行 80% 极限载荷的预张拉，保证钢丝之间受力的均匀性。基于上述工艺制作了 3×Φ15.2mm 和 6×Φ15.2mm 两种规格的成品钢索结构，其有效截面积分别为 420mm² 和 840mm²（参照 FAST 用索截面的选择）。两种规格各制作 3 根，试验分别在铁道部产品质量监督检验中心和中铁大桥局集团武汉桥梁科学研究院实验室进行。根据规范要求，钢索自由段长度为 3m。试验加载频率为 3Hz，将疲劳应力幅设置为 500MPa，上限应力设置为 744MPa。所有 6 根成品索构件在 500MPa 应力幅下，稳定地通过 200 万次疲劳性能试验。试验实拍图如图 4.71 所示，试验数据如表 4.12。

图 4.71　试验实拍图

表 4.12　试验数据

规格（×Φ15.2mm）	应力幅 /MPa	疲劳次数 / 万次	试验地点
3	500	200	铁道部产品质量监督检验中心
3	500	200	
3	500	200	
6	500	200	
6	500	200	中铁大桥局集团武汉桥梁科学研究所实验室
6	500	200	

　　至此，能够在 500MPa 超高应力幅下承受 200 万次疲劳加载、性能达到目前相关标准规范规定值两倍的新型主索基本研制成型，后续仍然需要在此基础上进一步完成包括防护措施（含水密试验）、索头结构和成型方式、索头锚具和连接件等在内的多方面精细化研究和详细设计，满足 FAST 索网结构的相关技术要求。

4.3.7　索网结构设计

　　索网结构设计与圈梁和格构柱结构设计是同时完成的[2-3]。本小节仅介绍索网部分的结构施工图设计，圈梁和格构柱部分详见 4.2 节相关内容。

1. 设计条件

　　工程地点为贵州省平塘县克度镇大窝凼洼地（FAST 现场）。结构设计使用年限为 30 年，结构重要性系数取 1.1。结构设计参考或遵循现行国家相关设计规程和规范进行，如表 4.13 所示。

表 4.13　索网结构设计所依据的相关国家规范 / 规程

名称	编号
《建筑抗震设计规范》	GB 50011—2010
《钢结构设计规范》	GB 50017—2003
《索结构技术规程》	JGJ 257—2012
《空间网格结构技术规程》	JGJ 7—2010
《预应力钢结构技术规程》	CECS 212：2006
《预应力混凝土用钢丝》	GB/T 5223—2002
《单丝涂覆环氧涂层预应力钢绞线》	GB/T 25823—2010
《建筑结构载荷规范》	GB 50009—2006
《无粘结钢绞线斜拉索技术条件》	JT/T 771—2009
《斜拉桥热挤聚乙烯高强钢丝拉索技术条件》	GB/T 18365—2001
《桥梁预应力及索力张拉施工质量检测验收规程》	CQJTG/T F81—2009
《建筑变形测量规范》	JGJ 8—2007
《钢结构工程施工质量验收规范》	GB 50205—2001
《钢结构工程施工规范》	GB 50755—2012
《公路桥梁钢结构防腐涂装技术条件》	JT/T 722—2008
《金属和其他无机覆盖层热喷涂锌、铝及其合金》	GB/T 9793—1997
《钢结构高强度螺栓连接技术规程》	JGJ 82—2011
《预应力筋用锚具、夹具和连接器》	GB/T 14370—2007
《关节轴承额定静载荷》	JB/T 8567—2010
《关节轴承额定动载荷与寿命》	JB/T 8565—2010
《关节轴承 向心关节轴承》	GB/T 9163—2001
《预应力用液压千斤顶》	JG/T 5028—1993
《预应力用电动油泵》	JG/T 5029—1993
《建筑工程预应力施工规程》	CECS 180：2005

　　索网结构所承受的载荷工况包括结构质量、主动变位产生的结构内力、环境温度变化所致载荷、雪载荷和覆冰载荷、风载荷，以及地震载荷等。此外，还需要分析断索和促动器故障等特殊工况下的结构安全问题。考虑到索网结构的主要功能是主动变位实现反射面的精准变形，还需要分析各种参数误差对索网变位精度的敏感性问题。与索网相关的特殊载荷工况将在本文后续逐一介绍，其他载荷工况介绍如下。

　　（1）结构质量

　　索网结构自重包括索体、索头和连接节点盘的质量。4450 块反射面单元的质

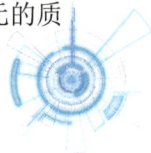

量作为集中载荷，通过连接机构作用于节点盘上，其细节构造详见4.4节相关内容。

（2）主动变位产生的结构应力

索网结构的主动变位载荷包括基准球面工况下的结构预应力和各种指向抛物面变位工况下的结构应力及其对应的索网节点位移。以抛物面对称轴为 z 轴建立局部直角坐标系，则主动变位抛物面方程如式（4.2）所示。在抛物面口径以外，索网面形仍保持基准球面。

（3）环境温度变化

以圈梁结构合拢时的气温（15℃）为基准，参考当地的气候条件，温度变化范围为 –25℃～ 25℃。

（4）雪载荷和覆冰载荷

考虑到 FAST 现场所处纬度和当地气候条件，在设计中可以不考虑雪载荷的影响。当地也未观察到输电线路覆冰的情况，可以不考虑覆冰载荷的影响。

（5）风载荷

FAST 工作时的风速小于 4m/s，现场极限风速为 14m/s。极限风速所对应的风压为 0.12kN/m²，而《建筑结构载荷规范》规定结构设计的基本风压不应小于 0.3kN/m²。文献 [2] 按照规范取值，但结构应力比或者强度指标适当放松。文献 [3] 取基本风压为 0.35kN/m²，对应极限风速为 24m/s。

（6）地震载荷

抗震设防烈度为 6 度，设计基本地震加速度值为 0.05g，采用反应谱和时程法复核结构抗震承载力。

2．索网结构优化设计

FAST 索网结构不是载控结构，而是形控结构，即在基准球面态和抛物面工作态时，通过促动器调整下拉索和连接节点位置，实现主动变位。这使得 FAST 索网结构与一般建筑结构在设计理念上存在明显的区别。主动变位工况产生的结构应力是 FAST 索网结构的主要控制载荷，因此 FAST 索网结构设计的主要思路是首先进行在基准球面态和抛物面工作态（叠加结构质量载荷工况）下的结构优化设计，使索网结构在这两种主要工况下除满足设计指标要求外还能达到性能最优，包括充分利用结构对称性降低构件规格种类数量、结构自重的优化、结构应变能储备和变位恢复能力（即结构弹性性能）的优化等；然后进行结构在减轻其他载荷工况及其组合下的验算，确保满足设计及规范要求。

索网结构优化设计的原则确定如下。

① 主索网具有五等分轴对称的对称性，而每个对称扇区又关于自身中轴线对称，因此主索规格种类数量具有 1/10 的对称性。

② 基准球面态的下拉索拉力取 30kN，以此为目标进行下拉索构件的优化设计。

③ 确定基准球面态的主索应力比取值范围，以此为目标进行主索构件的优化设计。

④ 对称位置上同一规格组的主索在应力比超出上述范围时，以符合上限为优先方向。

⑤ 索网连接节点的规格对应于所连接的最大规格主索。

在上述优化设计原则基础上，主要通过 4.3.3 小节中的基准球面找形仿真分析，不断调整优化主索和下拉索构件规格，同时考虑在各种抛物面工作态下主索应力变化范围的安全储备。整个优化设计是一个"修改力学模型—仿真分析—修改力学模型"的不断迭代过程。

文献 [3] 建议拉索应力比取值为 [0.6,0.7]，并给出了索网结构优化设计的初步结果，主索网的综合弹性模量达到 213.8GPa，主索和下拉索质量总计约 1174t，球面基准态下主索应力为 294 ~ 699MPa，应力比为 0.395 ~ 0.94，绝大部分主索的应力比满足上述应力比区间要求。文献 [2] 建议拉索应力比取值为 [0.65,0.72]，安全系数为 1.74。按照《预应力钢结构技术规程》的规定，钢索强度的设计值不应大于索材极限抗拉强度的 40% ~ 50%，重要索取低值，次要索取高值。再考虑载荷分项系数（1.2），拉索的设计强度取 744MPa，风载荷参与的工况下取 853MPa。

首先是对拉索构件的优化设计，选择了 OVM.ST 型高应力幅拉索体系，如图 4.72 和图 4.73 所示。

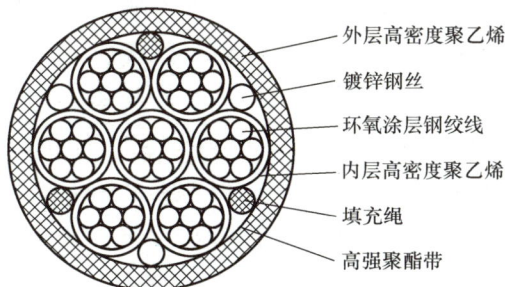

外层高密度聚乙烯
镀锌钢丝
环氧涂层钢绞线
内层高密度聚乙烯
填充绳
高强聚酯带

图 4.72　成品索体截面

（a）三维构造

（b）剖面构造

1——锥套；2——锚板；3——锚杯；4——握裹填料；5——钢绞线；6——延长筒；
7——密封填料；8——密封筒；9——压盖；10——索体；11——热缩套

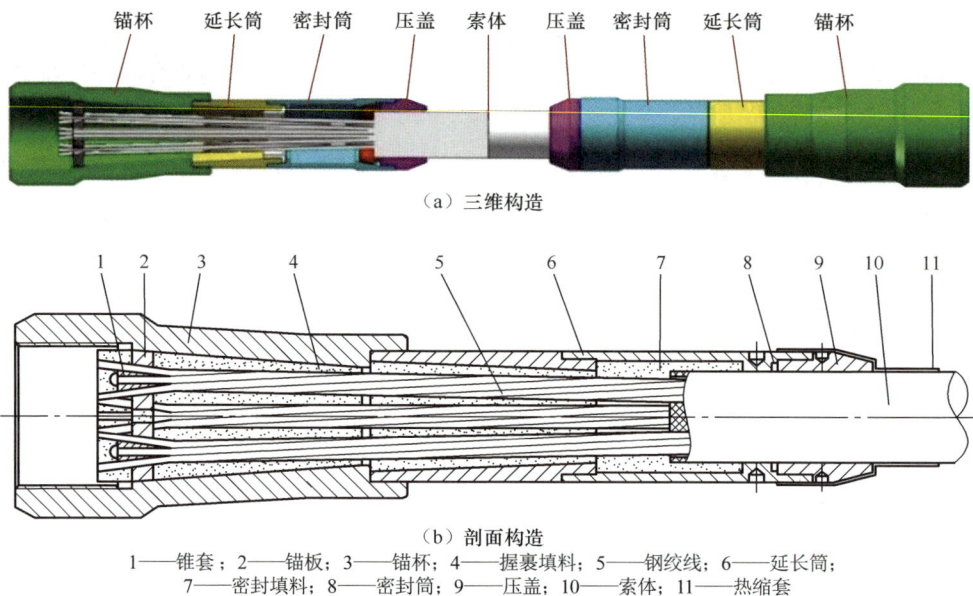

图 4.73　OVM.ST 型高应力幅拉索构造

OVM.ST 型高应力幅拉索体系的主要技术性能指标如下。

① 静载性能达到《预应力筋用锚具、夹具和连接器》的要求：锚具效率系数 ≥ 0.95，极限延伸率 ≥ 2.0%。

② 疲劳性能：上限应力为 40%f_{ptk}（强度标准值）、应力幅为 500MPa、经过循环次数为 100 万次疲劳性能试验后，拉索钢绞线无断丝。

③ 拉索弹性模量：$E=(1.9\pm0.1)\times10^3$MPa。

④ 防水性能：疲劳性能试验后将锚具浸入有色溶液中 96h，没有有色液体浸入锚具内部。

⑤ 钢绞线性能：抗拉强度 ≥ 1860MPa，在上限应力为 40%f_{ptk}（强度标准值）时疲劳应力幅达到 550MPa，其他性能不低于《预应力混凝土用钢绞线》（GB/T 5224—2003）的要求。

⑥ 钢丝性能：抗拉强度 ≥ 1860MPa，在上限应力为 40%f_{ptk}（强度标准值）时疲劳应力幅达到 550MPa，其他性能不低于《预应力混凝土用钢丝》的要求。

其次是对索网节点的优化设计。每个索网节点包含上下两层节点圆盘（节点盘），上下圆盘之间用十字板（中空圆柱）进行紧密配合和螺母连接固定，其中下圆盘（下节点盘）与 6 根主索和一根下拉索连接，上圆盘（上节点盘）表面安

装并约束 6 块反射面单元的连接机构，如图 4.74 所示。节点各组件之间，包括上
圆盘与反射面单元连接机构、下圆盘与主索或下拉索之间均采用装配式连接，无
焊接，方便安装；此外，布局紧凑合理，尺寸尽可能小，质量轻，各组件均便于
机械加工，无须铸造。为保证上圆盘上的反射面单元连接机构的运行空间互不干
涉，上圆盘直径为 500mm，相关分析详见 4.4 节。

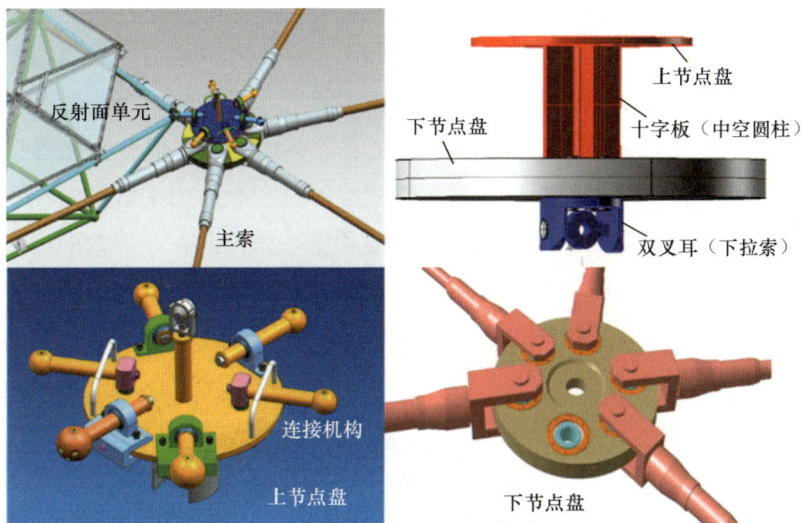

图 4.74　索网节点

考虑到索网节点在野外工作的环境，受力较大，且存在单元连接机构在上节
点盘往复滑动的情况，索网节点盘的材质选用高强、高性能 42CrMo 合金钢，文
献 [2] 提供了其力学性能试验数据，如表 4.14 和表 4.15 所示。

表 4.14　42CrMo 合金钢热处理后的力学性能试验数据（一）

试样编号	样品材质	处理状态	抗拉强度 /MPa	屈服强度 /MPa	断后伸长率 /%	断面收缩率 /%
2#- ①			817	937	18.5	66
2#- ②	42CrMo	调质	807	933	19.0	68
2#- ③			831	950	16.0	65
2#- ④			812	935	18.0	66

注：钢材淬火后高温回火的热处理方法称为调质。

表 4.15　42CrMo 合金钢热处理后的力学性能试验数据（二）

试样编号	载荷 /kN		应力 /MPa		疲劳次数 / 万次	试验频率 / Hz	断裂情况
	P_{max}	P_{min}	σ_{max}	σ_{min}			
1	36.69	0	467.5	0	200	10	无
2	36.69	0	467.5	0	200	10	无
3	36.69	0	467.5	0	200	10	无

索网节点的下节点盘需要开 6 个销孔和 1 个中心孔分别与 6 根主索和 1 根下拉索连接，另外有 6 个小孔作为未来的主索更换孔，受力集中且比较复杂，可能存在应力集中和疲劳问题。文献 [2-3] 建立了下节点盘的实体有限元模型，进行力学仿真分析。仿真结果表明，正常工作状态时，在平面内主索拉力和垂直于平面的下拉索拉力共同作用下，在销孔承压面和中心受拉面存在较大的应力，但仍有较大的安全储备，如图 4.75 所示。下节点盘能够满足结构安全要求。考虑到上节点盘与反射面单元有紧密的关系，其优化设计的相关内容将在 4.4 节介绍。

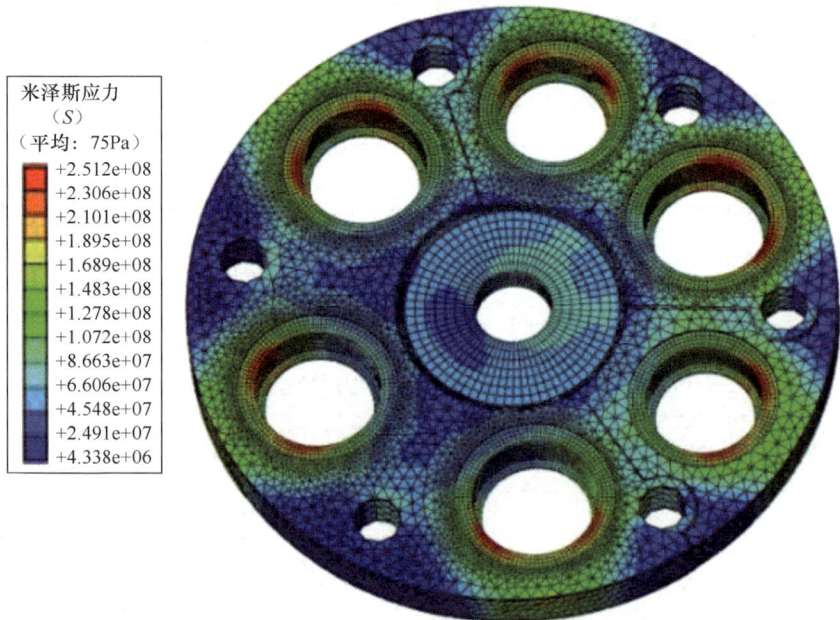

图 4.75　下节点盘承载后的等效应力（米泽斯应力）分布

接下来是关于索网接口的优化设计，包括与圈梁接口（耳板）和与促动器接口的优化设计，分别在 4.2 节和 5.1 节进行介绍。

3. 工况组合及验算

文献 [3] 对非抗震验算的工况进行组合，共计 1789 种组合，如表 4.16 所示，对索网结构及周边支承结构进行了分析，验算满足结构安全要求。

表 4.16　非抗震工况组合及验算

工况编号	工况描述	圈梁应力比	索网应力 /MPa
1	索网基准球面态 + 圈梁恒载荷	≤ 0.65	≤ 744
2	索网基准球面态 + 圈梁恒载荷 + 活载荷	≤ 0.65	≤ 744
3、4	索网基准球面态 + 圈梁恒载荷 + 温变载荷	≤ 0.65	≤ 744
5 ～ 554	索网抛物面态 + 圈梁恒载荷	≤ 0.65	≤ 744
555 ～ 1654	索网抛物面态 + 圈梁恒载荷 + 温变载荷	≤ 0.65	≤ 744
1655、1656	索网抛物面态 + 圈梁恒载荷 + 活载荷 + 温变载荷	≤ 0.65	≤ 744
1657、1659	索网基准球面态 + 圈梁恒载荷 + 活载荷 + 风载荷	≤ 0.72	≤ 853
1660 ～ 1789	索网基准球面态 + 圈梁恒载荷 + 吊装载荷	≤ 0.72	不验算

上述非抗震工况组合中索网抛物面态工况主要是在小天顶角（≤ 26.4°）下的抛物面主动变位工况，但索网结构进行大天顶角抛物面主动变位时，如 4.3.4 节中所述，在过渡区的变位策略完全不同，有可能存在结构安全问题，需要进行校核和验算。文献 [22] 将 1680 个抛物面工况与 3 个变温工况（正温变为 45℃、无温变为 20℃、负温变为 –5℃）进行组合，通过仿真分析验算索网结构正常运行时的安全问题。分析最初采用的抛物面焦比为 0.4611，对应于索网节点的径向位移范围为 [–473mm, 473mm]。分析结果表明大天顶角变位工况索网存在过渡区下拉索虚牵问题。在同一抛物面变位工况下，温度升高时虚牵的下拉索数量增多，温度下降时虚牵的下拉索数量减少，虚牵的下拉索均位于最外圈。全部工况的总过渡区范围始终为最外圈 150 根下拉索，该范围不受温变条件影响。除下拉索虚牵外，在大天顶角变位工况分析中还发现结构响应存在超限问题：①部分抛物面中心位置主索应力最大值为 772MPa，超出 744MPa 设计强度限值；②在负温变条件下，部分主索应力幅也超出 500MPa 疲劳限值，甚至达到 600MPa 以上。

文献 [15] 通过分析发现当焦比为 0.4621 时所对应的主索应力幅值最小，如

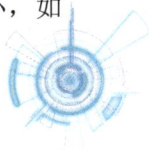

表 4.17 所示。因此，在后续工作中采用 0.4621 作为抛物面的新焦比，重新进行了各个组合工况的仿真分析。表 4.18 对比了新焦比（0.4621）和原焦比（0.4611）变位工况在 0℃ 和 −5℃ 下的结构响应情况。

表 4.17　不同变位策略下的应力幅值与促动器行程

焦比 F	最大应力幅值 /MPa	促动器总行程 /m
0.4603	512	0.989
0.4611	488	0.945
0.4613	465	0.9341
0.462	462	0.8966
0.4621	459	0.8914
0.4622	460	0.8861
0.4633	488	0.8291
0.4665	547	0.6741

表 4.18　不同环境温度下新焦比和原焦比结构响应对比

环境温度和焦比组合	主索应力				主索应力幅				下拉索索力	
	最大值 /MPa	单一工况最大超限根数	初始超限天顶角	超限工况数	最大值 /MPa	单一工况最大超限根数	初始超限天顶角	超限工况数	最大值 /kN	超限工况数
环境温度为 0℃时原焦比（0.4611）	766.34	5	27.94°	318	649.62	9	26.56°	490	51.54	0
环境温度为 0℃时新焦比（0.4621）	760.24	1	33.09°	49	642.85	6	31.34°	363	52.75	0
环境温度为 −5℃时原焦比（0.4611）	772.69	7	27.75°	435	655.57	11	26.02°	567	52.3	0
环境温度为 −5℃时新焦比（0.4621）	766.87	3	30.92°	128	648.96	8	30.24°	418	53.31	0

由表 4.18 可以看出：①温度下降会对结构产生不利影响，−5℃时的主索最大应力、最大应力幅和超限工况数较 0℃时均有所增长；②与原焦比相比，新焦比可有效改善主索应力和应力幅超限问题，在一定程度减轻温度下降对结构产生的不利影响。因此，为解决 FAST 索网结构在低温环境下主动变位的安全问题，我们将初始的焦比 0.4611 更换为更有利于结构安全的焦比 0.4621。此外，表 4.17

也表明，在极端低温情况下主索最大应力和最大应力幅仍然超出了 744MPa 和 500MPa 的安全范围，此时我们可以引入安全变位策略，即将超限主索所对应的下拉索向球面方向进行微调回缩，通过牺牲部分面形精度的方法保障结构安全。超限应力主索主要分布在抛物面中心区域，而超限应力幅主索主要在过渡区，所占抛物面比例不大。如果环境温度进一步降低到 −5℃以下，可以视情况停止观测，等待气候变暖再工作。好在 FAST 现场的气候偏暖，多年的气象观测表明全年低于 0℃仅有不到 5 天，这种因恶劣天气情况暂停望远镜工作还是可以接受的。

4. 其他工况下的验算

（1）风振工况下的结构动力响应

文献 [3] 分析了索网结构在风载荷作用下的动力响应问题。首先分析了索网结构的前 10 阶自振频率和振型，得到第 1 阶自振频率为 1.466Hz，振型以索网沿环向位移振动为主，第 2 阶和第 3 阶振型均以索网向一侧位移为主，自第 4 阶振型开始出现周边圈梁和索网的整体位移振动。在此基础上根据工程情况和《FAST 台址风环境试验总结报告》选取了相关风载参数，进行了随机模拟风载时程的结构响应分析，风振持续 300s，采样间隔为 0.2s，分析结果表明未有明显的结构共振现象，风载荷对下拉索影响最大，但应力增量幅度有限，对结构安全影响不大。

（2）断索工况

断索分析是某根典型下拉索失效后对索网结构整体影响的分析。文献 [3] 采用瞬态动力分析模拟断索的动力过程，选取了最大拉力位置的拉索、最大应力位置的拉索、最多疲劳次数位置的拉索及典型位置等 13 个断索工况。分析结果表明，主索断裂对整体索网的内力影响不大，对断索局部的拉索应力影响较大；主索断裂对整体索网的位移影响也不大，对断索端点的位移影响较大；下拉索断裂对整体索网的受力影响不大，但对局部主索应力影响大，对局部节点径向位移影响大。分析工况中未出现连续断索情况。文献 [2] 也得到了类似的结论，断索对局部影响大，对整体索网影响不大。断索后其余拉索的应力均低于 50% 钢索破断应力，具有 2 倍以上的安全储备，不会发生连续断索。

（3）促动器故障工况

在索网进行主动变位时，反射面在基准球面和抛物面之间进行频繁切换，如果促动器因故障不能牵引下拉索和索网节点跟随面形的变化，将会对索网运行产生很大的影响。文献 [2] 考虑了多种不利的促动器故障情形，仿真分析其对索网结构的不利影响。最不利的情况在于故障促动器对周围主索产生很大的

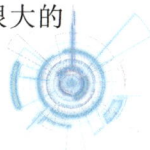

附加应力，因此建议对促动器设置过载保护机制，即对促动器所承受的拉力设置一定的阈值，超过阈值后促动器的活塞杆能够被动拉出，从而避免主索应力的进一步增大。经过分析，将该阈值设为 160kN 时，主索应力的最大增幅为 246～274MPa，最大应力小于破断力的 55%（1023MPa），偏于安全。实际实施时，建议阈值可进一步降低为 120kN。关于此方面促动器的设计和考虑，详见 5.1 节的介绍。

此外，促动器故障对反射面单元也会产生不利影响，存在相邻反射面单元碰撞的可能性，相关方面的考虑详见 4.4 节。

5. 结构参数误差敏感性分析

FAST 索网及周边支承结构是一个由 6670 根主索、2225 根下拉索、50 个格构柱和内圈直径为 500.8m 的钢圈梁共同组成的复杂结构系统，其索网部分作为一种典型的预应力结构，刚度主要由预应力提供。索网实际内力是否与设计内力一致，不仅影响到结构承载力和刚度，还影响到 FAST 反射面主动变位功能的实现。FAST 索网结构体量巨大，在施工和运行过程中出现的各种误差都会对结构内力和索网主动变位功能产生影响。对索网结构的结构参数误差敏感性分析可以深入评估各种可能的误差对结构安全的影响或对索网主动变位功能的影响，继而设定相应的误差阈值，将不利影响降至可容许的范围内。

就 FAST 索网结构而言，文献 [2-3] 归纳了 9 种可能产生的结构误差来源，包括钢索索体弹性模量、钢索下料长度、反射面单元和索网节点自重、索网边缘节点位置、边缘主索预张拉力、促动器地锚点位置、圈梁和格构柱滑动支座摩擦系数、圈梁和格构柱刚度、格构柱基础变形等。对结构参数误差敏感性分析可分为单参数变化的敏感性分析和多参数变化的敏感性分析。对影响较大的误差参数，如促动器地锚点位置和钢索下料长度，可以先进行单参数变化的敏感性分析。在多参数变化的敏感性分析中，一般引入各项误差相互独立的假设和误差分布服从正态分布的数学模型。

（1）促动器地锚位置误差敏感性与主索网节点侧偏量

在索网施工过程中，不可能完全精确确定促动器地锚的位置，势必会有偏差。而且反射面下方有螺旋检修道路、排水渠及各种支护结构，有时候可能需要下拉索避让。为此，文献 [13] 对促动器地锚位置误差的敏感性进行了分析，以确定对施工精度的要求，以及下拉索与其他结构有干涉时可以避让的程度。原则上，下拉索与促动器地锚的位置，应该是在反射面球心到主索节点的延长线上。在施工过程中，促动器地锚位置应该由角度控制。该文献在进行敏感性分析，对促动器地锚位置引入误差时，首先随机生成两组 2275×1 维的数组 α 和数组 β（见图 4.76），其中 α 中元素的值为 $0°\sim5°$，表示偏离的程度；β 中元素的值为 $0°\sim360°$，表示偏离的方向。

由前文的分析可知，下拉索的最短长度为 4m。对于偏差为 5° 的情况，促动器地锚的偏离距离为 0.34m，这是施工过程中完全可以控制的误差，而且这种随机误差的引入更能代表施工的实际情况。

图 4.76　促动器地锚点误差示意

在引入这样的误差后，重新对索网进行基准态及变位态分析。分析结果表明，相比于引入误差前，主索和下拉索的索力变化不超过 10%，索网的变位精度也未受到影响。可见，索网的变位精度对促动器地锚的位置施工控制要求并不高。至少在目前引入的误差情况下，FAST 索网仍可有效地进行变位工作。

此外，该文献还分析了主索网节点在主动变位工况下沿球面切向的侧偏量问题，发现节点侧偏量主要与工作抛物面的天顶角相关，天顶角为 0°、13° 和 26° 时，相应的最大侧偏量分别为 60mm、80mm 和 100mm，侧偏量也基本相对于抛物面中心轴对称分布。由于侧偏量相比径向位移不可忽略，因此建议在促动器与地锚之间采用铰接的连接方式。

（2）结构构件参数误差和施工误差组合的综合工况分析

文献 [3] 综合分析了主索长度误差、下拉索长度误差、边缘主索预张力误差、边缘索网节点的安装误差所产生的不利影响，结合实际施工可达到的精度，初步确定各种误差因素的容许范围为主索长度误差位置 ≤ 1.5mm，下拉索长度误差 ≤ 20mm，边缘主索预张力误差 ≤ 5%，边缘索网节点的安装误差 ≤ 50mm。

文献 [2] 综合分析了除边缘主索预张拉力以外的 8 种误差源所产生的不利影响，结合实际施工可达到的精度，对其中的 5 种误差容许范围给出了建议，其取值范围为钢索下料长度误差 ≤ 1.5mm，反射面单元和索网节点自重误差 ≤ 5%，边缘索网节点的安装误差 ≤ 10mm，促动器地锚点位置误差 ≤ 1.5°，格构柱基础变形误差满足绝对沉降不大于 10mm，转角不大于 0.001rad 的要求。

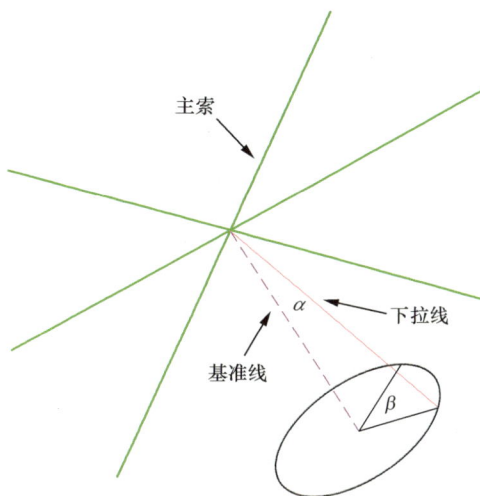

综合上述分析，最后在实际工程中采用的误差控制标准如表 4.19 所示。

表 4.19　各参数误差控制标准

结构参数	容许偏差阈值
主索长度误差	±1mm
下拉索长度误差	±20mm
反射面单元和索网节点自重误差	±5%
边缘索网节点位置安装误差	±10mm
边缘主索预张力误差	±5%
促动器地锚位置误差	5° （部分地锚为躲避道路超过了此限值）
格构柱基础变形误差	绝对沉降不大于 10mm，转角不大于 0.001rad

4.3.8　索网构件加工制造

通过上述内容可知，FAST 索网结构是一种完全创新的结构，对构件抗疲劳、主动变位面形精度和结构参数误差等都提出了极高的指标要求，最终这些性能指标都要通过结构构件的加工制造来实现。这些要求覆盖钢丝、钢绞线、整索、索网节点、向心关节轴承和螺栓等的材质、力学性能、防腐性能、锚固、加工误差和试验等，也是前文所介绍的研究工作成果的最佳体现。

1．参考标准及规范

参考标准及规范如表 4.20 所示。

表 4.20　参考标准及规范

标准名称	标准号或版本号
《500 米口径球面射电望远镜（FAST）项目可行性研究报告》	FAST/GC12-2008—ZT—002
《FAST 主动反射面系统反射面单元（反射面单元设计与制造工程）》	FAST—GY1—DYZH—006、 FAST—GY1—DYSG—001 ～ 025
《上层机构变位分析及主索节点接口设计报告》	FAST-GY1—QLZH—003
《索结构技术规程》	JGJ 257—2012
《预应力混凝土用钢丝》	GB/T 5223—2002
《单丝涂覆环氧涂层预应力钢绞线》	GB/T 25823—2010
《无粘结钢绞线斜拉索技术条件》	JT/T 771—2009
《斜拉桥热挤聚乙烯高强钢丝拉索技术条件》	GB/T 18365—2001

标准名称	标准号或版本号
《合金结构钢》	GB/T 3077—2015
《优质碳素结构钢》	GB/T 699—2015
《桥梁缆索用高密度聚乙烯护套料》	CJ/T 297—2008
《锻轧钢棒超声波检测方法》	GB/T 4162—2008
《钢锻件超声检测方法》	GB/T 6402—2008
《承压设备无损检测 第 4 部分：磁粉检测》	NB/T 47013.4—2015
《钢铁制件粉末渗锌》	JB/T 5067—1999
《形状和位置公差未注公差值》	GB/T 1184—1996
《一般公差未注公差的线性和角度尺寸的公差》	GB/T 1804—2000
《重型机械通用技术条件第 9 部分：切削加工件》	JB/T 5000.9—2007

2．技术要求

（1）主索

由索体、两端锚具和叉耳组件等构成。索体受力单元为 1860MPa 级 Φ15.2mm 低松弛预应力钢绞线。为减小相邻规格主索的级差，在钢绞线的基础上增加 3 根均布的 1860MPa 级 Φ5mm 低松弛预应力钢丝。钢绞线表面喷涂环氧树脂，钢丝表面镀锌，每根钢绞线表面涂覆油脂并单根挤包高密度聚乙烯（High Density Polyethylene，HDPE），独立防腐。钢丝与钢绞线集合成束，处于平行状，扭角小于 0.8°，缠包高强度聚酯带后挤包外层 HDPE 护套。索体截面如图 4.72 所示。

① 锚具：由锚杯、延长筒、密封筒等零件组成，锚固单元采用生产厂家成熟的锚固机理和内挤压工艺，可靠地将拉索通过叉耳组件，将张力传递给索网结构。两端锚具结构相同，如图 4.73 所示。

② 叉耳组件：由叉销、盖板、叉耳等组成。叉耳组件通过端面的外螺纹与主索锚具内螺纹连接。叉销与节点盘上的向心关节轴承连接。叉耳组件的静载及疲劳要求与主索的相同。

③ 主索体系产品性能如下。

● 静载性能达到《预应力筋用锚具、夹具和连接器》的要求：锚具效率系数 ≥ 0.95，极限延伸率 ≥ 2.0%。

● 疲劳性能：上限应力为 40%f_{ptk}（强度标准值）、应力幅为 500MPa、循环次数为 100 万次疲劳性能试验，拉索钢绞线无断丝；应力循环 200 万次时，断丝率不超过 5%。

● 拉索弹性模量：180 ～ 195GPa。

● 防水性能：疲劳性能试验后将锚具浸入有色溶液中 96h，没有有色液体浸入锚具内部的钢绞线表面。

● 钢绞线性能：抗拉强度 ≥ 1860MPa，在上限应力为 40%f_{ptk} 时疲劳应力幅达到 550MPa，其他性能不低于《预应力混凝土用钢绞线》的要求。

● 钢丝性能：抗拉强度 ≥ 1860MPa，在上限应力为 f_{ptk}（强度标准值）时疲劳应力幅达到 550MPa，其他性能不低于《预应力混凝土用钢丝》的要求。

（2）节点盘

每个索网节点为圆盘式节点，开有与主索连接的销孔，为使主索与节点盘间连接满足索网工作抛物面变形的需求，销孔中安装关节轴承。向心关节轴承采用不锈钢材料，节点盘表面采用热浸镀锌加 3 层漆保护，整套产品满足 30 年工作时间的防腐要求。

节点盘采用机加工成形，满足盘上每一个关节轴承能实现一定角度旋转的要求，实现索网结构一定角度的偏摆，保证在各个受力点状态下零件不发生变形破坏，并保证一定年限下不用换索。

节点盘采用 42CrMo 钢，热处理后材料力学性能为屈服强度 ≥ 810MPa、抗拉强度 ≥ 930MPa、断后延伸率 ≥ 18%、断面收缩率 ≥ 65%。

节点盘表面涂装从里到外分别为厚度为 85μm 的热镀锌层、厚度为 120μm 的环氧封闭漆层、厚度为 120μm 的环氧云铁中间漆层和厚度为 80μm 的脂肪族聚氨酯面漆。

节点盘的关节轴承需要满足如下性能要求。

● 30 年免维护使用要求。

● 轴承外圈内表面的滑动层为聚四氟乙烯（Polytetrafluoroethylene，PTFE）织物，与轴承外圈内表面具有良好的黏结力，PTFE 织物保证不膨胀、不脱落。在使用年限内，滑动层性能不变。

● 轴承内圈外表面镀硬铬。

● 轴承自带的密封圈采用氟橡胶制造，能防止颗粒灰尘和细微污染物进入轴承，并具有防水功能触面。

- 工作温度范围为 –15℃～ 60℃。

- 倾转角度不小于 ±6°。

- 摩擦系数不大于 0.04，并且在 30 年使用期间摩擦系数稳定。

- 10min 内轴承转动最大角度为 6°。

- 在最大动载荷和给定转动速度下，满足使用 30 年的要求。

（3）下拉索

由叉耳组件、锚具及索体等组成。索体由单根 Φ15.2mm 光面钢绞线外包 HDPE 组成。

3．重点难点分析

① 钢索应力幅要求高。上限应力为 40%f_{ptk}，在疲劳应力幅为 500MPa 的条件下经过 100 万次应力循环，主索无断丝；经过 200 万次的应力循环，主索试件断丝率小于 5%。

② 水密性要求高。满足《无粘结钢绞线斜拉索技术条件》的要求，锚具组装件的防腐密封性能在温度为 16℃、载荷为 20%～ 45% f_{ptk} 之间循环 10 个周期；在固定载荷为 30% f_{ptk}、温度为 16℃～ 56℃之间循环 8 个周期；改变钢绞线偏转角度 ±25mrad，在分别循环 250 个周期的条件下，选定最低温度为 16℃和最高温度为 56℃各两次循环的处理，锚具的防护体系能承受 3m 高水压试验。

③ 产品质量以试验数据为保障，主索性能都需要通过以下试验测试：母材疲劳试验；各种规格的静载试验；主索疲劳试验；主索动态水密性试验；松弛试验。

④ 主索索长误差控制精度极高。拉索采用两端叉耳连接，两端叉耳中心距为实际索长，最大误差为 ±1.0mm，现场直接安装到节点盘，无须张拉调索。

⑤ 主索规格多，从 OVM.ST15-2 ～ OVM.ST15-9，每种规格分两级，一级为全钢绞线拉索结构，另一级为钢绞线 + 钢丝组复合型索体拉索结构。

⑥ 加工难度大，需要投入的加工设备多，供货时间短。

⑦ 主索需要满足抗拉弹性模量范围为 180 ～ 195GPa 的要求。

⑧ 制索工艺复杂，工序多，精度要求高，索体防腐性能好。在当地潮湿多雨且多酸雨的自然环境下满足使用 30 年的要求，关节轴承免维护要求。

索网结构共有 6670 根主索、2225 根下拉索和节点盘，针对上述主要技术难点，初步对策如表 4.21 所示。

表 4.21　主要技术难点与初步对策

技术要求	难点分析	对策
扭角小于 0.5°	钢绞线放盘后存在弯曲应力	采取左、右旋对称放线；放线盘转矩调整
浇铸环氧铁砂	平行钢索刚性大，要求索体处于直线状态下浇铸	增加浇铸工位处的吊装高度
索长误差不超过 1.0mm	测量精度太高，常规测量工具无法满足要求	采用高精度全站仪测量；恒温条件下调整索长；培训测量人员
180 天加工周期	每天需要制主索 40 根，而每件锚具制锚周期需要 10h	采取单工位多锚具制锚方法

4．产品试验

对 OVM.ST15 系列超高应力主索产品进行了相关试验，通过试验数据验证了产品结构安全性和可行性。

（1）静载试验

测试锚具效率系数、极限延伸率是否满足《预应力筋用锚具、夹具和连接器》的要求。静载试验情况如表 4.22 所示。

表 4.22　静载试验情况

样品	主索型号	极限载荷 /kN	锚固效率系数	极限延伸率
1-1	OVM.ST15-3	781.5	0.96	2.5%
1-2	OVM.ST15-3	793.7	0.98	2.2%
1-3	OVM.ST15-3	795.8	0.98	2.3%
2-1	OVM.ST15-4	1058.0	0.98	4.3%
2-2	OVM.ST15-4	1054.0	0.97	4.1%
2-3	OVM.ST15-4	1060.5	0.98	4.4%
3-1	OVM.ST15-6J6	1822.0	0.97	3.5%
3-2	OVM.ST15-6J6	1878.0	1.00	3.6%
3-3	OVM.ST15-6J6	1870.0	0.99	3.4%

（2）母材疲劳试验

OVM.ST15 系列超高应力幅主索的疲劳试验条件远远超过了现有拉索技术标准，是拉索性能的一种新的尝试。为了保证拉索能顺利通过疲劳试验，必须找到能满足拉索疲劳试验要求的预应力筋。单根钢丝（6 根样件）和钢绞线（3 根样件）疲劳试验结果分别如表 4.23 和表 4.24 所示，满足了相关要求。

表 4.23　单根钢丝疲劳试验结果

样品	预应力筋类型	上限应力 /MPa	下限应力 /MPa	应力幅 /MPa	疲劳次数 / 万次
1	Φ5.2mm 镀锌钢丝	744	144	600	200
2	Φ5.2mm 镀锌钢丝	744	144	600	200
3	Φ5.2mm 镀锌钢丝	744	144	600	200
4	Φ5.2mm 镀锌钢丝	744	144	600	200
5	Φ5.2mm 镀锌钢丝	744	144	600	200
6	Φ5.2mm 镀锌钢丝	744	144	600	200

表 4.24　单根钢绞线疲劳试验结果

样品	预应力筋类型	载荷 /kN	应力幅 /MPa	疲劳次数 / 万次	备注
1	Φ15.2mm 复合涂层钢绞线	27.16 ～ 104.16	550	200	
2	Φ15.2mm 复合涂层钢绞线	27.16 ～ 104.16	550	200	
3	Φ15.2mm 复合涂层钢绞线	27.16 ～ 104.16	550	200	带 2° 斜角

（3）主索疲劳试验

在铁道部产品质量监督检验中心机车车辆检验站，完成 3 组 OVM.ST15-3 高应力幅主索疲劳试验，应力上限为 40% f_{ptk}（强度标准值）、应力幅为 500MPa，其试验结果如表 4.25 所示。试验完成后，预应力筋无疲劳破坏，锚具及连接件无疲劳损坏或变形。

表 4.25　OVM.ST15-3 型主索疲劳试验结果

样品	载荷 /kN	应力幅 /MPa	疲劳次数 / 万次
1	102.5 ～ 312.5	500	> 200
2	102.5 ～ 312.5	500	> 200
3	102.5 ～ 312.5	500	> 200

（4）主索动态水密性试验

选择 OVM.ST15-3 型高应力幅主索，按照《无粘结钢绞线斜拉索技术条件》标准进行了动态水密性试验，试验后没有有色液体进入锚具内部的钢绞线表面，如图 4.77 所示。

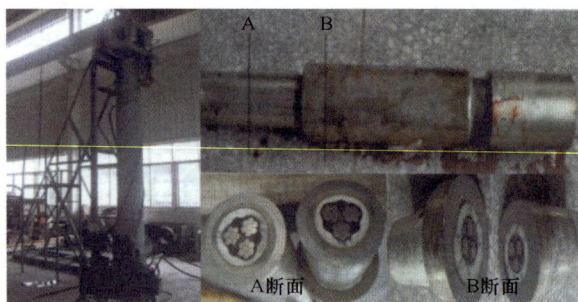

图 4.77　主索动态水密性试验

（5）松弛试验

选择单根环氧涂层钢绞线和OVM.ST15-3J3型主索进行了低松弛试验，其试验结果如表 4.26 和表 4.27 所示。

表 4.26　单根环氧涂层钢绞线松弛试验结果

样品	初始载荷 /kN	试验时间 /h	推算 1000h 松弛率 /%	备注
1	182.3	120	2.398	应先达到 $0.8f_{ptk}$，保持 10min
2	182.3	120	2.401	应先达到 $0.8f_{ptk}$，保持 10min
3	182.3	120	2.398	应先达到 $0.8f_{ptk}$，保持 10min

表 4.27　OVM.ST15-3J3 型主索低松弛试验结果

样品	初始载荷 /kN	试验时间 /h	推算 1000h 松弛率 /%
1	621.1	120	3.17
2	619.4	120	3.20
3	618.4	120	3.22

5．制造加工方案

制造加工方案包括加工放样、原材料入厂检验、制造加工工艺和检验措施、索网预拼装方案、产品包装运输和堆放等环节。

（1）锚具零部件制造工艺

主索左旋 / 右旋锚杯采用 42CrMo 钢材，左旋 / 右旋叉耳采用 42CrMo 钢材，其技术条件指标应符合《合金结构钢》中的有关规定。主索左旋 / 右旋锚杯和叉耳主要加工工序及检验分别如表 4.28 和表 4.29 所示。

表 4.28　主索左旋 / 右旋锚杯主要加工工序及检验

工序	工序内容	检验标准
锯	材料采用合金钢 42CrMo，进行外观检验、材质分析及机械性能试验	合金钢材料符合《合金结构钢》的规定
粗车	粗车零件外形，留精车余量	按粗车工艺附图
调质	热处理控制好温度、时间、冷却方式	硬度符合图纸要求
半精车	车端面、外圆	外圆尺寸
超声波探伤	按标准进行超声波探伤，检测零件内部缺陷	《钢锻件超声检测方法》中质量等级 4 级要求
精车	车外圆、孔、槽、锥孔、螺纹	数控程序保证，符合图纸要求
标识	打标记、流水号、錾牙头、钻攻螺纹	完整清晰，符合图纸要求
磁粉探伤	按标准进行磁粉探伤，检测零件表面缺陷	《承压设备无损检测第 4 部分：磁粉检测》中的 Ⅱ 级要求
表面防腐处理	表面粉末渗锌	按图纸要求

注：粗车指车削加工工艺中的粗加工工序，即切削零件表面的多余材料，对零件尺寸和粗糙度要求不高。

表 4.29　主索左旋 / 右旋叉耳主要加工工序及检验

工序	工序内容	检验标准
锯	材料采用合金钢 42CrMo，进行外观检验、材质分析及机械性能试验	合金钢材料符合《合金结构钢》的规定
锻	按锻件工艺附图，控制始锻温度、终锻温度、锻造比	锻件符合《重型机械通用技术条件 第 8 部分：锻件》（JB/T 5000.8—2007）的Ⅲ级要求
钳	钳定位孔、工艺孔	按工艺附图
粗车	粗车零件外形，留精车余量	按粗车工艺附图，符合图纸要求
锯	锯叉耳槽	按工艺附图
镗	镗销轴中心孔	按工艺附图
调质	热处理控制好温度、时间、冷却方式	硬度符合图纸要求
检验	槽宽	槽宽尺寸
超声波探伤	按标准进行超声波探伤，检测零件内部缺陷	《钢锻件超声检测方法》质量等级 4 级要求
精车	车外圆、螺纹	数控程序保证，符合图纸要求
锯	锯倒角	按工艺附图
磁粉探伤	按标准进行磁粉探伤，检测零件表面缺陷	《承压设备无损检测第 4 部分：磁粉检测》中的 Ⅱ 级要求
表面防腐处理	表面粉末渗锌	按图纸要求

注：机械加工工艺包括车、铣、刨、磨、钻、镗、冲、锯、插。其中锯指由锯床切割加工零件。

其关键生产工序工艺控制要点如下。

① 锚具关键件如左旋 / 右旋锚杯选用 42CrMo 钢材，左旋 / 右旋叉耳选用 42CrMo 钢材，均符合《合金结构钢》的要求。

② 左旋 / 右旋锚杯、左旋 / 右旋叉耳的毛坯件皆采用轧制或锻制圆钢的锻打件，锻件符合《重型机械通用技术条件 第 8 部分：锻件》中的III级要求。

③ 左旋 / 右旋锚杯、左旋 / 右旋叉耳在加工过程中需要进行调质热处理，以使其获得优良的综合力学性能，保证调质硬度符合要求。台车炉内温度的均匀一致性好，温度控制准确，可以有效确保调质热处理质量。

④ 左旋 / 右旋锚杯、左旋 / 右旋叉耳在精加工前，必须逐件按《钢锻件超声检测方法》中质量等级 4 级要求进行超声波探伤，内部有裂纹的，不允许流转。

⑤ 左旋 / 右旋锚杯、左旋 / 右旋叉耳按《承压设备无损检测 第 4 部分：磁粉检测》中的II级要求进行磁粉探伤，表面有裂纹的，不允许流转。

⑥ 锚具各组件金属表面均做粉末渗锌防腐处理。锌层厚度用测厚仪检测，保证锌层厚度符合图纸要求。

⑦ 锚具螺纹牙型符合《梯形螺纹 第 1 部分：牙型》（GB/T 5796.1—2005）规定，螺纹入口部分通过钳工打磨平滑，以便安装。

⑧ 同一规格锚具的相同部件具有互换性，左旋 / 右旋锚杯、左旋 / 右旋叉耳能够自由旋合。左旋 / 右旋锚杯、左旋 / 右旋叉耳刻印有规格型号及产品流水号作为标识。

（2）主索索体制造工艺

主索索体材料采用 Φ15.2mm PE 护套钢绞线和 PE 包裹钢丝，钢绞线标准抗拉强度为 1860MPa，疲劳应力幅为 550MPa。主索截面如图 4.72 所示。主索制造工艺流程如图 4.78 和图 4.79 所示。

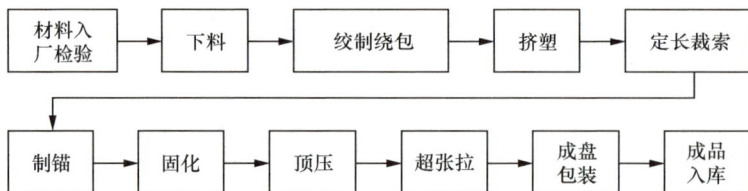

图 4.78　主索制造工艺流程

① 下料：在 350m 往复式下料线上进行无黏结筋下料，下料速度为 60m/min。

② 绞制绕包：将下料后的无黏结筋转移至 350m 储线系统上，逐根排入储线盘中，穿过绞笼后集束，焊接头。牵引钢绞线，绞笼对钢绞线施加转矩，使钢绞线形成左旋 3°扭绞，同时以纤维增强聚酯带进行重叠 1/3 带宽的缠包，形成裸索。

③ 挤塑：将裸索穿过挤出机机头，与从挤出机机头中挤出的熔融 PE 管胚进入冷却水槽中冷却。冷却后，PE 管包覆于裸索外形成索体。为防止索体外表受到污染，索体成形后，用拉伸膜缠绕索体外表。

④ 定长裁索：以钢卷尺测量索体长度，做出裁索标记，标识索体编号，以带锯床裁切索体。

⑤ 制锚：其中可包括剥套、清洗、穿锚、镦头、定位、浇铸 6 个工序，分别如下。

- 剥套：按工艺要求剥除索体两端 PE 护套。
- 清洗：清洗钢绞线各丝表面的油脂，清洗干净后复原。
- 穿锚：将索体穿过挤压台，将锚杯、锚板等穿入索体。
- 镦头：对钢绞线中心丝和钢丝进行镦头。
- 定位：使用专用工装将主索备件吊至竖直状态后，在下端安装振动器。
- 浇铸：按配方配备环氧铁砂，将其浇铸至锚杯、密封筒和延长筒内。

⑥ 固化：对浇铸好的锚头进行高温固化。

⑦ 顶压：对主索备件逐根进行顶压检验，张拉加载索力取 $0.4 f_{ptk}$，保证主索备件的质量。

⑧ 超张拉：在恒温环境下，对主索备件逐根进行超张拉检验，张拉加载最大力为 $0.8P_b=504\text{kN}$，长度测量在 $0.1P_b$、$0.2P_b$、$0.3P_b$、$0.4P_b$ 状态下进行，通过 4 次测量得出不同索力下的钢索长度数据，进行线性回归分析，求出设计索力下钢索的长度，调整两端叉耳旋合位置，标记叉耳与锚杯恒定缝隙长度并做好记录，保证长度偏差小于 ±1mm。

⑨ 成盘包装：检验合格后在主索备件锚具上注明主索备件编号。将索体用无纺布、防水塑料编织带缠绕包装，锚具部分用塑料袋套装后用无纺布缠绕，最后以塑料袋套装防水。成品索成圈包装：成圈内径大于 20 倍索体外径，每捆最大质量不超过 1.2t。

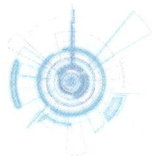

图 4.79　主索制造工艺流程实拍图

| 4.4　反射面单元 |

4.4.1　功能与指标

反射面单元由背架结构、面板和自适应连接机构等构成，共 4450 块，如图 4.80 所示。背架为面板提供面形支撑，面板用于反射来自宇宙的无线电波，供馈源舱内接收机接收，亦可阻挡地面噪声进入接收机。每一块反射面单元的 3 ～ 4 个端部通过自适应连接机构安装并约束于索网结构的节点盘上，从结构角度构成一种空间 6 自由度的简支静定约束。当反射面主动变形时，连接机构与节点盘可存在相对的滑动或转动位移，避免了单元背架结构产生附加应力，从而保障了单元结构安全。

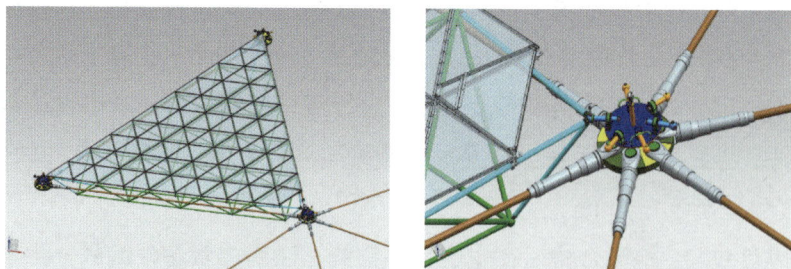

（a）三角形单元面板及背架　　　　　（b）自适应连接机构

图 4.80　反射面单元效果图（由杨清阁提供）

反射面单元尺寸与索网结构网格划分形成的三角形或四边形的孔尺寸一致，也分为三角形和边缘四边形两种类型，其中三角形单元有 4300 块，索网周边的四边形单元有 150 块。因每个反射面单元在反射面上所处的位置不同，其几何尺寸、倾斜角度、支承点位置、载荷大小和方向等都不相同，反射面单元共有 186 种类型。

反射面单元主要承受自重载荷，风、雪和热等气象因素对其影响不大，但对背架刚度和保形能力有较高要求，其结构也是一种形控结构，以保证反射面的面形精度。除部分紧固件以外，背架和面板全部采用铝合金结构，以减轻结构自重，同时具有较好的防腐蚀和耐久性能，减少后期维护成本。三角形反射面单元边长为 10.4 ～ 12.5m。相邻反射面单元之间存在缝隙，可为反射面主动变形时的单元相对运动预留空间，其最小间距（反射面为基准球面时）约 65mm[23]。铝面板厚度 1 ～ 1.2mm，表面穿孔，孔径为 5mm，开孔率不低于 50%，以减轻结构质量，加快排水，减小单元上下表面风压差，同时透入的阳光有助于地表植被生长，防止水土流失。面板所拟合的理想曲面为曲率半径为 315m 的球面，拟合精度（RMS）为 2.5mm。四边形单元技术指标和三角形单元技术指标相近。

每个反射面单元均包含 3 种自适应连接机构，分别称为 0#、1# 和 2# 连接机构，每个连接机构被单独约束固定在 1 个与单元端部相对应的索网节点盘上。这 3 种连接机构均可绕其轴承中心实现有限角度的空间转动，其中 0# 为球铰约束的连接机构，1# 为轴向滑移 + 球铰约束的连接机构，2# 为平面滑移 + 球铰约束的连接机构。3 种连接机构的滑动或转动空间应满足反射面单元与索网节点盘之间相对自由运动的要求，避免产生额外的背架结构应力。考虑到安装位置高、数量大，不易维护，自适应连接机构应满足 30 年自润滑和免维护使用的要求。

4.4.2　方案设计与优化

1. 背架结构

背架为反射面单元的主体承载结构，对单元刚度和面板面形有决定性影响，同时也是影响单元质量和制造成本的重要因素。在 FAST 预研究阶段，研究人员已经对多种可能使用的背架结构型式展开了理论分析和试验研究，其结构方案包括单层结构、单层弦支结构、双层网架结构、铝合金空间网架结构等，为各种方案制作了原型样机，如图 4.81 所示。在满足面板表面精度的前提下，研究者从结构型式、结构刚度、结构质量（面密度）、加工制造及拼装和结构耐久性等方面进行了综合比较，如表 4.30 所示。经过比较，最终选择了铝合金空间网架结构作

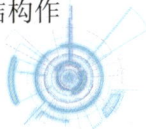

为反射面单元背架的优选方案[20]，其优点为耐腐蚀性强、自重相对较轻、结构刚度较大、卸载后容易恢复原状、构件规格少、加工制造及拼装相对简单等。

图 4.81　反射面单元背架部分原型样机及试验现场

表 4.30　各种背架结构方案的比较

背架方案	结构型式	结构刚度	结构质量 / (kg·m^{-2})	加工制造及拼装	结构耐久性
单层结构	钢构件焊接而成的平面框架结构	较弱	14.90	结构型式简单、加工制作容易	需做防腐涂覆并定期检查、维护
单层弦支结构	由主体钢结构、撑杆和钢拉杆 / 钢索组成，通过对拉杆 / 拉索施加预应力增强结构刚度	优于单层结构	11.14	属于预应力结构，施工难度相对较大，受到各种施工偏差的影响较大	长期使用存在应力松弛和徐变可能，需做防腐涂覆并定期检查、维护
双层网架结构	采用三角锥形网架的钢结构型式	优于单层结构	8.17	构件数较多，施工相对复杂	需做防腐涂覆并定期检查、维护
铝合金空间网架结构	五等分三角形全铝空间网架结构，由约 120 根杆件和约 36 个螺栓球节点组成	刚度较大	7.76	构件数较多，但规格相对较少，结构型式相对简单	耐久性好，基本不需要、维护

背架结构杆件均为铝合金圆管，杆件两端采用非焊接式的组合接头，伸出螺栓与交汇处的球节点螺孔连接。杆头由封板、螺栓、无纹螺母、紧定螺钉装配组成，封板和无纹螺母采用硬铝材料加工而成，螺栓和紧定螺钉采用不锈钢材料制成。球节点采用硬铝材料通过精密机加工制造，球节点螺栓孔的抗拉强度应高于与之连接的螺栓及杆件的抗拉强度。

20　参见 2009 年中国科学院国家天文台 FAST 团队发布的《FAST 铝反射面单元强度试验》《FAST 铝反射面单元称重、刚度和强度检测试验》《全铝反射面单元面形调整和检测试验》《全铝背架各方向刚度分析》。

2．面板

反射面单元面板铺设在与之对应的背架结构上。每个单元面板尺度与背架的网架网格划分尺度相对应。整块面板又被分割成若干小块的三角形面板子单元。每个面板子单元包括冲孔铝板、支撑冲孔铝板的铝檩条、铆钉紧固件、支承件及支承调整装置等，如图 4.82 所示。为了方便制作和拼装，并在运输和组装后保持稳定的形状和足够的刚度，这些三角形面板子单元边长为 1100～1200mm。

面板材料可选择拉伸后碾压的铝板网或冲孔铝板网。由于拉伸网制作工艺的缺点，生产出的成品网表面平整度较低、刚度较差、容易变形，不能很好地满足作为反射面的要求，因此选用冲孔铝板网，孔径为 5mm，孔逐行错列。冲孔铝板网能够透光、透水、通风，在 FAST 反射面下的植被可以不受影响地自然生长。冲孔铝板网厚度为 1.2mm，具有一定的面外刚度，不易变形，可以满足作为反射面的精度要求。

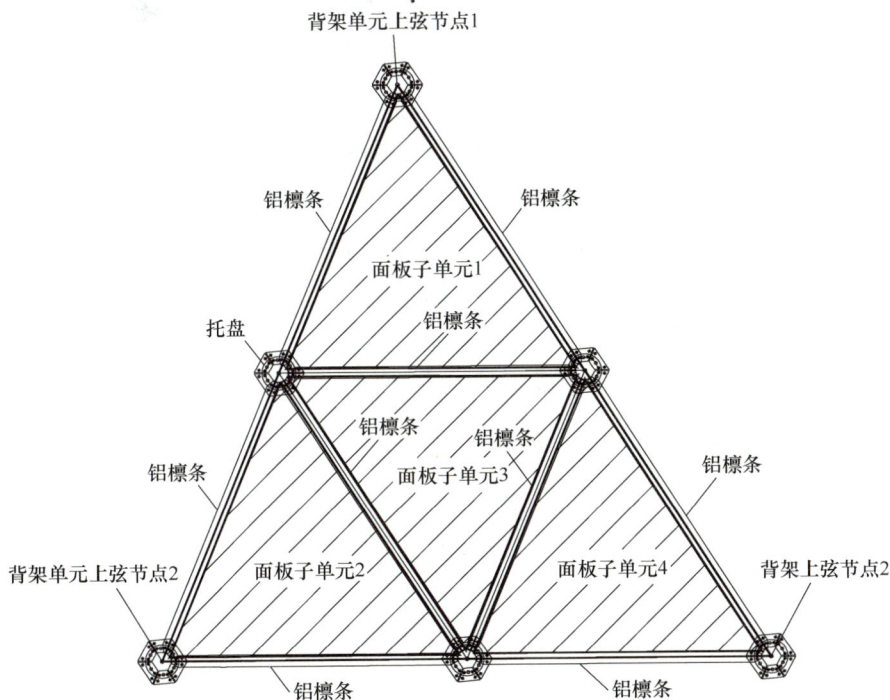

图 4.82　背架结构典型上弦网格面板子单元布置形式

3．自适应连接机构

背架结构通过自适应连接机构与主索网节点连接。自适应连接机构应满足反射面单元随主索网形状调整时处于平滑随动的要求。为实现其功能，研究人员提

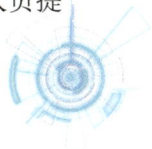

出了耳板式连接节点（简化式）和关节轴承式连接节点（机械式）两种方案。在FAST 预研究阶段研究人员主要设计了耳板式连接节点，并在密云模型上进行了试验，详见 2.2.3 小节和图 2.13。《反射面单元方案优化设计报告》[21] 对两种方案进行了对比分析，倾向于关节轴承式连接节点方案，并对其中的 1# 连接机构进行了细化设计。其机构由转动副、移动副及滑动轴等组成，如图 4.83 所示。滑动轴与背架结构的端部球节点连接，转动副与索网节点连接，转动副与移动副组合为一体，可采用 PTFE 材料对转动副摩擦面进行自润滑，拟采用长效油脂对移动副摩擦面进行润滑，以保证长期使用。

转动副
滑动轴
移动副

图 4.83 连接节点的 1# 连接机构

耳板式连接节点连接构造型式简单，质量较轻、节省空间。但在 FAST 反射面运动调整过程中，处于不同姿态的反射面单元耳板式连接节点的单耳板件和双耳板件之间的接触关系非常复杂，二者之间的摩擦力大小无法准确计算，单耳板件和双耳板件之间磨损使得耳板式连接节点的使用耐久性相对较差，存在耳板式连接节点移动卡死的可能性。

关节轴承式连接节点构造在理论上是可行的，构造比较简单。在 FAST 反射面运动调整过程中，处于不同姿态的反射面单元关节轴承式连接节点的移动副摩擦面、滑动副摩擦面的接触关系简单，二者之间的摩擦力相对较小且可以准确计算，通过采取可靠的润滑措施可以保证关节轴承式连接节点的自如活动及长期使用耐久性。

姜鹏等人[24]进一步细化和发展了关节轴承式连接节点方案，形成了当前应用于 FAST 的 3 种自适应连接机构设计方案，并制作了包含背架结构的原理样机，模拟索网节点径向运动主要进行了 1# 连接机构的转动滑移试验，验证了机构设计的有效性。

4.4.3 单元结构设计

1. 单元类型划分

根据索网分型方案，反射面被划分为 5 个相同的扇形区域。根据反射面单元

---

21 参见 2013 年中国建筑科学研究院发布的《反射面单元方案优化设计报告》。

所处的位置以及与其他系统的干涉情况，反射面单元可分为基本类型和特殊类型两大类共 4 种类型。其中，基本类型为普通三角形单元，共计 4273 块。特殊类型单元可分为以下 3 类。

索网中心处反射面单元：要求在馈源舱降舱时，这 5 块反射面单元能被快速拆卸或以其他方式为馈源舱降舱停靠让开空间，在舱升舱时又能快速安装，完成单元的正常功能。因要求快速拆装，且对拆装机构可靠性要求极高，目前这 5 块反射面单元暂未投入使用。

测量基墩穿孔反射面单元：FAST 有 23 个测量基墩与反射面单元发生干涉，干涉位置的 23 块反射面单元需要预留孔洞以便测量基墩顺利穿过（其中 1 块反射面单元同时也属于四边形单元）。

四边形反射面单元：反射面单元均位于索网边缘位置，外接圈梁下弦，为四边形结构，共 150 块。

4450 块反射面单元分布如图 4.84 所示。

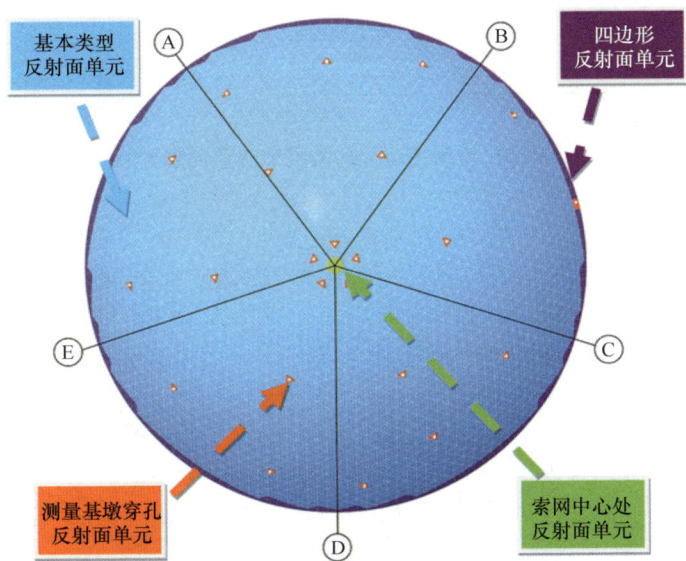

图 4.84　4450 块反射面单元分布

2．单元基本尺寸设计

根据 FAST 反射面单元的技术要求，将反射面单元安装在索网节点的上节点盘上，下节点盘中心距离单元面板 400mm，单元面板位于半径为 300m 的球面（反射面基准球面）上，因此，下节点盘中心位于与单元面板的 3 或 4 个角点所在球

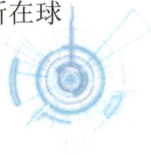

面同心的半径为 300.4m 的球面（索网球面）上。此外，面板单元到背架上弦螺栓球中心线的法向距离为 150mm，单元面板所有节点位于半径为 315m 的球面（单元面板球面）上，因此背架上弦各螺栓球位于相应单元面板同心球上，半径为 315.15m（背架上弦球面）。上述连接关系如图 4.85 所示[22]。

由于背架上弦到下弦距离为 1m，背架下弦各螺栓球位于半径为 316.15m 的球面（背架下弦球面）上。由图 4.85 可推导出反射面单元各部分所在球面如图 4.86 所示。设计时根据下节点盘中心空间坐标推导出反射面单元中背架的尺寸以及各面板子单元的尺寸[23]。

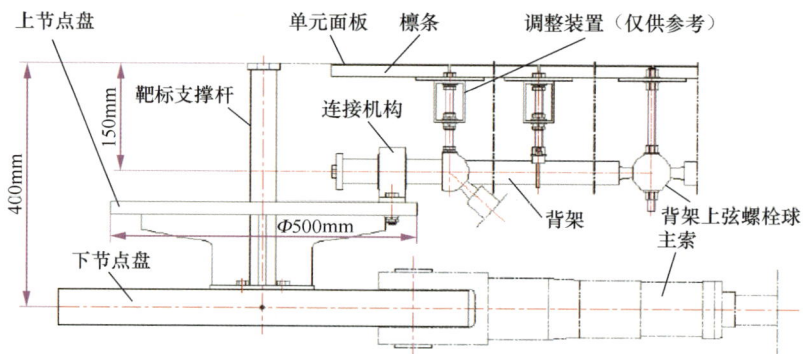

图 4.85　反射面单元与索网节点盘连接关系

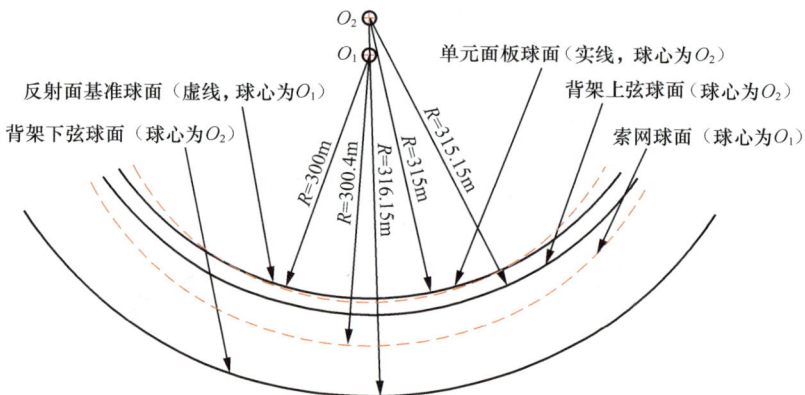

图 4.86　反射面单元部分所在球面示意

22　参见 2013 年中国科学院国家天文台 FAST 团队发布的《反射面单元面板与背架上弦之间的尺寸》。

23　参见 2016 年中国电子科技集团公司第五十四研究所暨浙江东南网架股份有限公司发布的《FAST 工程反射面单元设计与制造项目总结报告》。

3．详细设计

（1）设计依据与技术要求

国家规范和行业规程如下。

① 《空间网格结构技术规程》（JGJ 7—2010）。

② 《建筑结构载荷规范》（GB 50009—2006）。

③ 《铝合金结构设计规范》（GB 50429—2007）。

④ 《铝及铝合金热挤压管 第 2 部分：有缝管》（GB/T 4437.2—2003）。

⑤ 《铝及铝合金管材外形尺寸及允许偏差》（GB/T 4436—2012）。

⑥ 《铝合金建筑型材 第 2 部分：阳极氧化、着色型材》（GB 5237.2—2004）。

⑦ 《变形铝及铝合金牌号表示方法》（GB/T 16474—2011）。

⑧ 《变形铝及铝合金状态代号》（GB/T 16475—2008）。

⑨ 《铝及铝合金热挤压管 第 1 部分：无缝钢管》（GB/T 4437.1—2015）

⑩ 《铝及铝合金挤压棒材》（GB/T 3191—2010）。

⑪ 《紧固件机械性能 不锈钢紧定螺钉》（GB/T 3098.16—2014）。

⑫ 《不锈钢热轧钢板》（GB/T 4237—2015）。

技术要求如下。

① 反射面曲率半径：315m。

② 面板开孔率：$\geqslant 50\%$。

③ 自重作用下面板子单元的面板中心最大挠度：1mm。

④ 反射面单元的间距：5cm。

⑤ 调整装置所对应的面板表面测控点拟合精度（RMS）$\leqslant 2.5$mm（单块面板）。

⑥ 设计使用年限：30 年。

（2）设计条件

① 气象条件：设计风速如下，工作风速为 4m/s，基本风压为 0.01kN/m²，考虑挡风率为 0.5，风载荷标准值 w_k 取 0.005kN/m²；极限风速为 14m/s，基本风压为 0.12kN/m²，考虑挡风率为 0.5，风载荷标准值 w_k 取 0.06kN/m²；风载荷考虑风吸和风压两种作用。温度为 $-10℃\sim 40℃$。

② 抗震设计

抗震设防烈度为 6 度（第一组），基本加速度为 $0.05g$，建筑场地类别为 Ⅱ 类。

③ 载荷及作用（标准值）：构件自重按实际计算；面板恒载荷为 0.04kN/m²；面

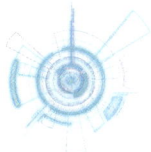

板活载荷为 0.01kN/m² （考虑局部可能堆积树叶、树枝等）；检修载荷为在网架任意节点所对应的面板上表面处作用 1.0kN 法向集中载荷；载荷标准组合如下，1.35 恒载荷 +0.98 活载荷，1.2 恒载荷 +1.4 活载荷，1.2 恒载荷 +1.4 活载荷 +0.84 风载荷（极限风），1.2 恒载荷 +0.98 活载荷 +1.4 风载荷（极限风），1.0 恒载荷 +1.4 风载荷（极限风），1.2 恒载荷 +1.4 活载荷 +0.98 检修载荷，1.2 恒载荷 +0.98 活载荷 +1.4 检修载荷，1.0 恒载荷 +1.0 活载荷 +0.6 风载荷（工作风）。

④ 载荷说明：除面板调节装置外，不允许其他载荷作用在网架杆件上；1#、2# 连接机构可滑动伸缩，释放温度应力，故不计算温度应力；按照抗震规范，对抗震设防烈度为 6 度的地区，可不进行地震作用验算。

（3）计算方法

采用有限元法建立各类背架和面板的计算模型，背架为空间网架，杆件采用梁单元，面板采用板壳单元。反射面单元的位移边界条件为 0# 连接机构约束 3 个方向的平动自由度，1# 连接机构约束面板法向及连杆轴向的平动自由度，2# 连接机构只约束面板法向的平动自由度。

在前 7 种载荷标准组合中，结构设计采用以概率理论为基础的极限状态设计方法，用可靠度指标度量结构构件的可靠度。结构和构件的强度、稳定、刚度和连接计算是按结构的承载力极限状态即结构或构件达到最大承载力或发生变形的方法进行计算的。

在第 8 种载荷标准组合中，使用工作风作用下的载荷标准组合计算基本类型反射面单元背架上弦 21 个螺栓球处于拟合面形工作状态下最不利时的精度。对特殊类型的反射面单元要求有一定的保形能力，其精度误差低于基本类型反射面单元，这里不计算特殊类型反射面单元背架的上弦拟合面形精度，以其载荷标准组合作用下的变形值（位移 U_x、U_y、U_z）不超过《空间网格结构技术规程》规定的网架结构的容许挠度值（短线跨度的 1/250）来衡量背架的保形能力。

（4）结构构型与选材

① 基本类型反射面单元

背架单元将为反射面单元提供支承，提供反射面单元所需的强度和刚度，承担反射面单元的自重、风载荷、雪载荷、检修载荷等载荷的作用。采用三角锥网架结构型式最为合理，且网架结构质量轻，杆件和节点比较单一，尺寸不大，存放、装卸、运输、拼装都比较方便，适合本工程实际情况。同时为降低网架结构自重及耐大气环境腐蚀要求，网架结构构件除了高强螺栓、紧定螺钉采用了不锈钢材料制作，其余构件皆采用铝合金材料制作。

背架包括杆件和螺栓球两类部件，如图 4.87 所示。杆件通过封板、套筒、杆件螺钉、紧定螺钉与铝螺栓球连成整体，受拉时传力途径是由杆件、封板经杆件螺钉传至铝螺栓球；受压时是由杆件、封板经套筒传至铝螺栓球。杆件螺钉在受拉时起作用，套筒在受压时起作用。背架杆件分为上弦杆件（规格为 $\Phi 48mm \times 2mm$）、下弦杆件（规格 $\Phi 48mm \times 2mm$）和腹杆（规格为 $\Phi 40mm \times 2mm$）3 种，材料为 6061-T6 铝合金。螺栓球节点的球径为 65mm，材料选择 2A12-T42 铝合金。

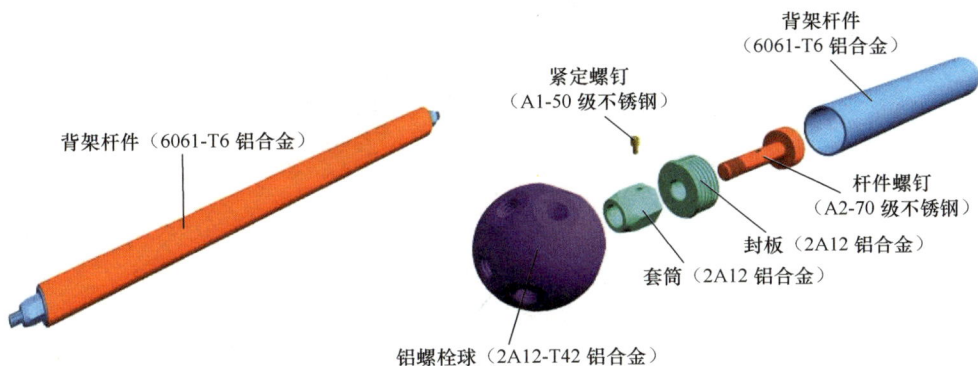

图 4.87　背架的杆件、螺栓球及两者连接方式

三角形背架 3 个角点位置的球节点同时也是自适应连接机构端点轴一端的膨大球部分，分别与 0#、1# 和 2# 连接机构固连在一起，再通过端点轴另一端的轴承座与索网上节点盘约束连接。0# 连接机构主要由端点轴、关节轴承、轴承座、紧固件等组成；端点轴采用整体式，材质采用 06Cr19Ni10 不锈钢。1# 连接机构主要由端点轴、关节轴承、轴承座、紧固件等组成；端点轴采用整体式，材质采用经真空离子氮化处理后的奥氏体不锈钢，且满足 HRC ≥ 45。2# 连接机构主要由端点轴、PTFE 球关节（减小摩擦，增强耐磨性）、限位龙门（门架）、紧固件等组成；端点轴采用整体式，材质采用 06Cr19Ni10 不锈钢。3 种自适应连接机构如图 4.88 所示。1# 和 2# 连接机构存在滑移运动，其最大运动范围和 2# 门架尺寸的分析详见 4.4.4 小节的相关内容。

（a）0# 连接机构 　　　　　　　　　　　（b）1# 连接机构

（c）2# 连接机构

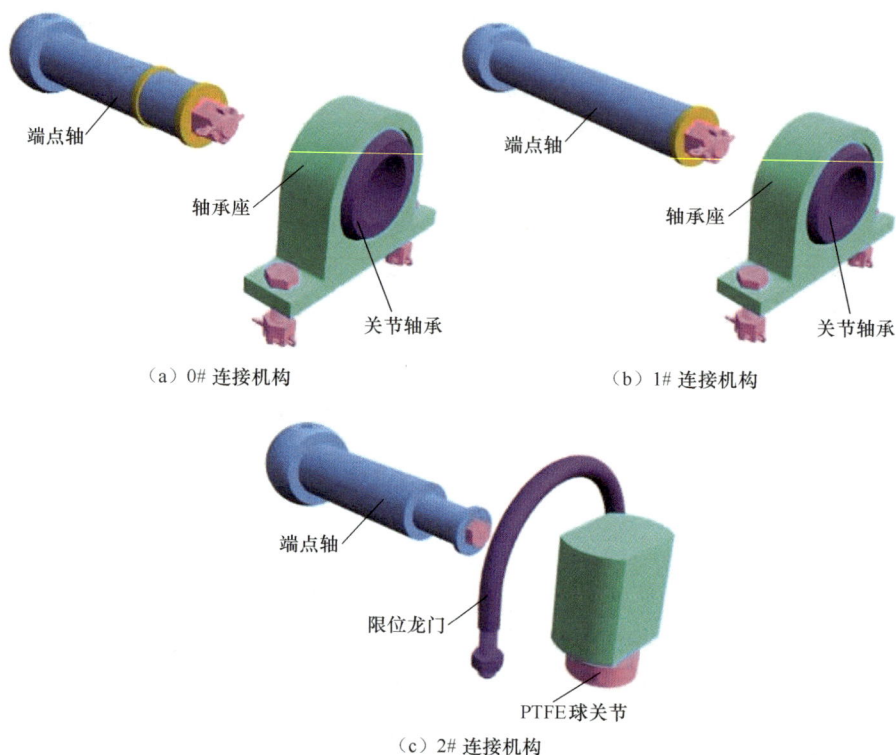

图 4.88　3 种自适应连接机构

　　面板的详细设计与方案设计相差不大。每块面板子单元由冲孔铝板、檩条、连接板和铆钉等 4 部分组成，如图 4.89 所示。将铝板剪裁成三角形，按梅花形状排列冲孔，孔直径为 5mm，孔间距为 6.7mm，透孔率为 50.51%，可以达到较好的平整度和减重效果。檩条为矩形截面的 6061-T6 铝型材，截面尺寸为 20mm×20mm×1.2mm，单根檩条边长以实际分布尺寸为准。连接板为梯形铝板。面板子单元通过连接板与背架上的节点用螺栓连接完成装配过程。

　　面板与背架之间采用包含螺栓副的调整装置实现连接支撑。调整装置可满足面板子单元沿高度方向的调整需求，调

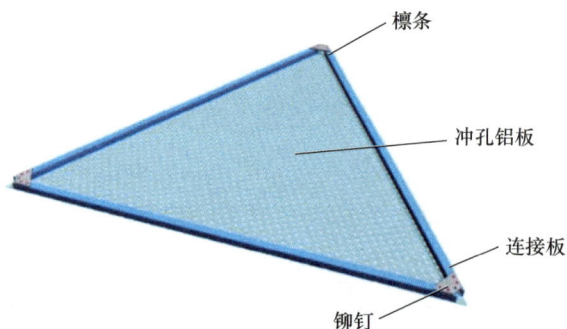

图 4.89　面板子单元

整面板拟合精度，同时便于生产和操作。100 个面板子单元通过 66 组调整装置与背架连接。调整装置包括连接托盘、M12 螺杆、过渡件、螺母和垫圈等，主要分成两类型式，一类是与球节点的连接，采用螺杆直接插入球节点光孔，通过螺母紧固；另一类是与杆件的连接，通过过渡件固定于杆件上，再将螺杆插入过渡件内，用螺母紧固，在螺杆上端连接托盘，如图 4.90 所示。每个调整装置的可调整范围为 ±15mm。组装反射面单元时，将所有托盘的位置调整到要求的球面，再将面板子单元的连接板分别与各调整装置的螺栓连接即可。

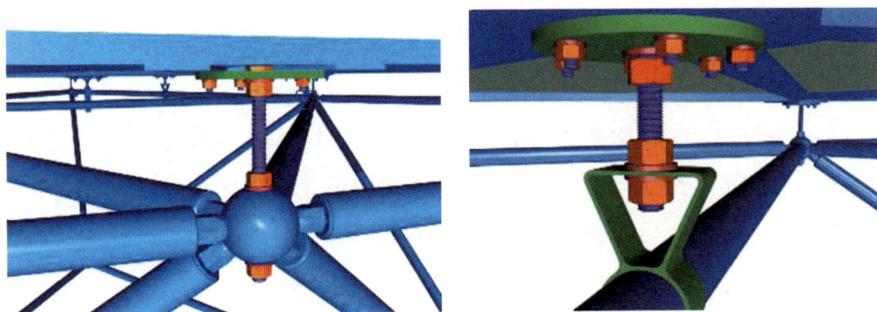

图 4.90　调整装置与背架连接结构

考虑到索网节点上的靶标需要定期维护，并且为满足反射面单元吊装施工的要求，每块反射面单元的 3 个端部预留了可折叠窗口，即 3 个端部面板子单元可以掀开，便于维护作业人员到达反射面上方空间进行相关作业，如图 4.91 所示。

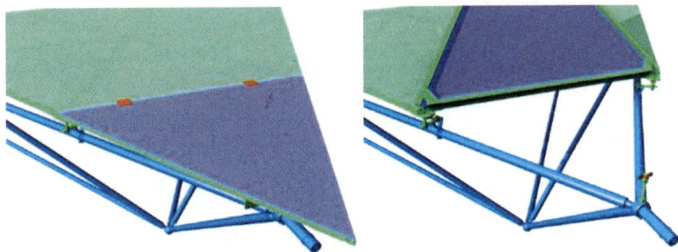

图 4.91　预留窗口方案及示意

② 测量基墩穿孔反射面单元

与基本类型反射面单元相比，测量基墩穿孔反射面单元主要的不同在于单元中心需要预留平行于基墩的孔洞，避免在反射面主动变形时与测量基墩干涉，如

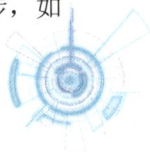

图 4.92 所示。由于预留孔洞对单元刚度的削弱，对这类特殊单元要求有一定的保形能力，面形拟合精度可低于基本类型反射面单元。单元背架仍采用三角锥网架结构型式，但厚度增加 50mm，杆件规格改为 P40mm×2mm，其他设计不变。

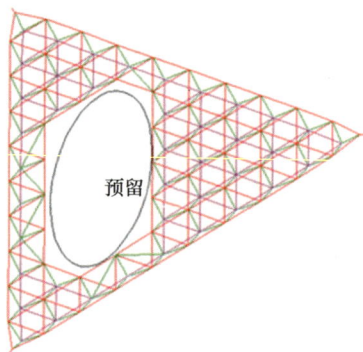

图 4.92　测量基墩穿孔反射面单元背架示意

③ 四边形反射面单元

四边形反射面单元全部在反射面边缘，共计 150 块，具有 30 种尺度类型，不考虑反对称的影响，则有 15 种尺度类型。四边形反射面单元的最小边长为 2.9m，最大边长为 12.7m，最大单元面积为 122.5m^2，最小单元面积为 43m^2。四边形单元背架结构如图 4.93 所示。

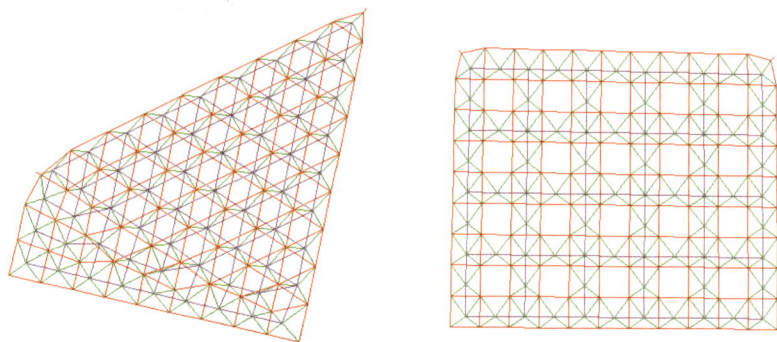

图 4.93　四边形反射面单元背架结构

四边形反射面单元主要功能是屏蔽地面噪声，同时使反射面边缘保持完整和美观，对于参与反射面主动变形的贡献不如其他类型单元。因此该单元的设计要求与测量基墩穿孔反射面单元的类似，单元有一定的保形能力，精度误差可低于基本类型反射面单元的。根据其形状特点，背架采用三角锥网架结构和抽空四角锥网架结构两种结构型式。四边形反射面单元背架与面板距离为 150mm，单元总厚度约 850mm，背架杆件规格为 P40mm×2mm，其他与基本类型反射面单元设计一致。

四边形反射面单元有 4 个自适应连接机构，比三角形反射面单元多出 1 个

2# 连接机构，且 2 个 2# 连接机构均布置于单元上边缘的 2 个角点附近，在圈梁抱箍的托盘平面上进行滑动，如图 4.94 所示。抱箍采用普通钢结构，通过 8 个螺栓与圈梁下弦杆紧固连接。托盘上表面铺设 2mm 不锈钢 06Cr19Ni10 和不锈钢限位龙门（门架），供 2# 端点轴在表面滑动和限位。

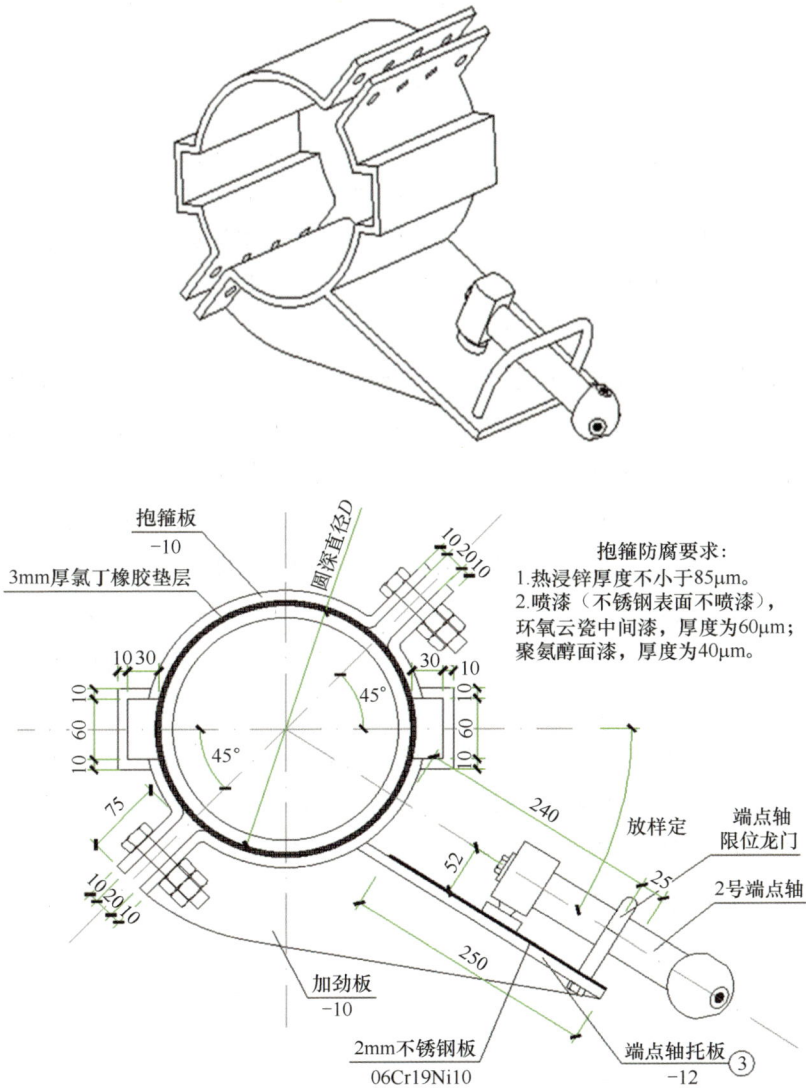

注：图中尺寸单位为 mm。

图 4.94　四边形反射面单元与圈梁抱箍的连接

4.4.4　自适应连接机构运行空间及布局设计

1．运行空间

除边缘圈梁抱箍以外，FAST 反射面单元的连接机构都放置在索网结构的圆形上节点盘上，如图 4.74 和图 4.80（b）所示。绝大部分上节点盘上均匀布置 6 个连接机构，分别为 0#、1# 和 2# 连接机构各两个。节点盘的外径和连接机构的构造尺寸决定了连接机构的运行空间。反过来，通过研究连接机构的运行空间，也为实际工程中索网节点盘的设计尺寸提供依据。

对 FAST 索网进行变位分析时，连续的变位过程被简化为一系列离散的抛物面，由于抛物面变位区域不超出 500m 球面边缘，照明口径为 300m，可得抛物面中心的活动区域为 26.4°。以该区域内节点作为抛物面中心点，总共有 550 个抛物面变位工况，可以认为这 550 个工况基本代表了望远镜的所有变位工况。

为了研究连接机构的运行空间，可以通过有限元模型仿真分析 550 个抛物面变位工况，计算所有上节点盘上 6 个连接机构节点在 550 个抛物面变位工况下的位置。相关抛物面变位力学仿真分析详见 4.3 节相关内容。

首先通过抛物面变位仿真分析计算变位前后各个索网节点的坐标变化，然后根据索网节点坐标变化量，假设反射面单元为刚体，假设 0#、1# 和 2# 连接机构分别为理想无摩擦的球铰、带球铰的一维柱面滑动副和带球铰的二维平面滑动副，由此可进一步计算 550 个抛物面变位工况下 3 种连接机构在节点盘上的位置，从而画出 3 种连接机构的运行空间散点图。

文献 [2] 和文献 [25] 采用理论解析算法计算了 3 种连接机构的运行空间，进一步假设连接机构端点轴轴向为相邻两主索夹角的平分线在节点盘平面内的投影方向。根据上述假设，建立了反射面单元角点与索网节点几何关系和边界约束条件方程组，通过求解该方程组得到反射面单元角点的坐标，进而得到一个节点盘上 6 个连接机构的位置。

文献 [25] 选取两处位置（对应于地锚编号为 A003 和 E055 的两处节点盘）的计算结果进行举例说明。根据位置坐标结果绘制了这两处节点盘上 6 个连接机构在 550 个抛物面变位工况下的运行空间散点图，如图 4.95 所示。

由散点图可以看出，0# 连接机构的运行空间只是一个点；1# 连接机构的运行空间分布范围呈直线形，外伸（向坐标原点方向）和内收都小于 30mm；2# 连接机构的运行空间分布范围基本呈椭圆形，外伸（向坐标原点方向）和内收都小于 30mm，切向（垂直于外伸方向）活动空间均小于 50mm。

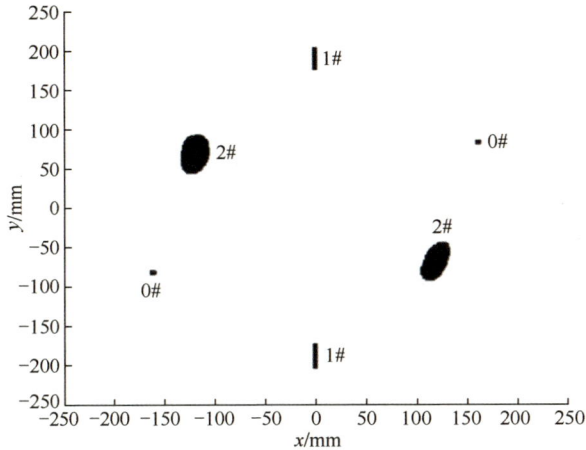

（a）A003 节点盘

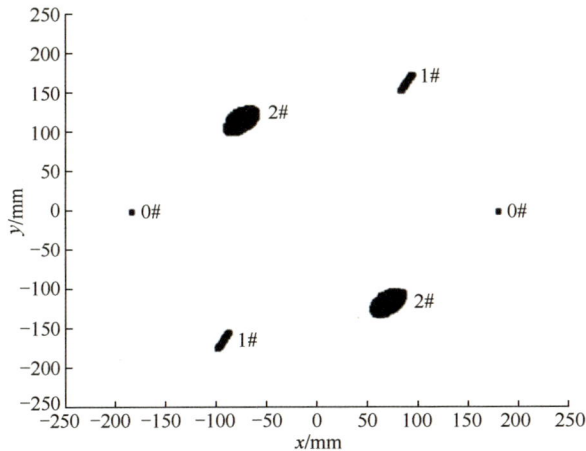

（b）E055 节点盘

图 4.95　两处节点盘上的 6 个连接机构的运行空间散点图

由自由度设置情况可知，如果支撑连接机构的索网上节点盘直径过小，在 1# 连接机构和 2# 连接机构相邻布置的地方最有可能发生连接机构互相干涉的情况，统计基准球面态下相邻两连接机构的轴向夹角，最大值为 72°，最小值为 54°。我们选取 1# 连接机构和 2# 连接机构，且相对于节点盘中心的连线相邻布置夹角为 54° 的情况，考察正常运行状态下节点盘上连接机构的实际运行空间。取节点

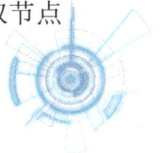

盘直径为 450mm，依据连接机构设计尺寸，可得到 1# 连接机构和 2# 连接机构的最大活动空间，如图 4.96 中蓝色线所示。

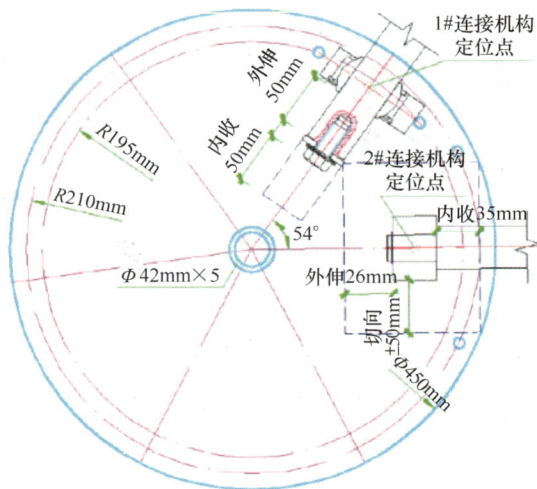

（a）节点盘直径Φ450mm

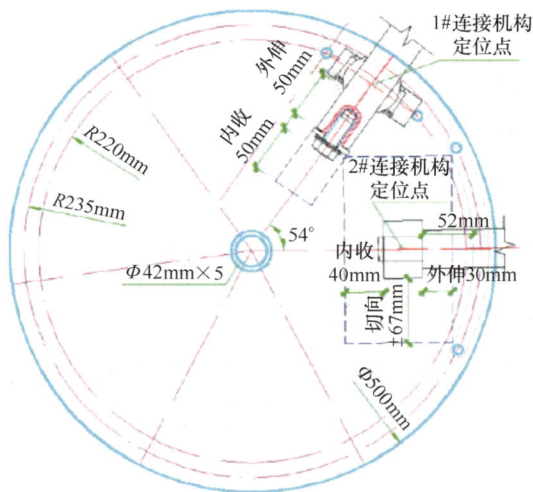

（b）节点盘直径Φ500mm

图 4.96　节点盘上 1# 连接机构和 2# 连接机构相邻布置情况

可以看到，在节点盘直径为 450mm 时，1# 连接机构的活动范围为外伸 50mm 至内收 50mm；2# 连接机构的活动范围为外伸 26mm 至内收 35mm，切向活动空间为 ±50mm。选用直径为 450mm 的节点盘基本能够避免相邻连接机构相互干涉的情况。由于以上分析都未考虑节点盘转动的影响，且为理论结果，自适应连接机构的工程设计中，应对连接机构的活动范围进行一定程度的放大以保障设计的可靠性，因此在实际工程中取支承连接机构的索网上节点盘的直径为 500mm。此时，1# 连接机构的活动范围仍然为外伸 50mm 至内收 50mm；2# 连接机构的活动范围扩大为外伸 30mm 至内收 40mm，切向活动空间为 ±67mm。

2．布局分析

对于一个三角形反射面单元，通过布置 0#、1# 和 2# 这 3 个连接机构，可以满足结构静定的要求，即能够满足对主索网变位的自适应要求。在一个网索节点盘上，有 4～6 个反射面单元与它相连，也就有 4～6 个连接机构布置在网索节点盘上，这就需要考虑同一个节点盘上连接机构的布置型式。

不同的连接机构布置型式对索网的内力和变形影响都较小，那么决定布置型式是否合理的关键则应该是反射面单元在索网主动变形后的相对位置关系。综合考虑反射面单元安装的便捷性和抛物面变位工况下反射面单元有无碰撞的可能性，分析连接机构布置型式的影响。文献 [2] 给出了两种具有代表性的连接机构布置型式。

第一种布置型式是在一个节点盘上间隔布置 0#、1#、2# 连接机构。由于 1# 连接机构和 2# 连接机构释放了相应的平动自由度，相邻布置两个 2# 连接机构或两个 1# 连接机构时容易出现干涉情况。这种间隔布置型式基本可以避免相邻两个连接机构都布置为 2# 或 1# 的情况，可以尽量减小在 FAST 运行过程中连接机构出现相互干涉的可能性。从整体模型中取出的部分反射面单元的连接机构布置型式如图 4.97（a）所示。

第二种布置型式是所有的反射面单元在基准球面态时，最高 / 最低点布置 0# 连接机构、次高点布置 1# 连接机构、最低 / 最高点布置 2# 连接机构。这种布置型式有利于反射面单元的安装，可以保证在任何状态下，反射面单元的最高 / 最低点的 3 个平动自由度都被约束，不会出现无法控制的位形变化。从整体模型中取出的部分反射面单元的连接机构布置型式如图 4.97（b）所示。

研究人员最初采用了第一种布置型式的设计，并在 FAST 建设期间实施完成。这种布置型式后来被证明对反射面单元的受力并不合理，1# 连接机构容易承受较大的单元平面内侧向力和侧向弯矩，一旦 1# 连接机构润滑性能下降，容

易导致单元结构受损和 1# 连接机构柱面副滑动卡滞的现象，详见 7.2.2 小节相关内容。经过修复和改造后的反射面单元连接机构最终采取了类似于图 4.97（b）所示的布置型式，将 1# 和 2# 连接机构位置进行了交换。

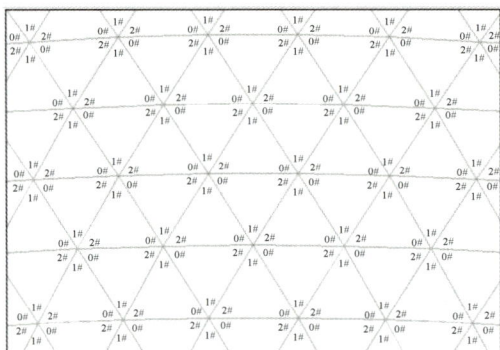

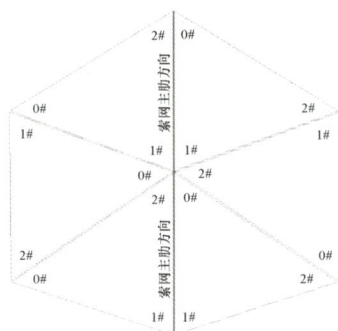

（a）布置型式一（右图所示为5条主肋方向的布局）

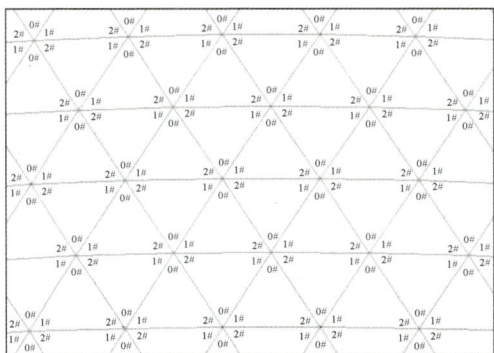

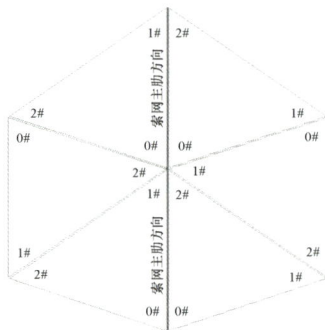

（b）布置型式二（右图所示为5条主肋方向的布局）

图 4.97　索网节点盘上连接机构布置型式

4.4.5　单元制造与拼装

1. 背架加工工艺

（1）铝合金螺栓球节点

背架铝合金螺栓球节点包括上弦球和下弦球，其加工质量的好坏直接影响整个背架质量。铝合金螺栓球节点由工厂制作后直接发运至现场进行拼装，其加工技术指标如表 4.31 所示。

表 4.31　铝合金螺栓球节点加工技术指标

项目	符号	要求
螺栓球圆度允许偏差	°：D	0.5mm
螺栓球直径允许偏差	D	±0.5mm
同一轴线上两铣平面的平行度允许偏差	//：A	0.1mm
加工劈面与螺栓孔轴线垂直度允许偏差	⊥：B	0.2mm
劈面到球中心距离允许偏差	a	±0.2mm
相邻螺栓孔中心线夹角允许偏差	θ	±15′
螺栓孔直径允许偏差	d	负差为 0.00mm，正差为 +0.18mm

（2）背架杆件

杆件压制完成后，杆件成品长度在 20℃时允许偏差为 ±0.5mm，端面对杆件轴线垂直度允许偏差为 0.2mm。杆件端部承载力大于 45kN。背架杆件加工制造流程如图 4.98 所示。

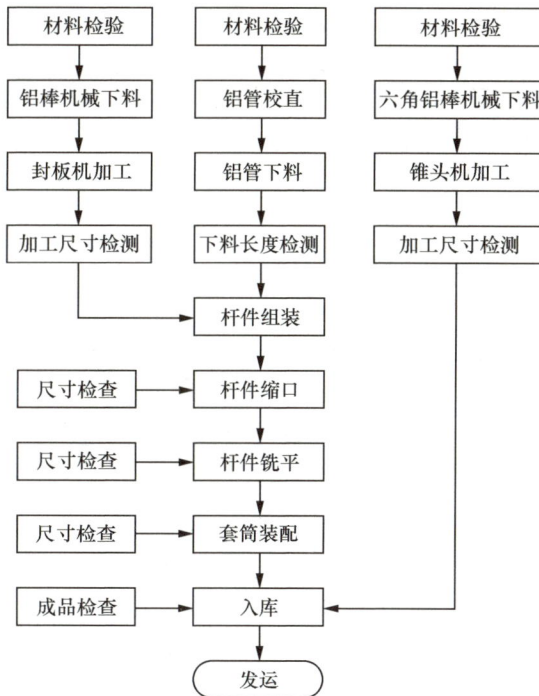

图 4.98　背架杆件加工制造流程

背架铝合金空间网架结构杆件长度 L 大于 600mm，小于 2500mm，下料允

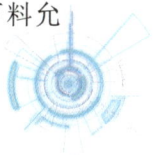

许偏差要求为 ±0.5mm，因此，杆件长度比较长，精度要求高，长杆件高精度测量难度较大，为有效解决这一问题，确保铝合金管下料精度的准确测量，背架杆件下料长度测量设备可采用测长机或专用高精度长度测量仪器。每批加工量抽样10%，且不应少于5根。各根背架杆件下料长度均合格，则评定为合格，如果有一根检验不合格，则该批下料背架杆件应全检。

2．自适应连接机构加工制造

自适应连接机构主要由端点轴、关节轴承、轴承座、紧固件等组成。其中端点轴采用了06Cr19Ni10不锈钢材料，端点轴的芯轴和不锈钢螺栓球采用整体式连接。不锈钢螺栓球本身也是单元背架上弦端部节点球，其加工质量的好坏直接影响整个背架与运动关节副的连接质量。0# 和 2# 端点轴直接发运至现场进行背架结构的组装，1# 端点轴加工后还需要进行芯轴表面的渗氮化处理，然后发运至现场进行背架结构的组装。自适应连接机构主要部件的加工工艺流程如图 4.99所示。

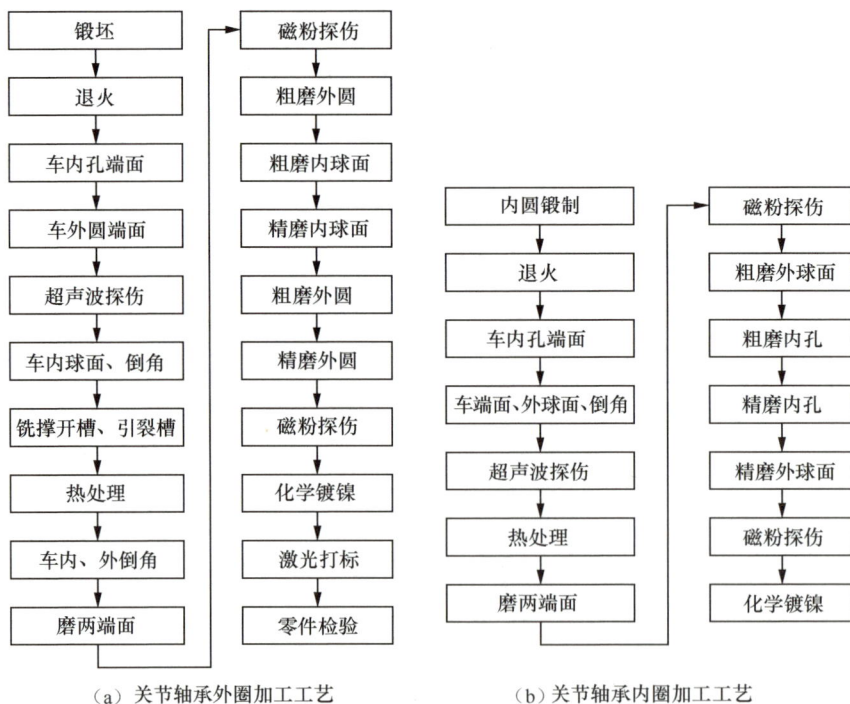

（a）关节轴承外圈加工工艺　　　　（b）关节轴承内圈加工工艺

图 4.99　自适应连接机构主要部件的加工工艺流程

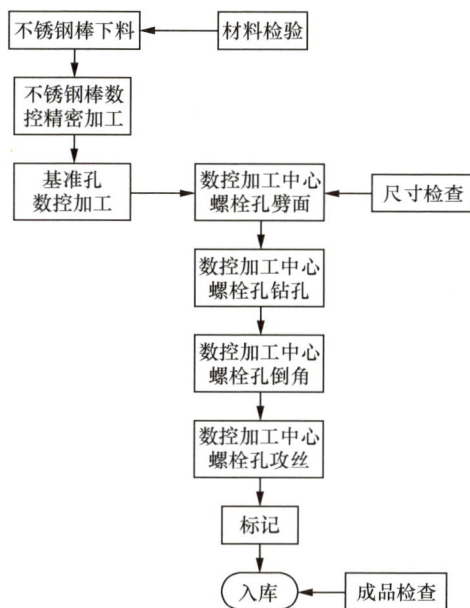

（c）端点轴及不锈钢螺栓球加工工艺

图 4.99 自适应连接机构主要部件的加工工艺流程（续）

3．面板子单元加工工艺

面板子单元加工清单如表 4.32 所示，选择厂内加工零件后现场铆接的制造工艺方案。

表 4.32 面板子单元加工清单

部件	包含零件	种类	总数	材质 / 规格
面板子单元	冲孔铝板	2387	455618	5052-H32
	檩条	300	1366854	6061-T6
	连接板	30	1366854	5052-H32
托盘		14	286000	5052-H32
过渡件		4	204300	6061-T6

冲孔铝板加工工艺要求具体如下。

① 外形尺寸偏差小于等于 0.2mm。

② 平面度偏差小于等于 0.8mm。

③ 冲孔要求：直径为 5mm，间距为 6.7mm。

④ 加强板连接孔位置偏差小于等于 0.5mm。

⑤ 阳极氧化：膜厚符合 AA15 等级。

⑥ 效率：2000 块 / 天。

⑦ 编号：按编号要求。

4．单元现场拼装及面形精度控制

（1）现场拼装精度要求

反射面单元现场拼装的精度要求如表 4.33 所示。其中，第 3 项和第 8 项分别是控制背架节点精度和面板拟合精度的主要指标。第 8 项所要求的拼装精度（2mm）要高于反射面拟合精度（2.5mm），主要是为自重变形、热载荷和风载荷等影响导致的误差预留余量。

表 4.33　反射面单元现场拼装的精度要求

工序	序号	项目	要求
背架拼装	1	杆件节点允许偏差	不留有缝隙
	2	20℃时背架边长允许偏差	不大于背架边长的 1/3000，且不大于 ±4mm
	3	基本类型反射面单元背架上弦球面形精度	≤ 1.5mm
	4	面板与背架上弦三角点球心距离	（150±1）mm
	5	0#、1# 和 2# 轴承座位置（距离）偏差	±1mm
面板拼装	6	面板子单元之间的缝隙	≤ 2mm
	7	面板边线与背架边缘杆件轴线关系	1mm
	8	面形精度	≤ 2mm
相对位置	9	背架 66 个球节点与面板子单元接口尺寸偏差	±1mm
	10	反射面轮廓与三角球心连线的位置偏差	±1mm

（2）拼装误差检测方案

为确保单元拼装满足上述精度要求，需要一套误差检测方案，以便及时修正拼装误差。特别是为满足第 3 项和第 8 项的精度要求，需要一次性采集众多控制点位的坐标数据进行曲面拟合误差计算和分析，并给出各控制点位的调整方向和调整量。这种检测需要重复多次，直到精度满足要求。在这种情况下，摄影测量方案能较好地满足单元拼装精度检测需求。

在施工现场，安置自动化摄影测量系统，如图 4.100 所示，同时进行反射面单元测量任务作业。相机通过连接装置安置在门形框架的横梁上，在导轨垂直方向上来回运动。门形框架通过电机驱动，沿导轨运动，完成图像采集。采集的图像通过无线桥技术传输至计算机并进行自动化计算，输出测量成果，最后调整面板子单元[26]。

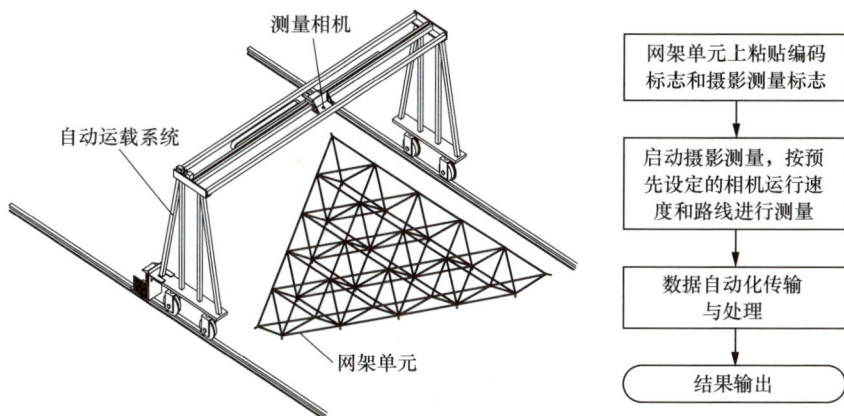

图 4.100　摄影测量系统组成结构和技术方案流程

为降低环境因素对成像图像质量的影响，每台相机镜头加装 850nm 红外带通滤光片。为了保证相机的可靠性和长时间使用，采用密闭防潮小舱对相机进行密封。自动化测量要求自动识别基准尺，同时为了保证测量数据的可靠性，本方案选用两个 1500mm 的碳纤维基准尺。以一个基准尺的长度作为基准，计算另一个基准尺上对应点的距离，和基准长度做比较，来验证系统的绝对测量精度。

FAST 反射面单元面形测量任务量较大，要求一次测量任务时间少于 20min，基于此可以设计相机运动速度约为 0.12m/s。摄影测量精度要求为 0.8mm，可计算得到相机曝光时间约为 0.3ms。所选用相机的像元大小为 7.4μm，即照片图像包含 1600 万个像素点，焦距为 18mm，相机间基线长度为 2.5m。摄影测量系统对单个像点识别精度为 1/20 像素，即 0.37μm，因摄影测量距离为 4.5m，则其坐标测量精度经估算为 0.27mm，满足测量精度要求。

为提高面形精度检测效率，本方案对相机的运动路线进行了优化，如图 4.101 所示。相机未旋转 90°镜头前，沿相机在距反射面单元边缘 1m 处（A）开始运动，直至距反射面单元顶点沿导轨垂直方向 1m 处停止，门形框架沿导轨运动至下一

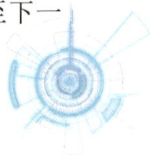

个相机运动位置，共运动 4 次。相机在旋转镜头后，只需要沿反射面单元中线再运动一次，从 B 运动到 C 再到 D，即完成图像采集工作。

如图 4.102 所示，在实际拼装中，单元 3 个端部测量点 1、11、66 必须在半径为 300m 的球面上。故本方案采用以反射面单元的 3 个角点位置确定反射面单元球心。具体过程为将 3 个角点的坐标代入式（4.4）中，解得的三维坐标值即拟合最佳球心。

$$\left(x_i - x_0\right)^2 + \left(y_i - y_0\right)^2 + \left(z_i - z_0\right)^2 = R^2 \tag{4.4}$$

式（4.4）中，R=315m。反射面单元的球心坐标确定后，可以计算其他点与球心的距离。

$$r_i = \sqrt{\left(x_i - x_0\right)^2 + \left(y_i - y_0\right)^2 + \left(z_i - z_0\right)^2} \tag{4.5}$$

最终测量成果应为各测量点的误差，即各个调整点的调整量 $d_i = R - r_i$。反射面单元面形精度描述如下。

$$\sigma(r) = \sqrt{\frac{1}{N}\sum_{i=1}^{N}\left(r_i - r\right)^2} \tag{4.6}$$

式（4.6）中，N 为测量点数，N=70。

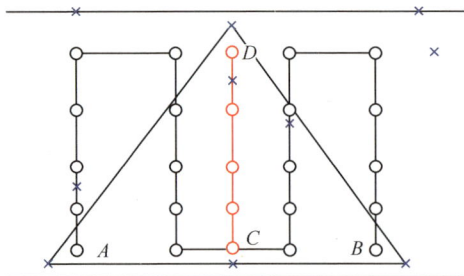

图 4.101　相机运行路线示意

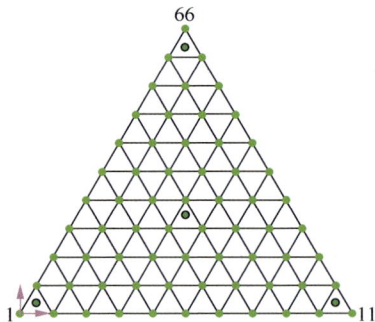

图 4.102　单元测量点布置

（3）现场拼装工艺

单元拼装工艺流程如图 4.103 所示。背架拼装完成后，测量边界球节点位置偏差，根据偏差方向和大小确定 3 边面板子单元的初始位置。面板子单元的安装顺序如图 4.104 所示，采取先角点，然后 3 边，最后拼装内部面板子单元的顺序。

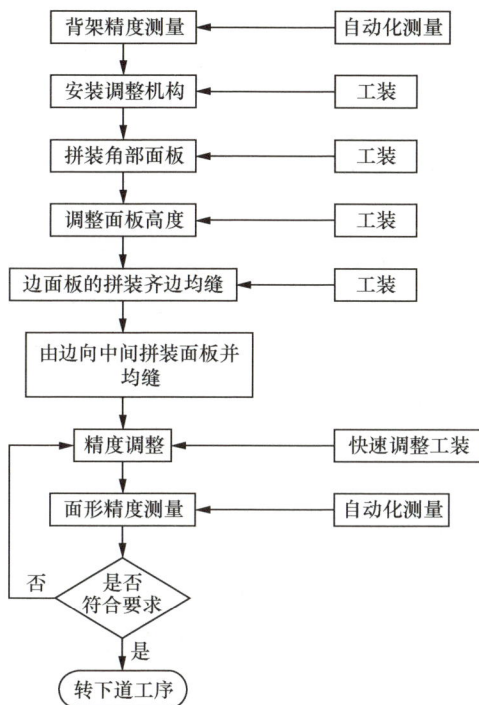

图 4.103　单元拼装工艺流程

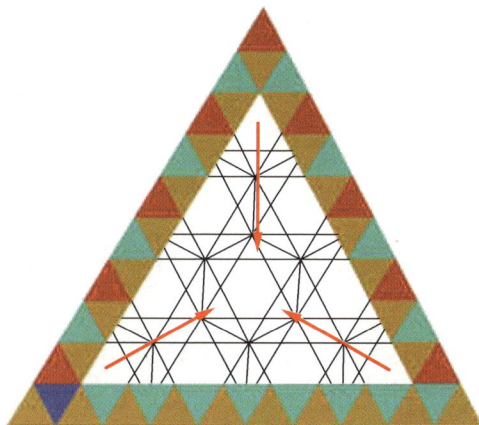

图 4.104　面板子单元的安装顺序

（4）拼装场地总设计

反射面单元的拼装场地位于小窝凼回填场。根据拼装工作的特点，结合小窝凼具体地形，我们进行了小窝凼的总平面图设计。该设计依据吊装的实际最佳位置和反射面单元拼装的最大外形尺寸，进行现场拼装场地的合理布置，为了减少现场拼装过程中的临时倒运，现场拼装场地尽量安排在吊装就近区域，采用两套摄影测量系统和两排反射面单元拼装流水线，如图 4.105 所示。

拼装区紧贴大窝凼边缘沿切向分布，大体为长方形，总体尺寸约为 110m×30m。由

图 4.105　拼装场地布局

于拼装完成后对反射面单元的摄影测量工作需要行走龙门架，在拼装区会预先埋置地轨，地轨分为两组，共 4 条。相邻地轨距离以及各反射面拼装场地距离为 2m，便于行走小车运送零件。

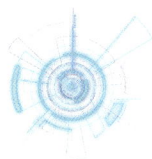

拼装三角形反射面单元时,共设置 24 块拼装场地,设计每个拼装场地为边长为 13m 的等边三角形区域,能够满足现场拼装进度要求。拼装四边形等非标准单元时,将原拼装位置重新分配,共组成 16 块四边形拼装场地,4 块成品堆放场地,主要拼装场地尺寸为 10m×12m、12m×12m,完全能满足现场拼装要求。

为了保证构件组装的精度,防止构件在组装的过程中由于胎架的不均匀沉降而导致拼装的误差,拼装场地要求平整压实,上铺 50mm 厚碎石层、20mm 厚素混凝土。

关于拼装完成的反射面单元的安装方案,详见 4.6 节相关内容。

| 4.5 馈源支撑塔 |

FAST 主体的顶端和最外端由 6 座馈源支撑塔包容。如图 4.106 所示,6 座馈源支撑塔高度均超过 100m,各塔塔顶均在同一海拔高程,其中设备层平台海拔为 1108m。6 座支撑塔的塔中心线沿直径为 600m 的圆周等间距轴对称排列,并分布在主动反射面圈梁的外侧,其圆心与圈梁的圆心重合,每基塔的中心线在水平方向距离圈梁约 50m,但高出圈梁接近 140m,显得高峻挺拔。6 座支撑塔均位于半山腰上,各塔塔脚高低错落有致,完全适应起伏的山地地形,塔底最大跨度(根开)近 40m。6 座馈源支撑塔按时钟方位进行命名,分别为 1H、3H、5H、7H、9H 和 11H 等。

图 4.106 馈源支撑塔全景

馈源支撑塔基本信息如表 4.34 所示。

表 4.34　馈源支撑塔基本信息

名称	项目要求				
	塔高 / m	最长构件 / mm	最重构件 / kg	塔重 /t	型式及特点
1H 馈源支撑塔	107	11579	2582	约 315	正四边形断面钢管塔，主要钢管节点连接采用相贯线焊接、刚性法兰连接、插板连接等方式，设有旋转扶梯，钢材材质为 Q345B 和 Q235B，连接螺栓材料等级为 6.8 级和 8.8 级，采用热镀锌防腐蚀。管材最长近 12m，最大截面为 D965mm×20mm；设备层主梁为热轧 "H" 形钢 582mm×300mm×12mm×17mm
3H 馈源支撑塔	145	11898	3741	约 485	
5H 馈源支撑塔	112	11876	3246	约 335	
7H 馈源支撑塔	125	11600	2581	约 405	
9H 馈源支撑塔	147	11968	3168	约 490	
11H 馈源支撑塔	168	11676	5442	约 670	

4.5.1　功能描述

馈源支撑塔为 FAST 馈源支撑系统的主体承载结构，是钢索（钢丝绳）承载和驱动的依托支架，并为塔顶导向滑轮提供足够刚性的支撑平台，保证驱动钢索能够牵引馈源舱在预定轨迹上运动，这是 6 座馈源支撑塔主要的功能。为实现此功能，FAST 采用了"在 600m 圆周上均匀且轴对称布置 6 塔，分别支撑 6 根并联钢索牵引驱动馈源舱和初步调整馈源舱姿态"的总体布局设计方案，如图 2.19（a）所示。这种构型布局的主要依据来自 FAST 预研究阶段对馈源支撑系统的方案设计 [24]、仿真分析 [27]、缩尺模型试验 [28]，以及对塔、索、舱等各子系统功能的综合考虑。其中塔—索的布局、索驱动舱的方式、舱姿态调整方式和馈源舱姿态调整方式这四者是密不可分且相互影响的。

早期关于 FAST 馈源支撑系统的布局和构型方案经历了 3 塔 6 索方案、4 塔10 索方案 [25][29]、6 塔 9 索方案 [26][30] 等变化，如图 4.107 所示，直至当前的 6 塔 6 索方案。早期的塔—索布局方案要求驱动钢索不仅能够牵引馈源舱大范围运动，还能够大角度调整馈源舱姿态，使得馈源舱始终向反射面球心方向倾斜。其中最早

24　参见 2007 年德国 MT Areospace 公司发布的 *Final report of FAST focus cabin suspension-simulation Study*。

25　参见 2003 年清华大学发布的《大射电望远镜 FAST 移动小车——馈源稳定系统耦合研究》。

26　参见 2002 年西安电子科技大学发布的《大射电望远镜馈源支撑与指向跟踪系统仿真与实验研究》。

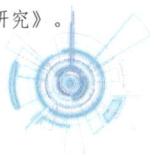

的 3 塔 6 索方案主要参考阿雷西博射电望远镜的构型设计，但难以满足馈源舱运动范围和调整姿态的要求，因此很快改为后两种方案。早期方案都有 3 ～ 4 根下拉索，主要用于调整馈源舱姿态，后来在馈源舱设计方案中引入了正交两轴转动机构（AB 转轴机构）和斯图尔特平台（6 杆并联机构），可以对舱内馈源的位姿进行二次精调，因此下拉索方案也就取消了。到了这一步，塔—索布局方案着重关注的问题就缩小为在给定的馈源舱质量（约 30t）条件下如何使得索力最优，即索力绝对值和索力变化范围最小。相比之下，6 塔 6 索方案能够给出最优的索力范围，一塔对应一索的布局也相对比较简单。如果再采用更多的塔和索，一则建设成本增加，二则收 / 放绳机构和控制的复杂性和难度增大，故在权衡之下选择了 6 塔 6 索的布局方案。

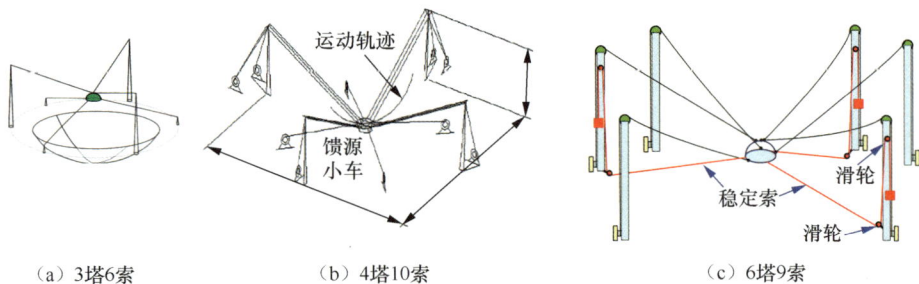

(a) 3塔6索　　　　　(b) 4塔10索　　　　　(c) 6塔9索

图 4.107　早期馈源支撑的塔—索布局方案

　　馈源支撑塔不仅为索驱动钢索和馈源舱提供静力承载的依托，还应该满足馈源舱及舱内馈源平台位姿精确定位的要求，防止塔—索—舱悬挂系统产生共振问题。前者是塔结构的静刚度问题，可以通过塔顶最大水平位移给出限定条件；后者是塔结构的动刚度问题，不仅要考虑塔顶最大水平位移，还要考虑塔自振频率的限定条件。作者利用馈源支撑全过程仿真模型对该问题进行了分析 [27]。选取馈源焦面中心的馈源舱位置，假定令 6 塔一阶自振频率分别取图 4.108 中的 7 个频率，输入工作风速和其他扰动，进行该悬挂系统动力学和控制的仿真分析，可得到馈源舱内馈源平台定位误差与塔自振频率的关系曲线，如图 4.108 所示。

　　从图 4.108 可以看出，当 6 塔自振频率大于 0.8Hz 时，舱内馈源平台的定位误差才能满足馈源支撑要求。为保证馈源支撑定位精度有足够余量，最终取 6 塔的一阶自振频率不低于 1Hz，作为馈源支撑塔动刚度的设计要求。

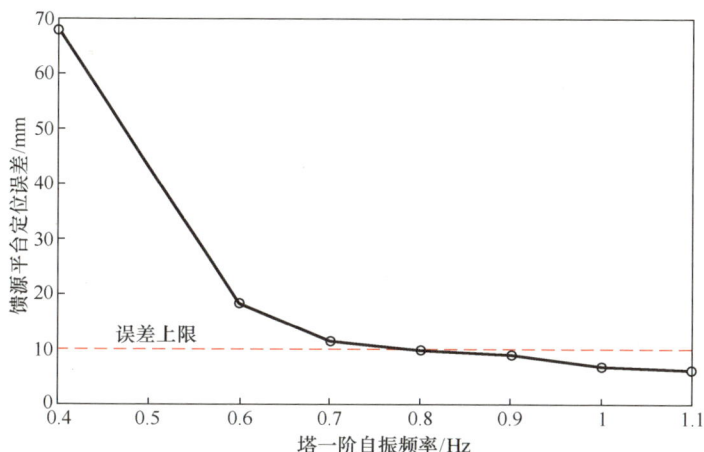

图 4.108　基于全程仿真分析的馈源平台定位误差与塔自振频率的关系曲线

　　馈源支撑塔及其附属设施还具备防雷功能。作为独立高耸的金属结构，本身可以作为避雷针，为整个望远镜设备提供一定范围的防雷保护，如防直击雷保护、为 6 根钢索和馈源舱设备提供引雷接地功能等。塔顶设备层也为塔顶索驱动和馈源舱相关设备的检修、维护和更换提供了作业平台，如图 4.109 所示。

（a）三维示意　　　　　　　　　　　　（b）实拍照片

图 4.109　塔顶设备层平台

　　此外，6 塔还提供了人员和设备登塔至塔顶设备层的旋转扶梯和铁塔攀爬机设备。特别是在进行索驱动相关设备检修、维护和其他运输大型设备至设备层的作业时，采用铁塔攀爬机垂直升降方式更能有效保证作业效率。在铁塔攀爬机轨道架及底层部分塔构件上还设置了入舱供电电缆和信号传输光缆的走线通道，保

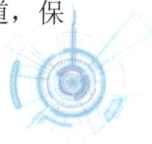

证电缆和光缆能有效固定附着于塔主体结构，免于损坏。

4.5.2 塔址优化定位

6 座馈源支撑塔的中心点分布在直径为 600m 的圆周上，相邻两座塔的中心点相对于分布圆圆心所成张角为 60°，其中圆心位置已经确定为台址的开挖中心。6 塔选址定位是指在 600m 圆周上确定其中一个塔中心点的位置，则其余 5 塔中心点都将被确定下来。6 塔选址定位主要与周边的地形、地貌和地质条件相关，同时也要根据望远镜对于支撑塔的使用要求、台址开挖设计情况、土建要求和建设成本来综合考虑，并确定支撑塔塔高，最大限度减少 6 塔建设的工程量。

在 2009 年 9 月—2011 年 9 月的两年时间里，FAST 团队及合作单位人员共同组成现场踏勘组，对台址中心周围 275 ~ 325m 范围内的地形及地质条件进行了现场勘测，主要对可能立塔的位置的地形、地貌、地层岩性和边坡稳定性进行了现场了解和调查。FAST 台址所在的大窝凼是一个由 5 个山峰组成的闭合型峰丛洼地，洼地面积约 50 万平方米，洼底呈锅底状，地貌属于石灰岩溶蚀山地，洼地周边山体的地形起伏较大，相对高度变化一般为 100 ~ 300m。山体大部分地段基岩裸露；溶洼及溶沟处有厚度较薄的第四纪沉积物覆盖。总体而言，洼地出露地层为厚层状灰岩，未见滑坡、崩塌等地质灾害，是建设大射电望远镜比较理想的场址。根据前期台址地质勘察和现场地形、地貌勘测的结果，FAST 团队先后完成了 3 次 6 塔选址[27]。

第一次 6 塔选址时，根据 FAST 前期初勘结果，以开挖中心为中心，按 40m×40m 共 1600 个位置进行统计，采用 MATLAB 软件对 1600×120 组数据进行处理，从洼地开挖量、6 塔用钢量、6 塔高度的均匀性、索驱动配重行程等 4 个方面进行优化，确定馈源支撑 6 塔的位置：开挖中心坐标为（498961m，2838444m），其中 1H 塔中心—开挖中心连线与正北方向夹角为 23°。选址完成后，FAST 团队人员进行了两天实地踏勘，发现部分支撑塔位置的踏勘数据与地形测绘图上提取的数据有较大误差，在很大程度上影响了塔位的选址。

第二次 6 塔选址时，团队人员在第一次选址确定的塔位基础上，结合新地形测绘数据提出了 3 个优化方案（逆时针旋转 8°、顺时针旋转 23°、顺时针旋转 23° 后向东、南方向各平移 10m），再进行现场踏勘，判断 3 个方案的立塔可行性。根据踏勘结果，

---

27 参见 2010 年中国科学院国家天文台 FAST 团队发布的《馈源支撑六塔第三次选址优化》。

从地形条件的优劣，确定了逆时针旋转 8°的方案，并进行了地质勘探，部分塔脚处有溶洞；另根据详勘报告，其中 1H 和 5H 塔所处位置受山顶危岩影响较大。

第三次 6 塔选址与台址开挖优化设计相结合，选址输入条件有所变化。优化后的新开挖中心定为（498956.8651m，2838440.7134m），且将望远镜整体抬高6m，塔顶海拔变为 1108m；采用了 1:1000 高精度地形图；索驱动取消配重，小窝凼回填标高由 960m 降至 940m。根据这些变化，对原优化方案进行调整，最后缩小为在第一次选址塔位基础上顺时针旋转 16°和顺时针旋转 23°两个方案。这两个方案的 6 塔高度如表 4.35 所示。

表 4.35　顺时针旋转 16°方案和顺时针旋转 23°方案的 6 塔高度

方案	塔高度 /m					
	1H	3H	5H	7H	9H	11H
顺时针旋转 16°方案	83	154	125	130	152	149
顺时针旋转 23°方案	107	145	112	125	147	168

注：塔高＝设备层海拔（1108m）－塔中心高程。

从用钢量、塔高、危岩情况、小窝凼回填、开挖量和道路通行情况对上述两个方案进行综合比较，如表 4.36 所示。其中用钢量参考相同塔高的输电线路大跨越钢管塔进行粗估。

表 4.36　顺时针旋转 16°和顺时针旋转 23°方案对比

对比项	顺时针旋转 16°方案的情况	顺时针旋转 23°方案的情况
总塔高	781m	791m
用钢量	1242.269t	1271.016t
危岩情况	可清除 1H 塔上方的危岩	可清除位于塔内的 W3 和 W4 危岩
开挖量	99337m³	111817m³
小窝凼回填	4 个塔脚均不受回填的影响	有两个塔脚落于小窝凼回填区，高程分别为 918m 和 923m，回填高度分别为 22m 和 17m
道路	可形成内环的螺旋检修道路，外环道路超出规范。5H 崩塌槽处架桥长度为 318m	可形成内、外环道路，满足规范的要求。5H 崩塌槽处架桥长度为 292m

注：5H 崩塌槽处架桥设计在台址开挖信息化施工过程中被取消。

最后，基于各方面影响的考虑，顺时针旋转 16°和顺时针旋转 23°两个方案在工程量、用钢量、危岩等方面的成本相差不大，但由于顺时针旋转 16°方案

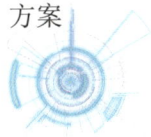

在施工难度、外环道路设计和望远镜外观的方面存在缺点，最终选择顺时针旋转23°方案。即在第一次塔址基础上再顺时针旋转23°，因此 11H 塔中心—开挖中心连线与正北方向夹角为 14°，如图 4.110 所示。同时也确定了塔顶设备层比开挖中心（海拔约 834m）上方 4m 处的反射面中心高 270m 的原则。

尽管如此，最终优化后的塔位基础依然还存在一些不良地质条件需要处理，包括 11H 塔位处于回填区边缘、断层和破碎带，1H、5H、7H 和 9H 塔位的边坡开挖与支护、危岩防治问题，3H 塔位需要局部开方且各馈源支撑塔基础高差较大，7H 塔位处于块石堆积斜坡区域（崩塌堆积体），部分塔腿下方可能存在溶洞等。这些已在台址开挖设计与施工和塔基础设计与施工中有相关论述。

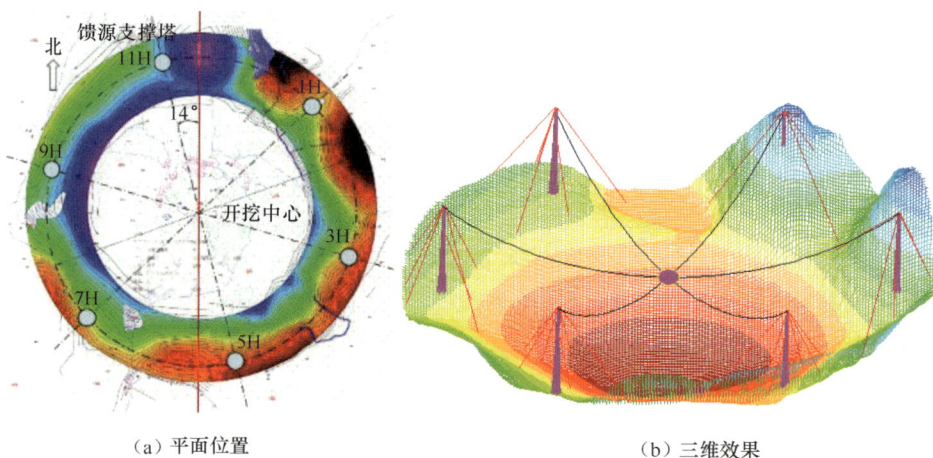

(a) 平面位置　　　　　　　　　　　　(b) 三维效果

图 4.110　最终的 6 塔塔址优化定位结果

4.5.3　支撑塔设计

1. 设计依据与基本要求

① 按照现行国家颁布的相关设计规程和规范进行，相关规程和规范至少包括《钢结构设计规范》、《混凝土结构设计规范》、《建筑桩基技术规范》、《建筑结构载荷规范》、《建筑地基基础设计规范》、《高耸结构设计规范》（GB 50135—2006）和《钢管混凝土结构设计与施工规程》（CECS 28：90）。

② 馈源支撑塔为重要结构，安全等级为一级，结构重要性系数取值为 1.1。

③ 馈源支撑塔的第一阶自振频率不低于 1.0Hz。

④ 馈源支撑塔（含全部构件及连接件）的防腐年限不短于 FAST 设计寿命

（30 年）。

2．设计条件

（1）气象条件

① 设计风速：风载荷是铁塔结构受力载荷的主要组成部分，馈源支撑塔的安全可靠度不应小于索驱动及馈源舱的安全可靠度，按照《建筑结构载荷规范》，同时搜集参考贵州地区输电线路工程设计气象资料，经计算比较，按照设计规程，馈源支撑塔的基本设计风速推荐采用 50 年一遇（FAST 寿命为 30 年）、离地 10m 高、10min 平均的最大风速，该风速值取 22m/s。

② 覆冰厚度：馈源支撑塔位于贵州省平塘县克度镇，属于贵州山区，搜集该地区输电线路工程设计覆冰厚度取值并综合考虑 2008 年年初全国大范围覆冰倒塔分析结果，综合考虑推荐馈源支撑塔覆冰按重覆冰区设计，基本覆冰厚度取 30mm，覆冰重度按 $9kN/m^3$ 计入。

③ 雪载荷：按《建筑结构载荷规范》，基本雪载荷按贵阳市数据取值为 $0.2kN/m^2$。

（2）地形条件

馈源支撑塔位于高原山区地形，地形地貌复杂。6 塔中心坐标及高程如表 4.37 所示，说明如下 [28]。

开挖中心定于坐标：x=498956.8651m；y=2838440.7134m（FAST 坐标系）。

6 塔塔顶设备层高程为 1108m。

6 塔沿直径为 600m 的圆周均布，其中 11H 塔中心—开挖中心的连线与正北方向夹角为 14°。

表 4.37　6 塔中心坐标及高程

塔号	x/m	y/m	z（开挖前）/m	z'（开挖后）/m	塔高 /m
1H	499172.6670	2838649.1109	1003	1001	107
3H	499245.2436	2838358.0222	963	963	145
5H	499029.4417	2838149.6247	996	996	112
7H	498741.0632	2838232.3159	983	983	125
9H	498668.4866	2838523.4046	961	961	147
11H	498884.2885	2838731.8021	935	940	168

28　参见 2011 年中国科学院国家天文台 FAST 团队发布的《FAST 馈源支撑塔施工图设计任务书》。

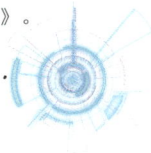

（3）抗震设防烈度

按贵阳地区抗震设防烈度为 6 度考虑，不考虑抗震验算。

（4）载荷条件

馈源支撑塔采用无索驱动配重方案，其永久载荷和可变载荷如下。

① 永久载荷，包括结构自重、回转机构自重、导向滑轮自重和设备载荷等，其中后 3 项载荷共约 180kN。

② 可变载荷，主要包括风载荷和索张力。

支撑塔所承受的索张力为连接馈源舱方向的拉力和通过塔顶定滑轮和转向滑轮后垂直向下的张力。

正常工况下支撑塔所承受的索张力包括稳态索张力和脉动索张力两部分。稳态索张力是由馈源舱自重、索驱动钢索自重和索上悬挂的窗帘式缆线入舱机构自重所产生的，索张力的大小和方向随舱位置的改变而改变，但变化非常缓慢，处于准静态。在塔顶处，索张力方向的水平投影与塔分布圆的径向所成夹角在 ±20°范围内变化，如图 4.111 所示。在正常工况（观测、换源和降舱）下稳态索张力在 140 ～ 400kN 范围内变化[29][31]。稳态索张力的等效载荷计算如表 4.38 所示。

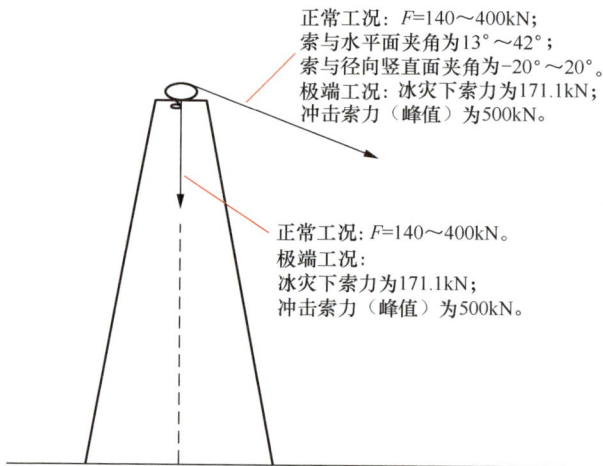

正常工况：F=140～400kN；
索与水平面夹角为13°～42°；
索与径向竖直面夹角为-20°～20°。
极端工况：冰灾下索力为171.1kN；
冲击索力（峰值）为500kN。

正常工况：F=140～400kN。
极端工况：
冰灾下索力为171.1kN；
冲击索力（峰值）为500kN。

图 4.111　索张力示意

29　参见 2010 年中国科学院国家天文台 FAST 团队发布的《FAST 馈源支撑 6 索驱动机构的动态特性研究》和 2011 年中国科学院国家天文台 FAST 团队发布的《FAST 馈源支撑塔塔顶钢索张力工况 V2.0》《FAST 馈源支撑塔施工图设计任务书》。

表 4.38　稳态索张力的等效载荷计算

工况描述	索张力类型	馈源舱位置（编号）	作用位置	张力计算载荷 /kN	张力方向	
					水平投影与径向偏角 /°	张力方向与水平面夹角 /°
正常工况	稳态索张力	焦面边缘且离塔最近（R1）	塔顶	400.00	0	−25.17
		焦面边缘且离塔最远（R2）	塔顶	180.00	0	−13.65
		焦面边缘且径向偏角最大（R3）	塔顶	300.00	−20 ～ 20	−18.18
		舱降舱（R4）	塔顶	140.00	0	−42.00
	脉动索张力	任意位置（R5）	塔顶	5.0 随机载荷（频率为 0 ～ 0.8Hz）	−20 ～ 20	−42 ～ 13.65
极端工况	冲击索张力	轨迹面边缘与两塔对称线交点（R6）	塔顶	周期震荡，峰值为 500kN，5s 内均值为 400kN（频率为 0.2Hz，持续约 30s）	±13.73	−23.10
	冰灾下的最大索张力	舱降舱且钢索及缆线表面覆冰（R7）	塔顶	171.10	0	−42.00

　　脉动索张力是由风扰、索驱动力扰动或馈源舱运行中的加 / 减速过程作用于舱索系统所产生的，其中风扰引起的脉动索张力极为显著，最大脉动幅值不大于 5kN，其脉动频率与舱索系统的自振频率相当，峰值脉动频率约为 0.2Hz，一般均不超过 0.8Hz。

　　极端工况下支撑塔可能会承受断绳工况下的冲击索张力。此时 1 套索驱动机构的高速轴突然发生断裂，导致卷筒紧急制动，引发舱—索悬挂动力学系统的大幅震荡，引起其余 5 索的冲击索张力。其间钢索因冲击引起的周期性振荡持续约 30s。此时的索张力脉动频率约为 0.2Hz，索张力波峰值可能达到 500kN，波谷值约 80kN，5s 内索张力平均值约 400kN。极端工况下的索张力按偶然载荷进行载荷组合。在断绳工况下要求支撑塔没有严重受损，避免塔倒塌引起二次事故损失。

　　在极端工况下，当地可能存在百年不遇的冻雨冰灾天气，此时要求馈源舱紧急降舱避险。降舱后为保证钢索不与反射面干涉，钢索仍保持张紧状态，承受一定的拉力。每根钢索上悬挂 600m 长的抗反复弯折疲劳的行车电缆和动光缆（外径约 20mm），在极端天气下钢索和缆线表面均可能覆盖一层 15mm 厚的冰凌。经

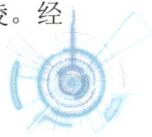

计算，钢索张力因此约增大 31.10kN。

③ 其他载荷，包括塔顶平台设备安装载荷和楼面活载荷等。

④ 载荷组合，馈源支撑塔的载荷主要按以下几种情况组合，具体载荷组合及系数取值如表 4.39 所示。

- 正常工况：正常工况下考虑 0°、45°、60° 和 90° 最大风，无冰，同时考虑索张力及索上风载荷的共同作用。

- 降舱工况：当存在覆冰以及安装检修时，馈源舱降舱。此时载荷组合考虑风速为 20m/s（风压相当于基本风压的 70%）、0° 方向的风载荷、30mm 覆冰载荷，同时考虑安装检修载荷及对应索张力及索上风载荷的共同作用。

- 极端工况 I（非正常工作 R6、R7）：考虑 0°、45°、60° 和 90° 最大风速，无覆冰载荷，同时考虑索张力及索上风载荷的共同作用。该工况按送电线路杆塔规定中的验算情况考虑，可变载荷组合系数取 0.75（建筑载荷规范中，偶然组合不计可变载荷分项系数，相当于 $1/1.4 \approx 0.71$）。

- 极端工况 II（索驱动高速轴断裂引发冲击 R8）：考虑 0°、45°、60° 和 90° 最大风速，无覆冰载荷，同时考虑索张力、索冲击脉动力及索上风载荷的共同作用。该工况按送电线路杆塔规定中的验算情况考虑，可变载荷组合系数取 0.75（建筑载荷规范中，偶然组合不计可变载荷分项系数，相当于 $1/1.4 \approx 0.71$）。

- 设备安装：按 10m/s、0° 方向的风载荷、无覆冰载荷考虑。

表 4.39　具体载荷组合及系数取值

工况类型		气象条件		载荷组合	分项系数		组合系数			
		风速 / (m·s⁻¹)	冰厚 / mm		永久载荷	可变载荷	可变载荷			
					G	Q	W	I	R	L
正常运行	大风	22	0	G+W90+R1+R5	1.2	1.4	1	0	1	0
				G+W60+R1+R5	1.2	1.4	1	0	1	0
				G+W45+R1+R5	1.2	1.4	1	0	1	0
				G+W0+R1+R5	1.2	1.4	1	0	1	0
				G+W90+R2+R5	1.2	1.4	1	0	1	0
				G+W60+R2+R5	1.2	1.4	1	0	1	0
				G+W45+R2+R5	1.2	1.4	1	0	1	0
				G+W0+R2+R5	1.2	1.4	1	0	1	0
				G+W90+R3+R5	1.2	1.4	1	0	1	0

续表

工况类型	气象条件		载荷组合	分项系数		组合系数			
	风速/(m·s⁻¹)	冰厚/mm		永久载荷	可变载荷	可变载荷			
				G	Q	W	I	R	L
正常运行 大风	22	0	$G+W60+R3+R5$	1.2	1.4	1	0	1	0
			$G+W45+R3+R5$	1.2	1.4	1	0	1	0
			$G+W0+R3+R5$	1.2	1.4	1	0	1	0
降舱	22	30	$G+W90+I+R4+R5+L$	1.2	1.4	1	1	1	0.7
			$G+W60+I+R4+R5+L$	1.2	1.4	1	1	1	0.7
			$G+W45+I+R4+R5+L$	1.2	1.4	1	1	1	0.7
			$G+W0+I+R4+R5+L$	1.2	1.4	1	1	1	0.7
极端工况	22	0	$G+W90+R6$	1.2	1.4	0.75	0	0.75	0
			$G+W60+R6$	1.2	1.4	0.75	0	0.75	0
			$G+W45+R6$	1.2	1.4	0.75	0	0.75	0
			$G+W0+R6$	1.2	1.4	0.75	0	0.75	0
			$G+W90+R7$	1.2	1.4	0.75	0	0.75	0
			$G+W60+R7$	1.2	1.4	0.75	0	0.75	0
			$G+W45+R7$	1.2	1.4	0.75	0	0.75	0
			$G+W0+R7$	1.2	1.4	0.75	0	0.75	0
			$G+W90+R8$	1.2	1.4	0.75	0	0.75	0
			$G+W60+R8$	1.2	1.4	0.75	0	0.75	0
			$G+W45+R8$	1.2	1.4	0.75	0	0.75	0
			$G+W0+R8$	1.2	1.4	0.75	0	0.75	0
设备安装	10	0	$G+W0+Q$	1.2	1.4	1	0	1	1

注：G 表示结构自重；$W90$、$W60$、$W45$、$W0$ 分别表示 90°、60°、45° 和 0° 方向的风载荷；I 表示覆冰载荷；R 表示索张力；L 表示楼面检修载荷和活载荷；Q 表示设备安装载荷。

3．结构计算方法

馈源支撑塔结构设计采用以概率理论为基础的极限状态设计方法，用可靠度指标度量结构构件的可靠度。支撑塔结构和构件的强度、稳定、刚度和连接计算是按结构的承载力极限状态，即结构或构件达到最大承载力或发生变形的方法进行计算的。

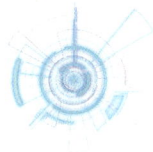

4．塔型选择与结构优化

（1）塔架结构横截面及立面选择

馈源支撑塔同时受到索张力的作用。横截面为长方形的塔架结构的立面形状更接近塔顶部受水平力的沿塔高度分布的弯矩图，塔更轻，但是由于馈源支撑塔所处地形复杂，为减少开方量，塔腿需要采用长短腿设计。斜塔斜边侧坡度较大，长短腿配置较两边坡的塔型更受限制，同时，斜塔在设备安装、索驱动接口设置方面不如直立塔便利。综上所述，馈源支撑塔的主要功能是通过钢索悬吊方式支撑馈源舱，满足强度和第一阶自振频率要求，同时由于支撑塔所处地形复杂，塔腿需要采用长短腿设计，因此采用正四边形截面、直线形立面的塔架结构。

（2）塔型结构选择

目前我国常用的塔型结构（或材料）主要有钢管塔、组合断面角钢塔、钢筋混凝土塔和钢管混凝土塔等，其中最适合 FAST 塔址地质和地形条件的为钢管塔、组合断面角钢塔和钢管混凝土塔。

钢管塔的优点是结构简单，构件数量少，便于加工和安装；钢管塔风载荷体型系数小，塔身风载荷较小，耗钢量较少；其基础作用力较小，基础工程量减少。基础施工可以与钢管塔加工同步，施工周期短。

钢管塔与组合断面角钢塔相比，具有构件风载荷体型系数小，截面回转半径大，压屈稳定系数高，承受载荷大，整体稳定性好的特点，且钢管塔与组合断面角钢塔相比，可节省大约 20% 的钢材。从施工角度看，钢管塔的腹杆数量较少，杆件总数量比组合断面角钢塔的要少一半以上，施工管理比较方便，运行情况良好。本工程要求馈源支撑塔第一阶自振频率不小于 1.0Hz，钢管塔比组合断面角钢塔质量降低，整体刚度提高，更容易满足对自振频率的要求。

钢管混凝土塔结构是一种应用比较成熟的结构，在钢管中填充混凝土形成钢管混凝土构件后，钢管约束了混凝土，可延缓其受压时的纵向开裂，而混凝土也可以延缓钢管过早地发生局部屈曲。两种材料相互弥补了彼此的缺陷，可以充分发挥各自的长处，从而使钢管混凝土构件具有很强的承载能力，且钢管混凝土塔阻尼大，抗震性能优于钢管结构。但采用钢管混凝土塔后基础的上拔力减小，下压力增大，基础工程量会有所增加。从施工角度看，钢管混凝土塔在组塔的过程中，需要分段向钢管塔主材中浇筑混凝土，与钢管塔相比，施工周期更长，施工费更高。

经过综合性价比分析，FAST 馈源支撑塔最终选用钢管塔结构[30][31]。

（3）结构优化与计算校核

① 根开优化

由于塔顶设备的要求，塔顶宽度不小于 5m。当顶部宽度增大时，馈源支撑塔质量增加、自振频率降低，因此顶部宽度按 5m 设计。对于受塔顶索张力和风载荷作用的馈源支撑塔，塔底根开（指两个塔腿的水平距离）与塔高比值为 1/6 ~ 1/4 较为合适，在此范围内质量变化不大。从趋势上看，根开越大，塔主材省材而腹杆费材，基础作用力较小，同时占地面积增大；根开越小，则塔主材费材而腹杆省材，占地面积小，但基础作用力增大，同时刚度较小，变形增大。

考虑到馈源支撑塔对主体结构第一阶自振频率不小于 1Hz 的要求，在塔重变化不大的前提下，增大结构刚度更为有利。但馈源支撑塔安装施工受场地限制，且根开大，对塔位空间的开方量也大。因此，经计算比较确定最高的 11H 馈源支撑塔的根开为 38.6m，塔身坡度为 10%，根开与塔高比值为 1/4.265。计算所得第一阶自振频率为 1.001Hz，满足要求，如表 4.40 所示。

表 4.40　馈源支撑塔根开及第一阶自振频率计算值

设计项目	设计值					
	1H	3H	5H	7H	9H	11H
塔高	107m	145m	112m	125m	147m	168m
塔根开	26.4m	34.0m	27.4m	30.0m	34.4m	38.6m
第一阶自振频率计算值	1.242Hz	1.041Hz	1.187Hz	1.129Hz	1.034Hz	1.001Hz

② 塔身布置优化

馈源支撑塔塔身布置优化主要是将主材和腹杆（斜材和横材）布置成最佳型式，使主斜材受力合理，刚度影响不大的条件下塔最轻。

③ 腹杆体系

腹杆横材和斜材的布局可分为十字交叉形、"米"形、"K"形和再分式腹杆形，如图 4.112 所示。馈源支撑塔塔型较大，索张力通过滑轮作用于塔顶，其

30　参见 2010 年中国电力工程顾问集团华北电力设计院工程有限公司发布的《FAST 馈源支撑塔方案设计与优化技术报告》。

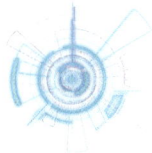

他截面无集中作用力，并对结构刚度有一定要求，因此采用"米"形腹杆体系，同时在每一横材处设置隔面。

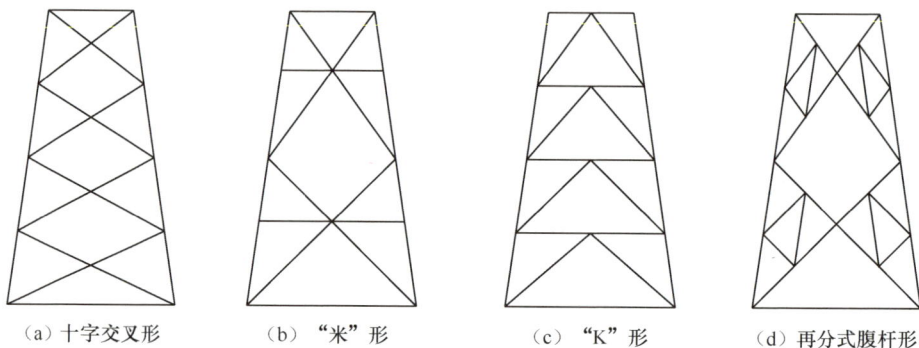

(a) 十字交叉形　　　(b) "米" 形　　　(c) "K" 形　　　(d) 再分式腹杆形

图 4.112　塔结构腹杆体系

④ 节间数量优化

节间是指相邻两个横隔面之间的塔架结构部分，通常整个塔架可以由数个节间构成。节间数量优化即主材计算长度的优化。通常对杆塔结构按桁架体系进行有限元分析计算。按照钢结构规范桁架模型要求满足主管长径比大于 12，支管长径比大于 24，即对主材要求长细比大于 34。钢管塔主材一般需要满足稳定性的要求。控制的轴心受压构件，长细比越小，主材利用越充分；由于局部稳定性的要求，主材截面同时要满足一定的径厚比要求，因此缩短主材计算长度是减小长细比的直接方法。主材计算长度越短，主材利用充分，节间数量越多，腹杆数量越多；反之，主材计算长度越长，腹杆数量少，主材稳定系数减小。同时，从国内外科研成果以及工程设计实践经验看，塔身斜材和水平面的夹角取 40°～50° 为宜。经分析计算，最后选用将塔架分为 21 个节间的方案。

⑤ 横隔面形式的优化

横隔面设置将塔架 4 个侧面的平面桁架联系成为空间桁架体系，有效传递扭力，对斜材及横材起到平面外支撑作用，有效缩短杆件计算长度，同时便于钢管塔安装施工。

钢管塔一般采用图 4.113 所示的横隔面形式。图 4.113（a）和图 4.113（b）所示形式主要用于塔头部或塔身截面较小的部位，图 4.113（c）所示形式则主要用于塔身截面较大的部位，以缩短横材杆件计算长度。

（a）交叉形　　　　　　（b）嵌套方形　　　　　　（c）细分形

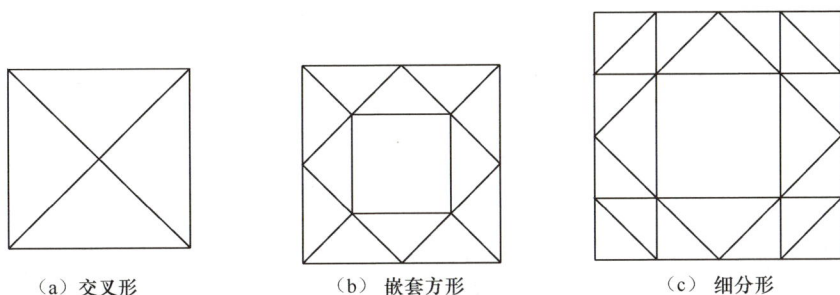

图 4.113　横隔面形式

本工程采用图 4.113（b）所示形式，一方面提供对斜材和横材立面平面外支撑，另一方面便于在塔中心设置驱动钢索及井架。

⑥ 长短腿优化

按照《架空输电线路钢管塔设计技术规定》（DL/T 5254—2010），塔腿主斜材夹角不宜小于 25°。主材与斜材夹角过小，一方面斜材负端距较大，构造不合理，另一方面塔脚处次弯矩随主斜材夹角减小而明显增大；同时，塔腿高度增加，原本按两分段设计的塔腿节间，为缩短计算长度，需要变为 3 分段，而通过对输电线路钢管塔塔腿次应力的分析，增加分段数将使塔脚次应力进一步增大。同时，长短腿、中短腿也不宜过短，否则短腿的塔腿斜材受力较大，影响到上部塔身斜材，塔重增加。

按照上述原则，我们对 6 座馈源支撑塔的长短腿进行优化。对塔腿主斜材夹角进行控制及短腿高度进行控制，使长短腿高程差受到限制，超出此范围，通常采用基础主柱加高或增设子塔予以解决。受地形条件影响，部分馈源支撑塔塔腿高差较大。在确定塔位选址方案后，塔腿高差最大的为 1H 塔，初定塔高为 106m，塔腿高差为 33m，塔腿高差过大。各塔长短腿高差如表 4.41 所示。对于高差过大的部分塔腿，其混凝土基础需要做抬高处理。

表 4.41　各塔长短腿高差

设计项目	设计值 /m					
	1H	3H	5H	7H	9H	11H
塔高	107	145	112	125	147	168
塔根开	26.4	34.0	27.4	30.0	34.4	38.6
高程差（开挖前）	18	25	21	23	25	25
高程差（开挖后）	17	25	20	22	24	17

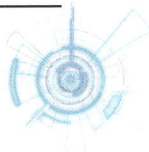

⑦ 节点设计

钢管塔的连接方式主要有管管相贯线焊接、法兰连接、U 形插板双剪连接和插板单剪连接等。考虑到馈源支撑塔对刚度要求较高,钢管塔安装(也称"组立")施工主要在现场进行,采用法兰连接的方式,如图 4.114 所示。

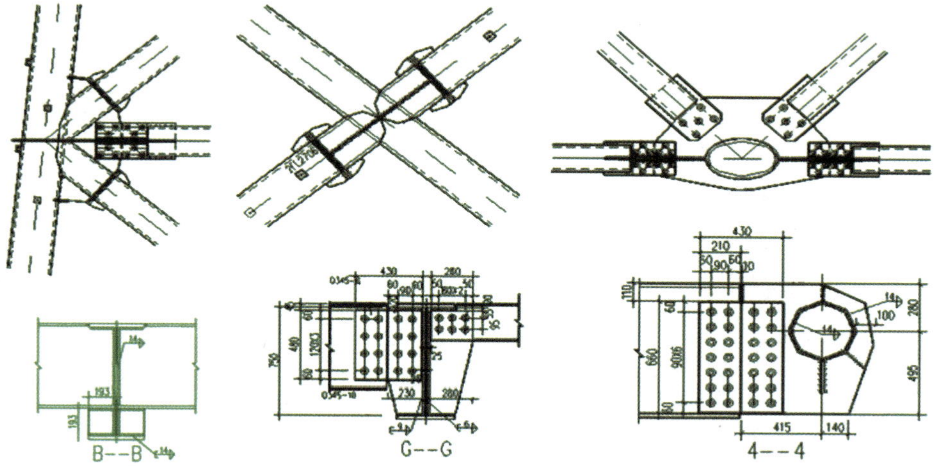

注:图中单位为 mm。

图 4.114　节点设计

5. 结构选材

(1)塔架材料材质

《钢结构设计规范》中规定热加工管材和冷成型管材不应采用屈服强度 f_y 超过 345MPa 以及屈强比 $f_y/f_u>0.8$ 的钢材,且钢管壁厚不宜大于 25mm。为防止钢材的脆性破坏,所有钢材应具有常温冲击韧性高的要求,即所有钢材质量等级不低于 B 级。本工程钢管塔采用 Q235B 及 Q345B 钢材。

(2)连接材料材质

输电线路工程连接螺栓一般采用 6.8 级和 8.8 级螺栓。根据 6.8 级和 8.8 级螺栓强度级别的比值来看,当采用 8.8 级螺栓时,螺栓数量可减少 20%,虽然采用 10.9 级螺栓可节省更多,但由于 10.9 级螺栓在酸洗除锈后容易造成氢脆断裂,且缺乏成熟的使用经验,建议不采用。因此,铁塔螺栓推荐采用 6.8 级(M16、M20)、8.8 级(M24 及以上)镀锌螺栓。

Q235B、Q345B 钢焊条采用 E43 型、E50 型两种焊条。考虑到钢管塔构件相贯线较为复杂,且螺栓连接要求精度较高,所有塔构件的放样、下料、加工和焊接均在塔加工厂内完成，现场均采用螺栓连接塔构件。

（3）防腐措施

支撑塔全部构件、螺栓、脚钉及插入基础的主材外露部分均采用热浸镀锌防腐，在厂内完成，可以实现 FAST 30 年的使用寿命，且基本无须额外的维护成本。

（4）防松措施

支撑塔所有连接螺栓均加装扣紧螺母，用于防止螺栓松动。

6．塔结构自振频率校核计算与试验测试

设计任务书要求馈源支撑塔的基频（第一阶自振频率）不低于 1.0Hz。该指标对塔质量、质量分布和刚度同时进行了比较严格的约束，是塔结构设计的一个难点。馈源支撑塔工程建设完成后，现场对 6 塔基频（第一阶自振频率）进行了测量，并与计算值进行了对比，如表 4.42 所示。从表 4.41 可以看出，除了 11H 塔，其他各塔的实测值均满足设计指标要求，11H 塔的基频（第一阶自振频率）虽略低于设计指标，但设计任务书对该指标留有一定的安全余量，该基频（第一阶自振频率）值仍然能够满足馈源舱精确定位的要求，因此可以认为是合格的。其次，塔基频（第一阶自振频率）的实测值普遍低于计算值，可能的原因是塔构件的连接节点包括法兰连接节点均存在一定间隙，并不是完全刚性的，因此仿真结果偏高。

表 4.42　6 塔基频（第一阶自振频率）计算值与实测值的比较

项目	基频（第一阶自振频率）/Hz					
	1H	3H	5H	7H	9H	11H
基于塔—索耦合模型的计算值[32][31]	1.242	1.041	1.187	1.129	1.034	1.001
挂索升舱至焦面最低点附近的实测值	1.167	1.043	1.133	1.077	1.042	0.946

4.5.4　附属设施和相关接口

1．塔与索驱动接口

在馈源支撑塔塔顶设备层处，设置塔顶导向滑轮、回转机构及其相关索驱动设备的维护设施[31]，这也是馈源支撑塔主要的功能体现。

根据馈源支撑塔的使用需要，每座塔塔顶设有回转机构，回转机构上安置导向滑轮[32][31]。导向滑轮随回转机构一起转动。滑轮直径不小于 2.4m。塔顶回转机构的布置及受力如图 4.115 所示。在每座塔塔底中心位置设置了钢索地滑轮，滑

31　参见 2016 年大连华锐重工集团股份有限公司发布的《FAST 馈源支撑系统索驱动使用说明书》。

32　参见 2010 年中国科学院国家天文台 FAST 团队发布的《FAST 馈源支撑塔施工图设计任务书》。

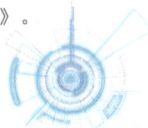

轮直径不小于 1.92m。同时，塔顶断面设置了检修起重设备，以便安装电动葫芦导轨和电动葫芦、滑轮和手拉葫芦等。为确保设备正常运行及工作净空，塔顶设备层净高超过 5.3m。

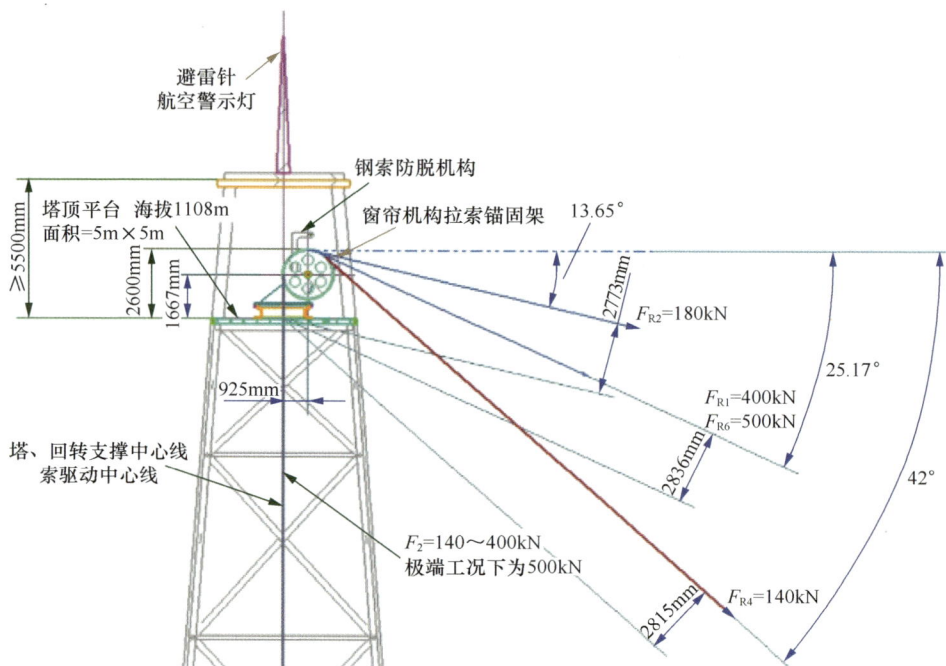

图 4.115   塔顶回转机构的布置及受力

为使塔顶索张力及设备重均匀传递给 4 个塔柱，在塔顶平面铺设加肋刚性板，中部开孔，开孔尺寸为 1000mm×1000mm，用以通过索驱动机构的钢索，如图 4.116 所示。钢索通过塔中心通道到达塔底地面。作为索驱动装置的一部分，在塔底地面设置地滑轮及地面机器房。

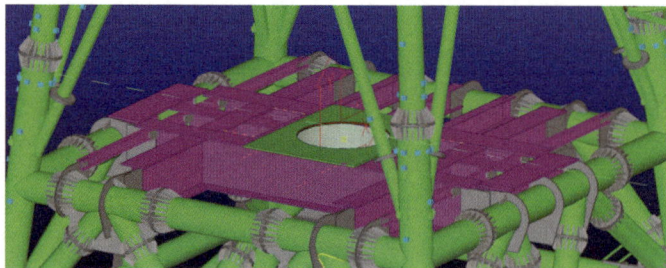

图 4.116   塔顶设备层平台主体结构三维模型

2．登塔设施

FAST 馈源支撑塔登塔方案是依据馈源支撑塔的重要性、塔的高度和塔的特殊需要来综合考虑和选择最佳的登塔措施，最终同时采用旋转式扶梯和铁塔攀爬机并用的登塔方案。

（1）旋转式扶梯

馈源支撑塔的旋转式扶梯采用沿着塔身斜材旋转向上的形式，在扶梯左右设置栏杆，同时每隔 30 ～ 40m 高度设置休息平台，主要方便巡检维护人员登塔上顶，如图 4.117 所示。

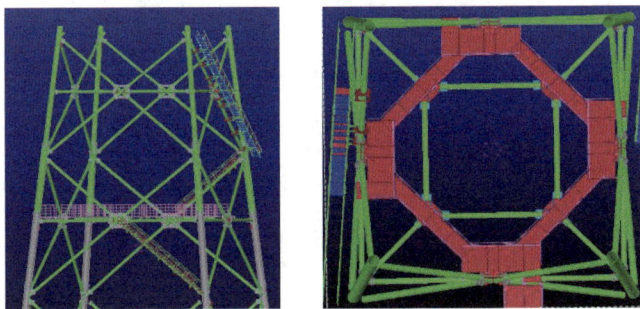

图 4.117　旋转式扶梯与休息平台

（2）铁塔攀爬机

铁塔攀爬机是对馈源支撑塔进行检修、维护的专用升降设备[33]，它既满足维护高铁塔的需求，又减少运行维护工作量、减少总体费用，如图 4.118 所示。铁塔攀爬机性能参数如表 4.43 所示。

铁塔攀爬机主要由导轨架、吊笼两部分组成。导轨架由标准节和支撑架组成，固定于铁塔塔架上，构成了吊笼的运行轨道。吊笼为可拆卸式，使用时将吊笼安装在导轨架上，导向轮、齿轮分别与导轨架上的导轨、齿条配合和啮合，由自备汽油发电机提供电力，在固定式电气控制装置或者遥控装置控制下，通过减速电机将电力转换为机械动力传至齿轮，实现升降。由防坠安全器、起质量限制器、限位装置、安全节以及减速电机的失电制动功能等多重安全保护措施保证爬塔作业人员的安全。在 FAST 停机维护时铁塔攀爬机可快速提升塔顶人员和相关设备。

33　参见 2014 年 3 月北京国网富达发展科技有限责任公司发布的《XTP180 型铁塔攀爬机使用与维护说明书》。

（a）实拍照片

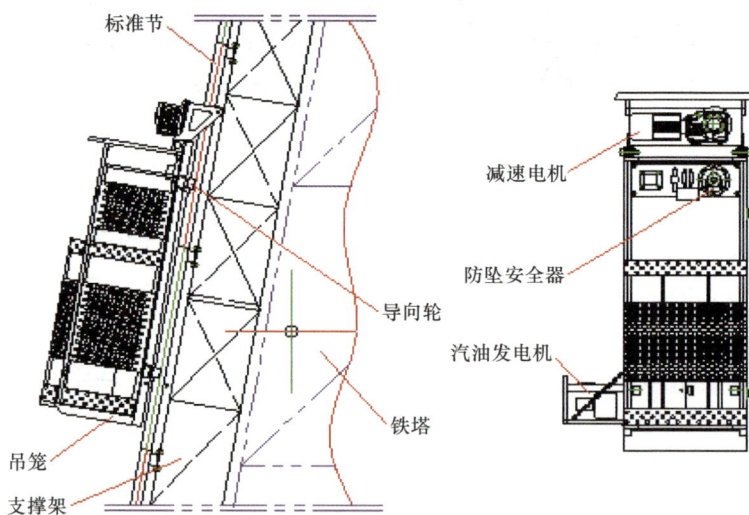

（b）设备组成

图 4.118　铁塔攀爬机

　　此外，入舱电缆和光缆也通过固定于导轨架上的线缆桥架从塔顶滑轮处往下连接到塔底索驱动机器房，具体设计见 5.2 节。

表 4.43　铁塔攀爬机性能参数

项目		性能指标
额定载质量		180kg
额定提升速度		12m/min
驱动机构	电机功率	2.2kW
	输入电压	约 220V
	输出转速	52r/min
防坠安全机构	额定动作速度	0.8m/s
	制动距离	0.25 ～ 1.4m
移动电源	输出功率	2.5kW
	输出电压	约 220V
吊笼质量与外形尺寸		1000mm×900mm×2500mm
导轨架最大倾角		12°

3．防雷接地设施

馈源支撑塔塔顶均安装 3m 高的避雷针和航空警示灯，如图 4.115 所示。馈源支撑塔主体通流能力远远大于雷电泄流需要，对于铁塔本身不需要采取额外的防雷措施。塔顶避雷针仅为塔顶设备层提供防雷保护。

利用铁塔本身作引流线，将塔腿逐腿引下并与接地网连接，其示意如图 4.119所示。沿支撑塔塔腿四周敷设方形水平接地网，水平接地网四角布置 4 个长度为5m 的垂直接地极，并与反射面接地网连接。铁塔逐腿引下并与支撑塔接地网可靠连接；基础钢筋笼焊接引出线与支撑塔接地网连接。水平接地网四边预留接地端子。接地网充分利用塔基的降阻作用，并与反射面接地网并联。对馈源支撑塔接地网接地电阻值的最高要求是冲击接地电阻应小于 10Ω，土壤电阻率较高的地区冲击接地电阻不大于 30Ω。

馈源支撑塔防雷接地的设计依据包括《建筑物防雷设计规范》（GB 50057—2010)、《交流电气装置的接地设计规范》（GB 50065—2011）和《交流电气装置的接地》（DL/T 621—1997）等。

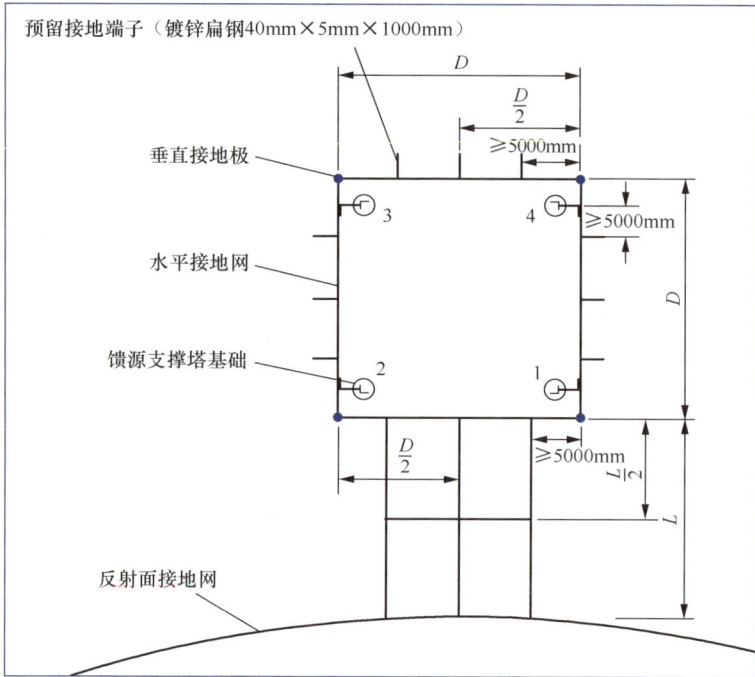

图 4.119　铁塔引雷接地示意

4.5.5　塔构件加工制造和试装

　　6 座馈源支撑塔结构与民用钢结构相比有较大的区别，它采用了高耸电视塔和特高压输电铁塔的设计理念，突出了钢管和法兰螺栓连接的结构特点，少部分隔面斜材主要为"C"形板连接，设备平台为夹板连接和焊接，塔构件的连接形式如图 4.120 所示。钢管法兰节点中存在大量的多角度、多空间的钢管相互连接和复杂几何相贯线，使得塔材加工精度要达到毫米量级及以下，超出了一般民用钢结构的要求。为达到长期防腐的

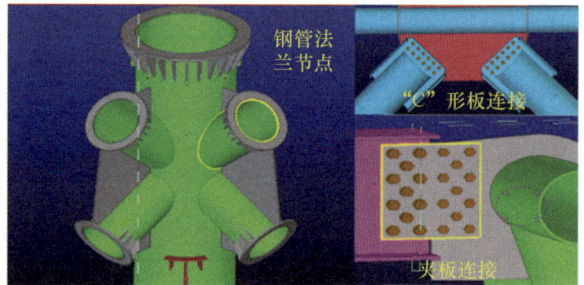

图 4.120　塔构件的连接形式

要求，对支撑塔钢结构采用了热浸镀锌工艺，其与焊接加工工艺所产生的构件温

度变形效应和尺寸误差不可忽视 [34]。

为满足上述要求，塔材加工制造需要完成几个关键的工艺流程和步骤。首先，需要进一步对施工图纸进行深化设计和三维技术放样；其次，需要设计科学、高效的钢构件生产胎膜，调配专用的生产设备，制定合理的生产施工计划；再次，编制严谨的质量控制措施，重点是钢管、法兰的焊接变形或收缩控制措施，及热浸镀锌过程变形控制措施的深化研究与编程，保证安装后各塔法兰盘的吻合度、螺栓穿孔率、水平标高和整体垂直度等技术指标满足设计要求；最后，在塔材发货前要进行局部塔结构的试装，进一步检验是否满足塔结构安装施工要求。

1．三维技术放样

铁塔放样加工图及相关清单的制作贯穿于铁塔加工的整个过程，是保证铁塔加工质量与工期的重要先决条件，铁塔放样的技术水平直接影响着铁塔构件加工的质量水平和加工效率。馈源支撑塔结构节点复杂、技术含量高，其深化设计全部采用先进的 Xsteel 三维建模软件完成。该软件可以完成全塔各个细节的建模，并从各个三维视角观察结构细节，能够比较直观地展示深化放样过程中各结构间的相互关系，防止构件连接过程中出现碰撞、"打架"和安装死角现象。三维 Xsteel 建模相比一般基于 CAD 的平面或立体放样更容易保证铁塔放样图纸和各项数据的准确性，大大提高了铁塔深化放样的效率。基于 Xsteel 建模软件的 11H 馈源支撑塔三维模型如图 4.121 所示。

2．加工工艺和质量控制

塔材的高精度加工离不开大批的相关设备和工装（钢构件生产胎膜），涉及原材料检验、开槽、切割、铣边、冲孔、下料、卷管、束管、折弯、校准、焊接、矫直、探伤、镀锌、成品/半成品搬运等诸多工艺和生产流程。其具体设备工装、生产工艺流程、成品包装和运输等均类似于输电铁塔和广播电视塔，技术方案应用较广，也较为成熟，此处不赘述。

图 4.121　11H 馈源支撑塔三维模型

3．塔顶设备层试装

塔顶设备层是馈源支撑塔结构最为复杂的部位，其设计采用了"H"形钢构

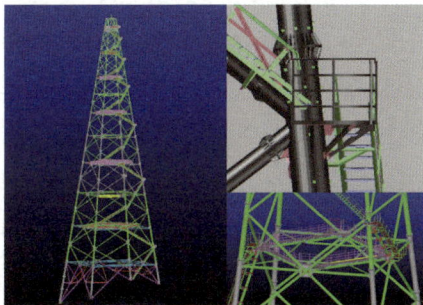

34　参见 2013 年青岛东方铁塔股份有限公司发布的《中国科学院国家天文台 FAST 馈源支撑塔制造项目技术方案》。

件作为设备层主梁、塔架管材和角钢混合连接的方案，且附带众多附属设施和接口。塔顶设备层构件密度高，连接形式复杂多样，有必要在塔材初步加工完毕和热浸镀锌之前进行试装，检验现场塔构件安装后各法兰盘的吻合度、螺栓穿孔率、水平标高和整体垂直度等技术指标是否满足设计要求，其试装结果如图 4.122 所示。经过试装证明，塔顶设备层的构件加工精度完全符合设计和规范要求。

图 4.122　馈源支撑塔塔顶设备层试装结果（2013 年 12 月）

4.5.6　塔及附属设施的现场安装

6 座馈源支撑塔都是钢管塔结构，构件数量多，单重较大，且连接形式多样，安装施工过程中塔材的垂直运输量大且安装过程对构件姿态调整要求高，这是塔安装施工的难点之一。由于台址现场地处山区，地形起伏大，施工作业面窄，大型施工机械难以展开，施工机械及吊装工具的选择和使用是塔安装施工的难点之二。现场几乎没有大型平整的天然场地，且受到道路交通条件限制，塔材的临时堆放场地远离施工作业现场，这是塔安装施工的难点之三。塔顶设备层平台、索驱动设备（导向滑轮和回转机构）和铁塔攀爬机导轨架等附属设施的尺寸和质量大，提升高度高，这是塔安装施工的难点之四。

最终实施的支撑塔安装方案遵循了"塔架及旋转式扶梯安装—塔顶索驱动设备安装—塔顶设备层平台安装—铁塔攀爬机导轨架安装"的施工顺序[35]。塔顶设备层平台和索驱动设备均在塔顶，在施工作业时按照设备高程由先高后低的顺序将设备逐个起吊并就位，然后由先低后高的顺序完成安装紧固。即先起吊索驱动

35　参见 2013 年青岛东方铁塔股份有限公司发布的《中国科学院国家天文台 FAST 馈源支撑塔安装项目技术方案（施工组织设计）》。

设备,最后完成索驱动设备的就位安装。

1. 塔架及旋转式扶梯的安装

在构件垂直运输和施工作业面问题上,分别提出了馈源支撑塔安装施工采用履带式起重机(简称履带吊)和悬浮式扒杆(简称扒杆)两种方案,考虑到 6 塔塔位均邻近环形检修道路,塔体高度为 40m 以下的部分可采用履带吊临时站位道路方式进行安装,40m 以上部分采用传统扒杆和卷扬机的吊装方法进行施工,如图 4.123 所示。现场作业地点不具备存放塔构件的堆放场地,塔安装施工采用了多流程交叉和塔材即运即装的作业方式,塔材生产和塔材安装也是交叉进行的,避免现场塔材堆积。由于 1H 塔和 5H 塔所在塔位与道路高差较大,塔材运到作业面后还需要进一步用履带吊将塔材提升到塔底,再用扒杆进行安装。悬浮扒杆具体的安装、操作、吊装、升降和拆除等施工工艺可参考广播电视塔和输电铁塔设备安装的成熟工艺。

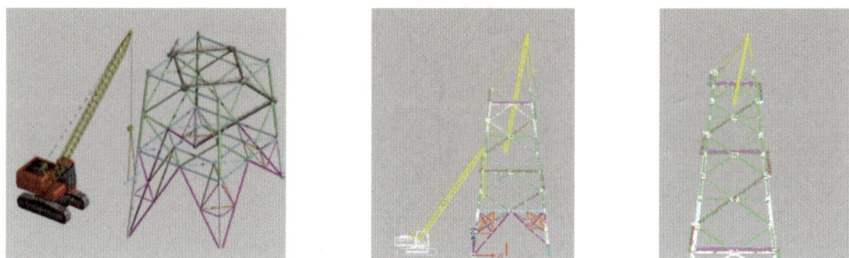

（a）履带吊安装最下方两节间　　（b）履带吊辅助安装悬浮扒杆　　（c）悬浮扒杆吊装和自提升

图 4.123　塔主体结构及旋转式扶梯的安装

2. 塔顶索驱动设备安装

塔顶索驱动设备主要由表 4.44 所示部分组成。

表 4.44　塔顶索驱动设备清单

名称	规格 /mm	质量 /kg
上支座	Φ1280×245	887
中间支座	Φ1280×245	308
下支座	Φ1280×245	185
回转机构	Φ1280×245	446
滑轮部件	Φ1280×245	2030

注:6 塔各一套,共 6 套。

根据表 4.43，吊装时使用满载 5t 的卷扬机吊装，完全满足吊装要求，具体的吊装方法如下。

① 吊装准备：由于驱动设备在塔顶平台中心位置，而悬浮扒杆占据该中心位置，驱动设备无法安装，必须把扒杆拆除后，利用塔体本身结构进行吊装。索驱动滑轮质量较重，考虑吊装安全采用滑轮组进行吊装。扒杆拆除前应把塔体除设备层平台外全部构件安装完毕。设备平台待驱动滑轮吊装上去并临时固定后再安装。

② 设备吊装：在塔体顶端对角钢柱上挂设钢丝绳，使用滑轮组进行吊装。具体的布置型式如图 4.124（a）所示。

③ 设备绑扎方式：索驱动滑轮按照技术要求组装完毕后，使用两根钢丝绳将其绑扎到滑轮本身设置的吊点上，如图 4.124（b）所示。

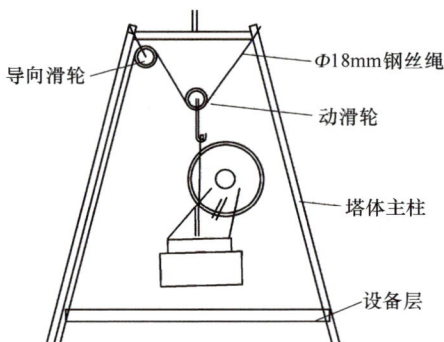

（a）设备吊装布置型式

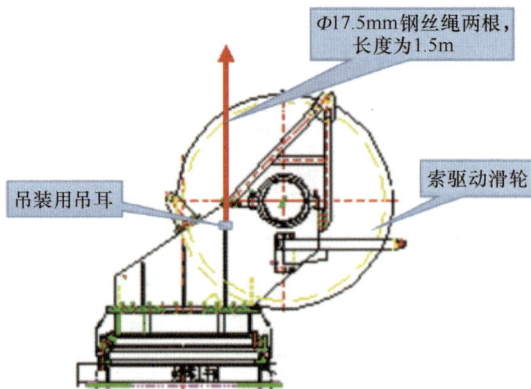

（b）索驱动设备绑扎

图 4.124　塔顶索驱动设备安装方案

④ 驱动设备吊装：完成以上工作后，慢慢启动设备，在启动设备前应在设备底部绑一尾绳，防止设备摇晃和转动。待设备启动高度超过设备层平台约 1m 时，停止起吊。在另两根对角钢柱上设置两根钢丝绳，并挂设索驱动滑轮，使用满载 2t 的倒链把驱动设备安装固定在塔体上并松开卷扬机吊物吊点，将驱动设备放置到地面，准备安装设备层平台。

3. 塔顶设备层平台安装

塔顶设备层平台是承受驱动设备和拉索受力的关键部位，该部位构件由大型工字钢梁和厚壁钢管连接而成，具体的结构型式如图 4.116 所示。在馈源支撑塔主体安装完毕后，中心扒杆已经无法进行设备层平台的吊装，所以需要拆除掉中心扒杆，利用塔体平台上方的塔体主柱作为吊装导向滑轮的吊点，使用卷扬机从塔体中心起吊，具体的吊装型式如图 4.125 所示。

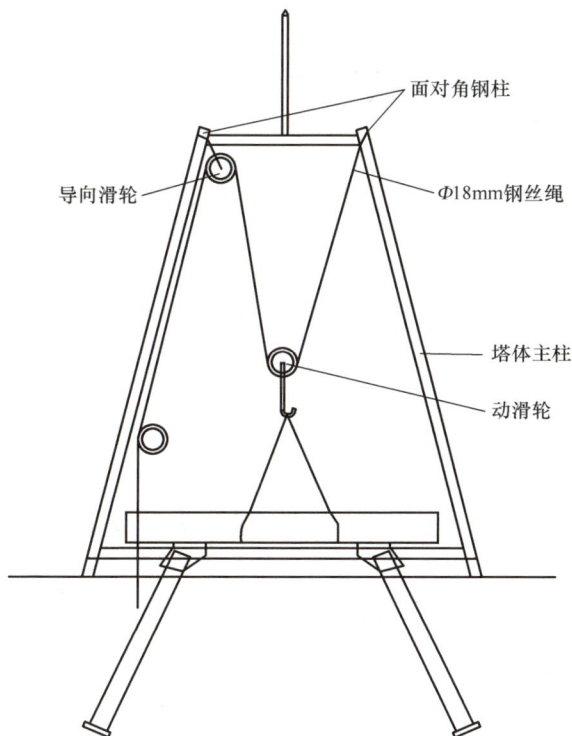

图 4.125　塔顶设备层平台的吊装型式

首先安装设备层平台中心的整体设备平台，然后安装工字梁之间的小型工字型次梁，对需要焊接的平台板进行焊接。所有构件安装完毕后，初步拧紧螺栓。

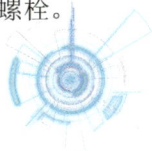

最终完成塔顶设备层平台的安装，如图 4.126
所示。

4. 铁塔攀爬机导轨架安装

铁塔攀爬机采用齿轮齿条式传动。导轨架支
撑自重，并与铁塔塔架固定在一起，安装导轨和
传动齿条。铁塔攀爬机和铁塔连接的具体方式如
图 4.127 所示。

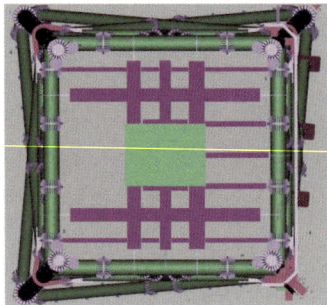

图 4.126　塔顶设备层平台安装完成

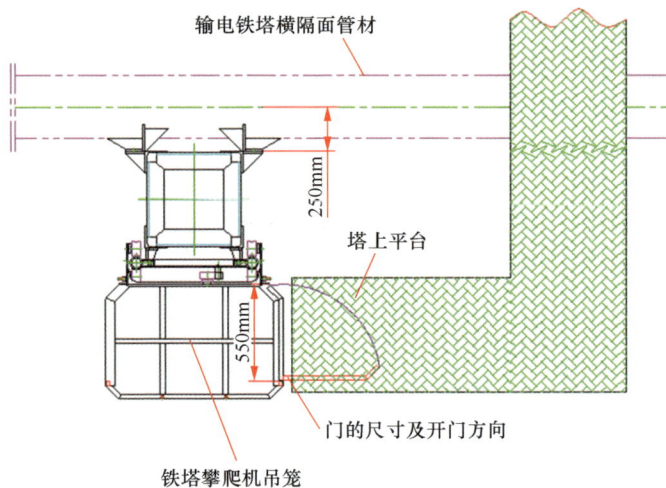

图 4.127　铁塔攀爬机和铁塔连接的具体方式

在铁塔安装完毕且扒杆未拆除之前，应把导轨架安装完毕。首先从外部把扒
杆顶部吊点通过导向滑轮放到地面，在往下放吊点时，应在吊点上绑设尾绳，在
下落过程中，地面人员应把吊点拉离塔体，避免和塔体构件相碰。详细安装步骤
包括导轨架的组装、导轨架吊装、导轨架就位等。安装完毕后，在铁塔攀爬机导
轨架正面轴线上架设经纬仪，测量导轨直线度，并按规范调整合格。最后进行铁
塔攀爬机的调试运行。

| 4.6　超大跨度结构安装施工 |

FAST 反射面主索网属于超大跨度柔性结构，两个维度方向跨度均达到了

500m，最大高差约 130m，包含 2225 个索网节点盘和 6670 根主索，绝大部分主索长度为 10 ～ 12m，且索长误差控制在 1mm 以内。索网结构总重约 1570t，单根主索质量为 80 ～ 300kg，单个索网节点盘重约 250kg。主索网体量大，分布广，如何实现索网结构的安装施工，是一个世界级的工程难题，没有现成的案例可供参考。

文献 [3] 和《FAST 索网和圈梁结构优化设计及施工方案研究报告》[36] 首先对索网安装的可行施工方案进行了初步的分析研究，建议主索网严格按照无应力长度组装，主索网面形通过下拉索进行张拉成形，并建议考虑索网对称性将索网分为 6 个区域同时施工。文献同时也对索网安装的施工细节进行了较为详细的叙述，对施工过程中的结构和设施受力进行了分析计算。

文献 [2] 和《FAST 工程圈梁索网施工图设计第 Ⅱ 部分——分项研究报告》[37] 对索网安装过程和索网张拉成形施工方案进行了数值模拟分析，发现在索网张拉成形施工中，分级张拉方案或者分批和分级相结合的张拉方案中，主索应力水平增长较为平稳，未出现超过张拉完成时的应力水平，因此建议采用分级张拉或者分批和分级相结合的张拉方案进行索网结构的张拉成形施工。该文献还对索网结构内力对各个参数误差的敏感性进行了分析，为索网安装完成后的调索方案实施提供了一定的依据。

《FAST 索网安装专项施工方案》和《FAST 工程索网索力调节专项施工方案》[38] 确定了索网安装的最终可行施工方案，并确定了索网安装完成后的索网张拉和边缘主索调索方案。文献 [32-33] 则对索网安装工程及其相关创新技术进行了详细的介绍。

在索网安装完毕后，紧接着需要将 4445 块反射面单元逐一安装到各个索网节点盘上，并实现反射面单元与索网的约束连接。每块反射面单元边长约 11m，重 480 ～ 500kg，这同样也是一个超大跨度结构的安装施工，需要拿出切实可行的创新方案，既需要保证安装精度满足要求，同时也需要保证足够的施工效率。

36　参见 2012 年 3 月东南大学发布的《FAST 索网和圈梁结构优化设计及施工方案研究报告》。

37　参见 2012 年 12 月北京市建筑设计研究院有限公司发布的《FAST 工程圈梁索网施工图设计第 Ⅱ 部分——分项研究报告》。

38　参见柳州欧维姆机械股份有限公司 2014 年 3 月发布的《FAST 索网安装专项施工方案》和 2015 年 1 月发布的《FAST 工程索网索力调节专项施工方案》。

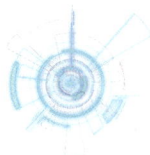

《FAST 反射面单元吊装方案设计与吊拼装场地规划报告》[39] 对反射面单元吊装工程进行了方案设计和单元吊拼装场地的规划。首先比较了全跨径缆索吊车系统与半跨径（辐射式）缆索吊车系统的优缺点，建议优选中心吊装塔（中心环形轨道梁）+ 半跨径缆索吊的吊装方案。其次分析了中心环梁合适的内外直径，建议选择 17m 内径和 25m 外径。此外，将中心吊装塔在 6 索投影位置设计成开口型式，开口位置的环形缆索吊轨道设计成开启式。平时使用时，吊装塔上的环形缆索吊轨道是封闭的，缆索吊可以 360°回转。通过这样的设计使得缆索吊系统尽可能避免与馈源支撑系统运行发生干涉，同时又能顺利完成反射面单元吊装任务。

《FAST 反射面单元吊装初步设计》[40] 在上述基础上完成了反射面单元吊装工程的初步设计，对反射面单元运输和吊装设备进行了技术参数的初步设计选型，对索道钢丝绳和中心环梁受力进行了分析计算和选型，为吊装工艺和流程给出了说明。《FAST 反射面单元吊装设备技术研究报告》[41] 则进一步完善了反射面单元吊装工程的总体技术要求，并完成了详细设计。详细设计最终采用了半跨径（辐射式）缆索吊车系统和全跨径缆索吊车系统相结合的总体安装施工方案。

4.6.1　索网安装施工

主索网体量大、分布广，同时受地形制约，无法进行地面组装或搭设满堂架平台，需要借助圈梁进行空间牵引安装，因此索网安装工程应该安排在圈梁和格构柱等周边支承结构安装完毕，并具有足够刚度后再考虑实施。主索网超大的跨度和结构安装的高精度要求，使得索网安装工程复杂且工期长，需要精心组织，合理安排。

索网安装的总体原则是主索网严格按照无应力长度组装，分区施工，地面支架散拼，采用高空索道辅助吊装和牵引滑移吊装；下拉索采用促动器和施工千斤顶进行张拉。

根据主索网的对称性，将索网结构划分为 6 个区域施工，6 个区域分别为 A 区、

39　参见2012年8月上海市机械施工集团有限公司发布的《FAST反射面单元吊装方案设计与吊拼装场地规划报告》。

40　参见 2012 年 7 月北京起重运输机械设计研究院发布的《FAST 反射面单元吊装方案初步设计》。

41　参见2015年1月北京起重运输机械设计研究院发布的《FAST反射面单元吊装设备技术设计研究报告》。

B 区、C 区、D 区、E 区和 F 区。前 5 个区域是成 72° 旋转对称的索网外围扇形区域，在索网施工时需要对称同步施工。F 区为索网中心靠近馈源舱附近直径为 80m 的范围区域，该区域施工时采用支架散拼。

　　总体施工顺序是先完成圈梁和格构柱安装施工，在周边支承结构能够承载索网施工载荷的情况下开始索网结构的安装施工。先进行中心区域 F 区的施工，在直径为 80m 以内区域搭设胎架，在 80m 以外的 A、B、C、D 和 E 这 5 个扇形区可采用索道辅助施工。根据主索网的对称性，可同时施工 5 个扇形区。在每个施工区域，首先安装 5 个对称轴位置的主索，然后对称向两侧扩展施工。索网结构的整体施工顺序如图 4.128 所示。

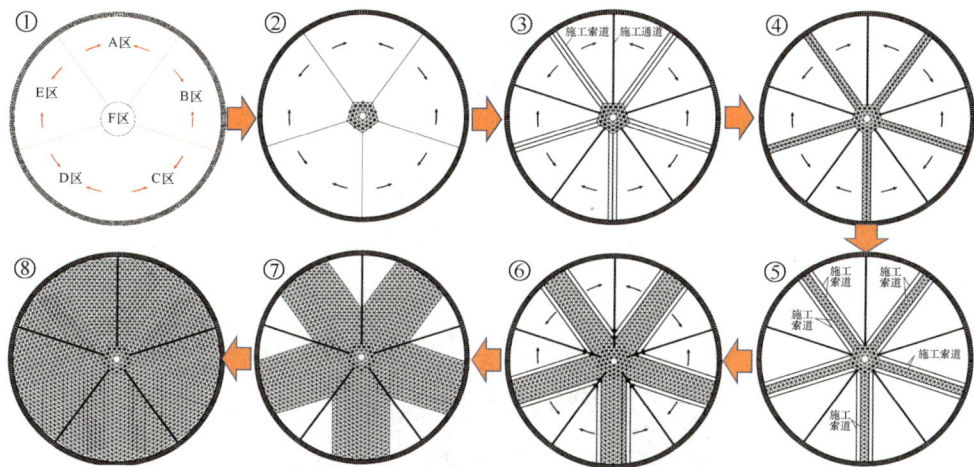

图 4.128　索网结构的整体施工顺序

1．索网安装辅助系统

　　FAST 索网结构高差大，主索和节点盘数量众多且相互交织，构件安装作业面均在高空，施工作业难度较大。为顺利完成索网安装，需提前搭设一系列的辅助设备和设施，用于解决构件运输问题，或提高构件安装施工的效率。这些设施和设备包括用于中心 F 区索网安装和架设索道的塔架设施、用于构件运输的圈梁小车和龙门式起重机（简称龙门吊）设备和设施、用于构件安装的施工索道系统等。

（1）F 区塔架设施

FAST 主索网与地面距离不等，以下拉索长度估计，主索网与地面距离近半

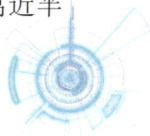

数小于 5m。索网中心 F 区地面平整，车辆可以通行，因此在施工时搭建 50 个节点盘胎架，用于安装索网中心 F 区的四圈主索和节点盘。

在胎架索网外侧节点位置安装 15 个索道塔架和 5 个猫道塔架，如图 4.129 所示，其中编号为 TA4、TB4、TC4、TD4、TE4 的塔架为猫道塔架，其他为索道塔架。塔架由型钢和钢管焊接而成。索道塔架作为索道的下锚点，猫道塔架则作为猫道的下锚点。这样可以避开馈源支撑系统的缆索机构，在交叉施工时也不会产生过大影响。

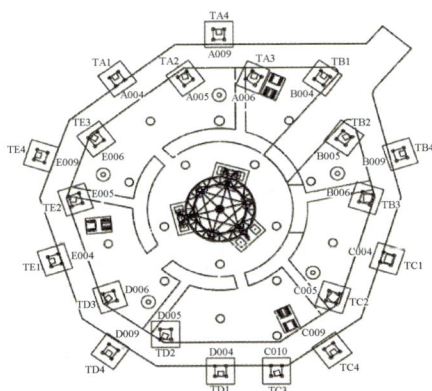

（a）平面布置

（b）效果图

图 4.129　独立塔架布置

搭设扣件钢管脚手架时，首先根据设计图纸定出的坐标对塔架位置进行放样，然后搭设扣件钢管脚手架胎架，最后在塔架顶部铺设脚手板，用于安放节点盘。

　　搭设独立塔架时，首先在独立塔架位置进行基础施工，然后将在工厂加工好的塔架构件在现场进行拼接。所有塔架安装完成后，安装塔架之间的平面桁架。平面桁架安装完成后，所有独立塔架形成一个整体。由于塔架受力较大，因此在塔架上安装预应力钢绞线地锚索，预紧拉力为 1t。

　　（2）圈梁运输设备和锚固设施

　　为方便索网构件能够快速运输到安装施工作业面，人们在圈梁上弦轨道上设置了运输和搬运设备，包括运索小车、龙门吊和工作平台以及移动台车等。

　　圈梁运索小车共设两台，用于在圈梁顶面水平运输主索和节点盘，如图 4.130 所示。运索小车设计了行走导向装置，防止小车运行时偏离轨道；小车横向设有克服离心力的限位装置。小车动力按最大爬坡能力的 5° 坡设计，同时设置爬坡时外力辅助装置和下坡时的刹车动力装置。

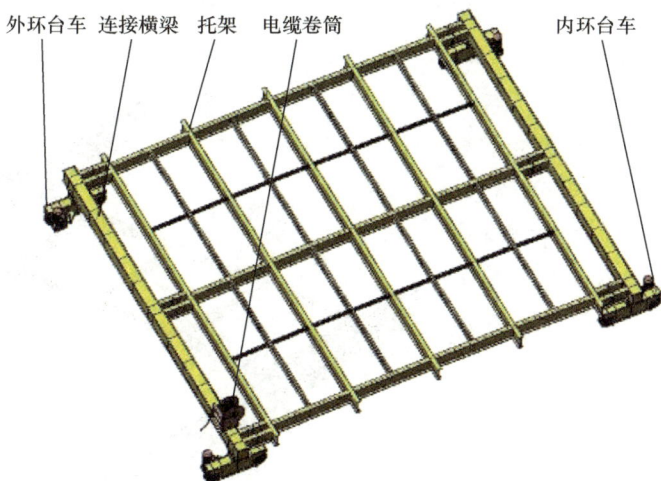

外环台车　连接横梁　托架　电缆卷筒　　　　　内环台车

图 4.130　运索小车

　　圈梁龙门吊设在每个扇区猫道对应的圈梁位置，共设 5 部，如图 4.131 所示。其作用一是将构件从运索小车卸到圈梁存储平台上；二是将构件从存储平台起吊并运输至圈梁下方的溜索索道上。龙门吊额定吊重为 2t，采用两台电动葫芦进行提升作业。为给圈梁运索小车提供足够的移动空间，将龙门吊跨度设为 13m（支腿间距）。同样，为了避开圈梁顶部轨道，支腿选择支撑在圈梁下弦杆上，支撑点支撑在圈梁下弦杆横梁上。

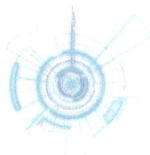

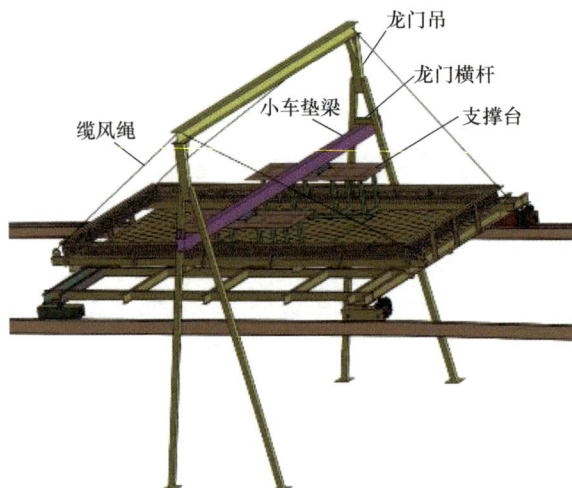

图 4.131　圈梁龙门吊运索示意

除 F 区外，每个区设 4 套圈梁移动台车，合计 20 套，移动台车采用型钢焊接结构，布置于圈梁上弦轨道上，如图 4.132 所示。

移动台车上设置了挂索索道和挂篮索道的钢丝绳锚点，以及牵引钢绞线的千斤顶张拉端。移动台车内侧轨道横梁上设置 4 个通孔，分别为牵引钢绞线通孔、挂篮索道通孔和挂索索道通孔。

移动台车底盘设置了两道圆周轨道，轨道与圈梁轨道在

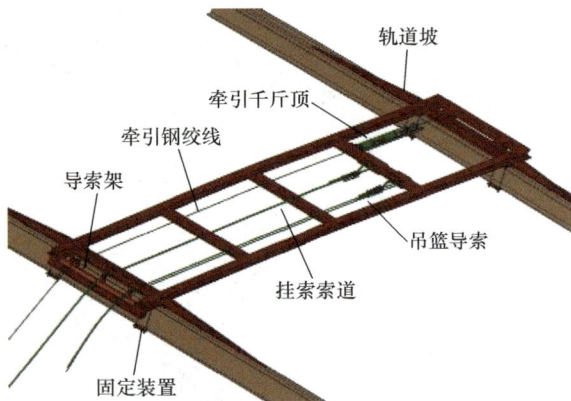

图 4.132　移动台车效果

同一水平分度圆上。为使运索小车能够"跨过"移动台车，移动台车轨道与圈梁轨道以轨道坡过渡，轨道坡的坡度为 5°，可以满足运索小车的爬坡能力要求。

在圈梁上需要布置两台卷扬机，一台用于牵引横向索，另一台则用于牵引载人吊篮。移动台车可利用滑靴在圈梁轨道上移动，自身不带动力驱动，需要移动时，操作人员通过两台满载为 2t 的手扳葫芦拖曳。

（3）施工索道

当 F 区的索网安装完成后，随即进行 A、B、C、D 和 E 这 5 个扇形对称

区域的索网施工。对称区域索网施工需要完全在空中进行拼装，因此施工时会用到大量的索道。在每个分区的对称位置设一组施工猫道，猫道作为施工通道和锚固索道用。在猫道上方 2m 处设一组溜索索道，用于单根运输拉索；猫道两侧各设两组挂索索道和吊篮索道。挂索索道用于安装纵向索和横向索，吊篮索道用于运送操作人员。根据布置位置和用途不同，索网安装共需要以下 4 类索道。

① 猫道索道：共设 5 道，布置在区域的对称线上，每个区域设一组猫道索道，以 4 根 Φ32mm 钢丝绳作为承重绳，锚固两个"V"形区锚固平台，自下而上铺设面网，并安装扶手。它主要用于锚固牵引导索，并提供部分通行能力。

② 溜索索道：共设 5 道，布置在猫道上方 2m 处，在每组猫道上方设一组溜索索道，以 1 根 Φ16mm 钢丝绳作为承重绳，一根 Φ15mm 钢丝绳作为牵引绳，通过满载为 2t 卷扬机牵引。它主要用于将拉索从圈梁运输至"V"形区施工平台上。

③ 挂索索道：共设 20 道，在每个区域以猫道为对称线对称布置 4 组挂索索道，挂索索道随安装工作面的展开而不断移动。每组挂索索道以一根 Φ36mm 钢丝绳作为承重绳，一根 Φ15.2mm 钢绞线作为纵向索牵引绳，通过连续千斤顶牵引，一根 Φ15mm 钢丝绳作为横向索牵引绳，通过满载为 2t 卷扬机牵引。它主要用于索网面索和下拉索的安装。

④ 吊篮索道：共设 20 道，在每个区域以猫道为对称线对称布置 4 组吊篮索道，吊篮索道布置在挂索索道承重索的内侧，距离为 60cm。每组挂索索道以一根 Φ16mm 钢丝绳作为承重绳，一根 Φ16mm 钢丝绳作为牵引绳，通过满载为 2t 卷扬机牵引，沿导索方向移动。竖直方向通过吊篮提升机移动，设防坠和锁死设施。它主要用于承载载人吊篮。

图 4.133 所示为索道布置示意，猫道位置固定，吊篮索道和挂索索道随施工进度呈"V"形收缩。初始位置的吊篮索道和挂索索道上端锚固在圈梁移动台车上，下端锚固在独立塔架上。索道转移时，圈梁移动台车向猫道方向对称移动一个挂索节段，索道下端由塔架锚固转移至猫道的"V"形区锚固平台锚固。"V"形区锚固平台可沿猫道滑移，索道转移时，圈梁移动台车向猫道方向移动到位后，收紧索道，索道承重绳牵引"V"形区锚固平台沿猫道滑移至施工位置，索道始终呈"V"形向内收缩。

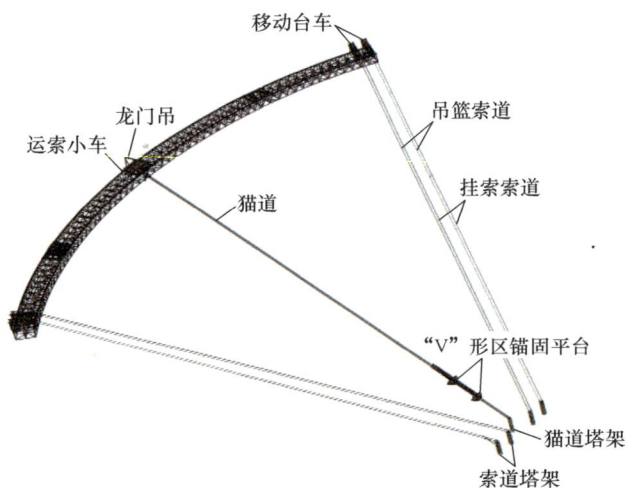

（a）空间布置（局部扇区）

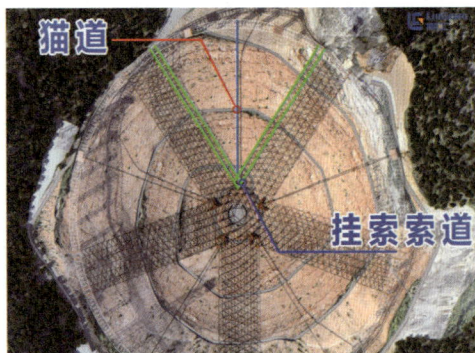

（b）平面布置

图 4.133　索道布置示意

2．索网安装方案

　　F 区的主索和下拉索采用支撑胎架安装，然后在 $\Phi80m$ 的圆周上为 5 个对称扇区设置独立塔架，并在圈梁上设置移动台车、龙门吊、猫道和施工索道等。5 个区主索、下拉索采用塔式吊机垂直运输到圈梁顶部的运索小车，由其沿圈梁运输到 5 区对称轴位置的猫道上方，通过设在圈梁顶部的龙门吊，单件下放到猫道上方的溜索索道，由其溜滑到下端。通过尾部接长工艺和牵引工艺安装主索和下拉索。首先安装对称轴位置的主索，然后对称向两侧扩展施工。主索和下拉索安装完成后，促动器预紧张拉下拉索。

　　（1）构件运输

　　主索出厂时，用码紧装置码紧，然后将主索装车运至施工现场。由于现场没有两点龙门吊，所以选择单点吊车进行卸车。卸索时根据主索上安装码紧装置的位置布置吊具。

索网施工需要在圈梁附近设置一台塔式起重机（简称塔吊），用于安装构件及辅助设施由地面到圈梁的垂直运输。以塔吊为起点，在圈梁上设两台运索小车，每台运索小车负责 1/2 圈梁圆周方向的拉索运输。拉索从存放场地二次倒运至塔吊吊装范围内，利用塔吊进行卸车。将拉索临时存放在塔吊吊装范围内的地面上。

圈梁运索小车停靠在塔吊吊装范围内，塔吊从地面吊起拉索，垂直起吊至圈梁上方，将其放置在运索小车上，运索小车每次运索不超过 12t。运索小车在装索之后，需要将拉索运至安装位置。因为圈梁上共布置有 20 个移动台车，移动台车也占用了圈梁轨道。运索小车在移动时需要跨过移动台车才能到达卸索位置，到达最远位置时，需要跨过 4 个移动台车。

圈梁上通过运索小车运输的纵向索、横向索以及下拉索总共约 1433t，将其分批运送至上料区（A 区），然后由塔吊按照施工顺序将拉索吊至运索小车再由运索小车运送至施工处，运输设备布置如图 4.134 所示。运输计划遵循先远后近原则，C、D 两个区距离上料区最远，每次运索应当先运送 C、D 两区的索。

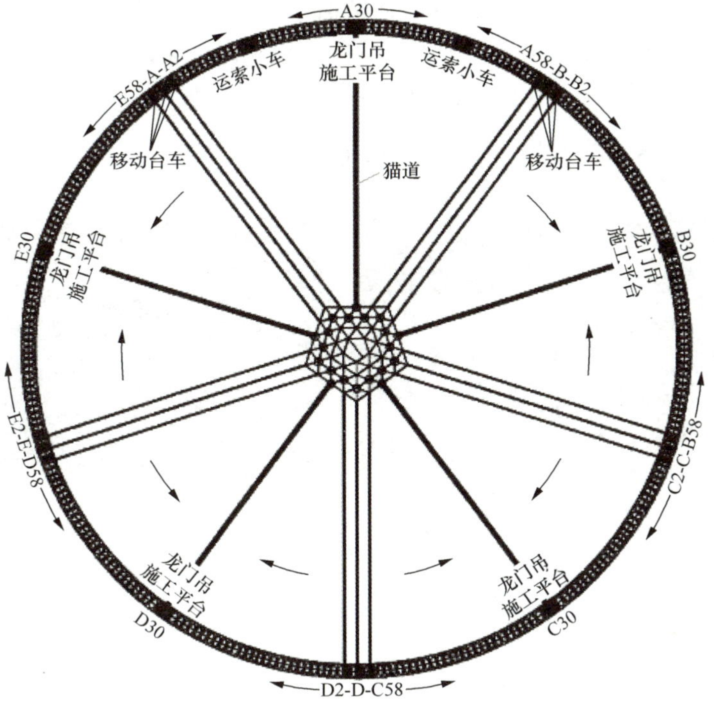

图 4.134　运输设备布置

（2）F区胎架索网施工

中心F区的塔架基础、塔架等设施安装完成后，首先安装中心F区的索网。F区地势平缓，各塔架、胎架间距大于10m，汽车起重机（简称汽车吊）可以进行支腿、伸臂作业。利用汽车吊将节点盘全部吊至胎架顶部平台上放置，节点盘具有方向性，安装时一定要注意，不可安装错误。安装拉索时由于外层胎架高度高于内侧塔架高度，为了避免索网在安装过程中出现向中心整体滑动的现象，先安装最外层拉索。由于外围第二层节点上不是扣件钢管脚手架胎架，而是独立塔架，且塔架通过平面桁架的联系，形成了一个稳定的结构。在索网安装时，先将外围第二层节点上的节点盘与独立塔架固定，然后通过汽车吊安装拉索，外围第二层节点盘可以约束内层的拉索向中心滑动。

（3）索道索网施工

其他5个对称扇区索网安装施工全部采用施工索道辅助构件吊装。以A区施工为例，索道施工可分为三大阶段进行。

第一阶段，安装E58-A0-A2（其他区对称安装）之间的径向索和横向索，径向索采用从下端（即直径为80m位置设置的拉索组装平台）往圈梁端累积牵引法沿牵索索道往上牵引，该径向索两端插销锚固（上端为球节点耳板，下端与A区7#节点盘）连接后，放松牵索各吊点，使该径向索处于自由状态，如图4.135（a）所示。然后通过牵引索（两道共同作用）横向单件牵引横向索，逐步安装横向索，如图4.128中第4幅图和图4.135（b）所示。

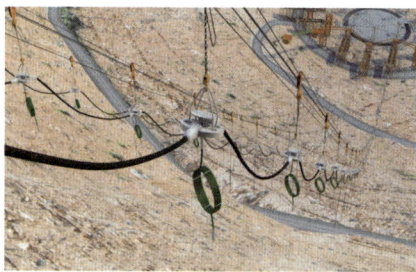 

（a）径向索安装　　　　　　　　　　（b）横向索安装

图4.135　径向索和横向索的安装

第二阶段，将挂索索道和吊篮索道由A0转移到A4，并安装A56挂索索道和吊篮索道，采用同样方法安装A4、A56径向索和A2-A4、A56-A58之间的横向索（其他区同步对称安装），如图4.128中第5幅图所示。

第三阶段，将牵引导索和吊篮导索转移到猫道三角锚固区，此时拉索通过设在小窝凼的塔式吊机垂直运输到圈梁顶运索小车，小车把索运输到 5 个区的猫道上锚点的位置，通过溜索索道沿径向单件运输到三角锚固区，在三角锚固区采用尾部累积法组装径向索，并采用千斤顶往圈梁方向牵引，待两端安装锚固后，采用牵引导索（两根共同协作）牵引横向索，并用施工吊笼辅助安装横向索，然后将"V"形动态锚固平台往圈梁方向移动约 10m，继续下一道径向索安装施工，通过多次循环后整个索网在猫道上方（即 A 区对称轴）位置进行合拢，如图 4.128 中第 6 ～ 8 幅图和图 4.136 所示。

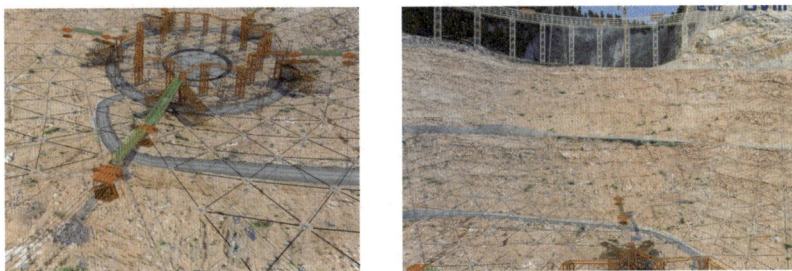

（a）索道移至初始位置　　（b）沿猫道前进移锚固平台

图 4.136　"V"形动态锚固平台的径向前移

2015 年 2 月索网安装完成最终合拢，整个索网安装完毕后如图 4.137 所示。

（a）局部　　（b）全景（鱼眼镜头）

图 4.137　索网安装完毕后的实拍照片

3．索网张拉和边缘主索调节

在 FAST 索网安装过程中，索网处于未张拉状态，安装合拢后进入施工张拉阶段，采取分批和分级相结合的张拉方案，通过促动器将下拉索张拉至标定额长度或所对应的索张力设计值，完成对整个索网结构预应力的施加。安装反射面单元后，依据现场监测数据对促动器进行微调，使得反射面面形满足球面基准态的精度要求。

FAST 索网结构作为一种典型的预应力结构，刚度主要由预应力提供。索

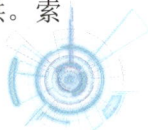

网结构实际内力是否与设计内力一致，不仅影响结构承载力和刚度，还影响到FAST反射面主动变位功能的实现。FAST索网结构体量巨大，在索网安装施工过程中出现的各种误差都会对结构内力和索网主动变位功能产生影响。

文献[2-3]归纳了9种可能产生的结构误差来源，包括：①钢索索体弹性模量；②钢索下料长度；③反射面单元和索网节点自重；④索网边缘节点位置；⑤边缘主索预张拉力；⑥促动器地锚点位置；⑦圈梁和格构柱滑动支座摩擦系数；⑧圈梁和格构柱刚度；⑨格构柱基础变形等，详见4.3节相关内容。其中第①项、第②项、第③项、第⑦项和第⑧项可通过构件加工精度和严格按照无应力长度安装施工进行控制，第⑥项和第⑨项可通过施工精度控制，第④项和第⑤项可以在索网合拢以后通过调节边缘主索长度进行控制，即本节所述的边缘主索调节方案。

FAST主索网通过150根边缘主索与圈梁连接，边缘主索采用长度可调节的拉索结构。其他主索均采用长度固定的不可调拉索结构。索网初始几何形状（基准球面态）和主索节点位置可在FAST建设期由边缘主索调整实现，FAST运行以后的索网主动变位将通过下拉索调整实现。通过150根边缘主索长度调整，使得索网的初始球面形状、结构预应力和主索节点位置均尽可能与索网及周边支承结构的详细设计值和力学仿真结果相吻合。索网张拉和调索施工分4个阶段，包括初步成形、施工联测、施工步骤分解和各工况形位误差分析、调索施工实施。以下为详细步骤，图4.138所示为多次循环调索的详细流程。

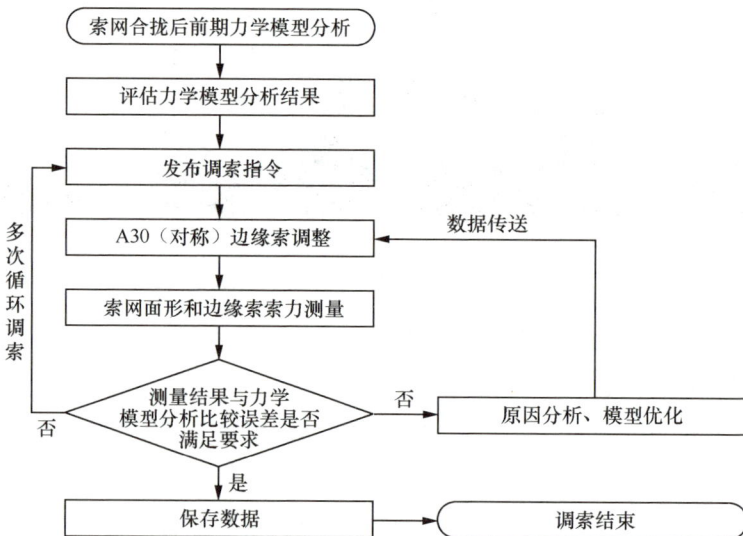

图4.138　多次循环调索的详细流程

（1）初步成形阶段

首先索网主索和下拉索均采用无应力几何控制法施工，按照工厂制索长度控制，现场不可调，边缘索采用可调结构，可调长度为 ±100mm。索网合拢之后，有 570 根下拉索按照几何控制法在促动器的零点位置伸长 300mm 作为调索控制基点，确定下拉索临时接长，并分区、分步、对称、循环张拉下拉索到几何安装位置（控制索长但不控制索力），将其临时与下拉索地锚连接固定，形成基本的几何位置。

（2）施工联测阶段

上述位置是根据无应力索长确定出的初始几何位置，但环境温度、施工误差、边缘索实际安装位置以及其他环境因素影响索网的实际几何形状和坐标绝对位置，经过 7 天的节点盘靶标以及边缘索索力的联测，选取温度最为稳定的时段，并根据 7 天联测的基础数据确定该工况下索网的实际绝对形位和边缘索的应力值。

（3）施工步骤分解和各工况形位误差分析

针对上述联测基础数据建模分析，并进行必要的环境温度修正，然后根据选定的测量稳定时段得到的初始数据分 16 个调索施工步骤进行各个工况下索网结构形位分析，确定每个步骤张拉控制值和对应各测控点的形位理论值，针对每步张拉后实际测量值与理论值进行比较反馈，并进一步进行模型分析，确定及优化下一步的边缘索张拉调整控制值。

（4）调索施工实施

分阶段调索理论控制值（含形位和应力）确定后，进行调索施工，包括张拉机具安装、形位测量、应力测量、环境温度测量、数据反馈、数据分析、过程控制值下达等。

4．创新技术成果

在大窝凼台址的复杂山地内安装世界上未有先例的 500m 口径索网，其难度凸显在以下 4 个方面：① FAST 索网结构关键部件数量总计 53515 个，其中高空安装的零部件近 3 万个，包括 2225 个主索节点盘、8895 根钢索，总重约 1300t，13340 个钢索销轴在高空与节点盘关节轴承紧配合装配；②场地存在高差达 150m 的大陡坡，平均坡面为 70°，最陡坡面为 89°，大部分区域安装人员无法站立，安装条件十分苛刻；③索网安装与馈源支撑塔钢结构和中心馈源舱安装同步，空间立体交叉作业，干涉大；④贵州地区多雨、湿滑，多作业点和多人安装施工，高空作业风险大。

针对 FAST 索网上述安装难题，世界上无同类工程施工经验可参考。FAST 团队通过产学研合作，提出了复杂地形条件下超大跨度索网悬空组网安装的新思路、新方法

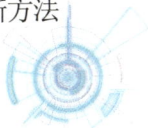

和新工艺，成为 FAST 工程建设史的一个重要里程碑。主要的创新方法和工艺如下。

（1）"V"形区动态锚固平台

结合索网形状对称特点，科学划分出 6 个安装区域，研发了"V"形区动态锚固平台，如图 4.139 所示，锚固于 F 区周边临时塔架钢柱上，可沿 5 个对称轴线导索向上滑动。研发了高空圆周移动式缆索吊机系统，上端连接于圈梁移动台车，下端连接于"V"形区锚固平台，形成 10 条同步流水安装作业线，解决了 5 个扇形区空中三维尺度借助缆索快速移动的组网安装难题。

图 4.139   "V"形区动态锚固平台

（2）可大斜度移动且能垂直升降的特种吊篮

特种吊篮解决了作业人员能安全到达每一个索网节点进行安装的难题，保证了主索节点的快速安装和施工人员的安全，如图 4.140 所示。

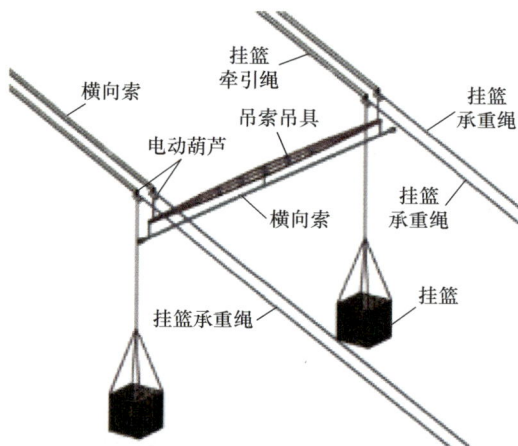

图 4.140   特种吊篮

（3）节点盘销轴自行对位的千斤顶牵引穿孔装备

另外，索网合拢区域拉索施工应力高达 400 ～ 600MPa，为确保在高空中穿销装配，FAST 团队及合作单位提出了平衡钢索施工应力的穿销对接施工工艺，并研制了千斤顶牵引穿孔装备，如图 4.141 所示，解决了高空无任何夹具定位下销轴紧配合的机械装配难题。

图 4.141   千斤顶牵引穿孔装备

4.6.2   反射面单元安装施工

1．技术要求

将反射面单元运输与安装到主索网的指定位置上，其安装施工作业是一个复杂的系统工程，需要一种高效、经济、可靠的反射面单元吊装方案来完成反射面单元的安装。FAST 反射面单元吊装工程包括吊装方案研究、吊装系统设计及制造、吊装系统设备安装及调试、反射面单元吊装工艺等。反射面单元吊装过程是将已组装检测后的反射面单元通过吊装系统运至索网的指定位置，并将反射面单元的 3 个自适应连接机构与索网节点盘约束连接的过程。反射面单元安装的具体技术要求如下。

① 需要安装的反射面单元数量为 4445 个，单元背架采用普通空间网架结构，三角形单元边长为 10.4 ～ 12.5m，高度约 1m，质量约 500kg。

② 反射面单元的运输与安装总工期≤ 1 年。

③ 反射面单元运输与安装速度≥ 20 个 / 天。

④ 吊装反射面单元时应避免与馈源支撑系统（索驱动机构、馈源舱和舱停靠平台）发生干涉。

⑤ 设计吊装方案时，应充分考虑 FAST 台址地貌地形、FAST 自身结构及反射面单元安装顺序等特点，吊装方案尽量简单、可靠、经济、合理、通用。

⑥ 反射面单元吊装系统中的吊具需要专门设计，避免在起吊时对反射面单元产生附加载荷，影响反射面单元精度。

⑦ 设计吊装方案时，应考虑到吊装系统的安装、维护、拆卸及 FAST 建成后的反射面维护工作。

分析以上具体技术要求，可以知道反射面单元安装施工的难点体现在以下 3 个方面。

① 单元面板面形精度要求高，确保反射面单元在起吊、转运、安装过程中不

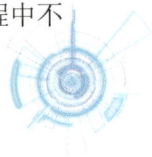

变形，难度大。

② 索网节点共 2225 个，各节点离地面高低不等（4 ～ 50m），由于节点众多，安装工人能否顺利、快速、安全到达安装作业面将直接影响反射面单元的安装进度。

③ 需要设计专用双吊耳吊钩，确保反射面单元起吊后转运、吊装过程中无须再次落位、起吊，一次吊装到位，防止反射面单元在吊装过程中因二次起吊产生变形。

2. 吊装方案总体设计

为解决上述难点问题，反射面单元安装采用半跨径（辐射式）缆索吊车系统和全跨径缆索吊车系统相结合的总体安装施工方案，同时为缆索吊车系统配备两台可在圈梁上弦轨道移动的转运机车解决反射面单元的运输问题。其中全跨径缆索吊车系统负责完成反射面中心区域大约 15 块反射面单元的安装，避免与索驱动机构、馈源舱和舱停靠平台干涉；在周围其他 5 个与馈源支撑系统干涉不大的扇形区域，由半跨径缆索吊车负责反射面单元的安装。

半跨径缆索吊车系统如图 4.142 所示，即在反射面中心设一个带有随动小车的中心环梁，另在圈梁上铺设安装设备运行轨道和轨道机车，圈梁上运行的轨道机车与中心环梁随动小车用索道联系形成两台半跨径弧动式缆索吊车。全跨径缆索吊车系统如图 4.143 所示，即利用在圈梁上的两台轨道机车，通过索道联系形成全跨径缆索吊车。同时，考虑到在地面拼装合格后的反射面单元需要运送到圈梁上的转运机车上，需在靠近圈梁的拼装场地上设置一台固定式塔吊，以吊运反射面单元。转运机车与缆索吊车中的轨道机车的三维效果如图 4.144 所示。

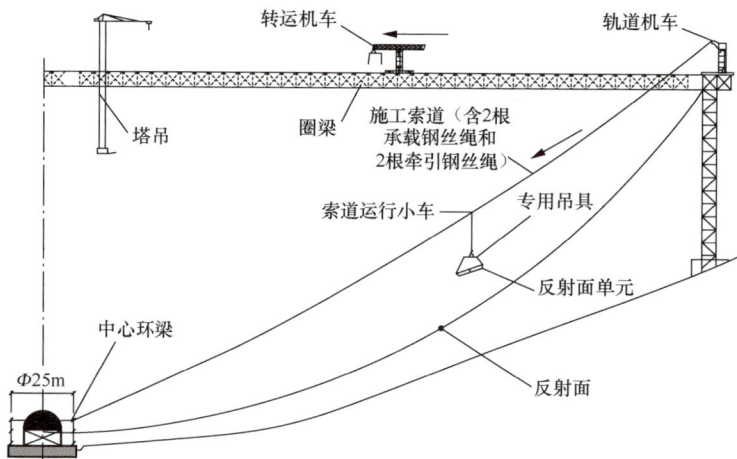

图 4.142　半跨径缆索吊车系统

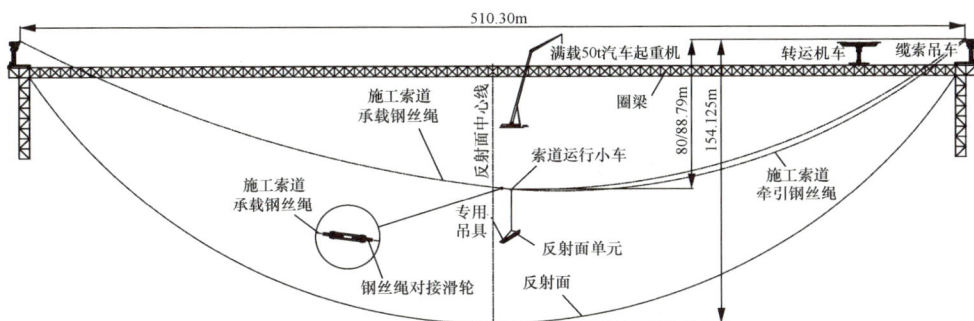

图 4.143　全跨径缆索吊车系统

（a）转运机车

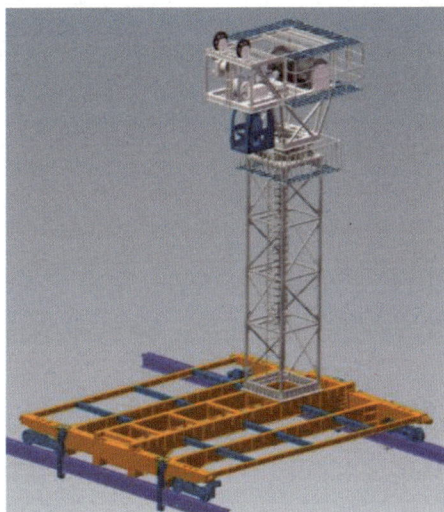

（b）缆索吊车

图 4.144　转运机车与缆索吊车的三维效果

　　在一个完整的反射面单元安装工艺流程中，首先在拼装场地拼装检测合格的反射面单元，然后通过塔吊将其在空中转接给圈梁上的转运机车，由转运机车将反射面单元运载至已调整好位置的缆索吊车上，缆索吊车再把反射面单元通过索道径向运送至索网指定位置，最后由节点位置的施工人员将反射面单元的 3 个自适应连接机构支座与索网节点上层盘装配连接，完成一个安装工艺循环。

　　在圈梁上表面，设计吊装设备运行的 4 根 70mm×45mm 方钢轨道。为保证反射面单元的面形精度，采用创新设计的自适应保型调姿专用吊具。在反射面单

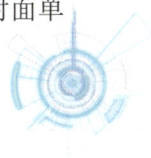

元吊装期间，馈源舱代舱及索驱动机构已经完成安装，并处于调试阶段。索驱动机构可能会驱动代舱降舱调试及维护。吊装反射面单元时，应避免与索驱动机构、代舱和舱停靠平台发生干涉。

3. 单元运输吊装设备及辅助设施

（1）拼装场地及工装

反射面单元的拼装场地位于小窝凼回填场。根据拼装工作的特点，结合小窝凼具体地形，为了减少反射面单元的临时倒运，拼装场地尽量安排在塔吊就近区域。拼装场地设置了两条轨道，可安排两台行走龙门架，其上安置自动化摄影测量系统，便于单元面板的面形调整。在进行反射面单元拼装时，根据该单元在索网的安装位置已提前计算好单元姿态并在拼装时保持该姿态，在后续单元的运输和吊装过程中也均保持该姿态不变。详细介绍可参见 4.4 节内容。

（2）转运机车

转运机车由伸缩臂、吊臂、斜支撑、司机室、回转支撑、立柱、主梁、辅梁、内侧梁、外侧梁、行走轮组、导向轮组、制动装置、发电机组和电气控制系统等部分组成。转运机车三维设计如图 4.144（a）所示。转运机车一次可运输两块反射面单元，通过反射面单元专用吊具将单元分别吊挂于左右悬臂的末端，可实现反射面单元在空中的转接、转运、旋转等功能。

转运机车是为 FAST 反射面单元吊装研制的专用设备，解决了反射面单元在圈梁轨道上平稳运输以及与缆索吊车空中转接的技术难题。此外，利用转运机车就可以完成索网边缘 150 块四边形反射面单元的安装施工。

（3）半跨径缆索吊车系统

共设置两套半跨径缆索吊车系统，每套系统包括 1 台缆索吊车（轨道单机车）、中心环梁、施工索道（两根承载钢丝绳＋两根牵引钢丝绳）、索道运行小车和专用吊具。

缆索吊车由张紧绞车、牵引绞车、电缆卷筒、滑轮组、绞车支架、斜支撑、司机室、回转支撑、立柱、主梁、辅梁、内侧梁、外侧梁、行走轮组、导向轮组、制动装置、发电机组和电气控制系统等部分组成。缆索吊车三维设计如图 4.144（b）所示。缆索吊车可实现反射面单元的空中转接、移动、旋转、定位等功能。缆索吊车也是为 FAST 反射面单元吊装研制的专用设备，解决了反射面单元多次空中转接的技术难题。

中心环梁是由 10 根立柱支撑的直径为 24m 的环形轨道梁及在轨道梁上行走的两台随动小车组成的，它安装在大窝凼洼地中心基础平台上，如图 4.145 所示。根据反射面单元安装要求，环形轨道梁可以安装在两种不同高度的位置上。当采用上层立柱支撑环形轨道梁时，随动小车上的张紧索距反射面较远，适合安装中心直径为 100m 范围内的反射面单元。拆除上层立柱和外侧斜支撑后，环形轨道梁可安装在环形连板上直接由下层立柱支撑。此时随动小车上的张紧索距反射面较近，适合安装中心直径为 100m 范围外的反射面单元。

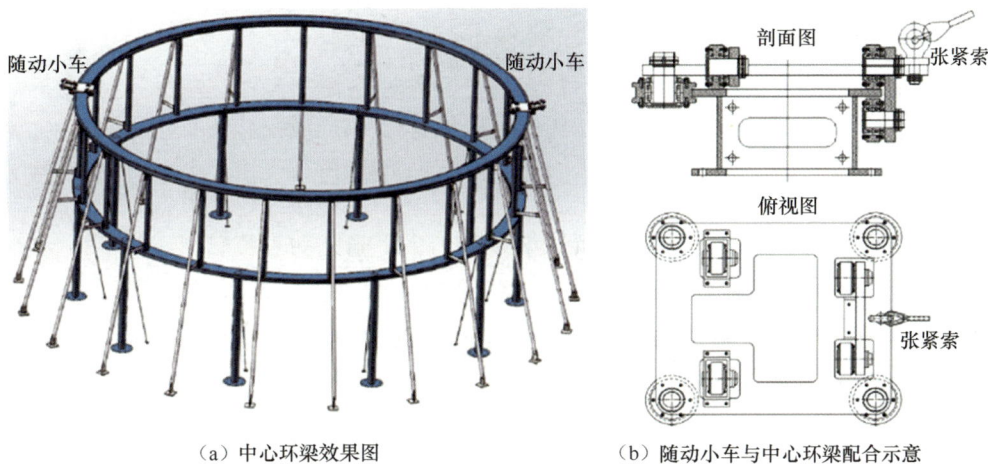

（a）中心环梁效果图　　　　　（b）随动小车与中心环梁配合示意

图 4.145　中心环梁

为了最大限度减少或解决干涉问题，充分考虑中心环梁与周边馈源支撑系统设备（馈源舱、索驱动 6 根钢索和舱停靠平台）的复杂位置关系，设计了干涉问题解决方案[34]。将在索驱动 6 索投影位置的上层环梁轨道设计成开口型式，如图 4.146 所示，6 个开口位置的小段轨道可以选择开启或闭合。当馈源舱升舱后，开口轨道闭合，随动小车和缆索吊可以 360° 回转；当馈源舱需要降舱停靠时，闭合轨道打开，降舱完成后，开口轨道重新闭合。缆索吊在 6 索分隔形成的 6 个扇区内可继续进行反射面单元吊装作业。当缆索吊需要跨扇区作业时，先进行升舱，重复上述动作后，缆索吊即可 360° 回转，从而最大限度地减少干涉。另外，在安装完成反射面中心（直径 100m 内）的反射面单元后，将上层环梁拆除，只使用下层环梁。此时，吊装外部（直径 100m 外）的反射面单元，缆索吊施工与馈源舱降舱不再发生干涉。

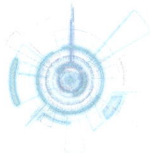

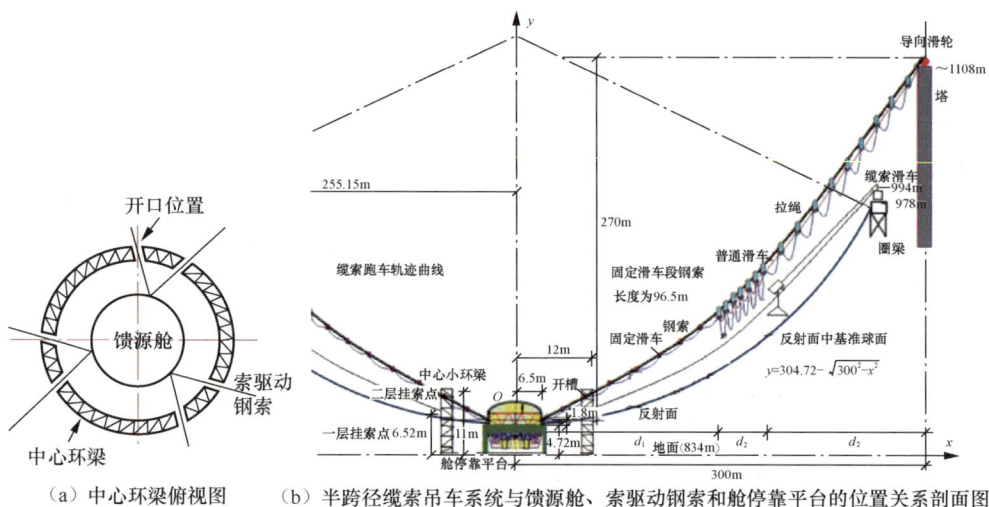

（a）中心环梁俯视图　　（b）半跨径缆索吊车系统与馈源舱、索驱动钢索和舱停靠平台的位置关系剖面图

图 4.146　上层中心环梁轨道开口

需要说明的是，在反射面单元吊装期间，由于索驱动系统已经完成了第一阶段调试任务，且馈源舱的正舱尚处于设备制造和工厂调试阶段，代舱可以悬停空中。反射面单元吊装施工与索驱动及馈源舱干涉的问题得到了极大的缓解，因此上层中心环梁的轨道开口方案在实际工程中未实施。

当半跨径缆索吊车系统完成反射面单元的吊装任务后，作为临时结构的中心环梁被拆除，两套半跨径缆索吊车系统组合成一套全跨径缆索吊车系统，继续执行后续的反射面单元吊装任务和反射面设备维护任务。

施工索道包含两根承载钢索和两根牵引钢索。承载钢索一端连接于缆索吊车张紧绞车，另一端连接于中心环梁的随动小车，主要承载载荷包括承载索、运行小车、吊具和反射面单元的质量。经计算，选择 $\varPhi28–6V\times34+IWR$ 三角股钢丝绳作为承载钢索，破断拉力为 530kN，安全系数为 10.6；选择 $\varPhi14–6\times19W+IWR$ 圆股钢丝绳作为牵引钢索，破断拉力为 120kN，安全系数为 6。

专用吊具由紧箍锁、吊爪、拉杆、移动滑轮、移动吊耳、吊臂、储缆盘、上下连接板、遥控小卷扬机、吊环等组成。专用吊具可实现反射面单元的空中运输、保型、旋转、姿态调整、定位等功能，如图 4.147 所示。专用吊具是为 FAST 反射面单元吊装研制的专用设备，解决了反射面单元在吊装过程中的保型和姿态调整问题，保证了反射面单元的安装精度和效率。

图 4.147　专用吊具

（4）全跨径缆索吊车系统

全跨径缆索吊车系统包括两台缆索吊车（轨道单机车）、两条半跨径施工索道、钢丝绳对接滑轮、索道运行小车和专用吊具，如图 4.143 所示。全跨径缆索吊车系统不仅可以完成中心区域反射面单元安装作业，还可以在 FAST 运行期用于反射面设备的保养维护。

全跨径缆索吊车系统由两套半跨径缆索吊车系统改造而来。采用一组对接滑轮连接原半跨径缆索吊车系统在中心环梁上的两组随动小车，连接随动小车的对接滑轮组随承载索运动并可随时保持 4 索受力均衡。拆除中心环梁和一套半跨径缆索吊车系统中的索道运行小车，这样就将其改造成一套 500m 的全跨径缆索吊车系统。

4．反射面单元安装顺序

为了提高反射面单元安装效率，首先确定反射面单元的安装顺序，由此确定小窝凼场地的单元拼装顺序，以利于反射面单元制造及现场拼装，最大限度提高安装效率和缩短工期。反射面单元安装顺序可安排如下。

① 如图 4.148 所示，先使用半跨径缆索吊车系统吊装除区域一以外的所有三角形反射面单元。根据吊装时中心环梁的高度及吊装型式的不同，先吊装区域二中的反射面单元（共计 150 块），完成后将中心环梁上层拆除，将其高度降到馈源舱降舱后的索驱动 6 索高度以下，再安装区域三内的反射面单元。

② 通过转运机车吊臂的伸缩，完成圈梁附近 150 块四边形反射面单元的吊装。

③ 图 4.148 所示的区域一以外的反射面单元吊装完成后拆除中心环梁，将半跨径缆索吊车系统改装成全跨径缆索吊车系统。

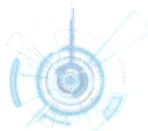

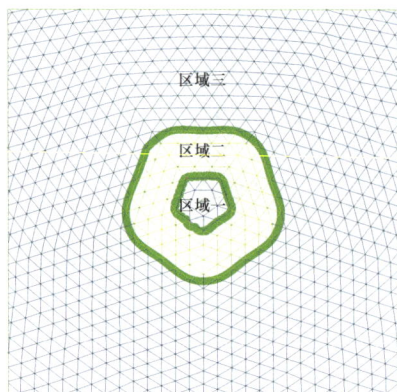

图 4.148　FAST 反射面单元吊装区域划分示意

④ 使用全跨径缆索吊车系统吊装剩下的所有反射面单元（共 15 块），直至全部吊装完成。

第一块反射面单元于 2015 年 8 月 2 日开始安装，至 2016 年 7 月 3 日顺利完成最后一块反射面单元的安装，同时也标志着 FAST 主体工程建设基本完成。安装完成后的 FAST 反射面如图 4.149 所示。

图 4.149　安装完成后的 FAST 反射面

5. 创新技术成果

① 创新设计了二次空中转接反射面单元的半跨径（辐射式）缆索吊车系统整体方案

由塔吊起吊拼接检测合格的反射面单元，通过转接吊钩将反射面单元第一次空中转吊至转运机车。完成第一次转接后，转运机车载上反射面单元，将其沿圈梁轨道运送至已调整好安装位置的缆索吊车上，通过转接吊钩进行第二次空中转接，如图 4.150 所示。最后将反射面单元通过辐射式索道径向运送至指定位置进行安装。为了保证吊装效率及中心环梁的均衡受力，在圈梁上设置两套半跨径缆索吊车系统且对称布置。该系统解决了反射面单元吊装跨度大、位置高、工艺复杂、干涉多的难题，保证了安装精度和效率。

（a）第一次空中转接（转吊至转运机车）　　　（b）第二次空中转接（转吊至缆索吊车）

图 4.150　反射面单元两次空中转接

　　② 研制了专用转运机车，解决了反射面单元平稳运输以及与缆索吊车的空中转接的技术难题，如图 4.151 所示。

图 4.151　转运机车和缆索吊车运行

　　③ 研制了专用缆索吊车，解决了反射面单元多次空中转接的技术难题。

　　④ 研制了反射面单元专用吊具，解决了反射面单元在吊装过程中的保形和姿态调整问题，保证了反射面单元的安装精度和效率。专用吊具可实现反射面单元

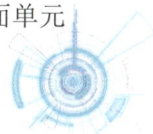

的空中运输、保形、旋转、姿态调整、定位等功能。

⑤ 设计了一种可由半跨径缆索吊车变化成全跨径缆索吊车的系统，方法设计合理、简单、可靠，实现了反射面单元后续的安全、便捷的维护保养工作。

FAST 建成后，反射面需要后续维护保养，包括索网节点盘、靶标、反射面单元等的维护及表面杂物的清理等，需要采用全跨径缆索吊车系统实现反射面无盲区的维护保养。

当 FAST 运行观测和馈源舱降舱时，全跨径缆索吊车系统可以收起全部缆索，将两台缆索吊车并排停靠在圈梁某位置。待反射面需要维护时，全跨径缆索吊车系统展开，配用专用吊具和索道运行小车装置可实现 500m 全跨径操作。

本章小结

本章介绍了 FAST 主动反射面系统和馈源支撑系统的主体支承结构，包括设备基础、圈梁和格构柱、索网结构、反射面单元、馈源支撑塔等，涉及各个结构的功能组成、方案优化、详细设计和安装施工等。在功能和性能指标方面，着重比较和分析了作为天文仪器的 FAST 的主体结构与工业、民用建筑结构之间的不同和特殊要求；在工程实施方面，着重介绍了因这些特殊要求所导致的技术性难题和为解决该难题而产生的新思路和新方法，包括设计创新和施工工艺创新等。这些新思路和新方法在索网结构和超大跨度结构安装施工方面尤为突出，也充分体现了在工程建设方面 FAST 迥异于传统射电望远镜的难点和创新点。

参考文献

[1] 郑云勇，李辉. FAST 馈源支撑塔基础地脚螺栓的精确定位施工方法 [C]// 中国力学学会工程力学编辑部. 第 25 届全国结构工程学术会议论文集（第Ⅲ册）. 北京：中国工程力学学会, 2016: 432-441.

[2] 朱忠义. 500m 口径球面射电望远镜 FAST 主动反射面主体支承结构设计 [M]. 北京：中国建筑工业出版社, 2021.

[3] 罗斌，郭正兴，姜鹏. FAST 主动反射面索网结构设计与施工技术研究 [M]. 南京：东南大学出版社, 2016.

[4] 雷欢，苏韩，谢正元，等. 一种高应力幅成品拉索及其制作方法 CN201910988044.2[P]. 2019-10-17.

[5] LACASSE R J. The Green Bank Telescope active surface system[C]//Proceedings of the

SPIE 3351, Telescope Control Systems Ⅲ . 1998: 310-319.

[6]　PRESTAGE R M, CONSTANTIKES K T, BALSER D S, et al. The GBT precision telescope control system[C]//Proceedings of the SPIE 5489, Ground-based Telescopes. 2004: 1029-1040.

[7]　LI G Q, SHEN L, LUO Y F, et al. Analysis for reflector aluminum mesh panels of five-hundred meter aperture spherical telescope[J]. Astrophysics and Space Science, 2001, 278(1): 225-230.

[8]　NAN R, REN G, ZHU W, et al. Adaptive cable-mesh reflector for the FAST[J]. Acta Astronomica Sinica, 2003, 44 Suppl: 13-18.

[9]　路英杰 , 任革学 . 大射电望远镜 FAST 整体变形索网反射面仿真研究 [J]. 工程力学 , 2007, 24(10): 165-169, 159.

[10]　罗永峰 , 等 . 大射电望远镜反射面支承张拉结构非线性分析 [J]. 同济大学学报 , 2000, 31(1): 1-5.

[11]　钱宏亮 , 范峰 , 沈世钊 , 等 . FAST 反射面支承结构整体索网方案研究 [J]. 土木工程学报 , 2005, 38(6): 18-23.

[12]　钱宏亮 . FAST 主动反射面支承结构理论与试验研究 [D]. 哈尔滨 : 哈尔滨工业大学 , 2007.

[13]　姜鹏 , 王启明 , 赵清 . 巨型射电望远镜索网结构的优化分析与设计 [J]. 工程力学 , 2013, 30(2): 400-405.

[14]　朱文白 . FAST 望远镜天文规划和馈源支撑的相关研究 [D]. 北京 : 中国科学院研究生院 , 2006.

[15]　孔旭 , 姜鹏 , 王启明 . FAST 索网高应力幅变位疲劳问题的优化分析 [J]. 工程力学 , 2013, 30(suppl.): 169-174.

[16]　金晓飞 . 500 米口径射电望远镜 FAST 结构安全及精度控制关键问题研究 [D]. 哈尔滨 : 哈尔滨工业大学 , 2010.

[17]　JIANG P, YUE Y L, GAN H, et al. Commissioning progress of the FAST [J]. Science China-Physics, Mechanics & Astronomy, 2019, 62(1): 959502.

[18]　高镇同 . 疲劳应用统计学 [M]. 北京 : 国防工业出版社 , 1986.

[19]　范峰 , 金晓飞 , 钱宏亮 . 长期主动变位下 FAST 索网支承结构疲劳寿命分析 [J]. 建筑结构学报 , 2010, 31(12): 17-23.

[20]　阎楚良 , 卓宁生 , 高镇同 . 雨流法实时计数模型 [J]. 北京航空航天大学学报 , 1998,

24(5): 623-624.

[21] 姜鹏，朱万旭，刘飞，等 . FAST 索网疲劳评估及高疲劳性能钢索研制 [J]. 工程力学，2015, 32(9): 243-249.

[22] 张宁远，罗斌，沈宇洲，等 . FAST 索网大天顶角工况下结构响应分析 [J]. 清华大学学报（自然科学版），2022, 62(11): 1809-1815.

[23] 李庆伟，姜鹏，南仁东 . FAST 反射面面板单元初始间隙 [J]. 机械工程学报，2017, 53(17): 4-9.

[24] 姜鹏，朱万旭，南仁东 . 具有反射面单元自适应连接接口的大射电望远镜 CN201310431094.3[P]. 2015-07-15.

[25] 李庆伟，姜鹏，南仁东 . 500m 口径射电望远镜索网与面板单元自适应连接机构设计分析 [J]. 机械工程学报，2017, 53(7): 62-68.

[26] 曹江涛，郑元鹏，金超，等 . 一种 FAST 射电望远镜反射面单元精度测量系统和方法 CN201810162368.6[P]. 2018-08-07.

[27] 李辉，孙京海，朱文白，等 . 500m 口径球面射电望远镜柔性馈源支撑系统仿真 [J]. 计算机辅助工程，2011, 20(1): 106-112.

[28] 唐晓强，邵珠峰，姚蕊 . 索驱动及刚性并联机构的研究与应用——"中国天眼"40m 缩尺模型馈源支撑系统研发 [M]. 北京 : 清华大学出版社，2020.

[29] 路英杰 . 大射电望远镜馈源支撑系统定位与指向控制研究 [D]. 北京 : 清华大学，2007.

[30] DUAN B, QIU Y, ZHANG F S, et al. On design and experiment of the feed cable-suspended structure for super antenna[J]. Mechatronics, 2009, 19(4): 503-509.

[31] 李辉，李庆伟 . FAST 馈源支撑塔结构优化设计 [J]. 工程力学，2017, 34(suppl): 273-281.

[32] 韦福堂，朱万旭，田蕾蕾 . 国家天文台 FAST 工程索网安装施工技术 [J]. 施工技术，2014, 43(2): 18-20.

[33] 朱万旭，李长乐，张国强，等 . 国家天文台 500m 口径天文望远镜索网安装施工 [J]. 施工技术，2016, 45(14): 51-53.

[34] 宋立强，王启明，李光华，等 . 500m 口径球面射电望远镜反射面单元吊装方案研究 [J]. 施工技术，2016, 45(15): 50-52,73.

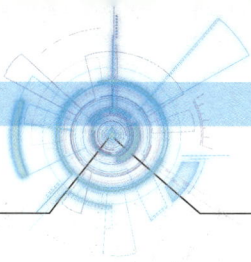

第 5 章　FAST 机电设备

如果说主体支承结构是 FAST 的"脊梁"和框架，那么机电设备就是 FAST 的"肌肉"和动力来源，驱动 FAST 反射面主动变形，驱动 FAST 馈源支撑将馈源接收机定位于反射面焦点位置，实现 FAST 的跟踪观测功能。FAST 机电设备主要包括促动器、索驱动系统、馈源舱和舱停靠平台。

作为反射面主动变形的动力源，促动器是典型的电液伺服机构，具有数量大、运动速度低、定位和保位精度高、需要过载保护、在长期野外环境下工作对可靠性要求高等特点。作为非标产品，FAST 促动器的研制经历了多轮的设计选型、样机可靠性试验、结果对比分析、设计方案优化等迭代，尤其是可靠性得到明显提升后，其设计方案才最终定型。

索驱动系统和馈源舱分别构成了 FAST 柔性轻型馈源支撑的一次初调机构和二次精调机构，使 FAST 馈源支撑能够在 600m 的尺度下实现毫米级的定位精度。二者均涉及结构、力学、机械、电气、测量和控制等多个交叉学科，是 FAST 研发的一个难点，且均经历了模型试验、方案设计与优化、详细设计、设备安装和设备调试的漫长历程。后者与舱停靠平台和 FAST 多个工艺系统以及台址开挖系统存在接口关系，受到的约束条件较强。

| 5.1　促动器 |

5.1.1　功能描述

促动器是望远镜反射面主动变形的驱动装置，共计 2225 台，均匀分布在反射面下方。促动器上端与下拉索连接，下端与地锚连接，如图 5.1 所示。望远镜工作时，总控系统通过光纤下发位置指令，每台促动器根据指令驱动油缸实现伸出或缩回运动，使活塞杆在规定时间到达指定位置。数千台促动器的运动耦合，将反射面张拉成观测所需的面形，实现望远镜观测[1]。

根据望远镜的观测需求，促动器需要实现换源、跟踪和静态保位 3 种工作模式。在换

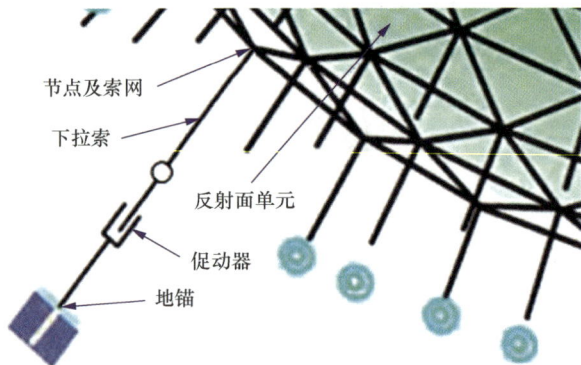

图 5.1　液压促动器工作示意

源模式下，数千台促动器协调运动，快速改变反射面的面形指向，此时促动器的最大运动速度约 1.6mm/s。在换源模式下，促动器运动过程中无定位精度要求，但在换源完成后到达终点位置时有定位精度要求。在跟踪模式下，数千台促动器协调运动，缓慢、连续地改变反射面的抛物面指向，实现对目标天体的跟踪观测。跟踪模式下促动器的运动速度低于换源模式下的，但需要持续满足实时动态定位精度小于 0.25mm 的要求。在静态保位模式下，要求促动器行程保持不变，并满足静态保位精度要求。

促动器是机电设备，其运行必然产生电磁干扰，这对射电望远镜的影响是"致命"的，因此促动器必须在满足功能和性能要求的同时，确保电磁屏蔽效能满足射电望远镜要求。此外，促动器长期在野外使用，且数量多、分布广，因此设备可靠性和可维护性是重点考虑的问题。

从上述功能描述可以看出，FAST 促动器是一种驱动反射面主动变形的特殊非标产品，其特点如表 5.1 所示。这些特点也是 FAST 促动器在研制过程中面临的重点和难点。

表 5.1　FAST 促动器特点

项目	特点
载荷类型	始终承受单向受拉变载荷，载荷周期性变化
运行速度	长期低速运行，且频繁启停，载荷随行程变化而改变
定位模式	抛物面口径内的促动器处于连续运动及动态定位模式，口径外的促动器处于静态保位模式，且定位和保位精度均有较高要求
数量和位置	设备数量达 2225 台，分布于反射面下方各个角落，且大部分促动器安装的位置可达性较差

续表

项目	特点
电磁兼容性（Electromagnetic Compatibility，EMC）	促动器是机电设备，电磁干扰对射电望远镜的影响较大，而且设备需要连续工作，因此对电磁屏蔽效能要求较高
安全性、可靠性和可维护性	促动器长期全天候在野外环境运行，面临当地高湿环境和野生生物侵袭的考验，同时设备故障后对望远镜性能和安全威胁较大，且故障维护难度系数高，因此对设备的安全性、可靠性和可维护性要求较高

5.1.2　技术指标

基于大量的理论分析和试验工作总结，FAST 团队从工作载荷和行程、环境条件、控制方式、工作模式、功能和性能、机械接口等方面提出了促动器产品详细设计的一系列性能指标和要求[1]。

1．工作载荷和行程

根据最大载荷和最大行程，促动器包括 A、B、C 3 种类型，不同类型促动器的相关信息如表 5.2 所示。其中，B 型和 C 型主要应用于 150 台边缘促动器，这些促动器具有拉力相对较大和行程相对较短的特点。

表 5.2　不同类型促动器的相关信息

类型	采购数量 / 台	最大载荷 /t	行程 /mm	安装孔距 /mm
A 型	2075	7	1200	1780
B 型	145	10	800	1380
C 型	5	15	800	1380

2．环境条件

根据需求，促动器在野外露天使用，使用地海拔为 830 ~ 1000m，且全年多雨，冬季偶有短期冰冻现象。促动器相关环境条件如表 5.3 所示。

表 5.3　促动器相关环境条件

项目	基本情况
环境温度	−10℃ ~ +40℃
环境湿度	平均湿度为 80%
设备供电	交流 220V，50Hz，电压波动峰值为 ±35V
负载状态	单向受拉变载荷

1　参见 2013 年中国科学院国家天文台 FAST 团队发布的《FAST 主动反射面液压促动器技术任务书》。

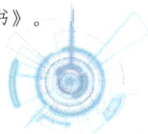

3．控制方式

根据运行和维护需要，促动器需要具备远程和本地两种控制方式。

远程控制：在上位机控制系统的统一控制下，控制多台设备协调运行，每台促动器实现本地闭环，按上位机控制系统下发的指令运行。

本地控制：使用与远程控制完全相同协议的调试工具（如便携式计算机或手持控制器）在促动器现场进行单机调试，以实现功能检测和故障诊断。

4．工作模式

根据望远镜的观测需求，促动器需要实现换源、跟踪和静态保位 3 种工作模式。

换源：迅速改变反射面的抛物面指向，要求促动器运动速度为 1.6mm/s，实现快速定位，定位误差小于 0.25mm。

跟踪：缓慢改变反射面的抛物面指向，要求促动器根据上位机指令运行，实时位置误差小于 0.25mm。跟踪时，抛物面顶点促动器的位移、速度和时间关系如图 5.2 所示。

静态保位：反射面面形保持，要求促动器在最大载荷（详见表 5.2）情况下，有电源时保位状态位置误差小于 0.25mm，无电源时保位状态位置误差小于 0.25mm/h。

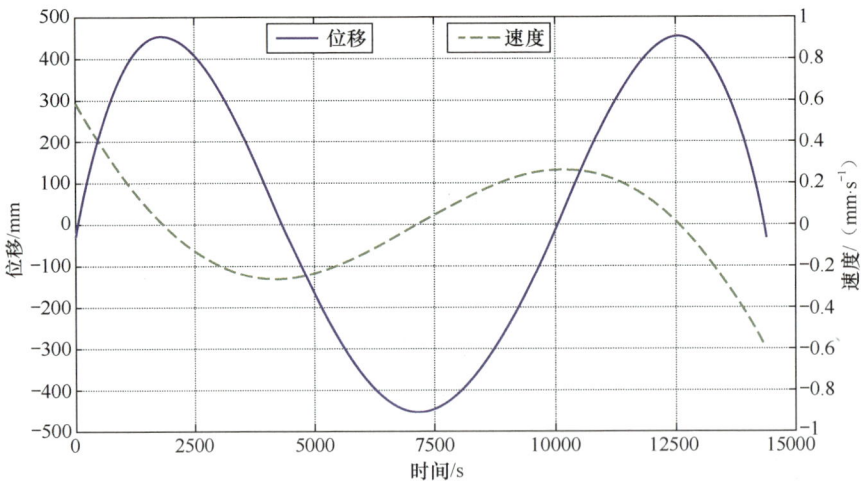

图 5.2　抛物面顶点促动器的位移、速度和时间关系

5．功能和性能

根据望远镜运行需求，促动器需要具有受控动作、精确屏蔽定位、动态跟踪、无源保位、小载荷随动、差动伸出、过载保护、环境防护、电磁兼容等功能，具体

论述如下。

受控动作：促动器运行受上位机远程控制或本地控制。

精确定位：促动器在运行过程中能够根据上位机指令，在规定时间到达指定位置，且实时位置误差小于 0.25mm。

动态跟踪：跟踪运行时，促动器根据观测目标不同，其运行规律也相应变化。动态跟踪过程中促动器实时位置误差小于 0.25mm。

无源保位：促动器停机后应满足当前位置保持的要求。在不进行位置闭环控制，且载荷为最大载荷时，位置保持误差应小于 0.25mm/h。

小载荷随动：促动器可由较小外载荷（小于 0.08t）拉出，该功能的开启和关闭可根据需要由本地控制或上位机远程控制。

差动伸出：在无负载情况下，促动器的活塞杆可根据需求主动伸出。

过载保护：促动器可实现 1.2 倍最大载荷过载保护。促动器负载大于 1.2 倍最大载荷时，活塞杆可随载荷拉出。

环境防护：设备应适应当地环境，选用介质和材料对环境的污染应符合国家相关规范要求。

电磁兼容：望远镜设计的接收机工作频段为 70MHz ～ 3GHz，促动器需设计有效电磁屏蔽措施对设备在此频段内产生的电磁信号给予抑制，并依据国际电信联盟 2003 年发布的用于射电天文观测的保护标准（ITU-RRA.769-2-2003），全频段的屏蔽效能不低于 80dB。

促动器主要技术指标如表 5.4 所示。

表 5.4　促动器主要技术指标

技术项目	技术要求值或范围
总 行 程	活塞杆行程为 1.2m
速　　度	跟踪模式下为 0 ～ 0.58mm/s，换源模式下为 1.6mm/s
定位精度	开环定位误差＜ 0.25mm
质　　量	总质量≤ 120kg
功　　耗	总功耗＜ 400W
安全保护	安全阈值为最大载荷的 1.2 倍
使用寿命	主要传动部件使用寿命不短于 10 年，电子元件寿命不短于 5 年
噪　　声	1m 范围内单台运行噪声不高于 65dB
可 靠 性	正常工作情况下平均无故障工作时间（Mean Time Between Failures，MTBF）不少于 18000h

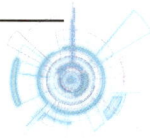

6. 机械接口

促动器的机械接口包括下端与地锚连接接口和上端与下拉索连接接口。其中促动器与地锚的连接如图 5.3 所示，地锚预埋件上预留了 6 个螺栓孔，双耳底座通过螺栓紧固安装在地锚上，促动器下端通过销轴与底座连接。考虑到地锚施工中存在误差，以及部分地形条件决定的小部分地锚地理位置存在小范围移动，要求在促动器连接口上安装半锥角不小于 15°的关节轴承。

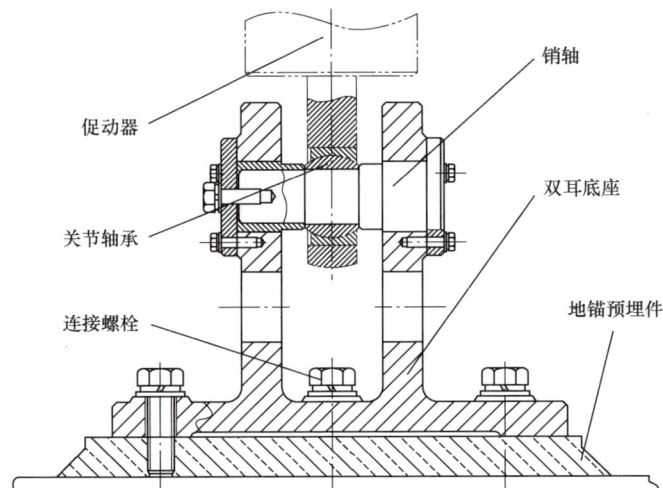

图 5.3　促动器与地锚的连接

促动器与下拉索的连接如图 5.4 所示。促动器活塞杆上端连接耳板尺寸需要与下拉索预留接口匹配。

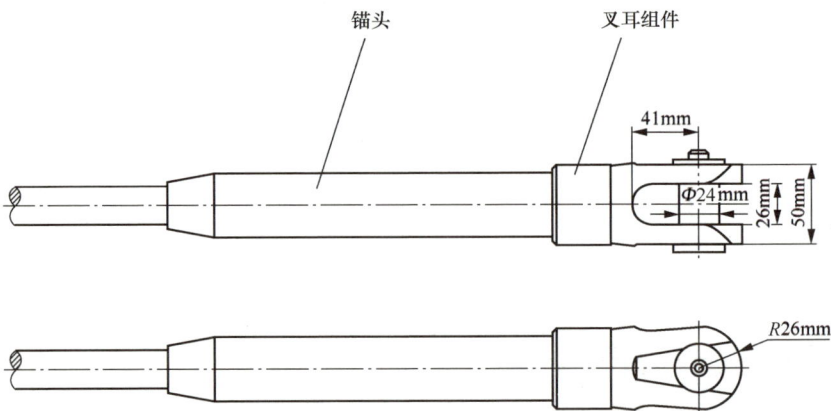

图 5.4　促动器与下拉索的连接

5.1.3　方案设计与样机试验

从 FAST 预研究到项目初步设计阶段，FAST 团队已经对促动器研制进行了初步探索，详见 2.2.5 小节。满足 FAST 促动器工作性能要求的方案包括机械式促动器和液压式促动器两种，FAST 团队针对机械式促动器不同形式的驱动和传动组合方案，以及液压式促动器不同形式的控制方案分别研制了相应的试验样机，并开展了相应的可靠性试验和分析。2012 年，基于可靠性试验情况，FAST 团队对前期研制的促动器优缺点进行了总结和比较[2]，如表 5.5 所示。

经过对上述促动器样机试验结果的比较和分析，FAST 团队确定机械式促动器方案的最优组合为交流同步式伺服驱动电机（驱动方式）+ 滚珠丝杠和蜗轮蜗杆（传动链）相结合的设计方案。此外，FAST 团队还对促动器的机械系统动力学自动分析（Automatic Dynamic Analysis of Mechanical System，ADAMS）模型仿真、健康状态检测、故障检修和更换维护等方面进行了相关研究[2-4]。机械式促动器方案样机试验的平均累计运行时间约 4000h，累计运行时间最长为 7900h。样机的主要故障类型包括磨损、胶合、剪断和锈蚀等，其故障主要发生在自锁运动副和丝杠螺母的防转键。机械式促动器方案中，机械自锁和丝杠螺母防转环节必不可少，因此样机中出现的问题是机械式促动器方案中必须面对的实际情况。机械式促动器除了使用寿命较短外，还存在随动功能难以实现的问题，而液压促动器却可以通过溢流阀轻松解决该问题。FAST 团队在综合评估后明确，后期的研究方向逐渐从机械式促动器转为液压促动器[5]。液压促动器的优缺点如表 5.6 所示。

FAST 促动器方案的选型主要考虑以下几点：首先，在下拉索负载下，实现精度范围内的动态和静态可控定位功能；其次，确保产品的过载安全性，即少数促动器发生故障时不能影响索网结构安全和 FAST 正常运行；最后，要追求产品较高的可靠性、可维护性和较长的使用寿命。结合上述关于机械式促动器和液压式促动器的描述，虽然二者均可满足精度范围内可靠定位功能的实现，但液压式促动器在过载安全性、可靠性、可维护性和使用寿命上有较大优势。

2　参见 2012 年中国科学院国家天文台 FAST 团队发布的《FAST 主动反射面促动器研制总结》。

表5.5　机械式促动器和

促动器类型	型式描述	变速机制	动力来源	功率及效率	供电网络	定位机制	限位信号	控制方式	控制及组网	电器防潮	索力监测	电网冲击	电力布线	EMC兼容	抗电压电流过载	运动自由度	位置
机械式促动器（传动链）	滚珠丝杠	蜗轮蜗杆	—		—	—		—		—			—		—	弱	伸缩	名
	T形丝杠	齿轮减速	—			—	必要									弱		
	锯齿形丝杠	齿轮减速	—	总体效率不高，功耗较高，总功率大于550W	—	—		—	—			需要单独的索力传感器及供电电路，问题较多且精度较低	—	因效率低、功率大，必须使用三相交流	—	弱		
机械式促动器（驱动方式）	启停驱动	可控硅通断	三相电机		三相交流	启停逼近	接到上位机	单片机或控制计算机	统一为一根总线/光纤	需要单独进行防潮处理		强		易	弱	—	温度或客
	变频驱动	频率调节	变频电机		三相交流	速度调节	接到上位机	PLC总线				弱		难	弱	—	可设
	伺服驱动	频率调节	伺服电机		三相交流	位置调节	接到驱动器	PLC总线				弱		难	强	—	可设
液压式促动器	集成泵控	变频调泵速	三相电机	效率高，功耗低，总功率低于200W	两相交流/直流	流量调节	不需要，通过溢流阀控制	PLC总线	统一为一根总线/光纤	可利用罐体整体密封处理和防潮	可测量油压换算，但精度受活塞摩擦力影响较大	弱	效率高、功率低，可选择两相交流或直流	中	强	伸缩+旋转	可
	集成阀控	比例阀调节	三相电机		两相交流/直流	流量调节						弱，偶尔启停		易	强		

液压式促动器的比较

保持	位置测量	零点调节	过载随动	状态或损伤监测	部件密封	材料防腐	机械磨损	设备维护	可靠性和寿命
易	旋转编码器,多圈绝对式编码器,价格贵,不能准确表征直线位移,可靠性偏低	若使用增量编码器则必须实现负载状态下零点调节,较为困难。使用绝对编码器则不需要	难以实现	难,拆开看磨损,听声音,摸温度	不利,内部容易生锈,尘土严重影响丝杠寿命	与环境和防腐措施相关	T 形丝杠磨损严重,滚珠丝杠和蜗轮蜗杆选型恰当对寿命有一定保证(载荷大是一个不利因素)	维护要求较高,对污染等要求高;需要定期润滑;需要严格遵守丝杠和减速机工业维护规程	滚珠丝杠寿命最长,工业经验多
过载保护				难				如不用总线式编码器,则需要使用编码器卡	电子设备可靠性和寿命的提高需遵循三防设计
减保护			过载时电机自保护,但过载阈值不易设定	中等,可用驱动器信息判断,如读取扭矩	因为散热等需要,驱动器 IP 等级不高				
减保护								如不用总线式驱动器,则需要上位机发送脉冲,如运动控制卡或 PLC	
驱动	磁致伸缩传感器,可靠性高,价格偏高	不需要找零点,通信正常即可得到绝对位置	易于实现	中等,油压油温,听声音,通过运行效果可以判断。状态或损伤体现为油压和油温异常时运行噪声增大	要注意密封圈寿命,密封要求高,防尘和润滑相对较容易	与环境和防腐措施相关	不易发生机械磨损,密封圈磨损易于更换	需要精巧设计抑制油路泄漏,密封要求高;需注意油温、密封、杂质等,需定期清洁或更换油液;阀门和泵要求较高	标准阀的寿命有依据,泵和密封圈寿命待考核

表 5.6　液压促动器的优缺点

优点	缺点
易于实现直线运动	清洁度要求高，油液不能有空气、水等杂质，长期使用的油液会变质，需要定期清洁或更换
操控方便，可实现大范围的无级调速	油液黏度受温度影响大，使得供油量和执行机构的运动速度不稳定
运动部件少，无齿轮、链条和电气触点等，即使过载也很容易通过泄压阀控制，其他系统不易实现	油液外漏会造成环境污染，影响运动平稳性，降低效率
可通过液压软管传递动力，受位置限制小；液压传动的各种元件可方便、灵活地布置	各元件和油液在封闭系统内工作，可测量的工作参数有限，给系统故障诊断带来一定困难
运动部件少，磨损小，自身润滑，利于散热和延长元件使用寿命；多采用矿物油作为工作介质，成本低	对液压元件制造精度要求高，工艺复杂，成本较高
单位功率的质量轻（质量—功率比小），力矩—惯量比大	元辅件质量不稳定和使用、维护不当，会造成系统容易发生故障
运行过程中易于保持平稳和安静，振动小	系统的分析和设计比机械式促动器复杂

　　FAST 团队对液压促动器的研究分别从泵控系统或阀控系统、分布式供油或集中式供油、分体式结构或集成式结构、柱塞泵或齿轮泵等方面进行设计和试验。为了充分开展试验，FAST 团队根据载荷工况，从机械式促动器方案开始，陆续建造了 10 多个样机试验台[6-7]，包括变载荷试验台和恒载荷试验台。其中北京密云变载荷试验台如图 5.5 所示，通过两个定滑轮和一个动滑轮实现载荷变化。望远镜台址满载 7t 的恒载荷试验台如图 5.6 所示，由定滑轮和沙石桶构成载荷。

图 5.5　北京密云变载荷试验台　　图 5.6　望远镜台址 7t 恒载荷试验台

FAST 团队在合作单位厂内也建造了多个不同形式的促动器整机试验台。图 5.7 所示为可实现不同俯仰角试验的变载荷试验台，试验时采用两台促动器进行对拉，其载荷大小可通过加载油缸进行控制。

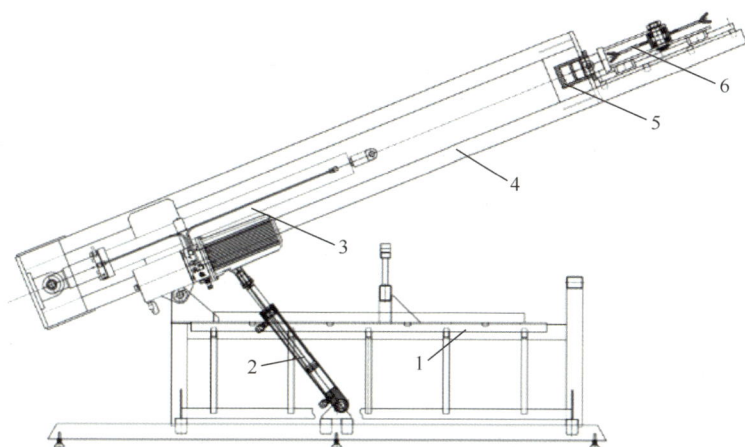

1—支撑底座；2—举升油缸；3—被试促动器；4—承力支架；5—加载油缸；6—导向滑轮

图 5.7　可实现不同俯仰角试验的变载荷试验台

此外，为进行促动器可靠性试验，FAST 团队还针对元件特性，设计了多个相关元件的可靠性试验台，用于主要元件的可靠性研究[8]。图 5.8 所示为齿轮泵试验台。

图 5.8　齿轮泵试验台

2014 年，FAST 团队在台址现场试验台上对天津优瑞纳斯液压机械有限公司（集成泵控）、三一重工娄底中兴液压件有限公司（集成泵控）、江苏恒立液压股份有限公司（分体阀控）、成都航天烽火精密机电有限公司（集成泵控）、柳州欧维姆机械股份有限公司（集成泵控）和邵阳维克液压股份有限公司（集成阀控）等 6 家企业研制的液压促动器样机进行了测试和考核，包括动态跟踪情况、保位、噪声、功率和油温测试，最后还进行了 5 个月以上的连续运行测试，考察样机运行可靠性，测试可能出现的故障和性能不足情况[3]。

通过理论分析和大量的试验验证，FAST 团队最终确定了以电机驱动双向齿轮泵的泵控系统液压促动器方案，并采用分布式供油及集成式整体结构体系，以此作为下一步详细设计的出发点。

5.1.4　详细设计

1. 早期液压传动详细设计

2014—2017 年，FAST 促动器研究团队通过样机试验综合对比，选择了天津优瑞纳斯液压机械有限公司（以下简称天优）的样机方案，其促动器总成如图 5.9 所示。

该促动器采用步进电机驱动双向齿轮泵来实现活塞杆伸出或缩回运动，其液压原理如图 5.10 所示[9-10]。

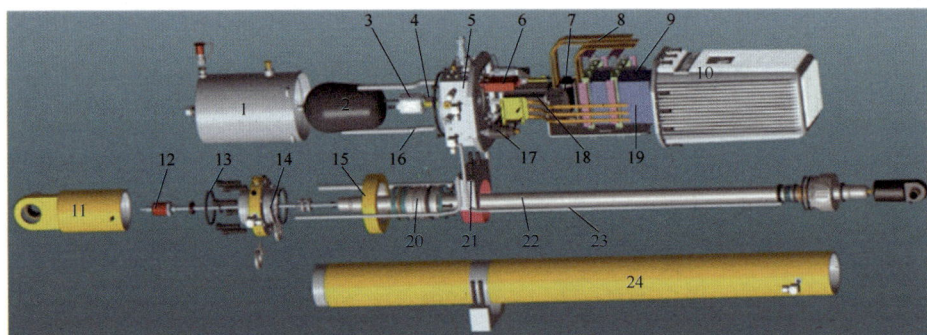

1—油箱；2—气囊；3—齿轮泵；4—联轴器；5—集成阀块；6—滤波器；7—驱动器；8—导热管；9—开关电源；
10—电气舱罩；11—铸造缸底；12—位移传感器；13—导电 O 形圈；14—缸底组件；15—法兰；
16—低压油管；17—油温油压传感器；18—步进电机；19—控制板；20—活塞组件；
21—固定板；22—活塞杆；23—高压油管；24—缸筒组件（油缸）

图 5.9　天优促动器总成

3　参见 2014 年中国科学院国家天文台 FAST 团队发布的《FAST 主动反射面液压促动器现场试验总结》。

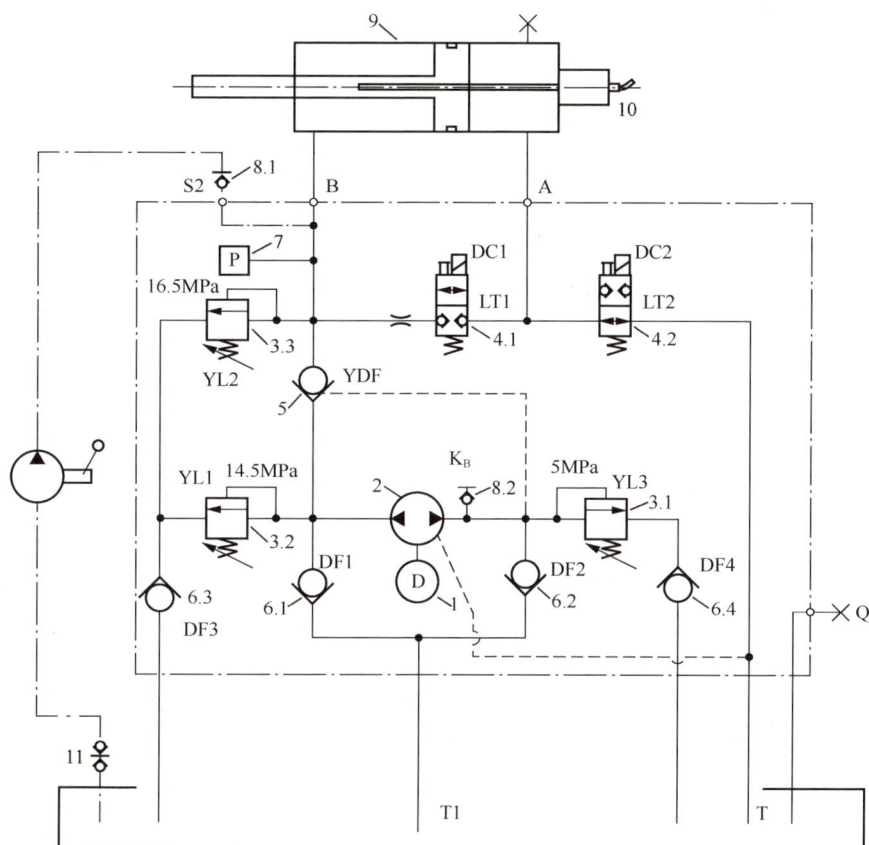

1—步进电机；2—齿轮泵；3—溢流阀；4.1—常闭电磁阀；4.2—常开电磁阀；5—液控单向阀；6—单向阀；
7—油温油压传感器；8—测压接头；9—液压缸；10—位移传感器；11—快插接头

图 5.10　天优促动器液压原理

　　该促动器的工作原理如下：促动器活塞杆需要缩回时，步进电机驱动齿轮泵正转，为油缸的有杆腔提供压力油，油液推动活塞杆缩回；促动器活塞杆需要伸出时，步进电机驱动齿轮泵反转，由溢流阀 YL3 产生 5MPa 的控制油压，打开液控单向阀 YDF，对油缸的有杆腔进行排油，活塞杆在外力作用下被动伸出。活塞杆缩回和伸出的速度是通过控制步进电机转速调整齿轮泵流量实现的。溢流阀 YL2 的调定压力为 16MPa，是液压系统的主安全阀，当油缸的有杆腔油压大于 16MPa 时，溢流阀 YL2 自动打开卸载荷，实现过载保护功能。LT1 为常闭电磁阀，LT2 为常开电磁阀，若控制 LT1 和 LT2 电磁阀同时得电，则油缸的有杆腔和无杆腔连通，活塞杆在两边压差作用下伸出，即实现差动功能；若仅 LT1 电磁阀得电，则油缸的有杆腔、无杆腔和油箱相互连通，活塞杆只需要克服摩擦就可

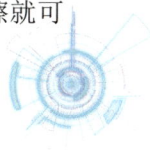

以随外载荷力运动，即实现小载荷随动功能。同时，促动器采用磁致伸缩传感器（Magnetostrictive Transducer Sensor，MTS）反馈活塞杆的实时位置信息作为位移传感器，从而实现活塞杆位置闭环控制。

促动器油缸内径尺寸为90mm，活塞杆直径为40mm。依此计算出促动器7t负载时油缸有杆腔压力为13.7MPa，活塞杆在1.6mm/s速度情况下油缸所需要流量为490mL/min，根据流量选用排量为1mL/r的双向齿轮泵。促动器选用具备80V和24V输出的直流开关电源，分别为步进电机和电磁阀供电。促动器位置精度要求为0.25mm，因此位移传感器精度需要高于0.01mm，选用灵敏度不低于0.005mm的MTS传感器。

促动器与总控系统通信采用Profibus通信协议，总控室每隔0.5s给促动器下发运行指令。从总控系统下发到促动器的数据称为下行数据，从促动器传回总控系统的数据称为上行数据。促动器设计的通信头文件中，上行和下行数据均为24字节，且约定上行数据的字节编号为IB0～IB23，下行数据的字节编号为QB0～QB23。

天优促动器的关键零部件选型和关键参数如表5.7所示。

表5.7　天优促动器关键的零部件选型和关键参数

关键零部件名称	产品型号	性能参数
齿轮泵	U0.5R1.30GKX	排量为1mL/r
溢流阀	DB3E-02X-250V	调节压力＜25MPa
单向阀	RVE-R1/4-X-0.5	开启压力为0.05MPa
液压阀	ERVE08021-01-C-VS-6-2	先导压力比为6∶1
电磁阀	WSM06020V-01M-C-N-24DG	两位开关电磁阀
开关电源	WTG888-1	功率为480W
步进电机	34HD2407-08	保持力矩为7.7N·m
MTS	EHM1210MEH11S1G1100	精度高于0.01mm
驱动器	MSST10-S-UR01	24～80V DC 输入
控制板	CDQ-KZB-02	加工定制
十字联轴器	UEGT90/40-1200LHDK-020	加工定制
油缸	UEGT90/40-1200LHDK-010	加工定制

针对该促动器方案，FAST团队及相关合作团队通过仿真、试验和理论计算等方法进行分析[11-14]，认为该方案可满足望远镜需求。该方案促动器于2017年4月完成现场调试并通过验收，随后开始望远镜调试运行。随着运行时间的不断累积，

该方案促动器液压系统和电气系统逐渐暴露出了一些早期设计或工艺上的缺陷，导致其故障率逐渐升高，可靠性逐渐降低，对望远镜的正常运行造成很大影响。

根据维护数据统计，天优促动器的故障现象包括 220V 电源故障、通信光纤故障、80V 开关电源故障、驱动器故障、步进电机故障、油温油压传感器故障、控制板故障、齿轮泵故障、液压阀故障、促动器外部漏油及其他故障等，其中齿轮泵故障、驱动器故障、80V 开关电源故障及控制板故障是天优促动器的主要故障。对促动器故障进行深入分析，发现该方案存在液压油清洁度超标、联轴器轴向尺寸超差、外露活塞杆生锈、电气舱散热效能降低、电磁屏蔽效能降低、步进电机丢步频繁、齿轮泵吸空等问题。随着设备运行时间逐渐增加，零部件损伤从量变到质变，逐渐引起零部件失效，从而导致故障率呈增长趋势，如图 5.11 所示。

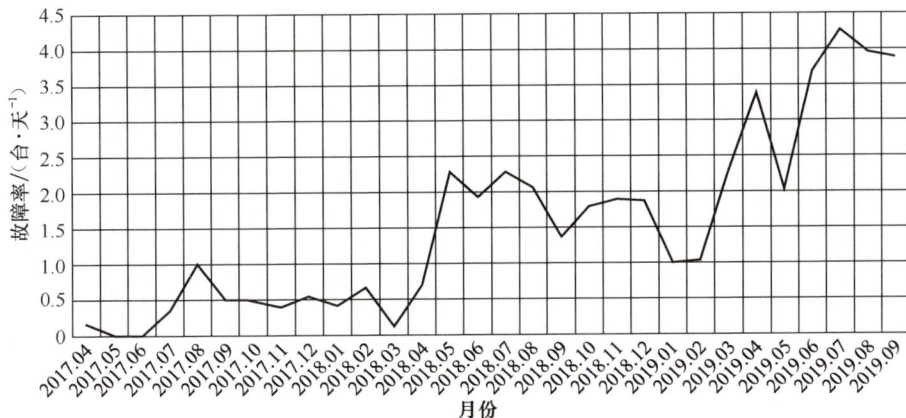

图 5.11　天优促动器齿轮泵的故障率统计

2. 新型液压促动器详细设计

针对早期天优促动器存在的问题，FAST 团队于 2017 年开始对可靠性增长方案的研究工作。FAST 团队针对该方案中已暴露的油液清洁度超标、联轴器轴向尺寸差、外露活塞杆生锈、步进电机丢步频繁（矩频特性缺陷）等缺陷，设计了对应的局部可靠性增长方案，并进行了试验验证[15]。FAST 团队以前期运维数据为基础，从设备群应用可靠性的角度，理论分析了 FAST 促动器群的可靠性，并提出了群系统可靠性增长原理，为 FAST 促动器可靠性增长设计提供了理论指导[16]。2018 年年初，FAST 团队与江苏恒立液压股份有限公司合作，充分考虑可靠性、可维护性和兼容性，在前期局部可靠性增长试验基础上，完成了促动器整机可靠性增长

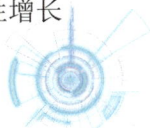

方案设计[17-18]。恒立促动器三维外形如图 5.12 所示。

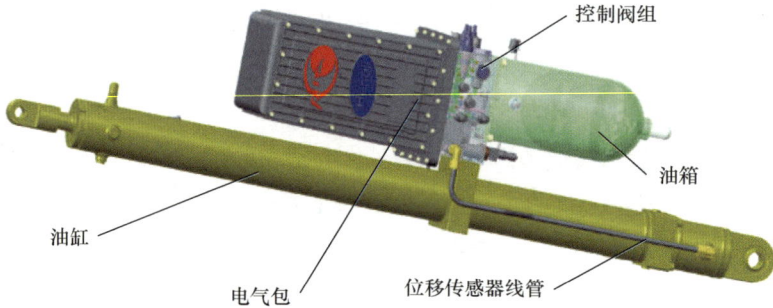

图 5.12　恒立促动器三维外形

恒立促动器结构设计在满足强度要求基础上，主要考虑可维护性和轻量化。促动器采用集成化阀块设计，且阀块材质为铝合金，最终促动器总质量为 115.7kg，满足设计要求。恒立促动器液压系统原理如图 5.13 所示。

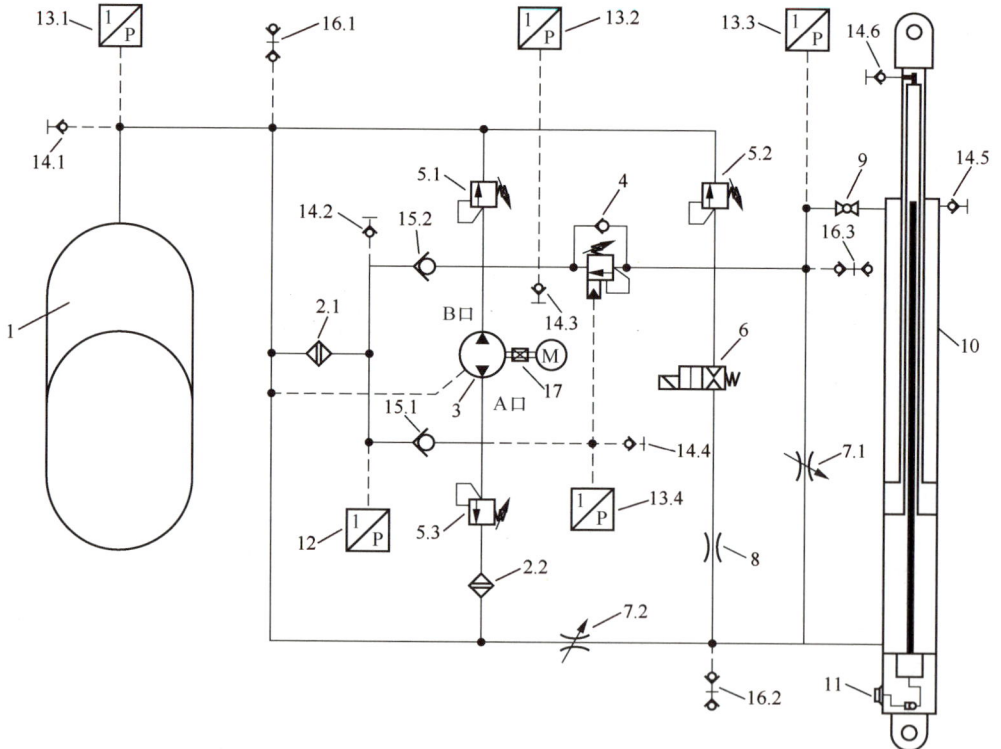

1—增压油箱；2—过滤器；3—双向齿轮泵；4—平衡阀；5—溢流阀；6—常关电磁阀；7—手动节流阀；8—节流阀；
9—手动截止阀；10—油缸；11—位移传感器；12—油温传感器；13—油压传感器；
14—测压接头；15—单向阀；16—快插接头

图 5.13　恒立促动器液压系统原理

新方案促动器液压系统共有 6 种工况模式，包括静止保位工况、缩回工况、伸出工况、差动工况、随动工况和液压油自净化。其中静止保位工况下电机处于失电或停止状态，靠液压系统元件的密封性实现功能。其他 5 种工况的液压工作原理如下。

缩回工况液压工作原理：齿轮泵 3 通过单向阀 15.1 将油箱 1 中的液压油增压，高压油经过平衡阀 4 将进入油缸 10 的有杆腔中，推动活塞杆主动缩回。

伸出工况液压工作原理：齿轮泵 3 通过单向阀 15.2 将油箱 1 中的液压油增压，溢流阀 5.3 调节压力，将平衡阀 4 逆向开启，有杆腔中的液压油通过平衡阀 4、齿轮泵 3、溢流阀 5.3 回到油箱，活塞杆在外负载拉力作用下被动伸出。

差动工况液压工作原理：在缩回工作原理之上，关闭手动节流阀 7.2、开启电磁阀 6（或开启手动节流阀 7.1），此时活塞杆有杆腔中的油压和无杆腔中的油压一致，活塞杆在面积差的作用下主动伸出。

随动工况液压工作原理：开启电磁阀 6（或开启手动节流阀 7.1），活塞杆在外载荷作用下被动伸出。

液压油自净化原理：方案在油箱出油和回油油路上分别增加了 25μm 和 3μm 插装式滤芯，保障促动器液压油清洁度长期保持在 NAS8 级水平。

由于齿轮泵吸油前端有滤芯和单向阀，为避免吸空情况，在油箱中设计有增压气囊，设计压力为 1bar。根据油缸设计，油箱中的液压油随着活塞杆运动，其容积差最大为 1.5L，由此设计气囊大小，使其气压变化最大为 0.5bar，从而确保油箱中的压力为正。

新方案促动器采用伺服电机驱动方案，其控制原理如图 5.14 所示。

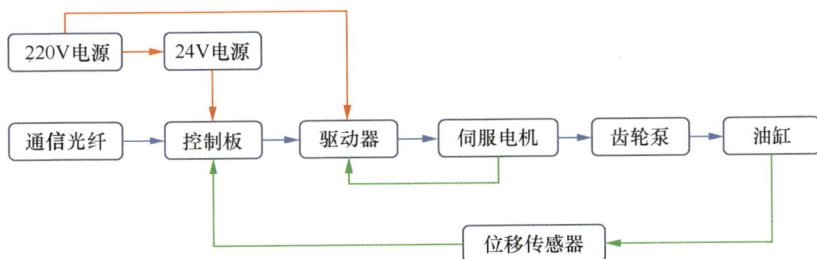

图 5.14　新方案促动器控制原理

根据望远镜电磁兼容性能要求，新方案促动器电磁屏蔽效能需要达到 80dB 以上。FAST 促动器研究团队经多次试验，设计了开门式整体铸造电气舱，其三

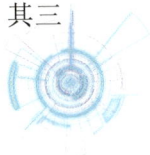

维模型如图 5.15 所示。

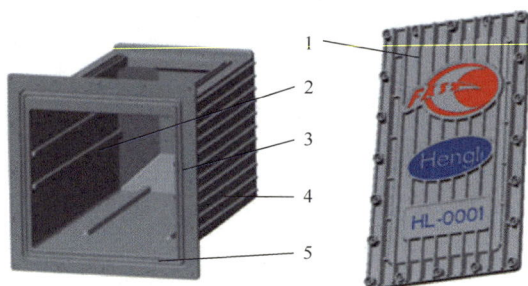

1—电气舱盖；2—加强筋；3—防水"O"形圈槽；4—电气舱壳体；5—导电金属网槽

图 5.15　开门式整体铸造电气舱三维模型

该电气舱的材质为铝，且对表面进行阳极氧化处理。该方案采用"O"形密封圈防水，电磁屏蔽采用导电金属网。根据试验验证，该方案防护等级可达到 IP57，电磁屏蔽效能可达到 80dB，如图 5.16 所示。

根据使用需求，促动器有一部分活塞杆需要长期裸露，因此常规的活塞杆表面处理工艺不能满足促动器需求。现有促动器方案经过多次试验，最终确定促动器活塞杆表面处理工艺为双层镍 + 双层铬，其中性盐雾测试（NSS）试验时间可达 1000h 以上。

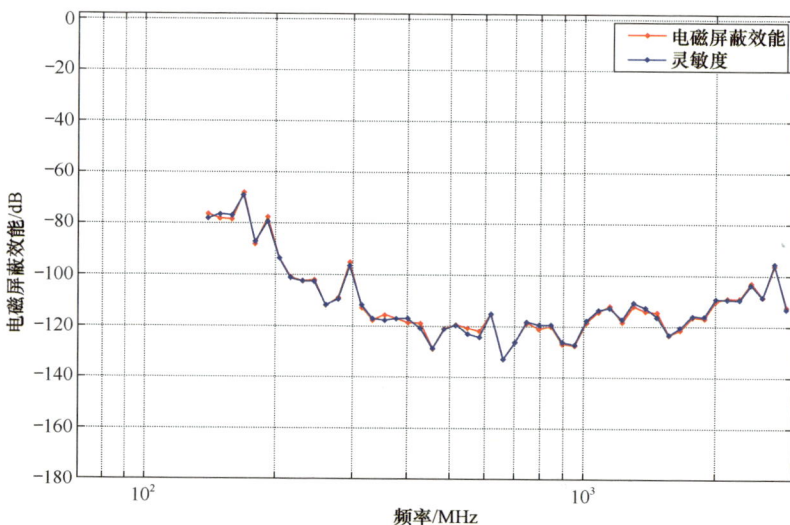

注：电磁屏蔽效能数字越低越好。

图 5.16　新方案促动器电磁屏蔽效能测试结果

新方案促动器关键零部件选型如表 5.8 所示。

表 5.8　新方案促动器关键零部件选型

关键零部件名称	产品型号	性能参数
齿轮泵	U0.25R18GKX	排量为 0.19mL/r
直动溢流阀	RDBA-LAN	调节压力 < 27MPa
单向阀	CXAA-XZN	开启压力为 0.007MPa
平衡阀	CBBA-LAN	先导压力比为 3∶1
电磁阀	DTAF-XCN-740924L	常闭开关电磁阀
吸油滤芯	SXX-081-S-25-B-4030083	过滤精度为 25μm
滤芯	SXX-081-E-03-B/4-402121	过滤精度为 3μm
伺服电机	WTG888-1	功率为 480W
伺服驱动单元	34HD2407-08	保持力矩为 7.7N·m
MTS	EHM1210MEH11S1G1100	精度高于 0.01mm
24V 电源	MSST10-S-UR01	24 ～ 80V DC 输入
控制板	CDQ-KZB-02	加工定制

对促动器的控制方式除上述的远程自动控制（通过 FAST 总控系统和反射面控制系统完成）以外，还可以对促动器连接外部的手持控制器进行现场手动操控。工作人员通过手持器操控促动器完成主动伸出、主动缩回和差动快速伸出等动作，有利于现场促动器的拆卸和安装工作。工作人员通过手动操控还可以现场完成油箱换油、油液清洁过滤及排气等促动器维护工作。手持控制器与便携式计算机结合还可以现场读取促动器运行状态和数据，便于对促动器故障进行现场检修和调试。

相比于天优促动器方案，新方案促动器方案的优化内容如表 5.9 所示。

表 5.9　新方案促动器方案的优化内容

优化项目	优化前	优化后	备注
液压系统功能优化	无	在进油和回油油路上增加插装过滤器	增加系统油液自净化功能
	无	增加手动截止阀	增加手动随动功能
	无	有杆腔与阀块之间增加手动节流阀	增加油缸保位时控制油路与油缸分离功能

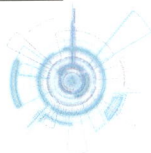

续表

优化项目	优化前	优化后	备注
液压系统元件优化	齿轮泵吸油油路上无截止阀	在齿轮泵吸油油路上增加手动截止阀	便于系统液压元件更换
	只有有杆腔有压力监测	增加齿轮泵进出油口、油箱部位的测压接口	便于促动器状态监测和故障诊断
	油缸前端无排气功能设计	在活塞杆耳环部位增加测压接口	便于使用过程中油缸排气
	1mL/r 排量双向齿轮泵	0.19 mL/r 排量双向齿轮泵	提高控制精度，降低电机输入转矩
	电磁阀 2	手动截止阀	降低成本，缩小电气舱空间
	液控单向阀	平衡阀	确保齿轮泵反转时出口压力大于入口压力
	回油油路单向阀 3、单向阀 4	回油油路无单向阀	减少不必要的元件
液压系统其他优化	油箱无压力	油箱压力为 1～2bar	减小吸油阻力，确保齿轮泵吸油口为正压
	吸油油路管径为 5mm，吸油管有弯曲，单向阀开启压力为 1bar	扩大管径为 8mm，减小吸油管长度和弯曲角度，选用开启压力为 0.1bar 的单向阀	
机械系统功能优化	位移传感器信号线为整体，妨碍整机拆卸维修	在油缸缸底和阀块处增加插排接口	便于油缸与电气舱分离
机械系统工艺优化	活塞杆表面为单层硬铬	活塞杆表面涂层（2Ni+2Cr）	提高防腐性
	联轴器尺寸装配尺寸超差	严格控制间隙为（0.5±0.25）mm	杜绝齿轮泵受轴向力磨损
	电气舱为整体式	电气舱采用铸造开门式	提高内壁光洁度，提高可维护性
机械系统工艺优化	电磁屏蔽采用弹簧片式	电磁屏蔽采用金属网式	提高电磁屏蔽效能和重复可靠性
	热管依靠弹性变形力与铸造铝壳贴合导热	螺栓紧固热管与机加工铝壳贴合导热	增大导热系数，提高导热性能
	油缸压盖等零件材质为 45 钢，无热处理	采用 QT500-7 球墨铸铁	提高加工性能和强度

续表

优化项目	优化前	优化后	备注
电气控制系统优化	步进电机驱动控制系统	伺服电机驱动控制系统	提高控制精度
状态监测系统优化	步进电机温度监测	增加伺服电机温度监测	监测电机温度
	步进电机驱动器电流监测	增加伺服驱动器电流监测	监测驱动器电流
	步进电机驱动器温度监测	增加伺服驱动器温度监测	监测驱动器温度
	无	增加伺服电机转速监测	监测齿轮泵转速
	无	增加伺服电机输出扭矩监测	监测电机输出扭矩
	无	增加油箱压力监测	监测油箱压力
	无	增加齿轮泵进油口压力监测	监测齿轮泵进油口压力
	无	增加齿轮泵出油口压力监测	监测齿轮泵出油口压力

5.1.5　产品可靠性试验

为充分拟合促动器实际运行环境工况，现有方案样机试验是在望远镜台址 7t 恒负载试验台上进行的[19]。样机试验运行工况包括高速往复和曲线跟踪两种，运行时间比例约为 1:3。高速往复工况时运行速度为 1.6mm/s；曲线跟踪工况时，其跟踪曲线为 $S=A\sin(2\pi t/T)$，且 A=480mm，T=4800s。该方案样机试验情况如表 5.10 所示。

表 5.10　样机试验情况

样机编号	累计运行时间 /h	活塞杆累计行程 /m	故障次数 / 次	试验截尾方式
1#	16018	42420	0	时间截尾
2#	11328	25369	0	时间截尾
3#	14565	33997	3	故障截尾

根据可靠性试验数据，3 台样机的无故障累计运行时间均超过 10000h，且 3 台样机的曲线跟踪精度优于 0.04mm，峰值低于 0.1mm，性能表现满足 0.25mm 的技术要求。如图 5.17 所示，3# 样机的可靠性试验累计运行时间达到 10000h，其曲线跟踪性能表现优异。

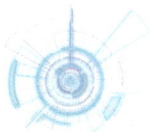

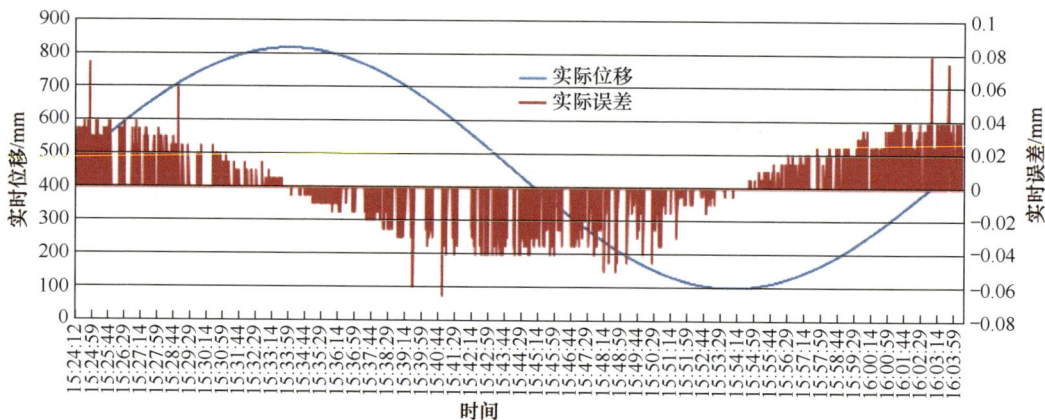

图 5.17　3# 样机的可靠性试验累计运行时间达到 10000h 后的跟踪曲线

齿轮泵是该促动器方案的核心部件，其主要技术参数为容积效率。在可靠性试验初期，3 台样机在 7t 负载工况下，按 1.6mm/s 速度运行时，其容积效率均优于 92%。在可靠性试验累计运行时间超过 10000h 后，3 台样机的齿轮泵的容积效率均有一定降低。其中 3# 样机在缩回工况时齿轮泵的容积效率从 92% 下降至 84%，下降最为明显。3#样机运行 10000h 后齿轮泵的容积效率性能如图 5.18 所示。

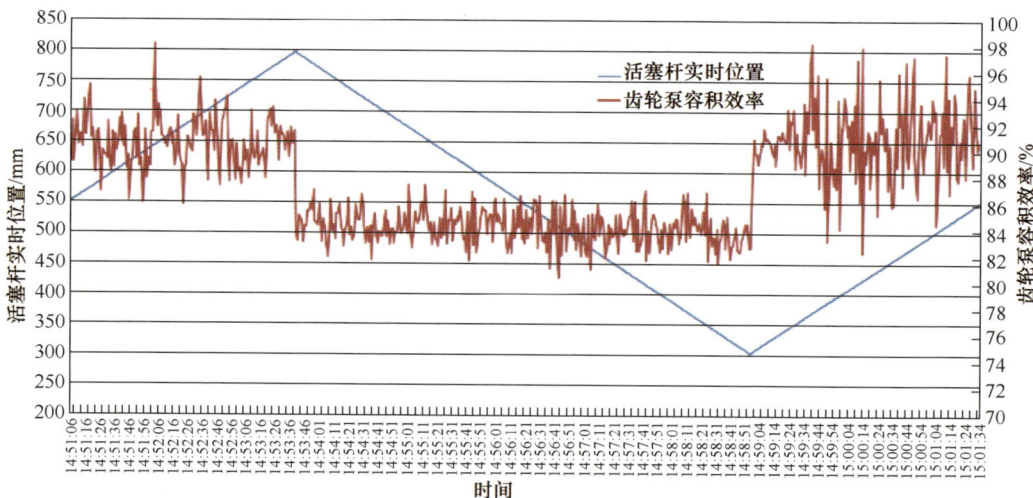

图 5.18　3# 样机运行 10000h 后齿轮泵的容积效率性能

从试验情况可知，样机在运行 10000h 后，其性能表现仍能满足望远镜观测需求。根据逆向可靠性综合分析方法对现有促动器方案进行可靠性分析，得到其 MTBF 为 49907h。将 3# 样机试验数据代入美国陆军器材设备分析机构（Amy

Material Systems Analysis Activity，AMSAA）可靠性增长模型进行分析，得到该样机 MTBF 的非随机化置信区间约为 [5435h, 53117h]。理论分析的 MTBF 处于试验分析结果范围之内，也验证了 49907 数值的准确性。

此外，促动器正常工况下，载荷为 2 ～ 3t，通常不超过 6t，但样机试验载荷为 7t，比实际工况更为苛刻。望远镜观测时，促动器大部分时间处于有源保位工况，只有处于抛物面内时，促动器才需要动作。在望远镜满负荷观测工况下，统计促动器活塞杆平均每天的累计运行距离结果如图 5.19 所示。

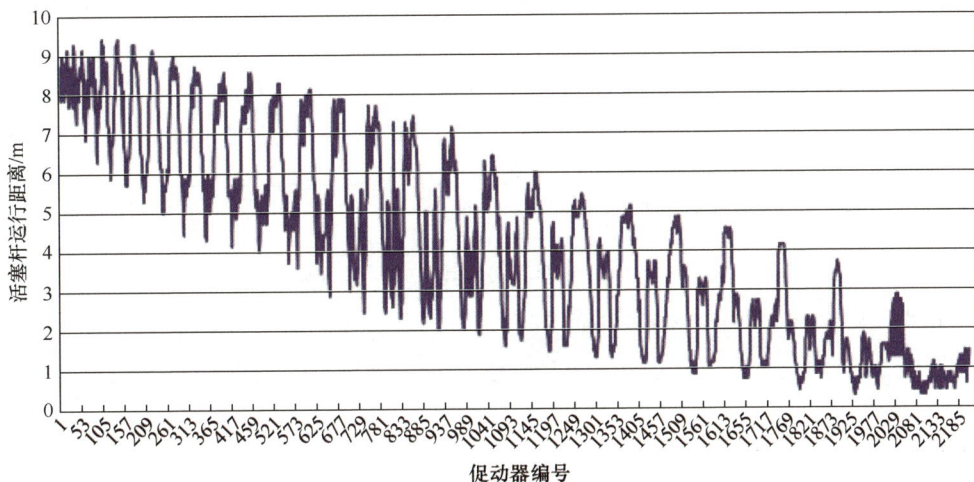

图 5.19　望远镜满负荷观测工况下促动器活塞杆平均每天的累计运行距离结果

从图 5.19 可以看出，望远镜满负荷运行时，促动器的最大累计运行距离为 9.5m。但样机活塞杆每天的累计运行距离都超过 50m，是实际工况的 5 倍以上。因此对现有方案的可靠性试验，可取其试验环境系数（亦可称为加速系数）为 5。由此可计算 1#、2# 样机的等效 MTBF 均超过 50000h，从而可推断现有方案促动器的 MTBF 取 50000h 是合理的，且该可靠性可满足望远镜需求。

产品可靠性的决定因素除了设计之外，受生产和安装过程质量控制影响很大。尽管现有方案从设计和样机试验情况来看均表现出良好的可靠性结果，但在批量生产过程和现场安装过程中出现了较多影响可靠性结果的问题。如产品批量生产初期，一批产品所用的零件出现了质量问题，但在产品出厂测试过程中未发现问题，当产品在现场安装后运行不足一月就出现了明显的批量故障问题。此外，现场安装过程中，由于施工不当，导致光纤损坏情况也时有发生。因此，产品可靠

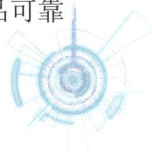

性的源头是设计，结果却依赖于生产过程和安装调试过程质量的控制。

5.1.6 产品生产制造

促动器厂内生产制造包括元件加工、元件性能测试、整机装配和出厂测试等步骤。

1．元件加工

需要加工的促动器元件主要包括油缸、活塞杆、阀组、油箱和电气舱罩。其元件材质和工艺如表 5.11 所示。

表 5.11　主要元件材质和工艺

元件名称	材料牌号	工艺
油缸缸筒	Q345B	对焊缝进行磁粉探伤，达到《承压设备无损检测 第 4 部分：磁粉检测》中 I 级的质量分级要求
活塞杆	HL740	活塞杆表面镀双层镍，单边厚度 $\geq 40\mu m$，再镀双层铬，硬铬总厚度 $\geq 30\mu m$
阀组	AL6061	加工后对整体表面做阳极氧化处理，且为所有螺纹孔镶牙套
油箱	304	加工后对表面做钝化处理
电气舱罩	ADC12	加工后对所有表面做阳极氧化处理

2．元件性能测试

促动器元件性能测试包括油箱耐压试验、电气舱罩气密性试验、阀组冲洗和各油路的阀组性能测试和校准等，测试比例为 100%。具体测试条件、测试时间和合格判据如表 5.12 所示。

表 5.12　具体测试条件、测试时间和合格判据

测试名称	测试条件	测试时间	合格判据
油箱耐压试验	1MPa	5min	无泄漏
电气舱罩气密性试验	0.06MPa	5min	无泄漏
阀组冲洗	20MPa	5min	—
阀组性能和各油路的测试和校准，包括溢流阀和平衡阀压力测试和校准、各油路泄漏量测试和校准、压力传感器压力校准	测试过程中各油路压力按油路实际工作压力提供	各油路保压时间不低于 10min	如图 5.13 所示溢流阀 5.1：8.0～8.5MPa。溢流阀 5.2：13.7～14.2MPa。溢流阀 5.3：16.5～17.0MPa。平衡阀：18～18.5MPa。各油路泄漏量 < 0.6 滴 / 分钟。各压力传感器压力误差 < 0.3MPa

3．整机装配和出厂测试

促动器整机装配过程按照设计方案进行，装配完成后进行整机冲洗、注油（排气）、加气、防水性能测试，以及位移传感器零位标定、屏蔽效能测试、整机出厂测试等。整机冲洗包括外观冲洗和液压油油路冲洗，要求油路采用带压冲洗，且冲洗后液压油清洁度达到 NAS7 级才算合格。促动器冲洗工序完成后进行注油（排气）和加气，其中要求加注的液压油清洁度不低于 NAS7 级。排气是指排出液压油路中的空气，加气是指增加油箱气囊中的空气，要求液压油油路中空气要尽量排出，油箱中气囊压力设置范围为 0.09～0.1MPa。

促动器防水性能测试采用抽检方式，抽检比例约 5%，试验方式是将整机浸入水中 12h，若无泄漏则为合格。促动器位移传感器零位标定是指在活塞杆全部缩回状态下，读取位移传感器的数据，并在控制板中将其置零，从而获得活塞杆的实际位移数据。促动器屏蔽效能测试采用抽检方式进行，抽检比例约 10%，参考相关规范和方法 [20-22] 进行测试，促动器对 70MHz～3GHz 范围的电磁屏蔽效能大于 80dB 即合格。

促动器整机出厂测试包括促动器功能和性能测试。其中功能测试包括通信、精确定位、动态跟踪、无源保位、小负载随动、差动伸出、过载保护等测试，性能测试包括运行速度、定位精度、动态跟踪精度、整机功耗、功率因数、运行噪声、油温升高、油液清洁度等测试，判断依据是促动器任务书中的相应技术指标。

5.1.7　现场安装与调试运行

1．促动器现场安装

促动器现场安装主要包括 4 个步骤。

① 将促动器搬运至安装地点。

② 连接地锚底座，并固定促动器，要求活塞杆伸出空间无遮挡。

③ 修改促动器地址，并伸出活塞杆。

④ 连接下拉索，用手持控制器操控促动器完成全部功能和性能测试。

由于反射面下方大部分区域地面崎岖、地形陡峭，促动器的安装位置可达性很差，因此促动器安装只能采用原始的人工搬运方式，效率较低，如图 5.20 所示。

图 5.20　早期促动器的人工搬运和安装

现有促动器安装则是用新促动器更换原促动器，即在安装促动器之前需要将原促动器拆卸，其拆卸步骤与安装步骤相反，具体步骤如下。

① 断开原促动器与下拉索的连接。

② 修改原促动器地址，并用手持控制器操控促动器将活塞杆缩回。

③ 断开原促动器与地锚的连接。

④ 更换新电源线。

⑤ 将现有促动器与地锚连接。

⑥ 修改促动器地址，并用手持控制器操控促动器将活塞杆伸出。

⑦ 将促动器与下拉索连接。

⑧ 用手持控制器调试促动器功能和性能。

⑨ 将促动器与总控系统连接。

根据前期安装和维护经验，设计了一种实用的安装工具（工装）。如图 5.21 所示，用钢材焊接一个固定三脚架，在三脚架上安装手拉葫芦，利用地锚双耳底座中的工艺孔，将三脚架固定在地锚底座上，用手拉葫芦来调整促动器倾斜姿态，大大节省了安装时间和人力，提高了维护效率。

2. 促动器调试运行

促动器调试运行包括巡检和维护两部分。其中巡检内容主要包括检修道路、紧固螺栓，检查线缆破损、漏油、锈蚀等问题，巡检周期为 1.5 个月。维护是指针对日常巡检过程中发现的故障及总控系统反馈的故障进行故障维修，使其恢复正常功

图 5.21　安装促动器的工装

能，并详细记录维修过程。

为满足促动器批量维护需求，团队还研制了针对促动器的流水维护平台。整个维护车间包括整机拆解、油缸拆解、油缸清洗、油缸装配、阀组测试、齿轮泵测试、整机装配、整机性能测试、电气包测试、油液过滤等主要功能单元，维护车间具备每天 50 台流水维护的能力，如图 5.22 所示。

图 5.22　维护车间

| 5.2　索驱动系统 |

FAST 由于巨大的空间跨度，在馈源平台与反射面之间难以建立高精度的刚性连接。因此 FAST 团队采用了光机电一体化技术，创新性地提出了轻型柔索支撑馈源平台，并使用并联机器人进行二次精调，实现望远镜的高精度指向跟踪，将原本上万吨的平台降到了几十吨，这是 FAST 的三大自主创新之一。该创新的核心主要在于索驱动机构与馈源舱两项技术创新。

FAST 索驱动机构，也称为 6 索牵引并联机器人，是目前世界上应用于实际工程且跨度最大的绳牵引并联机器人，在 600m 跨度范围内可将动平台（馈源平台）位置精度调整到厘米量级，这在绳牵引并联机构领域引起了国内外学者和工程师的高度关注。绳牵引并联机构采用柔性绳索作为驱动支撑单元，取代了传统并联机构的刚性杆连接单元，具有结构简单、惯性小、载荷自重比高以及工作空

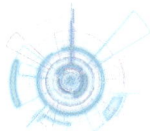

间大等优点，它突破了传统射电望远镜中馈源与反射面相对固定的简单刚性支撑模式，能够方便地对馈源舱进行空间定位，同时避免了巨型支撑平台对电磁波的遮挡效应。

本节主要介绍 FAST 建设期间索驱动系统的研制、功能试验及安装调试历程。如图 5.23 所示，FAST 馈源支撑系统在洼地周边山峰建造 6 座支撑塔，建设千米尺度的 6 索并联机器人牵引重达 30t 的馈源舱，以实现馈源的一级空间位置调整，该机构为索驱动机构。

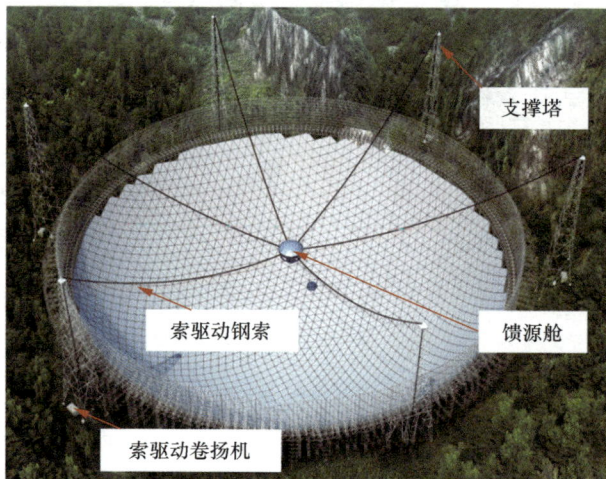

图 5.23　FAST 馈源支撑系统索驱动机构

5.2.1　功能与组成

FAST 索驱动系统由 6 套驱动机构（卷扬机）和相应的机器房（包括电气房）、塔底导向滑轮、塔顶导向滑轮、钢丝绳及钢丝绳锚固装置、缆线入舱机构、安装维护设备、检测与安全保护装置、电气设备及电气控制系统等组成。

索驱动系统主要由安装在塔底机器房中的驱动机构进行驱动并拖曳钢丝绳。钢丝绳一端固定在驱动机构的卷筒组上，通过塔底导向滑轮、塔顶导向滑轮将钢丝绳引到塔顶，通过钢丝绳锚固装置连接到馈源舱的舱索锚固支座上。索驱动机构通过驱动钢丝绳，进而驱动馈源舱在高空运动，实现馈源的一级空间位置调整。

在钢丝绳上安装了缆线入舱机构，用于塔顶到馈源舱的电力供应及信号和数据传输。通过检测装置检测馈源舱的位置和姿态信息，通过望远镜控制系统实现索驱动系统对馈源舱的精确位置控制。索驱动系统测量与控制组成及工作原理如图 5.24 所示。

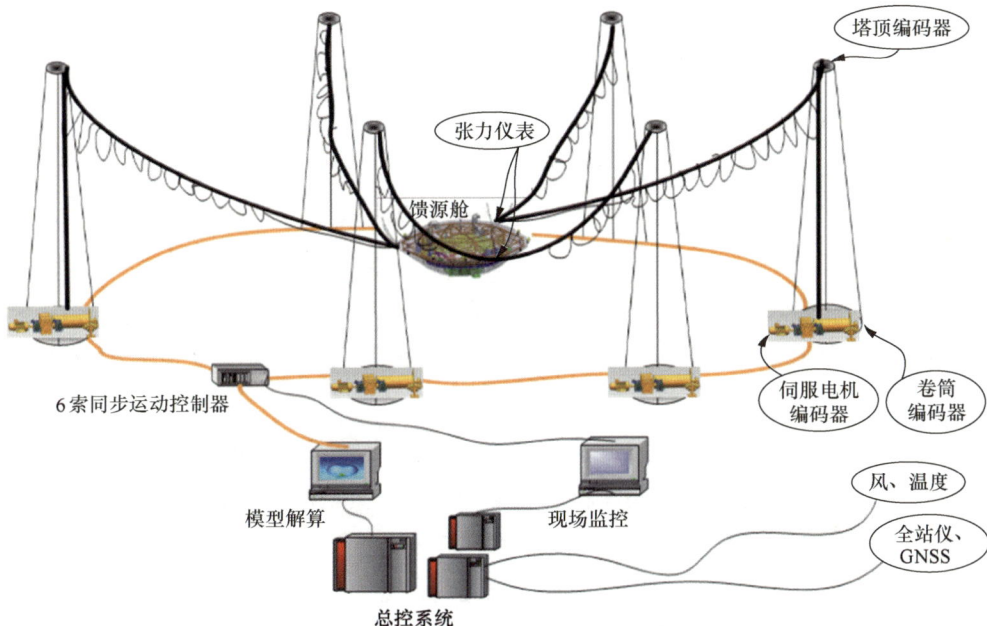

图 5.24　索驱动系统测量与控制组成及工作原理

5.2.2　方案设计与优化

索驱动系统是 FAST 的重大创新，在实际工程中没有先例可循，其方案可行性在 FAST 预研究阶段一直是急需解决的关键难题之一。为此，FAST 团队在早期设计了多个方案，开展系统动力学与控制的理论和仿真分析，并建设了多个缩尺模型进行试验验证，最终确认了方案的可行性。在论证其方案可行性的过程中，FAST 团队还详细分析了索驱动机构的索张力和舱姿态空间分布，完成了舱—索悬挂系统的动力学特性和模型阻尼测试、系统输入输出的频率响应特性测试等。这些分析结果大多也成了后续方案设计和详细设计的输入条件或设计参数。

2009 年，FAST 团队与北京起重运输机械设计研究院合作，进行了索驱动机构的方案优化设计研究[4]，取得了两个主要成果。一是对钢丝绳安全系数和轮—绳径绳比的取值进行了论证，确定了径绳比不小于 50 和钢丝绳安全系数不小于 4.5；二是对舱内设备供电和信号传输的两种方案选型进行了优缺点对比分析，确定了窗帘式缆线入舱机构方案。

2011 年，FAST 团队先后与北京起重运输机械设计研究院和大连重工·起重集团合作，对索驱动系统和塔—索接口方案进行了优化设计[5]，逐步得到了索驱动系统详细设计的工作基础，以及全部设计输入条件和参数。

1. 无平衡配重方案

FAST 团队在进行馈源支撑全程仿真工作时，所得到的 6 索张力在 120 ～ 320kN 范围内变化，6 索长度最大变化量约为 200m。为减小电机功率，研究人员当时提出了平衡配重的索驱动方案[6]，如图 5.25 所示。该方案将卷扬机置于塔顶位置，220kN 的平衡配重可沿塔中心线上下运动，类似高层建筑结构升降电梯。索驱动方案设计和优化[4]中专门讨论并比较了平衡配重和无平衡配重两种方案的优缺点。

平衡配重方案可以将额定电机功率从 200kW 降低到约 75kW，但其主要的缺点是将数十吨的配重载荷和驱动机构载荷安装于支撑塔塔顶，大大增加了塔的负荷和建造成本，且机构复杂性提高，需要比较高的配重运行轨道，很难适应洼地复杂地形、地质条件和塔位选址结果。因此，最终无平衡配重方案成为索驱动下一步的主要设计思路，可以根据地形和地质条件选择合适的机器房，驱动机构组成也相对简单，方便日常的检查、维护作业。

4　参见 2010 年中国科学院国家天文台 FAST 团队发布的《500 米口径球面射电天文望远镜（FAST）索驱动支撑机构方案优化设计研究报告》。

5　参见 2011 年大连重工·起重集团有限公司发布的《500 米口径球面射电望远镜（FAST）馈源支撑系统塔—索接口联合设计研究报告》和 2010 年中国科学院国家天文台 FAST 团队发布的《500 米口径球面射电天文望远镜（FAST）索驱动方案设计优化研究报告》。

6　参见 2007 年德国 MT Areospace 公司发布的 *Final report of FAST focus cabin suspension-simulation study*。

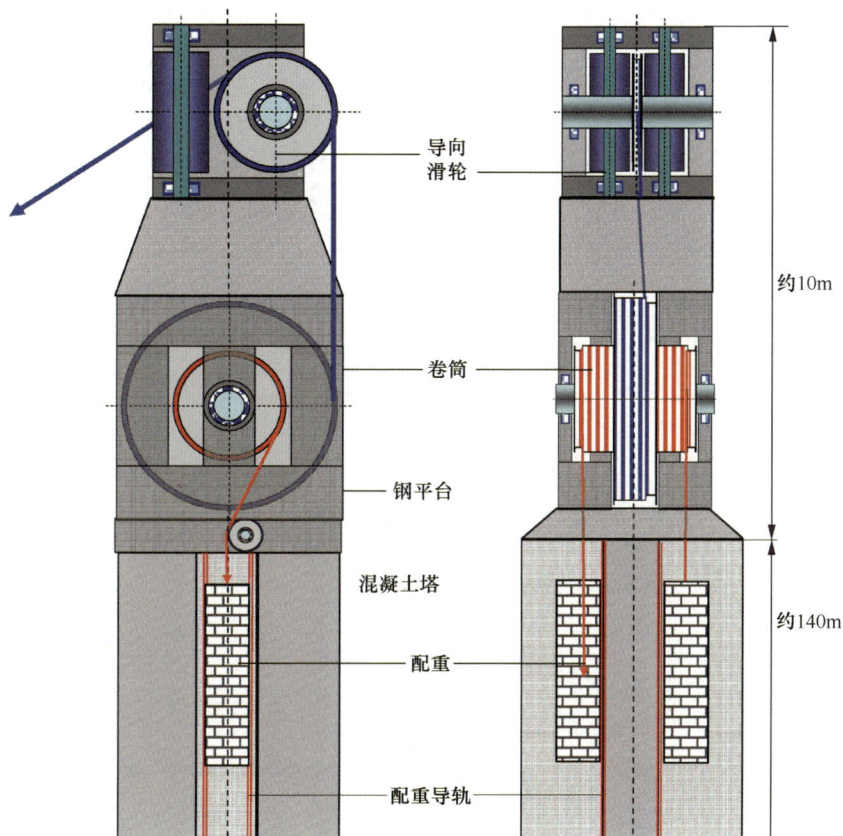

图 5.25　平衡配重的索驱动方案

2．驱动机构及布局

在优化的设计方案中，单套索驱动机构由钢丝绳、缆线入舱机构、塔顶回转机构、导向滑轮和卷扬机等部分组成，其中机器房布局、卷扬机和塔顶的塔—索接口如图 5.26 所示。卷扬机设置在距塔中心至少 14m 以外的驱动机器房内，保证卷筒收 / 放时钢丝绳摆角不超过 ±5°。卷扬机主要由卷筒、液压钳盘式制动器、万向联轴器、平行轴减速器、电液块式制动器、气胎离合器、斜齿轮螺旋锥齿减速机、交流电机等组成。通过互锁的两套气胎离合器，完成换源和跟踪工况的驱动运行。塔顶回转机构根据馈源舱的运动范围可做自适应的水平方向摆动，其摆角不超过 ±20°。塔顶除导向滑轮以外，还设置了吊车梁、配电箱、钢丝绳托辊等，为将来塔顶索驱动设备和设施的维护和检修做好准备。

每套索驱动机构设置在塔底附近地面上的机器房内。该机器房内主要有两套

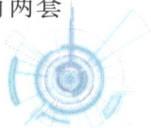

设备基础，一是卷筒基础，该基础需要克服钢丝绳水平拉力所造成的倾翻弯矩，建议采用独立砼基础；二是传动系统基础。设计时可以将所有电机、减速机、轴承座、制动器等设置在一个钢平台上，而钢平台则设置在一个高出地面的砼平台上。这样使传动系统的中心高与卷筒中心高大致相同。最后用万向联轴器予以连接。这样对两组基础就没有太高的要求，而这个基础和平台的设计只要能承受换源工况下减速机的最大扭矩即可。

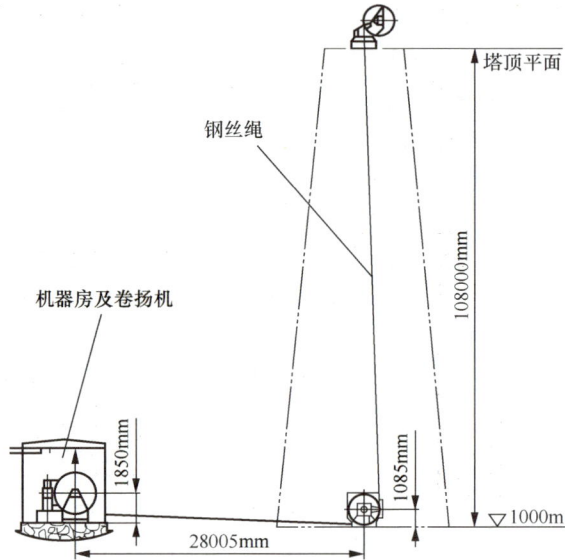

（a）单套驱动机构布局

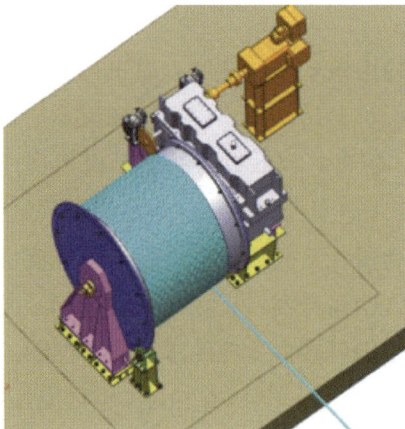

（b）卷扬机

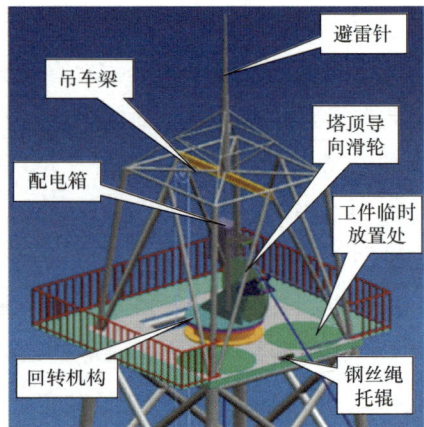

（c）塔—索接口

图 5.26　索驱动设计方案

6 套索驱动机构共同支撑和牵引馈源舱在空中运动。对于每套索驱动机构而言，钢丝绳是主要承载部件，其在空中悬垂的悬索部分长度在 220 ～ 420m 范围内变化，两端分别连接馈源舱和卷筒。线缆（运动电缆和动光缆）通过一定数量相互串联且最大间距为 5m 的滑车悬垂于钢丝绳下方。在馈源舱一端，钢丝绳和线缆通过专用的锚固头（舱—索锚固点）与馈源舱连接，锚固头同时将线缆引入馈源舱内。在塔顶一端，钢丝绳和线缆上下平行地进入塔顶回转机构，线缆在导向滑轮的前端与钢丝绳脱离，进入固定于塔身的线缆桥架，引入塔底机器房。钢丝绳分别经过塔顶和塔底的导向滑轮后进入机器房内的卷筒，并缠绕在卷筒上。当卷扬机运转时，卷筒旋转带动钢丝绳进行收 / 放运动。若机构处于收绳状态，此时钢丝绳将馈源舱向该塔方向拉近，反之则钢丝绳放绳。

在舱—索锚固点的布局方面，文献 [23] 进行了研究，分析了西电模型的锚固点分布模式、6 个锚固点均匀分布模式、6 个锚固点两两分组合并构成 3 个锚固点等间距分布模式，共 3 种方案，确认最后一种方案中馈源舱具有抗扭转刚度最高和结构型式简洁的优点，成为目前舱—索锚固连接方式，如图 5.27 所示。3 组锚固端的分布方位分别与 1H 和 11H 塔、3H 和 5H 塔、7H 和 9H 塔的布局方位一致。

钢丝绳的锚固可采用板卡锚固或锥形加紧套筒锚固方式，当与馈源舱锚固连接时，考虑到馈源舱运动时钢丝绳与馈源舱之间有角度变化，因此在锚固端加装十字铰头，并建议采用销轴式传感器作为索力测量装置，将承载连接件和检测件

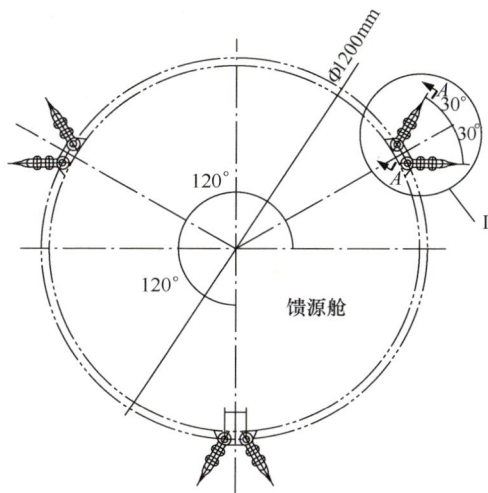

图 5.27　舱—索锚固连接方式

合为一体，使得舱—索锚固装置更加紧凑，减少了工作环节，提高了设备可靠性。

3．电气与本地控制

对于电气与本地控制系统，优化的设计方案建议电源采用三相五线供电系统（TN-S）系统。电源电压为 AC 400/230V，电源频率为 50Hz，最大功率为 210kW。在约 1900m 的距离需要分布 6 个驱动站，站间距离约 330m。由于驱动功率较大，如果使用集中供电并用低压为各驱动站输电将会造成较大的电压损失。

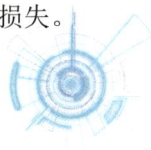

为保证电源质量，应采用高压供电。

电力拖动的主要任务是确保电机的速度能准确跟踪总控室下达的速度指令的变化。由电机驱动的钢丝绳卷扬机有两种工况，即换源和跟踪，最大换源速度为 400mm/s，最长加速时间为 20s；最大跟踪速度为 11.6mm/s，最长加速时间为 2s。在工作过程中，需要无级变速并且调速范围较大。在跟踪工况时，要求馈源舱能够较精确定位。

每台电机由一台调速装置控制，电机均安装旋转编码器，其信号输出至调速装置，因此可以构成速度闭环传动系统，从而使电机传动系统具备良好的静态特性和动态特性，能够满足大范围调速的需求。在这个系统中，电机的负载变化较大，无论是收绳还是放绳过程中，既有电动工况，也有发电工况（包括减速和制动过程），会发生电动、发电工况交换的情形。在发电工况下电机回馈的能量可以用能耗方式消耗，也可以通过逆变器将电能回馈至电网。但是这两种过程必须是可控的，只有这样才能确保发电工况时电机的工作转矩平衡负载转矩，使电机的转速稳定。由于调速装置的工作会使望远镜工作产生电磁干扰，因此在装置的进线端设置进线电抗器和无线电滤波器来提高设备的 EMC。

每台调速装置都通过工业现场总线（Profibus-DP）与本地控制的可编程逻辑控制器（Programmable Logic Controller，PLC）通信，工作命令如收绳、放绳、速度指令等，调速装置的实时数据和状态如功率、电流、电压、温度、故障等都可以通过 Profibus-DP 总线传输给 PLC。调速装置的起动加速度（制动加速度）可按换源工况的最大值 20s 设定。但当速度给定值的加速度小于设定值时，调速装置会自动根据实际加速度控制电机的转速。

本地控制任务由一台 PLC 完成。根据需要配备高速计数接口、模拟—数字转换接口和一定数量的数字输入输出接口。通过 Profibus-DP 总线，PLC 连接一台人机界面设备，这台人机界面设备可以显示该站所有设备的工作参数和状态，显示故障及故障检修提示。本地控制站具备操作功能并能完成以下操作任务。

① 选择控制方式，远程（总控室控制）/ 本地。

② 本地控制，选择跟踪方式 / 换源方式。

③ 本地控制，选择设备运行启动 / 停止。

④ 本地控制，选择放绳 / 收绳。

⑤ 本地控制，选择运行速度。

本站内的一切控制逻辑和联锁均由 PLC 完成。PLC 的电源回路设有不间断电源，即使电网掉电，仍可保持一段时间的信号显示，也可保持与总控室的网络通信。本地站 PLC 设有以太网接口，用以太网连接总控室和本地站，传输两站间的控制信号、数据和状态信号。通过该网络，在总控室可以看到各本地站采集的站内设备工作数据和状态。由于网络距离较长，需用光纤完成网络传输任务。如果需要统一现场的总线结构，采用控制器局域网（Controller Area Network，CAN）总线连接 6 个本地站与总控室的网络，只要在本地站设一台 CAN-BUS/RS-485 转换器即可。由于 CAN 总线采用总线型结构，所用电缆或光缆会较少。

每套驱动机构中至少有一个导向滑轮安装绝对式旋转编码器，用于检测钢丝绳放绳速度和位移。在另一个导向滑轮和卷筒上安装相对式旋转编码器，二者读数之差用于检测钢丝绳和卷筒之间是否存在打滑现象。

在减速器的输入轴安装超速保护开关，用于限制设备的最高转速，使其快速断开电路，确保设备安全。建议开关为手动复位型，将开关的动作值设定为额定转速的 120%。

在驱动站关键部位设急停开关，如驱动站内、钢丝绳卷筒旁和需要人员监控的地方。当按下急停开关后，立即切断本站的控制电源，设备迅速停机。将本站的急停状态通过网络告知总控室，通过总控联锁程序控制其他驱动站协调动作。

在钢索卷筒轴上安装转轴式限位开关，用于限制钢丝绳的收 / 放绳长度。

上述方案设计与优化工作从驱动方式、设备选型、能量回馈、系统架构和安全措施等方面搭建了索驱动系统设计的基本轮廓，很多方面的设计思路为后续详细设计所采纳和进一步优化，部分参数和设计思路也在详细设计中根据实际情况进行了修正。

5.2.3　详细设计

1．设计依据与技术要求

索驱动机构详细设计 [7] 中主要依据以下标准和文件。

①《钢结构设计规范》。

②《起重机设计规范》（GB/T 3811—2008）。

③《起重机械安全规程 第 1 部分：总则》（GB 6067.1—2010）。

④《客运架空索道安全规范》（GB 12352—2007）。

⑤《货运架空索道安全规范》（GB/T 12141—2008）。

7　参见 2013 年大连华锐重工集团股份有限公司发布的《FAST 馈源支撑系统索驱动详细设计报告》和 2016 年大连华锐重工集团股份有限公司发布的《FAST 馈源支撑系统索驱动研制报告》。

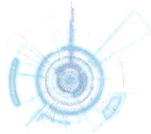

⑥《交流电气装置的过电压保护和绝缘配合》（DL/T 620—1997）。

⑦《交流电气装置的接地设计规范》。

根据《FAST 工程馈源支撑系统索驱动验收测试大纲》[8]，索驱动系统的主要性能指标如表 5.13 所示，其中各项参数大都来源于历年的馈源支撑技术文档[9]、相关已发表专利及研究论文[23-25] 和方案设计成果[10]。

表 5.13　索驱动系统的主要性能指标

项目	指标要求
6 索驱动馈源舱的运动空间	• 焦面曲率半径为 161.7m • 焦面口径为 207.88m • 焦面高为 37.83m
观测速度（馈源舱运动速度）	0 ～ 24mm/s
换源	• 10min 内完成换源 • 拖动速度：0 ～ 400mm
塔顶处索张力方向的水平投影与塔分布圆的径向所成夹角	在塔顶处，索张力方向的水平投影与塔分布圆的径向所成夹角要满足 ±20°范围变化
索张力变化范围	• 正常运行时索张力理论计算值 ≤ 40t（包含缆线入舱机构质量） • 在极端工况下索驱动系统能够承受瞬间 50t 的冲击
索长度变化范围	自塔顶导向滑轮出索点至舱索锚固点处的索长（悬链线）变化范围为 215 ～ 425m
单索的收 / 放索精度	2mm
缆线入舱机构质量	≤ 7kg/m
6 索并联控制精度	馈源舱的空间位置（控制点为 A 轴线和 B 轴线的交点）误差最大值 ≤ 48mm，空间姿态误差 ≤ 1°
卷扬机器房离塔中心处地面导向滑轮的距离（为满足卷筒收放绳偏角角度变化的要求）	不小于 14m

此外，在设计中还应考虑以下载荷或输入条件。

8　参见 2016 年中国科学院国家天文台 FAST 团队发布的《FAST 工程馈源支撑系统索驱动验收测试大纲》。

9　参见 2009 年中国科学院国家天文台 FAST 团队发布的《FAST 馈源支撑舱—索系统的运动谱及索张力谱估算》，以及 2010 年中国科学院国家天文台 FAST 团队发布的《馈源支撑 6 塔第三次选址优化》《FAST 馈源支撑一级索驱动机构的位置及姿态控制精度》《FAST 馈源支撑 6 索驱动机构的动态特性研究》。

10　参见 2010 年中国电力工程顾问集团华北电力设计院工程有限公司发布的《FAST 馈源支撑塔方案设计与优化技术报告》。

① 风载荷：按《起重机设计规范》中内陆地区的计算风压计算取值，风载荷的作用效果将在控制模型中考虑。

② 冰雪载荷：按重覆冰区设计，基本覆冰厚度取 30mm。观测运行时不考虑覆冰工况，覆冰时，索驱动停止工作并将馈源舱降至停靠平台。

③ 地震载荷：按 6 级烈度考虑地震载荷。

④ 雷暴日：参考平塘县气象记录，按年平均 58.1 天考虑。

2．驱动机构设计选型

（1）驱动机构

由带编码器的伺服电机驱动减速器的高速轴，通过减速器驱动卷筒组实现对钢丝绳的驱动。在高速轴上分别安装工作制动器和紧急制动器，低速轴设置安全制动器。卷扬机如图 5.26（b）所示。电机驱动机构采用伺服电机，并采用伺服驱动器对电机进行驱动控制，该电机具有高低速比大、能够长时间满载低速运行以及零速满转矩输出的特点。其技术参数如下。

- 电机型号：ABB HDPVT41 异步伺服电机。
- 额定转速：1000r/min。
- 额定工作频率：33.8Hz。
- 额定功率（P）：257kW。
- 额定扭矩（T_n）：2458N·m。
- 额定电压：400V。
- 防护等级：IP23。
- 电机转速：机构工作速度为 400mm/s 时电机转速为 1080r/min。

电机的性能曲线如图 5.28 所示。

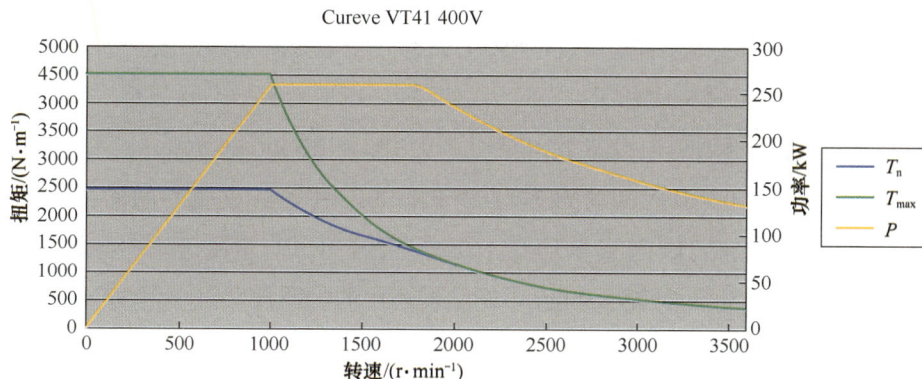

图 5.28　电机的性能曲线

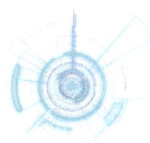

（2）减速器

如图 5.29 所示，减速器采用硬齿面减速器，传动效率高，寿命长，其技术参数如下。

- 减速器型号：H4SH2。

- 额定功率：252kW。

- 低速轴额定转矩：503kN·m。

- 速比：345.5。

- 中心距：1795mm。

- 使用寿命：不少于 30 年。

- 整体质量：约 16t。

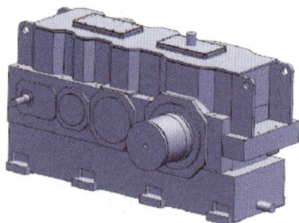

图 5.29　减速器

- 与卷筒组连接型式：减速器与卷筒间采用专用卷筒联轴器进行连接。

电机与减速器间安装了浮动轴和联轴器，在浮动轴处安装过壁装置用于电磁屏蔽。驱动机构低速轴上安装旋转限位开关，能够对钢丝绳近端和远端的极限位置进行限制，当钢丝绳超过极限位置时，旋转限位开关能够停止驱动机构的运行，起到安全保护作用。

（3）卷筒组

如图 5.30 所示，卷筒组采用焊接筒体卷筒，卷筒直径为 2400mm，卷筒长为 2300mm，材质为 Q345B 钢材，采用单层式缠绕钢丝绳，卷筒联轴器型号为WZL17，整体质量约 14t。

（4）制动系统

驱动机构在高速轴上设置一个工作制动器和一个紧急制动器，两个制动器型号相同，均为常闭式制动器，在低速轴上设置一个安全制动器，安全制动器采用常开式制动器，如图 5.31 所示。

高速轴制动器采用电动盘式，型号为 USB3-1-EB500/60-560x30，制动盘厚度为 30mm，制动器最大制动力矩为 2560N·m，制动器适用的制动盘直径为560mm。低速轴制动器为安全制动器，安装一个常开式、液压盘式制动器，型号为 ABT90GR，制动盘厚度为 30mm，制动器适用的制动盘直径为 3000mm，液压站型号为 V2.1，液压站油箱容量为 4L，实际制动力为 9.7t，制动安全系数为 2.4，制动时间小于 5s。

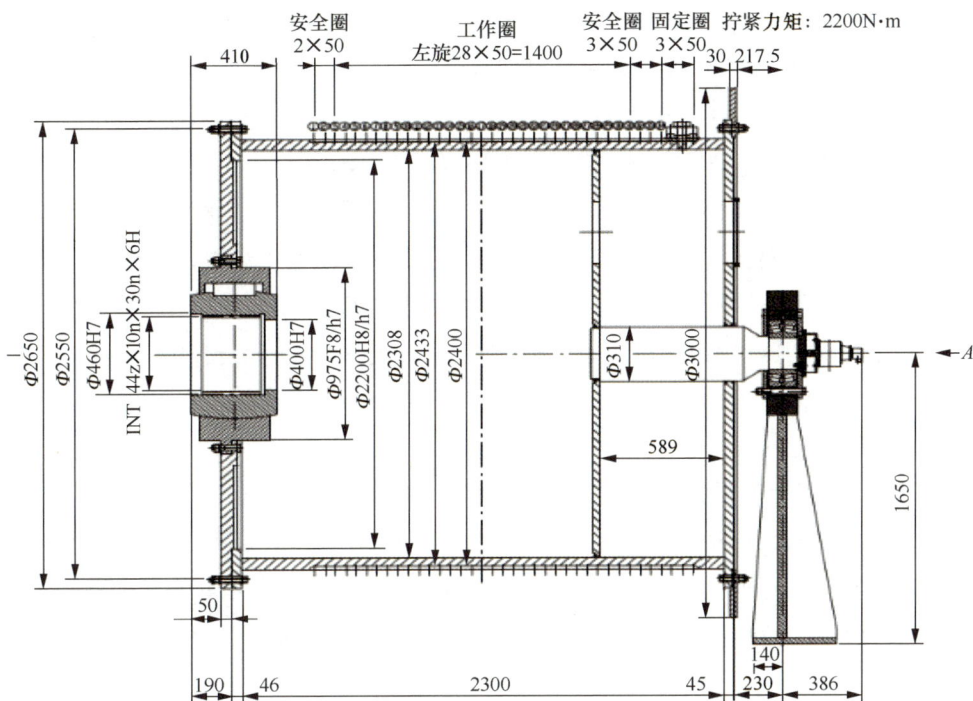

注：单位为 mm。

图 5.30　卷筒组

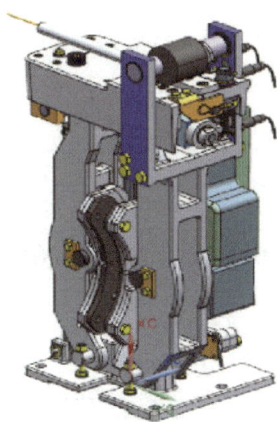

（a）高速轴制动器　　　　　　　　　（b）安全制动器

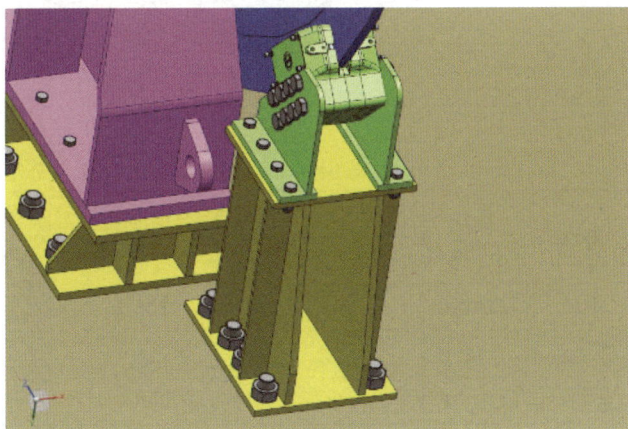

图 5.31　制动系统

工作制动器安装于电机和减速器之间，作用在减速器侧制动盘上，选用液压推杆盘式制动器；紧急制动器安装在减速器输入轴另一侧制动盘上。安全制动器安装在卷筒端部，一旦减速器高速轴断裂，安全制动器上闸后制动住卷筒组端部的制动盘，进而制动住起升传动链，防止反射面区域钢丝绳下垂过多砸毁反射面。

正常工况，机构停止运行时，紧急制动器在工作制动器上闸后开启；机构起动时，紧急制动器在工作制动器上闸前开启，安全制动器不动作，始终处于开闸状态。检测到高速轴断裂的故障后，三级制动器立即上闸。

高速轴制动器设有闸皮自动补偿功能，当闸皮磨损后能够自动保证闸皮与制动盘的间隙，保证制动系统的安全、可靠，另外所有制动器均设有闸皮磨损检测开关和开闸显示开关。

3. 机器房及基础接口

机器房如图 5.32 所示，驱动机构安装在混凝土结构上，驱动机构各支座焊接在土建预埋板上，预埋板下设有锚固装置，保证驱动机构的受力。各支座和预埋螺栓（含导向滑轮及回转支承支座）经过各工况计算后的设计如表 5.14 和表 5.15 所示。

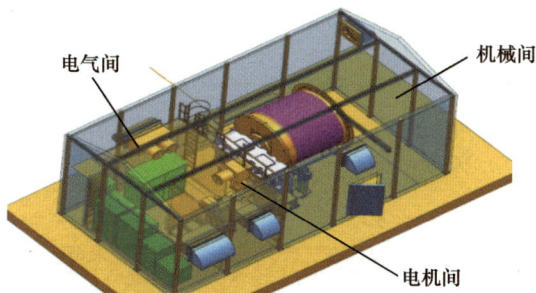

图 5.32　机器房

表 5.14　设备支座受力计算及选用材质

部件	使用材质	正常工况（安全系数为 1.48）		极端工况（安全系数为 1.22）	
		计算应力 /MPa	许用应力 /MPa	计算应力 /MPa	许用应力 /MPa
电机	Q345B	2	226.4	2	274.6
工作制动器	Q345B	22	226.4	22	274.6
安全制动器	Q345B	30	226.4	30	274.6
减速器	Q345B	9	226.4	13	274.6
卷筒	Q345B	20	226.4	28	274.6

表 5.15　地脚螺栓受力计算及设计选型

部件	螺栓规格	正常工况（安全系数为 1.48）		极端工况（安全系数为 1.22）	
		最大受力 /kN	许用载荷 /kN	最大受力 /kN	许用载荷 /kN
电机	M30，5.6 级	4	106	4	128
安全制动器	M30，5.6 级	36	106	36	128
减速器	M30，5.6 级	12	106	21	128
卷筒	M30，5.6 级	25	106	41	128
塔底滑轮	M30，5.6 级	70	106	101	128
塔底滑轮支座与回转支承法兰	M24，8.8 级	116	185	170	225
回转支承底座法兰	M30，10.9 级	23	315	34	382

机器房内其他部分说明如下：机器房为驱动机构提供安全遮护，密闭的空间可以满足 EMC 要求。同时机器房内还设有电气房，用于安装电气设备，电气房又根据设备类型和 EMC 要求分为电机间和电气间，如图 5.32 左下角所示。

- 房体结构：机器房主要框架采用型钢焊接，侧墙之间及侧墙与房顶之间均采用螺栓连接或焊接，易于拆装，便于后期机器房内设备的维修吊装。框架外面贴敷保温彩板，屋顶采用斜坡型式或带屋脊型式，避免雨雪堆积。

- 维修葫芦：机器房顶部设有吊装葫芦运行用的轨道，维修设备时的手拉葫芦在该轨道上运行。

- 钢丝绳托辊：机器房出绳口处设置托辊，防止钢丝绳与机器房刚蹭，避免刮伤钢丝绳。

- 轴流风机：电气房内设有轴流风机，防止机器房中电气设备超温后影响正常工作，机器房内空气靠电气房内的轴流风机形成对流进行换气。

考虑到机器房内设备电磁干扰对 FAST 观测的影响，对电气房（电机间和电气间）EMC 提出了较高的设计要求，要求电机间电磁屏蔽效能不低于 50dB，电气间电磁屏蔽效能不低于 120dB。详细设计内容参考《中国天眼·电子电气卷》。

4．钢丝绳及缆线入舱机构

（1）钢丝绳

如图 5.33 所示，根据 FAST 钢丝绳的载荷工况、工作时间及弯折循环特点，选择了德国进口钢丝绳产品 DIEPA 和 CASAR 两种品牌。经过对比分析，最终选用 CASAR SUPERPLAST8 的 10 股异形股钢丝绳，钢丝绳直径为 46mm，在卷筒

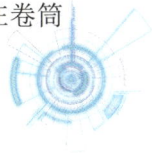

处径绳比为 53，在导向滑轮外径绳比为 40。

　　钢丝绳抗拉强度为 1960N/mm²，最小破断拉力为 1899kN，自重为 9.9kg/m。正常工况下钢丝绳安全系数为 4.84，极端工况下钢丝绳安全系数为 3.87。6 根钢丝绳长度分别为 617m、648m、617m、634m、653m 和 674m，满足 6 塔不同的高度需求。

　　经过对各种工况下钢丝绳弯折循环次数的综合计算，钢丝绳的正常使用寿命为 5.2 年，因此每 5 年需要对钢丝绳进行更换[11]。

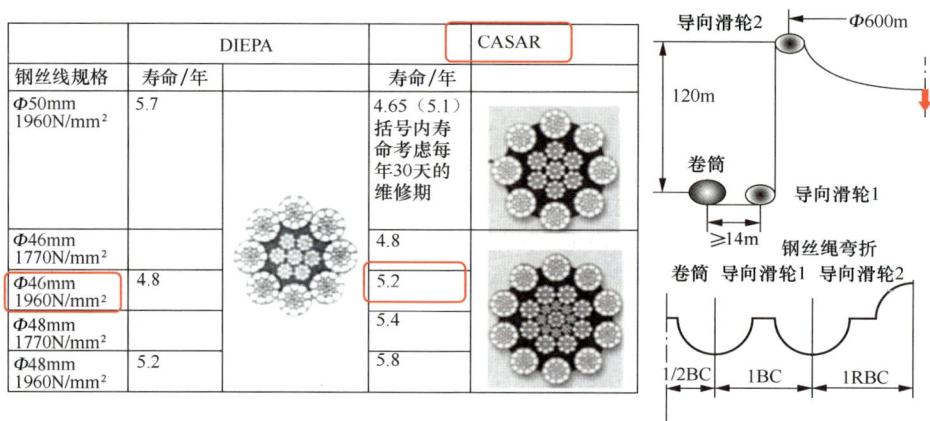

注：RBC 表示反向弯曲循环；BC 表示同向弯曲循环。

图 5.33　钢丝绳选型、使用寿命及弯折循环

（2）锚固装置及与馈源舱接口

　　索驱动的钢丝绳锚固装置由叉形件、关节轴承、销轴Ⅰ、销轴Ⅱ、保护板（拉板）、拉力传感器、销轴Ⅲ、钢丝绳锚固头、连接支座等组成，其中连接支座焊接在馈源舱外壁上。钢丝绳锚固装置的主要构成、零部件材质和强度等如图 5.34 所示。

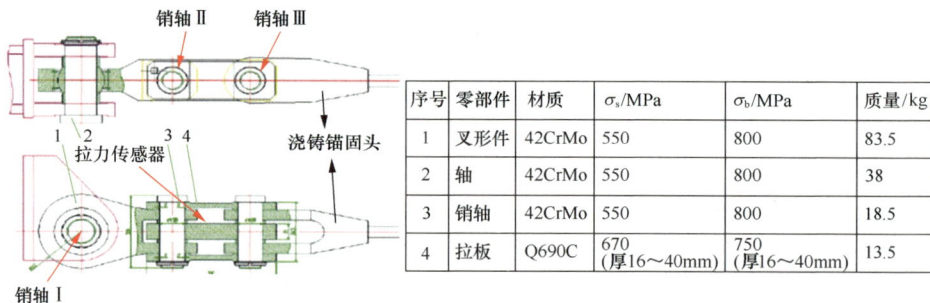

序号	零部件	材质	σ_s/MPa	σ_b/MPa	质量/kg
1	叉形件	42CrMo	550	800	83.5
2	轴	42CrMo	550	800	38
3	销轴	42CrMo	550	800	18.5
4	拉板	Q690C	670（厚16～40mm）	750（厚16～40mm）	13.5

图 5.34　钢丝绳锚固装置

11　参见 2013 年大连华锐重工集团股份有限公司发布的《FAST 馈源支撑系统索驱动详细设计报告》。

在叉形件和钢丝绳锚固头之间内侧安装拉力传感器，用于检测钢丝绳的拉力，为索驱动系统提供钢丝绳拉力值读数，以便钢丝绳拉力作为索驱动系统控制的反馈量，保证馈源舱的可靠控制。

在叉形件和钢丝绳锚固头之间外侧安装两个保护板，用于在传感器断裂的情况下，保证叉形件和钢丝绳锚固头之间的有效连接，以便支撑住馈源舱。该二次保护措施主要通过在保护板与销轴Ⅲ之间采用配合连接，在保护板与销轴Ⅱ之间留有间隙来实现，在正常工作条件下保护板不受力，但在极端情况下可避免传感器断裂后对望远镜的毁灭性破坏。二次保护措施的设计保证不影响传感器的正常受力，只是在传感器断裂后起作用。

另外，在叉形件内安装关节轴承，以便叉形件在钢丝绳的作用下相对于连接支座发生角度变化时（见图 5.35），避免对叉形件产生附加弯矩和削弱叉形件的受力强度，提高了馈源舱驱动的可靠性。

6 套钢丝绳连接装置中，每 2 套钢丝绳连接装置固定在 1 个连接支座上，连接支座焊接在馈源舱上，构成 1 套悬挂牵引点，每 1 套悬挂牵引点每间隔 120°均匀分布在馈源舱圆周上，如图 5.27 和图 5.35 所示。

该装置在每套索驱动的钢丝绳连接装置上设置拉力传感器和能够增加自由度的关节轴承及销轴，能够实时检测钢丝绳拉力参数，同时避免钢丝绳锚固装置受附加力矩作用。钢丝绳锚固装置选择了 SENSY-50t 型号传感器，额定载荷为 40t，安全过载倍数（对于 40t）为 1.5 倍，极限过载倍数为 5 倍，防护等级为 IP67，量程为 50t，材质为不锈钢，标称的综合检测精度为 0.1%（静态精度）和 0.5%（动态精度）。

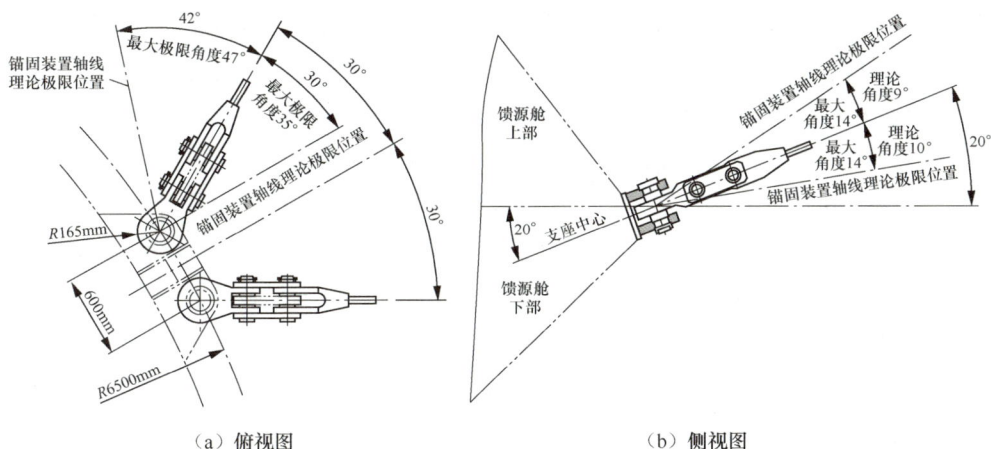

（a）俯视图　　　　　　　　　　　　　（b）侧视图

图 5.35　锚固装置布局及水平和竖直摆角范围

（3）缆线入舱机构

缆线入舱机构采用电缆滑车型式传输缆线设计，根据馈源舱电缆与光缆的类型和数量均匀分布在 6 根钢丝绳上。滑车布置如图 5.36 所示。

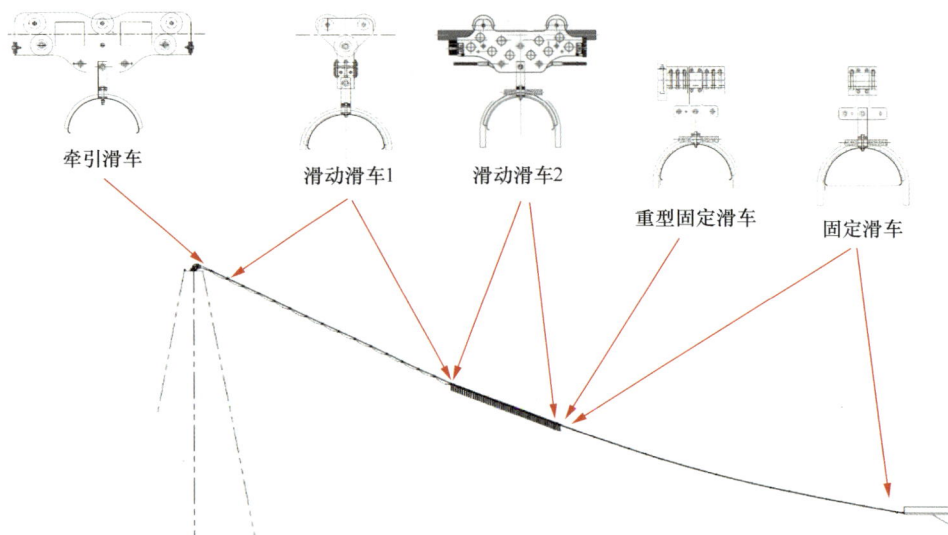

图 5.36　滑车布置

每根钢丝绳上共有 87 个电缆滑车，分为 4 种：牵引滑车、滑动滑车、重型固定滑车和固定滑车。在每根钢丝绳距馈源舱约 100m 的范围内设置 4 个固定滑车、1 个重型固定滑车和 16 个重型电缆夹，在塔顶端设置 1 个牵引滑车，其余 65 个全部采用滑动滑车。牵引滑车与塔顶导向滑轮之间采用两根直径为 18mm 的钢丝绳（牵引绳）相连，滑动滑车之间采用两根直径为 12mm 的钢丝绳（牵引绳）相连使其相互牵引，固定滑车之间采用两根直径为 8mm 的钢丝绳（牵引绳）相连，以免电缆或光缆受力。在滑动滑车 2 端部设置缓冲器，降低滑车之间相互碰撞产生的冲击。

考虑到滑车使用环境及维护条件，尽量延长其使用寿命，滑车框架整体为铝合金结构，采用尼龙滚轮，牵引绳采用不锈钢钢丝绳。当馈源舱靠近支撑塔时，该支撑塔钢丝绳上的滑动滑车靠拢在一起；当馈源舱远离支撑塔时，滑车通过牵引绳互相牵引拉开均布于钢丝绳上。约 5m 布置 1 个滑车，滑车堆积时线缆最大悬垂长度约 2.8m，滑车分开时线缆的最大悬垂长度为 1.5m。

滑车悬挂的运动电缆采用移动式拖令电缆。滑车悬挂的运动光缆为 FAST 特制动光缆。为延长电缆和光缆的寿命，在滑动滑车上线缆安装弧板的半径不小于电缆直径的 6 倍且不小于光缆直径的 13 倍。

5．导向滑轮及塔—索接口

塔底导向滑轮直径为 1800mm，径绳比为 40，并设有防脱槽装置。考虑到室外工作条件，对塔底导向滑轮设置防护罩进行防护，另外在绳槽入绳处设有防脱槽装置。塔顶导向滑轮直径为 1800mm，径绳比为 40，并在绳槽入绳处设有防脱槽装置，如图 5.37 所示。塔顶导向滑轮绳槽内带摩擦衬垫，衬垫采用两种材料：超高分子量聚乙烯（UHMW-PE）和紫铜。UHMW-PE 的抗拉强度为 37MPa，抗压强度为 67MPa，摩擦系数为 0.17，邵氏硬度（D）为 63。紫铜衬垫布置角度为 45°，缠绕在绳槽内的钢丝绳至少可以同时接触到 3 块紫铜衬垫，保证舱—索—塔系统的有效电连接，作为望远镜防雷系统的一部分。

塔顶导向滑轮支撑座通过法兰连接于回转支承内圈部分，回转支承外圈部分通过法兰连接于塔顶设备层平台的平面框架结构，见图 5.38（a）所示。其中法兰与塔顶设备层平台进行焊接，对焊缝进行 100% 超声波探伤，并满足《起重机无损检测 钢焊缝超声检测》（JB/T 10059—2006）的一级焊缝质量要求。与法兰焊接的平台钢板采用 Q345B 材质，且下部应有支撑板筋加强刚度，其结构设计详见 4.5 节。平台钢板外径为 1800mm，开直径为 1000mm 的内孔以方便钢丝绳穿行至塔底导向滑轮。在外径范围内，平台钢板与水平面夹角应该不大于 0.16°，且平面度不大于 2mm/m。

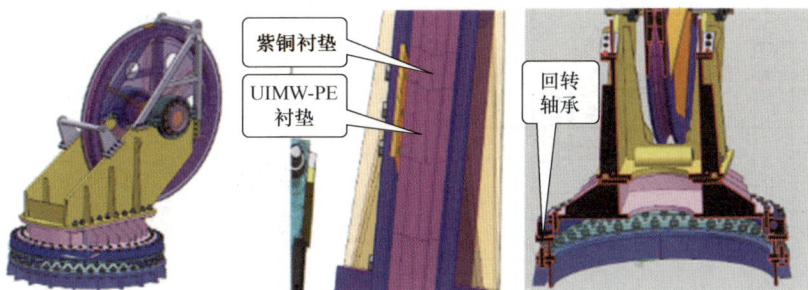

图 5.37　塔顶导向滑轮

塔顶设备层平台是塔—索接口的最重要部分，此处不仅安装了塔顶导向滑轮和回转支撑，还有起吊葫芦及支撑梁、配电箱和钢丝绳维修支架，如图 5.38 所示。塔顶设备层平台除中心留出直径为 1000mm 的圆孔作为回转支撑的安装接口以外，在背离反射面中心方向还留出 1100mm×2400mm 吊装井孔［见图 5.38（b）］，与上方起吊葫芦梁位置一致。不使用井孔时用钢板将其覆盖。

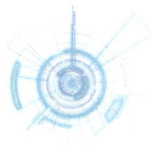

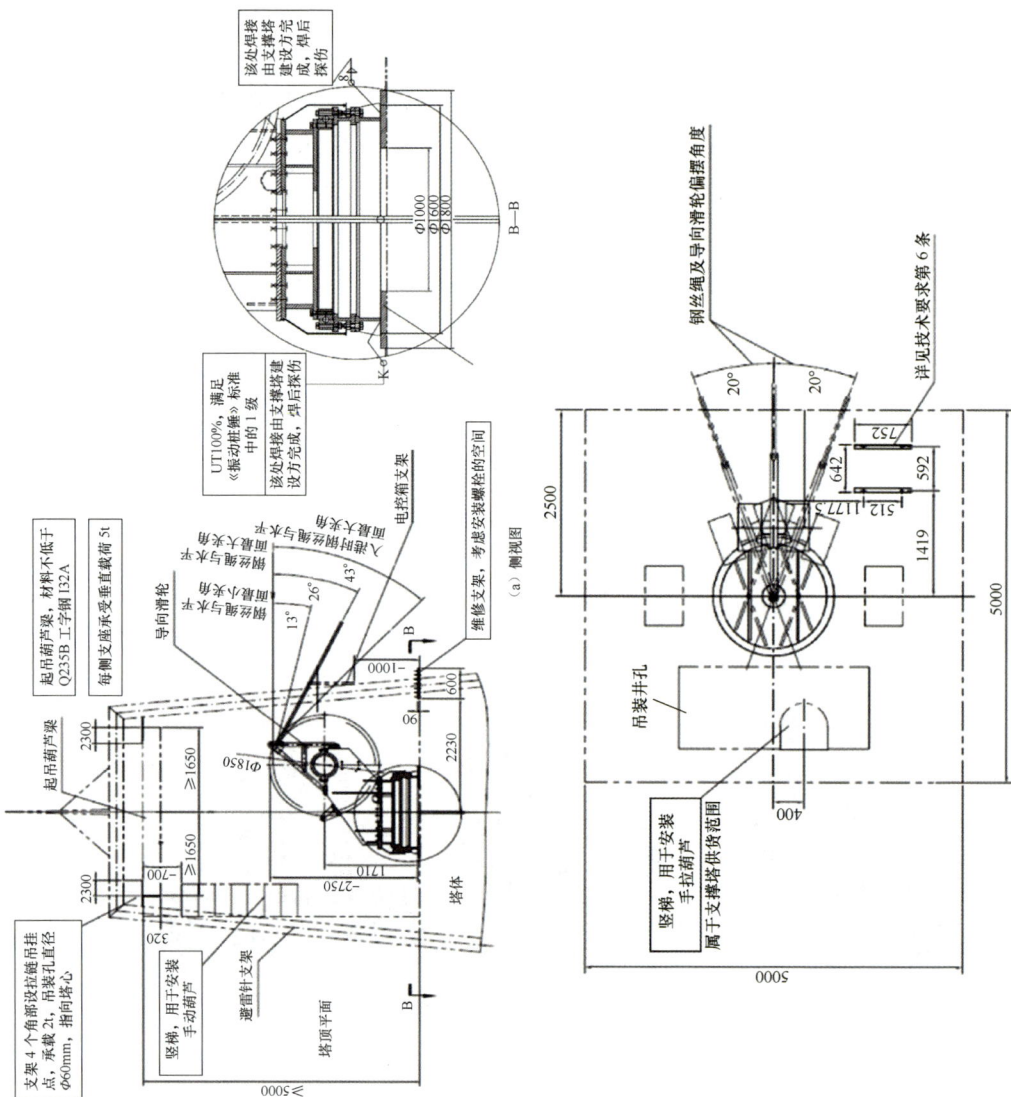

图 5.38 塔顶设备层平台

注：单位为 mm。

6．电气系统

（1）系统特点及总体规划

索驱动电气系统主要包括供／配电系统、传动系统、检测系统、控制系统、安全保护系统、视频监控系统、防雷系统与电磁兼容设备。相比一般工程电气系统，索驱动电气系统的主要特点包括钢丝绳长期低速运行，且需要零速额定转矩输出；索力受限且需要渐进变化；对 EMC 要求较高。

系统在满足望远镜天文观测的跟踪、换源、降舱等性能要求的基础上，考虑其安全可靠性进行合理配置和搭建。整体系统架构为 3 层网络系统，由管理层、基础自动化层和传动层组成，如图 5.39 所示。管理层主要由馈源支撑控制计算机组成，主要给出天文规划信息、测控网信息、天文观测任务的监控等。基础自动化层由模型机、网络交换机监控机（工程师站）、PLC（型号为 AC600-PM590-ETH，品牌为 ABB）等组成，主要实现馈源舱实时位姿反馈的索驱动索力优化、各塔索力和出索速度分解给定、系统内的数据交换等。其中，模型机和监控机放置于中控室，控制器放置于 7H 机器房电气间。传动层由 6 台并联的分布式变频器／运动驱动器（型号 ACSM1-04AM-580A-4，品牌为 ABB，安置于塔底机器房电气间）、编码器、张力仪表和驱动机构等组成，负责收／放绳指令的执行、运行状态信息反馈等。

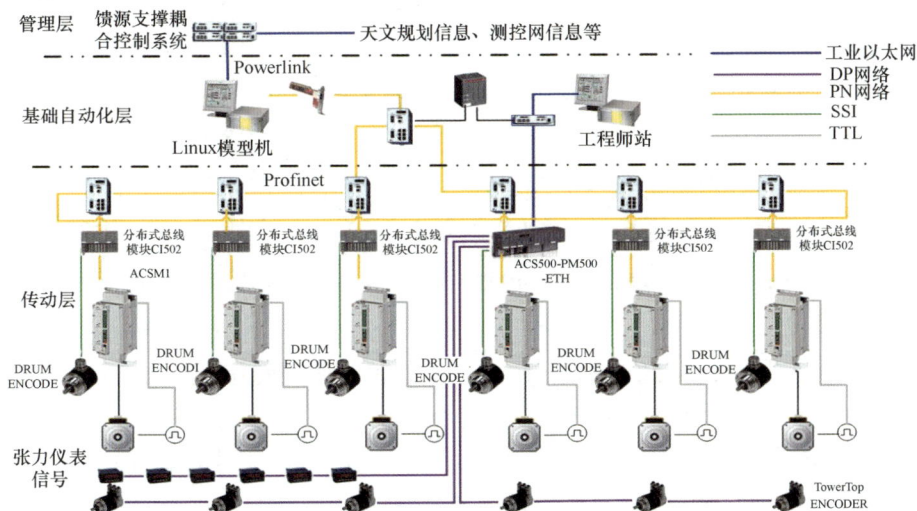

图 5.39　网络系统

通过采用具有高性能运动控制库 PS552-MC 的 PM590-ETH 伺服控制器，辅以分布式大功率高精度运动驱动器来驱动伺服电机，进行完美的运动控制。同时

采用完备的检测手段，对整体系统进行信号反馈和全面安全保护。

（2）供/配电及传动系统

本系统用电由主驱动用电（即拖动钢丝绳卷筒的伺服电机及驱动用电）、辅助系统用电（即制动器、冷却风机、控制系统、测控仪表系统等用电），以及馈源舱内用电、检修用电等组成。系统供电主要包括索驱动系统供电、检修设备供电以及给馈源舱内设备提供入舱电缆。检修设备供电可以在系统停机检修时使用，故不占用额外负荷。其他负荷为工作经常使用负荷。

对入舱电缆，舱内供电要求 380V 和 140kW 负荷，用五备一，采用三相五线制供电。考虑到后期的更换等因素，电缆由固定敷设和移动拖令两部分组成。固定敷设部分长为 220m，从塔顶沿线缆桥架延伸至塔底机器房，采用 5 根国产 25mm^2 屏蔽电缆；移动拖令部分长为 550m，采用 5G16 的耐克森屏蔽电缆。单塔入舱电缆的整体压降为 40V，变压器一侧供电按 420V 提供。

索驱动系统的供电分为单独两路。一路为入舱 420V 供电，如上所述；另一路电压为 400V，给驱动电机及辅助部分供电，辅助部分主要有制动器、控制单元、电机风机冷却单元、照明单元、视频监控单元、塔顶控制单元、舱内供电接口和舱内张力仪表等。图 5.40 所示为 1/6（单塔）配电系统的单线图，经计算，单塔区域整体用电负荷约 464kV·A。其中驱动需要负荷为 330kV·A，辅助供电需要负荷为 99kV·A，二者共需要负荷为 429kV·A，由于辅助供电检修部分只在停机时工作，因此正常工作负荷为 366kV·A。

最终的系统供电设计采用两分裂绕组变压器，变压器容量为 500kV·A，两副边，其中一副边为 400V、400kV·A，另一副边为 420V、50kV·A。考虑到舱上供电三相五线制、接地系统、EMC 等的要求，变压器副边采用 Y 形连接的 TN（电源中性点直接接地，设备外露可导电部分与电源中性点直接电气连接）供电形式，连接组别为 Dyn11。

监控机及视频监控系统放置在中控室，需要控制室负责给监控机、网络交换机及视频监控系统供电，供电负荷约为 5kW。各塔底部配电部分主要包括塔本体部分的照明、动力、控制、检修、消防等，以及给馈源舱部分的配电（入舱供电）电缆。主要设备为配电保护/PLC 柜、驱动控制柜、制动电阻柜、接线箱等。该区域变压器由两个副边绕组组成，分别是驱动及辅助供电绕组和舱上供电绕组，采用 TN 系统。拉力传感器供电电源来源于馈源舱，为 AC 220V，仪表与 PLC 主机采用 Profibus-DP 总线方式通信，光电转换模块电源为 DC 24V。

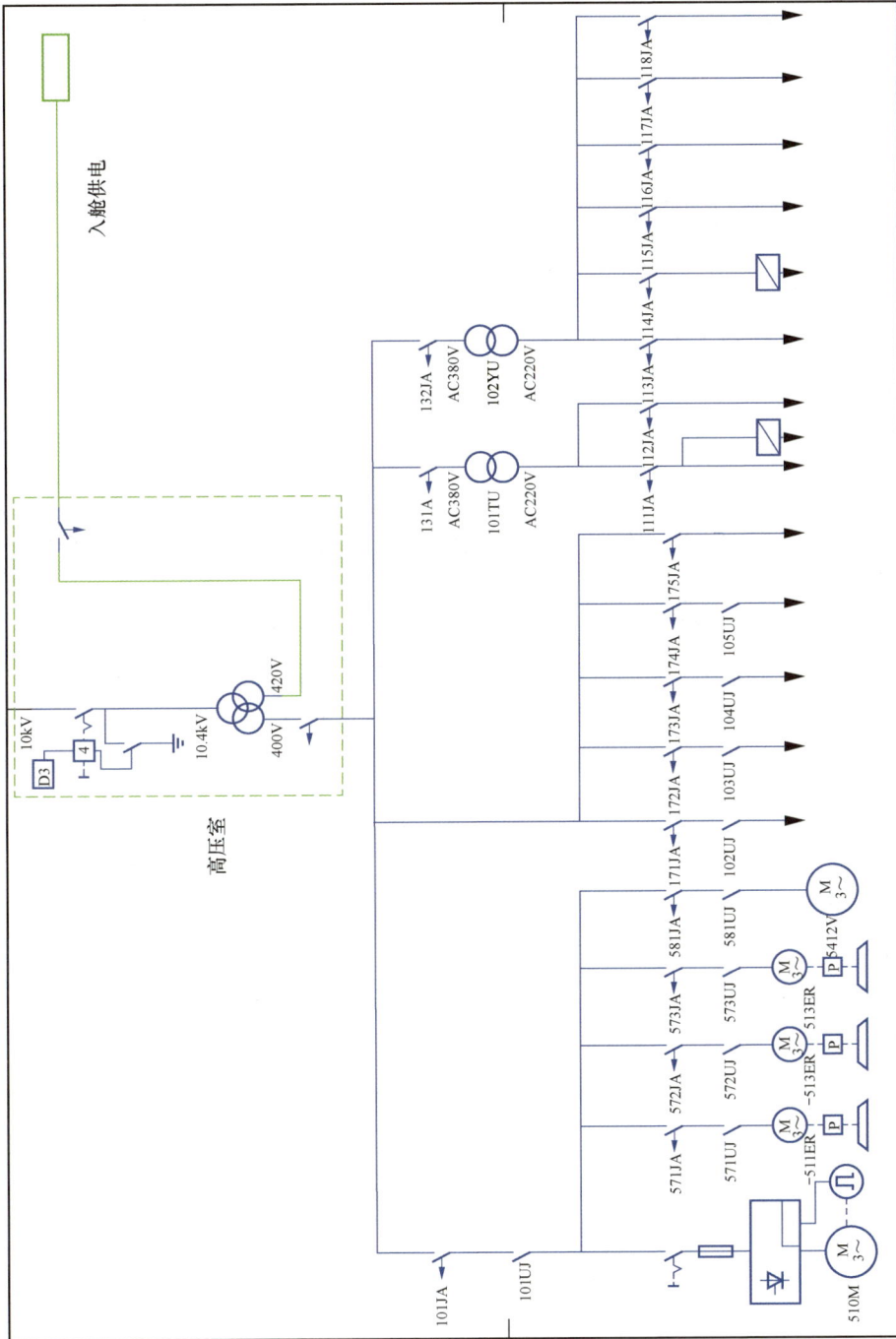

图 5.40　1/6 配电系统的单线图

结合本系统工况，由于回馈能量较少，传动系统采用能耗制动方式，优点是不易对电源及其他设备产生干扰，系统简单可靠、易于维护、成熟。所采用的驱动控制设备是 ABB 的 HDP VT 伺服电机和运动驱动器 ACSM1 及 AC500 motion 控制器。经过校核计算，所选定的电机和驱动器负载能力满足实际工况使用要求。

（3）信号检测与状态监控

为实现对索驱动系统的有效控制和运行状态的有效监控，系统要求对馈源舱位置和姿态、电机速度、出绳量、6 索张力等进行实时信号检测，同时设置监控计算机（工程师站），实现对索驱动系统进行运行状态监控、控制模式切换和参数设定等功能。

馈源舱位置和姿态检测采用高精度激光全站仪、全球导航卫星系统（Global Navigation Satellite System，GNSS）和惯导测量等多种手段结合的耦合测量系统实现，详见《中国天眼·测量与控制卷》。在交流异步伺服电机内配置增量编码器，通过伺服控制器设置可实现单圈精度 1/2048，实现电机的速度、位置和转矩闭环控制。在卷筒、塔底导向滑轮和塔顶导向滑轮的转轴处设置编码器，检测位置。卷筒和塔顶导向滑轮选择 16 位的多圈绝对值编码器，测量精度为 0.0117mm；塔底导向滑轮选择增量编码器，单圈为 16 位，总圈数 24 位，接口为 Profibus-DP 接口。舱—索锚固头处设置绳索拉力传感器（见图 5.34），传感器数据由 Profibus-DP 信号通过光电转换模块（Opto-Light Module，OLM）输送到塔底，再经过光纤转换成 Profibus-DP 信号传输给控制器，通过控制器对绳索出绳进行位姿调整、保护和张力限幅，进行预警并起到保护绳索和馈源舱的作用。

考虑到随时监控大跨度、大高度、远距离的设备，以及要及时发现问题、及时维护，在各区域塔顶和底端钢丝绳卷筒位置设置闭路工业电视监控，通过中控系统来监控其运行状态，实现随时记录、随时调用，便于尽快分析并解决问题。该系统采用 18 头 2 尾，设置塔上云台和固定摄像头各一套，塔底固定摄像头一套，主要实现以下功能。

① 塔顶导向滑轮和钢丝绳运行状态监控。

② 缆线入舱机构连接状态监控。

③ 钢丝绳卷筒缠绕、运行及电机轴连接状态监控。

（4）安全保护

舱—索连接的薄弱环节是拉力传感器，为此对拉力传感器设置安全保护装置，确保传感器损坏后不会造成冲击，而且钢丝绳留有足够的安全系数。在正常运行模式下，一旦拉力传感器数值超出安全区域，针对不同的危险级别，在监控上位机上进行预警，甚至停止运行；在极端工况下，进入安全模式，通过系统设定保护电机自动制动。系统稳定后，重新检测馈源舱的位置，重新分配和调整各索的出绳量和电机扭矩，实现安全降舱检修。

为防止钢丝绳在塔顶导向滑轮上打滑，磨损滑轮及钢丝绳，使钢丝绳受损而引发重大事故。塔顶导向滑轮和钢丝绳卷筒设有绝对位置编码器。由于钢丝绳卷筒采用单层缠绕，正常工作时钢丝绳卷筒与塔顶导向滑轮的编码器读数差为定值，若发生滑轮打滑，读数差即出现异常，系统自动停止运行。

在传动链高速端和低速端设置速度检测装置，实时检测传动链的传动比。若传动链发生断轴、打齿、滚键等事故，该系统自动进行高速端制动和报警。同时在传动链低速端设置智能超速检测装置，针对不同工况自动限定机构极限速度，避免由于机构失速造成重大事故。

钢丝绳卷筒处设有叠绕限位开关，若发生钢丝绳叠绕，自动停止运行。

为保证各机构动作协调同步，6 套机构的制动器采用协同控制，分为工作状态协同控制和事故状态协同控制，保证整机的安全、可靠。

（5）EMC 防护和测试

在研制过程中根据 FAST 索驱动的 EMC 性能要求，在实验室内对系统中的设备进行了 EMC 测试，并在此基础上根据防护的需要进行相应的计算和防护。

7．防雷与接地

索驱动按照第二类建筑物防雷标准设计和施工。具体设计内容包括索驱动整体防直击雷；供 / 配电系统感应雷防护；机器房内等电位接地设计。应用雷电防护理论整体性设计原则，在雷电流沿馈源舱—支撑索—支撑塔—接地装置路径泄散过程中，分段逐级进行泄流，对 6 个支撑塔底部防雷接地系统，因地制宜地采取防雷接地措施。

在 6 座支撑塔底部分别安装防雷接地系统［为支撑塔、电气间、电机间、机

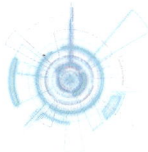

械间等建（构）筑物和设备设施共用，又称为支撑塔底部公共地网]，优先利用建筑物基础内钢筋作为防雷接地装置，沿机械间、电气间、电机间周围距基础 1m 处敷设环形接地装置，环形接地装置每隔不大于 5m 与基础内主钢筋连接一次，机械间、电机间各引入 1 条接地线与室内沿墙角四周安装的接地排连接，接地排采用 40mm×4mm 紫铜带，最终机械间、电气间和电机间的环形接地装置与馈源支撑塔基础接地装置通过水平连接导线可靠连接，地网接地电阻阻值小于 4Ω。

接闪：直接利用 6 根支撑索和 6 座支撑塔作为接闪器；6 根支撑索作为线状接闪器（接闪线）对下方悬挂的线缆入舱机构、入舱电（光）缆进行保护；6 座支撑塔及塔顶罩棚（连同罩棚顶部接闪杆）作为杆（塔）状接闪器（接闪杆塔）对塔顶导向滑轮等驱动接口、摄像机等电子设备、塔顶屏蔽箱、固定敷设部分电（光）缆、塔底配电房和机器房等建（构）筑物、塔底导向滑轮等机构设施系统等进行保护。

引流：利用每座支撑塔塔体 4 边、支撑塔塔顶导向滑轮至塔底导向滑轮所连接的支撑索作为引下线，形成 6 处（30 条通道）并联泄放。

接地：在每座支撑塔底部安装接地网，接地网充分利用支撑塔、机器房、塔底导向滑轮、滚筒等塔底建（构）筑物和设施的钢筋混凝土基础及其自身接地装置，并与反射面接地网不少于两点可靠连接。机器房地网由于距离铁塔较远，要安装一些辅助接地装置作为机器房地网，并将机器房地网和支撑塔底公共地网连接，形成共用公共地网，工频接地阻值≤ 4Ω。

在馈源舱与锚固头之间、滑车与牵引绳之间设置多芯绝缘铜线 BVR-16 紧固连接防雷。

对于感应雷的防护采用三级防护措施：在变压器的低压出线侧要求安装避雷器，作为电源线路第一级电涌保护器，同样在塔顶屏蔽柜进线和馈源舱内电源处要求设置第一级防雷保护装置；在塔下控制和仪表供电的 220V 电源处设置第二级防雷保护装置，塔下和塔顶的控制系统采用 400/220V 的隔离变压器进行供电；在系统的 DC 24V 电源出线侧设置第三级防雷保护装置，在编码器、张力仪表通信信号出线端设置第三级串联浪涌保护器。具体如图 5.41 所示。

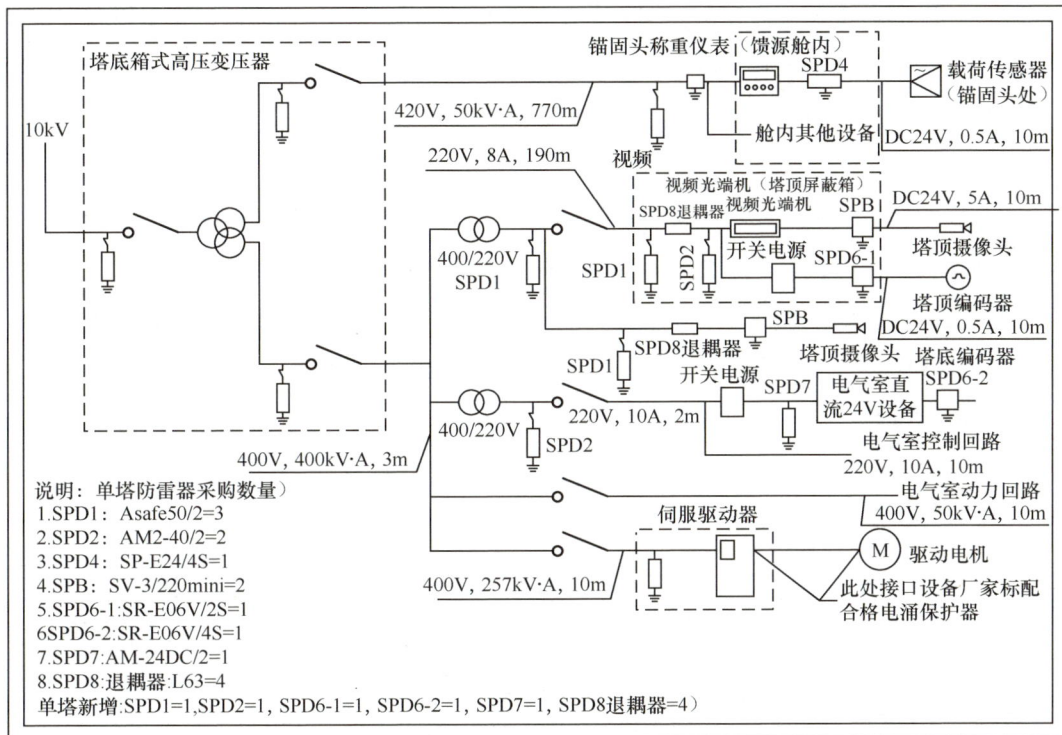

图 5.41　防雷设计

5.2.4　本地控制及算法设计

如前文所述，索驱动控制的整体系统分为 3 层，包括管理层、基础自动化层和传动层。本小节主要介绍基础自动化层的控制回路和算法。

基础自动化层由控制器（ACMS1+ 运动控制库）、网络交换机、监控机（工程师站）和模型机等组成。其中控制器放置在 7H 塔机器房电气间内，控制器在接收到模型机指令后，实现 6 根绳的并联同步控制，满足馈源舱运动轨迹和位姿的控制要求，同时接收模型机下发的目标张力并与电机扭矩比较，实现转矩限幅保护，比较塔顶导向滑轮编码器读数和卷筒编码器读数，实现钢丝绳打滑监测和保护。监控机放在中央控制室实现对索驱动系统的状态监控、控制模式切换、参数设定等功能。模型机根据管理层的指令、测控系统数据，依据悬链线和馈源舱位姿解算各绳索出绳量、出绳速度和目标索张力，并在控制周期内将其传输给具有等时同步功能的伺服控制器，实现 6 索并联伺服控制。

为了日后维护方便和前期调试及施工方便，索驱动系统还在监控机上设置了各单塔驱动机构可以独立手动操作控制的功能，可以按启动、上升、下降等按钮单独操作单塔驱动机构，此处不详述。

1. 控制系统架构

索驱动系统本地控制的流程如图5.42所示。整个控制系统包含两个控制回路，即模型机（上位机）的主控制回路和底层6个电机同步控制环。主控制回路采用天文观测轨迹或者其他运行轨迹作为前馈（理论）输入量，主要采用6索张力数据和馈源舱（以 A、B 两个旋转轴的交点为中心）的位姿检测数据作为反馈输入量，完成除馈源轨迹以外的其他运动规划并得到6索目标张力，基于反馈输入量，完成6索的前馈（理论）出绳量、位置偏差补偿出绳量和索力偏差反馈出绳量的计算，进而计算6索的出绳速度。

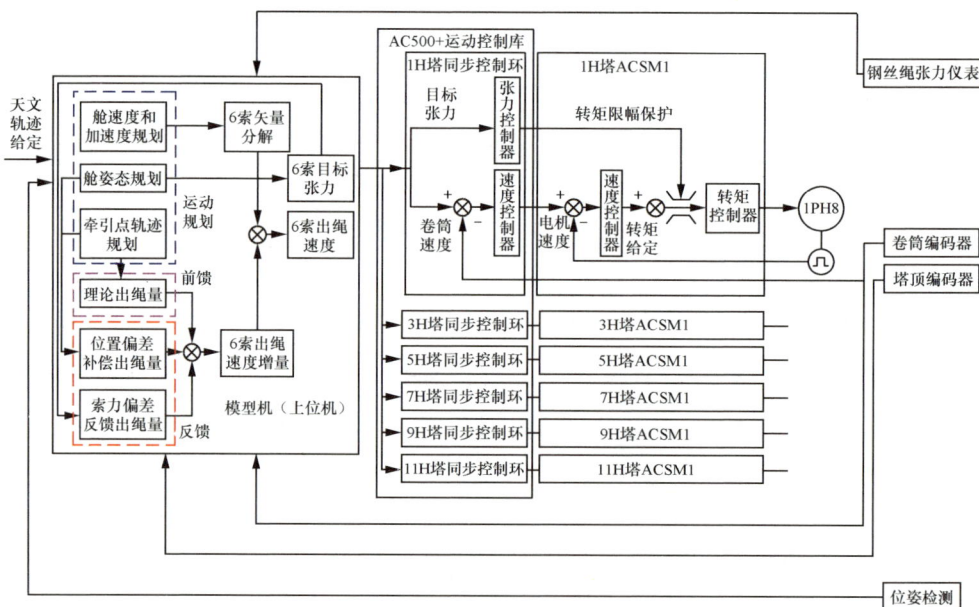

图 5.42　索驱动系统本地控制的流程

2. 6 索出绳量及出绳速度增量解算

索驱动系统本身是一个跨度达 600m 的巨型柔索牵引并联机器人，其基平台可被看成由6个塔顶构成的平面。分别用 B_1、B_2、B_3、B_4、B_5 和 B_6 表示6塔塔顶导向滑轮的出绳点，用 A_1、A_3 和 A_5 表示6索在馈源舱上的牵引点，其中索1和

索 2、索 3 和索 4、索 5 和索 6 分别共用一个牵引点，如图 5.43（a）所示，矢量 $\overrightarrow{R_i}=\overrightarrow{A_iB_i}$ 代表从索牵引点 A_i 到塔顶出绳点 B_i 的索曲线弦长矢量。馈源舱中所使用的馈源规划轨迹由天文观测任务或者其他索驱动系统运行任务给出。假设馈源舱为刚体，由馈源、索牵引点，以及 A、B 轴交点三者在馈源舱的相对位置关系、馈源规划轨迹和舱的规划姿态角可以解算出三个牵引点的规划轨迹，如图 5.43（a）中虚线所示。由牵引点的规划轨迹计算弦长 $\left|\overrightarrow{R_i}\right|$ 的增量，从而解算 6 索在一个控制周期 Δt（Δt 为常数且 $\Delta t=t_{j+1}-t_j$）内的出绳量。

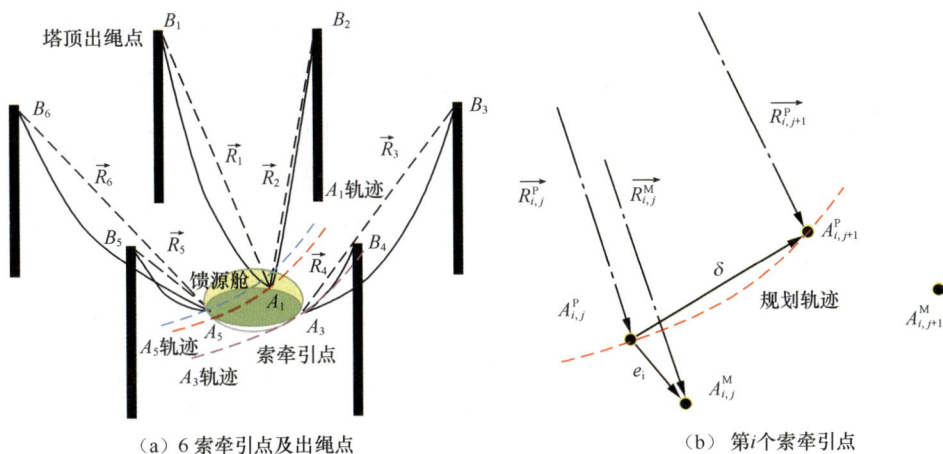

图 5.43　6 索出绳量计算示意

（a）6 索牵引点及出绳点　　　　　　（b）第 i 个索牵引点

6 索出绳量包含前馈和反馈两部分控制量，其中反馈部分又包含位置反馈和索力反馈。前馈控制量（理论控制量）根据规划轨迹进行计算，如图 5.43（b）所示。设 t_j 时刻馈源舱第 i 个索牵引点在规划轨迹下的理论规划位置矢量为 $\overrightarrow{R_{i,j}^{\mathrm{P}}}$，实际测量位置矢量为 $\overrightarrow{R_{i,j}^{\mathrm{M}}}$，则 t_{j+1} 时刻第 i 根索出绳量的前馈控制量可表示为

$$\delta_{i,j+1}=\frac{\left(\overrightarrow{R_{i,j+1}^{\mathrm{P}}}-\overrightarrow{R_{i,j}^{\mathrm{P}}}\right)\cdot\overrightarrow{R_{i,j}^{\mathrm{P}}}}{\left|\overrightarrow{R_{i,j}^{\mathrm{P}}}\right|} \tag{5.1}$$

由式（5.1）可知，对于第 i 个索牵引点，前馈控制量为一个控制周期内规划轨迹位移在索弦长方向的分量。t_j 时刻馈源舱第 i 个索牵引点的位置误差可以写为

$$e_{i,j}=\frac{\left(\overrightarrow{R_{i,j}^{\mathrm{M}}}-\overrightarrow{R_{i,j}^{\mathrm{P}}}\right)\cdot\overrightarrow{R_{i,j}^{\mathrm{P}}}}{\left|\overrightarrow{R_{i,j}^{\mathrm{P}}}\right|} \tag{5.2}$$

类似地，第 i 个索牵引点的位置误差为总位置误差在该索弦长方向的分量。由此定义第 i 个索牵引点的位置反馈控制量为

$$u_{i,j+1} = k_i^{\mathrm{P}}\left(e_{i,j} - e_{i,j-1}\right) + k_i^{\mathrm{I}} e_{i,j} + k_i^{\mathrm{D}}\left(e_{i,j} - 2e_{i,j-1} + e_{i,j-2}\right) \qquad (5.3)$$

式中，k_i^{P}、k_i^{I} 和 k_i^{D} 分别是比例（Proportion）、积分（Integration）和微分（Differential）反馈系数，6 根钢丝绳共 18 个位置反馈 PID 参数。索驱动系统属于参数缓慢时变的系统，PID 参数整定相对较为复杂。小范围内运动时，PID 参数可被设为固定值，但大范围内运动时不能采用固定 PID 参数，而需要采用动态 PID 参数。但目前技术上无法实现完全的自适应动态 PID 参数。综合考虑系统特性及目前技术现状，采用焦面内多区域划分且单个区域内固定 PID 参数的方法，也称为列表法[12]。区域划分和 PID 参数整定可参考焦面对称性，并通过大量试验和反复测试调节确定。

为进一步保障索驱动控制的安全性，在出绳量计算的反馈控制部分中增加索力反馈控制量，表示为

$$F_{i,j} = k_i^{\mathrm{F}} \Delta f_{i,j} \qquad (5.4)$$

式中，k_i^{F} 为索力反馈系数，由试验确定并取正值；$\Delta f_{i,j}$ 为索力传感器读数 $f_{i,j}^{\mathrm{M}}$ 与目标索力值 $f_{i,j}^{\mathrm{P}}$ 的差，表示为

$$\Delta f_{i,j} = \begin{cases} \mathrm{sgn}\left(f_{i,j}^{\mathrm{M}} - f_{i,j}^{\mathrm{P}}\right) \cdot \min\left(\left|f_{i,j}^{\mathrm{M}} - (1-\alpha)f_{i,j}^{\mathrm{P}}\right|, \left|f_{i,j}^{\mathrm{M}} - (1+\alpha)f_{i,j}^{\mathrm{P}}\right|\right), & \dfrac{\left|f_{i,j}^{\mathrm{M}} - f_{i,j}^{\mathrm{P}}\right|}{F_{\mathrm{U}}} > \alpha \\[2mm] 0, & \dfrac{\left|f_{i,j}^{\mathrm{M}} - f_{i,j}^{\mathrm{P}}\right|}{F_{\mathrm{U}}} \leqslant \alpha \end{cases} \qquad (5.5)$$

式中，sgn( ) 为符号函数；α 为大于 0 的系数，表示索力误差的不确定性，参考索力传感器的精度，可取 3% ~ 5%；F_{U} 为索力传感器的满量程读数。当索力误差绝对值小于 α 时，索力反馈控制量为 0。

综合上述分析，在 t_j 时刻对第 i 根索的出绳量计算可表示为

$$\Delta l_{i,j} = \delta_{i,j} + u_{i,j} + F_{i,j} \qquad (5.6)$$

式右端 3 项分别代表前馈（理论）控制量、位置反馈控制量和索力反馈控制量。基于式（5.6）可进一步得到第 i 根索的出绳速度控制量为

12　参见 2015 年吉林大学发布的《FAST 工程空间 6 索驱动馈源舱位姿控制系统整体控制策略 V5.0》。

$$\Delta V_{i,j} = \frac{\Delta l_{i,j}}{\Delta t} \tag{5.7}$$

在实际工程中，由于索力测量精度相对较低，且索力传感器很难摆脱零漂问题的影响，在反馈控制中通常采用"强位置反馈和弱索力反馈"的原则，索力反馈系数取值相对较小。特别是在下文的运动规划中合理做好馈源舱姿态角规划后，等于间接实现了对目标索力的跟踪，索力反馈系数可以取为 0 或很小的值。此时 6 索索力仅用于安全监测实时测量，当索力超过阈值时对系统发出安全警报。

3.运动规划

索驱动系统运行工况包括天文观测工况、天文观测目标切换工况和其他必要的运行工况。天文观测工况包括跟踪（Tracking）、漂移扫描（Drift Scan）、编织式扫描（Basket Weaving）、运动中扫描（On-The-Fly Mapping）等；天文观测目标切换工况主要是换源（Slewing）；其他必要的运行工况包括降舱、升舱和基于性能测试的自定义工况等。所有的运行工况应有预先的运动规划，包含轨迹、姿态、速度和加速度等。其中不仅包含馈源的运动规划，同时也应尽量包含作为索驱动系统控制终端的馈源舱的运动规划。

《馈源支撑天文轨迹规划算法 V2.0》[13] 根据球面天文学给出了漂移扫描、跟踪、编织式扫描、运动中扫描等的馈源轨迹规划算法。《含姿态的馈源支撑天文轨迹规划算法 V1.0》[14] 则在此基础上进一步给出了舱内机构的姿态规划算法。对于索驱动系统控制而言，最重要的是给出每一种工况下馈源舱的运动规划，即除了轨迹规划以外，还应同时给出姿态规划、速度规划和加速度规划等，其中最重要的是姿态规划。本节将着重讨论各个工况下馈源舱的运动规划。

对于天文观测工况，基于球面天文学的馈源轨迹规划算法是确定的，且轨迹必然位于馈源支撑焦面上，从馈源与舱的相对位置关系可以导出舱内 AB 转轴机构交点的轨迹规划。对其他工况而言，需要根据运行优化的要求确定最佳的 AB 转轴机构交点的运动轨迹。由于没有跟踪精度的要求，馈源轨迹可以不在焦面上，但考虑到舱偏离焦面后对 6 索张力有不可预知的影响，因此要求在非天文观测工况下馈源舱也尽量沿焦面运动。在降舱和升舱工况下，要求沿着舱停靠平台中心到焦面最低点之间的竖向轨迹完成馈源舱升 / 降运动，之后保

13　参见 2012 年中国科学院国家天文台 FAST 团队发布的《馈源支撑天文轨迹规划算法 V2.0》。

14　参见 2015 年中国科学院国家天文台 FAST 团队发布的《含姿态的馈源支撑天文轨迹规划算法 V1.0》。

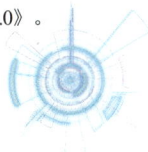

持在焦面上运动。在换源工况下，馈源舱将在连接运动起点和终点的焦面大圆轨迹上运动，换源时间不超过 10min，舱最大速度不超过 400mm/s，满足换源工况要求。

馈源舱内 AB 转轴机构交点的轨迹规划确定以后，其姿态规划并不是唯一的，还取决于 6 索张力的分配。文献 [25-27] 将此问题归结为：已知馈源舱中心在焦面上任意一点的空间位置，求解舱的最优 3 个姿态角和最优 6 索张力问题。其中 6 根索均考虑其上悬挂的缆线入舱机构质量，悬索效应不可忽略。优化目标函数取 6 索张力标准差的二次方，约束条件为馈源舱在自重与 6 索张力作用下的静力平衡方程，优化变量为 6 个索张力和 3 个舱姿态角。优化方程可表示为

$$\min \sum_{i=1}^{6} \left(\left| \vec{F}_i \right| - \frac{1}{6} \sum_{j=1}^{6} \left| \vec{F}_i \right| \right)^2$$

$$\text{s.t.} \quad \sum_{i=1}^{6} \begin{bmatrix} \vec{F}_i \\ \vec{r}_i \times \vec{F}_i \end{bmatrix} = \begin{bmatrix} \vec{G}_i \\ \vec{r}_G \times \vec{G} \end{bmatrix}$$

（5.8）

式中，$F_i(i=1,2,\cdots,6)$ 为拉力。式（5.8）中，$\vec{r}_i$ 和 $\vec{r}_G$ 分别为 6 索牵引点和重心相对于舱中心的力臂矢量，$\vec{G}$ 为馈源舱重力矢量。考虑悬索效应，这是非线性且接近于二次规划型的优化问题，引入 Levenberg-Marquardt 算法，得到优化的索张力（6 索分布相同，依次进行 60° 旋转）和馈源舱姿态角（主要是俯仰角）在焦面上的分布，如图 5.44 所示。

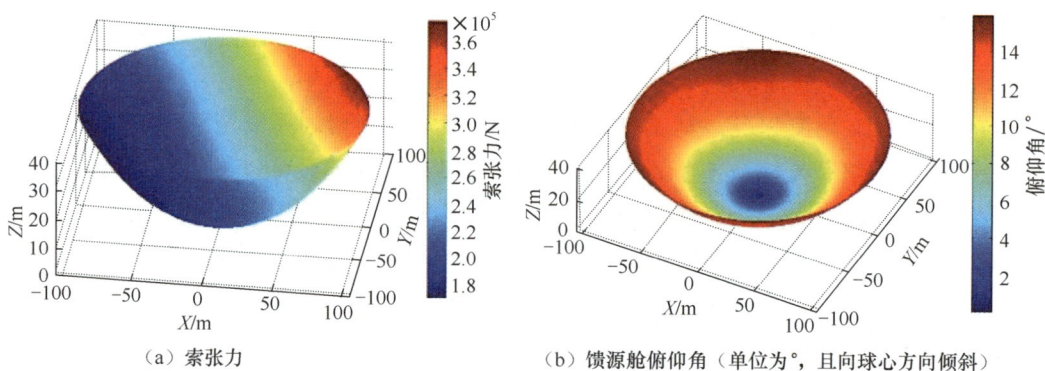

（a）索张力　　　　　　　　　　　（b）馈源舱俯仰角（单位为°，且向球心方向倾斜）

图 5.44　6 索张力和馈源舱俯仰角在焦面上的分布情况

优化的索张力最大不超过 38t，优化的舱俯仰角最大大约 15°，接近轴对称分布，倾斜方向均为球心方向，自旋角接近于 0°。从图 5.44（b）还可以观察到，优化

后的舱俯仰角与舱位置对应的天顶角的比值非常接近于 3/8。因此，可将焦面上的馈源舱姿态角规划算法简化为"3/8 天顶角"算法，表示为

$$\alpha = \frac{3}{8}\phi, \ \beta = \pi + \varphi, \ \gamma = 0 \tag{5.9}$$

式中，α、β 和 γ 分别为馈源舱俯仰角、方位角和水平自旋角，$\phi \left(0 \leqslant \phi \leqslant \frac{\pi}{2} \right)$ 和 φ（$0 \leqslant \varphi < 2\pi$）分别为焦面上舱位置所对应的天顶角和方位角，上述角度均按右手螺旋坐标系定义。采用"3/8 天顶角"算法规划得到的舱姿态角与基于式（5.8）所得到的优化姿态角误差不超过 1°，其 6 索张力也与优化后的索张力十分接近，是一种简单、可靠、易行的舱姿态角规划算法。同时从式（5.8）也可以看出，这种对舱姿态角的规划也隐含对 6 索张力的规划，图 5.44（a）中的索张力分布与图 5.44（b）中的姿态角分布具有一一对应的映射关系，即任何一组同时包含位置和姿态角的舱位姿矢量与 6 索张力矢量存在唯一对应的关系。

在降舱和升舱工况下，当馈源舱离开焦面并沿竖向轨迹进行升 / 降运动时，舱姿态规划为馈源舱保持水平。由姿态与索张力对应关系可知，6 索张力应始终相等。

最后是对舱运动速度和加速度的规划算法。在所有工况的大部分时间里，馈源舱应保持等速运动，其运动轨迹的切线加速度为 0。在天文观测工况下，舱运动速率基于球面天文学算法确定；在其他工况下，舱运动速率根据工况类型、运动轨迹长度、时间要求和最大限速等综合确定。在每个工况的起始和结束阶段，馈源舱应进行匀加 / 减速运动。在考虑了舱—索悬挂系统的动力学响应特性后，MT Areospace[15] 建议在跟踪工况下，加 / 减速时间取 2s；在换源工况下，该时间取 20s。类似地，2s 加 / 减速时间可以推广到其他工况，20s 加 / 减速时间可以推广到降舱和升舱工况。在轨迹很短的情况下，还可以酌情进一步减少加 / 减速时间。

4. 控制精度分析

索驱动控制系统对馈源舱定位精度的要求为空间位置误差最大值不超过 48mm，姿态角误差最大不超过 1°。为保证馈源舱的定位精度，人们还要求 6 塔塔顶导向滑轮处的出绳精度达到 2mm。在实际工程中，我们需要分析驱动链中制造误差、安装误差、检测误差和环境因素对上述精度的影响。

15　参见 2007 年 MT Areospace 发布的 *Final report of FAST focus cabin suspension-simulation study*。

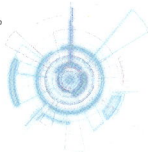

首先，我们分析上述误差和环境因素对塔顶导向滑轮处出绳精度的影响[16]。影响因素可分为 3 类。第 1 类包括减速器齿轮间隙、滑轮轴承径向游隙偏差、信号传输延时等，这类偏差虽然客观存在，但通过系统的修正或补偿，能够消除对出绳精度的大部分影响。经估算得到这类偏差约为 0.12mm。第 2 类包括拉力变化造成的钢丝绳长度变化、温度变化造成的钢丝绳长度变化、塔结构弹性变形、卷筒加工偏差等。这类偏差属于可修正的偏差，在系统中可对其进行实时监测，当参数变化超过设定值时对出绳量进行修正，可将出绳量偏差减小。经估算得到这类偏差最大约为 0.74mm。第 3 类主要是驱动链路中关键部件检测误差造成的偏差，属于不可修正误差，对出绳精度的影响最大，包括滑轮直径圆度误差、卷筒轴承径向游隙误差、编码器测量误差等。经估算得到该类偏差最大约为 0.88mm。3 类偏差最大合计约 1.74mm，小于出绳误差 2mm，满足要求。

其次，我们分析各种因素对馈源舱定位精度的影响。这些因素主要作用于馈源舱、悬垂的钢丝绳或 6 塔结构，从而影响馈源舱位姿定位。这些因素可以分为两类。第 1 类为准静态或长周期变化的影响因素，包括拉力变化和温度变化所造成的钢丝绳长度变化、塔结构稳态变形等。这些误差在引入对馈源舱位姿的实时反馈后可以得到有效补偿和消除。第 2 类为包括风扰在内的各种干扰引起的舱—索悬挂系统振动和塔顶振动，以及舱位姿的测量误差和测量延时（激光全站仪）等，这些也是馈源舱定位误差的主要影响因素。其中舱—索悬挂系统振动、测量误差和测量延时等引起的馈源舱定位误差在 FAST 预研究阶段经过馈源支撑全程仿真和密云模型（馈源支撑系统）试验的验证，可以满足精度要求。关于塔顶振动对馈源舱定位误差的影响，在经过改进的全程仿真模型分析后，确定了 6 塔的第一阶自振频率不小于 1Hz 的设计指标。在考虑上述所有因素后，改进的全程仿真模型分析得到的馈源舱位置误差不大于 16mm，换算成最大误差约 48mm，最大姿态角误差小于 0.5°，满足要求。

最后，我们分析上述 6 索出绳量解算中引入弦长矢量分解所带来的误差。设悬索张力水平分量为 H，t_j 时刻悬索曲线长度为 L'_j，弦长为 L_j，弦线与水平面倾角为 ϑ，用悬链线近似的悬索曲线长度可表示为

16 参见 2013 年大连华锐重工集团股份有限公司发布的《FAST 馈源支撑系统索驱动详细设计报告》。

$$L'_j \approx L_j \left(1 + \frac{1}{24} \cos^2 \vartheta \cdot \left(\frac{qL_j \cos \vartheta}{H} \right)^2 \right) \qquad (5.10)$$

式中，q 为钢索及缆线入舱机构的单位长度重量，约为 110N/m；在焦面上 H 的取值为 $120 \sim 380$kN；L_j 的取值为 $230 \sim 430$m。则与下一时刻 t_{j+1} 的绳长 L'_j 相减，得到

$$\Delta L' = L'_{j+1} - L'_j \approx \left(L_{j+1} - L_j \right) \left(1 + \frac{1}{24} \cos^2 \vartheta \cdot \left(\frac{qL_j \cos \vartheta}{H} \right)^2 \right) \approx \Delta L \qquad (5.11)$$

ΔL 与 $\Delta L'$ 的最大误差不到 1%。

5．3m 模型控制调试

2014—2015 年上半年，研究人员搭建了室内 3m 尺度索驱动系统缩尺模型，用于索驱动系统本地控制算法调试，如图 5.45 和图 5.46 所示。整个模型跨度和高度严格按照 1：200 比例设计。该模型采用双目相机动态摄影测量系统作为馈源舱位姿测量数据来源，在原模型的三菱 PLC 上层串联了索驱动系统原型用的 AC500 控制器，以保持与原型 PLC 控制匹配。通过该模型试验，研究人员测试了 FAST 索驱动控制系统核心算法的正确性、控制程序工艺及逻辑的正确性和 FAST 各个工况的控制策略的有效性。同时，模型机与测控计算机之间通信完全采用索驱动系统原型的网络通信协议和方法，因此也测试了通信的可靠性。

（a）3m模型

图 5.45　索驱动系统 3m 模型控制调试

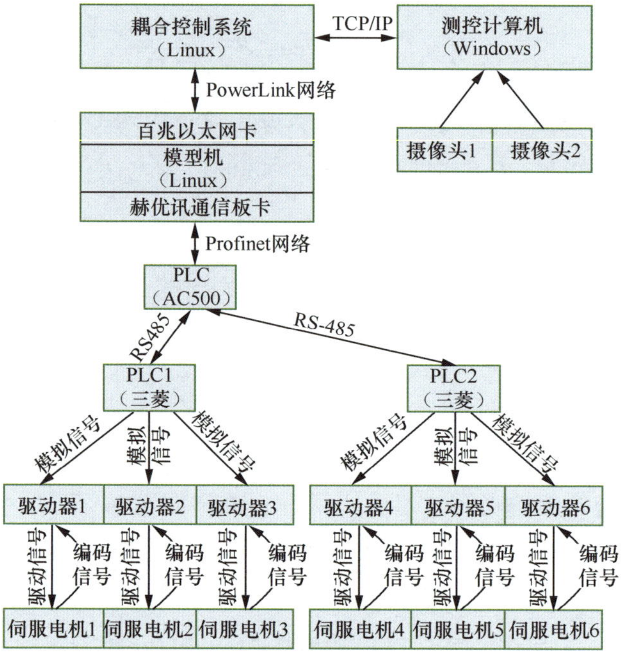

（b）控制系统构成

图 5.45　索驱动系统 3m 模型控制调试（续）

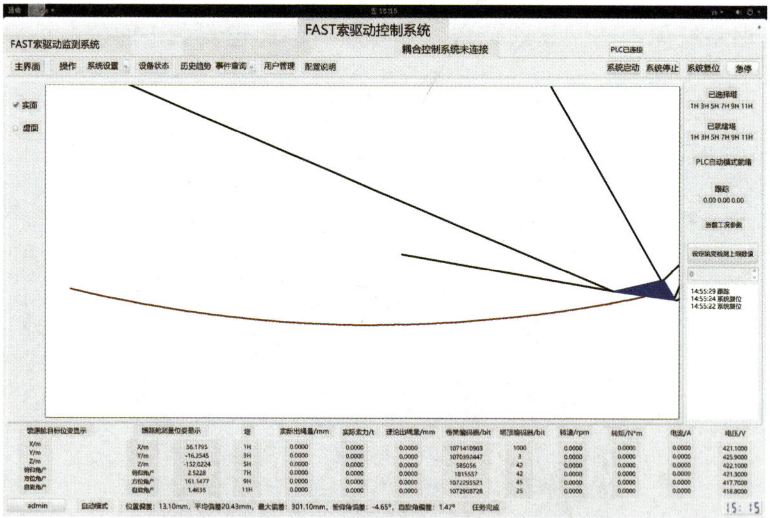

图 5.46　索驱动控制半实物仿真（跟踪工况）

通过试验运行结果，最终确认了前馈出绳算法正确，反馈控制方法有效，跟踪、换源、编织式扫描等工况运行正常，从而为下一步索驱动系统原型本地控制调试奠定了基础。

5.2.5　设备制造与现场安装

索驱动系统是 FAST 最核心的子系统之一，对于系统的安全保障、6 索大跨度高精度并联控制系统、多学科综合动态控制和天文级 EMC 等关键技术需要在制造中边研究、边攻关，且制造技术必须有绝对的安全性和可靠性。

整个制造阶段分三大项进行制造控制：一是索驱动机构机械零部件制造及装配；二是现场安装工艺、工装的安全性、可靠性仿真模拟试验；三是为现场安装编制工艺性指导文件。

1．卷筒制造精度过程控制

为了保证大跨度空间内实现馈源舱的精确定位，设计要求 6 索出绳精度必须保证塔顶导向滑轮处单根钢丝绳收／放精度为 2mm。因此，要实现这一技术指标，6 个卷筒不仅要保证单个筒体的制造公差，还要保证 6 个筒体绳槽底径公差的基本一致性，每一个绳槽底径在统一基准下检测的数据为 $\Phi(2400+0.2)$ mm，以保证 6 个卷筒在同一指令下动作后输出的绳长偏差最小。在制造偏差仅允许 $1/12000D$ 的情况下（D 为卷筒底径），对卷筒制造从卷制筒体校圆开始至筒体焊接变形控制及绳槽加工成品的每个环节均进行质量跟踪，编制了详细的《卷筒备料工艺要求》《筒体滚圆技术要求》《筒体机加工工艺要求》《卷筒制造工艺要求》《卷筒整体机加工工艺要求》等制造工艺文件，卷筒每一工步均编制了尺寸检验记录表，严格控制每一工序公差，作为检测基准的卷筒外径，工艺制造时对其圆度及直径制造偏差均加严处理，控制在 $(D+0.1)$ mm 范围（是图纸要求偏差的 50%），从而保证了 6 个卷筒最终制造精度及使用功能要求。

2．原材料质量控制

FAST 的结构零部件质量控制从原材料的采购开始，工艺编制了详细的《钢板采购及入厂检验技术要求》，为了保证材料质量，大于 6mm 的结构用钢板全部订制了探伤板，按《厚钢板超声波检验方法》（GB/T 2970—2004）中 II 级验收，正火轧制状态交货。材料进厂后除了必须有供货商的质量合格证明书及力学性能报告外，对板材、型材、焊材还要进行厂内取样复检，合格后转入备料及制造工序，确保零部件使用材料的可靠性。

3．关键零部件采购控制及制造跟踪

为了更好地保证索驱动系统零部件的质量，对关键采购件，如电机、制动器、

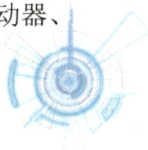

联轴器、钢丝绳等实施了采购质量跟踪。对于一旦失效会造成重大安全事故的零部件，如锚固装置叉形件、保护板（拉板）、重要轴类、滑轮、滑车等零部件的制造实行全过程质量跟踪，并编制详细的制造质量计划及《滑轮采购技术要求》。同时，坚持生产一线技术指导与监督，确保质量全过程受控。

4．机器房构件加工制造

索驱动的 6 个机器房，每个房体长为 11m、高为 5.2m，根据运输及吊装要求，设计者已将机器房墙体骨架及房盖设计成了由 26 个分片组成的合体结构，给制造精度和现场安装精度带来了严峻挑战。为了确保现场整体组装后的总尺寸精度，制造时编制了详细的《机器房制造技术要求》，针对机器房墙体分片中 3mm 薄板接料焊接变形严重问题，工艺上采取了焊前外力约束、焊后线性点状火焰矫形措施，严格控制每一分片尺寸公差精度及板面平整度。并在厂内进行整片精细研合，保证了现场机器房整体顺利安装及质量。

5．空载试验

为了保证索驱动机构在现场装配顺利完成，各零部件制造、检验合格后按编制的《装配工艺》在厂内进行了整体装配及空载运转试验，如图 5.47 所示。

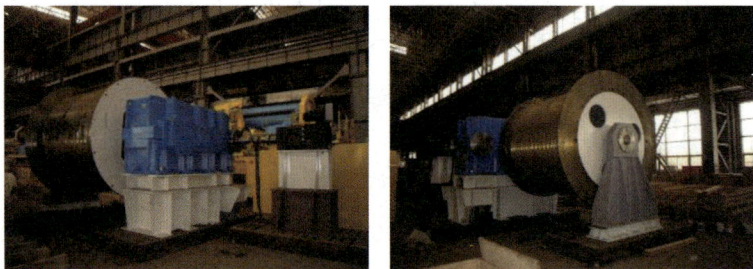

图 5.47　厂内组装及空运转试验

6．工艺性试验

为了验证设计功能及现场安装方案所涉及的工艺、工装的安全性和可靠性，整个制造阶段先后进行了多项工艺性试验。

（1）5 索驱动工况试验

按缩比尺寸设计了 6 索驱动机构，研究 FAST 的 6 索驱动时，其中一索失效对馈源舱的影响，如图 5.48 所示。

（2）尼龙夹板拉力试验

验证 6 索安装中固定绳索使用的尼龙夹板拉力是否满足单索固定张力为 7t 的

要求，验证其安全性、可靠性。根据试验结果优化了夹板结构设计，使之使用更安全、可靠。

（3）缆线入舱机构滑车试验

编制《缆线入舱电缆滑车试验程序》，模拟试验研究缆线入舱滑车在13°～43°的倾角钢索上运行的安全性、可靠性，并根据试验结果对滑车结构进行优化，如图 5.49 所示。

图 5.48　5 索驱动工况试验

图 5.49　滑车滑动工厂试验

（4）陡坡大部件拖运上山和转运及安装就位试验

主要针对 1H 和 5H 塔位地形陡峭且起重机无法进场情况下，大型重型设备拖运上山方案的可行性和可靠性进行试验。此外，还进行了无起重机情况下在平地上利用转运工装转运大型重型设备并就位到安装部位的试验。通过试验，验证了反复拖动 17t 大部件经过 30°以上陡坡上山通过转运轨道，拖运工装满足安全和可靠运输的要求，在平地上转运工装满足设备安全可靠转运和安装就位的要求。

（5）多种方法试验异径钢丝绳插接及锚固头拉力

用一根 Φ26mm 工艺钢丝绳、一根 Φ46mm 原型钢丝绳，将异径钢丝绳插接及绳扣夹紧，试验锚固头拉力，以保证 6 索从山底馈源舱引向 170m 以上高度的塔顶安装时工艺绳与牵引绳之间的安全性、可靠性。

通过以上工艺性试验研究，验证了新技术和新工艺应用的安全性、可靠性，从而保障现场索驱动安装能够顺利完成，并满足安装质量和精度要求。

7. 现场安装

（1）驱动机构及塔顶设备安装

索驱动机构现场安装与诸多因素有关，如馈源支撑塔、现场地形和道路等，其中现场地形是影响安装的重要因素之一。索驱动机构中的减速机和卷筒体积大且质量均超过 10t，而所处的塔底机器房位置除 11H 塔以外都在半山腰位置。

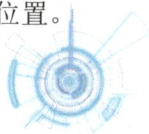

3H、7H、9H 和 11H 塔位在台址二次开挖和边坡支护施工中修筑了可以通往机器房的便道，可以在运输车辆和施工机具辅助下完成设备安装。1H 塔位机器房与现场环形检修道路高差过大，无直通机器房的便道，5H 塔位机器房的便道坡度较陡。两个机器房的大型设备均需要设置拖运工艺轨道并使用临时卷扬设备拖拉上山、滑移就位和顶升安装，如图 5.50 所示。

（a）5H 卷筒拖运　　　　　　　　（b）1H 减速器拖运

（c）7H 塔顶回转支撑及滑轮安装就位　　　（d）1H 减速器转运及安装就位

（e）9H 电机安装　　　　　　　　（f）9H 减速器高速轴安装调试

图 5.50　大型设备现场运输与安装

回转支撑及导向滑轮等塔顶大型设备从塔底到塔顶的垂直运输和初步就位在馈源支撑塔安装时已经完成，详见 4.5 节。

（2）机器房安装

如图 5.51 所示，机器房房体在厂内制造、研配、预装配完成，然后拆解、包装、发运。1H 和 5H 房体完全拆解，现场拼装。对于其他塔位房体，在满足运输要求前提下，分片拆解运输。机器房侧墙片现场组装成整片墙体，使用工艺门架吊起就位并进行安装。安装房盖时，在地面先分片组装、分片吊装。房盖安装完成后，安装装饰板。安装装饰板时，先安装侧墙，然后安装房盖。

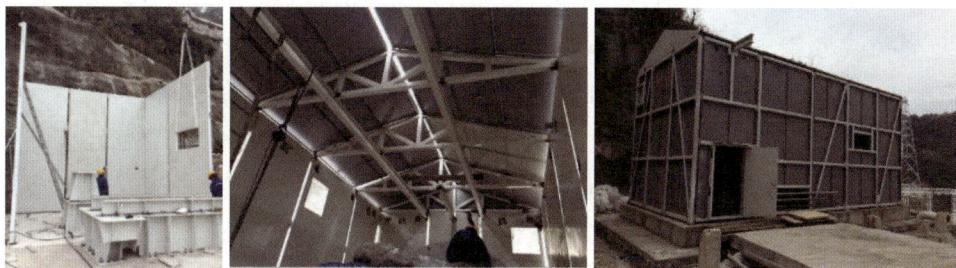

图 5.51　机器房安装

（3）塔底导向滑轮安装

根据 6 个塔底导向滑轮具体安装位置，分别采用汽车吊吊装，滑移就位利用塔架吊装等方式。导向滑轮安装内容主要是其与驱动机构的找正。安装滑轮前，先进行划线、找正，根据划线校核基础预埋准确性，保证滑轮绳槽与塔心、卷筒心在同一直线上。滑轮出绳点与塔顶滑轮中心垂点为同一心点。滑轮基础预埋件（钢板）的上表面及滑轮底座的上平面应为水平面，安装施工需满足图纸设计要求。安装施工不允许使用支撑塔作为吊装基点。

（4）舱停靠平台处的维修换绳机构安装

舱停靠平台位置在大窝凼底部，经螺旋式进场道路可到达安装施工位置。换绳机构安装使用 1 台 25t 汽车吊完成。

（5）钢丝绳缠绕、入舱机构和缆线安装

现场施工机具使用 1 台 8t 链式提升叉车。主要工具包括降舱平台处用换绳机构、$\Phi 28mm$ 尼龙引绳（800m）、$\Phi 26mm$ 工艺钢丝绳（750m）、10t 手拉葫芦两把、钢丝绳夹板两套。

钢丝绳（含浇铸接头）采购技术规格书中，应明确规定"浇铸接头由钢丝绳厂家进行浇铸，对浇铸接头需进行拉力试验，其拉力值应与钢丝绳的相符并出具相关的拉力试验报告，浇铸接头发运时应缠绕在钢丝卷外部；在钢丝绳的另一端，钢丝绳厂家必须安装穿绳用的引绳，引绳所承受的拉力应为钢丝绳总质量的 3 倍。"在距浇铸接头侧给定长度位置（入舱机构塔顶端，首个滑车安装位置）做出标记。

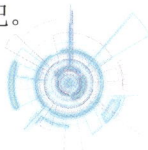

钢丝绳缠绕施工方案的主要思路是采用尼龙绳带动工艺钢丝绳、工艺钢丝绳带动产品钢丝绳逐步实现 6 索在驱动机构和导向滑轮的缠绕及舱—索锚固连接。在产品钢丝绳缠绕施工的同时，逐个安装入舱机构滑车和缆线。如图 5.52 所示，钢丝绳缠绕施工从舱停靠平台处的工艺卷筒和换绳机构开始。产品钢丝绳由换绳机构引出，经过舱停靠平台底部定滑轮和顶部滑轮的导向后，开始安装滑车和缆线，首个牵引滑车由钢丝绳带到塔顶后进行固定并与钢丝绳分离。钢丝绳继续被塔底驱动机构牵引至塔顶滑轮和塔底滑轮，最后进入机器房卷筒并固定。最后在舱停靠平台处，钢丝绳另一端由工艺卷筒辅助固定并完成舱—索的锚固连接。整个缠绕施工工艺需要保证尼龙绳与工艺绳、工艺绳和产品钢丝绳之间插编连接的安全、可靠，同时钢丝绳上滑车安装位置的精确标记、换绳机构与塔底卷扬的协调牵引也是整个缠绕施工得以顺利完成的关键。

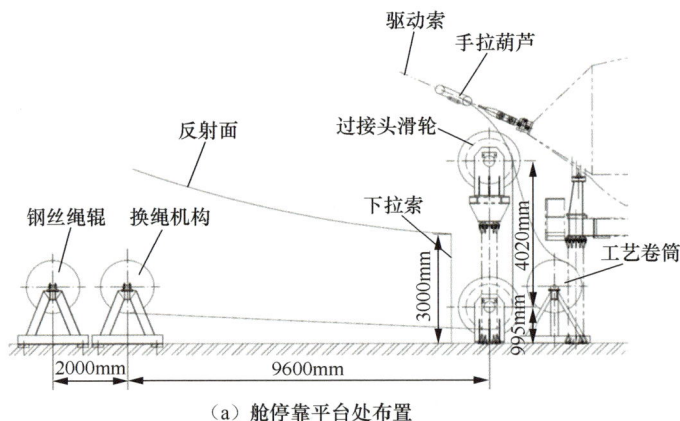

（a）舱停靠平台处布置

（b）入舱机构滑车和缆线安装

图 5.52　钢丝绳缠绕施工

5.2.6　现场调试

1．6 索并联空载调试

为减少索驱动系统控制的风险，研究人员搭建了由索驱动控制计算机、PLC 及电机、卷筒（卷筒不缠绕钢丝绳，处于空载状态）等执行机构组成的半实物仿真空载调试系统。

首先将安装在 6 个卷筒上的钢丝绳分别卸下，用夹板将其封固到地面基础上，保证整个机构无负载，然后分别进行 1/6 系统独立运行的（单套驱动机构）和 6 索并联系统的机构动态性能调试。在卷筒不带载的情况下，1/6 系统测试主要测试单塔供电后元器件信号连接状态是否正确，单塔的传动机构启停、速度给定、急停安全保护等是否满足设计要求。6 索并联系统测试主要测试空载运行的 6 索同步启停、速度给定、急停安全保护、索驱动本地控制操作、仿真、开闭环输出等功能是否满足设计要求。

在 6 索并联系统测试中，索驱动控制计算机正常执行跟踪、换源、编织式扫描、漂移扫描等工况，向 PLC 正常发送指令和数据，从而控制电机运转并带动卷筒运转，然后将卷筒编码器数据采回，通过位姿反求计算得出各个时刻馈源舱的对应位姿，进行反馈控制，构成一个闭环。然后按照前馈＋反馈控制的模式循环运行，直到各个工况测试完成。

上述 4 种工况的大量试验结果表明，前馈出绳算法正确，反馈控制方法有效，跟踪、换源、编织式扫描等工况运行正常。由于电机系统的大惯性特性，导致各个工况运行起点及拐点处误差比较大，需要后期调试中进行轨迹规划补偿。

2．代舱系统现场调试

2015 年下半年，在完成索驱动系统所有硬件安装和空载调试后，研究人员开始进行原型现场调试。最初由于馈源舱尚处于详细设计和制造阶段，无法参与调试，同时也考虑到索驱动系统原型首次调试和正舱及舱内设备的安全问题，故研究人员在现场搭建了代舱来完成索驱动系统的正常调试工作。代舱的尺寸、质量和质心位置均与正舱的相似，但无二次精调机构及附属设备，舱内可安装测量设备进行位姿检测，详见 5.3 节相关内容。

代舱调试的主要目的是完成代舱安全升舱、降舱、观测等工况的测试，检测代舱是否满足索驱动代舱工艺性能要求。该过程主要包括单索驱动机构运行测试、6 索驱动机构同步运行测试，检查该过程驱动索的运行是否干涉、出绳速度是否满足要求、索力反馈是否正常，然后进行初次升舱的建张（指馈源舱从由舱停靠平台支撑固定

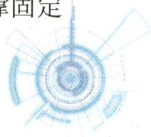

状态转变为由6索牵引空中悬浮状态的过程中，6索协调收绳，保持6索索力均衡，防止舱与周围设施发生碰撞。舱完全悬浮后，记录6索索力读数）和升舱流程，将代舱提升到反射面上方20m处（见图5.53），调整位姿后降舱，再进行卸张（卸张是上述建张的逆过程，舱由悬浮变为由舱停靠平台支撑固定，然后将6索索力松弛到最小临界值）情况下的正常升舱。多次调试满足要求后，进行天文观测工况测试，包括两部分：第一部分首先进行低空小范围测试，空域高度距离反射面40m，该空域范围仅测试运行流程而不考虑精度；第二部分进行正常空域（140m高度）的测试，先在焦面口径为100m的范围内测试流程及精度，然后在焦面口径为206m的范围内测试流程及精度。经过大量的观测工况和其他运行工况轨迹的测试，满足了表5.13中各项目性能指标要求，具备了工程验收条件。

(a) 初次升舱　　　　　　　　　(b) 焦面边缘调试

图5.53　代舱调试

3．正舱系统验收测试

2016年下半年，在完成馈源舱正舱设备安装后，FAST团队开始进行正舱索驱动系统的现场调试和验收测试。正舱调试着重测试索驱动系统在各种观测工况下馈源舱的位姿定位精度，包括换源、跟踪、编织式扫描、漂移扫描、沿赤经运动中扫描、沿赤纬运动中扫描和自定义扫描等，每一种工况由验收测试组专家任意选定3条轨迹进行测试，其测试精度如表5.16所示。篇幅所限，只显示了每一种工况中的一条轨迹测试结果，全部满足验收要求。

表5.16　正舱系统验收测试精度

工况类型	轨迹定义	指标要求（最大值）		最大实测值
		位置精度	姿态精度	
换源	曲线1	<48mm	<1°	5.8mm
				0.66°

续表

工况类型	轨迹定义	指标要求（最大值）		最大实测值
		位置精度	姿态精度	
跟踪	曲线 3	<48mm	<1°	34.96mm
				0.49°
编织式扫描	曲线 1	<48mm	<1°	39.54mm
				0.99°
漂移扫描	曲线 2	<48mm	<1°	30.81mm
				0.33°
沿赤经运动中扫描	曲线 1	<48mm	<1°	44.80mm
				0.59°
沿赤纬运动中扫描	曲线 2	<48mm	<1°	45.69mm
				0.25°
自定义扫描	曲线 2	<48mm	<1°	40.20mm
				0.68°

有关正舱索驱动系统现场调试的详细内容将在第 6 章中介绍。

| 5.3　馈源舱及舱停靠平台 |

馈源舱是 FAST 的核心部件之一，是一个集结构、机构、测量、控制、电子和电气等相关技术于一体的光机电一体化复杂系统，其主要功能是克服风扰和系统的其他扰动，通过馈源舱内的二次精调机构（斯图尔特平台），采用大范围、高精度的动态测量与相应控制技术，实现馈源接收机的精调定位。索驱动机构及馈源舱内的斯图尔特平台共同组成了 FAST 馈源支撑的刚柔耦合并联机器人系统，可以驱动馈源接收机在 140m 以上的高空、口径约 206m 的焦面范围内运动，并实现对观测目标的位置和指向的实时跟踪，空间定位精度优于 10mm，角度定位精度优于 0.5°。在馈源舱内配置多个频段的信号接收设备，收集反射面汇聚的宇宙无线电波，通过宽带光纤将其传输到地面终端设备，分析获得天体物理信息。

舱停靠平台是馈源舱的配套附属设施。在 FAST 建设期间，舱停靠平台为馈源舱装配和调试、索驱动钢丝绳安装和更换等作业提供支撑 / 锚固平台；在 FAST 运行期间，舱停靠平台为升 / 降舱提供必要辅助功能，降舱后提供馈源舱的支撑

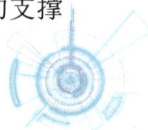

锚固装置，并为舱内设备检修、维护等提供必要的备用供电保障。

本节主要介绍 FAST 建设期间馈源舱及舱停靠平台的设计、设备制造安装及功能调试历程。FAST 索驱动机构的 6 个舱—索锚固头内所有零部件装配总成，包括星形框架、AB 转轴机构、斯图尔特平台、舱罩和其他舱内附属设备 / 设施等，构成馈源舱；馈源舱外的配套附属设备 / 设施，包括基础、舱支撑装置、滑轮支撑装置和电控设备等，构成舱停靠平台。

5.3.1 功能与组成

1. 设备功能与组成

馈源舱作为馈源接收机的安装、保护及位姿精调机构，包括结构 / 机构及电气控制两部分。结构 / 机构部分包括星形框架、AB 转轴机构、斯图尔特平台、多波束馈源转向机构、舱罩、布线单元及舱内机电设备等；电气控制部分包括斯图尔特平台控制、AB 转轴机构控制、动态监测、配电单元、EMC 单元等 [17]，如图 5.54 所示。

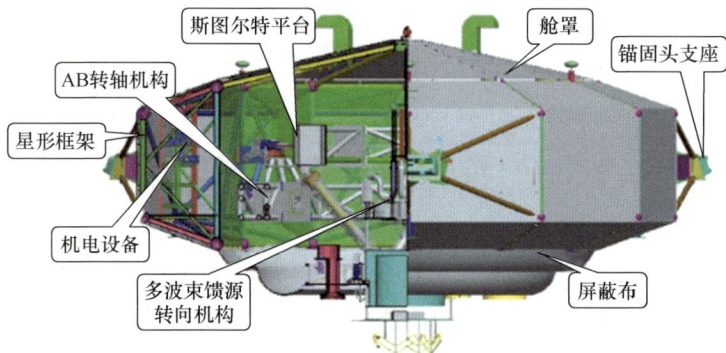

图 5.54　馈源舱设备组成

星形框架是馈源舱的主体承载结构，其上设置舱—索锚固支座、A 轴接口、测量靶标接口、GNSS 天线安装接口、舱停靠平台接口、检修通道、通风通道及舱内机电设备安置接口等。星形框架通过索驱动机构控制可实现 −18° ～ +18° 的倾角变化。星形框架内部为馈源舱机电设备提供安装空间，包括配电设备、接收机、控制设备、监测设备、EMC 设备、烟雾传感器、温湿度传感器、维修通道、照明等。舱罩铺设在星形框架上，为馈源舱最外层的防护结构，用于将舱内设备与外部环

17　参见 2012 年中国科学院国家天文台发布的《FAST 工程馈源支撑系统馈源舱设计、制造、安装与调试总承包任务书》。

境隔离和电磁屏蔽。

　　AB 转轴机构和斯图尔特平台构成舱内二次精调机构。AB 转轴机构是绕正交的 A、B 两轴进行旋转的机构，主要包括 A 轴转环、A 轴驱动装置、B 轴驱动装置等部分。AB 转轴机构控制系统接收地面系统发来的下平台期望轨迹，控制 AB 转轴机构实现 −18°～+18° 的角度变化，以满足馈源接收机姿态的初步调整。斯图尔特平台是 6 杆并联机构，包含上平台（静平台）、下平台（动平台）、分支杆等部分，下平台承载馈源接收机及附属机构，上平台设置 B 轴接口。斯图尔特平台控制系统主要是为了减少和抑制整个馈源舱的风扰影响，并对接收机运动轨迹进行精调，保证最后位置误差 ≤ 10mm，角度误差 ≤ 0.5°。

　　多波束馈源转向机构可使得多波束接收机在 −80°～+80° 范围内绕其中心轴连续转动，并将工作馈源准确定位。布线单元包括绕线机构及舱内电缆的走向和屏蔽设计。绕线机构主要由缆线卷绕装置、缆线保护管、固定轴组成，通过该装置使馈源接收机的电缆、氦管等能适应馈源舱内各部件之间的相对运动，避免相互干涉。

　　除此以外，考虑到馈源舱与索驱动两个子系统工作进展的非同步性，为配合索驱动建设期间的调试工作，FAST 团队还专门设计和建造了代舱。代舱是相对正舱而言的，其在总体质量、轮廓尺寸、质量分布和 6 个舱—索锚接支座方面与正舱完全一致，仅保留了星形框架等结构部分和必要的位姿测量及状态监测设备，无机电、电控、电气及电子等设备。

　　舱停靠平台主要包括基础、舱支撑装置、滑轮支撑装置、配电设备、动态监测单元、电气控制系统、与相关系统的接口和其他附属设备 / 设施等[18]。其中主要的设备为舱支撑装置和滑轮支撑装置。舱支撑装置由辅助立柱、升降立柱、支撑环梁、扶梯、升降围栏等部分组成，是馈源舱装配和降舱停靠的承载部件。滑轮支撑装置由固定支撑、活动平台、电动起升装置、定滑轮、滑轮组、地锚、锁定销装置、拉力传感器、手拉葫芦、钢丝绳、板卡、吊环等组成，用于索驱动钢丝绳及缆线入舱机构的安装更换和舱—索隔离。

2．设备接口

　　馈源舱及舱停靠平台的设备接口众多，涉及台址开挖、结构、机械、测量、通信、供电和电子电气等各个专业领域，几乎与 FAST 所有系统都存在接口联系，

18　参见 2012 年中国科学院国家天文台发布的《FAST 工程馈源支撑系统舱停靠平台设计、制造、安装与调试总承包任务书》。

是所有子系统中接口设计最为复杂的。

馈源舱的设备接口涉及索驱动机构、接收机及终端系统和测控系统等。与索驱动机构的接口包括舱—索锚固头支座、电缆和光缆的接口等。与接收机及终端系统的接口包括斯图尔特下平台的馈源接收机前端设备的安装接口、在星形框架内相关设备的安装接口等。与测控系统的接口包括斯图尔特下平台、斯图尔特上平台和星形框架上相关测量设备的安装接口等。

舱停靠平台的接口相对更为复杂，涉及台址开挖系统、反射面系统、测控系统、接收机及终端系统和索驱动机构等，如图 5.55 所示。与台址开挖系统的接口主要体现在舱停靠平台位置正好处于开挖中心处，其基础表面高程约为 834m，其下方为通向大窝凼排水隧道的入口，周边由内径为 26m 的排水沟围绕。与反射面系统的接口主要体现在空间维度上，避免与运行状态的反射面设备产生干涉。反射面在开挖中心处预留边长约 12m 的正五边形孔洞，该孔洞对舱停靠平台的水平投影限界为 Φ16m 的圆，舱停靠平台的所有结构、机构需在该圆柱形空间内。与测控系统的接口主要在于保护测控系统在基础中心位置的测量基墩，满足其正常工作的要求。与接收机及终端系统的接口要求是馈源舱在降舱停靠后有足够的支撑高度，方便接收机拆、装工作。与索驱动机构的接口主要体现在滑轮支撑装置方面，3 套滑轮支撑装置上 6 个滑轮组的中心分别要求与 6 个舱—索锚固头的分布位置一一对应。每个滑轮与对应的索驱动钢丝绳和支撑塔构成共面关系，方便今后钢丝绳的更换或舱—索隔离功能的实现。

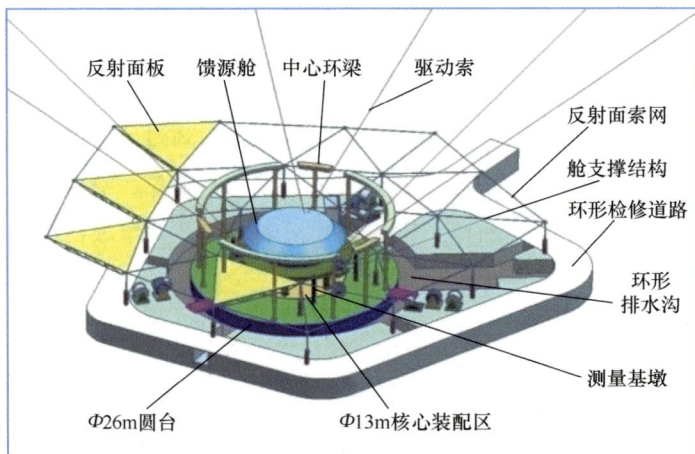

图 5.55　舱停靠平台与反射面的空间位置关系

5.3.2　方案设计与优化

馈源舱是 FAST 的核心部件，在实际工程中没有先例可循。2011 年，FAST 团队分别与大连重工·起重集团有限公司和中国电子科技集团公司第五十四研究所合作，启动了馈源舱的方案优化设计研究[19]。以当时的密云模型（馈源支撑系统）[28] 及其工作原理、设计参数和功能要求作为基本参考，两个团队各自独立地完成一套馈源舱的优化设计方案，包括给出馈源舱的优化设计结果、优化方案的分析结果、根据馈源舱安装调试及与各系统接口的工艺要求给出舱停靠平台的初步实现方案、相关的计算书及设计图纸等。

两个团队均对于当时急需解决的问题进行了初步分析，并给出了方案路线，包括机构精度分析和分配、结构/机构优化设计（含建模仿真分析）、馈源舱测量方案、馈源舱伺服控制方案、电磁兼容方案、馈源舱标校方案、舱停靠平台实现方案、设备运输安装和维护方案等。通过对两个优化设计方案的比较，最终确定以中国电子科技集团公司第五十四研究所的设计方案[20] 作为下一步详细设计的优选方案。

在机构精度分析和分配方面，优选方案着重分析了 AB 转轴机构和斯图尔特下平台的空间位姿误差，并分析了误差来源。馈源舱由斯图尔特平台、AB 转轴机构、星形框架自下而上串联而成。A、B 轴的轴角精度及斯图尔特下平台的位姿精度由结构、测量及控制等环节产生。AB 转轴机构的空间姿态误差由结构件刚度变形、传动元件运动误差、数据传递误差、轴系误差以及控制误差、测量误差等部分组成。经综合仿真分析，AB 转轴机构的空间姿态精度约为 0.11°。斯图尔特下平台的位姿精度受机构本身和机构以外因素影响。机构本身因素包括机构中各零部件制造精度、装配精度、刚度变形、驱动机构误差等；机构以外因素包括工作环境（温差、振动等）、控制系统非线性、测量误差等。经综合仿真分析，斯图尔特下平台任意控制点的空间位姿误差分别为 7.75mm 和约 0.33°。

在结构/机构优化设计方面，优选方案遵循由下及上、从局部到整体的方式分别给出了斯图尔特平台、AB 转轴机构、星形框架、馈源舱整体和舱停靠平台

19　参见 2012 年中国电子科技集团公司第五十四研究所发布的《FAST 工程馈源舱原型方案优化设计报告》和 2012 年大连重工·起重集团有限公司发布的《FAST 馈源舱方案优化设计报告》。

20　参见 2012 年中国电子科技集团公司第五十四研究所发布的《FAST 工程馈源舱原型方案优化设计报告》。

等重要结构 / 机构部件的优化设计构型和重要设计参数。

斯图尔特平台是馈源接收机位姿的精调机构,主要包括上平台(上平台框架、靶标支座总成)、下平台(下平台框架、靶标支座、馈源接收机等总成)、伸缩支腿、球铰、虎克铰等,如图 5.56 所示。上平台作为斯图尔特平台的支撑基础,向上通过转轴及驱动机构与 AB 转轴机构连接;向下通过虎克铰连接 6 根相同的分支杆。另外,还要安装一定数量的靶标支座。下平台作为斯图尔特平台的执行部件,用以安装馈源接收机、靶标支座以及绕自身旋转的多波束馈源转盘。下平台通过球铰连接 6 根相同的分支杆。虎克铰连接分支杆和上平台,具有两个旋转自由度,可以绕水平正交的 A 轴和 B 轴旋转。球铰是连接分支杆和下平台的构件,具有 3 个旋转自由度。球铰在虎克铰的基础上增加了绕中心轴线做 360º 旋转的功能。分支杆是斯图尔特平台的运动输入构件,通过滚珠丝杠的伸缩实现下平台的位置和姿态的变化。分支杆的两端分别连接虎克铰与球铰,分支杆上面安装了位移传感器实时反馈分支杆的行程信息。

图 5.56　斯图尔特平台

为了对索驱动系统调整舱位姿角度的不足量进行补偿,引入了 AB 转轴机构。它以星形框架为 A 轴支撑,以斯图尔特平台为 B 轴负载,两轴均能实现 ±18° 的转角功能。由于星形框架的姿态变化,AB 转轴机构工作在 ±25° 的任意姿态。两轴最大转速为 1.2×10^{-3} rad/s,最大转动加速度为 6.0×10^{-5} rad/s^2,控制误差小于 1°。AB 转轴机构包括 A 轴转环,A、B 轴轴承支座,A、B 轴驱动装置(含 A、B 轴测角装置),A、B 轴轴角限位装置等部分,如图 5.57 所示。AB 转轴机构采用主、副梁结构,由钢管焊接成十二边形,各杆件通过空心球进行过渡焊接,接头处焊接简单,受力良好。

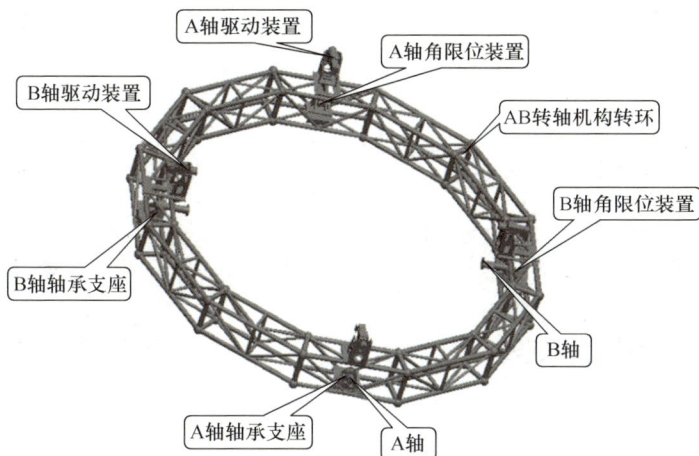

图 5.57　AB 转轴机构

　　轴承支座是 AB 转轴机构与星形框架及斯图尔特平台连接的重要部件，采用优质钢板焊接，精密加工。各支座安装轴承的中心孔与安装底平面等高，使 AB 转轴机构上 A 轴和 B 轴轴线理论上交于一点，轴承支座内装有调心滚子轴承及转轴，外部连接测角装置、限位装置等。如图 5.58 所示，测角装置由码盘、弹性联轴节等组成，采用由旋转中心引出轴的连接方法，减少连接精度的损失，连接点设置在转轴轴承的中点处。

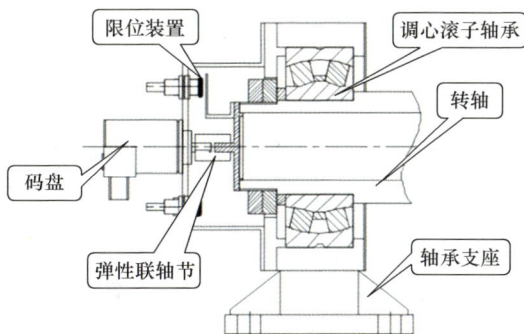

图 5.58　A、B 轴轴承支座，测角装置和限位装置

　　A 轴和 B 轴驱动有 3 种方式可供选择，分别为单丝杠驱动、双丝杠驱动和双齿轮驱动。经过比较分析，最终选择了双齿轮驱动方式，如图 5.59 所示。安装在星形框架、斯图尔特平台两侧转轴上的大齿轮分别通过与安装在 AB 转轴机构上的驱动装置上的小齿轮啮合，通过电机的转动带动大齿轮，同时带动 AB

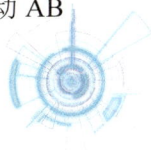

转轴机构和斯图尔特平台实现 ±18° 的转动。双齿轮驱动可以实现双电机电消隙功能，消除齿轮相互啮合的间隙。

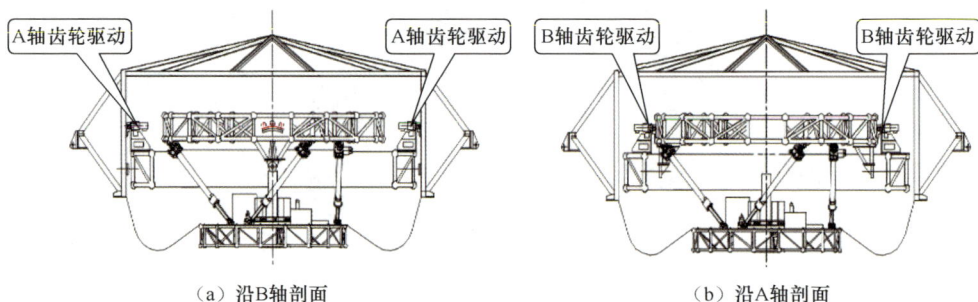

（a）沿B轴剖面　　　　　　　　　（b）沿A轴剖面

图 5.59　AB 转轴机构的双齿轮驱动方式

　　星形框架作为馈源舱的支撑，是其他部件装配和检测的基准，外侧通过 6 个锚固头与 6 根钢索牵引，内部支撑 AB 转轴机构及斯图尔特平台，同时为舱内附属设备和设施提供安放空间，如配电柜、变压器、空调、通风设备、压缩机、制冷设备、各种电子器件、布线 / 管等。

　　星形框架主要包括舱—索锚固支座、A 轴轴承支座、支撑支架、维护平台等。星形框架结构选用"H"形钢，主要有 150mm×150mm 和 100mm×100mm 两种形式。承载座、机械限位板、支撑支架等均采用钢板焊接，焊接时用工装定位。支撑支架主要用来与舱停靠平台连接，支撑支架设计成两种不同的刚度要求。它与舱停靠平台采用 6 个均布立柱端部接触，3 个立柱刚度高，另 3 个立柱刚度稍低，馈源舱降舱时，3 个刚度稍差的立柱先与支撑支架接触，刚度变形后与 3 个刚度高的立柱端部在同一平面，使馈源舱的 6 个支撑支架均能受力，不会出现舱停靠平台接触面不平，部分点存在虚接触的现象。A 轴轴承支座的部件采用箱式结构，以减小工作时的刚度变形。焊接时通过工装定位，并辅以测量的手段来保证两个轴承孔的同轴度。压缩机的悬吊机构采用球铰的结构方式，即压缩机与星形框架之间用一套球铰机构连接，球铰的任意方向转角＞25°，馈源舱工作时，压缩机通过自身的质量克服球铰之间的摩擦力保证与地面的夹角≤4°。

　　优选方案构建了馈源舱总体结构 / 机构的三维模型，并采用 ANSYS 有限元软件对馈源舱整体进行刚度分析。针对薄弱环节，在不影响整体结构的基础上进行适当的局部加强，实现馈源舱刚度、尺寸和质量的优化设计，并针对馈源舱进

行力学分析，包括确定 AB 转轴机构的最优驱动形式（见图 5.60）、馈源舱整体
刚度分析和各部件静态刚度分析等。

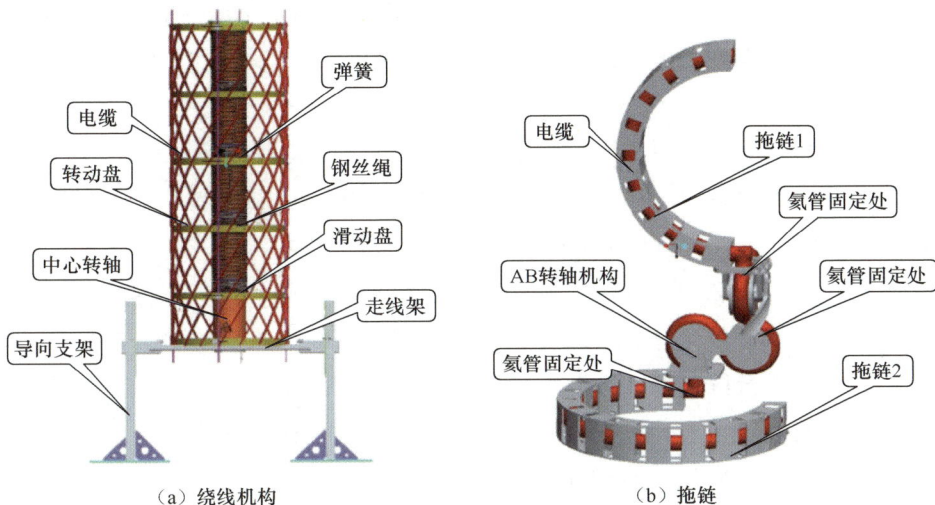

（a）绕线机构　　　　　　　　　　　（b）拖链

图 5.60　电缆和氦管绕线机构的初步方案

　　优选方案还重点针对馈源接收机系统的接口设备绕线机构进行了优化设计。
绕线机构主要解决多波束馈源旋转带来的电缆和氦管缠绕问题，多波束馈源的转
动范围为 ±180°。电缆绕线机构主要用于斯图尔特平台工作的各种转动姿态，
防止众多电缆互相缠绕干涉的机构。它由中心转轴、滑动盘、转动盘、弹簧、钢
丝绳、导向支架、走线架等部件组成。电缆通过转轴固定在各层转动盘上，它利
用弹簧回弹性的特点及随着角度的变大转动盘的间距变小直至互相接触，使相接
触的馈源转动盘不再转动，从而达到电缆等角度的扭转，如图 5.60（a）所示。

　　导向支架与斯图尔特下平台上馈源旋转盘连接，上端通过支架与下平台不转
动部分连接，走线架可以在导向支架内上下滑动。工作时馈源转盘旋转带动导向
支架旋转，导向支架又通过钢丝绳带动上层转动盘转动，每层只能转动一个固定
角度，不会因转动过大而使电缆过度扭转；馈源旋转盘转动时每层转动盘的距离
发生变化，滑动盘可以在导向支架内上下滑动，来适应距离的变化，该绕线机构
可以适应比较大的折弯半径；可以根据电缆的数量、直径、折弯半径等的要求进
行详细设计。转盘轴承采用轻型 4 点接触式转盘轴承，具有承载大、回转精度高、
抗倾覆力矩大的特点。

　　由于氦管的自身特性，不能绕自身的轴线扭转，而从上平台到星形框架要经

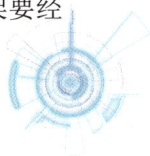

过多处的扭动，为了解决这一难题，优选方案设计了一种基于 A、B 两个转轴的氦管绕线机构。该机构与拖链联合使用，能实现多波束馈源的旋转和 A、B 轴转动带来的扭转，如图 5.60（b）所示。使用时氦管在拖链和 AB 转轴机构内部穿过并在弯曲方向转换处与拖链固定；拖链 1 一端与星形框架固定，一端连接 AB 转轴机构，来实现斯图尔特平台 z 方向的上下平动以及 AB 转轴机构工作时的弯曲；拖链 2 一端与多波束馈源联结，负责实现多波束馈源的旋转带来的弯曲，AB 转轴机构主要用来适应 A、B 轴转动时带来的各方向转动。在其他部位的氦管绕线可以使用拖链 1 与 AB 转轴机构来防止氦管绕自身的扭转。

舱停靠平台是馈源舱现场安装调试及使用过程中降舱维护保养的平台，主要包括水泥基础、钢立柱、导向槽、馈源舱接口平台、换索机构接口平台、索固定锚、移动式升降梯等。馈源舱降舱停靠示意如图 5.61 所示。水泥基础上预埋了安装 6 根立柱的接口，立柱采用钢管焊接，内部焊有加强筋，立柱之间有辅助支撑梁，顶端安装了整圈（或局部）的圆环与馈源舱连接。平台上适当位置安装了若干监控摄像机，能够直观地监测馈源舱降舱和升舱时的状态。馈源舱的支撑座与平台的连接采用压板方式，压板位置可调整，以适应馈源舱降舱时的位置偏差。

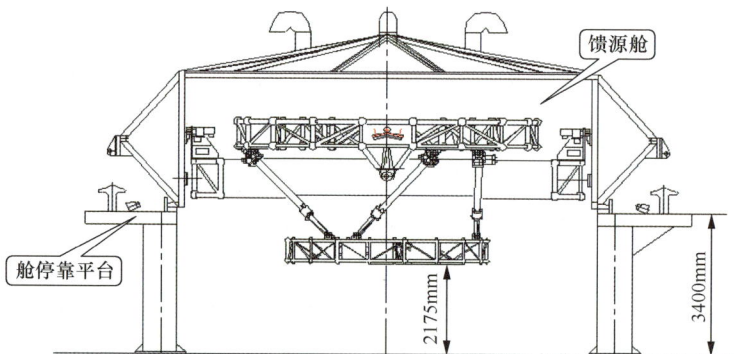

图 5.61　馈源舱降舱停靠示意

在平台上馈源舱支撑座位置装有导向槽，避免馈源舱降舱和升舱时产生较大侧滑，使馈源舱与平台相碰撞，具有安全保护作用。在平台上焊有钢索固定锚，用于临时固定更换下的绳索。为防止索脱落，固定锚顶部的形状为"T"形。考虑到以后安装换索机构，在馈源舱接口平台上留有换索机构的接口平台。舱停靠平台与馈源舱接口的内圈直径为 $\Phi10000mm$，外圈直径为 $\Phi13000mm$。

优选方案的一个重点是初步分析并确立了馈源舱测量方案的基本路线。从测量角度而言，馈源舱作为一种大型精密机械设备，具有轮廓尺寸大、运动范围大、测量实时性强、舱内部激光测量通视困难和坐标系转换较多的特点。馈源舱的测量包括星形框架位姿测量和斯图尔特下平台位姿测量两部分内容，其中星形框架位姿测量数据作为一次粗调机构的索驱动控制反馈信息，斯图尔特下平台位姿测量数据作为舱内斯图尔特平台伺服控制的反馈信息。

对于星形框架位姿测量，优选方案采用以全站仪测量为主和 GNSS 测量为辅的技术路线。测量方案要求实现 ±48mm 的定位精度及 ±1° 的指向精度，故取位置测量精度为 ±10mm，指向测量精度为 ±0.3°，频率为 10Hz，以实现在 500m 尺度大范围的馈源舱运动控制。

当现场天气较好时，在动态无接触测量方面，全站仪在跟踪范围、测量距离、测量精度等方面有着明显的优势。TS30 全站仪可以实现 1km 范围内的无接触动态跟踪测量，在标准环境下的测量精度优于 ±5mm，采样率可达 10Hz（一般 7 ～ 8Hz）。4 个 360° 棱镜均匀布设在星形框架边缘，4 台全站仪各跟踪一个 360° 棱镜。在静态条件下，标定各棱镜在星形框架坐标系下的坐标。360° 棱镜的特殊结构增加了水平方向和垂直方向的入射角范围，水平入射角范围为 0° ～ 360°，垂直入射角范围为 –56° ～ 56°。根据 FAST 基本结构参数，可优化选择全站仪测量墩位置，测量基墩布设及优化设计内容详见《中国天眼·测量与控制卷》。

因全站仪观测受天气等因素影响较大，无法保证全天时、全天候作业。在全站仪无法测量时，增加 GNSS 方案，采用全球导航卫星系统实时运动定位动态测量（GNSS-RTK）技术（见图 5.62）进行测量。现有的 GNSS-RTK 技术在 500m 尺度内可以实现 ±20mm 的测量精度。将 4 个 GNSS 流动站均匀安装在星形框架边缘，为防止舱罩顶端因坡度造成遮挡，将 GNSS 天线升高 0.4m。静态条件下标定各 GNSS 点在星形框架坐标系下的坐标，进而解算测量坐标系与星形框架坐标系间的关系。为保证测量连续性和可靠性，GNSS 流动站数量可增至 6 个。GNSS-RTK 技术具体细节和 GNSS 基准站的设计详见《中国天眼·测量与控制卷》。

对于斯图尔特下平台位姿测量，优选方案采用了全站仪与惯性测量单元（Inertial Measurement Unit, IMU）组合测量的技术路线，全站仪用于测量下平台位置，IMU 用于测量下平台姿态，要求实现 ±10mm（±6.2mm）的位置精度及 ±0.5° 的指向精度，故取位置测量精度为 ±3mm，指向测量实现的指向精度为 ±0.2°。

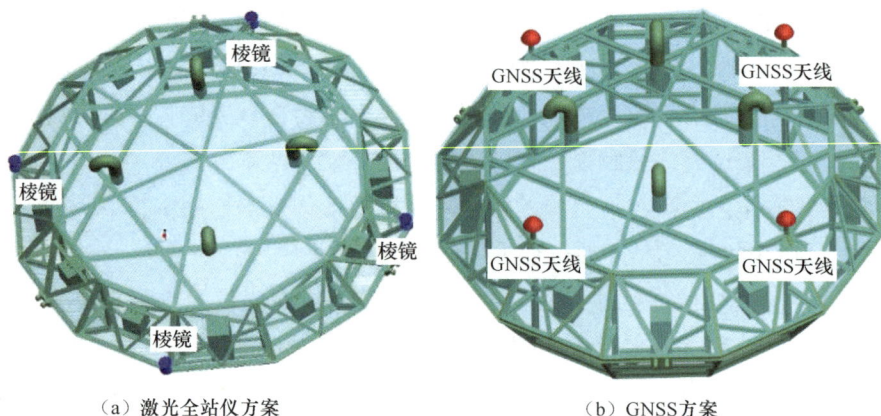

（a）激光全站仪方案　　　　　　　　（b）GNSS方案

图 5.62　馈源舱星形框架位姿测量方案

参考观测馈源舱的全站仪观测墩布设方案，布设 4 台 TS30 全站仪，将 4 个 360°棱镜布设在斯图尔特下平台底部边缘，如图 5.63 所示。每台全站仪跟踪一个 360°棱镜，事先精密标定各 360°棱镜在下平台坐标系下的坐标。

为保证测量连续性和可靠性，全站仪数量可增至 6 台。IMU 采用具备计算机技术的数字平台代替机械平台，使得测量设备

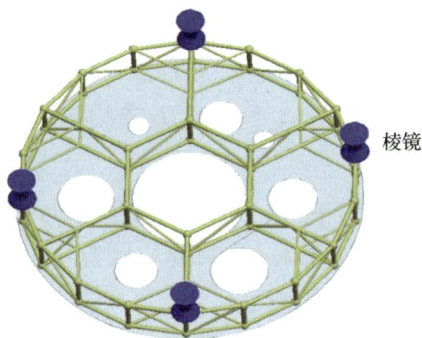

图 5.63　斯图尔特下平台位姿测量方案

集成化和小型化，可以实现自主测量，虽然存在漂移的限制，但在短时间内可以获得很高的姿态测量精度，具有较高的实时性，适合动态目标的测量。目前的 IMU，最高级别为导航级，其漂移误差在 ±0.001°/h 以内，短时间内可以获得很高的精度。IMU 被安放在下平台上，在静态时标定 IMU 在下平台坐标系下的位置和初始姿态。

馈源舱的控制主要体现为解决柔性约束条件下实现终端位姿的动力学与控制问题。针对馈源舱伺服控制，优选方案主要分析研究了以下方面的问题。

①分析柔性并联索系与斯图尔特平台振动耦合的动力学与控制性能，包括外扰或斯图尔特平台运动对馈源舱位姿的影响。为满足控制精度要求，要求测控系统测量精度高、采样率较高和延迟时间较小。

②在一级索驱动满足误差要求的基础上（中心控制点为 A 轴线和 B 轴线的交点），对 A、B 轴轴角进行控制，保证斯图尔特上平台姿态的控制误差达到 1°

以内，AB 转轴机构只补偿姿态误差中的稳态量，同时需要上一级的馈源支撑控制系统提供 A、B 轴轴角的参考轨迹以及星形框架的姿态控制误差。相对而言，AB 转轴机构工作在开环状态，只根据轨迹规划给出的补偿角进行调整。

③ 斯图尔特平台作为最后一级控制机构，补偿索驱动机构和 AB 转轴机构残留的剩余误差，使斯图尔特平台终端的 6 自由度位姿精度满足指标要求，涉及柔索振动控制和动力学耦合问题。

④ AB 转轴机构与斯图尔特平台采用并联控制模式。AB 转轴机构的主要作用是根据馈源回照角，调整馈源舱姿态，补偿调整角度的稳态部分。在焦面边缘区域，补偿索驱动机构无法实现的馈源舱倾斜角。斯图尔特平台主要补偿动态误差，起到振动隔离的作用。针对 AB 转轴机构的动作条件，以斯图尔特上平台姿态的稳态误差 1° 为判定条件；斯图尔特平台在外扰的作用下进行实时调整隔离振动，保持馈源稳定。

此外，优选方案提供对馈源舱设备的 EMC、标校方案、安全防护设计和运输维护等的初步分析与设计。

5.3.3　系统功能与技术指标

经过前期的理论分析和模型试验，特别是馈源舱和舱停靠平台的方案设计和优化，FAST 团队深入细化了相关设备的功能划分和技术性能指标要求，为详细设计明确了输入参数和输出目标。

1. 馈源舱

如图 5.64 所示，在望远镜跟踪观测目标时，馈源舱的运动空间是一个球冠面，也是主动反射面形成抛物面后其焦点的轨迹面，即馈源焦面。

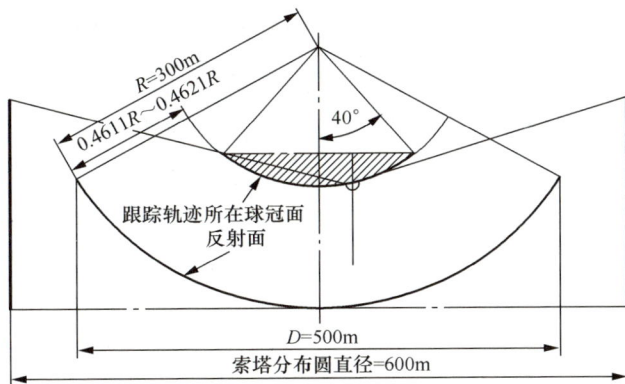

图 5.64　馈源舱工作区域示意

针对馈源支撑系统的各种工况，馈源舱相应的主要功能如表 5.17 所示 [21]。

表 5.17　馈源舱相应的主要功能列表

工况名称	工况定义	工作任务及要求	舱内机构功能说明
启动工况 /离港工况	望远镜开始工作（含初装及换索后首次运行），馈源舱离开舱停靠平台	馈源舱离开舱停靠平台，舱内机构进行位姿控制，进入规划轨迹进行观测，实现安全、平稳运行	安装在斯图尔特下平台的馈源接收机通过索驱动机构、AB 转轴机构和斯图尔特平台共同控制达到工作位姿和满足精度要求；索驱动机构驱动馈源舱达到规定位姿；AB 转轴机构补偿斯图尔特上平台法线与星形框架中心轴线之间的夹角，减小斯图尔特平台工作空间；斯图尔特平台仅补偿低频残余控制误差和馈源舱振动，在观测时对馈源位姿进行精调控制
观测工况	望远镜观测目标	馈源舱内调整机构对位于斯图尔特下平台上的接收机与终端进行角度补偿与位姿控制，实现实时高精度的定位控制	
暂停工况	馈源舱悬停	由于特殊情况造成馈源舱悬停在空中，馈源舱内所有运动部件停止工作，内部动态监测系统持续工作	
换源工况	望远镜切换跟踪源	根据换源轨迹规划要求，馈源舱内机构进行位姿控制，过程中没有严格精度要求，但轨迹终点需要达到观测工况精度要求。换源时间不超过 10min	
停靠工况 /入港工况	馈源舱进入舱停靠平台	根据停靠轨迹规划要求，馈源舱内机构进行位姿控制，与舱停靠平台对接时，实现安全无故障运行	
极端工况	舱索锚固端的力传感器失效或受到破坏后，索力传感器的二次保护装置生效，由此造成对馈源舱瞬间冲击	舱索锚固头支座能够承受瞬间冲击；舱内结构及设备能够承受冲击载荷不受损坏	

FAST 馈源舱的控制主要体现为解决柔性约束条件下实现终端位姿的动力学与控制问题，如图 5.65 所示。FAST 馈源支撑系统采用了悬索驱动的无平台 [22] 馈源支撑方案，由三级调整机构串联组成。第一级调整机构为索驱动系统，通过 6 索牵引控制馈源舱，完成对整个馈源舱的轨迹控制；第二级调整机构为基于 AB 转轴机构的馈源舱姿态补偿控制系统；第三级调整机构为斯图尔特平台。该系统

21　参见 2012 年中国科学院国家天文台发布的《FAST 工程馈源支撑系统馈源舱设计、制造、安装与调试总承包任务书》。

22　无平台是指取消了美国阿雷西博望远镜馈源支撑方案中的三角形悬垂支撑平台，其重量接近 1000t。

主要是为了减少和抑制整个馈源舱的风激扰动影响，并对馈源接收机运动轨迹进行精调，保证最后位置精度 ≤ 10mm，角度精度 ≤ 0.5°。

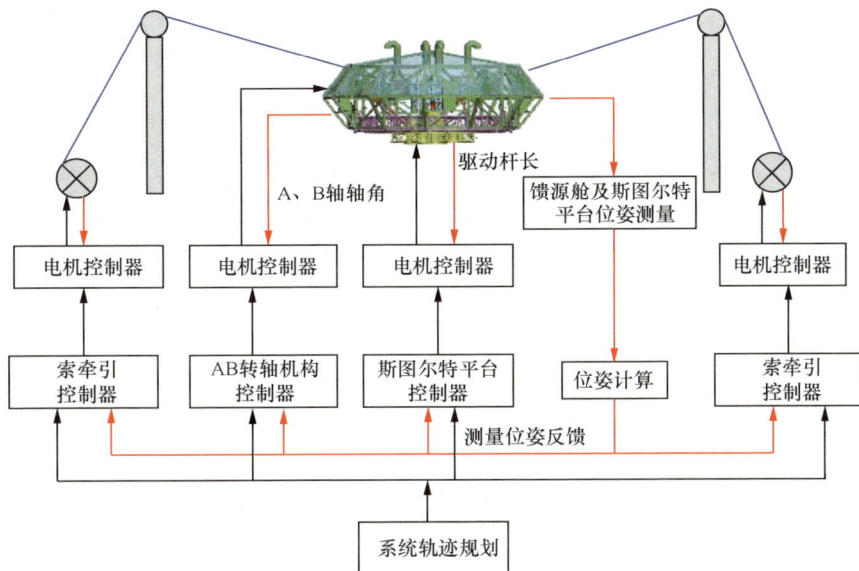

图 5.65   FAST 馈源支撑控制系统结构示意

馈源舱技术指标包括系统输入技术指标、输出技术指标两部分。

（1）系统输入技术指标

① 观测工况：索驱动机构牵引馈源舱以 0 ～ 24mm/s 的速度在工作空间上按照规划的轨迹运动的工况。

② 假定星形框架和 AB 转轴机构为刚体，A、B 轴中心控制点（A 轴线和 B 轴线的交点）在观测工况下的空间位置误差最大值约为 48mm，空间姿态误差最大值约为 1°。

③ 舱索系统的第一阶自振频率约为 0.18Hz（仿真参考值）。

④ 舱索系统阻尼比约为 0.2%（仿真参考值）。

⑤ 斯图尔特下平台承载接收机与终端有效载荷约为 1.54t（不含多波束转向装置）。

⑥ 输入总功率为 140kW。

（2）系统输出技术指标

① 馈源舱与索连接的关节轴承中心分布圆直径为 13m。

② 星形框架锚固头支座至 AB 转轴机构中心控制点的保形精度为 3mm。

③ 馈源舱质量小于等于 30t（含 3 组舱索锚固头质量，总重约 1.2t）。

④ 斯图尔特下平台控制精度：观测工况下，任意时刻下平台的控制点（各馈源的相位中心点）有且仅有一个，针对下平台上任意控制点，其空间位置误差 ≤ 10mm，姿态角度误差 ≤ 0.5°。

⑤ 6 个钢索牵引点共面且高于整个馈源舱重心 200 ～ 250mm。

⑥ AB 转轴机构转角范围为 –18°～ +18°，在观测工况下的转动精度为 1°。

⑦ 多波束接收机需要绕其中心轴连续转动，转动角度要求达到 –80°～ +80°。

2. 舱停靠平台

舱停靠平台是进行馈源舱建造组装、降舱停靠、维护、检测，以及索驱动钢索安装和更换等的工艺平台。它建在主动反射面中心底部的 FAST 开挖中心处，基础混凝土地面海拔为 834m，反射面在该处留有内切圆直径为 16.8m 的正五边形的孔，以方便舱停靠平台的建造。

舱停靠平台主要实现 5 种工况的功能，其分类及相应的主要功能如表 5.18 所示[23]。

表 5.18　工况分类及相应的主要功能

工况名称	工况描述	工作任务及要求
代舱的安装	代舱在舱停靠平台上进行安装、舱—索连接	星形框架在舱停靠平台支撑环梁上进行组装，舱—索连接在舱停靠平台上进行，支撑环梁处需要设置工装接口
馈源舱初始装配、调试	代舱拆卸，馈源舱初始组装、调试	代舱在舱停靠平台舱支座上进行拆卸，保留星形框架；进行馈源舱的安装、调试；需要有馈源舱装配的工装接口，舱与舱支撑装置有固定连接的措施
缆索机构的安装、更换，舱索连接后的初次升舱	馈源舱与钢索的连接或更换	舱与舱支座需要固定连接，舱支撑装置、舱支座需要满足刚度和强度要求，具有钢索和缆线入舱机构滑车等的安装、更换工装接口
	馈源舱与钢索连接或更换索后，舱的初次升舱	6 索张力不平衡，需要对 6 索力采取平衡措施后，再拖动馈源舱缓慢升舱

23　参见 2012 年中国科学院国家天文台发布的《FAST 工程馈源支撑系统舱停靠平台设计、制造、安装与调试总承包任务书》。

工况名称	工况描述	工作任务及要求
馈源舱的正常降舱和升舱	馈源舱无维护降舱停靠和馈源舱进行维护停靠	舱正常降舱，馈源舱与舱停靠平台对接应采取措施减小冲击，降舱的位置要准确，满足舱与接收机维护的空间要求（斯图尔特平台下表面距离地面高度≥2.8m）； 馈源舱需要降舱时，舱停靠平台的准备时间≤4h，其中舱停靠平台起升准备时间≤0.5h； 舱降舱后进行舱内设备和接收机维护，6 索振动不得对维护造成不利影响
FAST 观测工况	舱停靠平台所有机构、结构不得与反射面单元干涉	FAST 工作状态下，反射面中心正五边形孔用特殊的、背架厚度为 0.5m 的反射面单元覆盖，舱停靠平台所有机构、结构要低于反射面单元背架下表面（即距离地面高度≤3.5m）

馈源舱降舱对接过程中，馈源舱从跟踪球冠面中心最低点（距离舱停靠平台地面 140m 高）处向下降落，当降落到距离舱停靠平台 5m 时，速度需要降至 40mm/s 以下，进入降舱临界状态，随着舱的缓慢下降，逐渐与舱停靠平台接近，速度逐渐降低，直至与舱支座可靠对接，速度降为 0mm/s，完成与舱支座对接，对接过程不得对馈源舱造成损害。

舱停靠平台技术指标主要是系统输入技术指标，包括以下几点。

（1）有效载荷

有效载荷即馈源舱质量，约为 30t。

（2）馈源舱降舱对接工况

因馈源舱 3 套对接支座存在不能同时对接的可能，单套舱支座最大垂直方向载荷（对接冲击力 + 舱重）为 200kN。馈源舱降舱对接时刻，馈源舱在水平面内位置精度 x、y 方向平移误差最大值≤48mm，公差带为 $\Phi 96mm$ 的圆。

在索驱动系统未能完全调试合格前，舱降舱对接时刻馈源舱在水平投影面内的位置误差会较大，舱停靠平台舱支座需要有临时的面积较大的承载座（有索力传感器，临时承载座各处均能承载 200kN）。

舱支座与馈源舱对接状态下，3 个导向锥承载面中心在水平投影面内的位置误差≤3mm，3 个承载面共面，其水平度误差≤10mm。

（3）馈源舱降舱停靠工况

索驱动钢索的振动需与馈源舱隔离，钢索的拉力由滑轮支撑装置承担，单套滑轮支撑装置同时受两根钢索的拉力，每根钢索拉力为 41.27 ～ 102.47kN，受力

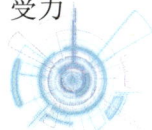

点距离地面高度约 6.5m。

（4）馈源舱在舱停靠平台上安装工况

舱停靠平台支撑环梁的内径为 9.5～9.7m，外径为 12.6～13m，最大载荷（工装＋星形框架）为 400kN，圆环面每 30°扇面的最大载荷为 30kN；馈源舱星形框架由舱停靠平台的 3 套舱支座和 3 套辅助支座支撑，进行馈源舱的后续装配，单套辅助支座的最大承载力为 100kN。

（5）钢索安装和更换工况

钢索安装、维护时，单套滑轮支撑装置承受 1 根钢索的拉力，为 41.27～102.47kN，受力点距离地面高度约 6.5m；钢索安装和更换时，单套舱支座水平方向载荷最大为 90kN，3 套舱支座与馈源舱固定连接后，馈源舱和舱支撑装置受到水平面内的扭矩为 337.5kN·m，受力点距离地面高度为 6.5m。

（6）馈源舱的输入

馈源舱 3 套对接座导向孔的分布圆直径为 10.3m。

（7）索驱动子系统输入

馈源舱星形框架 3 套索耳内与索连接的 6 个关节轴承球心的分布圆直径为 13m，到反射面上表面的距离≥1.8m（距离地面的高度为 6.5m）。

（8）反射面系统输入

在球面基准态，舱停靠平台及周边的反射面上表面距离地面的高度为 4.2m，反射面主动变形时上表面高度变化范围为 3.7～4.7m。

反射面背架下边缘的限制：反射面内切圆为 16.8m 的正五边形孔外部区域的限高为 2.9m，正五边形孔内对舱停靠平台的限高为 3.5m。

反射面正五边形孔对舱停靠平台的水平投影限界为 16m 的圆（依据为反射面正五边形孔边缘的最大侧偏量≤200mm），舱停靠平台的所有结构、机构需要在该圆柱形空间内。

（9）馈源舱降舱工况

准备时间≤4h，其中舱停靠平台起升时间≤0.5h。

5.3.4　馈源舱详细设计

馈源舱作为馈源接收机的安装、保护及精调机构，包括结构 / 机构及电气控制两部分。结构 / 机构部分包括星形框架、AB 转轴机构、斯图尔特平台、多波束接收机转向机构、舱罩、布线单元及舱内机电设备等；电气控制部分包括斯图尔特平台控制、A 轴 /B 轴控制、多波束接收机转向控制、动态监测、配电单元、EMC 单元等。馈源舱详细设计涉及的设备和专业内容较多，限于本书篇幅，仅介绍其中主要和重点的部分，进一步的细节设计和分析计算可参考相关报告 [24]。

1. 星形框架

星形框架作为馈源舱的主体支撑装置，是其他部件的装配和检测基准。外侧通过 3 组锚固头支座与 6 根钢索连接，锚固头支座在极端工况下可承载 50t 的瞬时冲击载荷。星形框架内部通过 A 轴接口支撑 AB 转轴机构及斯图尔特平台。同时星形框架为舱内配电设备、控制设备、接收机、通风、压缩机、EMC 设备等机电设备和舱内电缆布线提供安放空间，具备与测量系统、舱停靠平台系统的安装接口，通过索驱动机构控制可实现 –18°～ +18° 的倾角变化。

如图 5.66 所示，星形框架由无缝钢管和球头焊接成框架结构，最大外形尺寸为 Φ13000mm×4390mm，总质量为 9651kg。主体框架由无缝钢管（Φ108mm×3.5mm）和球头（RS125mm×4mm）焊接成框架结构。A 轴驱动支座、A 轴固定座等采用优质钢板焊接，焊接时用工装定位，保证焊接精度。所有钢结构件材料均为 Q345B。

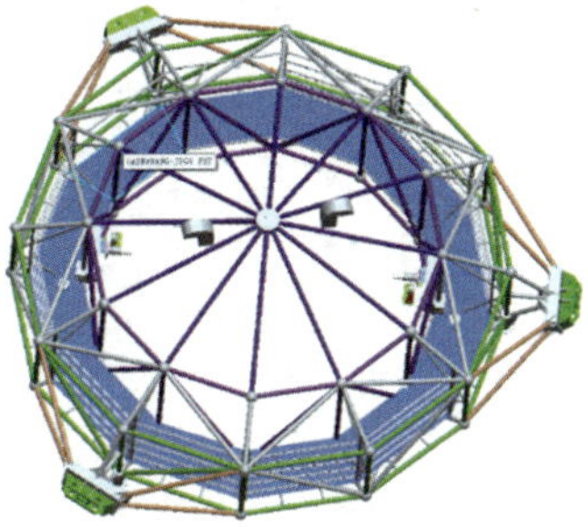

图 5.66　星形框架

锚固头支座在直径为 13000mm 的圆上，通过箱体、斜梁与 12 个梯形骨架焊接。箱体用 Q345B 钢板焊接而成，尺寸为 1300mm×610mm×380mm，在中间焊接筋板增加刚度、强度。箱体的一个侧面板角度为 160°，在上面垂直焊接好锚固头支座后，经过锚固头支座中心的钢丝绳与水平面的夹角刚好是 20°。锚固头支座焊接时通过工装定位，同时焊接加强筋，如图 5.67 所示。

24　参见 2014 年中国电子科技集团公司第五十四研究所发布的《FAST 馈源支撑系统馈源舱第二阶段设计方案及评审文件——实施方案报告》《FAST 馈源支撑系统馈源舱第二阶段设计方案及评审文件——力学分析报告》《FAST 馈源支撑系统馈源舱第二阶段设计方案及评审文件——FAST 工程馈源舱联合仿真报告》《FAST 馈源支撑系统馈源舱第二阶段设计方案及评审文件——FAST 工程馈源舱 EMC 实施方案报告》。

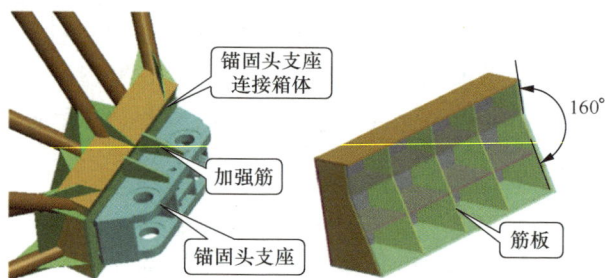

图 5.67　锚固头支座连接箱体

主体框架内侧的梯形骨架处安装 A 轴驱动装置，A 轴驱动装置的结构及工作原理与 B 轴驱动装置相同。A 轴驱动支座是安装 A 轴大齿轮的平台，采用钢板焊接成箱体结构。A 轴固定座为安装 A 轴转轴的装置，对称焊接在星形框架的两侧，内部焊有加强筋。将 A 轴驱动支座和 A 轴固定座分别焊接成部件、加工后再通过工装定位，并辅以测量的手段来保证两个轴承孔的同轴度，如图 5.68 所示。

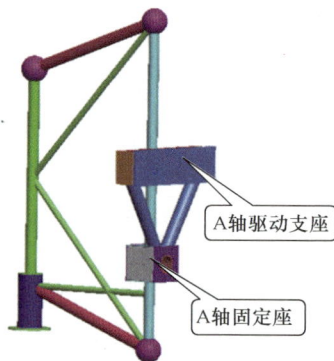

图 5.68　A 轴驱动支座、A 轴固定座

在锚固头支座处安装 1 个进出舱屏蔽门，尺寸为 900mm×600mm，质量为 100kg。在主体框架内侧安装两个隔间屏蔽门，尺寸为 900mm×600mm，单个质量为 60kg。

将 3 台制冷压缩机安装在进出舱屏蔽门附近，通过支架、关节吊装在星形框架上，在它下面预留 3 个备份接口，为了便于散热，压缩机外露在大气中，顶部设有防雨棚（与舱罩相同），侧面及下方均设有舱罩，如图 5.69 所示。星形框架倾斜 ±13° 范围内，制冷压缩机始终保持在铅直状态。

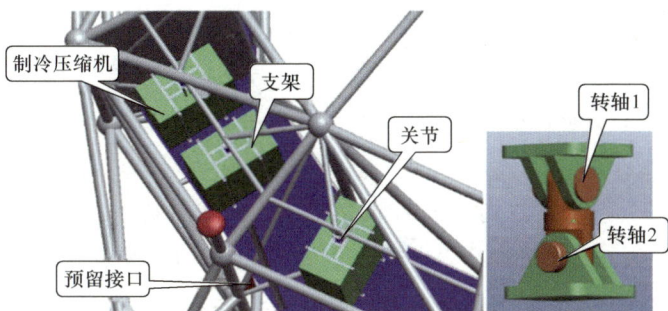

图 5.69　制冷压缩机的安装

主体框架底部高度为 530mm 处焊接维修平台支架，支架上焊接网格钢板，用于维修人员通行，通道宽度为 600～700mm，高度约 2100mm。设备支架距离星形框架边缘 1000mm，其上安装各类电气元件，如图 5.70 所示。

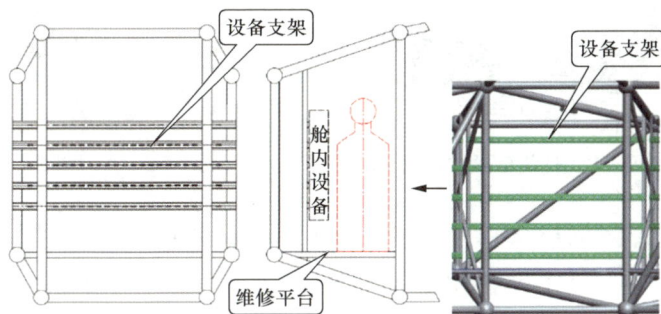

图 5.70　制冷压缩机的安装

为了满足馈源舱内设备的防雨、防尘、防雹、防晒、防电磁干扰等要求，在星形框架的内、外层焊接厚度为 0.8mm 的不锈钢板作为舱罩，如图 5.72 的灰色外壳所示将星形框架的设备安装空间分为 3 个区域，其中 2 个为屏蔽隔间。舱罩与主体框架之间通过骨架连接。

星形框架与斯图尔特下平台之间存在着相对运动，因此采用柔性屏蔽网将二者连接。屏蔽网是一种双层编织金属丝网，既不影响斯图尔特平台的运动，又能为馈源舱提供有效的电磁屏蔽。柔性屏蔽网具有弹性收缩能力，避免对斯图尔特下平台的测量靶标产生遮挡，如图 5.71 的深绿色和紫色部分所示。

2．AB 转轴机构

为了对索驱动机构调整舱位姿角度的不足量进行补偿，引入了 AB 转轴机

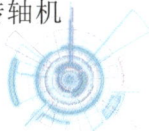

构。AB 转轴机构是绕正交的 A、B 两轴进行旋转的机构。AB 转轴机构控制系统接收地面系统发来的馈源平台（下平台）期望轨迹，控制 AB 转轴机构实现 −18° ～ +18° 的角度变化，以实现馈源接收机姿态的初步调整。它以星形框架为 A 轴支撑，以斯图尔特平台为 B 轴负载，两轴均能实现 ±18° 的转角功能。由于星形框架的姿态变化，AB 转轴机构可对 ±18° 范围内的任意姿态实现有效补偿。两轴最大转速为 1.2×10^{-3}rad/s，最大转动加速度为 6.0×10^{-5}rad/s²，控制误差小于 1°。

AB 转轴机构包括 A 轴转环，A、B 轴轴承支座，A、B 轴驱动装置，A、B 轴轴角限位装置等部分。其中 A 轴转环包括桁架、A 轴箱体、B 轴箱体、驱动支架、轴角限位、A/B 轴、围栏和防滑网等部分，最大外形尺寸为 7422mm×6557mm× 1510mm，总质量为 3405kg，如图 5.72 所示。

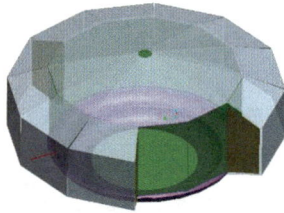

图 5.71　舱罩与柔性屏蔽网　　　　图 5.72　A 轴转环

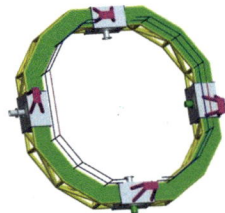

A 轴转环桁架共有 4 段，采用 Φ108mm×3.5mm 的钢管（材料为 Q345 钢）焊接而成，每段质量为 319.5kg，如图 5.73 所示。外环与内环中心距离为 500mm，上、下层的中心高度为 600mm；内外环与上下层之间焊接有辅助拉杆，受力良好；桁架两端通过连接法兰与 A 轴箱体、B 轴箱体连接为一体。

A 轴和 B 轴箱体采用厚度为 5mm 的钢板（材料为 Q345 钢）焊接而成，箱体的两端面分别焊有连接法兰，通过连接法兰与 A 轴转环桁架连接；箱体内部焊接有加强筋来增加整个箱体的刚度；箱体中心焊接有加强套筒，套筒与箱体内部的筋板及两端的钢板完全焊接，套筒两端面有加厚法兰，焊后去应力、加工套筒的内孔，用于安装 A 轴、B 轴及轴承等零件。箱体的外形尺寸为 1100mm×780mm×680mm，质量为 324kg，如图 5.74 所示。

驱动支架用于安装驱动装置，由 4 根 Φ108mm×3.5mm 的 Q345 钢管及 1 块厚度为 20mm 的 Q235 板材焊接而成，质量为 45.4kg，如图 5.75（a）所示。驱动支架最终焊接在 A 轴和 B 轴箱体上，箱体内部与支架管件焊接部位的相应位置有加强筋，以提高结构的强度及可靠性，A 轴和 B 轴的驱动装置安装于支架板上。

图 5.73 A 轴转环桁架

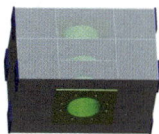

图 5.74 A 轴和 B 轴箱体

A、B 轴承受载荷较大，为了保证结构的可靠性，选用高强度的 40Cr 材料；轴的一端安装调心滚子轴承，轴承与箱体套筒配合，如图 5.75（b）和图 5.75（c）所示。

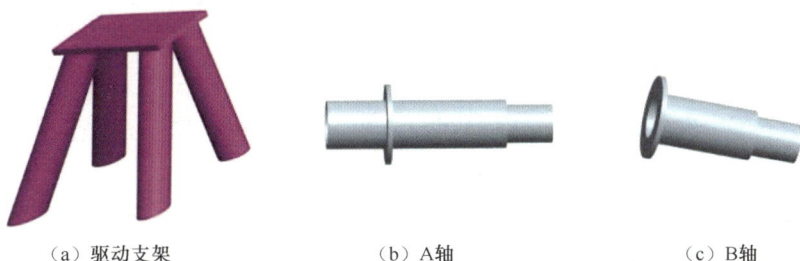

（a）驱动支架　　　（b）A 轴　　　（c）B 轴

图 5.75　驱动支架及 A、B 轴

为了提高结构刚度、减小传动链尺寸、降低传动误差、提高系统的稳定性，A 轴和 B 轴采用双链驱动，即两个相同的传动链驱动同一个负载，实现其运动功能。

AB 转轴机构与星形框架通过 A 轴驱动装置连接，上平台与 AB 转轴机构通过 B 轴驱动装置连接，驱动装置由大齿轮、驱动轴、驱动支架、悬挂机构组成，如图 5.76 所示。

悬挂机构通过 8 组压轮固定在大齿轮上，使得小齿轮与大齿轮啮合。驱动支架通过驱动轴与悬挂机构上的关节轴承相连接，使驱动支架可以相对于悬挂机构小角度摆动，并可以轴向滑动。悬挂机构的优点是在框架产生刚度变形时，齿轮副仍可以实现良好啮合，来适应框架结构的变形。

A、B 轴转动时，轴角限位装置实时输出转角信息，并在极限角度时实施限位保护。AB 转轴机构桁架内环上安装了防护围栏及网状防滑网。

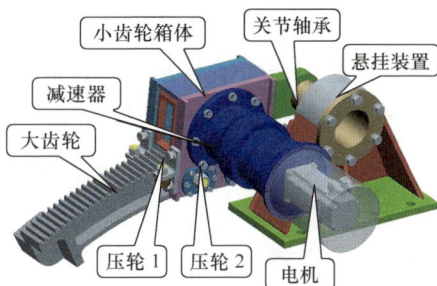

图 5.76　驱动装置

3．斯图尔特平台

斯图尔特平台是并联机构中的经典构形，属于空间多环机构，该机构自由度

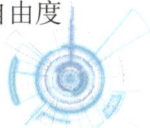

性质明确，理论分析透彻，应用广泛，技术成熟。作为 FAST 系统的关键部件，斯图尔特平台应能在要求的工况下保证较高的运动精度和长期工作的可靠性。

斯图尔特平台工作在 ±33° 范围的任意状态，需要实现 6 个自由度的实时调整，分别是沿 x、y、z 方向的平移和绕 x、y、z 轴线的旋转。根据前期研究的结果，一级索驱动控制空间位置误差 ≤ 48mm，姿态误差 ≤ 1°。已知 A、B 轴线交点与斯图尔特下平台中心的距离为 1130mm，则一级索驱动 1° 姿态误差转化到下平台中心位置误差为 20mm，故下平台需要补偿的最大位置误差为 68mm，考虑到设计余量，取斯图尔特平台的空间位置调整范围半径为 $150\sqrt{2}$ mm、高为 300mm 的圆柱，姿态角调整范围为绕 x、y、z 方向均可旋转 ±3°；取斯图尔特平台的空间位置定位精度为 x、y、z 方向均小于等于 10mm，姿态调整精度为绕 x、y、z 方向旋转角度均小于等于 0.5°。

斯图尔特平台包括上平台、下平台、伸缩支腿、球铰、虎克铰等部分，下平台承载馈源接收机及附属机构，上平台设置了 B 轴接口。上平台作为斯图尔特平台的支撑基础，通过 B 轴与 AB 转轴机构连接，通过虎克铰连接 6 根相同的伸缩支腿。下平台作为斯图尔特平台的执行部件，用以安装馈源接收机、靶标支座以及绕自身旋转的多波束馈源转盘，通过球铰连接 6 根相同的伸缩支腿。虎克铰连接伸缩支腿和上平台，具有两个旋转自由度，可以绕 x、y 两轴旋转。球铰是连接伸缩支腿和下平台的构件，具有 3 个旋转自由度。球铰在虎克铰的基础上增加了绕中心轴线做 360° 旋转的功能。伸缩支腿是斯图尔特平台的运动输入构件，通过滚珠花键的伸缩实现下平台的位置和姿态的变化。伸缩支腿的两端分别连接虎克铰与球铰，上面安装位移传感器实时反馈伸缩支腿的行程信息。斯图尔特平台机构示意如图 5.77 所示。斯图尔特平台机构参数包括下/上平台间初始高度、铰链中心点分布圆直径、铰链点间夹角和初始杆长等。

安装在下平台上的所有馈源的最大高度为 1500mm，下平台的高度为 400mm，考虑到下平台运动范围和绕线机构安装空间，确定上、下平台净高最小为 1500mm；考虑到下平台的运动范围，确定下、上平台之间初始高度为 1750mm，进而确定机构初始

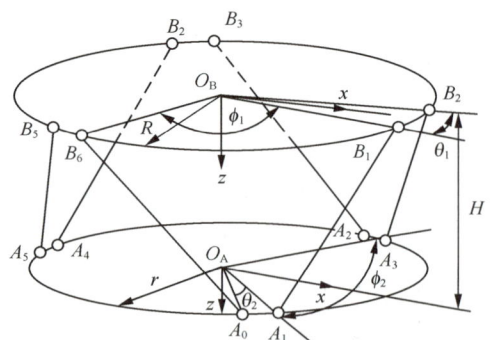

图 5.77 斯图尔特平台机构示意

高度搜索范围为 1750 ~ 2000mm。

优化设计时，考虑各杆受力情况，以各杆在全姿态工作空间内运动，各伸缩支腿受力的最大值最小，同时考虑整个机构的条件数为优化条件，以确定斯图尔特平台结构参数为 $R=2000$mm、$r=980$mm、$h=1750$mm、$\alpha=10°$、$\beta=15°$，外形尺寸为 $\Phi6304$mm×4393mm，总质量为 6705kg，如图 5.78 所示。

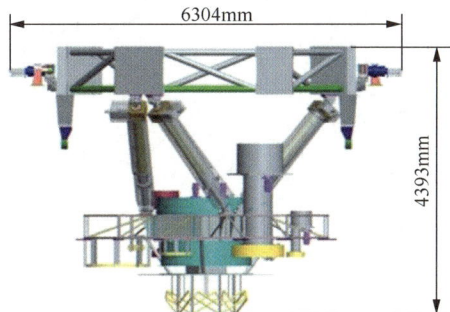

图 5.78　斯图尔特平台

工作空间如图 5.79 所示，图中圆柱半径为 $150\sqrt{2}$ mm、高度为 300mm。以该圆柱来描述所要求的工作空间。

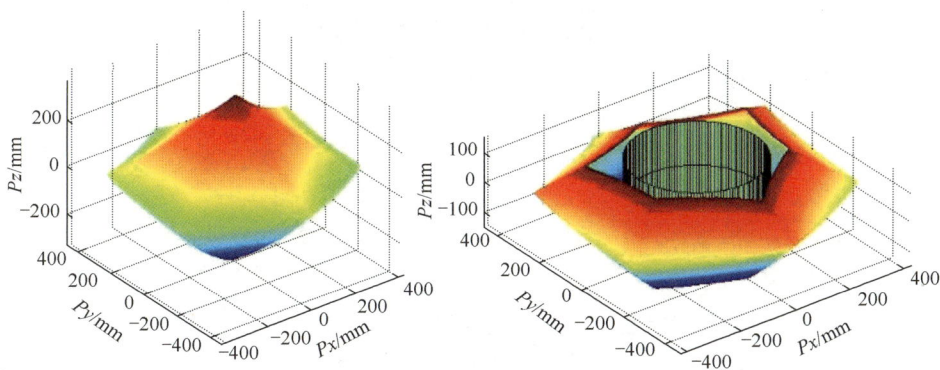

（a）最大工作空间全貌　　　（b）需求的工作空间（圆柱体）与最大工作空间对比

图 5.79　工作空间（x、y、z 方向各转动 $-3°$ ~ $3°$）

上平台采用桁架与箱体连接结构，主要由主桁架、箱体、B 轴驱动、B 轴支耳组成，总质量为 2850kg，外形尺寸为 $\Phi6304$mm×1675mm，如图 5.80 所示。

如图 5.81 所示，伸缩支腿是斯图尔特平台的运动输入构件，其长度的变化决定了下平台的运动速度、加速度、位置和姿态变化。伸缩支腿由虎克铰、驱动单元、

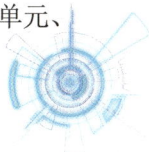

连接箱体、套筒、滚珠丝杠、滚珠花键、球铰等组成。伸缩支腿共 6 组，每组质量约 230kg，最大伸缩速度为 67mm/s，电机功率为 3.4kW。伸缩支腿通过虎克铰连接上平台，通过球铰连接下平台。电机通过减速器驱动滚珠丝杠旋转，滚珠丝杠公称直径为 50mm，总长为 1280mm，有效行程为 1100mm。

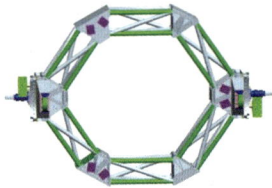

图 5.80　上平台

图 5.81　伸缩支腿

　　如图 5.82 所示，斯图尔特下平台（馈源平台）分两种，安装接口完全相同，根据不同频段馈源的需要更换。

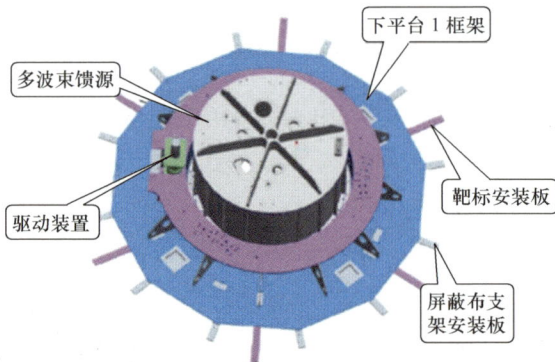

（a）多波束馈源接口平台

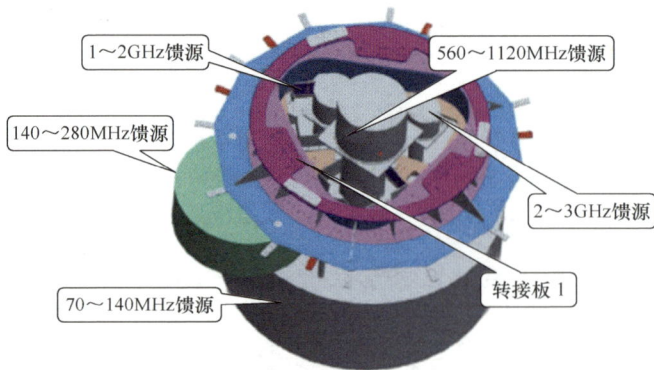

（b）其他馈源接口平台

图 5.82　斯图尔特下平台

4．舱内设备布局及走线

舱内机电设备包括两部分：一是下平台上安装的馈源接收机（见图 5.82）；二是星形框架上安装的控制设备、监测设备、接收机、配电设备、GNSS 接收机、制冷压缩机、EMC 设备等。如图 5.83 所示，星形框架设备安装空间共分为 3 个区域，控制设备、配电设备、防雷设备及进舱滤波器共用区域 1；接收机、索驱动设备、测控系统设备共用区域 2；区域 3 安装制冷压缩机；舱内监测设备在各个区域均有分布。区域 1、2 为独立屏蔽隔间，区域 3 不安装外蒙皮，仅在星形框架内侧安装屏蔽钢板。

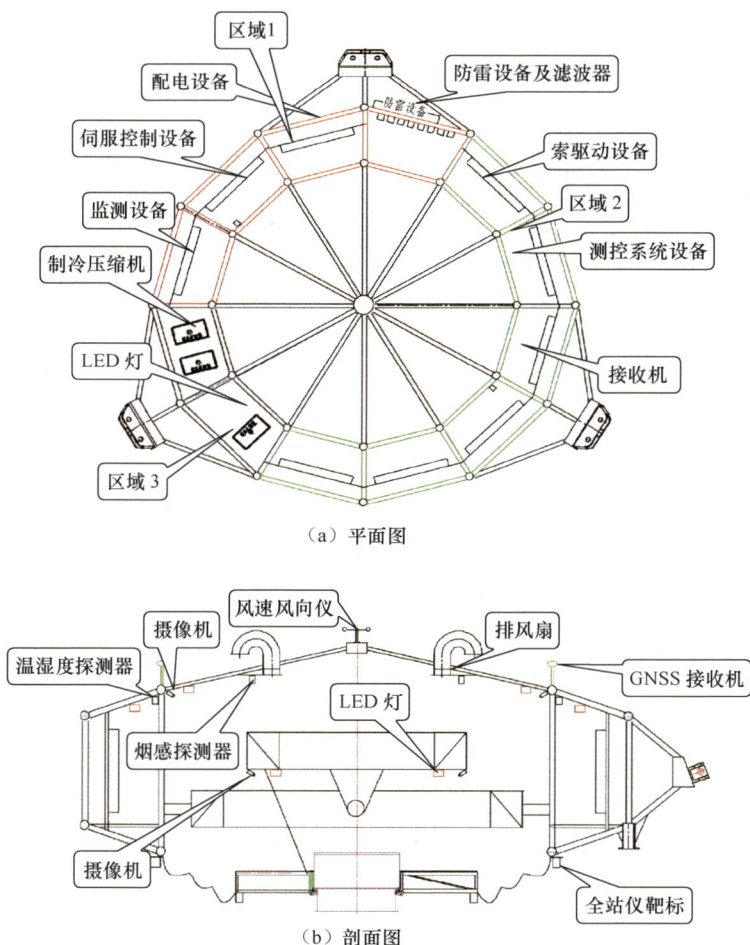

（a）平面图

（b）剖面图

图 5.83　馈源舱内设备布局

　　舱内布线设计包括绕线机构及线缆铺设，其走线路径如图 5.84 所示。绕线机构主要用于解决由于多波束接收机转向、A/B 轴旋转及上下平台相对运动引发的电缆及氦管缠绕问题；线缆铺设主要包括线缆从绕线机构出来后，舱内的线缆布局、屏蔽等内容。

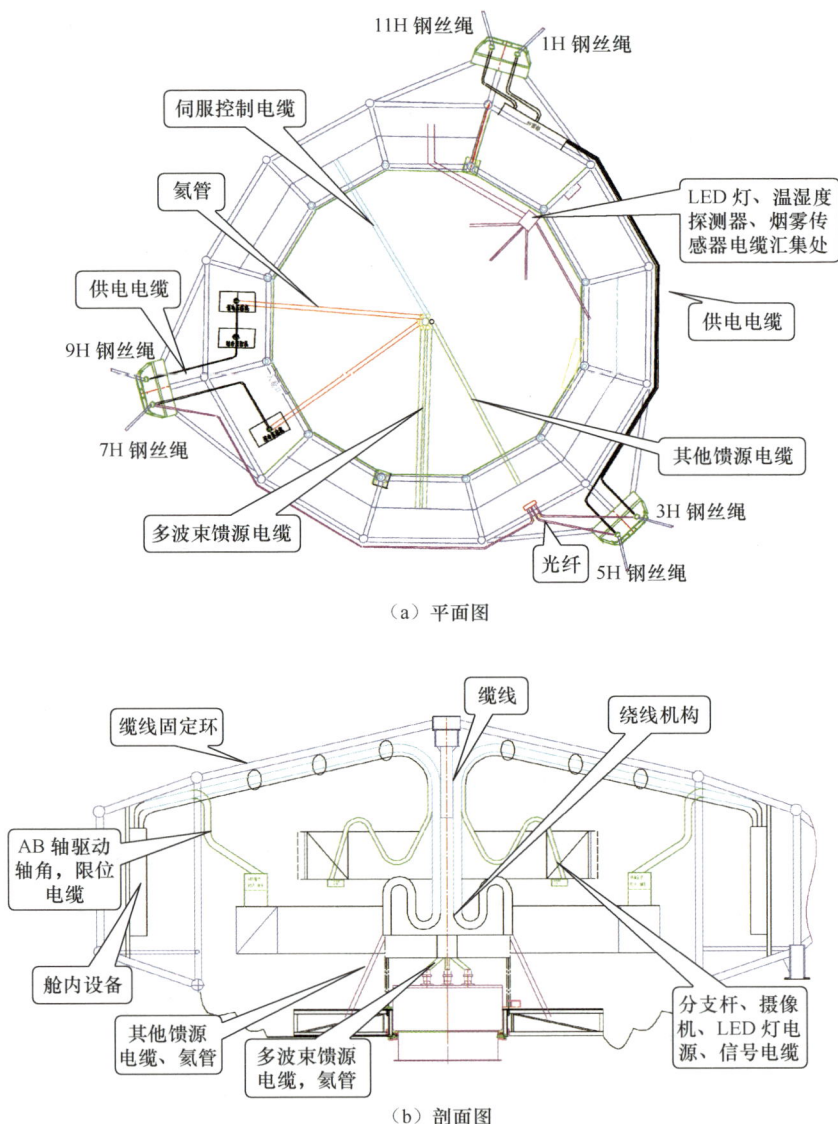

（a）平面图

（b）剖面图

图 5.84　舱内设备走线路径

绕线机构由旋转装置、S 弯、中心吊筒、缆管（电缆和氦管）支撑架等主要部件组成，如图 5.85 所示，相对于最初的优化设计方案（见图 5.60）进行了进一步的细化和改进。由于馈源舱在工作中，馈源平台（下平台）需要实现精准的位姿实时定位，其空间位置和姿态角相对于馈源舱内其他设备和设施存在较大的相对运动和变化，通过这样一种复杂而精巧的绕线机构设计，可以最大限度保护柔软的缆管部件。

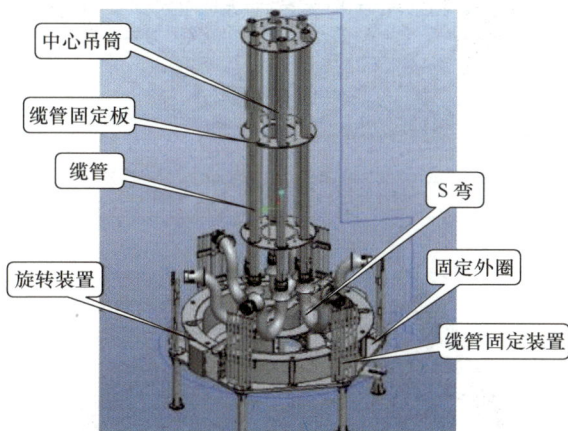

图 5.85　绕线机构

5．结构力学及热环境仿真分析

（1）整体结构分析

利用 ANSYS 有限元软件对馈源舱整体结构进行了刚度分析、强度分析、模态分析及安全性校核。馈源舱在索驱动钢索的牵引下进行运动，运动过程中索力变化和姿态变化都将对其自身刚度有一定的影响，因此在设计阶段分析了典型位姿下的刚度变化情况，从而评估其刚度水平及最大变形量。

如图 5.86 所示，分析了当馈源舱星形框架、AB 转轴机构及斯图尔特上平台均处于 0°姿态时，馈源舱整体的变形图。此时馈源舱的最大变形量为 12.033mm，发生在 B 轴轴承座外侧的 A 轴转环处；馈源舱最大应力为 101MPa，发生在 AB 转轴机构上一侧 A 轴轴承箱体与其支撑的连接处。

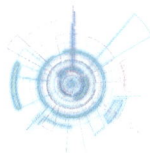

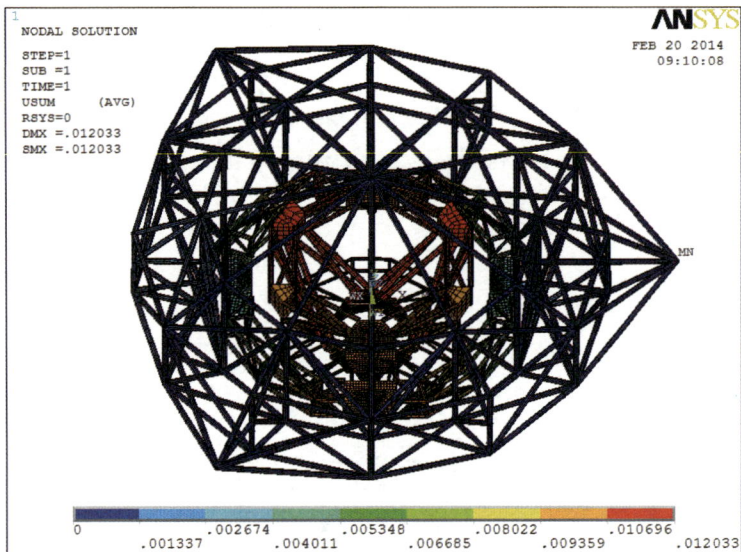

（a）变形云图（m）

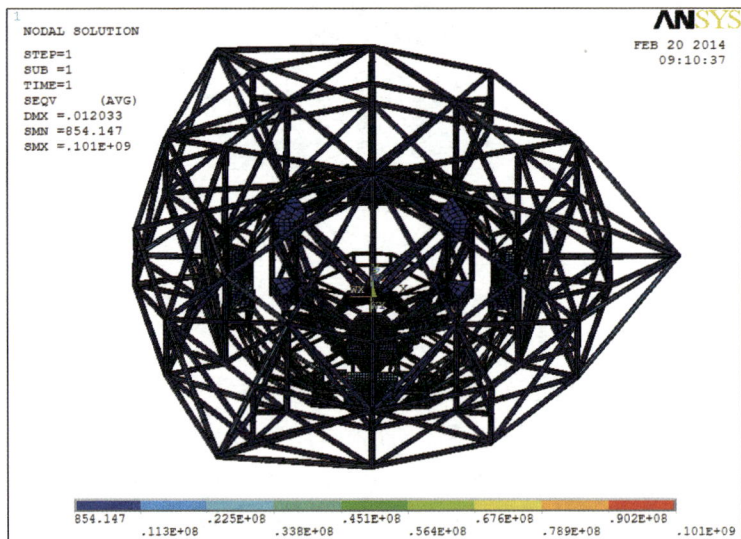

（b）构件应力云图（Pa）

图 5.86　馈源舱变形和应力分析

　　通过上述方法可以得到馈源舱不同姿态下的变形结果。星形框架绕 x 轴、y 轴分别旋转 15° 时变形最大，其最大变形量为 4.13mm，出现在 A 轴连接位置的径向外圈环梁处，如图 5.87 所示。AB 转轴机构在 0° 时变形最大，最大变形量为 11.4mm，出现在 AB 转轴机构的外圈梁和 B 轴箱体上，如图 5.88 所示。馈源舱处于不同姿态时，由于结构变形，A 轴与 B 轴永远不会相交，在各个姿态下 A 轴中点与 B 轴中点之间相对变形量的范围为 5.1 ～ 7.5mm，通过标定修正后最大相对变形量为 2.44mm，满足 3mm 的保形精度指标要求。

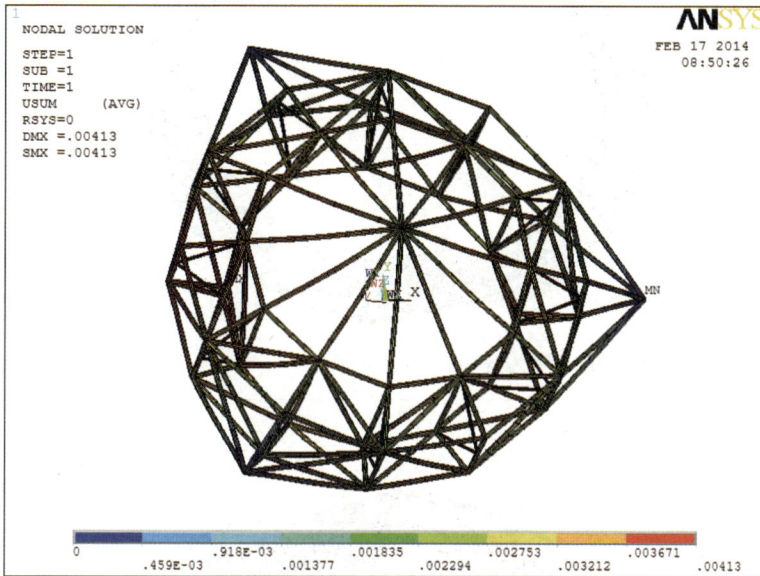

（a）变形云图（m）

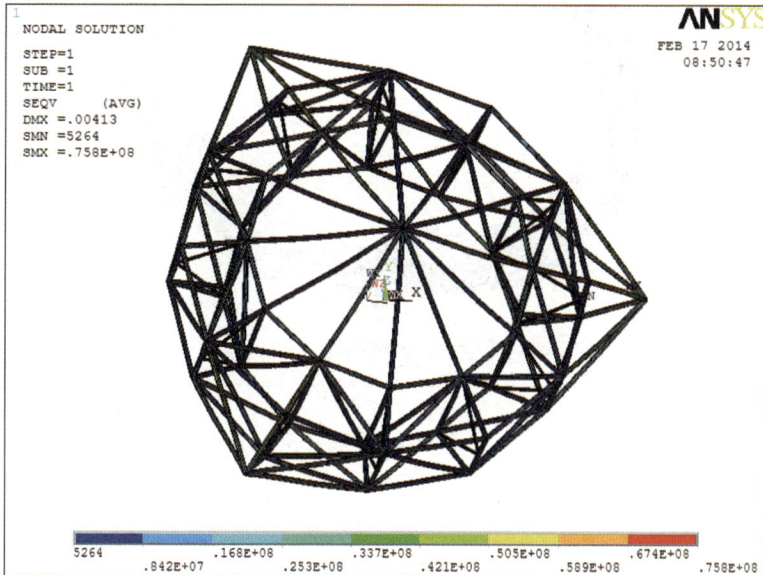

（b）构件应力云图（Pa）

图 5.87　星形框架最大变形和最大应力分析

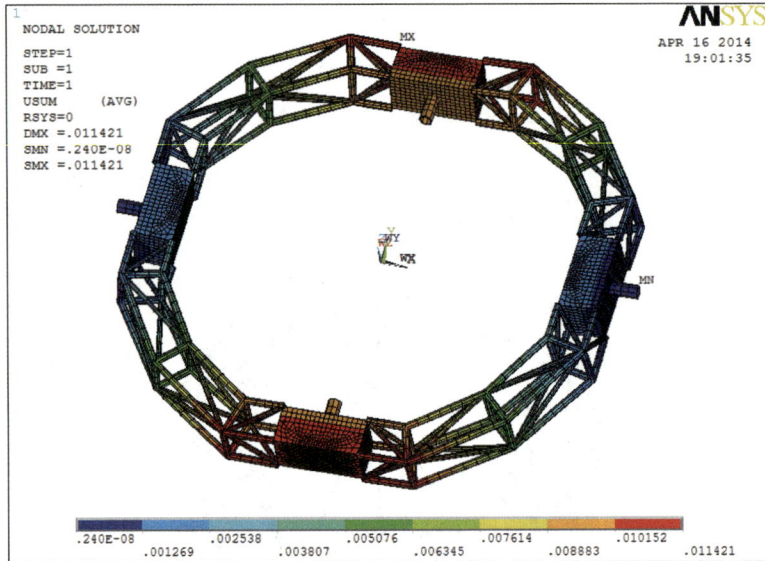

（a）变形云图（m）

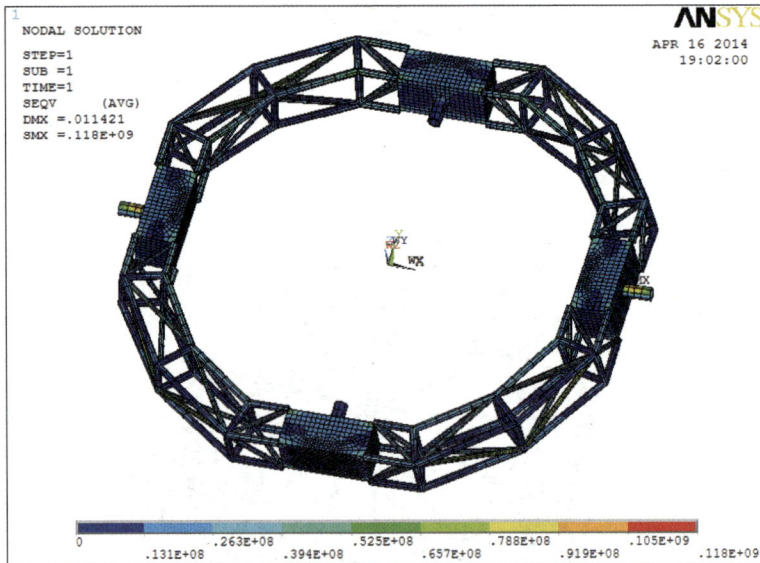

（b）构件应力云图（Pa）

图 5.88　AB 转轴机构最大变形和最大应力分析

　　馈源舱位姿主要通过 GNSS 和全站仪进行测量，因此通过力学分析 GNSS 安装点及全站仪靶标安装位置的变形可得到，斯图尔特下平台 6 个棱镜安装点在不同姿态之间的最大相对变形量为 0.84mm；星形框架上 6 个棱镜安装点不同姿态之间的最大相对变形量为 0.12mm；GNSS 安装点在不同姿态之间的最大相对变形量为 0.12mm，变形量满足控制策略的需求。

斯图尔特下平台在 0° 时变形最大，最大变形量出现在馈源的安装框架上，为 0.67mm；上平台则是当斯图尔特平台绕 x 轴旋转 30° 时变形最大，最大变形量为 2.9mm，出现在铰链安装箱体与外圈钢管的连接处；伸缩支腿在工作载荷作用下最大变形量为 0.7mm，发生在虎克铰的轴部。

通过 ANSYS 有限元软件还可以得到馈源舱的模态分析结果，其最低一阶振动频率约为 4.06Hz。

（2）锚固头支座强度校核

馈源舱在绳索的牵引下工作，锚固头支座作为受力关键部件，其工作的安全性必须得到保证。首先，针对馈源舱在极限索力状态下，对锚固头支座进行了强度分析和安全性校核。确定其边界条件，对锚固头支座箱体的支撑桁架边缘进行三维方向的平动约束，在锚固头支座的前端按照 20° 平面的两个方向上施加极限索力 500kN。分析结果如图 5.89 所示。

从图 5.89 中可以看出，在极限索力状态（极限冲击载荷作用）下，锚固头支座局部承受的最大应力为 154MPa，出现在锚固头支座箱体底部中间与圆管筋板的连接处。圆管筋板和锚固头支座箱体均选用高强度 Q345 钢，其许用应力为 345MPa，可知锚固头支座的安全系数为 2.24。《机械设计手册 2》（第 2 版）[29] 中强度设计中安全系数的荐用值如表 5.19 所示。

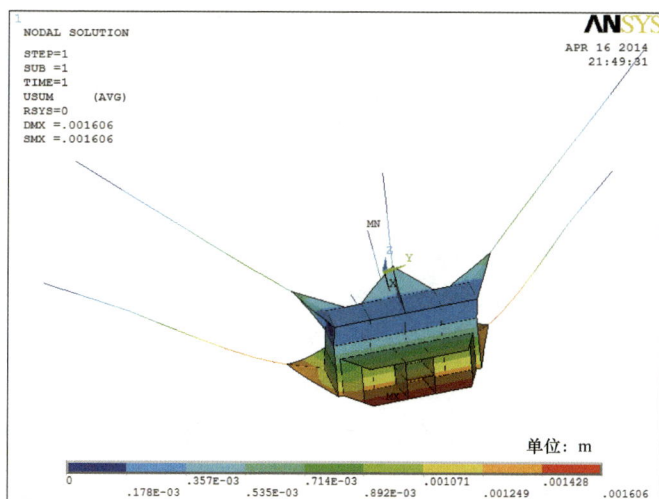

图 5.89　舱—索锚固头支座极限承载分析结果

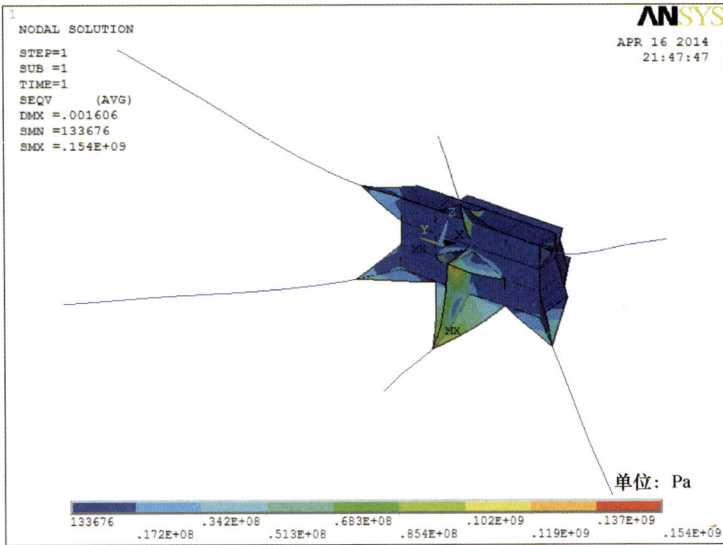

图 5.89　舱—索锚固头支座极限承载分析结果（续）

表 5.19　强度设计中安全系数的荐用值

材料	静载荷		冲击载荷	
	n_{bp}	n_{sp}	n_{bp}	n_{sp}
铸铁	3～4	—	10～15	—
高强度钢	2～3	—		
σ_s/σ_b=0.45～0.6，计算精度较好的结构钢		1.2～1.5	2.0～2.8	1.5～2.2
σ_s/σ_b=0.6～0.8，计算精度一般的结构钢	2.4～2.6	1.4～1.8	2.5～4.0	2.0～2.8
σ_s/σ_b=0.8～0.9，计算不精确的结构钢		1.7～2.2	3.5～5.0	2.5～3.5

注：σ_s 为屈服极限应力（MPa）；σ_b 为抗拉强度应力（MPa）。

　　设计中选用的钢板和圆管均为 Q345B 钢，σ_s 为 345MPa，σ_b 为 600MPa，因此在极端冲击载荷情况下，其抗拉安全系数取 2.0～2.8，故锚固头支座在极端冲击载荷下的安全系数为 2.32，满足设计要求。

　　其次，对锚固头支座在正常工作条件下的强度（最大应力和疲劳应力）进行了分析和安全校核，主要考虑馈源舱在索驱动牵引下的 4 个典型位姿（见图 5.90）下的情况。经分析计算，锚固头支座整体应力水平较低，最大应力发生在穿轴处。WP1 最大应力为 54MPa；WP2 最大应力为 85MPa；WP3 最大应力为 70MPa；WP4 最大应力为 65MPa。提取 4 种位姿下锚固头支座实体单元的应力状态，4 种位姿下所有单元的最大应力变化幅为 52.04MPa。

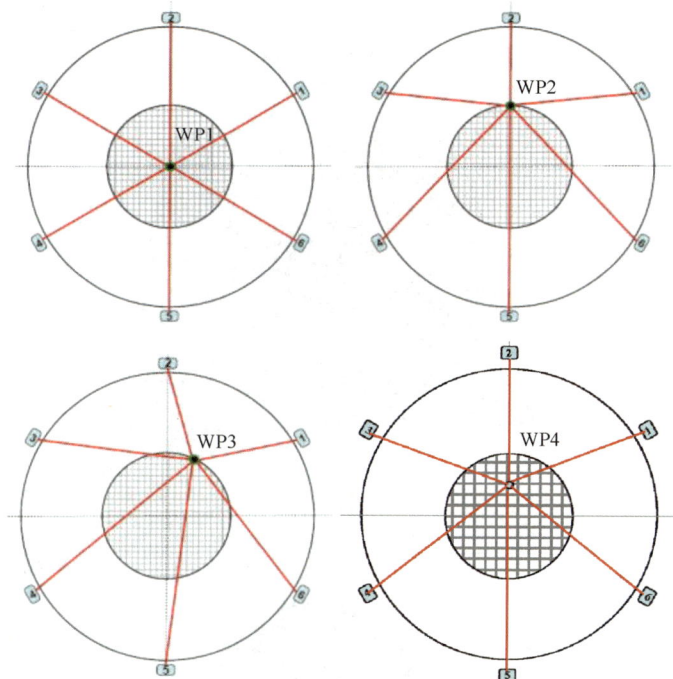

WP1—焦面中心；WP2—焦面边缘离塔最近点；WP3—焦面边缘两塔中间点；
WP4—天顶角 26.4°（AB 转轴机构出现最大补偿角 15°）且离塔最近点
图 5.90　具有代表性的馈源舱典型位置

按照《钢结构设计规范》附录 E，锚固头支座与销轴连接处的主体金属可以等同于连系螺栓和虚孔处的主体金属，属于疲劳类别 3，疲劳类别 3 的疲劳强度对应为 118MPa，该容许应力幅大于锚固头支座处的应力幅 52.04MPa，考虑《钢结构设计规范》中容许应力幅所对应的最大抗疲劳次数 200 万次，而实际使用过程中仅为 13 万次，远小于 200 万次，因此锚固头支座的疲劳性能满足规范要求。

（3）A、B 轴轴承支座强度校核

AB 转轴机构作为调整机构主要实现 –18°～+18° 工作角度，轴承支座作为整个驱动装置的受力关键部件，其工作的安全性必须得到保证。基于此，对 A、B 轴轴承支座进行了强度分析和安全性校核。首先确定其边界条件，对 A、B 轴轴承支座的底面进行三维方向的平动约束，考虑到 A 轴轴承支座的承载更大，以 A 轴承载进行分析，在 A 轴前端施加 AB 转轴机构和斯图尔特平台的质量负载。

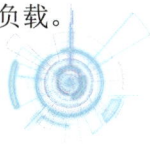

分析结果如图 5.91 所示。

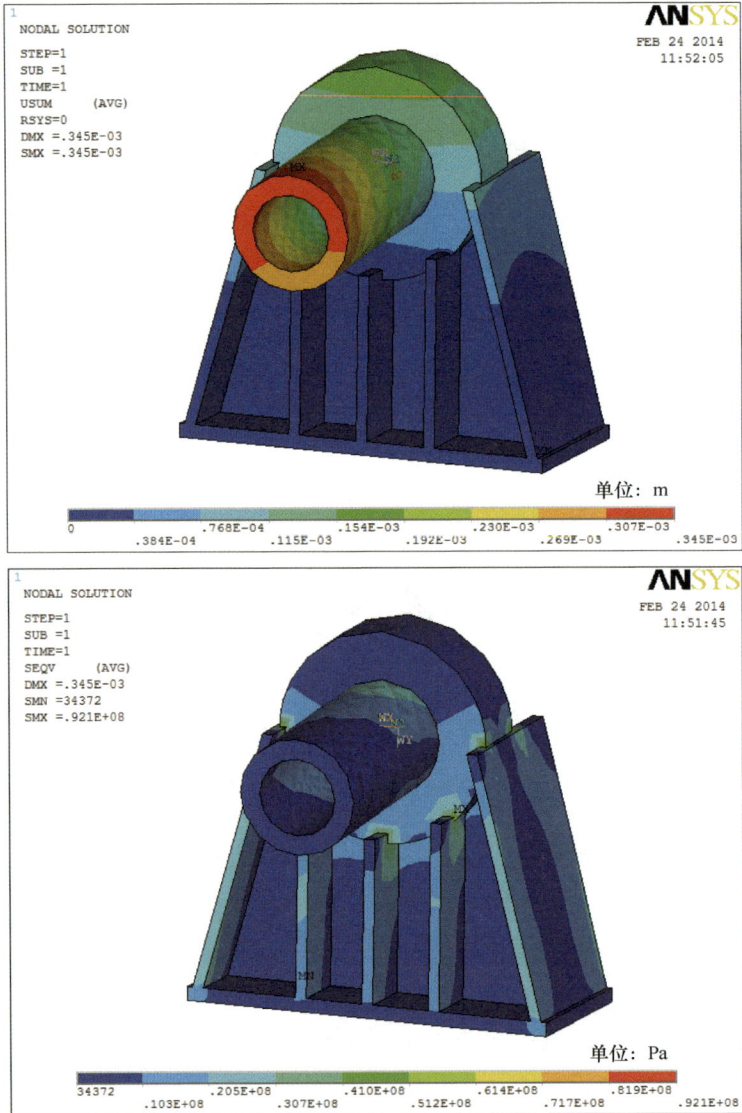

图 5.91　分析结果

从图 5.91 中可以看出，A、B 轴轴承支座局部承受的最大应力为 92.1MPa，出现在轴承套筒与底部加强筋板的连接处。A、B 轴轴承支座中轴承套筒和加强筋板选用高强度 Q345 钢，其许用应力为 345MPa，可知其安全系数为 3.74，因此 A、B 轴轴承支座在工作状态下是安全的，符合设计要求。

（4）斯图尔特平台分支杆（伸缩支腿）强度校核

分析中以虎克铰端面为约束面，在球铰端面施加压强，动平台受力为 3t，在整个工作空间内，伸缩支腿最大受力为 16900N，根据球铰与动平台接触面，计算出压强为 0.4MPa。伸缩支腿伸到最长同时受到最大力的情况为最恶劣情况，取重力方向与伸缩支腿垂直，将重力方向添加到图 5.92 所示 z 轴的方向。按照以上步骤设置完毕后，伸缩支腿变为悬臂梁，但实际情况下伸缩支腿不是悬臂梁，6 杆的 6 个球铰通过动平台连在一起，在球铰上添加 z 轴方向的位移约束，x 轴和 y 轴方向自由（x 轴方向为杆的方向），以保证其二力杆的特性，更好地保证与伸缩支腿工作状态的一致，得到的伸缩支腿变形云图和应力云图如图 5.92 所示。

可以看出，在工作载荷作用下伸缩支腿的最大变形量为 0.693mm，最大应力为 103.67MPa，发生在虎克铰的轴部。伸缩支腿中轴类部件采用 40Cr 钢，其许用应力为 785MPa，安全系数为 7.6，满足设计要求。

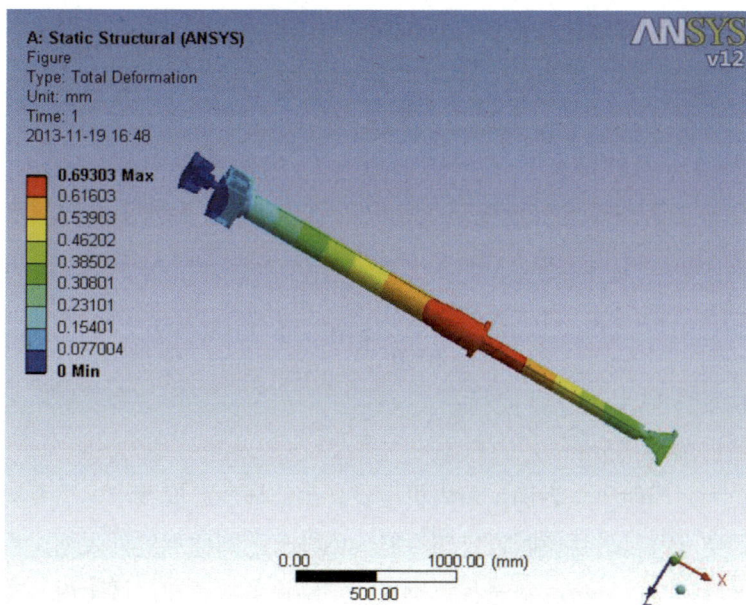

（a）伸缩支腿变形云图

图 5.92　伸缩支腿变形和应力云图

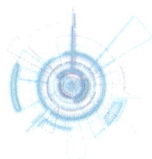

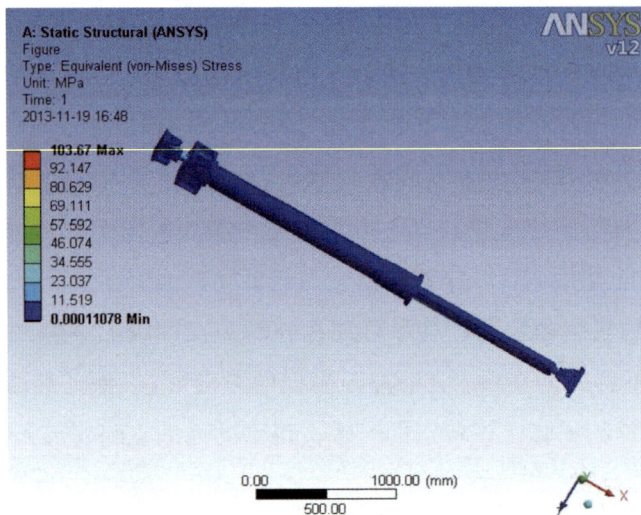

（b）伸缩支腿应力云图

图 5.92　伸缩支腿变形和应力云图（续）

滚珠丝杠作为伸缩支腿关键部件，同时也对其进行了稳定性分析。滚珠丝杠副临界压缩载荷 F_c 按压杆稳定性进行校验，计算公式如式（5.12）所示。

$$F_c = K_1 K_2 \frac{d_2^4}{L_{c1}^2} \times 10^5 \geqslant F_{a\max} \tag{5.12}$$

式中，d_2 为滚珠丝杠螺纹底径（42.7mm）；L_{c1} 为滚珠丝杠副的最大受压长度（1000mm）；$F_{a\max}$ 为滚珠丝杠承受最大轴向压缩载荷；K_1 为安全系数，水平安装则 $K_1=1/3$；K_2 为支撑系数，与支撑方式有关，一端固定，一端自由取 $K_2=0.25$。由此计算可知：

$$F_c = \frac{1}{3} \times 0.25 \times \frac{42.7^4}{1000^2} \times 10^5 \approx 27703\text{N} \geqslant F_{a\max} \tag{5.13}$$

满足压杆稳定性要求。

（5）舱内热环境分析

馈源舱为封闭舱体，为满足舱内机电设备工作环境温度要求，需要对馈源舱进行热环境的仿真分析。建模时设定馈源舱为圆柱形，圆柱形的外表面、内表面、上下盖板与区域划分的隔板材料选择厚钢板。控制设备放置在区域 1 内，在侧壁上有一个进风风扇、一个出风风扇，两个风扇直径均为 400mm。整个圆柱上、下两端用钢材质盖板密封，上盖板留有 2 个顶部出风孔（直径为 400mm），每个出、入风口均设有风扇，并由波导窗屏蔽。馈源舱舱内热环境分析如图 5.93 所示。采用有限元方法进行分析，把整体分成一个个小单元，将每个单元当作一个独立的个体，计算时考虑独立个体之间的热交换，通过不停迭代最终达到平衡状态，即每个独立个体吸收的热量与散发出去的热量相同，就可以保证每个独立个体处于相对稳定的温度。

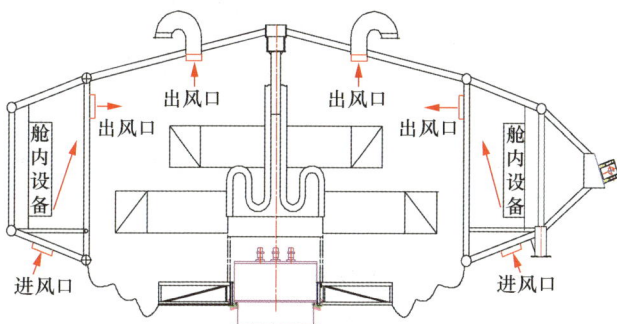

（a）馈源舱风向流动方向

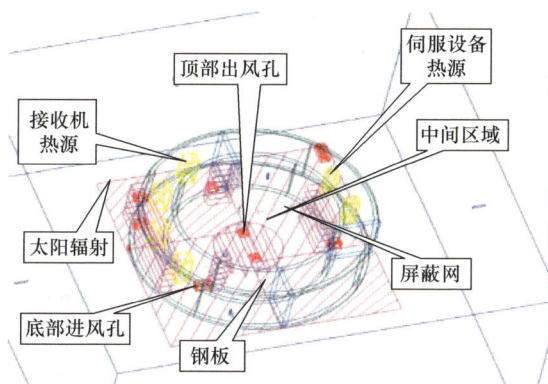

（b）热仿真分析模型

图 5.93　舱内热环境分析

　　建立准确的初始条件及边界条件是馈源舱温度场数值模拟的关键。一般研究晴朗无云、中夏正午、气温变化较大且风速较小这种不利气象条件下的温度响应更有意义，因此初始的环境温度就是这种极端天气下的温度。

　　输入条件为伺服设备工作温度范围为 –40℃～ 70℃，接收机最高工作温度为 45℃，仿真的环境温度为当地的极限温度 38.1℃。根据分析结果得出以下结论：在极限温度 38.1℃的时候，伺服设备温度最高为 56.16℃，接收机工作温度最高为 44.63℃，可以满足设备的温度要求。

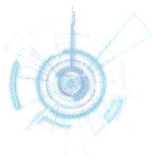

6. 电气控制系统

FAST 馈源舱采用柔索悬挂系统，终端控制机构为一个柔性支撑下的斯图尔特平台，涉及索驱动与斯图尔特平台振动耦合的动力学与控制，以及外扰或斯图尔特平台运动对馈源舱位姿的影响。

电气控制系统包括 AB 转轴和多波束接收机转向控制系统、斯图尔特平台控制系统、配电单元、动态监测、EMC 单元等。此外，还有人机界面作为控制系统软件操作界面。执行元件安装在馈源舱的星形框架内部，上位机安装在控制机房，通过光纤传输控制信号，实现对舱内设备的远程控制。电气控制系统组成如图 5.94 所示。

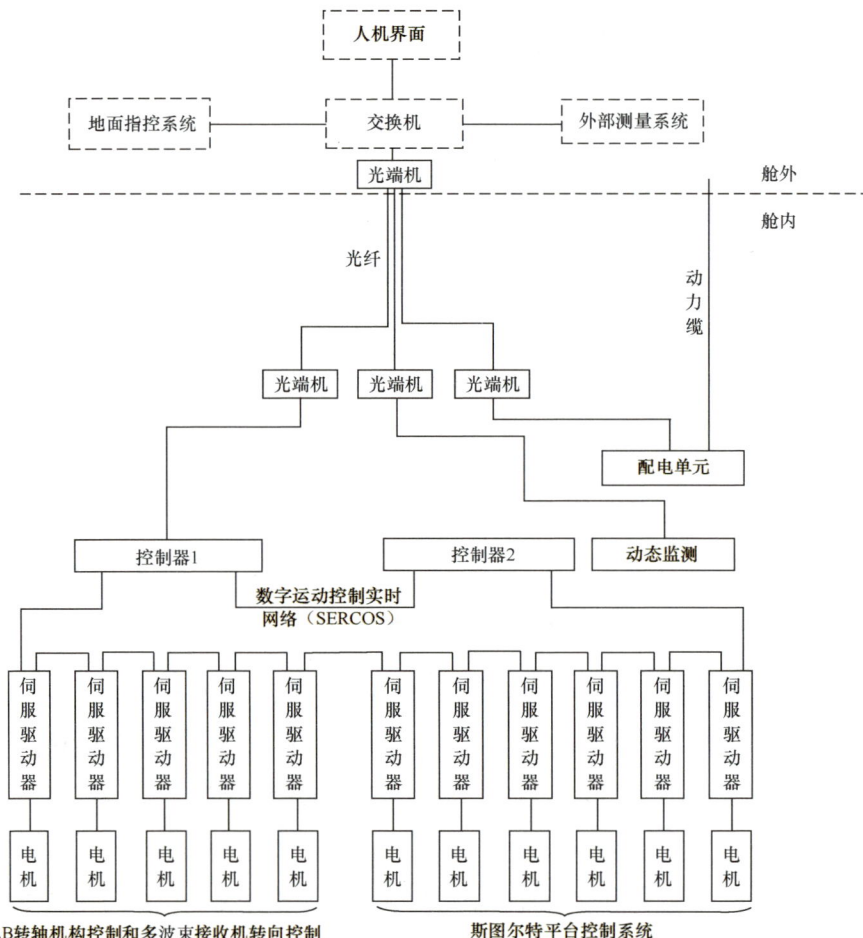

注：图中未显示 EMC 单元。

图 5.94　电气控制系统组成

（1）硬件设计

AB 转轴机构控制和多波束接收机转向控制系统由运动控制单元、驱动单元、配电单元和安全保护单元等部分组成。其中，运动控制单元为一个运动逻辑控制器（Motion Logic Controller，MLC）（控制器 1）；驱动单元由 3 个码盘、5 个交流驱动器和 5 个交流电机组成；配电单元为一个 380V 滤波器；安全保护单元由若干限位开关构成。

控制器 1 采用力士乐的 MLC CML65.2-3P-500-NA-NNNN，驱动器采用力士乐的 IndraDrive 驱动控制器 HCS02.1E-W0012-A-03-NNNN，电机采用力士乐的交流同步电机 MSK050C-0300-NN。该型号电机最高转速为 4700r/min，额定功率为 1.2kW，堵转转矩为 5N·m，最大转矩为 12.4N·m，额定连续电流为 3.1A，防护等级达到 IP65。

斯图尔特平台控制系统由运动控制单元、驱动单元、安全保护单元等部分组成。运动控制单元包括控制器 2、磁栅尺；驱动单元包括伺服驱动器、电机；安全保护单元包括软件限位、电限位和机械限位等。由于取消了单独的机柜设计，斯图尔特平台控制系统与 AB 转轴机构控制和多波束接收机转向控制的设备一起进行布局。

控制器 2 采用力士乐的 MLC CML65.1-3P-500-NA-NNNN-NW，驱动器采用力士乐 IndraDrive 驱动控制器 HCS02.1E-W0054-03-NNNN，电机采用力士乐交流同步电机 MSK060C-0600-NN-S2-UG0-NNNN。该型号电机最高转速为 6000r/min，堵转转矩为 8N·m，最大转矩为 24N·m，额定连续电流为 9.5A，防护等级达到 IP65。

（2）运动控制

AB 转轴机构控制和多波束接收机转向控制器接收上一级馈源支撑控制系统发来的 AB 转轴机构控制期望轨迹信号，经过上位机处理计算，给出 A、B 轴轴角控制的运动轨迹，控制 AB 转轴机构实现 $-18°\sim +18°$ 范围内的角度变化，以实现馈源接收机姿态的初步调整。

斯图尔特平台控制系统主要是为了减少和抑制整个馈源舱的风激扰动影响，并对接收机运动轨迹进行精调，保证最后位置精度 $\leqslant$ 10mm，角度精度 $\leqslant$ 0.5°。

斯图尔特平台控制器接收上一级馈源支撑控制系统发来的下平台期望轨迹信号，通过正解运算得到上平台当前位姿，然后解算出斯图尔特平台伸缩支腿长度，实现斯图尔特平台精确定位功能。同时，在对多波束接收机进行控制时，需要获

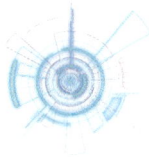

得多波束接收机轴角的给定值，然后根据反馈的轴角位置值进行位置环路控制，使多波束接收机到达指定位置。

（3）配电单元

配电单元主要功能是为各个系统正常工作提供电源，对入舱部分电源指标进行检测，对故障状态及时进行断电保护和通知人工切换备用电源。馈源支撑系统由 6 个变压器供出 6 路 28kW 电源，分别沿着 6 根索输入馈源舱，由配电单元分配给 A 轴 /B 轴驱动、斯图尔特平台驱动、照明、接收机、低噪声放大器、中频传输、状态监测等设备使用。配电单元由上位机控制，完成本地 / 遥控各路电源输出的通断及输入电源监测（电压、电流、频率和谐波）。

（4）动态监测系统

动态监测系统由视频监控仪、烟雾传感器、温湿度传感器、风速风向仪、线性直流电源及串口服务器等部分组成，由上位机控制，用于对整个馈源舱环境进行实时监测，保证馈源舱系统工作安全。

（5）软件设计

软件设计包括馈源舱控制软件、斯图尔特平台嵌入式控制软件和 AB 转轴机构、多波束嵌入式控制软件。馈源舱控制软件在硬件环境的支持下，完成系统内部斯图尔特平台、AB 转轴机构和多波束馈源，温湿度传感器、烟雾传感器、风速仪、风向仪、避雷检测模块，以及配电系统的报警信息记录、分析和显示，接收上一级馈源支撑控制系统的控制命令和位姿等状态信息，完成馈源舱的各项工作控制，实现对配电系统的切换控制，同时向上一级馈源支撑控制系统上报分系统各个设备状态。

斯图尔特平台嵌入式控制软件是基于力士乐 MLC 的嵌入式 PLC 软件。通过接收馈源舱控制软件发送的平台实际及期望位姿，控制斯图尔特平台运动，并上报杆长、限位状态、电流等信息给馈源舱控制软件。

AB 转轴机构、多波束馈源嵌入式控制软件也是基于力士乐 MLC 的嵌入式 PLC 软件。通过接收馈源舱控制软件发送的 AB 转轴机构及多波束馈源控制信息，控制 AB 转轴机构及多波束馈源转台进行运动，并上报 AB 转轴机构和多波束馈源角度、限位状态、电流等信息给馈源舱控制软件。

控制软件的功能包括传感器监控功能、配电控制功能、馈源舱姿态控制功能、日志管理功能、其他辅助功能及系统监控功能等，如图 5.95 所示。

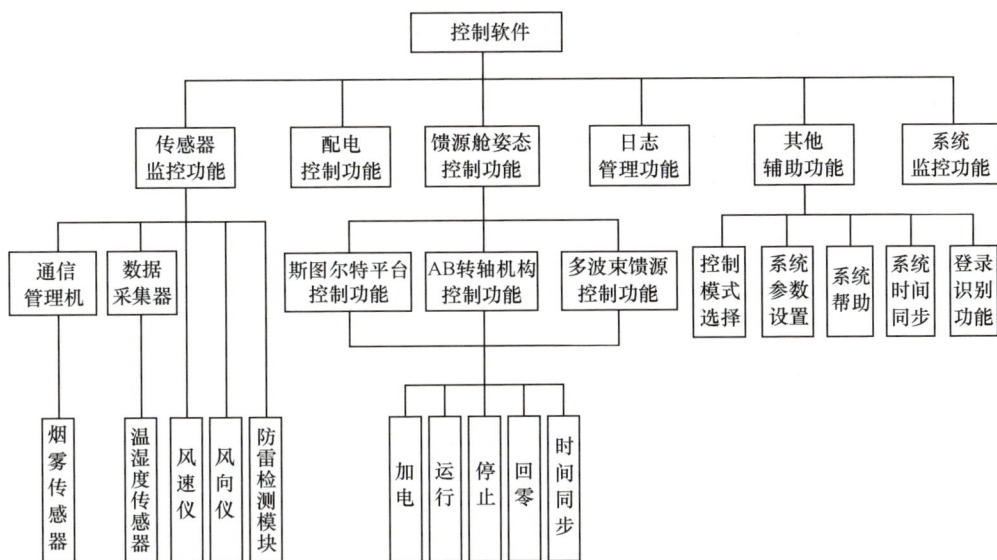

图 5.95　控制软件的功能

控制软件功能的用途与说明如表 5.20 所示。

表 5.20　控制软件功能的用途与说明

功能名称	能力标识符	用途与说明
传感器监控功能	SR1.0	与风速仪、风向仪、温湿度传感器、烟雾传感器、防雷检测模块等进行实时通信
配电控制功能	SR2.0	与配电控制系统中的通信管理机实时通信，实现对馈源舱配电系统中各软件受控开关的控制，及状态检测和数据解析
斯图尔特平台控制功能	SR3.1	发送实际位姿和期望位姿给斯图尔特平台 MLC，实时控制斯图尔特平台位姿，并采集和解析斯图尔特平台驱动机构腿长及驱动器状态等数据信息
AB 转轴机构控制功能	SR3.2	发送 AB 转轴机构控制指令给 AB 转轴机构平台 MLC，实时控制 AB 转轴机构平台运动，并采集和解析 A/B 轴轴角及驱动器状态等数据信息
多波束馈源控制功能	SR3.3	发送控制指令给多波束平台 MLC，实现多波束馈源的自动切换，并采集和解析多波束馈源位置角度及驱动器状态等数据信息
日志管理功能	SR4.0	在数据库中实时记录针对伺服控制软件的各项控制、报警以及数据接收等重要状态信息，并可以实现历史信息的查询
控制模式选择	SR5.1	可以设置本、远控两种控制模式，以区别在本地操作和由远端上一级馈源支撑控制系统的远程控制

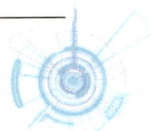

功能名称	能力标识符	用途与说明
系统参数设置	SR5.2	通过配置文件或数据库的形式，实现系统重要参数的保存以及灵活修改
系统帮助	SR5.3	通过帮助文档帮助操作人员对伺服控制软件功能进行了解和学习
系统时间同步	SR5.4	由网络授时得到系统统一时间，并同步更新本地时间，显示北京时间
登录识别功能	SR5.5	为授权用户给予特定操作权限，并能通过管理员的身份实现对普通用户的增加和删除
系统监控功能	SR6.0	与上一级馈源支撑控制系统异步通信，实时上报和显示馈源舱内各分系统状态，并接收上一级馈源支撑控制系统下发的测量参数以及控制命令，在远控模式下同步自动执行各项控制命令

7. 馈源舱—柔索系统联合仿真

FAST 采用宏—微并联机构实现馈源指向的高精度轨迹跟踪，斯图尔特平台建立在柔索基础之上，为保证系统的动态跟踪精度，需要分析两者之间的动力学耦合作用，将机构的运动学、动力学性能和控制系统算法结合到一起。

针对 FAST 馈源舱的特性，在 ADAMS 环境中建立舱—索悬挂系统的动力学模型，如图 5.96 所示。馈源舱总质量约 29t，其中下平台质量约 2.7t，舱—索悬挂系统阻尼比的值为馈源支撑全过程仿真中确定的 0.2%。FAST 团队分析了模型的模态特性和频响特性，并模拟风扰和舱索动力学耦合，向 Simulink 提供馈源舱及斯图尔特平台的反馈参数。对该系统模型的模态分析表明其第 1 ~ 10 阶自振频率范围为 0.1827 ~ 0.2457Hz，与前期馈源支撑全程仿真和模型试验结果[30-31]极为接近[25]。

在 Simulink 中建立了斯图尔特平台的控制系统模型，实现在给定轨迹

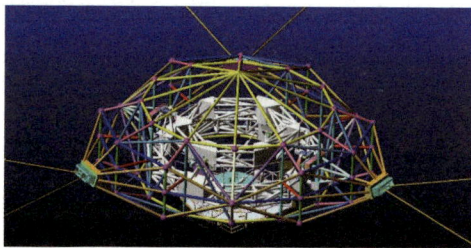

图 5.96 舱—柔索系统的动力学模型

下的逆解运算以及驱动腿的位置环、速度环和电流环的三环控制。输入信号为下平台的期望位姿，需要结合上平台的实时位姿，将其解算成期望腿长变化，从而控制驱动腿的伸缩使斯图尔特下平台达到指定的位姿。建立电机模型，设

---

25 参见 2002 年西安电子科技大学发布的《大射电望远镜馈源支撑与指向跟踪系统仿真与实验研究》。

计并调试电流环、速度控制器。由于舱—索系统采用柔性支撑，具有一阶振动特性，上、下平台具有动力学耦合特性，且受到风扰的影响。因此，控制系统采用了 PID 控制方案。风载荷的作用点为绳索在上平台的 3 个安装点，分为 x、y、z 这 3 个方向。将稳态风速和脉动风速进行叠加，转化为动态风压分布，根据馈源舱受风面积，得到风载荷。在馈源舱上平台加入 x、y、z 这 3 个方向位移传感器模型，模拟实际系统中的测量设备，传感器特性为测量误差为 4.2mm、采样频率为 10Hz、延迟时间为 0.1s。

在此基础上，建立了舱—索悬挂系统的联合仿真模型。Simulink 接收 ADAMS 提供的外部参数，通过控制器模型向 ADAMS 输出外部激励，模拟不同工况，获得了柔索系统下馈源舱运动控制的特性。针对 ADAMS 的柔索支撑状况，在 MATLAB 中设计相应的控制算法，实现馈源舱的稳定控制和扰动隔离。

仿真模型的边界条件如下：在 Simulink 中设置了驱动腿的初始平衡力矩；电机最大转速为 6000r/min，最大电流为 10A；驱动腿最大运动范围为 –350mm ～ 350mm；风扰力矩变化范围为 1000 ～ 4000N·m，随机波动；斯图尔特平台在 x-y 平面内进行半径为 50mm 的圆周运动，仿真时间为 20s，步长为 1ms；ADAMS 与 Simulink 的交互时间为 1ms。

加入风扰和传感器特性后，馈源舱的 PID 仿真结果如图 5.97 所示。

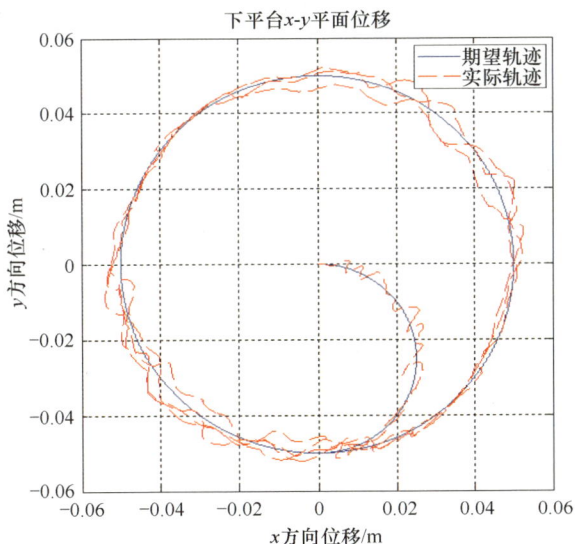

注：位置误差为 8.9607mm；角度误差为 0.0964°。

图 5.97　馈源舱的 PID 控制仿真结果

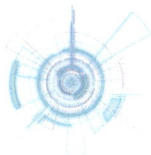

仿真结果满足位置误差 <10mm、角度误差 <0.5°的指标要求，进一步验证了前期馈源支撑全过程仿真 [30] 的结论，对后续工作具有很大的指导价值。

8. EMC 设计

根据馈源舱内设备及结构特点，在使用频率范围为 70MHz ～ 3GHz 时，馈源舱应满足大于 160dB 的屏蔽指标要求。因此，对电磁屏蔽指标分配为馈源舱外层屏蔽 80dB、馈源舱内部屏蔽 80dB。为实现上述构想，采取了如下屏蔽措施：馈源舱整体结构采用钢板屏蔽，下平台与星形框架之间采用柔性屏蔽软布；在馈源舱进出口、各隔间之间安装进舱屏蔽门，隔间散热采用通风波导窗＋排风扇；AB 转轴机构、斯图尔特平台、多波束旋转等处的驱动电机安装屏蔽罩及通风波导窗；在斯图尔特平台的分支杆伸缩部位安装屏蔽软布；对烟雾报警器、温湿度传感器、风速、风向仪、GNSS 天线采取屏蔽处理，为摄像机安装屏蔽罩，LED 灯安装电源滤波器；进出舱及屏蔽隔间电源线安装进舱电源滤波器及光纤波导管；馈源舱内所有电缆均采用高屏蔽效能电缆，外加屏蔽金属软管。

EMC 设备分布如图 5.98 所示。

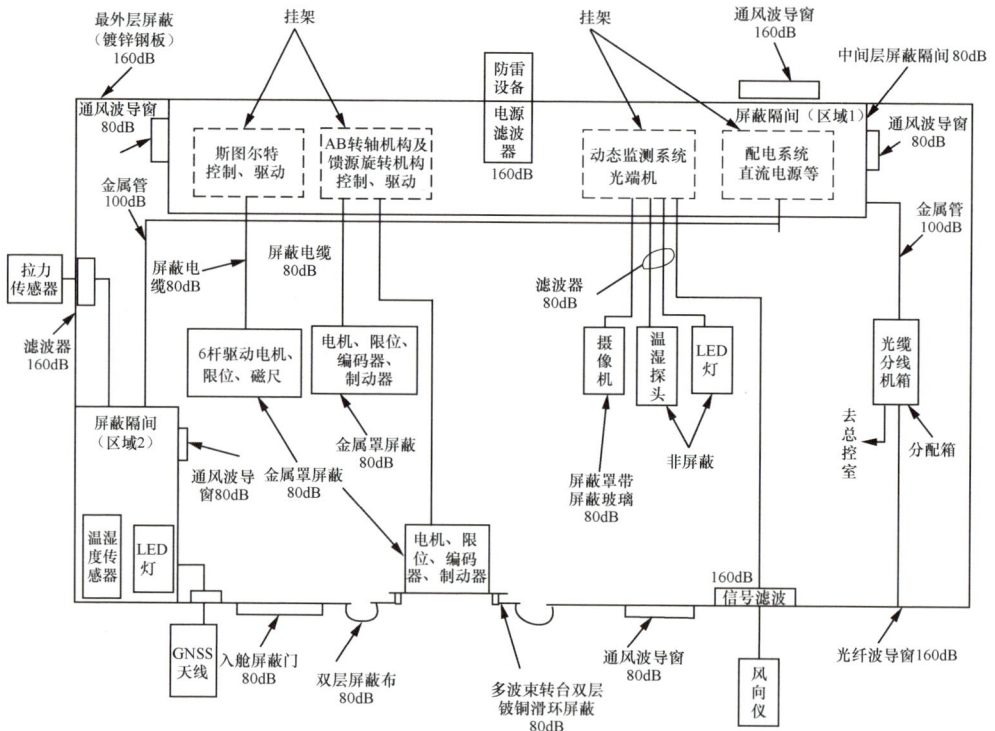

图 5.98　EMC 设备分布

9. 舱质量分布

最终经过设计，馈源舱质量为 29335kg（含锚固头支座），重心位于 6 个钢索牵引点（锚固头支座中心）以下 242mm，最大外形尺寸为 $\Phi 13000\text{mm} \times 6562\text{mm}$。馈源舱内各部件质量分布如表 5.21 所示。

表 5.21　馈源舱内各部件质量分布

名称	质量合计 /kg	包含部件
星形框架	9651	主体框架
		A 轴驱动
舱内设备	1529	控制设备
		配电设备
		制冷压缩机
		接收机
		其他
AB 转轴机构	3405	A 轴转环
		围栏、防滑网、套筒等
斯图尔特平台	6705	上平台、下平台、伸缩支腿、馈源、B 轴驱动
绕线机构	260	—
其他	2900	缆线的进、出屏蔽隔间的接头、元器件
		连接螺栓
		焊缝、镀涂
		电缆
		各滤波器安装支架
锚固头	1200	—
EMC 舱罩	3685	—
馈源舱总重	29335	—

10. 代舱

代舱主要用于 FAST 索驱动系统的调试和试验，其作用包括辅助支撑塔和索驱动子系统的调试；测试舱索系统阻尼；测量与控制系统试验；测试电力与信号传输系统等。

代舱的外形、质量及其分布、质心位置、接口等与馈源舱详细设计结果基本一致。代舱内部主要包括星形框架和锚固头等结构部件、与测量和控制系统的接

口、GNSS 天线、全站仪靶标和其他监测设备等，其他设备均以配重代替，如图 5.99 所示。

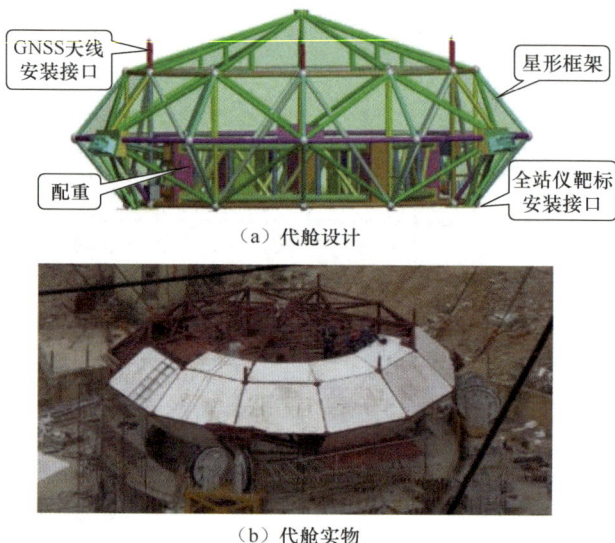

（a）代舱设计

（b）代舱实物

图 5.99　代舱设计及实物

5.3.5　位姿调整机构的测试、标定与精度分析

1．测试与标定

测试或标定的对象包括 AB 转轴机构、斯图尔特平台和多波束接收机旋转机构等，详细内容可进一步参考报告 [26] 和文献 [32]。

（1）测试内容

AB 转轴机构由相互独立的 A 轴和 B 轴组成。AB 转轴转环的 A 轴与星形框架连接，B 轴和斯图尔特上平台连接。AB 转轴机构为斯图尔特平台提供 ±18°范围转动和支撑。A 轴和 B 轴分别由左轴和右轴组成，在左轴承座和右轴承座中装有调心轴承，左右调心轴承中心连线即 A 轴和 B 轴。在 A 轴及 B 轴的一端装入轴角编码装置。

AB 转轴机构测试内容为检测 A 轴与 B 轴正交度及其方向，验证 AB 双电机驱动控制是否能达到指定要求。此外，还要验证软件功能，包括其与上位机及斯

图尔特平台控制系统的通信，与内部测量系统和外部测量系统的通信。

斯图尔特平台的测试内容包括：对每个单独的伸缩支腿进行测试，验证是否能正常工作；验证当限位开关动作时，故障保护部分是否能正常动作；对斯图尔特平台给定轨迹进行测试，调试伸缩支腿控制参数，验证斯图尔特下平台是否能达到指定位姿；验证软件功能等。此外，还需对斯图尔特平台的误差参数进行标定，共有 42 个独立误差参数。

多波束接收机旋转机构的测试内容包括：验证馈源旋转控制是否能达到指定要求；验证限位开关动作时，故障保护部分是否能正常动作；验证软件功能等。

（2）测试平台

馈源舱出厂前需要进行厂内测试，测试分为静态标定调试与绳索悬挂状态动态测试，绳索悬挂状态又分为 0°姿态与倾斜姿态。馈源舱总质量约为 30t，在静态标定调试时需要提供至少 3 个支撑平台，平台需要满足承重及稳定性要求。

静态标定调试完成后，需要用 3 根柔索将馈源舱吊起，进行绳索悬挂状态动态调试。3 根柔索呈 120°均布，固定在支撑塔上。使馈源舱星形框架支撑离地面一定高度，支撑塔及柔索角度视场地条件而定，不做具体要求，支撑塔及柔索需满足承重要求。柔索及支撑塔还需要满足馈源舱角度调整要求（约为 10°），如图 5.100 所示。

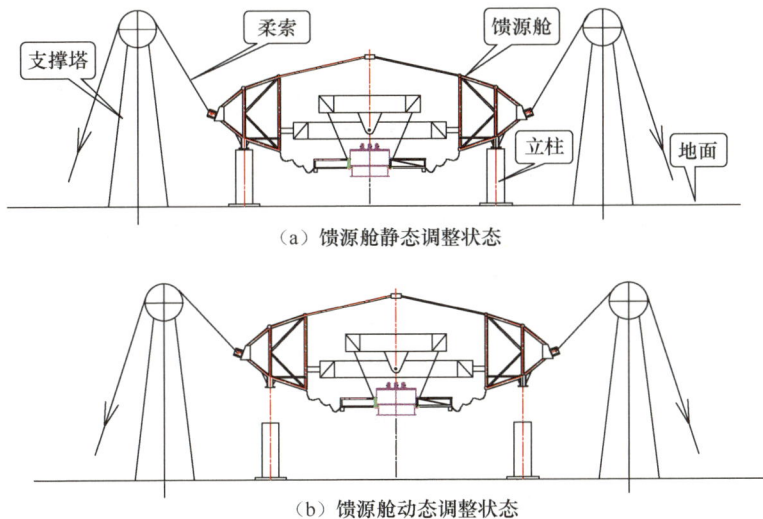

（a）馈源舱静态调整状态

（b）馈源舱动态调整状态

图 5.100　馈源舱测试标定状态

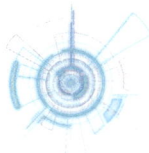

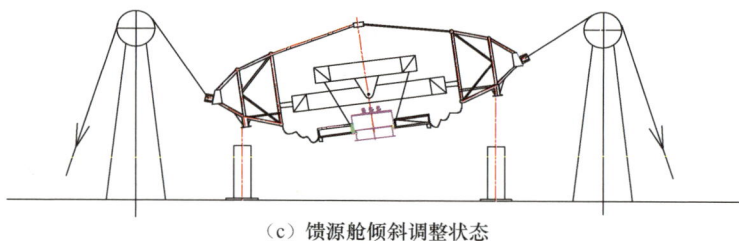

（c）馈源舱倾斜调整状态

图 5.100　馈源舱测试标定状态（续）

（3）AB 转轴机构的测试和标定

出厂前以及在 FAST 现场时，AB 转轴机构的标定均采用移动式三坐标测量方案，考虑到其与斯图尔特平台的标定同步进行，AB 转轴机构的标定采用激光跟踪仪测量方案。T3 激光跟踪仪空间测量精度静态为 5μm/m、动态为 10μm/m，采样频率为 3000Hz，加速度大于 2g，跟踪速度大于 3m/s，测量半径不小于 60m，水平角为 640°，垂直角为 –77°～60°。

分别在 A 轴和 B 轴的左轴和右轴两端同轴连接球棱镜定位工装，设置激光跟踪仪并保持与球棱镜的通视，在静态条件下，标定各个测量点球棱镜在 A、B 轴坐标系下的坐标，解算得到 A、B 轴轴系误差——A 轴与 B 轴正交度及其方向。

测量误差包括仪器精度误差、工装定位误差、环境影响误差，点位测量精度为 0.2mm，计算可得 A、B 轴轴系测量精度约为 0.005°。

（4）斯图尔特平台的测试和标定

① 目的

斯图尔特平台为复杂的空间多环路闭链机构，关节运动副和运动杆件均采用空间布置，下平台的坐标位置和姿态与控制系统驱动坐标位置之间需要经过坐标变换，方可获得机构运动的数学描述，从而进行有效的控制，确定下平台的几何参数。

由于杆件和铰链的制造与装配误差以及整机的配置误差难以完全避免，这些误差对整机的影响并非线性的，故斯图尔特平台结构参数实际值与设计值不可能完全一致。故在未标定前，下平台的实际空间位置事实上是一个没有规律的未知数，需要进行下平台实际位姿的测量，由并联机构学理论构造辨识方程，求解获得真实结构参数，借助标定算法利用误差数据进行补偿，以确保机构定位精度满足预期要求。

② 标定思路和流程

整体思路：通过驱动机构的各分支使下平台多次改变位姿，利用外部精密仪器测出下平台参考点的位置和姿态，通过运动学关系构造约束方程，进而辨识出各运动学参数。其基本原理即利用运动参数的实测信息构造误差函数，以误差函数最小化为目标，辨识出机构的运动学参数。

标定流程可分为 4 个步骤，分别为标定参数建模、下平台位姿测量、机构参数辨识、误差补偿。

- 标定参数建模

标定参数建模即基于机构特点确定合适的建模方法和函数形式，建立满足标定要求的运动学模型。该模型必须包含一组足够数量的参数使其能够完全满足机构末端位姿与各运动副关节运动学关系描述的需求，而且该模型应当包含最少数量的独立误差参数以满足误差补偿的需求。

该模型中所考虑的误差参数即在机构上、下平台上铰链点中心的位置误差，包括上平台虎克铰中心的 18 个位置误差参数，下平台球铰中心的 18 个位置误差参数，以及机构伸缩支腿的 6 个原始长度误差参数，共计 42 个误差参数。

- 下平台位姿测量

无论采用何种标定方法，均需对斯图尔特下平台运动信息进行全部或部分测量。由于测量值作为真值用于标定中，故测量的准确性对机构标定的精度影响很大。激光跟踪仪是目前使用极为广泛的大空间、高精度测量设备，能够同时测量物体 3 个位置坐标和 3 个姿态转角信息，是斯图尔特平台位姿测量的较佳选择。

- 机构参数辨识

斯图尔特平台参数和误差之间的关系实际是非线性的，可以通过最小化测量数据与理论模型解算数据之间的误差值来求解运动学参数误差。本项目标定拟采用遗传优化算法进行机构参数辨识。

- 误差补偿

以识别出的机构模型参数来代替未标定前的理论模型参数。

上述流程中，位姿测量是标定工作中最为重要、最为关键的部分，下平台位姿测量数据的准确性将直接影响标定的效果。

③ 位姿测量方案

位姿测量方案主要包括测量与标定过程中所涉及的各个工作坐标系的建立、标定系统坐标系间的变换、位姿调整机构的位姿测量规划、位姿调整机构的位姿测量实施等步骤。

使用激光跟踪仪时，所采集到的原始坐标是相对于三脚架及仪器放置坐标系的数值；在驱动机构运动时，采用的是控制系统中的坐标系，而在标定时，依据

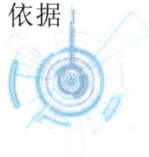

预先设定的标志点，又有标定系统坐标系，机构各参数及下平台的运动在不同坐标系下的描述是不一样的。因此，测量与标定的首要任务之一就是明确各个工作坐标系的建立方式，以及各个工作坐标系（包括测量基准坐标系、控制坐标系与标定坐标系）相互之间的变换关系，以实现测量数据基准与斯图尔特平台运动学参数基准的映射统一，进而确保机构标定的有效和运动的精度。

- 测量基准坐标系的建立

在确保全工作空间内无遮挡的前提下，结合激光跟踪仪测量条件要求，确定激光跟踪仪的合适位置，以三脚架和仪器的实际放置位置为参照建立测量基准坐标系 $\{M\}$，所有测量的数据均以其为基准。

- 上下平台坐标系的建立

建立坐标系所需的激光跟踪仪附件为 1 个空心靶镜、3 个靶镜圆柱销座和至少 4 个定位座。首先，在上平台的合适位置粘贴定位座，用作转站标志点，以便后续测量时测量数据基准不变（转站原理）；然后，利用平面、直线和点的几何关系构造上平台坐标系，如图 5.101（a）所示。

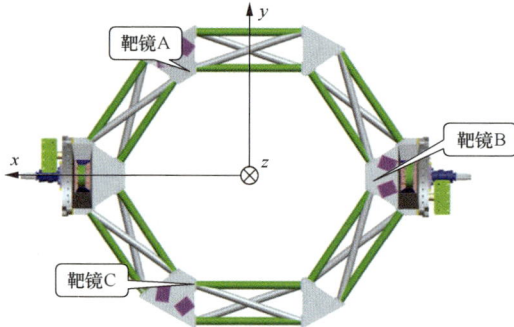

（a）上平台坐标系靶镜

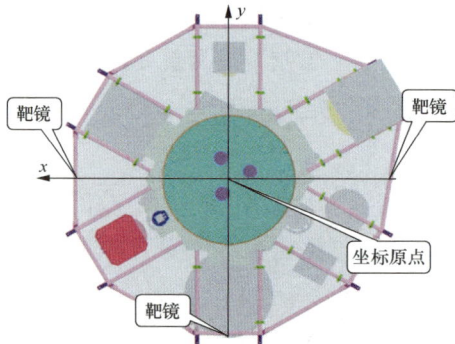

（b）下平台坐标系靶镜

图 5.101　上下平台坐标系的靶镜定位与安装

下平台坐标系建立的思路与上平台坐标系的类似，在下平台预设标志孔处安装靶镜，以其中两靶镜连线作为下平台坐标系 $\{P\}$ 的 x 轴，连线中点为坐标系原点 O_P，过原点与 x 轴垂直的连线为坐标系 y 轴，而 z 轴由右手定则确定，如图 5.101（b）所示。最终建立斯图尔特平台的各个坐标系如图 5.102 所示。

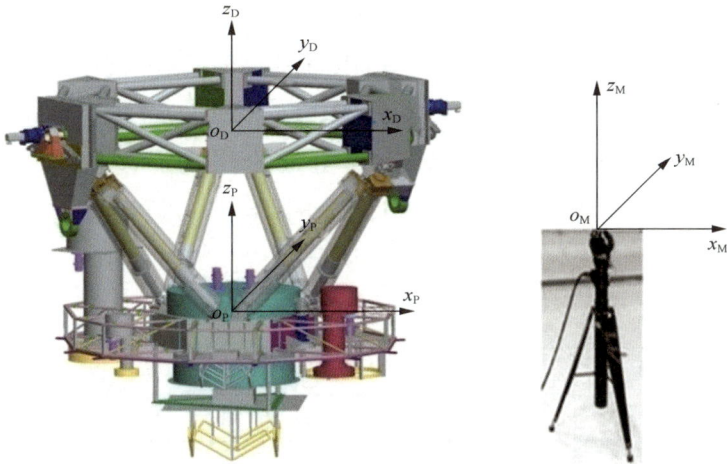

图 5.102　斯图尔特平台的各个坐标系

- 上下平台坐标系转换

由激光跟踪仪可确定上平台坐标系原点 O_D 和下平台坐标系原点 O_P 在测量坐标系 $\{M\}$ 中的坐标，并且上、下平台坐标系三轴在测量坐标系中的描述可由转换矩阵表示。下平台坐标系原点在上平台坐标系中的位置描述为

$$^D\boldsymbol{P}_{O_P} = {}^D\boldsymbol{P}_{O_M} + {}^D_M R\,{}^M\boldsymbol{P}_{O_P} \tag{5.14}$$

式中，$^D\boldsymbol{P}_{O_P}$ 为下平台坐标系原点在上平台坐标系下的位置矢量，$^D\boldsymbol{P}_{O_M}$ 为测量坐标系原点在上平台坐标系下的位置矢量，$^D_M R$ 为测量坐标系与上平台坐标系之间的变化矩阵，$^M\boldsymbol{P}_{O_P}$ 为下平台坐标系原点在测量坐标系下的位置矢量。下平台坐标系在上平台坐标系中的姿态可描述为

$$^D_P R = {}^D_M R\,{}^M_P R \tag{5.15}$$

式中，$^D_P R$ 为下平台坐标系到上平台坐标系的变换矩阵，$^D_M R$ 为测量坐标系到上平台坐标系的变换矩阵，$^M_P R$ 为下平台坐标系到测量坐标系的变换矩阵。因此，上平台坐标系与下平台坐标系二者之间的位姿变换可由上述两式方便地获得。

- 位姿测量规划与实施

待标定的机构学误差参数有 42 个，因此我们选取需要测量的下平台位姿向

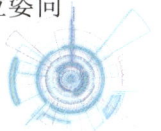

量个数不小于 7 即可。测量过程中，根据误差在工作空间内的变化情况，一般选取靠近工作空间边界误差较大的点进行测量。为了更好地描述机构的误差分布和变化，并考虑到测量数据误差的随机性，实际标定时可以多选取一些位姿，即下平台位姿向量个数超过 7。在标定试验时，我们拟采用综合位姿运动和单轴方向运动两种方式对需要选取的下平台位姿向量进行规划。

在综合位姿运动方式中，我们根据斯图尔特平台工作空间，规划下平台运动位姿。表 5.22 所示为其保存格式示例，其中每 1 行均代表 1 个位姿向量的 6 个分量 $(x, y, z, \alpha, \beta, \gamma)$。我们初步规划标定时测量 50 个位姿向量，规划位姿尽量选择能包含工作空间的数值，且要有一定数量的边界数值，规划位姿文件中参数个数为 50×6 个。

表 5.22　运动位姿保存格式示例

序号	x	y	z	α	β	γ
1	0	0	0	0	0	0
2	50	50	50	0	0	0
3	100	100	100	0	0	0
4	150	150	150	0	0	0
5	0	0	0	1	1	0
6	0	0	0	3	3	0
7	0	0	0	−3	−3	0
……	……	……	……	……	……	……
50	150	−150	0	3	3	0

令机构按照初始给定的位姿进行运动，到达某一位姿后停留，记录下该位姿数据，再运动到下一位姿，以此类推，完成所有给定位姿参数的测量，并记录数据。

在单轴方向运动方式中，我们按以下步骤规划下平台的运动位姿。

第一步，控制机构沿 z 轴运动，从初始零位位置沿 z 轴正向运动 150mm，到达中位位置，继续平移运动 150mm；再往回运动至中位位置，最后回至零位位置。每移动 25mm 停下，记录位姿。运动两个来回。

第二步，控制机构沿 y 轴运动，从中位位置沿 y 轴正方向平移运动 150mm，每移动 25mm 停下，记录位姿，再往回运动；然后从中位位置沿 y 轴负方向平移运动 150mm，每移动 25mm 停下，记录位姿。运动两个来回。

第三步，控制机构沿 x 轴运动，从中位位置沿 x 轴正方向平移运动 150mm，每移动 25mm 停下，记录位姿，再往回运动；然后从中位位置沿 x 轴负方向平移运动 150mm，每移动 25mm 停下，记录位姿。运动两个来回。

第四步，控制机构绕 x 轴运动，从中位位置绕 x 轴正方向转动 1°、2°、3°，每转动到一个位置停下，记录位姿，再回至中位位置；然后从中位位置绕 x 轴负方向转动 1°、2°、3°，每转动到一个位置停下，记录位姿。运动两个来回。

第五步，控制机构绕 y 轴运动，从中位位置绕 y 轴正方向转动 1°、2°、3°，每转动到一个位置停下，记录位姿，再回至中位位置；然后从中位位置绕 y 轴负方向转动 1°、2°、3°，每转动到一个位置停下，记录位姿。运动两个来回。

在测量过程中，测量坐标系与上平台坐标系是不变的，控制位姿调整机构使下平台按照规划位姿变化，则由激光跟踪仪可测量得到当前下平台位姿，再根据不同坐标系间变化关系可推得其在上平台坐标系中的表示 $\boldsymbol{P}_i = [x_i \quad y_i \quad z_i \quad \alpha_i \quad \beta_i \quad \gamma_i]$。表 5.23 所示为测量位姿保存格式示例，每 1 行对应某 1 规划位姿向量下实际测量得到的 6 个分量。

表 5.23　测量位姿保存格式示例

序号	x	y	z	α	β	γ
1	0.1	0.1	0.05	0.005	0	0
2	50.1	50.1	50.1	0	0	0
3	99.9	99.8	99.8	0	0	0
4	150	150	150	0	0	0
5	0	0	0	1.01	1.01	0
6	0	0	0	3.01	3.01	0
7	0	0	0	−3.01	−3.01	0
……	……	……	……	……	……	……
50	150	−150	0	3.01	3.01	0

④ 标定实施方案

首先在上平台近似水平工况下对斯图尔特平台进行标定，待达到预期定位精度后再与 AB 转轴机构进行联调。在标定之前应首先校验磁致伸缩位移传感器、编码器等电子元器件的精度，并调试运动控制系统，确保无误后再进行正式的标定。标定方案分以下阶段进行。

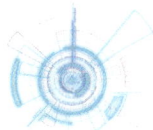

- 0°标定和分段检测

对斯图尔特平台进行标定前，首先将 AB 转轴机构调整到 0°位置，并保持锁定，然后按照规划的位姿进行标定。由于在 AB 转轴机构运动时，斯图尔特平台姿态角范围为 ±18°，不同位姿的刚度变形亦有所不同。因此，有必要对在 0°情况下的标定结果是否满足其他角度下运动精度要求情况进行检测。

规划 AB 转轴机构转角如表 5.24 所示，对斯图尔特平台运动精度进行检测。

表 5.24　AB 转轴机构规划轴角

序号	A 轴角度	B 轴角度
1	+18°	0°
2	−18°	0°
3	+18°	−18°

具体步骤如下。首先将 A 轴运动到 +18°，B 轴保持 0°，控制下平台按照规划的前 20 组位姿进行运动，并利用激光跟踪仪进行下平台精度检测，检测下平台运动精度是否满足要求；然后将 A 轴运动到 −18°，对下平台进行精度检测；最后将 A 轴运动到 +18°，B 轴运动到 −18°，对下平台进行精度检测。

若 0°标定结果能满足机构在其他角度工况时的精度要求，则以 0°时的标定结果进行误差补偿。若 0°标定结果不能满足机构在其他角度工况时的精度要求，则需要判定不能满足精度要求的工况角度边界值。以此对 A、B 轴轴角进行分段，将 AB 转轴机构运动范围划分为 N 段，在每一分段内，依据前述流程对斯图尔特平台重新进行标定，由所开发标定算法获得 42 个机构学误差参数，则可得到 N 组斯图尔特平台运动参数，每组参数可保证某一段俯仰角范围内机构的定位精度，全部参数可涵盖俯仰角为 ±18°的整个范围内调整机构的定位精度，即使得对应每一个俯仰角，均有相应的机构学参数保证机构运动精度符合目标要求。

最后将误差补偿参数以数据库形式提供给伺服控制系统，伺服控制系统根据不同的工况调取不同的斯图尔特平台标定参数进行控制。

- 标定步骤

进行运动学标定的流程主要包括下平台初始位姿精度测量，依据标定模型进行参数识别、参数补偿、补偿后精度测量等环节，其中测量工具、数据处理方式、参数识别手段、迭代计算方法等都对标定结果有着重要的影响。具体的标定流程如图 5.103 所示。

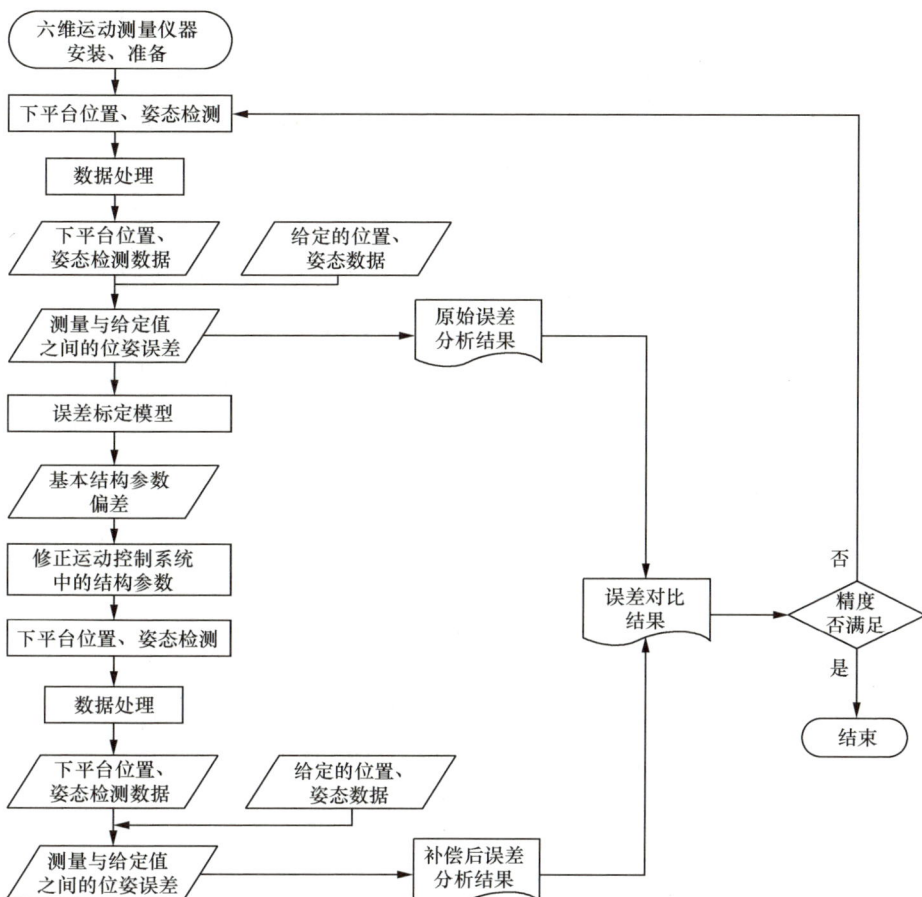

图 5.103　具体的标定流程

- 标定算法

标定的算法依赖现有的测量条件，标定的准确程度取决于给定的误差模型、测量的准确度和计算的精度。经过上述分析，我们选取基于遗传算法的标定算法。

由并联机构学理论知识，运动学反解公式为

$$l_i = \left| {}^{B}\boldsymbol{P}_{Ai} - {}^{B}\boldsymbol{P}_{Bi} \right| = \left| {}^{B}_{A}\boldsymbol{T}\,{}^{A}\boldsymbol{P}_{Ai} - {}^{B}\boldsymbol{P}_{Bi} \right| \tag{5.16}$$

式中，$l_i (i = 1, 2, \cdots, 6)$ 为各伸缩支腿的杆长，${}^{B}\boldsymbol{P}_{Ai}$ 为与下平台相连球铰在上平台坐标系 $\{B\}$ 中的坐标表示，${}^{B}\boldsymbol{P}_{Bi} = \begin{bmatrix} x_{Bi} & y_{Bi} & z_{Bi} \end{bmatrix}^{T}$ 为与上平台相连虎克铰在上平台坐标系 $\{B\}$ 中的坐标表示，${}^{B}_{A}\boldsymbol{T}$ 为从下平台坐标系 $\{A\}$ 到上平台坐标系 $\{B\}$ 的变换矩阵，${}^{A}\boldsymbol{P}_{Ai} = \begin{bmatrix} x_{Ai} & y_{Ai} & z_{Ai} \end{bmatrix}^{T}$ 为与下平台相连球铰在下平台坐标系 $\{A\}$ 中的坐标表示。

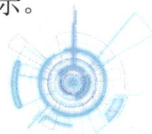

下平台每变换一种位姿，针对每个分支即可由式（5.16）构造一个约束方程，而每个分支有 7 个参数需要标定，则 6 个分支共有 42 个待标定的参数，故下平台只需要变换 7 个姿态就能构造出 42 个约束方程以实现机构全部分支的运动学标定。我们假设：

$$f_{ij} = f_{ij}(^A\boldsymbol{P}_{Ai}, {}^B\boldsymbol{P}_{Bi}, l_{0i}) = f_{ij}(x_{Ai}, y_{Ai}, z_{Ai}, x_{Bi}, y_{Bi}, z_{Bi}, l_{0i}) \quad (i=1,2,\cdots,6; j=1,2,\cdots,7) \quad (5.17)$$
$$= \left[\left|{}^B_A\boldsymbol{T}\,^A\boldsymbol{P}_{Ai} - {}^B\boldsymbol{P}_{Bi}\right| - \left(l_{0i} + \Delta l_{ij}\right)\right]^2$$

式中，l_{0i} 为各分支在下平台处于初始位置时的杆长，Δl_{ij} 为第 i 个分支在第 j 次位姿变换时由磁尺测得的杆长变化量，${}^B_A\boldsymbol{T}$ 由激光跟踪仪测量得出。

卜半台位姿变化 7 次，可构造出由 42 个约束方程联立的方程组如下：

$$
\begin{cases}
f_{11}(x_{A1}, y_{A1}, z_{A1}, x_{B1}, y_{B1}, z_{B1}, l_{01}) = 0 \\
f_{12}(x_{A1}, y_{A1}, z_{A1}, x_{B1}, y_{B1}, z_{B1}, l_{01}) = 0 \\
\quad\vdots \\
f_{17}(x_{A1}, y_{A1}, z_{A1}, x_{B1}, y_{B1}, z_{B1}, l_{01}) = 0 \\
f_{21}(x_{A2}, y_{A2}, z_{A2}, x_{B2}, y_{B2}, z_{B2}, l_{02}) = 0 \\
f_{22}(x_{A2}, y_{A2}, z_{A2}, x_{B2}, y_{B2}, z_{B2}, l_{02}) = 0 \\
\quad\vdots \\
f_{27}(x_{A2}, y_{A2}, z_{A2}, x_{B2}, y_{B2}, z_{B2}, l_{02}) = 0 \\
f_{31}(x_{A3}, y_{A3}, z_{A3}, x_{B3}, y_{B3}, z_{B3}, l_{03}) = 0 \\
f_{32}(x_{A3}, y_{A3}, z_{A3}, x_{B3}, y_{B3}, z_{B3}, l_{03}) = 0 \\
\quad\vdots \\
f_{37}(x_{A3}, y_{A3}, z_{A3}, x_{B3}, y_{B3}, z_{B3}, l_{03}) = 0 \\
f_{41}(x_{A4}, y_{A4}, z_{A4}, x_{B4}, y_{B4}, z_{B4}, l_{04}) = 0 \\
f_{42}(x_{A4}, y_{A4}, z_{A4}, x_{B4}, y_{B4}, z_{B4}, l_{04}) = 0 \\
\quad\vdots \\
f_{47}(x_{A4}, y_{A4}, z_{A4}, x_{B4}, y_{B4}, z_{B4}, l_{04}) = 0 \\
f_{51}(x_{A5}, y_{A5}, z_{A5}, x_{B5}, y_{B5}, z_{B5}, l_{05}) = 0 \\
f_{52}(x_{A5}, y_{A5}, z_{A5}, x_{B5}, y_{B5}, z_{B5}, l_{05}) = 0 \\
\quad\vdots \\
f_{57}(x_{A5}, y_{A5}, z_{A5}, x_{B5}, y_{B5}, z_{B5}, l_{05}) = 0 \\
f_{61}(x_{A6}, y_{A6}, z_{A6}, x_{B6}, y_{B6}, z_{B6}, l_{06}) = 0 \\
f_{62}(x_{A6}, y_{A6}, z_{A6}, x_{B6}, y_{B6}, z_{B6}, l_{06}) = 0 \\
\quad\vdots \\
f_{67}(x_{A6}, y_{A6}, z_{A6}, x_{B6}, y_{B6}, z_{B6}, l_{06}) = 0
\end{cases} \quad (5.18)
$$

由此建立起标定数学模型，求解此方程组即可得到待标定各机构参数值。上

述标定模型的参数辨识问题可被转换为使目标函数 **G** 值最小的数值优化问题，其中 **G** 为

$$G = \sum_{j=1}^{7}(\lambda_{1j}f_{1j} + \lambda_{2j}f_{2j} + \lambda_{3j}f_{3j} + \lambda_{4j}f_{4j} + \lambda_{5j}f_{5j} + \lambda_{6j}f_{6j}) \qquad (5.19)$$

式中，$\lambda_{ij}(i=1,2,\cdots,6)$ 为前述方程组中各方程所占的权重，取值为 1。

- 误差补偿

一轮标定结束后，由控制系统修正机构参数，并以其为基准控制下平台按规划位姿运动，将激光跟踪仪测量所得机构下平台实际位姿参数与所规划的理论位姿参数进行比较，若机构定位精度满足要求（x、y、z 方向平移小于 1mm，x、y 方向旋转小于 $0.05°$），则标定结束。否则，再次进行标定，重复先前位姿测量与参数辨识过程，直至标定结果满足精度要求为止。

- 动态检测

馈源舱的动态检测在静态标定后进行。动态检测的主要目的是检测经过标定补偿后下平台动态精度。检测内容为下平台中心点运动坐标，检测步骤如下。

第一步，悬挂馈源舱。将馈源舱悬挂起来，分两种姿态测试动态系统：馈源舱水平悬挂；馈源舱约 $10°$ 悬挂。

第二步，建立下平台测试坐标系系统。下平台测试坐标系系统包括激光跟踪仪系统、时统系统（精确时间统一同步系统）、下平台靶标等。要求测试系统能够模拟场地测量系统参数（测量精度为 3mm，数据更新率为 10Hz）。

第三步，下平台初始标定并同步。当 A 轴为 $0°$、B 轴为 $0°$、腿长处于 0 位时，下平台测试坐标系系统测量下平台中心点坐标，并通过网络将坐标及时统信息发送到控制器。

第四步，斯图尔特平台按照规划线路进行运动。规划路线为下平台中心在 x-y 平面内圆周运动。先是半径为 25mm、周期为 7.5s 的小圆；然后在运动至 3.75s 时，切换到大圆，将半径改为 50mm、周期为 5s。在运动至 3.75s 后由下平台测试坐标系系统进行下平台精度检测。

第五步，将规划线路与实测线路进行对比。

2．控制精度分析

馈源舱由斯图尔特平台、AB 转轴机构、星形框架等自下而上串联而成。A、B 轴轴角精度及斯图尔特下平台的位姿精度由结构、测量及控制等环节产生。

根据性能指标，馈源舱需要满足的精度要求为 AB 转轴机构的空间姿态误差

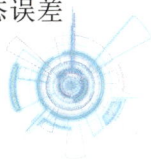

最大值≤1°；斯图尔特下平台上的任意控制点，空间位置误差≤10mm，绕该控制点旋转的空间姿态误差≤0.5°。

（1）AB转轴机构的空间姿态误差

AB转轴机构的空间姿态误差由构件的刚度变形、传动元件的运动误差、数据传递误差、轴系误差、控制误差，以及测量误差等部分组成。

① 轴系精度因素

A、B轴轴系精度指标包括A轴左、右轴同轴度；B轴左、右轴同轴度；A轴与B轴正交度。根据报告[27]，馈源舱处于不同姿态时，AB转轴机构中A轴交点的最小变形量为2.616mm，最大变形量为2.835mm，各姿态之间的最大相对变形量0.219mm；B轴交点的最小变形量为7.782mm，最大变形量为10.37mm，各姿态之间的最大相对变形量2.588mm。由此可得A轴交点的变形误差为2.835mm，B轴交点的变形误差为10.37mm。结合A轴左、右轴承和B轴左、右轴承跨距为6000mm，可以得出由于结构变形产生的A轴同轴度的轴角误差为δ_1=0.027°，B轴同轴度的轴角误差为δ_2=0.1°。

A轴与B轴的垂直度由制造、装配及测量工艺所决定，在跨距为7065mm的范围内，可保证两轴的垂直度β在0.1°以内。由此产生的A轴轴角误差为$\delta_3 \approx \beta \sin\theta_A \tan\theta_B = 0.015°$，B轴轴角误差为$\delta_4 \approx \beta \cos\theta_A = 0.1°$。其中，$\theta_A$、$\theta_B$分别为A轴角度和B轴角度。

② 轴承游隙因素

选择调心轴承型号为23230C/W33，游隙为0.12mm。左、右轴承跨距为6000mm，由此产生的AB轴的轴角误差δ_5约为0.0023°。

③ 驱动系统因素

AB转轴机构传动链采用齿轮传动，均为双电机电消隙形式，因此，传动链的回差可以忽略不计。

④ 控制系统因素

控制系统误差包括轴角分辨率误差0.006°、弹性联轴节误差0.008°、速度滞后误差0.003°、加速度滞后误差0.007°、伺服零点漂移误差0.003°。综合上述误差因素，控制系统误差δ_6约为0.014°。

---

27 参见2014年中国电子科技集团公司第五十四研究所发布的《FAST馈源支撑系统馈源舱第二阶段设计方案及评审文件——力学分析报告》。

因此，AB 转轴机构的空间姿态精度 $\delta=\sqrt{\delta_1^2+\delta_2^2+\delta_3^2+\delta_4^2+\delta_5^2+\delta_6^2}\approx0.146°$。

（2）斯图尔特下平台的位姿误差

斯图尔特下平台的位姿精度受机构本身和机构以外因素影响。

① 机构本身因素

误差源包括上、下平台铰链点中心的位置误差；6 根分支杆的长度误差；执行机构的位置误差。

由有限元分析可得，铰链点变形最大值为 2.321mm，杆长变形最大值为 1.098mm。考虑铰链及分支杆的装配误差，在精度分析时取铰链点的误差最大值为 2.5mm，杆长误差的最大值为 1.2mm。基于蒙特卡洛方法的斯图尔特平台精度分析，得到误差分析结果如图 5.104 所示。在全姿态下，下平台位移综合输出误差 $\alpha_1=2.3$mm，下平台角度综合输出误差 $\beta_1=10'\approx0.17°$。综合输出误差是基于全部样本误差的 RMS 值。

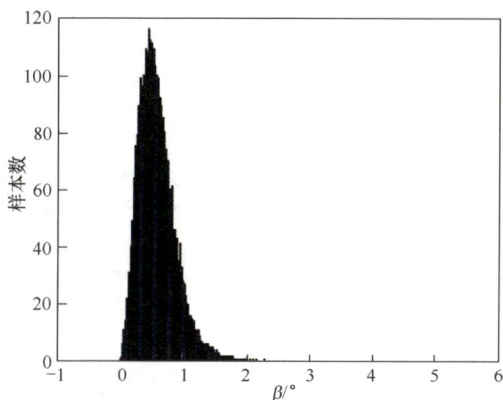

（a）角度综合输出误差图

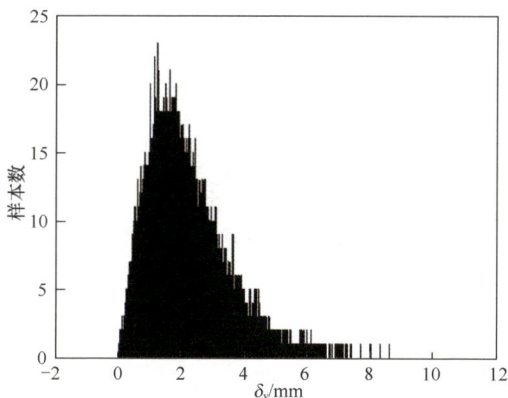

（b）位移综合输出误差图

图 5.104　误差分析结果

② 机构以外因素

通过 ADAMS 和 Simulink 进行馈源舱的联合仿真（仿真结果已考虑外部测量误差），考虑风扰和传感器特性条件下，斯图尔特平台的误差为 α_2=8.9607mm、β_2=0.0964°。

③ 位姿误差总和

综合上述分析结果，对于斯图尔特下平台上的任意控制点，空间位置误差 $\alpha = \sqrt{\alpha_1^2 + \alpha_2^2} \approx 9.25mm$；绕该控制点旋转的空间姿态误差 $\beta = \sqrt{\beta_1^2 + \beta_2^2} \approx 0.19°$。

5.3.6 舱停靠平台详细设计

舱停靠平台是进行馈源舱初始装配与调试，驱动索和缆线入舱的安装与更换、隔离，以及馈源舱的正常降舱、升舱等功能的工艺平台，其建在主动反射面中心底部的 FAST 开挖中心处，如图 5.105 所示。舱停靠平台主要包括基础、舱支撑装置、滑轮支撑装置、配电单元、动态监测单元、电气控制系统、与相关系统的接口和其他附属设备/设施等。限于本书篇幅，仅介绍其中主要和重点的部分，进一步的细节设计和分析计算可参考报告[28]。

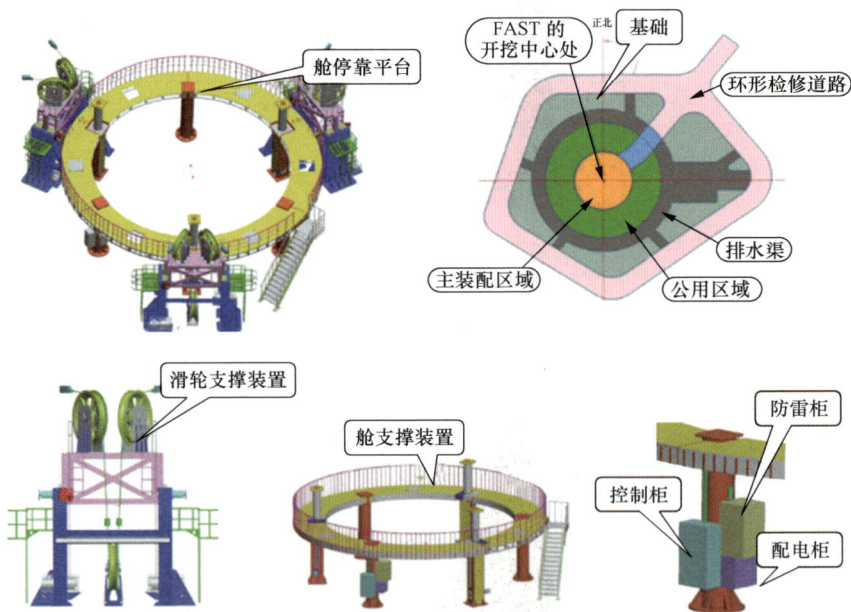

图 5.105 舱停靠平台及部分组件

---

28 参见 2015 年中国电子科技集团公司第五十四研究所发布的《FAST 舱停靠平台研制总结报告》和 2017 年中国电子科技集团公司第五十四研究所发布的《FAST 馈源舱研制总结报告》。

本节将按照舱停靠平台的主要部件进行详细介绍。

（1）基础

如图 4.11 所示，舱停靠平台基础位于 FAST 的开挖中心处，将 Φ26m 的圆台划分为主装配区域和公用区域（圆台中心与 FAST 开挖中心同心）。主装配区域为直径为 13m 的圆台（与开挖中心同心），以开挖中心为分布圆心，基础上均布有 6 套立柱安装的预埋件，分布圆直径约为 10.3m，其中一套预埋件与正北方向偏东成 16.0°角。开挖中心处建有测控系统的一个测量基墩和反射面中心促动器基础，测量基墩与中心促动器基础合二为一。

Φ13～26m 的圆环带区域为各系统的公用区域，海拔与平台基础混凝土地面等高，其中 Φ22m 以内地面作混凝土硬化层。公用区域内，包含主动反射面系统的 5 根下拉索地锚基础，反射面板安装用的中心环梁柱基础（建在 Φ22m 以外的区域）、滑轮支撑装置基础 3 处（以开挖中心为圆心，均匀分布，分布圆直径约为 14.3m，其中一处与正北方向成 16.0°角，如图 4.12 所示）。

（2）舱支撑装置

舱支撑装置由固定立柱、升降立柱、支撑环梁、爬梯、升降围栏等部分组成。在其中一个固定立柱外侧安装配电箱及电气控制箱，在支撑环梁上面靠近 3 个升降立柱附近各安装一套监测及照明设备。舱支撑装置是馈源舱装配、降舱停靠的承载部件。

舱支撑装置的 3 个固定立柱和 3 个升降立柱按照 60°相互间隔，均匀分布在直径为 10300mm 的圆周上，并与地基上的预埋地脚螺栓连接。6 个环梁与固定立柱、升降立柱之间采用螺栓连接。舱支撑装置内环直径为 9600mm、外环直径为 12600mm，工作状态下升降立柱升起高度为 5020mm，收藏状态下高度为 3494mm，支撑环梁下方的通行高度为 3010mm（含基础高度 100mm）。

升降立柱是舱停靠平台的主要承载机构，由外立柱、内立柱、舱对接支座、压力传感器、缓冲器、过渡连接板、螺旋升降装置等部分组成，如图 5.106 所示。

立柱升降通过螺旋升降装置实现，具有自锁功能，在过渡连接板上装有尼龙滑套与内立柱形成上滑动副，在内立柱的末端四周安装尼龙导向块与外立柱的内壁形成下滑动副，通过上、下滑动副实现内立柱轴向双点定位。内立柱升到指定位置后通过内立柱法兰与外立柱的过渡连接板螺栓连接。升降立柱工作状态下高度为 5020mm，收藏状态下高度为 3250mm，螺旋升降装置行程为 1670mm。升降立柱在工作过程中具有电限位和机械限位双重保护。

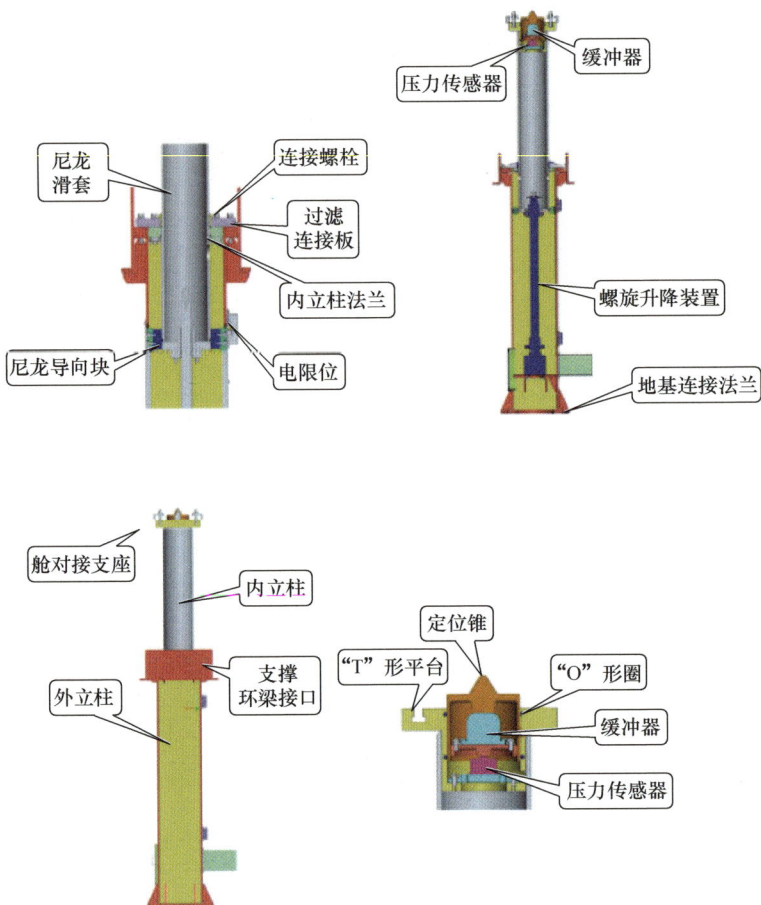

图 5.106　升降立柱

外立柱采用 Q345B 钢板焊接成方形结构，外形尺寸为 600mm×600mm，壁厚为 16mm，高度为 3270mm，质量为 1.6t。上部外侧焊接法兰，将支撑环梁搭接在接口上部，侧面与法兰用螺栓固定，底部法兰与基础上地脚螺栓连接。内立柱主要由舱对接支座、压力传感器、立柱、缓冲器、连接法兰 1、连接法兰 2 及导向块等部分组成。圆筒截面尺寸为 Φ400mm×24mm，高度为 2285mm，质量为 1.05t。

舱对接支座由"T"形平台、定位锥、缓冲器、压力传感器等组成，"T"形平台和定位锥是馈源舱降舱的主要对接设备。"T"形平台焊接在内立柱上部，为馈源舱的对接固定提供紧固件安装空间。上端安装定位锥，下部安装缓冲器与压力传感器。缓冲器用于减少馈源舱下落过程中的振动冲击，压力传感器（承载力为 20t）

用于检测馈源舱下落时与支座的对接压力，馈源舱降舱对接时定位锥受到压力向下滑动，同时缓冲器起到缓冲作用把力传递到压力传感器上并输出压力数据。

在馈源舱初次升舱过程中定位锥的作用主要有以下几点：在馈源舱和"T"形平台脱离瞬间，防止馈源舱发生大位移侧滑；在馈源舱脱离"T"形平台，且未脱离定位锥过程中，辅助完成馈源舱初次升舱时的 6 索索力调整，保证馈源舱的安全；作为初次升舱结束的标志，馈源舱脱离定位锥标志初次升舱的完成。

支撑环梁采用骨架结构，共 6 段，端面焊有连接法兰，分别与固定立柱或升降立柱螺栓连接。环梁骨架采用 100mm×48mm×5.3mm 的槽钢焊接而成，内外圈均焊有 1.5mm 的护板。

在支撑环梁圆周设有通道、护栏，同时环梁上还留有制造代舱星形框架的工装接口。

（3）滑轮支撑装置

滑轮支撑装置由固定支撑、活动平台、电动起升装置、定滑轮、滑轮组、地锚、锁定销装置、拉力传感器、手拉葫芦、钢丝绳、板卡、吊环等组成，用于索、缆线入舱机构的安装和更换及舱索的隔离，如图 5.107 所示。

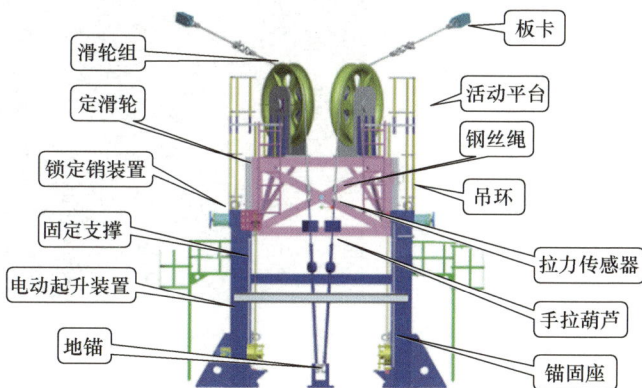

图 5.107　滑轮支撑装置

滑轮支撑装置中活动支撑平台的升降采用两套电动起升装置共同实现。电动起升装置由卷扬机、定滑轮和钢丝绳等组成。两套电动起升装置对角安装在固定支撑的下方，钢丝绳通过安装在固定支撑上的定滑轮与活动支撑平台下端固定，保证活动支撑平台升降顺畅、受力平衡。滑轮支撑装置工作状态下，最大高度为 6185mm。

固定支撑上安装了吊环（规格为 M56），既可以方便固定立柱的吊装，又可以用作馈源舱非正常降舱时挂钢丝绳的挂点，辅助馈源舱降舱。

滑轮支撑装置在收藏状态时，下方的滑轮组被移走，活动支撑下降到最低点，触动下限位开关，电机断电，收藏后滑轮支撑装置的总高度为 3500mm（基础高度为 100mm）。

此外，舱停靠平台的详细设计还包括防雷与 EMC、动态监测和电气控制等，限于篇幅，这里不详细介绍，读者可自行参考相关报告[29]。

5.3.7　设备制造与安装

1. 舱停靠平台的制造和现场安装

（1）厂内制造与试安装

2013 年 10 月—2014 年 2 月，舱停靠平台在厂内进行了加工制造及涂覆工作，为了更好地确保现场安装的顺利开展，在厂内进行了舱停靠平台的试安装工作，如图 5.108 所示。

（2）现场安装

舱停靠平台现场安装第一步是进行基础施工。2013 年 12 月—2014 年 4 月，完成舱停靠平台基础施工工作。2014 年 5 月—2014 年 6 月，完成舱停靠平台的现场安装工作。由于舱停靠平台是部件组装，现场安装工作更为顺利和简单，如图 5.109 所示。

图 5.108　舱停靠平台主要构件加工及试安装

主要安装步骤如下。

第一步，清除平台立柱地脚螺栓，涂抹黄油，测量人员架设测量仪器，做好吊装构件前的准备工作。

第二步，吊车站位，按顺时针（或逆时针）顺序将 3 根升降立柱（单根质量为 2.65t）和 3 根固定立柱（单根质量为 1.5t）吊入相应位置，吊装时将 1 根吊装

29　参见 2015 年中国电子科技集团公司第五十四研究所发布的《大科学工程项目（FAST）档案 GY2-PTSG-020:FAST 舱停靠平台研制总结报告》和 2017 年中国电子科技集团公司第五十四研究所发布的《FAST 馈源舱研制总结报告》。

绳（承载力为 4t）系在每根立柱的中间位置，保证重心平衡，放入相应位置。使用全站仪跟踪检测立柱与立柱之间的相对位置度及垂直度要求，合格后与地脚螺栓固定。

第三步，将 6 个支撑环梁及相应的护栏（单重为 1t）以间隔

图 5.109　安装完毕的舱停靠平台

60°的方式分两组安装到位或以顺时针顺序依次装入相应位置，用螺栓紧固并用检测仪器做到随安装随检测，一次性安装到位。

第四步，待以上安装工序检测合格后，将扶梯配装到位，将按 120°摆放顺序安装、调试 3 个滑轮支撑装置（单重为 3t）。

第五步，此部分安装后，除检测舱停靠平台的整体外形尺寸和环梁整体的平面度外，复测 3 个升降立柱的升降情况是否满足使用要求。待此部分检测合格后要对相关的检测数据做好记录，做到有据可查。

2．馈源舱的制造与现场安装

（1）厂内制造与试安装

2015 年 7 月至 11 月，FAST 团队在厂内完成了馈源舱构件加工制造及涂覆工作，为了更好地确保现场安装的顺利开展，在厂内进行了馈源舱的试安装工作，如图 5.110 所示。

图 5.110　馈源舱构件加工及试安装

厂内加工由专业的监造团队及专业技术人员驻厂，最大限度保证了加工按期按质完成，并在关键节点进行分部件的验收工作，如图 5.111 所示的斯图尔特下平台 1 的出厂验收。

图 5.111　斯图尔特下平台 1 的出厂验收

2015 年 8 月—2016 年 2 月，完成了 EMC 工程所有构件的厂内加工制造及检测工作，如图 5.112 所示。

（a）对 AB 转轴机构减速器、屏蔽门进行 EMC 自检

（b）对驱动装置进行 EMC 测试、验收

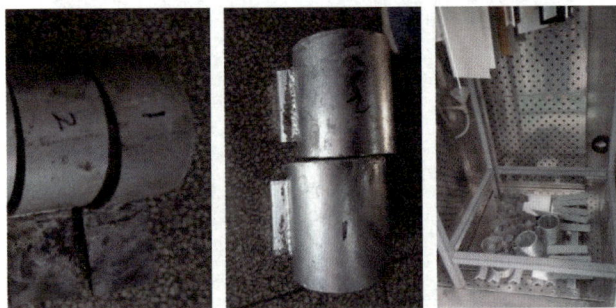

（c）舱罩焊接、热浸锌及高低温试验

图 5.112　馈源舱 EMC 部件加工制造及检测

（2）现场安装

2016 年 1 月，将馈源舱部件陆续运输至 FAST 现场，并开始了现场馈源舱的安装工作。

① 星形框架的吊装焊接

为了更好地进行星形框架的部件定位，在舱停靠平台的内部搭建内圈工装平台（见图 5.113），外部搭建活动脚手架，脚手架的搭建要牢固可靠，满足星形框架及蒙皮的安装要求。在星形框架安装、焊接过程中应佩戴安全带、安全帽等安全保障设施，满足安全安装的要求。

（a）设计图　　　　　　　　　　　（b）实拍图

图 5.113　搭建内圈工装平台

在舱停靠平台内部搭建内圈工装平台并调平后，先用经纬仪将焊接组件定位工装粗定位（按理论位置坐标向外平移 5mm），再用外围测量基墩架设全站仪，将焊接组件定位工装精调定位（按理论位置坐标向外平移 5mm）（见图 5.114），保证相关的角度、方位，调整合格后采用压板进行加紧固定。

图 5.113 中的 12 个支架定位工装按图示布置均布达到要求后，采用压板固定工装底板的形式在内圈平台及舱停靠平台上加以加紧固定，保证装配精度要求。

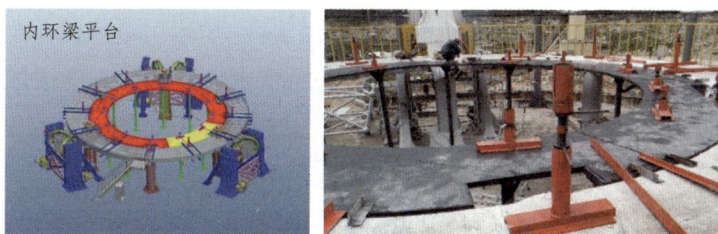

（a）设计图　　　　　　　　　　　（b）实拍图

图 5.114　焊接组件定位工装

将焊接组件按图 5.115 逐一固定到支架定位工装上，按照工装定位点固定到

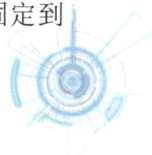

位后，用活动调节支撑固定并压实，防止偏移。固定第一个支架后，固定第二个支架的同时，将 4 个环杆用固定卡固定到位，再将第二个支架用活动调节支撑固定并压实，以此类推，安装完成焊接组件。

| （a）设计图 | （b）实拍图 |

图 5.115 焊接组件固定

A 轴轴孔采用激光跟踪仪检测保证轴孔位置要求，符合尺寸无误后，将 8t 汽车吊暂时撤出，安装 A 轴轴孔定位工装，用螺栓紧固牢固。考虑 A 轴防变形工装，在 A 轴轴孔定位工装下方有 2 根支撑柱，在该工装左右两侧均由槽钢与内环梁工装固定（见图 5.116）。

将固定卡拆除后，对各斜拉杆定位、点焊。除两个含 A 轴箱体的焊接组件暂不焊接外，其余焊接组件对称焊接各环杆、斜拉杆完成后，对称焊接两个含 A 轴箱体的焊接组

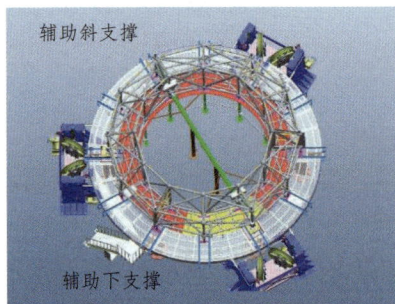

图 5.116 A 轴防变形工装

件，并用激光跟踪仪在焊接过程中通过测量 A 轴防变形工装进行监控，等焊缝彻底冷却后再拆除防变形工装，8t 汽车吊再次进入舱停靠平台中心。用全站仪检测定位 GNSS 支架，确认位置正确后焊接。如图 5.117 所示，进行锚固头的安装时，先用螺栓连接各接口，用全站仪检测锚固头的理论坐标位置，确认位置正确后，再对称满焊。

星形框架顶部管件首先在厂内整体试装完成，将钢管与中心件焊接成整体，再将 12 根钢管分别在 600mm 与 700mm 处交错断开，并做好配对标记，到施工现场后用吊车吊装中心部件，先用 4 根定位中心部件，吊车撤场，再按配对标记逐一将其余管件点焊到位后焊接，如图 5.118 所示。随后对其余部分进行焊接和安装。

图 5.117　锚固头安装示意

图 5.118　顶部管件组装示意

②AB 转轴机构和上平台的定位及安装

如图 5.119 所示，在地面将 AB 转轴机构的箱体、框架调整到位后，螺栓连接紧固（A 轴、B 轴的同轴度及垂直度在厂内调整合格后，箱体与框架用销钉定位，安装现场通过销钉定位复装），进行 AB 转轴机构中心标定，再将上平台的箱体、桁架调整到位后，螺连紧固（B 轴的同轴度在厂内调整合格后，箱体与桁架用销钉定位，安装现场通过销钉定位复装），并将其装在AB 转轴机构上。

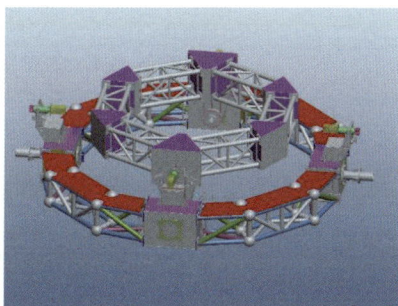

图 5.119　AB 转轴机构及上平台整体组装示意

安装 B 轴处扇形齿轮及驱动装置，待调整合格后螺装、紧固。用 6 个 5t 倒链整体吊装 AB 转轴机构及上平台，如图 5.120 所示。A 轴固定后，安装 A 轴处扇形齿轮及驱动装置，待调整合格后螺装、紧固。

（a）设计图

（b）实拍图

图 5.120　AB 转轴机构及上平台吊装

③6杆机构定位、安装

如图5.121所示，用倒链将6根分支杆逐一吊装、定位，螺装、紧固。再用倒链将下平台中心部件先吊装、定位，再逐一吊装外部部件并定位，螺装、紧固，如图5.122所示。

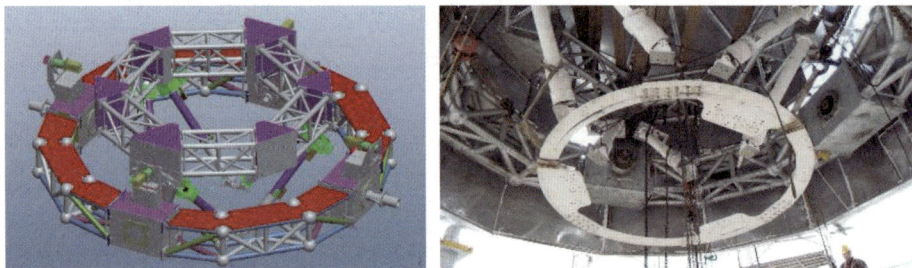

（a）设计图　　　　　　　　　　　（b）实拍图

图5.121　安装斯图尔特平台6根分支杆

④其他硬件设备安装

如图5.123所示，最后完成屏蔽门、波导窗、光纤波导管、滤波器等的安装、满焊；舱罩隔间1、隔间2的EMC检测；馈源舱GNSS天线、锚固头支座、靶标点等的标定；馈源舱内设备、元器件安装；安装屏蔽布及收紧装置；馈源舱电装、走线；下平台与星形框架靶标点的标定；舱罩涂覆等。

图5.122　安装斯图尔特下平台

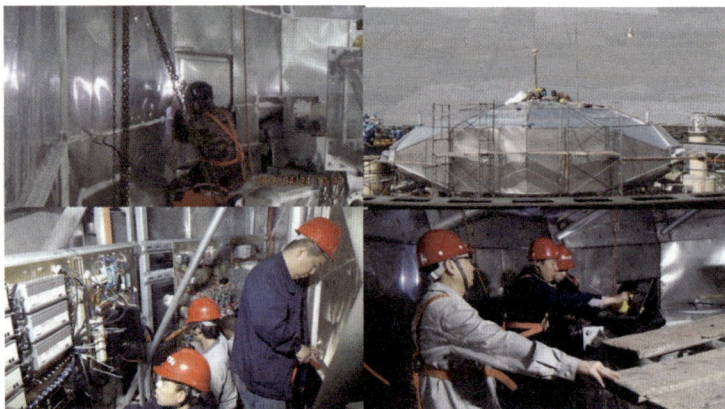

图5.123　其他硬件设备安装

⑤ EMC 测试

舱内设备安装完成后，对馈源舱各屏蔽区域进行屏蔽效能测试，区域包括馈源舱隔间 1、隔间 2、隔间 3、AB 转轴机构电机舱罩、分支杆电机舱罩等，测试在 70～3000MHz 频段对数坐标上均匀测量 50 个频率点。EMC 测试过程如图 5.124 所示。

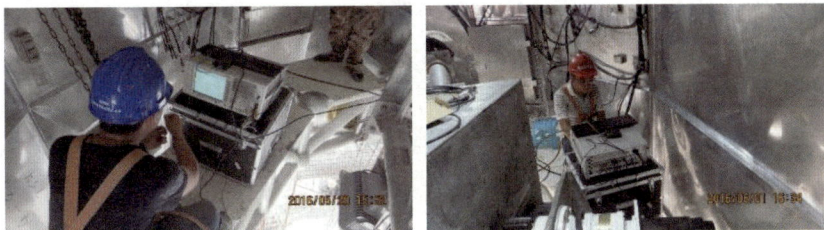

图 5.124　EMC 测试过程

最终馈源舱及舱停靠平台均安装完工，如图 5.125 所示。

图 5.125　馈源舱及舱停靠平台均安装完工

5.3.8　设备调试

1. 舱停靠平台设备调试

2014 年 10 月 17 日—30 日，对舱停靠平台的各功能指标进行了调试，调试项目为升降立柱的收藏高度、起升高度、起升时间，滑轮升降装置的起升、入锁、下降等功能，平台的外形尺寸及高度等指标[30]。

（1）升降立柱

调整导向块与导向槽，测试升降过程是否间隙均匀、对称、灵活。调整升降机构，测试运动平稳性、噪声、自锁、承载力、速度等性能。调整限位开关位置，

30　参见 2017 年中国电子科技集团公司第五十四研究所发布的《FAST 馈源舱研制总结报告》。

满足行程要求。测试手控盒控制功能。设置运动障碍，测试电气控制单元的故障诊断功能。测试限位开关的限位逻辑控制是否正常。手动升降，检查内立柱升降到位后，螺孔对接准确度。

（2）滑轮支撑装置

通过工装、测量及调整手段保证导向槽间距、位置满足升降导向要求。试装辅助梁、斜拉梁，检查基础连接点位置误差。调整活动平台导向块、导向槽位置，保证升降过程均匀、对称、灵活。调整电动起升装置，测试平稳性、噪声、自锁、承载力、速度等性能。调整限位开关位置，满足升降行程要求。测试手控盒控制功能。设置运动障碍，测试电气控制单元的故障诊断功能。测试限位开关的限位逻辑控制是否正常。手动升降，检查活动平台升降到位后，锁定销与定位孔的对接准确度。

经调试和测试，设备功能和性能满足设计要求。

2．升舱前馈源舱设备调试

2016 年 6 月—2017 年 4 月，检查了馈源舱系统状态，以功能性测试为主。通过本次调试，馈源舱各项功能满足指标要求。

对靶标位置进行了测量，将测量数据转换到 FAST 坐标系下进行表示。对 AB 转轴机构及斯图尔特平台的本地控制功能进行了调试。对舱内动态监测系统进行了调试。调试了馈源舱的配电功能。

经调试和测试，设备功能和性能满足设计要求。

3．初次升 / 降舱（离 / 降舱）工作流程试验

2015 年 11 月 15 日—24 日，舱停靠平台配合代舱起升，经过数天多次升舱及降舱，舱停靠平台的各项设备工作运行正常[31]。馈源舱正舱安装完毕后的升 / 降舱操作也执行相同工作流程，具体如下。

（1）初次升舱

打开舱停靠平台上的各项设备，确定设备正常工作。为避免馈源舱初次升舱时横向偏移，采用钢丝绳将锚固头支座与固定支撑连接，馈源舱脱离舱停靠平台稳定后，将钢丝绳拆除。去除馈源舱与平台间的压板连接。记录 3 个锚固头初始位置。索驱动控制调整 6 索长度改变索拉力，开始升舱。通过观测和测量，保证 3 个锚固头位置相当。调整 6 根钢索，直至馈源舱对接支座与导向锥脱离，完成初次升舱。

31　参见 2015 年中国电子科技集团公司第五十四研究所发布的《FAST 舱停靠平台研制总结报告》。

（2）初次降舱

馈源舱降舱对接过程中，馈源舱从跟踪球冠面中心最低点（距离舱停靠平台地面 140m 高）处向下降落，逐渐与舱停靠平台接近，速度逐渐降低，直至完成与舱支座对接。对接过程不得对馈源舱造成损害。操作流程如下。

馈源舱降舱前，按照升降流程，将升降立柱升到预定位置。当馈源舱下落至舱停靠平台 5m 左右时，下落速度降至 40mm/s，馈源舱进入降舱控制状态。当馈源舱降落至舱支撑座与舱停靠平台升降立柱导向锥尖处，近似接触时（此时馈源舱下落到距离舱对接支座约 140mm 处），舱下降速度接近 0mm/s。判断 3 个舱支撑座孔是否分别与舱停靠平台 3 套升降立柱导向锥对正，或对接偏差满足舱停靠平台 3 个导向锥进入舱支撑座孔内，即认定馈源舱降舱 6 索控制合格，此时可以控制舱缓慢下降降舱；如舱支撑座孔与导向锥侧面接触，可以控制 6 索拖动馈源舱使舱支撑座孔下降时不与导向锥侧面接触。当馈源舱对接支座底面与导向锥上平面接触时（此时馈源舱下落到距离 "T" 形平台上表面约 60mm 处），缓冲器开始工作。当馈源舱下降至 6 索舱索锚固头处的索力小于 100kN 时，馈源舱支撑座开始与 "T" 形平台接触，此时馈源舱基本完成降舱操作；继续等长释放 6 索，适当加大索垂度，索力下降，但要保证索、滑车、线缆不得与反射面接触、干涉，此时馈源舱已准确、安全降舱。舱降舱如需要进行精密维修，用压板将 3 个舱支撑座压向舱停靠平台升降立柱 "T" 形平台上平面，使舱对接支座对接面与 "T" 形平台上平面接触，并进行舱索隔离。

舱停靠平台升降立柱的安装误差为 3mm，馈源舱晃动误差为 48mm，馈源舱水平方向的刚度变形为 1.32mm，内外立柱之间的同轴度为 1mm，因此对接极限误差为 53.32mm。

升降立柱定位锥的顶端直径为 40mm，馈源舱上的舱支撑座对接孔直径为 160mm，所以舱支撑座与舱停靠平台接触时的间隙余量为 60mm，满足对接要求。

4．升舱后的馈源舱调试

2017 年 5 月—2017 年 9 月，以软件功能、跟踪精度和控制系统参数调试为主进行了调试。通过本次调试，馈源舱基本满足技术指标要求[32]。

调试了馈源舱控制软件与上一级馈源支撑控制系统之间的传输协议，完善了软件功能。确认了馈源舱与上一级馈源支撑控制系统的坐标系一致性。在本地控制端，给定馈源各轴方向位移和角度，通过观察测量系统反馈数据与期望数据，

32　参见 2017 年中国电子科技集团公司第五十四研究所发布的《FAST 馈源舱研制总结报告》。

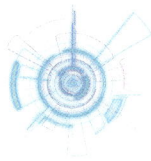

确定了坐标系的正确性。开环定点及轨迹稳定性测试。当馈源位姿在开环状态下时，由上一级馈源支撑控制系统下发馈源实测位姿和固定期望位姿，斯图尔特平台跟随上一级馈源支撑控制系统的指令运动，斯图尔特平台工作稳定，但存在静态误差，属于系统标定误差，应该给予补偿。闭环定点及轨迹稳定性测试。当馈源位姿在闭环状态下时，由上一级馈源支撑控制系统下发馈源实测位姿和固定期望位姿，斯图尔特平台跟随上一级馈源支撑控制系统的指令运动，斯图尔特平台工作稳定，通过修改控制器程序，调节 PI 参数，使得系统跟踪误差得以补偿。

关于馈源位姿跟踪定位控制的详细介绍，参见 6.3 节相关内容。

5.3.9　馈源舱整体性能及其完成情况

表 5.25 列出了 FAST 馈源舱整体性能及其完成情况。

表 5.25　FAST 馈源舱整体性能及其完成情况

名称	任务需求	采取措施	完成情况
星形框架	对设备/设施进行合理布局，尽量缩小星形框架重心变化范围，并进行轻量化设计；检修通道应符合人体工程学；星形框架与馈源舱锚固头支座在极端工况下可承载 50t 瞬时冲击载荷	充分考虑现场施工条件，尽量采用工装的装配、焊接工艺，在工厂内完成零、部件的初加工，现场只完成焊接，通过力学分析，优化结构设计，在锚固头支座处留出足够的安全系数	完成
AB 转轴机构	根据运动要求，达到 −18°～+18° 工作角度并满足精度要求；应简单、可靠、经济、易维护，轻量化设计	工作角度按照 −18°～+18° 进行设计，并留出 0.5° 的冗余量，通过力学分析、仿真等手段进行结构优化设计	完成
斯图尔特平台	考虑现场安装条件，满足简单、可靠、易拆装、易维护要求；在满足工作要求和精度要求的情况下，进行轻量化设计	舱内设备在现场均能通过简单的工装或机构进行拆装，通过力学分析、仿真等手段进行结构优化设计	完成
多波束接收机转向装置	多波束接收机转向装置需根据运动规划要求，达到工作角度并满足精度要求；应简单、可靠、经济、易维护，在满足工作要求和精度要求的情况下，进行轻量化设计	多波束接收机转向装置通过单独的转动机构完成规划要求，并通过安装轴角编码器等测角元件满足精度要求，通过力学分析、仿真等手段进行结构优化设计	完成
舱罩	将舱内设备与外部环境隔离并进行电磁屏蔽，保证满足馈源舱的散热、通风、防雨雪、防雹、防尘等要求；考虑采用软质屏蔽布设计；考虑人员出入、测量标定和接收机的拆卸要求，进行轻量化设计	舱罩采用不锈板作为馈源舱的外蒙皮，接缝处密封焊接，下平台与星形框架之间采用软质屏蔽布，制冷压缩机外露在空气中，舱罩从压缩机内侧屏蔽，留有人员出入馈源舱出入口，舱顶端留有通风孔，通过力学分析、仿真等手段进行结构优化设计	完成

续表

名称	任务需求	采取措施	完成情况
舱—索联合仿真	满足设计输入指标要求。优化控制策略及相关控制参数，使得系统最终控制精度满足馈源舱输出精度指标要求	通过联合仿真，结果满足了输出精度指标要求	完成
电气与控制单元	电力和信号传输、馈源舱系统控制软硬件、维护监控、视频监控、安全保护、系统数据分析及存储，实现驱动设备启停、远程/本地控制等功能。配置测量设备并满足控制精度的要求。馈源舱的控制单元应保证馈源舱可根据测量反馈指令控制运动部件实现满足要求的运动，同时根据不同工况制定相应的控制方案，并负责馈源舱的控制调试，使得馈源舱的精度满足技术指标要求	电力传输和信号传输满足相关标准和通信协议要求；控制系统包括 AB 转轴机构控制、多波束转向控制和斯图尔特平台控制；安装摄像头并采用传感器实现设备安全保护；通过光缆与地面监控进行信息传递，实现驱动设备启停、远程/本地控制；根据馈源舱整体位姿反馈，协调 FAST 测控系统，使得测量精度能够满足馈源舱控制的要求；根据馈源舱不同工况，制定相应的控制方案；根据实际工况进行调试，使馈源舱精度达到技术指标要求。	完成
馈源舱与索驱动的接口尺寸	馈源舱与索连接的关节轴承中心分布圆直径：13m	馈源舱与索连接的关节轴承中心分布圆直径：13m	完成
保形精度	星形框架锚固头支座至 A、B 轴中心控制点的保形精度：3mm	馈源舱在不同姿态下，由于结构变形，A 轴与 B 轴不会相交。变形主要为系统误差，通过在标定过程中逐步修正，使锚固头支座到 A、B 轴中心控制点的保形精度控制在 3mm 以内	完成
馈源舱质量	馈源舱质量小于等于 30t	通过优化设计，馈源舱整体质量为 30t	完成
斯图尔特下平台控制精度	观测工况下，任意时刻斯图尔特下平台的控制点（各馈源的相位中心点）有且仅有一个，针对下平台上的任意控制点，其空间位置误差 ≤ 10mm，姿态角度误差 ≤ 0.5°	根据斯图尔特上平台位姿，通过控制策略实时调整观测工况下伸缩支腿长，使馈源舱下平台位姿达到指标要求。控制策略考虑风扰、动力学耦合、馈源舱结构变形等对斯图尔特下平台位姿的影响，对部分扰动进行抑制；测量系统考虑下平台测量中采样时间、频率及延迟对控制系统的影响，达到控制系统对测量指标要求	完成
钢索牵引点及重心位置	6 个钢索牵引点共面，且比整个馈源舱重心位置高出 200 ～ 250mm	馈源舱的重心位于 6 个钢索牵引点下方 242mm	完成
A、B 轴转角范围	A 轴和 B 轴转角范围：−18°～ +18°	实际转角范围：−18°～ +18°	完成

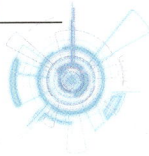

续表

名称	任务需求	采取措施	完成情况
A、B轴最大转速	A轴和B轴最大转速：1.2×10^{-3}rad/s；换源时间为10min，其中加减速时间为1min，采用直线加减速方式	合理选取A轴和B轴的电机转速，通过减速器及末级齿轮副的减速，使A轴和B轴的最大转速为1.2×10^{-3}rad/s	完成
A、B轴最大加速度	A轴和B轴最大加速度：4×10^{-5}rad/s²	合理选取A轴和B轴电机，电机的最大转动加速度 $>4\times10^{-5}$rad/s²	完成
AB转轴机构精度	AB转轴机构在观测工况下的转动精度为1°	安装高精度的轴角编码器来实现A、B轴角度的采集，采用闭环控制策略实现B轴机构在观测工况下的转动精度为1°	完成
多波束接收机转动角度及加速度	多波束接收机需要绕其中心轴转动，转动角度要求达到±80°，最大转动速度为4.9×10^{-3}rad/s	多波束接收机安装在旋转机构上，旋转机构包括带有整圈外齿轮的轻型轴承，转动角度满足±80°要求；合理选取电机的转速，通过减速器减速，使多波束接收机的最大转速为1.79×10^{-2}rad/s	完成
多波束接收机姿态精度	多波束接收机姿态精度为0.3°	通过轴角编码器来实现多波束接收机转动角度的采集，采用闭环控制策略来实现多波束接收机姿态精度	完成
代舱	代舱的质量及其分布、质心位置与馈源舱详细设计结果一致；索驱动机构接口、舱停靠平台接口设计与馈源舱详细设计结果一致；设计代舱内相关接口和电力信号传输走线方式	代舱的星形框架根据实际情况与实际舱的相似，接口尺寸、精度与实际的相同，内部安装了配重架及可调整的配重块，来模拟实际重心位置	完成
运输要求	满足公路、铁路和海运运输限高、限宽、限长的要求；满足现场运输条件要求	将馈源舱的各组成部分、工装等均拆成可运输单元，满足现场安装要求	完成

本章小结

　　液压促动器是FAST主动反射面的驱动装置，具有数量多、分布广、可靠性要求高等特点。FAST团队根据望远镜的需求，从整体方案设计、加工工艺优化、现场维护方案、故障诊断技术等方面持续对促动器进行研究，不断优化和改进促动器性能，从而不断提高其可靠性和可维护性，进而保障FAST长期稳定可靠运行。

　　索驱动系统和馈源舱（含舱停靠平台）是FAST柔性、轻型、光机电一体化的馈源支撑的核心组成部分和主要创新技术之一，也是本章着重介绍的重点内容。首先分别介绍了索驱动系统和馈源舱的各部分组成和需要实现的主要功能。然后分别介绍了索驱动系统和馈源舱的性能指标要求、方案设计和优化、详细设计、本地控制、标定与精度分析等，逐步从机械设计、电气设计、控制算法和标校调试等方面介绍两大系统的细节。最后介绍两大系统及舱停靠平台的设备制造、安装和现场系统调试等工作，对比了系统最终的验收测试结果与系统的性能指标要求。

参考文献

[1]　WANG Q M, WU M C, LEI Z, et al. Summary of the actuators of the FAST active reflector[C]//ISCSIC' 18: Proceedings of the 2nd International Symposium on Computer Science and Intelligent Control. New York: ACM, 2018: 1-6.

[2]　李宁 , 薛建兴 , 王启明 .FAST 促动器的设计与仿真 [J]. 机械设计与制造 , 2012(11): 55-57.

[3]　孙晓 , 王启明 , 吴明长 . FAST 促动器性能测试在线监测系统 [J]. 天文研究与技术 , 2013, 10(3): 227-233.

[4]　薛建兴 , 雷政 , 古学东 , 等 . FAST 故障促动器快速拆换机构设计与研究 [J]. 天文研究与技术 , 2015, 12(1): 102-108.

[5]　WANG Q M, WU M C, MING Z , et al. The development of the actuator prototypes for the active reflector of FAST[C]//Proceedings of SPIE 8444, Ground-based and Airborne Telescopes Ⅳ . Amsterdam: SPIE, 2012: 844426.

[6]　朱明 . FAST 促动器可靠性理论与试验研究 [D]. 北京 : 中国科学院大学 , 2015.

[7]　ZHU M , WANG Q M , YANG L , et al. Fatigue reliability theory-based optimal design of wire ropes on test platforms for FAST actuators[J]. Multidiscipline Modeling in Materials and Structures, 2015, 11(3):413-423.

[8]　ZHU M, ZHAO J Y, WANG Q M. Reliability evaluation of key hydraulic components for actuators of FAST based on small sample test[J]. International Journal of Precision Engineering and Manufacturing, 2017, 18(11) :1561-1566.

[9]　刘兵 , 王超光 , 张建 , 等 . FAST 工程新型液压促动器研制及性能分析 [J]. 液压与气动 , 2015(8): 111-113, 118.

[10]　刘兵 , 王超光 , 李阳 , 等 . 直驱式容积控制液压促动器电液伺服系统研究 [J]. 液压与气动 , 2016(7): 24-28.

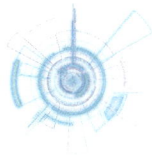

[11]　王启明, 高原, 薛建兴, 等. 500m 口径球面射电望远镜反射面液压促动器关键性能分析 [J]. 机械工程学报, 2017, 53(2): 183-191.

[12]　高原. 大射电望远镜 FAST 液压促动器动态特性分析与试验研究 [D]. 贵阳 : 贵州大学, 2016.

[13]　ZHU M, WANG Q M, LEI Z, et al. Research for reliability of the actuator of FAST reflector based on FMECA[J]. International Conference on Reliability, 2015, 1(1): 623-627.

[14]　刘兵, 王超光, 王建任, 等. 液压促动器控制系统设计与性能分析 [J]. 机床与液压, 2017, 45(8): 102-104+110.

[15]　雷政, 王启明, 甘恒谦, 等. FAST 液压促动器过滤系统 [J]. 机械工程学报, 2020, 56(4): 218-223.

[16]　雷政, 姜鹏, 王启明, 等. FAST 促动器群系统可靠性研究 [J]. 机械工程学报, 2022, 58(6): 289-294.

[17]　姜鹏, 汪立平, 雷政, 等. 一种定容积定压力的充气装置和方法 CN 202110104773.4[P]. 2022-11-29.

[18]　汪立平, 姜鹏, 孙炳玉, 等. 泵控双作用液压促动器 CN202110243595.3[P]. 2021-06-04.

[19]　雷政. FAST 促动器群系统可靠性增长研究 [D]. 北京 : 中国科学院大学, 2021.

[20]　中华人民共和国国家质量监督检验检疫总局, 中国国家标准化管理委员会. 电磁屏蔽室屏蔽效能的测量方法 : GB/T 12190—2006[S/OL]. [2024-12-30].

[21]　国防科学技术工业委员会. 小屏蔽体屏蔽效能测量方法 : GJB 5185—2003[S/OL]. [2024-12-30].

[22]　岳友岭, 甘恒谦, 胡浩, 等. 一种射电望远镜宽带电磁屏蔽效能检测系统及检测方法 CN201520301399.7[P]. 2015-08-19.

[23]　李辉, 朱文白. 柔索牵引并联机构的静刚度分析 [J]. 机械工程学报, 2010, 46(3): 8-16.

[24]　李辉, 潘高峰. 高速轴断裂所致 FAST 索牵引并联机器人的冲击振动仿真分析 [J]. 振动与冲击, 2017, 36(12): 75-82.

[25]　李辉, 朱文白, 潘高峰. FAST 望远镜缆线进舱连接机构及其静力学分析 [J]. 机械工程学报, 2010, 46(7): 7-15.

[26]　LI H, ZHANG X, YAO R, et al. Optimal force distribution based on slack rope model in the incompletely constrained rope-driven parallel mechanism of FAST telescope[M]// BRUCKMANNT, POTT A. Cable-Driven Parallel Robots. Heidelberg: Springer, 2013:

87-102.

[27]　LI H, YAO R. Optimal orientation planning and control deviation estimation on FAST cable-driven parallel robot [J]. Advance in Mechanical Engineering, 2014, 2014: 716097.

[28]　唐晓强, 邵珠峰, 姚蕊. 索驱动及刚性并联机构的研究与应用——"中国天眼" 40m 缩尺模型馈源支撑系统研发 [M]. 北京:清华大学出版社, 2020.

[29]　徐灏. 机械设计手册 2[M]. 2 版. 北京:机械工业出版社, 2000.

[30]　李辉, 孙京海, 朱文白, 等. 500m 口径球面射电望远镜柔性馈源支撑系统仿真 [J]. 计算机辅助工程, 2011, 20(1): 106-112.

[31]　路英杰. 大射电望远镜馈源支撑系统定位与指向控制研究 [D]. 北京:清华大学, 2007.

[32]　姚蕊, 李庆伟, 孙京海, 等. FAST 望远镜馈源舱精度分析研究 [J]. 机械工程学报, 2017, 53(17): 36-42.

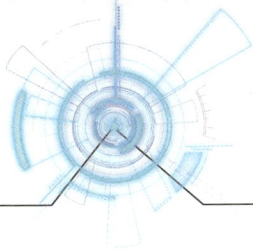

第6章 FAST设备调试

2016年9月25日，FAST落成启用典礼在贵州省大窝凼现场隆重开幕。这标志着FAST主体工程已基本建成，下一步将进入正式的望远镜设备调试工作，包括对望远镜设备的校准、试运行、试观测和定标等。只有完成了FAST调试工作，证明FAST各项性能能够达到或超过当初预期的验收技术指标，并通过了国家验收后，FAST才能正式投入使用。国际上，传统大型射电望远镜的调试周期一般不少于4年，由于FAST接收面积巨大，创新设备众多，结构系统更为复杂，因此它的调试极具挑战性。

FAST的工作原理与传统单口径射电望远镜相比有很大的不同，这主要来源于两项自主创新，即主动变形的反射面和柔索牵引的轻型馈源支撑。这二者都采用大跨度柔性复杂力学系统，反射面跨度达到了500m，馈源支撑跨度达到了600m。在FAST工作时，二者都要进行实时和高精度的跟踪和定位控制，由此带来了诸多关键的工程难题。

FAST机构庞大、系统复杂、相互影响众多，整个系统安全问题非常重要。30t的馈源舱在140m的高空大范围运动，2225台促动器与索网形成一个复杂的耦合控制系统，各台促动器故障和误操作可能会引发整体安全问题。因此，FAST设备调试的第二大难题是如何解决或降低设备安全风险，提高设备可靠性，保障设备能够安全运行。

上述问题均无现成的案例可供参考，很多情况下需要与在FAST预研究和建设期一样的大胆创新，开发和尝试新思路、新技术和新工艺。

系统仿真分析和现场试验对于完成FAST反射面和馈源支撑两大系统的功能和性能调试非常重要。通过仿真分析，可以发现系统的薄弱环节并提前采取改进措施，可以实现对设备安全问题的全面监控和预防，可以以低成本方式获得解决问题的最佳路径。通过现场试验和数据采集，全面获得系统的实际参数和响应结果，由此更新仿真分析模型，构建数字孪生（Digital Twin）系统，形成正向良性循环。

此外，FAST 设备调试涉及各个专业设备的接口、设备和人员的配合和协调，设备运行、设备维护、数据采集、结果分析、方法改进和调试工作规划都需要大批专业人员的参与和协同分工，团队合作尤其重要。FAST 设备调试运行需要各个专业设备齐头并进，发挥正常效能，任何关键设备的故障都将严重影响到 FAST 的正常调试工作。

| 6.1 FAST 验收技术指标 |

FAST 调试工作可以分为望远镜功能调试和性能调试两大类。功能调试让望远镜系统正常运转起来，提高其运行可靠性，以保证其有效观测时长。望远镜功能调试后开始望远镜的性能调试，主要目的是提升望远镜的测量与控制精度，提高天线效率、灵敏度、指向精度，降低系统噪声等，最终保证望远镜性能满足验收技术指标。

《国家发展改革委关于 500 米口径球面射电望远镜国家重大科技基础设施项目可行性研究报告的批复》（以下简称《可研批复》）中规定的项目验收目标为"建造一个世界最大的单口径的射电天文望远镜，望远镜主动反射面半径 300 米、口径 500 米，有效照明口径 300 米，工作频率 70MHz ～ 3GHz（厘米波至米波频段），最大工作天顶角 40°"。《关于 500 米口径球面射电望远镜（FAST）国家重大科技基础设施项目初步设计及概算的批复》（以下简称《初设批复》）中规定的项目建设内容为"建造一个世界最大单口径的射电天文望远镜，望远镜主动反射面半径 300 米、口径 500 米，有效照明口径 300 米，工作频率 70MHz ～ 3GHz，最大工作天顶角 40°"。

按惯例，巨型望远镜一般会随着科学技术的快速发展不断地更新与完善。这一过程往往是漫长的，最终可达的极限性能取决于它初始设计的灵活性和建设过程是否为升级改造留有空间。例如，目前国际上第二大的单口径射电望远镜——阿雷西博射电望远镜于 1963 年投入运行，初期反射面面形精度为 2 ～ 3cm；历经 30 余年发展，在基本结构没有重大调整的情况下，于 1997 年调整反射面面形精度达到 1.5mm。因此 FAST 团队在正式提交的《500 米口径球面射电望远镜（FAST）项目初步设计》（以下简称《初设报告》）中做出详细解释，将最终的技术指标分为两阶段实现，验收阶段所需要实现的技术指标如表 6.1 所示，其中关键的两项技术指标分别为望远镜的指向精度和灵敏度[1]。

表 6.1　验收阶段所需实现的技术指标

项目	指标
主动反射面	曲率半径～300m，口径～500m，球冠张角为 110°～120°
有效照明口径	300m
焦比	0.46～0.47
天空覆盖	天顶角为 30°，跟踪 4～6h
工作频率	70MHz～3GHz
灵敏度（L 波段）	天线有效面积与系统噪声温度之比 A/T～2000 m^2/K
系统噪声温度	约 25K
偏振	全偏振（双圆或双线偏振），极化隔离度优于 30dB
分辨率（L 波段）	2.9′
多波束（L 波段）	19 个
观测换源时间	<20min
指向精度	16″

6.1.1　指向精度

由 FAST 工作原理可知，FAST 的指向精度主要由馈源相位中心的位置误差决定，可表示为

$$\Delta\theta = \frac{k \cdot \delta}{f} \tag{6.1}$$

式中，$\Delta\theta$ 是 FAST 指向精度，即 16″；f 为 FAST 焦距，约 139m；k 为波束偏移系数，其值大小与望远镜焦比有关。k 值一般为 0.8～1.0，严格起见此处取 1。由此可得，馈源相位中心的位置误差 δ 应不大于 11mm。

《初设报告》中规定的馈源相位中心定位精度验收指标为 30mm。由上文的分析可知，要真正满足望远镜的指向精度要求，馈源相位中心定位精度需要远高于《初设报告》中的规定值。

1　参见 2018 年中国科学院国家天文台 FAST 团队发布的《500 米口径球面射电望远镜工艺验收测试大纲》。

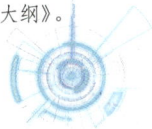

6.1.2 灵敏度

FAST L 波段灵敏度指标要求为约 2000m²/K。在望远镜系统噪声温度为 25K 时，需要至少达到 50000m² 的有效面积。FAST 有效照明口径为 300m，因此望远镜效率需要高达 71%。望远镜效率 η 可表示为

$$\eta = \frac{A_{\text{eff}}}{A_{\text{geo}}} \qquad (6.2)$$

式中，A_{eff} 为望远镜有效面积；A_{geo} 为照明抛物面几何面积，约 70650m²。如果要求 L 波段系统噪声温度不得高于 20K，此时要求望远镜的效率不得低于 57%。

影响望远镜效率的因素主要有 5 项，分别为反射效率 η_{sf}、遮挡损失效率 η_{b1}、照明溢损效率 η_{s}、馈源照明效率 η_{t} 及失配误差损失效率 η_{misc}，即 FAST 总效率为

$$\eta = \eta_{\text{sf}} \cdot \eta_{\text{b1}} \cdot \eta_{\text{s}} \cdot \eta_{\text{t}} \cdot \eta_{\text{misc}} \qquad (6.3)$$

式中，η_{sf} 为反射效率，可以表征望远镜主反射面表面误差引起的反射效率损失。当反射面为理想抛物面时，即误差为 0，可认为 $\eta_{\text{sf}}=1$。当反射面存在误差 ε 时，引起工作波长为 λ 的观测效率损失可由鲁兹（Ruze）公式估算，即

$$\eta_{\text{sf}} = e^{-\left(\frac{4\pi\varepsilon}{\lambda}\right)} \qquad (6.4)$$

另外，η_{b1} 指望远镜馈源支承结构遮挡主反射面造成的损失。由于 FAST 的馈源支撑为 6 根直径为 46mm 的钢索，钢索及直径为 13m 的馈源舱的遮挡面积相比主反射面面积可忽略，因此 η_{b1} 可被近似看作 1。照明溢损效率 η_{s} 指馈源照明在主反射面以外的部分，可估算为 96%。馈源照明效率 η_{t} 与馈源照明函数有关，当照明函数为高斯型，且照明角为 56°，边缘照明为 −13dB 时，馈源照明效率约为 76%。η_{misc} 为失配损失效率，表示由馈源位置误差及馈源阻抗失配引起的效率损失。当馈源位置误差为 11mm 时（由指向精度要求决定），该项效率约为 98%。

由此可见，5 项误差中有 3 项效率损失是基本确定的，$\eta_{\text{b1}} \approx 1$，$\eta_{\text{s}}=96\%$，$\eta_{\text{t}}=76\%$。按 FAST 的工作机理，可以控制的误差损失有两项，主反射面的精度误差及馈源位置误差。通过仿真计算得到，当工作频率为 1.4GHz，馈源的定位精度为 11mm 时，变形抛物面的面形精度需要达到 8.5mm，方可实现 57% 的望远镜效率（见图 6.1）。同样地，该指标也需要优于《初设报告》中要求的 10mm，才能满足 FAST 灵敏度的要求。

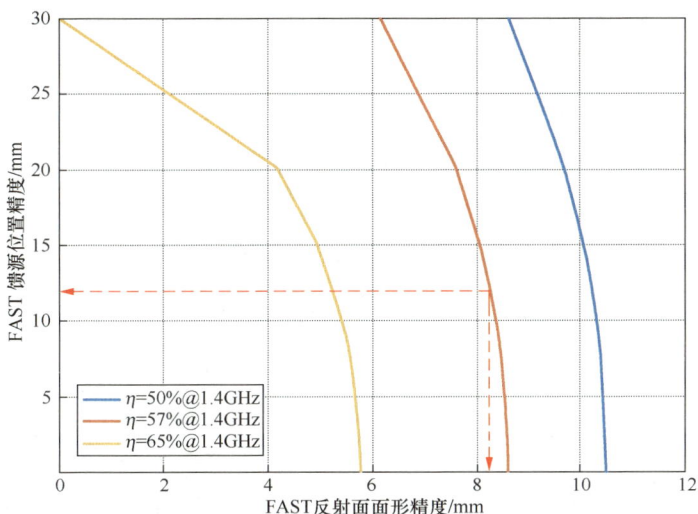

图 6.1　望远镜效率与反射面面形精度及馈源位置精度的关系

FAST 变形抛物面的表面精度误差源包括面板设计误差、面板温度效应误差、单元面板风载误差、单元面板制造误差、安装误差、索网节点控制误差、反射面测量系统误差（设备误差及大气折射误差）、测量基准网误差等。其中，面板设计误差为 2.2mm，面板温度效应误差为 1mm，单元面板风载误差为 1mm，单元面板制造误差为 2.5mm，安装误差为 1mm。以上误差为反射面内禀误差，共约 3.8mm。于是有变形抛物面面形误差为

$$\mathrm{RMS} = \sqrt{\delta_1^2 + \delta_2^2 + \delta_3^2 + \delta_4^2} \tag{6.5}$$

式中，δ_1 为反射面单元面板内禀误差；δ_2 为索网节点控制误差；δ_3 为测量系统误差；δ_4 为测量基准网误差。因此，为保证变形抛物面的面形精度小于 8.5mm，使预期索网节点控制误差小于 5mm，测量系统误差小于 2mm，测量基准网误差小于 1mm。至此，可以初步估算抛物面面形精度总误差可控制为 6mm 左右，可满足面形精度的要求。

望远镜的系统噪声温度直接影响观测数据的信噪比，对望远镜灵敏度有决定性作用。由灵敏度指标分解可知，FAST 要达到 2000m²/K 的验收指标，要求 L 波段系统噪声温度不高于 20K，此指标优于《初设报告》中规定的 25K 验收标准。

6.1.3　工艺验收测试指标

FAST 设备由主动反射面系统、馈源支撑系统、测量与控制系统及接收机与终端

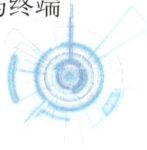

系统等4个工艺系统组成，故各工艺系统技术指标对总体技术指标的实现十分关键。FAST总体指标中指向精度、灵敏度及系统噪声是影响天文观测的主要技术指标，也是最能体现望远镜性能先进性的主要参数。为实现表6.1中规定的验收技术指标，需要进一步对各系统关键技术指标进行分解，得到FAST工艺验收测试技术指标。

FAST工艺验收测试技术指标共16项，其中包括表6.1所示的FAST总体技术指标12项。与总体技术指标直接相关的子系统关键指标有4项，即测量基准网精度、索网节点控制精度、反射面测量系统精度、斯图尔特平台控制精度，详细情况如表6.2所示。

表6.2　与总体技术指标直接相关的子系统关键指标

总体技术指标		子系统关键指标	
指标名称	指标要求	指标名称	指标要求
主动反射面	半径～300m，口径～500m，球冠张角为110°～120°	环梁内径	500m
		球面曲率半径	300m
有效照明口径	300m	变形抛物面口径	300m
焦比	0.46～0.47	焦距	约139m
天空覆盖	天顶角为30°，跟踪4～6h	天空覆盖	天顶角为30°，跟踪4～6h
工作频率	70MHz～3GHz	各频段接收机的频率覆盖	B01为70～140MHz；B02为140～280MHz；B03为270～1620MHz；B04为560～1020MHz；B05为1200～1800MHz；B06为1050～1450MHz；B07为2000～3000MHz
灵敏度（L波段）	天线有效面积与系统噪声温度之比$A/T～2000m^2/K$	索网节点控制精度	5mm
		测量系统精度	2mm
		测量基准网精度	1mm
		面板内窝误差	3.8mm
		反射面面形精度	8.5mm
		馈源定位精度	11mm
		系统噪声温度	20K

续表

总体技术指标		子系统关键指标	
指标名称	指标要求	指标名称	指标要求
系统噪声温度（L 波段）	T 约为 25K	系统噪声温度	20K（由灵敏度指标决定）
偏振	全偏振（双圆或双线偏振），极化隔离度优于 30dB	以 L 波段 19 波束中心波束为主测试馈源极化器极化隔离度	大于 30dB
分辨率（L 波段）	2.9′	望远镜方向图半功率宽度	2.9′
多波束（L 波段）	19 个	多波束接收机馈源数	19 个
观测换源时间	<20min	观测换源时间	<20min
指向精度	16″	斯图尔特平台控制精度	11mm

由表 6.2 可以看出，除了工作频率、系统噪声温度（L 波段）、偏振、分辨率（L 波段）和多波束（L 波段），其他 7 项均与 FAST 结构、机电和力学等设备系统紧密相关，也是本章重点讲述的内容。

表 6.2 中的主动反射面和有效照明口径两项指标与反射面系统相关，在工程建设期间已大部分实现，或者依赖于反射面系统和测量与控制系统的联合调试实现。望远镜指向精度需经过馈源支撑系统和测量与控制系统的联合调试后才有可能实现。焦比、天空覆盖和观测换源时间需要依赖除了接收机与终端系统的三大工艺系统的联合调试实现。而灵敏度指标的实现需要四大工艺系统的协调分工和联合调试。

本章后续内容将按主动反射面调试、馈源支撑调试和工艺系统联合调试的顺序进行介绍，逐步分析其中的难点及解决问题的方法和思路，以及最终获得的结果，帮助读者深入了解 FAST 设备功能调试过程。

| 6.2　主动反射面调试 |

FAST 反射面系统创新地使用主动变形技术，将照明区内的基准球面变成抛物面，300m 口径内球面与抛物面的最大径向偏离距离达到约 500mm。具体做法是通过合适的算法控制反射面下方的液压促动器，将 500m 口径球面的一部分变形成一个 300m 口径的瞬时抛物面，并且该瞬时抛物面可在 500m 口径球面上移动，实现

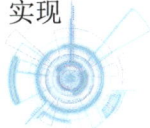

各种指向，从而可以跟踪观测天顶角 40° 以内的射电源，如图 6.2 所示。

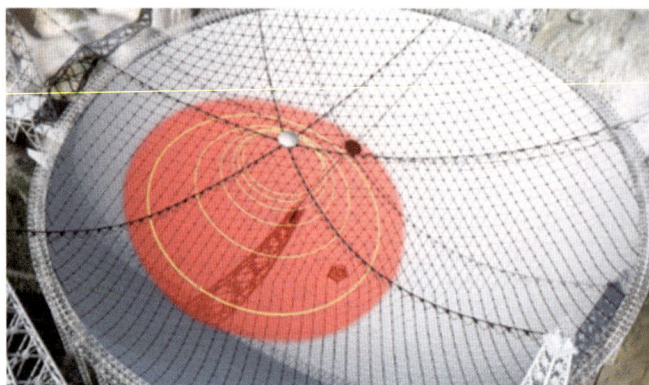

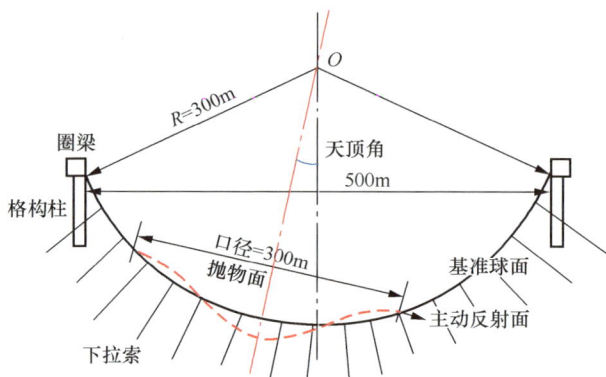

注：下图中虚线代表的抛物面面形仅为示意，所显示的球面与抛物面几何差远大于真实值。

图 6.2 FAST 反射面主动变形工作原理示意

支撑 FAST 反射面进行大幅度主动变形的结构部件是跨度达 500m 的柔性索网和周边由钢圈梁及格构柱组成的支承结构。索网采用短程线型三角形网格划分方法，是目前已知的较均匀的球面网格划分方法。索网结构总共包含 6670 根可抗超高疲劳应力幅的特制主索、2225 个索网节点及 2225 根下拉索。下拉索另一端连接固定在地面上的促动器。促动器最大行程为 1200mm，可以满足反射面由球面到抛物面的变位需求。500m 口径的主反射面由 4450 块边长约 11m 的反射面单元拼成，其中绝大部分为三角形单元。每块单元有 3 个顶点，分别安装在 3 个索网节点的节点盘上。反射面单元的曲率半径为 315m。随着索网的主动变形，抛物面口径内的反射面单元可以跟随节点盘径向运动，并在节点盘平面内产生有限幅度的相对滑动，自适应因索网主动变形导致的单元位置和姿态的调整，从而形成拟合抛物面。

　　FAST 反射面面形频繁从基准球面连续切换为口径为 300m 的瞬时抛物面，这种瞬时抛物面变形工作模式与传统射电望远镜差异很大。突出的特点是主体结构的形状、位移和应力始终处于大幅度弹性动态变化中，大量的索网构件、促动器和反射面单元均处于频繁的运动中。因此，反射面调试需要解决三大问题。

　　首先，需要校核反射面设备参数性能指标能否满足各种指向抛物面主动变形的要求。与反射面主动变形相关的设备参数性能如表 6.3 所示。在设备的详细设计阶段一般都对各种最不利工况进行了分析计算，由此确定了设备参数和选型，但在设备调试时，仍然有部分工况需要对设备抗力进行校核，例如大天顶角（超过 26.5°）抛物面变形工况。此时，有部分照明区域已经超出口径为 500m 的基准球面范围，部分区域的抛物面变形策略已经不再适用，而是与索网和反射面单元的结构安全问题耦合在一起，必须重新考虑该区域变形策略。此外，还应分析相邻反射面单元碰撞和干涉问题，分析因焦比、环境温度和大天顶角等各种参数变化组合下导致的结构安全问题等，以免超出构件的容许设计抗力，并且确定最优的焦比参数和大天顶角反射面主动变形策略。

表 6.3　与反射面主动变形相关的设备性能参数

索网结构		液压促动器		反射面单元	
参数	指标	参数	指标	参数	指标
主索应力	744MPa	最大行程	±600mm	单元缝隙（球面）	65mm
主索抗疲劳应力幅	500MPa@200 万次循环	最大额定速度	1.6mm/s	单元质量	约 480kg
主索索长精度	±1mm@20℃	小负载随动	约 800N	单元边长	约 11m
主索索体弹性模量	190GPa	大负载随动	约 80kN	1# 连接机构滑动距离	±50mm
上节点盘直径	500mm	保位精度	0.02mm	2# 连接机构限位门架净宽	100mm

注：500MPa@200 万次，即在 500MPa 应力幅下主索承受不低于 200 万次的应力疲劳循环。±1mm@20℃，即在 20℃恒温下，索长加工误差在 ±1mm 以内。

　　其次，要解决反射面主动实时变形过程中的结构安全问题。反射面主动变形需要上千台促动器、索网节点和反射面单元的协同工作，其中不可避免地出现部分设备故障，或者误操作。这些设备故障或者误操作极易诱发索力超限、主索疲

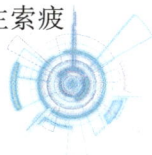

劳应力超限、索力虚牵、反射面单元碰撞干涉等结构安全问题，需要在反射面运行过程中进行实时监控，并且要求在出现问题时能够及时进行预警或通知操作人员停止运行，避免反射面设备严重受损。

最后，要解决反射面主动变形的实时控制算法问题。其中的难点在于当地潮湿、多雾的环境特点与面形测量要求多目标、全天候和实时反馈的工作特点之间的矛盾，现有基于面形实时测量反馈的反射面控制方案很难解决此类问题。

6.2.1　反射面变位力学仿真分析

1.力学仿真模型标定

FAST 反射面力学仿真模型包括主索网、下拉索和周边支承结构（圈梁和格构柱）3 个部分。准确、可靠的力学仿真模型是进行反射面调试工作的基石。对力学仿真模型的检验与修正主要集中于反射主索网结构的"力"和"形"两个方面，对两个方面分别进行现场标定测量结果与仿真结果的对比。前者检验仿真分析得到的位移和索力是否与实际测量结果一致，并进行相应的修正；后者检验仿真分析得到的索网面形是否与实际测量结果一致，并进行相应的修正。经过前者检验和修正的力学仿真模型侧重于结构应力的准确性，可用于各种变位工况下的结构安全分析；经过后者检验和修正的力学仿真模型着重于结构位形的准确性，可用于反射面主动变位精度补偿控制算法的改进和完善。

在工程建设阶段，FAST 反射面系统的关键部位提前设置了高精度的传感器和测量设备，包括① 150 根边缘主索和 15 根接近索网中心主索的索力测量磁通量传感器，精度可以达到 3%，且可以在 FAST 停机维护期间实现全部索力数据的远程自动采集；②在全部 2225 个索网节点盘上和 150 个圈梁与边缘主索的连接点处设置了测量标靶，可使用 10 余台激光全站仪自动测量索网节点和圈梁—索网连接点的三维坐标，精度为 2mm 以内；③ 2225 台液压促动器可提供行程数据（磁致伸缩传感器采集，精度可达 10μm）和油压数据（精度可达 0.1MPa），对于促动器油压数据还可以采用手持式张力弓测量下拉索索力（精度约 3%）进行校验复核；④ 23 个测量基墩上布置的气象站可获得精度达 0.1℃的气温数据。

首先进行反射面球面状态标定，其流程如图 6.3 所示。标定结果作为后续力学仿真模型检验和修正的基准。标定时尽量选择阴天、温差不大且大气透明度较好的时段，使得结构温度接近于设计基准温度 20℃，且结构处于均匀温度场。实测数据为上述①、②、③、④提供的所有数据，其中下拉索索力可以通过油压进行转换得到，对④提供的各点温度数据取线性平均值作为标定的环境温度。为尽量减少标定数据误差，可以选择具备类似天气、环境温度和时段的 3 次有效标定数据，取线性平均值或者视实际工作情况选取最佳的一次标定数据作为最终的球面标定结果。

　　其次根据所统计的结构局部变化情况、地锚点坐标变化和球面标定的 150 个圈梁—索网连接点坐标，先完成第一步的力学仿真模型修改。基于标定的环境温度进行球面状态的力学仿真模型仿真分析，将上述①和③提供的标定

图 6.3　反射面标定流程

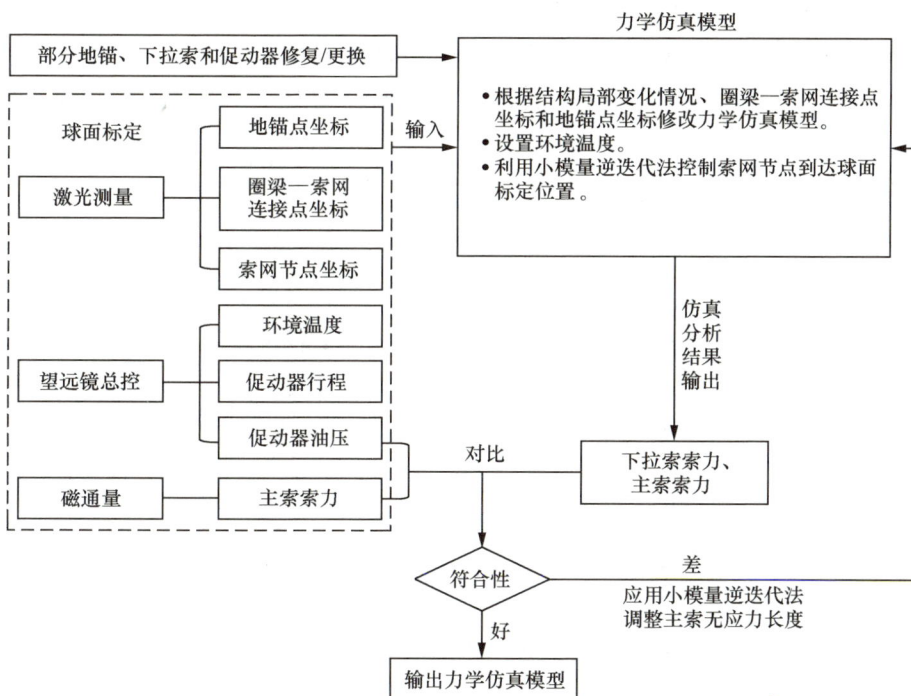

索力数据与仿真分析结果进行对比检验，列出索力误差较大的主索，应用小模量逆迭代法调整主索无应力长度，完成第二步的模型修正工作。模型检验和修正流程如图 6.4 所示。

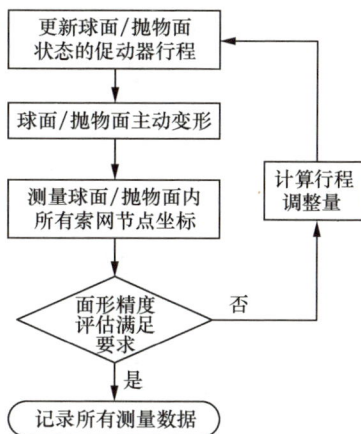

图 6.4　模型检验和修正流程

其中，小模量逆迭代法步骤如下[1]。

① 在力学仿真模型中，设定需要调控的下拉索弹性模量为虚拟的小值，同时对其施加标定的索力值。

② 计算相应的索网节点在平衡状态下偏离标定位置的位移 d_1。

③ 将位移 d_1 反向施加于该索网节点，且保持力学仿真模型中各主索初始计算应力不变，由此修改主索的无应力长度。

④ 重新计算该索网节点在平衡状态下偏离标定位置的位移 d_2，可以推出 $d_2 < d_1$。

⑤ 重复上述步骤③和步骤④，直至 d_n 收敛到足够精度且主索索力计算值与标定值吻合后停止迭代。

⑥ 将下拉索弹性模量改回实际值，调整无应力长度，使得计算索力与标定值吻合，完成模型修正。

最后进行抛物面状态标定，其标定流程如图 6.5 所示。与球面标定类似，宜选择阴天、温差不大且大气透明度较好的时段，使得结构处于均匀温度场即可。实测数据为抛物面内约 700 个索网节点坐标以及前述步骤①、③、④提供的测量数据。宜选择具有完整照明口径的典型抛物面变位工况，一个批次标定的抛物面数量不少于 50 个，抛物面顶点在球面范围尽可能均匀分布，且标定能覆盖所有促动器。此外，还可以在各个季节进行一个批次的抛物面状态标定，以便尽量覆盖更多的环境温度范围。

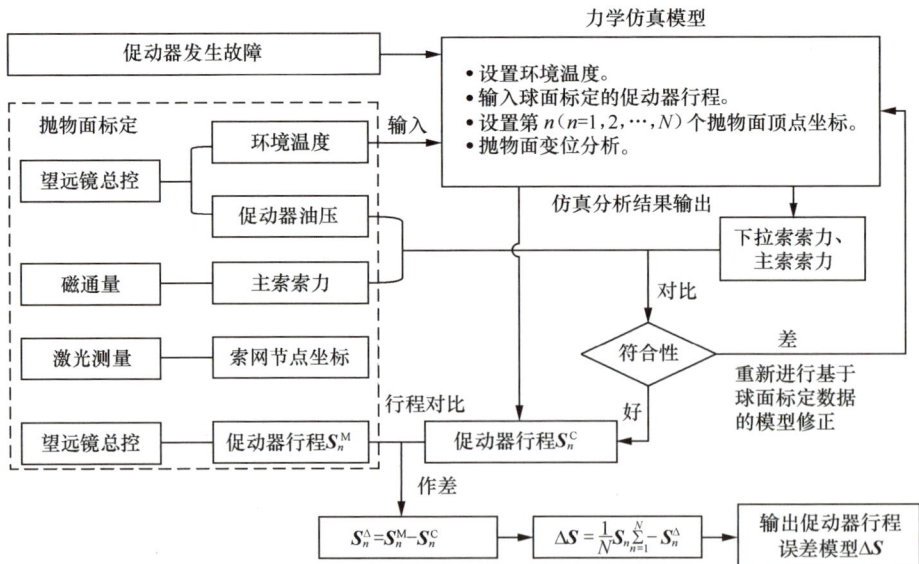

图 6.5　抛物面状态标定的力学仿真模型检验修正流程

得到的抛物面状态标定结果除用于力学仿真模型在抛物面变位工况下的索力检验以外，还可以提供基于仿真分析的抛物面面形误差修正模型。面形误差修正模型可以独立于力学仿真模型之外，并考虑了对不可控或无法量化部分的面形误差平差处理。由于抛物面面形与 2225 台促动器的行程构成了一一对应关系，现场抛物面标定和力学仿真模型仿真分析均可以得到对应于第 n 个离散点抛物面面形的促动器行程向量，分别用 $\boldsymbol{S}_n^{\mathrm{M}}$ 和 $\boldsymbol{S}_n^{\mathrm{C}}$ 表示，其组成部分可以表达为

$$\begin{cases} \boldsymbol{S}_n^{\mathrm{M}} = \boldsymbol{S}_n^{\mathrm{S}} + \boldsymbol{S}_n^{\mathrm{R}} + \boldsymbol{S}_n^{\mathrm{E}} + \boldsymbol{S}_n^{\mathrm{T}} + \boldsymbol{S}_n^{\mathrm{e}} \\ \boldsymbol{S}_n^{\mathrm{C}} = \boldsymbol{S}_n^{\mathrm{S}} + \boldsymbol{S}_n^{\mathrm{R}} + \boldsymbol{S}_n^{\mathrm{E}} + \boldsymbol{S}_n^{\mathrm{T}} + \overline{\boldsymbol{S}}_n^{\mathrm{e}} \end{cases} \tag{6.6}$$

式中，$\boldsymbol{S}_n^{\mathrm{S}}$、$\boldsymbol{S}_n^{\mathrm{R}}$、$\boldsymbol{S}_n^{\mathrm{E}}$、$\boldsymbol{S}_n^{\mathrm{T}}$ 分别代表球面标定的行程、球面与抛物面的径向几何差、下拉索的弹性伸长量和温变（相对于 20℃）伸长量。理想条件下无论是现场标定还是仿真计算这 4 项均应相同，两者的区别在第 5 项。其中，$\boldsymbol{S}_n^{\mathrm{e}}$ 代表现场标定时不可控因素引起的行程偏差，包括测量误差、结构间隙、下拉索非径向偏差、不同部位温差效应等；$\overline{\boldsymbol{S}}_n^{\mathrm{e}}$ 代表仿真分析时无法量化因素引起的行程偏差，包括模型误差、对实际结构简化处理、下拉索非径向偏差、数值计算误差等。由式（6.6）中两式相减得到二者促动器行程差为

$$\boldsymbol{S}_n^{\Delta} = \boldsymbol{S}_n^{\mathrm{M}} - \boldsymbol{S}_n^{\mathrm{C}} = \boldsymbol{S}_n^{\mathrm{e}} - \overline{\boldsymbol{S}}_n^{\mathrm{e}} \tag{6.7}$$

假设上述测量误差和数值计算误差可被简化成均值为 0 的白噪声随机误差模型（一种概率统计意义上的随机模型），其他因素可被简化为均值不为 0 的白噪声模型，进而可建立基于简单均值的平差模型：

$$\Delta \boldsymbol{S} = \frac{1}{N} \sum_{n=1}^{N} \left(\boldsymbol{S}_n^{\mathrm{e}} - \overline{\boldsymbol{S}}_n^{\mathrm{e}} \right) \tag{6.8}$$

当标定抛物面数量足够多且均匀分布时，式（6.8）代表的平差模型可以有效消除测量误差和计算误差的影响，并将其他无法量化因素考虑在内，从而用仿真分析结果叠加平差模型来代替现场标定结果。这就为后续基于仿真分析的反射面面形精度补偿控制算法奠定了基础。

2．组合工况下的抛物面变位仿真分析

抛物面变位是 FAST 反射面实现主动变形功能的主要承载工况。一般情况下的抛物面变位工况，包括对换源模式下的抛物面变位分析，在 4.3.4 小节中有详细的介绍，这里不赘述。此处主要通过力学仿真分析校核反射面系统在温变效应、

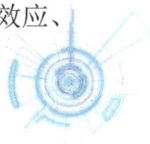

大天顶角和焦比等不同参数组合的工况下是否能够满足结构安全要求，并确定结构安全工作的极端温度范围和最优焦比参数。

我们采用有限元软件 ANSYS 建立 FAST 支承索网结构的有限元模型，分析过程考虑材料非线性、几何非线性及应力刚化效应。力学仿真模型的载荷条件分别如下：①索网结构自重，包括外圈桁架及其桁架柱、主索及其连接节点、下拉索等结构构件的质量；②反射面背架及面板，以竖向集中载荷的形式施加于主索连接节点；③主索网预应力，以初应变的形式等效在主索网中；④温度载荷，设计基准温度为 20℃，考虑均匀温度场条件下的温变为 −25℃～+25℃，即温度范围为 −5℃～+45℃。

组合工况下的抛物面变位仿真分析工作需要选取大量各种指向的抛物面，其抛物面顶点几乎覆盖整个反射面球面。大天顶角所覆盖区域为 [26.4°, 40°]，需要选择合适数量的变位工况作为仿真分析的输入，因此大天顶角的变位工况集采用以下两种方式选择[2]。

大天顶角变位工况集 A：选择大天顶角 [26.4°, 40°] 范围内主索节点作为抛物面中心进行主动变位工况分析，总计 635 个。

大天顶角变位工况集 B：在大天顶角 [26.4°, 40°] 范围内，抛物面顶点每间隔 0.5° 天顶角和 6° 方位角，总计 28×60=1680 个工况，其中包括最不利位置即外圈天顶角 40°。

由于索网网面与反射面二者的基准球面曲率半径存在 400mm 的偏差，因此对于索网网面和反射面而言，其抛物面方程参数有所不同，当选取不同的焦比时也有区别，如表 6.4 所示。其中，当焦比为 0.4611 时，抛物面与基准球面的两个方向最大径向偏差约为 ±473mm；当焦比为 0.4621 时，两个方向最大径向偏差分别为 −508mm 和 383mm，其中负号代表靠近球心方向。

表 6.4　反射面与索网网面的数学方程式

对比项	基准球面曲率半径 /m	抛物面方程 /m（焦比为 0.4611）	抛物面方程 /m（焦比为 0.4621）
反射面	300	$x^2-2\times276.6470y-1.6625\times10^5=0$	$x^2-2\times277.2635y-1.66571\times10^5=0$
索网面	300.4	$x^2-2\times277.0197y-1.66696\times10^5=0$	$x^2-2\times277.6332y-1.67015\times10^5=0$

我们选择抛物面顶点方位角为 291.27°、天顶角为 33.55° 的变位工况作为典型工况，取焦比为 0.4611，探究不同温变条件下过渡区范围和虚牵下拉索数量的变化。

（1）无温变条件

无温变条件下，典型工况的索网节点径向位移为 –473.9 ～ 468.9mm，共有 17 根下拉索索力为 0，产生松弛虚牵，全部位于最外圈。全部 2315 个变位工况叠加得到无温变条件下的总过渡区为最外圈全部下拉索共 150 根，如图 6.6 所示。

（2）正温变条件（+25℃）

正温变条件下，典型工况的索网节点径向位移为 –473.9 ～ 468.9mm，共 19 根最外圈下拉索发生松弛虚牵。该温变条件下全部工况总过渡区同样为 150 根最外圈下拉索，如图 6.7 所示。

（3）负温变条件（–25℃）

负温变条件下，典型工况的索网节点径向位移为 –473.9 ～ 469.44mm，共 11 根最外圈下拉索发生松弛虚牵，总过渡区与无温变条件下的总过渡区相同，如图 6.8 所示。

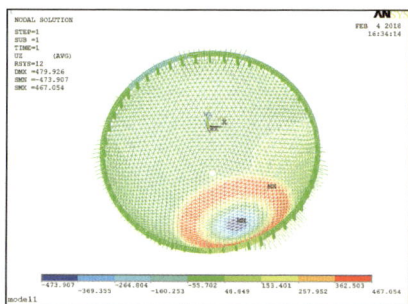

（a）径向位移（mm）

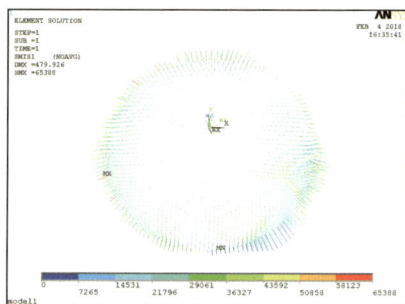

（b）下拉索索力（N）

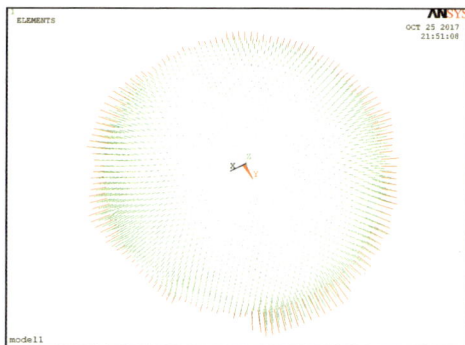

（c）总过渡区（红色）

图 6.6　无温变条件下结构响应

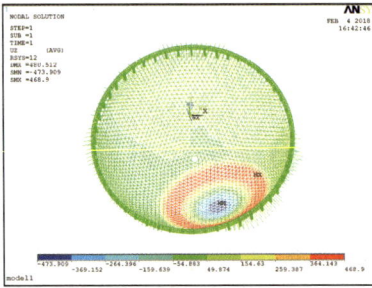

（a）径向位移（mm）

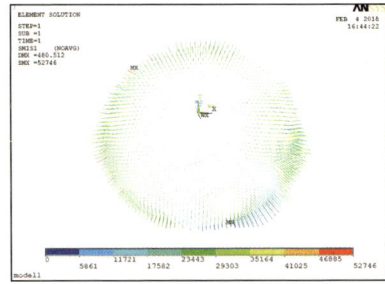

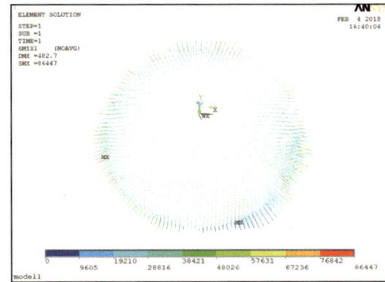

（b）下拉索索力（N）

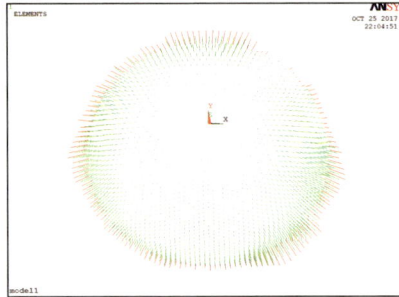

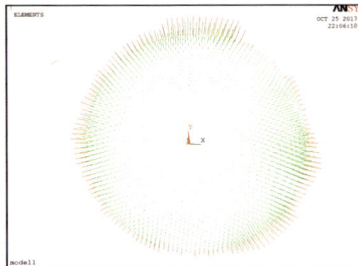

（c）总过渡区（红色）

图 6.7　正温变条件（+25℃）下结构响应

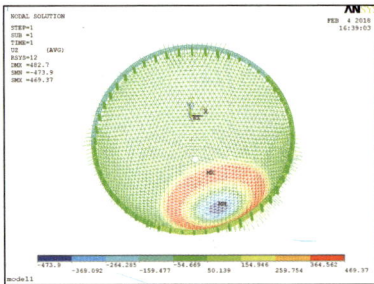

（a）径向位移（mm）

（b）下拉索索力（N）

（c）总过渡区（红色）

图 6.8　负温变条件（-25℃）下结构响应

对比不同温变条件下的分析结果可知，不同温变条件下，索网径向位移变化不大。温变条件仅影响单一工况的虚牵下拉索数量。同一工况下，温度升高时松弛下拉索数量增多，温度下降时松弛下拉索数量减少，松弛虚牵的下拉索均位于最外圈。全部工况的总过渡区范围始终为最外圈 150 根下拉索，该范围不受温变条件影响。

除下拉索松弛虚牵问题外，在低温与大天顶角变位的组合工况分析中还发现结构响应存在超限问题：部分抛物面中心位置主索应力最大值为 772MPa，超出744MPa 设计强度限值；在负温变条件下，部分主索应力幅超出 500MPa 疲劳限值，甚至达到 600MPa 以上。对于这些问题，可采用 6.2.2 小节所介绍的索网安全评估系统对结构异常和故障进行实时监测和安全预警，保障反射面主动变形的结构安全。此外，还可以优化焦比参数，减少温变效应对结构安全的威胁。

孔旭等人[3] 通过分析发现焦比为 0.4621 时，主索应力幅值最小，因此拟通过修改抛物面焦比解决大天顶角变位工况中的结构响应超限问题，并采用 0.4621作为抛物面的新焦比。以工况集 A 分析工况，如表 4.18 所示。对比结构采用新焦比（0.4621）和原焦比（0.4611）在不同环境温度下结构响应中的分析结果可得以下结论：①温度下降会对结构产生不利影响，并缩小可安全观测的天顶角范围，采用同一焦比的结构在 −5℃环境温度下，主索最大应力、最大应力幅和超限工况数较 0℃环境温度下均有所增长；②新焦比较原焦比可有效解决主索应力和应力幅超限问题，扩大了安全观测的天顶角范围，相同环境温度下，采用新焦比后，主索最大应力和最大应力幅有所下降，单一工况最大超限根数和天顶角超限工况数均显著减少；③新焦比可一定程度上减少温度下降对结构产生的不利影响，−5℃环境温度下，采用新焦比结构的超限工况数较 0℃环境温度下采用原焦比结构的有所减少，且可安全观测的天顶角范围扩大；④下拉索在不同焦比和不同环境温度下，均未出现索力超限情况，在超限的主索中，应力超限主索均位于抛物面中心位置，应力幅超限主索均位于圈梁附近。

为实现高精度的观测，FAST 索网变位采用位形控制策略，即严格控制反射面精度，使反射面位形尽可能与理论状态一致。在大天顶角工况下，仍有部分主索应力和应力幅超限。因此，提出安全变位策略，该策略以牺牲极小的面形精度为代价，优化索网受力状态，保证主索应力和应力幅不超限。在位形变位策略使结构产生安全或疲劳问题时，采用安全变位策略，保证结构安全。

若索网中存在主索应力超限、应力幅超限以及松弛情况，通过调整超限或松

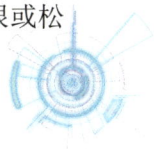

弛主索两端节点下方的下拉索索力优化主索受力状态。

主索应力超过 744MPa：放松下拉索，使下拉索的索力减小 2kN。

主索应力小于 20MPa：拉紧下拉索，使下拉索的索力增大 2kN。

主索应力幅超过 500MPa：拉紧下拉索，使下拉索的索力增大 2kN。

调整下拉索索力后，重新计算索网受力状态，并再次检查是否存在主索应力超限、应力幅超限和松弛情况，若存在，则重复上述调整步骤。

通过上述组合工况下大批量抛物面变位的仿真分析，在采取了优化的焦比参数和安全变位策略后，可以保障正常工作情况下反射主索网与圈梁和格构柱等周边支承结构的安全。

3. 反射面单元碰撞分析

反射面单元碰撞分析也是校核反射面能否正常工作的一项重要内容。为确定反射面单元的初始间隙，研究人员对反射面单元碰撞进行了分析，采用矢量几何的方法给出了单元碰撞的判定准则，并根据反射面整体有限元模型的分析结果，结合判定准则，研究了 FAST 在正常抛物面变位工况和最不利的促动器故障情形下单元的碰撞干涉情况，还给出了合理的单元初始间隙为 65mm[4]。此时，即使在最不利的促动器故障情形下，也不会发生反射面单元之间及单元背架与主索之间碰撞的情况。

文献 [5] 基于索网与反射面单元的结构关系，从构成索网主索变位前后应力的角度来分析反射面单元的碰撞，并从整体反射面系统中提取单个三角形反射面单元及对应主索单元，对相邻反射面单元碰撞的可能性进行了分析和计算。在正常抛物面变位工况中，如果不出现促动器故障或失控、连接机构异常、主索及下拉索材料性能参数变化、反射面控制问题或控制异常等，不会出现单元碰撞的风险。

6.2.2 索网结构实时评估系统

1. 概况

FAST 主动反射面作为望远镜的关键组成部分，以及考虑到其区别于一般结构的独特运行方式，其调试运行中的安全保障方案是不得不考虑的问题[6]。另外，因为 FAST 调试工作任务重、时间紧，还要保证望远镜有足够的有效运行时长，才能更好地完成调试任务。因此，开发一套满足上述需求的实时评估系统不但可以满足调试工作的要求，也可为今后 FAST 安全运行，以及保证有效观测时长提供保障[7]。

FAST 主动反射面采用柔性的索网结构作为主要支承结构。FAST 进行观测时，根据目标天体的位置，通过 2225 台促动器拖动下拉索来控制索网变位，在主动反射面 500m 口径范围内的不同区域张拉出满足观测要求的 300m 口径抛物面[8]。主动变位的反射面结构是 FAST 与传统望远镜结构的最大区别。FAST 主动反射面的特别之处主要体现在以下方面。

① 传统望远镜基准面是抛物面，即使无法实现主动控制，也只是少部分牺牲效率。而 FAST 基准面是球面，必须主动变位控制才能实现有意义的科学观测。

② 传统望远镜对不同天区观测，是利用同一个抛物面指向不同方向实现的。而 FAST 是利用反射面的不同区域实现的，故在其观测过程中变位工况众多，且具有相当大的随机性。

③ 主动反射面系统是一个由 2225 台促动器参与变位控制的复杂耦合系统，个别促动器的故障会影响整个结构的安全。

由于 FAST 主动反射面的独特性，采用传统仅依靠布设备种传感器的健康监测方案，造价昂贵且无法满足索网结构安全运行的需求。实际上，FAST 也配置了健康监测系统，在索网及圈梁上布置了 500 余个传感器[9]，但索网有近万个构件，仅凭布置的 500 余个传感器无法实现索网的有效评估。因此，还需要采用更加可靠的技术手段，来监测索网结构的安全运行。

另外，前文也提到促动器的故障会影响整个反射面结构的安全性，但考虑到望远镜的工作效率，不可能每发生一次促动器故障就停止观测任务进行维修。这就需要对观测中促动器故障的影响进行评估，例如反射面的正常工作可以同时容许多少促动器发生故障？促动器故障势必会进一步增大索网变位应力幅，会不会导致索网有疲劳破断的风险？假设促动器容许故障率为 1%，即索网的变位工作可以容许 22 台促动器同时发生故障。此时，仅故障位置的排列组合工况已经难以计数了，这里还没有考虑观测工况、故障响应模式及温度等其他因素的组合作用，显然无法通过提前计算所有观测中可能发生的工况来给出安全预警以及促动器的维修策略。因此，有必要研究新的评估方法，实时判断反射面系统是否具备执行观测任务的能力，必要时发出停止观测、启动促动器维修的工作建议。

为了满足上述需求，FAST 团队开发了基于力学仿真技术的索网结构实时评估系统，索网结构实时评估系统通过将现场索网结构的状态数据实时输入反射面

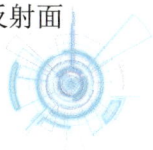

整体有限元模型中，根据有限元计算结果，实时评估索网结构当前的安全状态，给出必要的预警信息。该系统除能保障主动反射面的安全运行外，还具备故障评估功能，为望远镜在少量促动器发生故障条件下继续执行观测任务提供必要的数据支撑，有力保障望远镜的有效观测时间。

2．索网结构实时评估系统的建立

（1）实现基础

FAST 不同于常规结构，其建造精度非常高，例如索网结构单根主索的长度误差≤±1mm，主索的加工过程有着严格的质量控制，每根主索都在恒温间（20±0.5）℃内，利用张拉台架张拉到其设计载荷，利用 API 激光跟踪仪（精度优于 0.05mm）测量索长。再根据测量结果进行长度调节，直至误差小于 1mm[10]。严格的质量控制使得根据设计图纸建立起来的力学模型与实际结构符合性非常好，边缘主索及下拉索索力的实测数据与模型计算结果相差最大不超过 5%，平均为 2%。准确的力学模型保证了索网结构实时评估系统的准确性。

FAST 施工时在索网结构的关键部位提前设置了高精度的传感器和测量设备。例如，在边缘 150 根主索上设置了测量索力的磁通量传感器，其索力测量精度可以达到 3%；圈梁耳板上设置了测量标靶，可使用激光全站仪自动测量耳板坐标，精度为 2mm 以内；在 2225 台促动器上安装了测量精度可达 10μm 的磁致伸缩传感器；索网及圈梁上布置的 500 余个光纤传感器可以获得精度达 0.1℃的温度数据等[10]。这些传感器和测量设备的设置使我们可以在后期对索网结构的力学模型进行及时修正，这保证了力学模型结果的稳定性。

FAST 促动器的最大运行速度仅为 1.6mm/s，可以认为当望远镜进行换源、跟踪或扫描等观测任务时，索网变位工作过程是近似的准静态过程，故采用静力分析方法。另外，FAST 主动反射面内构件的应力均在线弹性范围内，不需要考虑材料非线性。这些贴合实际情况的简化可大大提高有限元分析的效率，是索网结构实时评估系统实时性的保证。

促动器故障分类相应模式的设计使得促动器故障可在模型中准确模拟，这也是索网结构实时评估系统的实现基础。望远镜不能每发生一次促动器故障就停止观测任务进行维修，所以在促动器选型设计时，FAST 团队提出促动器需要具备随动功能，即当促动器达到一定载荷后，可以保持一定载荷自适应于索网节点的运动。因此，主动反射面下拉索的驱动装置选择的是液压促动器方案，通过溢流阀或泄压阀的油路设计实现随动功能。

出于精度和安全双方面的考虑，促动器故障响应模式设计有 3 类：小负载随动、无源保位及大负载随动。小负载随动是指系统发现促动器发生故障时，发出指令开启促动器泄压阀，此时促动器只承受活塞杆和油缸之间约 0.8kN 的摩擦力。无源保位则是指促动器电磁阀失控或小区域停电，且促动器在安全载荷（80kN）以下时，促动器锁死在原位的情况。大负载随动是指促动器达到安全载荷后，会自动开启安全溢流阀，活塞杆将随着索网运动自动被拔出，这是促动器设置的最后一道安全屏障。

为了尽可能保证反射面的工作效率及面形精度，设计了故障类型与故障响应模式的对应关系，如表 6.5 所示。该措施使索网变位工作对促动器故障工况具备了一定包容性。也就是说，当个别促动器发生故障时，反射面仍可以在少量牺牲精度的情况下继续执行观测任务。

表 6.5　故障类型与故障响应模式的对应关系

故障类型	涉及促动器范围	供电情况	随动电磁阀	其他电路	行程位置、压力等参数	是否在观测抛物面范围内	响应模式
类型一	不限	停止	—	—	—	—	无源保位
类型二	单个	正常	不可控	—	—	—	无源保位
类型三	单个	正常	可控	不可控	—	—	小负载随动
类型四	单个	正常	可控	正常可控	异常	范围内	小负载随动
类型五	单个	正常	可控	正常可控	异常	范围外	无源保位

（2）系统方案

索网结构实时评估系统实质上通过对当前实际结构力学模型进行实时有限元仿真，获得实际结构应力、变形等的实时状态，并将其与安全阈值进行对比，给出实时预警。索网结构实时评估系统架构如图 6.9 所示。

索网结构实时评估系统可分为数据接口系统（数据输入模块和数据输出模块）、数据处理模块（数据前处理模块和数据后处理模块）、力学仿真系统 3 个部分。数据接口系统的主要功能是实现与望远镜总控系统数据交互功能，分为数据输入模块和输出模块两部分。数据输入模块用于实时获取现场实际结构的当前状态数据，如促动器伸长量、油温、油压、现场环境温度，以及促动器故障信息等。数据输出模块用于将当前力学仿真分析获得的现场结构实际安全状态（应力、应

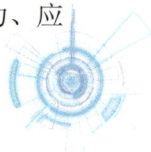

力幅等）以数字、图表等形式反馈给望远镜总控系统，并实时显示出来。数据处理模块分为数据前处理模块和数据后处理模块两部分。数据前处理模块的主要功能是将获得的现场结构的状态数据转化为力学模型的边界条件；数据后处理模块主要功能是将力学分析获得的现场结构实际安全状态转化为方便数据输出模块输出的数字、图表形式。索网结构实时评估系统关键的部分是力学仿真系统，力学仿真模型决定了索网结构实时评估系统的准确性和实时性。

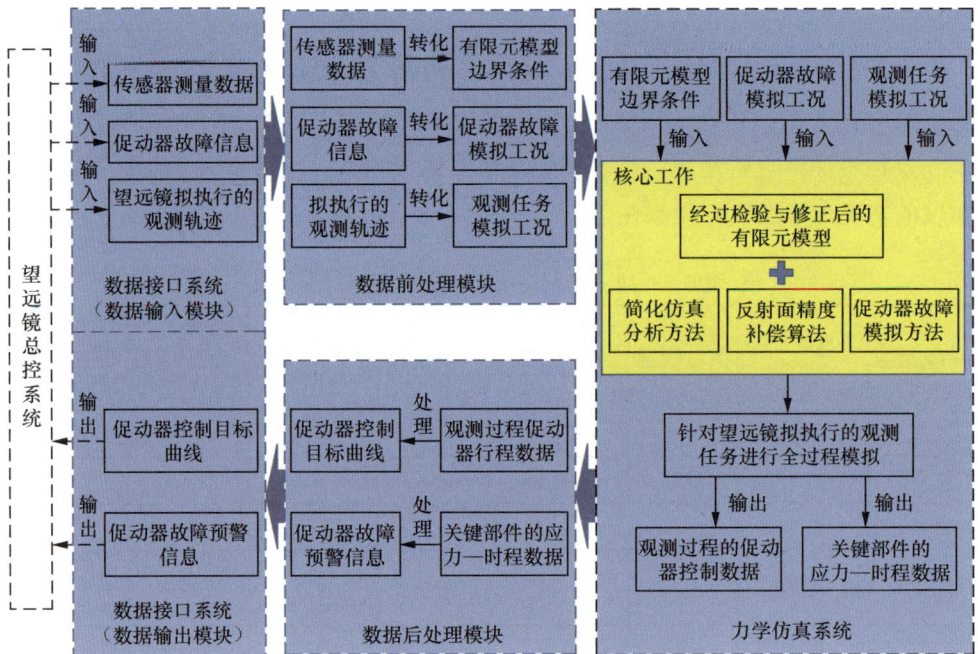

图 6.9　索网结构实时评估系统架构

（3）关键技术

● 力学仿真模型的修正与简化

作为一个实时评估系统，索网结构实时评估系统对准确性和实时性都有很高的要求。对于准确性来说，为了确保力学仿真模型与现场实际结构保持很好的符合性，定期对模型进行检验与修正是非常有必要的。根据力学仿真模型构件所需数据随时间变化的速度，我们将现场通过传感器或者测量设备采集的数据分为两类：实时反馈数据和定时测量数据。实时反馈数据表示该数据变化较快，且对索网应力影响明显，需要实时输入有限元模型的数据。定时测量数据表示该数据变化缓慢，而且短时间的变化量对索网应力的影响不明显，不需要实时更新到有限元模型的数据。

实时反馈数据包括促动器行程、故障促动器编号和环境温度等，这是影响索网应力状态的主要因素。当 FAST 跟踪目标天体时，反射面控制系统通过调整 2225 台促动器的伸长量，形成一系列抛物面。促动器的伸长量直接决定了索网结构的受力状态。其次，故障促动器位置也会对其附近的主索和下拉索的应力产生显著影响。此外，由于 FAST 规模巨大，环境温度对索网结构受力状态的影响不容忽视。实时反馈数据需要被尽快反映到力学仿真模型中。

在索网结构实时评估系统中，实时反馈数据通过与望远镜控制系统的数据接口实时获取，并实时作为边界条件输入力学模型中。其中，促动器伸长量表示的是下拉索单元长度的变化量，通过式（6.9）将其转化为下拉索单元的温度变化量，连同环境温度以温度载荷的形式施加到力学模型中进行有限元分析。

$$\Delta T_i = \frac{\Delta L_i}{\alpha \times L_i} \tag{6.9}$$

式中，ΔT_i 表示使第 i 根下拉索产生 ΔL_i 的长度变化所需要的温度变化量；ΔL_i 表示第 i 根下拉索的长度变化量，也就是促动器的伸长量；L_i 表示第 i 根下拉索的长度；α 表示钢材的线膨胀系数。

对于定时测量数据，根据基本球面下边缘 150 根主索的仿真计算结果与实测数据的对比，当两者之间的误差大于 15% 时，则表示力学仿真模型与现场实际结构符合性较差，需要对模型进行修正，将定时测量数据更新到力学仿真模型中。定时测量数据包括以下 4 类：①圈梁耳板销孔位置，用于反映圈梁滑移等影响索网与圈梁连接点位置的变化；②基本球面下主索节点的位置和促动器的伸长量，用于反映 FAST 索网结构基准态下，主索及下拉索的变化，FAST 基准态是指 FAST 反射面在半径为 300m 的球面状态，这是索网变位的基准；③下拉索下节点位置，用于反映下拉索地锚点位置的变化；④边缘 150 根主索的索力，用于定时校核力学模型。

索网结构实时评估系统对实时性有很高的要求，需要整个系统具备非常高的计算效率，快速进行力学仿真计算，及时反馈控制信息和预警信息。除了在硬件方面尽量采用先进设备外，在计算方法方面也要慎重考虑。如前所述，根据望远镜的运行特点，采用静力分析方法，不考虑材料非线性等都有效提高了系统的计算效率。此外，力学模型本身的合理简化也是索网结构实时评估系统满足实时性要求的重要举措。

力学仿真系统采用的力学仿真模型是反射面整体有限元模型，根据对反射面

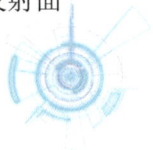

整体结构受力特点的分析，对反射面整体有限元模型进行了合理简化。例如，进行 FAST 圈梁设计时，为减少支撑圈梁的格构柱刚度差异对整体结构的影响，在格构柱顶端设置了滑动支座，将圈梁放置在滑动支座上，格构柱的主要作用是提供竖向支撑力，因此，在力学模型中删除了格构柱部分，只模拟滑动支座。通过合理的简化，我们最终将有限元模型的单元数量由 25359 个减少为 17445 个，自由度数量由 44346 个减少为 22200 个。简化后的力学仿真模型的应力计算结果与简化前的力学模型的相比，误差在 5% 以内，而计算一个工况的时间由 30s 左右减少为 10s 左右。

当然，由于每次有限元分析大概需要 10s 的时间，索网的应力状态实际上是 10s 前的应力状态，但是，促动器的运动速度最大仅为 1.6mm/s，10s 左右的时间并不会导致索网的应力状态发生大的变化。我们对此进行了测算，16mm 的促动器变化量，引起主索的最大索力变化仅为 20MPa 左右，而索网的屈服强度高达 1860MPa。因此，一次评估时间为 10s 左右可以满足索网结构实时评估系统对于实时性的要求。

● 故障促动器的模拟

前文提到，促动器故障响应模式设计有 3 类：小负载随动、大负载随动及无源保位。在 FAST 实际结构中，为防止突然断电导致现场所有促动器进入小负载随动状态，反射面面板发生碰撞，FAST 将 2225 台促动器分为两部分，一部分（1033 个）保留小负载随动功能，另一部分（1192 个）取消了小负载随动功能，在出现故障时采用无源保位的响应模式，将两类促动器间隔布置，且都保留大负载随动功能。

当促动器发生故障时，为评估当前故障促动器对索网结构安全性的影响，给出是否停止观测而启动促动器维修的决策信息，索网结构实时评估系统的力学模型需要实时获得当前故障促动器的位置，并准确模拟故障促动器的响应模式。

索网结构实时评估系统可根据实时获得的促动器伸长量数据判断故障促动器的编号（位置），并生成可供有限元分析软件读取的文件（在索网结构实时评估系统中将其命名为 broken2.txt）。对于由于通信故障，无法自动获取工作状态的促动器，按照促动器故障响应模式的分类，分别进行处理，其处理流程如图 6.10 所示。

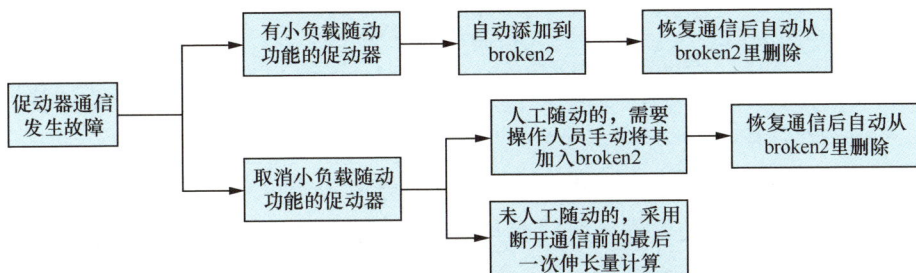

图 6.10　通信故障促动器的处理流程

与促动器的分类相同，故障促动器在力学模型中的模拟也分两类，对于保留了小负载随动功能的促动器，这种类型的促动器发生故障时，由于只承受活塞杆和油缸之间约 0.8kN 的摩擦力，下拉索提供的拉力极小，力学模型中直接采用"杀死（kill element）"相应下拉索单元的方式进行处理。故障促动器如果是取消了小负载随动功能的促动器，则在新的仿真分析工况里，对相应的下拉索单元输入上一次的促动器伸长量，即保持下拉索的长度不变。对于大负载随动，该功能是所有促动器的最后一道安全屏障，在索网结构实时评估系统中，采用促动器油压警报的方式给出预警，总控室操作人员发现类似警报后可远程将该促动器随动出去（即按小负载随动的响应模式及时处理）。

● 疲劳问题的处理

FAST 索网的疲劳问题早在 FAST 建设期间就是决定 FAST 成败的关键技术问题，常规钢索的疲劳性能远不能满足 FAST 的设计要求。最终，通过 FAST 团队多年技术攻关，成功研制了高疲劳性能钢索，才使问题得以解决。但是，在 FAST 运行阶段，科学观测安排的不确定性，以及现场实际反射面结构的变化，都会导致 FAST 索网结构在运行中实际出现的应力谱和设计阶段预估的应力谱有出入，使 FAST 存在发生疲劳破坏的风险。

考虑到索网结构实时评估系统对于实时性的要求较高，系统对于疲劳问题的考虑采用了简化的方法。FAST 预先对覆盖整个反射面的 1175 个抛物面在现场可能的最高和最低温度下的工况进行有限元分析，得到索网结构中各单元在上述工况下的最大应力 σ_{max} 和最小应力 σ_{min}，并将其作为内置参数存入力学模型中。在 FAST 进行观测时，索网结构实时评估系统将每次有限元分析结果得到的各单元应力 σ 与 σ_{max} 和 σ_{min} 进行比较，如果不满足式（6.10）和式（6.11），则认为该单元应力幅超限，将超限信息显示在界面上，并发出警报。

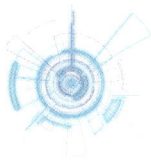

$$\sigma - \sigma_{\min} \leqslant 500\text{MPa} \tag{6.10}$$

$$\sigma_{\max} - \sigma \leqslant 500\text{MPa} \tag{6.11}$$

- 实现方法和系统界面

如上所述，索网结构实时评估系统是通过实时力学仿真来进行故障预警的平台，实现该平台功能的软件系统需要具备以下特点：数据交互功能、图形用户界面功能、可通过参数化语言程序进行有限元分析。

MATLAB 图形用户界面（Graphical User Interface，GUI）由于其可交互性，能够很好地完成索网结构实时评估系统的界面设计，在用于过程控制的对象链接和嵌入（OLE for Process Control，OPC）通信模块时，可以方便地实现数据交互。然而，对于 FAST 这样的复杂工程，其有限元计算很难在 MATLAB 内完成，因此必须借助有限元分析软件辅助计算，提高计算效率。

ANSYS 的 APDL 是一种用来完成有限元常规分析操作或通过参数化变量方式建立分析模型的脚本语言。它用智能化分析的手段，向用户提供了自动完成有限元分析过程的功能，即输入可指定的函数、变量以及选用的分析类型，用户可以对模型直接赋值或进行运算，也可以从 ANSYS 分析结果中提取数据并将其赋给某个参量。ANSYS 由于其 APDL 的优越性成为有限元分析软件的首选。

本系统采用 MATLAB 作为实现索网结构实时评估系统建设的主要工具，使用有限元分析软件 ANSYS 进行有限元分析。采用 MATLAB 和 ANSYS 实现索网结构实时评估系统的步骤如下。

① 在 ANSYS 中建立整体力学模型，并采用 APDL 编写有限元分析程序。

② 通过 MATLAB 建立 MATLAB GUI，并通过其 OPC 工具箱与 FAST 总控系统进行数据交互，将从 FAST 总控系统中读入的数据转化为 ANSYS 可读取的数据。

③ 在 ANSYS 中运行程序，读取当前工况数据，并实时进行有限元分析，输出分析结果。

④ MATLAB 读取 ANSYS 的分析结果，根据分析结果产生相应的数据、图像及警报信息，将其显示在系统界面上，并通过数据接口反馈给总控系统。

⑤ 循环上述步骤。

索网结构实时评估系统界面如图 6.11 所示。为反映促动器的工作状态，界面中还显示了促动器油压的实时数据。

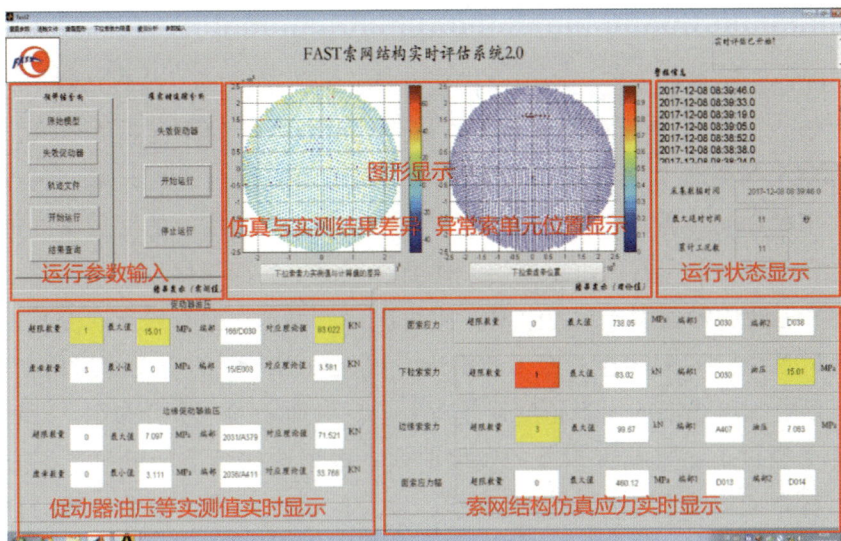

图 6.11　索网结构实时评估系统界面

索网结构实时评估系统创新性地基于力学仿真技术，从强度、疲劳等方面建立望远镜对促动器故障容忍度的判断准则，解决了复杂耦合结构的实时安全评估难题，为望远镜继续执行观测任务提供了数据支撑，为 FAST 主动反射面的安全运行提供了保障。该系统在 FAST 的调试和运行阶段都发挥了很大的作用。这一成果也体现在了《国家重大科技基础设施 500 米口径球面射电望远镜项目国家验收意见》中，验收委员会的专家们认为基于力学仿真技术的索网结构实时评估系统，解决了复杂结构的安全评估难题，是力学仿真技术实时安全评估及预警在天文领域的首次应用。

3．发展与展望

索网结构实时评估系统为保障 FAST 的安全运行发挥了很大的作用，但仍有很大的发展空间，正在开发中的功能包括更准确的疲劳评估方法[10]、反射面的面形精度监测[11] 等。目前系统采用了非常简化的方法来预防索网结构中钢索出现疲劳破坏，后续可以在进行索网结构应力评估的同时，将索网结构中各根钢索的实时应力按照时间顺序存入专用的数据库中。每隔一段时间，采用雨流计数法对数据库中的历史应力数据进行统计，就可以获得各根钢索截至当前的应力—时程，形成各根钢索真实应力谱。根据各根钢索的真实应力谱，结

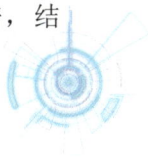

合钢索的 *S-N* 曲线，采用迈勒线性累计损伤定律，得到各根钢索的疲劳损伤度，评估各根钢索的疲劳寿命，进而判断是否需要更换钢索，并提前制订维护计划。

同样地，在进行索网结构力学模型有限元计算的同时，得到当前工况下各个主索节点的位置坐标。由于主索节点与反射面面板的距离是固定的，因此也就得到了与主索节点对应的三角形单元上的点坐标。通过计算这些点的位置与理想抛物面位置误差的 RMS 值，对当前工况下抛物面的面形精度进行评估。这样，每 10s 左右就可以获得一次当前工况下的面形精度误差，进而实现对 FAST 主动反射面面形精度监测。将每次评估得到的面形精度误差与相应的抛物面位置按时间顺序存入专用数据库。根据数据库中的历史面形精度数据，不但可以绘制出当前的面形精度误差在主动反射面上的位置分布图，还可以绘制出各个位置上面形精度误差的发展曲线。根据这些信息，就可以很方便地判断出标定数据库什么时候需要更新，以及应该优先更新哪个位置的标定数据，从而提醒运营方合理、科学地观测，并对标定数据库视情况进行更新。

6.2.3　反射面主动变形控制算法

反射面面形精度是射电望远镜性能的重要体现，直接关系到望远镜灵敏度指标能否达到验收要求。FAST 索网存在两个基本面形形态，即球面基准态和抛物面态。通过促动器张拉下拉索，使索网节点位于半径为 300.4m 的球冠上，此时反射面面板位于半径为 300m 的球冠上，这种形态即球面基准态；为实现观测功能，基于球面基准态，通过促动器调整索网节点位置，形成 300m 口径的抛物面，即抛物面态。FAST 反射面的面形精度一般指抛物面态下的面形精度。

图 6.1 反映了 FAST 效率、馈源位置精度和面形精度之间的关系，分析了反射面的最低面形精度要求。式（6.5）给出了面形误差的各项主要来源，其中除了索网节点控制误差以外，其他各项误差在工程建设完成后基本已经确定，因此开发一套有效的反射面控制方案和算法，使得预期索网节点控制误差低于 5mm，就成为反射面设备调试的一项核心任务。

FAST 反射面主动变形的工作模式本质上是用球面的不同区域变位拟合来实现不同指向的抛物面，这与传统望远镜用同一个抛物面指向不同方向的工作模式截然不同。传统测量方法如微波全息法、摄影测量法和激光测量法均难以被应用到 FAST 反射面面形精度的实时补偿，主要原因有两个：①无法满足多目标（一次测量点数接近 700 个）、全天候（当地环境潮湿、多雾）和实时工作（反馈时间间隔不大于 500ms）的要求；②无法兼顾上述所有工况下的反射面变位结构安全问题。

为克服上述难题，李辉等人[12] 提出了一种基于力学仿真技术的反射面面形精度实时补偿的开环控制算法。该算法的核心思想是通过力学仿真分析建立一个包含足够数量和分布密度的各个指向抛物面变位的数据库，利用这些抛物面作为插值节点，然后采用域内插值方法实时计算给出以观测轨迹点（插值点）为顶点的抛物面变位，作为反射面控制系统的反馈补偿量。数据库所存储的抛物面变位数据包括所有促动器行程、抛物面顶点二维坐标和环境温度等。为保证补偿精度，该算法需要比较精确的反射面力学模型，可利用传统激光测量技术（激光全站仪）选择合适的天气和测量时段对一定数量的典型抛物面工况进行定期的面形标定测量，将测量结果与仿真分析结果对比，由此修正力学模型。同时，该算法也需要对反射面球面面形进行定期标定测量，将标定结果也纳入数据库，作为促动器行程的零位基准，详见 6.2.1 小节的相关内容。该算法所形成的数据库已充分考虑了上述各个工况下的抛物面变位结构安全问题，同时完成一次插值计算和补偿的时间不超过 500ms，满足实时补偿控制的要求。该算法不需要进行面形实时测量，而是用力学仿真分析得到的结构位形数据代替面形测量数据，因此基于该算法的反射面控制系统可以全天候工作。

该算法主要包含 4 个步骤（见图 6.12）：①反射面球面标定；②构建插值数据库；③进行插值计算；④控制系统运行。第①步通过现场反射面球面标定修正并提高反射面力学仿真模型的精度，使得仿真分析得到的反射面位形结果与实测得到的反射面面形趋于一致。第②步是算法的核心，即通过仿真分析得到大批量各种指向抛物面变位工况的数据，主要是 2225 台促动器的行程，将其连同抛物面顶点坐标、环境温度以及各顶点的拓扑关联信息等构建插值数据库。第③步是根据总控系统下发的抛物面顶点坐标和环境温度，进行实时的插值计算，获得下一时刻基于该顶点的抛物面变位数据，主要是 2225 台促动器的目标行程。第④步是控制系统运行，将目标信息发给下位机执行，同时运行索网结构实时评估系统，对反射面的主动变形过程进行实时安全监控。下面主要介绍算法第②步和第③步中的核心工作，即构建插值数据库和进行插值计算。

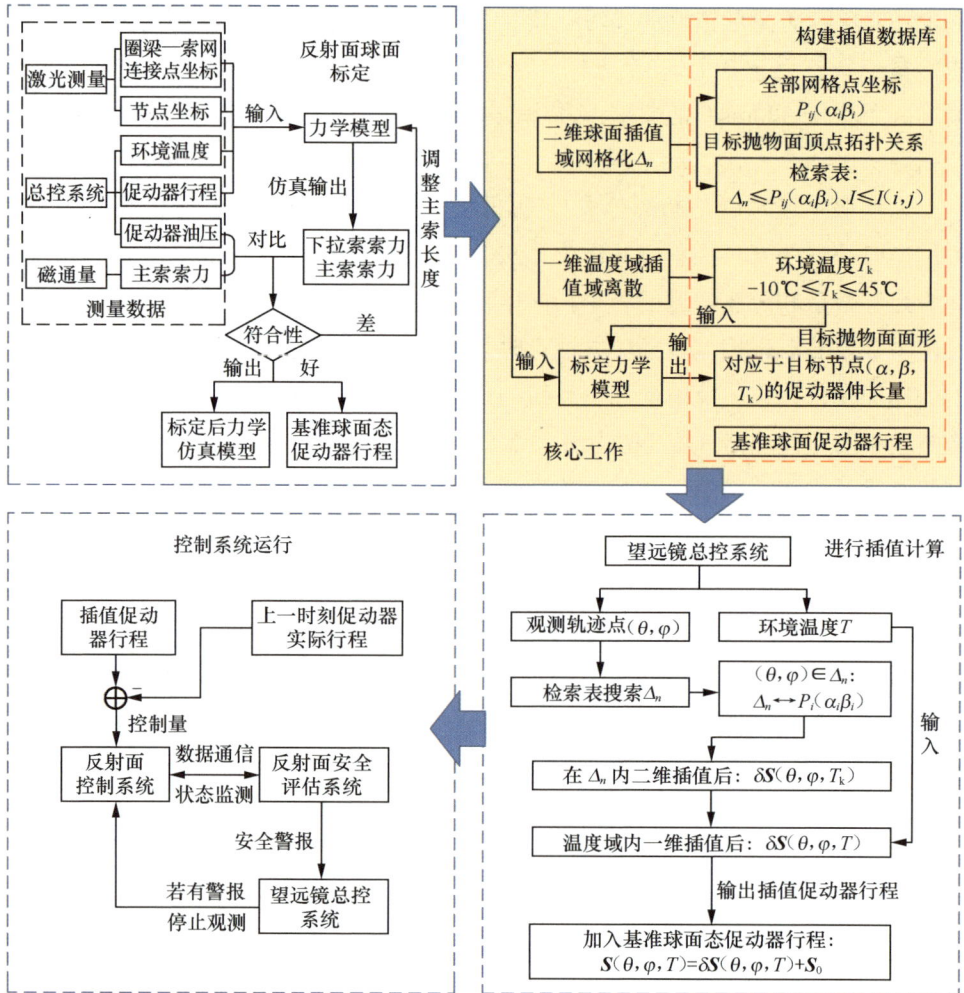

图 6.12　基于力学仿真技术的反射面开环控制算法步骤

　　构建插值数据库的第一步是在反射面球面选取足够多的各种指向抛物面变位工况，并尽可能在天顶角 [0°，43°] 和方位角 [0°，360°] 范围内均匀分布。其中最大天顶角取 43° 的目的是保证天顶角 40° 的抛物面也能顺利完成域内插值计算。最终选取需要进行分析的抛物面顶点在球面上的分布按同心等间距圆排列，沿天顶角方向（径向）圆圈间距约为 1°，沿方位角方向（环向）顶点间距约 5.5m，因此相邻抛物面顶点距离基本为 5.5m 左右，保持与索网节点类似的三角形拓扑构型，用于构建插值数据库。由此选取的抛物面顶点总数约 4951 个，如图 6.13 所示，具有完整照明口径的抛物面大约有 2000 个。其中在二维球面空间域，每 6 个相邻抛物面顶点构成一个球面三角形插值域，每条球面三角形弧边的中点和每个三角形顶点均为所选取的需要进行仿真分析的抛物面顶点。此外，考虑现场所处气候条件，选取环境温度变化范围为 [−10℃ ,45℃]，间隔为 5℃，共 12 个温度点作为插值计算的温度域。所构建的插值数据库中存储了对 4951×12 个抛物面变位工况仿真分析得到的促动器伸长量矩阵（2225×4951×12）、球面标定的环境温度 20℃下的促动器行程向量（2225×1）、4951 个抛物面顶点坐标和 2423 个 6节点球面三角形拓扑信息表。

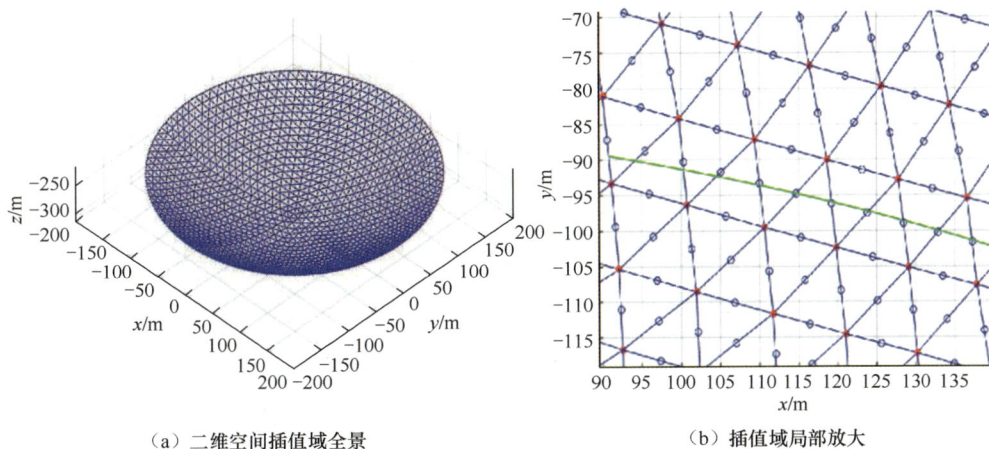

（a）二维空间插值域全景　　　　（b）插值域局部放大

图 6.13　为构建插值数据库选取的抛物面顶点及拓扑构型

在给定抛物面顶点坐标和环境温度后，基于插值数据库通过插值计算得到该抛物面变位工况下的促动器行程向量 $S(\alpha, \beta, T)_{2225\times1}$，其与抛物面面形形成一一对应关系。其中自变量 α、β、T 分别为抛物面顶点的方位角、天顶角和环境温度，也代表插值域的 3 个维度。插值计算可行的依据是向量函数 $S(\alpha, \beta, T)_{2225\times1}$ 在插值域内连续变化，这也是反射面能够连续变位的前提条件。插值计算需要解决的主要问题包括插值节点和插值算法的选取等。

插值计算虽然在顶点坐标和环境温度所构成的三维域内完成，但考虑到顶点坐标属于空间范畴，与环境温度的物理含义不同，故不宜直接采用三维域内混合插值的计算方案，应该分成两步进行。第一步是固定温度变量，从数据库选取插值节点进行二维空间域内的插值计算；第二步是固定二维坐标变量，将上一步得到的插值结果作为一维温度域的插值节点，进行第二步温度域的插值计算，通过空间域和温度域的分步插值完成最终的插值计算。

在进行二维空间域插值计算时，插值节点的选取是关键。如果将图 6.13 所示数千个离散点均选作插值节点，则插值函数异常复杂，且计算效率低。因此，可借鉴有限单元法关于单元网格离散的思想，将各离散点有效组织起来，构成有序的 6 节点球面三角形域的面域离散方案，其拓扑构型如图 6.13（b）和图 6.14 所示。对于任何插值点的计算，仅选取该点所属球面三角形域的 6 个节点作为插值节点，其相比 3 节点三角形具有更高的插值精度。因此，可以仿照有限单元法的 6 节点平面三角形单元建立插值函数 W_i，其表达式为

$$W_i\left(L_1,L_2,L_3\right)=\begin{cases}L_i\left(2L_i-1\right),i=1,2,3\\4L_{i-3}L_{i-2},i=4,5\\4L_3L_1,i=6\end{cases} \quad (6.12)$$

式中，L_i 为对应于节点 i 的球面三角形域面积坐标，其定义如图 6.14 所示，满足 $L_1+L_2+L_3=1$。由此，将对任意插值点 (α,β,T_j) 的二维面域插值计算转化为对该插值点所属球面三角形域内的插值计算，表示为

$$S\left(\alpha,\beta,T_j\right)=\sum_{i=1}^{6}W_i\left(L_1\left(\alpha,\beta\right),L_2\left(\alpha,\beta\right),L_3\left(\alpha,\beta\right)\right)S_{n_i}^{C}\left(\alpha_{n_i},\beta_{n_i},T_j\right) \quad (6.13)$$

式中，T_j 为温度域第 j 个离散点，n_i 为三角形域的第 i 个插值节点所对应的面域离散点编号，$S_{n_i}^{C}\left(\alpha_{n_i},\beta_{n_i},T_j\right)$ 代表数据库中以 n_i 作为抛物面顶点且环境温度为 T_j 的促动器行程向量。

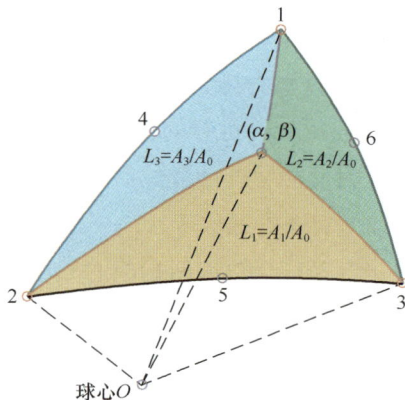

图 6.14 球面三角形插值域节点编号及面积坐标

最后进行一维温度域插值，得到最终的插值计算结果为

$$S(\alpha,\beta,T) = \sum_{j=1}^{12} \phi_j(T)\, S(\alpha,\beta,T_j) \tag{6.14}$$

式中，$\phi_j(T)$ 为温度域插值函数，可选三次样条函数。

快速搜索插值点 (α, β, T) 所属球面三角形插值域的算法非常关键，其搜索占据了整个插值计算的大部分时间。为此，一方面，需要在构建数据库时增加信息检索表，包括 6 节点三角形域检索表、二维球面域插值节点（离散点）检索表和一维温度域插值节点（离散点）检索表等，实现插值节点与离散域二者间的相互快速检索并获取编号和坐标等计算所需的相关参数；另一方面，建立由坐标点 (α, β) 到三角形域的快速定位算法。首先计算插值点 (α, β) 与所有三角形域重心的距离，进行排序；然后取距离最短的前 6 个三角形域，逐个计算面积坐标并判断 $(L_1+L_2+L_3)$ 是否等于 1，来决定插值点的归属域。不归属的三角形域必然有 $(L_1+L_2+L_3)>1$。

如果观测轨迹是连续的，除初始插值点以外，对于其他各点均可将搜索范围直接缩小为前一个点所属三角形域及其 12 个邻近三角形域，从而规避大量的距离计算，进一步提高搜索效率。

接下来考虑进一步提高插值计算精度的措施。对式（6.5）进行改写，增加一项 δ_5，表示为

$$\mathrm{RMS} = \sqrt{\delta_1^2 + \delta_2^2 + \delta_3^2 + \delta_4^2 + \delta_5^2} \tag{6.15}$$

式中前 4 项仍与式（6.5）中含义一致，分别为反射面单元面板内禀误差 δ_1（~ 3.8mm）、索网节点控制误差 δ_2、测量系统误差 δ_3（~ 2mm）、测量基准网误差 δ_4（~ 1mm），δ_5 为前 4 项中不可控或无法量化因素导致的其他误差，如结构间隙、下拉索非径向偏差、不同部位温差效应等导致的误差。δ_5 可以通过抛物面标定的平差模型得到有效降低，而 δ_2 的降低可以通过提高插值计算的精度来解决。

基于域内插值法原理，显然加密离散域网格、缩小单个插值域尺寸可以提高插值计算精度，但前期建立数据库任务将成倍增加，而且降低了插值域搜索效率，可以作为辅助手段。从式（6.6）可以看出，任何插值节点的促动器行程向量包含 5 部分，其中球面基准态的行程 $\boldsymbol{S}_n^{\mathrm{S}}$ 可以由球面模型标定给出，球面与抛物面的径向几何差 $\boldsymbol{S}_n^{\mathrm{R}}$ 可以直接计算得出。这两部分行程都是可直接计算的，没有必要通过插值计算，可以在插值计算完成后再加上这两部分。因此有必要进行插值计算

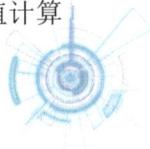

的仅第 3 项 $\boldsymbol{S}_n^{\mathrm{E}}$ 和第 4 项 $\boldsymbol{S}_n^{\mathrm{T}}$。由于前两项占据了促动器行程总量的绝大部分比例，预计可以有效降低促动器行程的插值计算误差。

在进行插值计算之前，应根据环境温度的变化增加对球面基准态的行程 $\boldsymbol{S}_n^{\mathrm{S}}$ 进行温度补偿的措施。$\boldsymbol{S}_n^{\mathrm{S}}$ 为反射面球面标定得到的促动器行程，也是插值计算抛物面变位促动器行程的基准。$\boldsymbol{S}_n^{\mathrm{S}}$ 受制于标定期间现场的实际温度，当温度发生变化时，其标定的球面行程不再准确，从而带来了新的误差。为补偿因环境温度变化产生的球面基准态的行程误差，可分 3 步进行。首先利用仿真模型分别计算在 20℃ 和现场标定温度情况下球面基准态的行程差，将其加入 $\boldsymbol{S}_n^{\mathrm{S}}$ 中，将标定行程换算为 20℃ 下的球面基准态的行程 $\boldsymbol{S}_n^{\mathrm{S}}(20℃)$，将数据库中的 $\boldsymbol{S}_n^{\mathrm{S}}$ 替换为 $\boldsymbol{S}_n^{\mathrm{S}}(20℃)$；然后分别仿真计算 12 个插值温度节点下的球面基准态的行程 $\boldsymbol{S}_n^{\mathrm{S}}(T_j)(T_j=-10℃,-5℃,\cdots,45℃)$，将 12 个行程增量 $\boldsymbol{S}_n^{\mathrm{S}}(T_j)-\boldsymbol{S}_n^{\mathrm{S}}(20℃)$ 存入数据库；最后按照式（6.14）对行程增量进行一维温度域插值，再加上 $\boldsymbol{S}_n^{\mathrm{S}}(20℃)$，得到最终的包含温度实时补偿的球面基准态的行程为

$$\boldsymbol{S}_n^{\mathrm{S}}(T)=\boldsymbol{S}_n^{\mathrm{S}}(20℃)+\sum_{j=1}^{12}\phi_j(T)\left[\boldsymbol{S}_n^{\mathrm{S}}(T_j)-\boldsymbol{S}_n^{\mathrm{S}}(20℃)\right] \qquad (6.16)$$

根据改进的插值算法，最终得到输入反射面控制系统的行程向量为

$$\boldsymbol{S}(\alpha,\beta,T)_{\mathrm{CTRL}}=\boldsymbol{S}_n^{\mathrm{S}}(T)+\boldsymbol{S}_n^{\mathrm{R}}(\alpha,\beta)+\tilde{\boldsymbol{S}}(\alpha,\beta,T)+\Delta\boldsymbol{S} \qquad (6.17)$$

式中，$\boldsymbol{S}_n^{\mathrm{S}}(T)$ 为包含温度实时补偿的球面基准态促动器行程；$\boldsymbol{S}_n^{\mathrm{R}}(\alpha,\beta)$ 为球面与抛物面 (α,β) 的径向几何差；$\tilde{\boldsymbol{S}}(\alpha,\beta,T)$ 为扣除 $\boldsymbol{S}_n^{\mathrm{S}}$ 和 $\boldsymbol{S}_n^{\mathrm{R}}(\alpha,\beta)$ 后依照上述插值算法得到的促动器行程向量；$\Delta\boldsymbol{S}$ 为根据式（6.8）得到的平差模型。

需要特别说明的是，采用高性能计算机进行抛物面变形工况实时力学仿真并输出促动器行程，从而实现反射面实时控制的方案在理论上也是可行的，且无须进行面形的实时测量，但从目前的工程实际上看是不可行的。在普通观测模式下反射面连续变位的控制周期要求不大于 0.5s，这个时间尚未包括信息传输的耗时，对于完成一次抛物面变位仿真分析的耗时要求极为苛刻，使得采用高性能计算机实时计算促动器行程的方案的性价比很低。目前采用普通服务器对具有完整照明口径抛物面变位的仿真分析耗时为 15～20s，大天顶角工况下过渡区变位策略与结构安全是耦合的，迭代分析时间为 1～3h。另外，还需要考虑在如此巨大的计算量情况下高速实时计算的稳定性和可靠性等因素。相比之下，上述基于数据库

和插值计算的方案实时计算量较少，对计算机性能要求不高，因此是合理可行的，且性价比较高。

2017 年 11 月，在 FAST 现场基于上述算法首次实现了抛物面连续主动变形的功能，并实现了对目标射电源 3C286 的连续跟踪观测。

2019 年 1 月，在 FAST 现场基于上述算法对反射面进行了抛物面主动变形面形精度的测试。专家们随机选取了一个具有完整照明口径的抛物面顶点（180°，26.4°），并对抛物面内节点控制精度（δ_2）进行了测试。测量得到的节点位置径向控制误差为 3.3mm，已经满足了不大于 5mm 的指标要求。2020 年以后，FAST 团队又对控制算法进行了不断的改进和优化，目前反射面节点控制精度已优于 2mm，由此得到的望远镜灵敏度超过了 2600m²/K，如图 6.15 所示。这是力学仿真技术在天文望远镜控制领域的创新应用，其主要优点是无须实时测量反射面面形，从而可全天候工作。

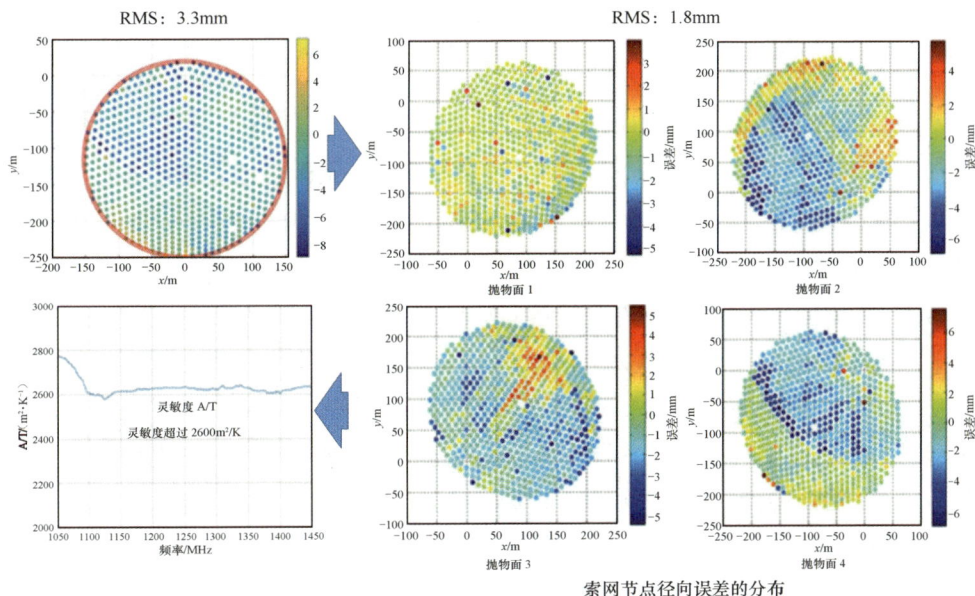

图 6.15　抛物面面形精度及其基于该精度的望远镜灵敏度

| 6.3 馈源支撑调试 |

2015 年 11 月，FAST 索驱动机构第一次通过 6 索并联控制成功地完成了馈源舱代舱的升舱功能，并在 140m 高的焦面空域测试了换源、跟踪和升降舱等工况。2017 年 5 月，馈源舱正舱也首次完成了升降舱功能调试，这标志着 FAST 馈源支撑系统完全具备了进行现场原型设备调试的条件。

FAST 馈源支撑系统通过三级调整机构实现对舱内馈源位姿的精确实时跟踪和定位，包括索驱动机构、AB 转轴机构和斯图尔特平台等。索驱动机构牵引馈源舱在 206m 口径球冠焦面内大范围运动，并完成初步的馈源舱位姿跟踪定位，位置误差为 48mm，姿态角误差为 1°；舱内的 AB 转轴机构以准静态模式补偿馈源舱倾角与馈源目标指向之间的角度差，误差不大于 0.5°；最后由舱内的斯图尔特平台补偿剩余的馈源位姿残差，位置误差不超过 10mm，姿态角误差不大于 0.5°，满足表 6.2 中指向精度的要求。同时，通过索驱动和馈源舱的联合调试，实现最大天顶角为 40°和最大跟踪时间为 4～6h，满足表 6.2 中关于天空覆盖的指标要求。

索驱动机构还应该具备在 20min 内将馈源舱从焦面边缘快速牵引至直线距离约 206m 以外的对向焦面边缘位置的能力（换源模式），并且在到达换源终点位置后馈源支撑的三级调整机构均已将馈源位姿调整到位，做好了观测开始的准备，从而满足表 6.2 中关于观测换源时间的要求。此外，馈源支撑系统还要与其他系统进行联合调试，满足表 6.2 中其他技术指标的要求。

馈源支撑系统的三级位姿调整机构是一个刚柔耦合的并联机器人，柔性并联机器人（索驱动机构）和刚性并联机器人（斯图尔特平台）在馈源舱内进行了串联。从力学角度看，这是一个超大跨度柔性复杂动力学系统，其跨度达到了 600m。在如此巨大的跨度下实现误差不大于 10mm 和 0.5°的馈源位姿跟踪定位精度并不容易，首先需要对该柔性系统动力学性能进行深入的分析，根据动力学性能特点设计合适的控制算法，防止三级位姿调整机构的控制失稳或发散。在 FAST 立项和建设期间，FAST 团队进行了大量的仿真分析和模型试验。对于相关的分析结果、试验参数和结论需要在原型调试中进行进一步的检验，因此馈源支撑调试的第一步是进行原型系统的动力学性能测试和试验，根据试验结果对系统参数进行必要的修正，之后进行各种工况的测试，检验其是否满足表 6.2 中各项技术指标要求的能力。

6.3.1　舱—索悬挂系统动力学性能试验

2015 年 12 月—2016 年 1 月，FAST 团队在现场对由代舱和索驱动机构构成的舱—索悬挂系统进行动力学性能测试[13]。首先测试索驱动 6 索张力随馈源舱位置的变化情况，并将其与前期仿真分析结果进行对比，检验最大索张力设计值是否与原型实际吻合。然后，调整馈源舱位置到焦面空域的典型位置点，进行舱—索悬挂系统振动测试[14]，获得系统振动频率与阻尼比等反映系统动力学性能的参数指标，为后续的控制算法优化设计提供依据。

为获得相关的试验测量数据，我们在代舱和舱—索锚固端上布设了钢索拉力传感器、测量靶标和 GNSS 天线、加速度传感器和风速风向仪等，如图 6.16 所示。代舱位姿可由激光全站仪或者 GNSS（天气不佳时）进行测量并解算，解算后的测量误差约为 3mm，其测量靶标在代舱预留有安装接口。激光全站仪测站布置如图 6.17 所示。6 索索力数据由索驱动机构自带的张力仪表进行实时测量，其安装点位于舱—索锚固点附近，测量误差约为 1kN。代舱加速度采用 4 个 SLJ-100 型力平衡加速度传感器测量，具有极高灵敏度，其主要参数如表 6.6 所示。其中两个传感器可测量 3 个方向加速度分量，其他两个传感器测量单方向加速度分量。

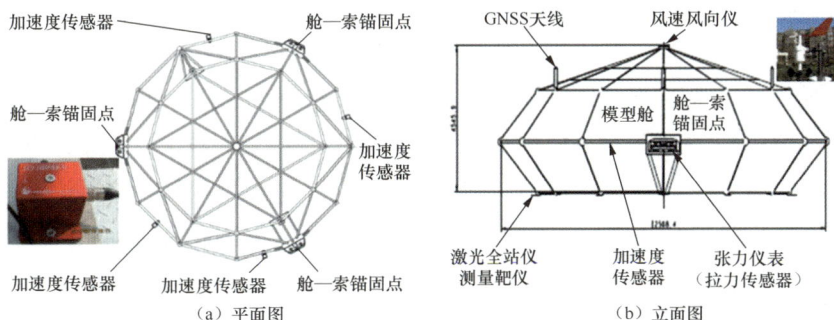

（a）平面图　　（b）立面图

图 6.16　代舱传感器布置

图 6.17　激光全站仪测站布置

表 6.6　SLJ-100 型力平衡加速度传感器主要参数

主要参数	数值范围	主要参数	数值范围
测量范围	±2g	线性度	<1%
灵敏度	0.128V·m²/s	噪声	$9.8 \times 10^{-6} \text{m/s}^2$
动态范围	>135dB	交叉轴灵敏度（多向）	0.001g/g
自振频率	80Hz	尺寸	<12cm×12cm×7cm
频带	0 ～ 80Hz 相位呈线性变化	质量	2kg

1. 钢索张力测试

FAST 团队首先测试了索驱动机构 6 索张力变化范围，这是馈源支撑系统的关键设计参数之一。2007 年基于中德合作进行的馈源支撑全过程仿真分析给出馈源舱在焦面运动时的最大索力为～ 220kN[2]，文献 [15-16] 在考虑了索驱动钢索详细设计参数及索上悬挂的缆线入舱机构滑车质量后，将最大索张力更新为～ 380kN，最终确定的最大设计值为 400kN。在现场测试中，我们设定索驱动机构牵引代舱沿焦面边缘的大圆运动一周，然后将代舱沿直线轨迹下降至反射面底部中心，以测试最大和最小索力范围，如图 6.18 所示，其中在 4000 ～ 6000s 时段试验暂停。当代舱绕圆周运动时，6 索张力明显呈现出周期性的波动，6 索实测索力与计算索力二者的变化曲线均呈现出高度的相似性，6 索张力曲线的相位差始终保持基本不变，验证了仿真分析的有效性。实测最大索力不超过 400kN，符合最大索力设计值的预期。总体而言，计算索力相较于实测索力偏低，索力误差最大约40kN，这个误差主要来源于对索驱动钢索建模与实际情况之间的差异。钢索下方

2　参见 2007 年德国 MT Areospace 公司发布的 *Final report of FAST focus cabin suspension-simulation study*。

的缆线悬垂物在钢索上并非均匀平滑分布的，而是遵循一定的非线性变化形式分布的，很难通过仿真计算得到。此外，馈源舱重心除了竖直方向的偏心以外，还可能存在水平面内的偏置，在仿真中未考虑。总体而言，考虑到测量范围和传感器精度，现场测试结果是可接受的。

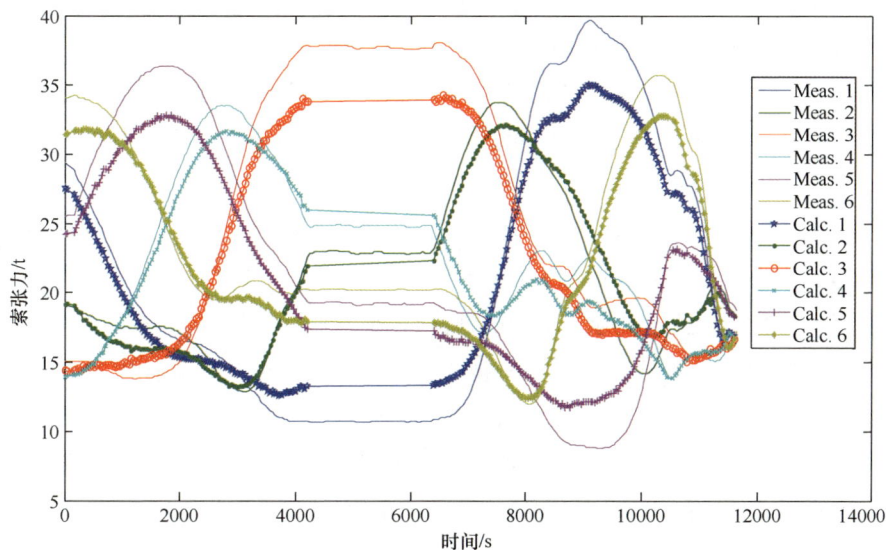

（a）6 索张力时程曲线

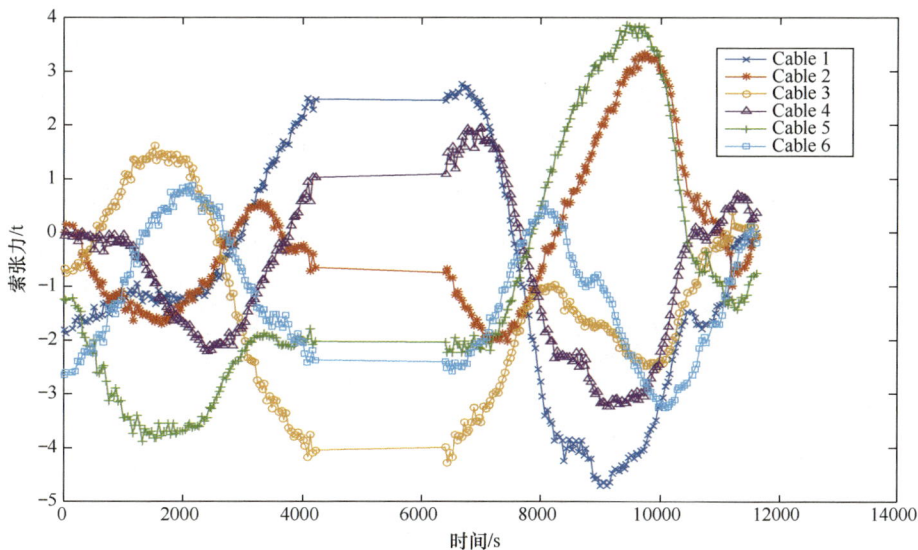

（b）6 索张力误差时程曲线

图 6.18　6 索张力计算值与实测值的比较

2．舱—索悬挂系统振动测试

舱—索悬挂系统振动测试是对前期模型系统试验工作的继续。试验目的是通过振动试验测量并评估舱—索悬挂系统在真实环境下的振动响应水平，根据振动响应测试舱—索悬挂系统的振动频率和阻尼比参数，为馈源支撑系统调试和望远镜联调控制提供真实的系统阻尼比参数。

试验所测量的数据包括代舱振动的加速度、风速、6索索力、代舱位置坐标和姿态角等。其中加速度数据为本次试验测量的核心数据，用于后续的系统自振频率和阻尼识别计算，坐标数据为选择合适的代舱位置提供依据。其他数据主要供试验参考，保障试验过程的设备和人员安全。

由于支撑舱—索悬挂系统的6塔为正六边形分布，代舱运行的焦面可被划分为12个完全对称的扇形区域，因此取其中一个扇形区域进行测试，其所得结果足以反映整个焦面区域舱—索悬挂系统的性能特点。为此，我们选取相邻两塔之间靠近其中1塔的1/12扇形区域，从中确定4个典型的代舱位置，如图6.19所示。其中WP1点为焦面的中心点即焦面最低点，舱—索悬挂系统在此点处于轴对称状态；WP2点代表焦面边缘最靠近一座支撑塔的代舱位置点，此处6索中的两根钢索张力分别达到极大值和极小值，代表舱—索悬挂系统的一种极端状态；WP3点代表代舱位置在焦面边缘，且处于相邻两座支撑塔与塔分布圆中心的水平连线所张成的夹角的角平分线上，此处6索中的两根钢索张力与极大值相差不大，另两根钢索与极小值相差不大，代表舱—索悬挂系统的另一种极端状态；WP4点为在扇形区域内任意选取的代舱位置点，代表舱—索悬挂系统在整个焦面的一种普通状态。图6.19中右侧表格为代舱在4个位置点的坐标和姿态角，其中代舱姿态角的解算基本符合馈源支撑控制算法确定的"3/8天顶角"原则，即根据代舱所在的焦面位置，取天顶角的3/8为代舱的目标倾斜角，其倾斜方向指向焦面球心。

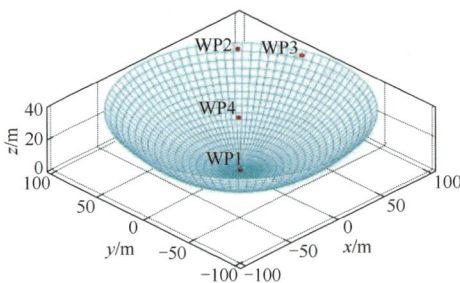

试验选取的代舱位置点坐标和姿态角

代舱位置	坐标（以焦面最低点为坐标原点）			代舱姿态角
	x/m	y/m	z/m	
WP1	0	0	0	姿态水平
WP2	72.2019	74.7673	36.8306	代舱向球心方向倾斜约15°
WP3	99.9123	28.6494	36.8306	代舱向球心方向倾斜15°
WP4	38.4178	39.7828	8.7517	代舱向球心方向倾斜12.24°

图6.19　馈源舱轨迹面（焦面）与试验选取的典型位置

原型试验面临的一个关键问题是如何激发舱—索悬挂系统的振动响应。作为结构模态试验分析中的反问题，阻尼参数识别对各种误差较为敏感，能否获得信噪比较高的加速度响应数据是本次试验成功与否的关键。因此，我们在索驱动机构跟踪调试的过程中采取制动的办法，利用代舱本身的惯性来激发舱—索悬挂系统的自由振动，可以得到远比环境激励更好的测量数据。试验步骤和流程如下。

① 操作索驱动机构控制系统使代舱升舱，并移动至试验位置附近 1m 左右，将其调整至指定姿态。

② 驱动代舱以 100mm/s 的速度运动到试验位置点，然后停止并锁定 6 台卷扬机，舱—索悬挂系统在运动惯性的作用下将处于一个自由衰减的振动状态且产生较为明显的振动加速度和振动位移。

③ 对代舱的加速度振动响应和瞬时风速风向进行采样测量，采样时间不少于 10min。

④ 完成试验数据记录，操作控制系统，使代舱降舱。

⑤ 根据测量得到的代舱振动响应数据计算舱—索悬挂系统的振动频率和阻尼比。

在结构模态参数识别中结构振动频率和振型受测量误差的影响较小，而阻尼比受测量误差的影响很大，因此识别的阻尼比往往在一个较大的范围波动，离散度较大。获取多个测量数据样本并进行多次的阻尼识别可以有效减少阻尼比数据的波动。因此，我们对每一个代舱位置进行了多次振动试验，包括驱动代舱从不同方位逼近指定坐标点并急停的办法来制造不同的振荡激励方式，希望激起舱—索悬挂系统的各种可能振动模式，使得识别的系统阻尼比具有广泛的代表性。

因受到悬索非线性动力学性能的影响，FAST 舱—索悬挂系统本质上是一种几何非线性动力学系统，其系统阻尼也是非线性的，这给阻尼识别带来了困难。当代舱振幅较大，达到米量级及以上时，舱—索悬挂系统的非线性较强，其阻尼随着系统振幅而变化的趋势明显，较大的振幅往往对应着较大的系统阻尼。我们经过多次测试和分析，发现代舱振幅不超过 48mm 限差范围时，舱—索悬挂系统已经非常接近于线性动力学系统，其阻尼也减小并趋近于恒值。考虑到 6 根悬索长度在 220 ~ 420m 范围变化，稳态索力在 140 ~ 400kN 范围变化，这个振幅 / 跨度比为 1/8400 ~ 1/4400，远远小于悬索动力学模型简化所要求的垂度 / 跨度比 1/10，系统振动时悬索索力变化量相对于稳态索力可忽略，因此在此振幅范围内对舱—索悬挂系统进行线性动力学近似是合理可行的。

按照结构模态试验和参数识别的通用做法，我们进一步假设舱—索悬挂系统

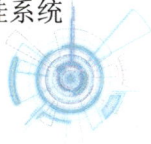

为具有一般黏性阻尼的多自由度振动系统，从而可以采用 ITD 算法对采集的数据进行计算和分析，得到最终识别的系统动力学性能参数。

图 6.20～图 6.23 所示为 4 个典型的舱—索悬挂系统加速度响应时程曲线和振动参数识别结果，此外还有多个类似分析结果，限于本书篇幅，不赘述。从各图中的振动响应可以看出，在控制代舱急停所造成的冲击激励下，舱—索悬挂系统产生了多个模态频率的振动，多数的加速度时程数据中均包含两个或两个以上的主振模态频率，我们可应用 ITD 算法识别出各个主振频率及其对应的阻尼比。

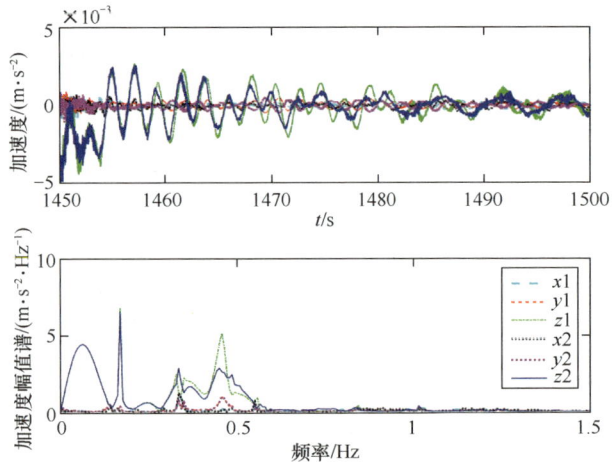

（a）加速度响应时程曲线

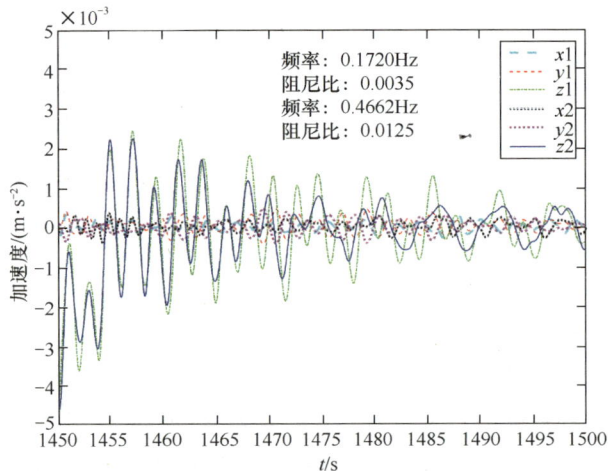

（b）低通滤波后的加速度响应时程曲线与识别结果

图 6.20　WP1 位置加速度响应和识别结果（Z 方向急停）

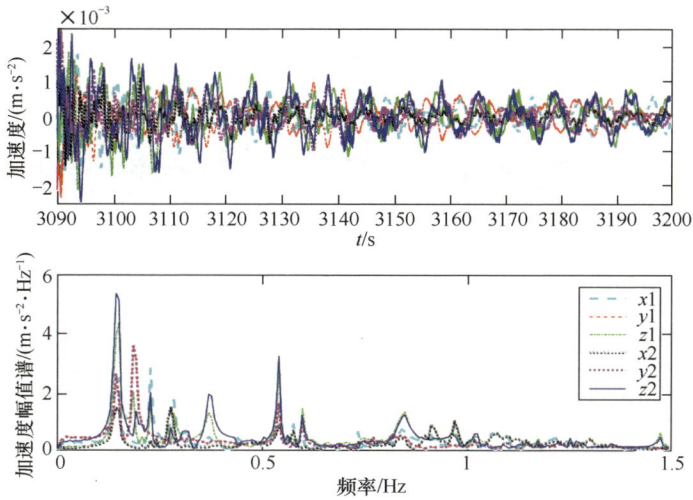

（a）加速度响应时程曲线

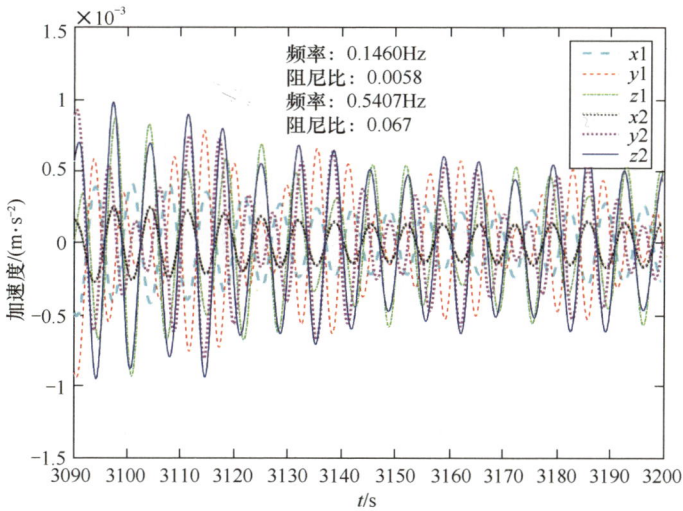

（b）低通滤波后的加速度响应时程曲线与识别结果

图 6.21　WP2 位置加速度响应和识别结果（Y 方向急停）

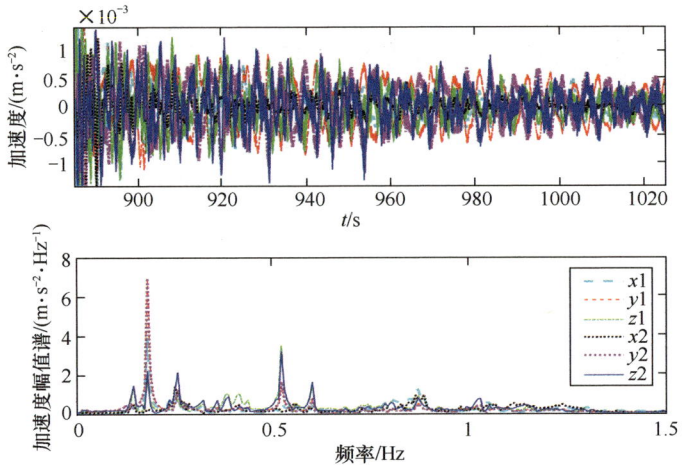

（a）加速度响应时程曲线

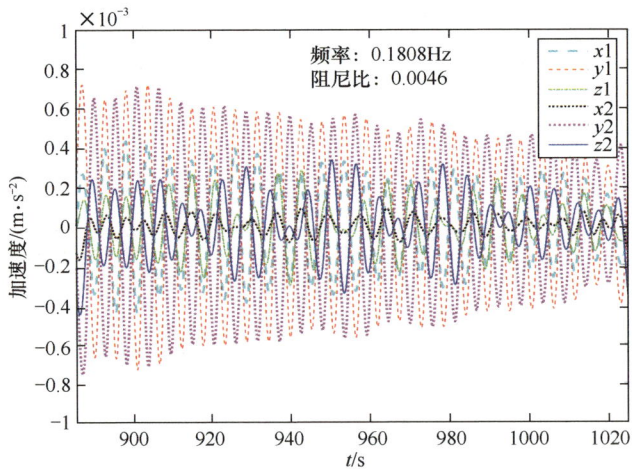

（b）带通滤波后的加速度响应时程曲线与识别结果

图 6.22　WP3 位置加速度响应和识别结果（X 方向急停）

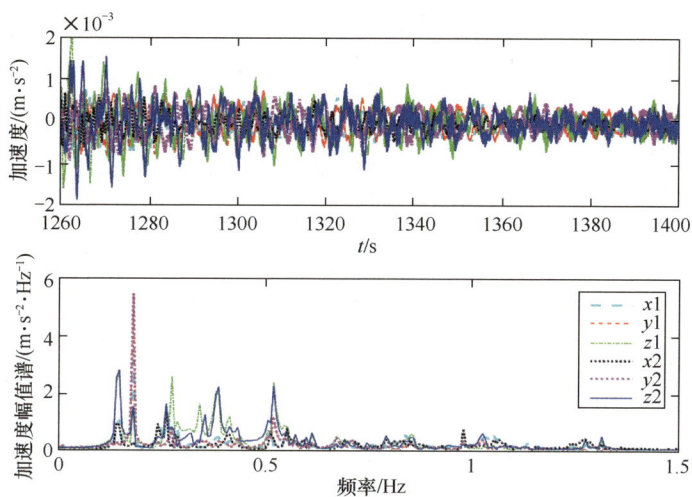

（a）加速度响应时程曲线

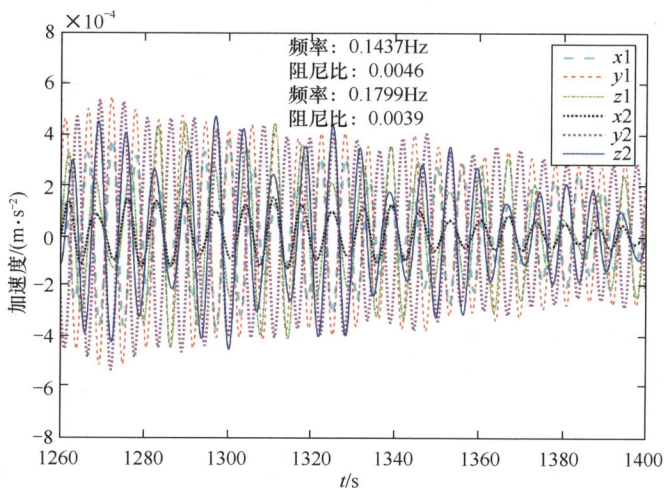

（b）带通滤波后的加速度响应时程曲线与识别结果

图 6.23   WP4 位置加速度响应和识别结果（Y 方向急停）

我们对 WP1 ～ WP4 位置所识别的舱—索悬挂系统模态频率和在该频率下的阻尼比进行统计，结果如表 6.7 所示。从表中可以看出舱—索悬挂系统在这些典型位置的最低阶主振频率约为 0.14Hz，最小阻尼比为 0.0035。

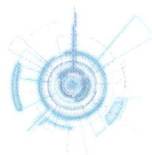

表 6.7   识别的舱—索悬挂系统模态频率和阻尼比

代舱位置	识别频率 /Hz	识别阻尼比
WP1	0.1720	0.0035
	0.4662	0.0125
WP2	0.1460	0.0058
	0.5407	0.0067
WP3	0.1438	0.0063
	0.1803	0.0040
	0.5225	0.0035
WP4	0.1437	0.0046
	0.1799	0.0039

研究人员给出了基于全过程仿真模型所做的关于舱—索悬挂系统原型在焦面最低点（WP1）时前 20 个模态频率的仿真分析结果[17]，详见图 2.25（b）。根据各振动模态中悬索振幅与半个波峰 / 波谷倍数的关系分为 0 阶、1 阶、2 阶或以上各阶模态频率。由于系统阻尼无法通过力学仿真得到，该研究基于缩尺模型试验结果设定了仿真系统的阻尼比为 0.0022，本次试验结果表明原型系统的实际阻尼至少提高了 59%。当时的仿真工作涵盖整个馈源支撑系统，包括对系统的闭环控制仿真，在进行系统模态频率分析时 6 台电机是不自锁的，因此序号 1 ~ 3 的系统 0 阶模态频率代表 6 索牵引馈源舱的刚体运动，序号 4 ~ 20 的模态频率体现了舱—索悬挂系统振动特性，其中序号为 4 的 1 阶自振频率所对应的振型正是舱沿 z 平动方向的振动。与表 6.7 的结果对比可以看出，试验得到的 0.1720Hz 与仿真分析得到第 4 阶模态频率 0.1797Hz［图 2.25（b）］吻合得很好，激励方向也与 z 方向振型一致。图 2.25（b）中阶数为 5 ~ 16 阶的模态频率或者是舱沿其他 5 个方向的振动模态，或者是 6 索索系的局部振动（舱振动不明显），在 z 方向激励下其响应的信噪比很低，因此试验中未能识别。

本次试验测试结果证明 FAST 舱—索悬挂系统原型具有更大的能量耗散和更加优良的控制稳定性。此次试验继 2007 年馈源支撑全程仿真工作之后，进一步为 FAST 设备调试提供了极强的指导意义和参考价值。

6.3.2　馈源指向跟踪调试

馈源支撑系统主要通过索驱动机构和馈源舱来实现馈源的精确定位，其中馈源舱内的两个主要机构分别是 AB 转轴机构和斯图尔特平台，二者共同构成馈源位姿调整的三级调整机构。参照馈源舱轨迹规划给出的各个运动部件的参考位置和姿态，三级调整机构各自独立地完成不同的控制任务。馈源支撑系统控制策略如图 6.24 所示。

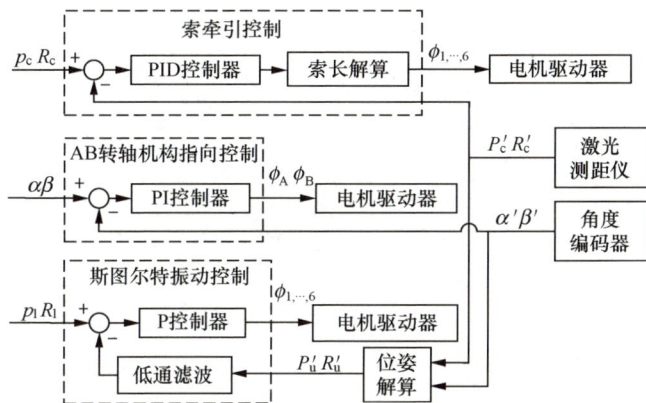

图 6.24　馈源支撑系统控制策略

索驱动机构实现馈源舱的大范围运动，完成初步的轨迹跟踪和定位，同时馈源舱的自然倾斜带动 AB 转轴机构和斯图尔特平台完成初步的姿态角补偿。然后 AB 转轴机构可进一步旋转斯图尔特平台来调整馈源的大范围指向角度。AB 转轴机构采用开环控制方式，通过自身绝对编码器实现角度控制。斯图尔特平台作为 6 自由度并联运动机构，具有高刚度、高运动精度和很好的动力学响应。通过安装在下平台（馈源平台）上的全站仪靶标，实时得到下平台的位置与姿态，通过闭环控制驱动 6 杆进行运动，实现馈源接收机的精确定位。

馈源支撑系统在高空工作，且通过三级控制实现定位精度。因此，馈源支撑系统设备的调试是按两步进行的。第一步进行索驱动机构的调试，第二步进行索驱动机构和馈源舱的联合调试。

1. 索驱动机构调试

在代舱升舱之前，现场先后进行了索驱动机构的 3m 模型调试和现场单套驱动机构的空载调试。前者目的是验证系统控制算法的有效性和算法程序逻辑的正

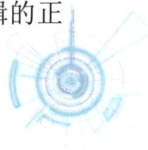

确性，后者测试原型设备各项功能和连接状态是否正常。

在代舱升舱后，现场进行了索驱动机构对馈源指向初步跟踪性能的调试（带载调试）[13]。调试工作共测试了 6 种工况，包括单个射电源的跟踪（Tracking）、换源（Slewing）、漂移扫描（Drift Scan）、编织式扫描（Basket Weaving）、运动中扫描（On-The-Fly Mapping）和自定义扫描等，如图 6.25 所示。

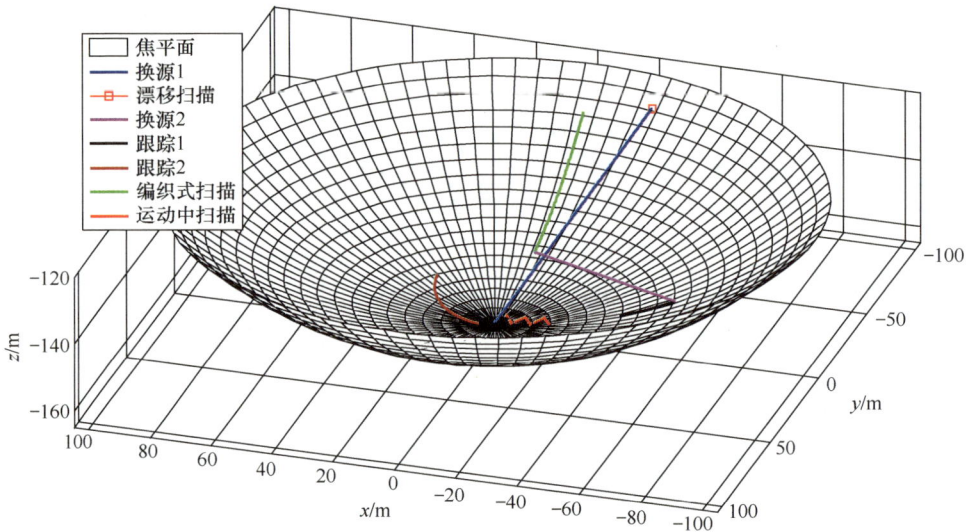

图 6.25　用于索驱动机构控制带载调试的工况和轨迹

索驱动机构是具有较大柔性的索牵引并联机器人，为保证轨迹跟踪精度或防止代舱出现剧烈振荡，对代舱的运动规划应尽量做到平缓和平滑过渡。图 6.26 显示了代舱加速度、速度和位移的规划情况。在单个跟踪工况和换源工况下代舱的运动可分为加速段、匀速段和减速段。在加 / 减速段，代舱运动加速度均为常数，其中跟踪工况下加 / 减速段的持续时间不超过 2s，换源工况下这个时间不超过 20s，其余时间代舱均保持匀速运动，由此确定速度规划和位移规划，如图 6.26（a）所示。在换源工况和跟踪工况下有可能出现运动轨迹很短的特殊情况，此时可以取消匀速段，如图 6.26（b）所示。漂移扫描工况下，代舱保持静止。两种扫描工况下的代舱轨迹为焦面内的分段圆弧轨迹，在每个圆弧轨迹上分别进行代舱的加速段、匀速段和减速段的运动规划。在换源工况下，代舱最大运动速度设定为 200mm/s，在 20min 内最大运动距离约 240m，可以满足焦面内任意两点的换源需求。

（a）长轨迹运动规划　（b）较短轨迹运动规划

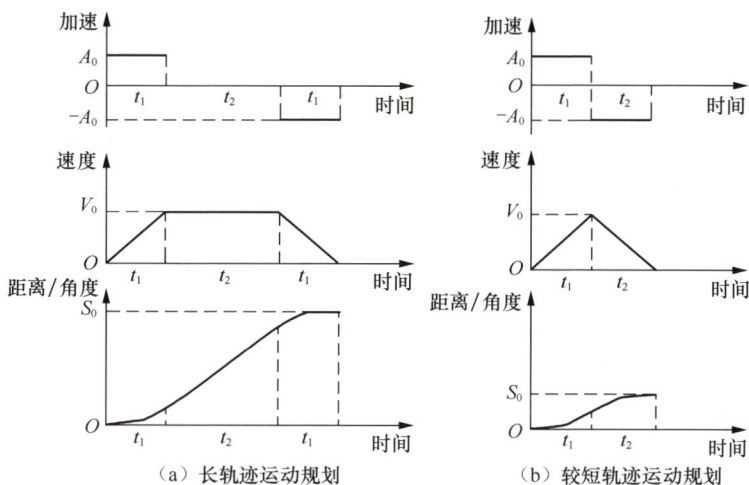

图 6.26　馈源舱轨迹运动规划

对图 6.25 中各条测试轨迹的综合控制误差如表 6.8 所示 [3]，均满足了空间位置和姿态角的控制误差指标要求。图 6.27 显示了其中 4 条观测轨迹的代舱位姿定位误差时程曲线，分别代表跟踪、漂移扫描、编织式扫描和运动中扫描等 4 种测试工况。其中蓝色曲线表示空间位置综合误差，红色曲线表示姿态角综合误差，蓝色水平线表示 48mm 上限，红色水平线表示 1° 上限。从中可以看出，在跟踪工况和漂移扫描工况刚开始时位姿控制误差比较大，随着时间的推移误差逐步减小，因此索驱动机构的控制开启时间可以稍早于观测开始时间。位姿控制误差均存在大周期振荡现象，姿态角误差更为明显一些，这可能与舱—索悬挂系统在旋转方向刚度较弱有关。此外，在运动中扫描工况下可以观察到空间位置误差有周期性的跳跃现象，正好与轨迹的分段圆弧轨迹交点是吻合的，说明在此工况下馈源舱的运动规划和控制策略仍有待进一步的优化和改进。

表 6.8　各条测试轨迹的综合控制误差

轨迹类型	轨迹定义	指标要求	实测值
换源	换源曲线	终点位置精度 <48mm	5.8mm
		姿态精度 <1°	0.66°
跟踪	跟踪曲线	位置精度 <48mm	23.7mm
		姿态精度 <1°	0.68°

3　参见 2016 年大连华锐重工集团股份有限公司发布的《FAST 馈源支撑系统索驱动研制报告》。

续表

轨迹类型	轨迹定义	指标要求	实测值
编织式扫描	编织式扫描曲线	位置精度 <48mm	20.7mm
		姿态精度 <1°	0.61°
漂移扫描	漂移扫描曲线	位置精度 <48mm	9.8mm
		姿态精度 <1°	0.36°
运动中扫描	沿赤纬运动中扫描曲线	位置精度 <48mm	18.4mm
		姿态精度 <1°	0.42°
	沿赤经运动中扫描曲线	位置精度 <48mm	45.4mm
		姿态精度 <1°	0.23°
自定义扫描	自定义扫描曲线	位置精度 <48mm	17.5mm
		姿态精度 <1°	0.46°

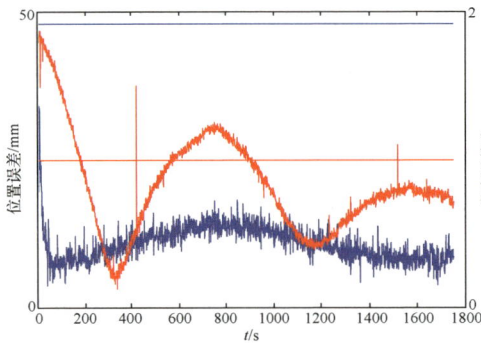

（a）跟踪

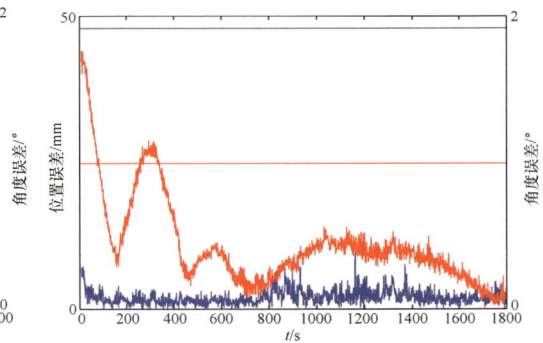

（b）漂移扫描

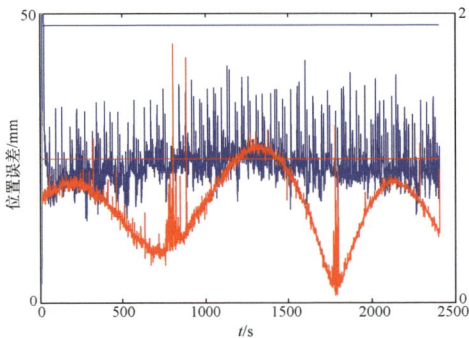

（c）编织式扫描

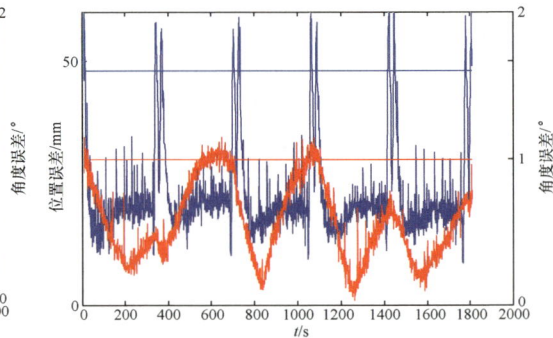

（d）运动中扫描

图 6.27　代舱位姿定位误差时程曲线

2. 索驱动机构与馈源舱的联合调试

为了更好地进行索驱动机构与馈源舱的联合调试，在保障设备安全的前提下满足调试目标要求，将调试工作分为厂内半物理仿真、升舱前准备及升舱后调试 3 个阶段。

（1）厂内半物理仿真

馈源舱是一个直径为 13m，质量达到 30t，并且由 6 根百米量级钢索牵引的大型机构，在与索驱动进行联合调试前，采用半物理仿真的形式，借助仿真与实物结合的手段，验证馈源舱的功能与性能指标。模型使用了馈源舱主体机构，结合舱索联合仿真手段，完成舱—索联调半物理仿真模型的搭建，舱—索联调半物理仿真模型如图 6.28 所示。

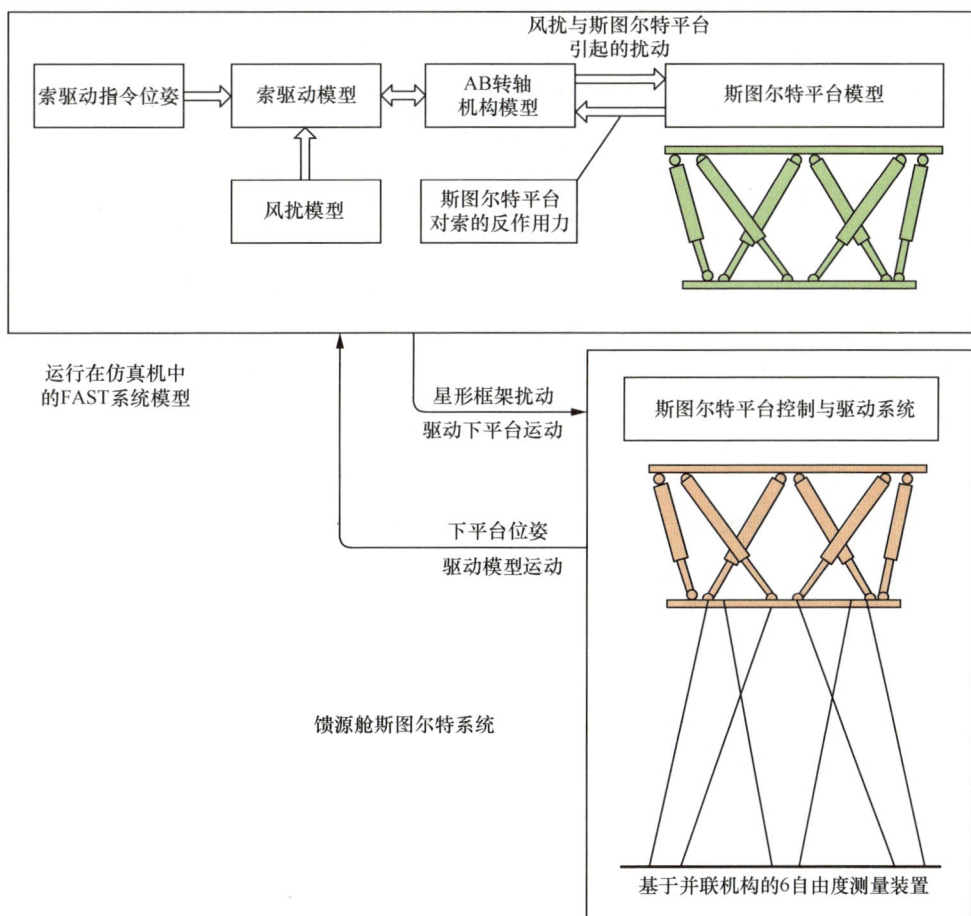

图 6.28　舱—索联调半物理仿真模型

建立在实时系统上的半实物仿真试验，精确模拟了索驱动系统的各项固有特性，建立了接近实际的 FAST 馈源舱控制系统模型。通过调整系统 PI 参数以及各分支 PID 参数，无论是风扰作用下的动态跟踪试验，还是施加 AB 转轴机构扰动的稳定试验，FAST 馈源舱控制位置误差达到 4.926mm，角度误差达到 0.339°。试验过程实现了目标姿态的高精度控制，试验结果满足技术指标要求。

（2）升舱前准备

2016 年 6 月馈源舱完成安装，随后开展调试工作，在进行升舱调试之前，需要先进行馈源舱的系统状态测试，详见 5.3.7 小节相关内容。

（3）升舱后调试

馈源舱升舱后，首先开展馈源舱的单独调试，即开环定点及轨迹稳定性测试，然后开展闭环定点及轨迹稳定性测试。通过这两个阶段的调试和测试，进一步根据实际情况修改控制器程序，调节 PI 参数，使得系统跟踪误差最大限度得以补偿。

最后一步是开展索驱动机构与馈源舱的联合闭环控制调试。经过多类轨迹的测试和参数调整，最终进行了 17 条轨迹的自检，包括跟踪、编织式扫描、漂移扫描、沿赤经运动中扫描、沿赤纬运动中扫描及自定义工况等，其中跟踪、漂移扫描、沿赤经运动中扫描、沿赤纬运动中扫描及自定义扫描各 3 条，编织式扫描工况有两条。图 6.29 显示了其中的 6 条轨迹曲线，分别代表跟踪、漂移扫描、编织式扫描、沿赤经运动中扫描、沿赤纬运动中扫描和自定义扫描工况。

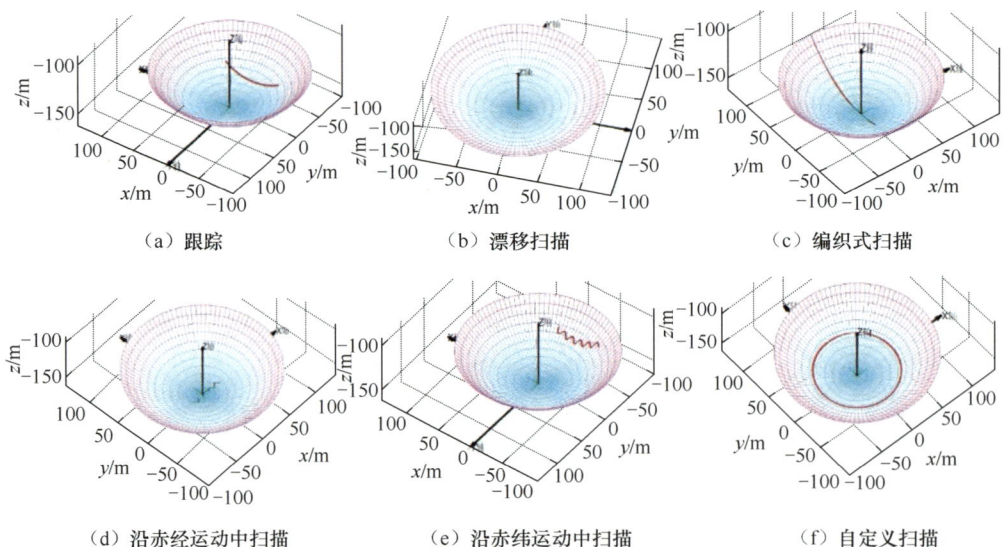

（a）跟踪　（b）漂移扫描　（c）编织式扫描
（d）沿赤经运动中扫描　（e）沿赤纬运动中扫描　（f）自定义扫描

图 6.29　轨迹曲线

最终，得到上述 6 条轨迹曲线的位姿误差时程曲线如图 6.30 所示，各工况的综合位姿控制误差如表 6.9 所示[4]。根据对馈源平台位姿定位控制精度分析结果可得：17 条轨迹位置偏差均小于 10mm，位姿偏差小于 0.5°，满足馈源舱设计要求，同时也满足了表 6.2 中关于指向精度和观测换源时间的技术指标要求。

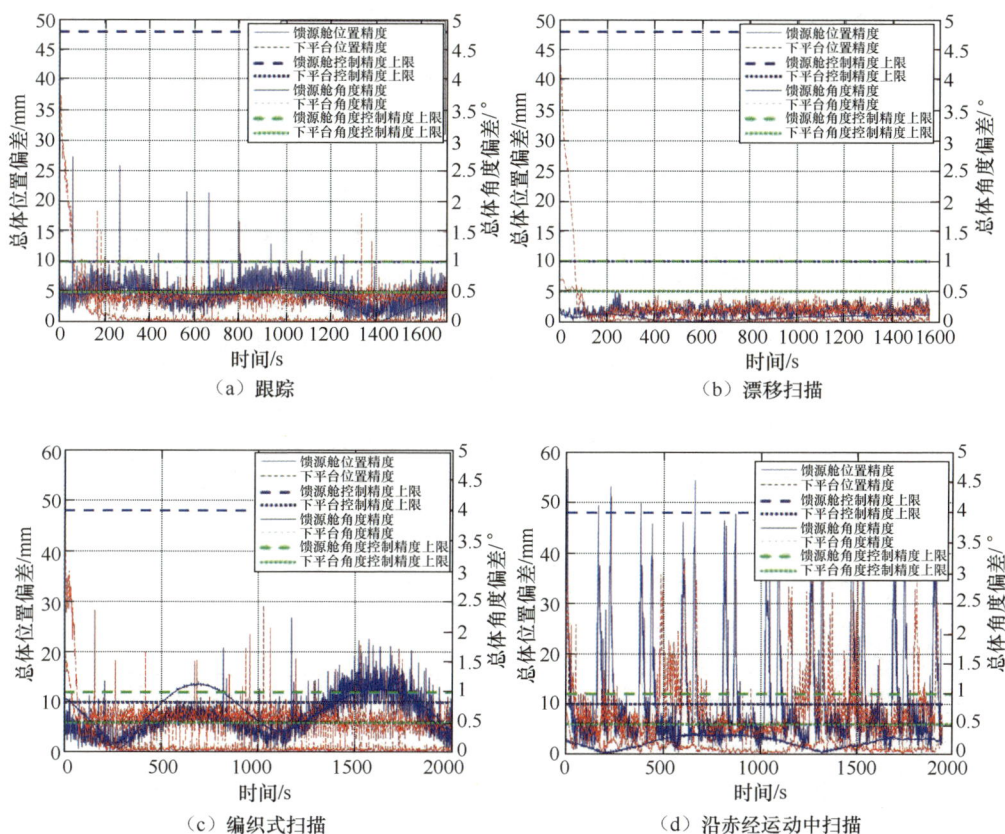

（a）跟踪

（b）漂移扫描

（c）编织式扫描

（d）沿赤经运动中扫描

图 6.30　位姿误差时程曲线

4　参见 2016 年大连华锐重工集团股份有限公司发布的《FAST 馈源支撑系统索驱动研制报告》和 2017 年中国电子科技集团公司第五十四研究所发布的《FAST 馈源舱研制总结报告》。

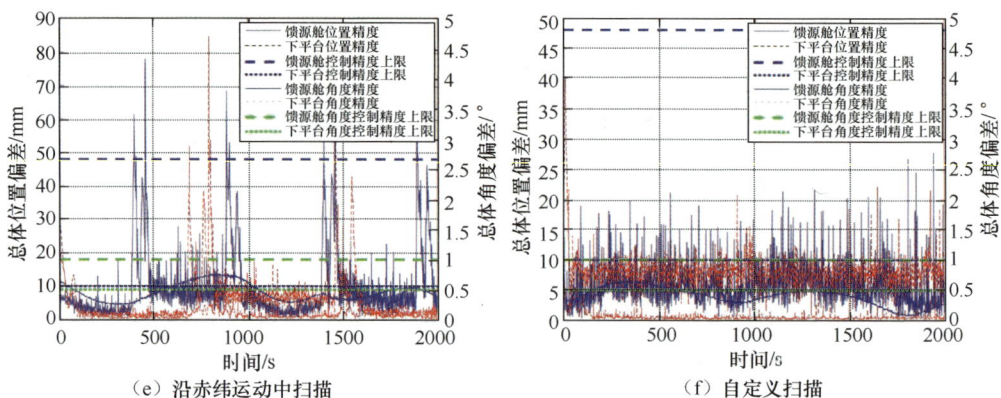

（e）沿赤纬运动中扫描　　　　　　　（f）自定义扫描

图6.30　位姿误差时程曲线（续）

表6.9　各工况的综合位姿控制误差

轨迹类型	轨迹定义	馈源舱位姿精度实测统计值	下平台位姿精度实测统计值
换源	曲线1	5.8mm、0.7°	（换源终点）
跟踪	曲线1	12.0mm、0.6°	5.9mm、0.1°
	曲线2	11.1mm、0.5°	4.1mm、0.1°
	曲线3	35.0mm、0.5°	5.3mm、0.1°
漂移扫描	曲线1	39.5mm、1.0°	4.6mm、0.2°
	曲线2	22.3mm、0.3°	4.4mm、0.1°
	曲线3	22.8mm、0.4°	4.2mm、0.2°
编织式扫描	曲线1	30.8mm、0.3°	7.7mm、0.1°
	曲线2	4.1mm、0.3°	8.3mm、0.1°
	曲线3	27.1mm、0.3°	5.1mm、0.1°
沿赤经运动中扫描	曲线1	45.7mm、0.5°	9.4mm、0.1°
	曲线2	11.1mm、0.3°	9.4mm、0.1°
	曲线3	40.5mm、0.3°	9.7mm、0.2°
沿赤纬运动中扫描	曲线1	44.8mm、0.6°	9.4mm、0.1°
	曲线2	40.5mm、0.3°	7.4mm、0.1°
	曲线3	37.8mm、0.67°	6.9mm、0.1°
自定义扫描	曲线1	32.0mm、0.2°	8.2mm、0.1°
	曲线2	40.2mm、0.7°	9.5mm、0.2°
	曲线3	17.3mm、0.3°	7.9mm、0.1°

| 6.4　工艺系统联合调试 |

由反射面系统、馈源支撑系统、测量与控制系统、接收机与终端系统四大工艺系统联合协作，进行 FAST 的功能调试和试观测，并对观测数据进行分析处理。联合调试也可以分为两步进行，包括漂移扫描观测和连续跟踪观测。

进行试观测时，根据调试时间选择合适的射电源，对选定的源进行静态扫描观测或连续跟踪观测，使用脉冲星终端和谱线终端，记录动态谱数据，搜寻脉冲星候选体和吸收线；记录观测日志和调试情况，包括记录总控系统观测任务信息，记录调试过程中的问题、现象和原因分析等，导出观测控制数据，并分析望远镜控制性能。

通过漂移扫描观测模式的调试，使得 FAST 的指向校准功能逐步完善，如图 6.31 所示。图 6.31（a）所示的观测结果聚焦效果较差，信噪比低，可以明显看到高频波束存在分叉现象。图 6.31（b）所示是经过调试校准后对同一个源的观测结果，可以看到有明显的改善。

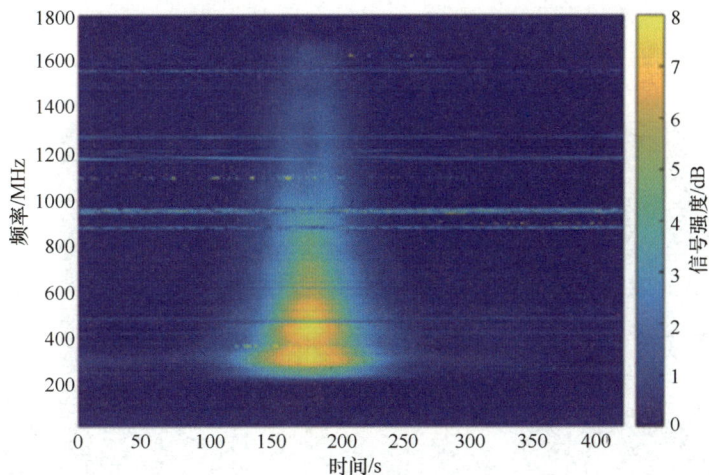

（a）2017年6月观测结果

图 6.31　对单个射电源（3C286）漂移扫描观测结果的对比

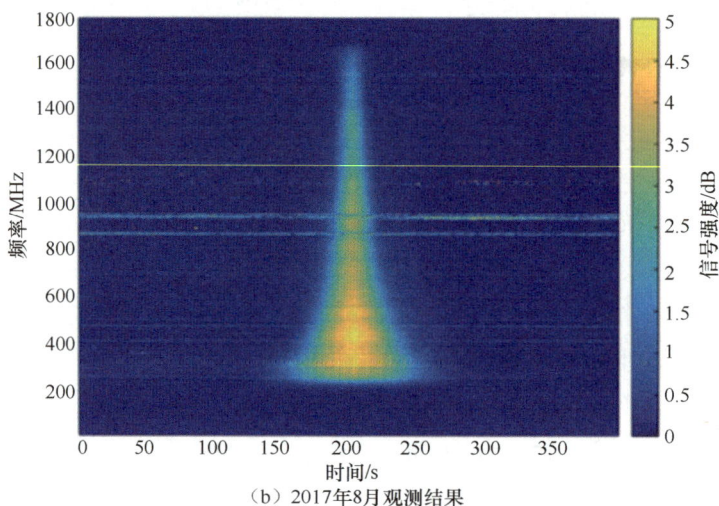

（b）2017年8月观测结果

图 6.31　对单个射电源（3C286）漂移扫描观测结果的对比（续）

通过连续跟踪观测模式的调试，2017 年 8 月 FAST 首次实现了连续跟踪观测功能，并在 11 月 17 日获得了持续约 10min 的连续跟踪观测，其观测结果如图 6.32 所示。到 2017 年年底，FAST 已实现了多种工作模式下的持续观测运行，这标志着 FAST 已经顺利完成了望远镜功能调试，为实现技术创新解决了所面临的关键难题，同时设备安全风险得到了解决，可行性得到了验证，这是 FAST 建设史上的一个重要里程碑。

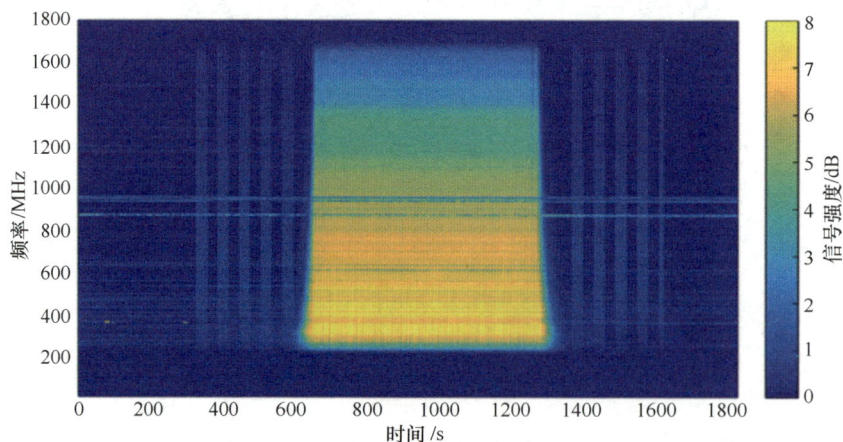

图 6.32　FAST 首次对射电源 3C286 波束的连续跟踪观测结果

在后续的望远镜性能调试中，测试得到 FAST 灵敏度超过了 2600m²/K，大幅度超过了表 6.2 中关于灵敏度的预期指标，相关详情请参考《中国天眼·总体卷》或《中国天眼·电子与电气卷》。至此，与馈源支撑系统和反射面系统相关的工艺验收测试指标均已达到，从而为 FAST 通过国家验收打下了坚实基础。

本章小结

本章主要论述了调试期间 FAST 结构和机电设备功能调试及最终达到工艺验收测试指标的过程，主要包括反射面和馈源支撑两大工艺系统的调试。二者都是超大跨度柔性复杂系统，都要实现对天空射电源的高精度和动态实时跟踪和定位。

首先我们对 FAST 调试工作的主要目标"FAST 验收技术指标要求"进行了分析和分解，重点讨论了两项关键验收指标，即指向精度和灵敏度，进一步细化得到了工程可实施的工艺验收测试指标，并论述了其中与反射面系统和馈源支撑系统紧密相关的指标。

本章主要内容之一是反射面系统设备调试，其主要的目标是实现反射面主动变形和对目标射电源进行连续跟踪的功能，实现预期控制精度。本章主要从反射面主动变形力学仿真分析、索网结构实时评估系统开发与调试、反射面主动变形实时控制算法开发与调试等 3 个方面展开论述。这 3 个方面所面临的问题分别是：①校核反射面设备参数性能指标能否满足各种指向抛物面主动变形的要求；②解决反射面主动实时变形过程中的结构安全问题；③解决反射面主动变形的实时控制算法问题，满足多目标、全天候和实时工作的要求，且兼顾反射面的结构安全。这 3 个方面的问题是逐级递进的，前者的顺利解决是后者工作得以开展的前提。

本章另一项主要内容是馈源支撑系统设备调试，其主要的目标是克服干扰，完成馈源支撑三级调整机构对舱内馈源位姿的调整，实现对目标射电源指向进行连续跟踪的功能，并满足预期控制精度要求。本章主要从舱—索悬挂系统原型试验和馈源指向跟踪调试两个方面进行了论述。这两方面的主要工作分别是：①通过原型系统的动力学性能测试和试验，验证之前仿真和模型试验的有效性，根据试验结果对系统关键参数进行必要的修正；②进行各种工况和轨迹的控制精度测试，满足预期的指向跟踪控制精度要求和其他工艺验收测试指标要求。这两个方面的问题同样是逐级递进的，前者的顺利解决是后者工作得以开展的前提。其中第二方面的工作可被进一步分解为索驱动机构功能调试和舱—索联调（升舱后）功能调试，分步测试馈源支撑三级调整机构的功能及性能指标。

最后本章简略叙述了采用四大工艺系统联合调试进行 FAST 静态扫描观测和

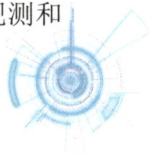

连续跟踪观测的情况。试观测结果进一步证明了反射面系统和馈源支撑系统实现了预期功能和满足了设计指标要求，这也是 FAST 顺利完成望远镜功能调试的一个标志。

参考文献

[1]　JIANG P, WANG Q M, ZHAO Q. Optimization and Analysis on Cable Net Structure Supporting the Reflector of the Large Radio Telescope FAST [J]. Applied Mechanics and Materials, 2011: 94-96, 979-982.

[2]　张宁远，罗斌，沈宇洲，等 . FAST 索网大天顶角工况下结构响应分析 [J]. 清华大学学报（自然科学版），2022, 62(11): 1809-1815.

[3]　孔旭，姜鹏，王启明 . FAST 索网高应力幅变位疲劳问题的优化分析 [J]. 工程力学，2013, 30(增刊): 169-174.

[4]　李庆伟，姜鹏，南仁东 . FAST 反射面面板单元初始间隙 [J]. 机械工程学报，2017, 53(17): 4-9.

[5]　李建玲，彭勃，李辉，等 . FAST 反射面单元在索网变位中的碰撞分析 [J]. 西安电子科技大学学报，2019, 46(5): 148-153.

[6]　JIANG P, YUE Y L, GAN H, et al. Commissioning progress of the FAST [J]. Science China-Physics, Mechanics & Astronomy, 2019, 62(1): 959502.

[7]　张宁远，罗斌，沈宇洲，等 . FAST 索网运行准实时评估系统研究与开发 [J]. 清华大学学报（自然科学版）. 2022, 62(11): 1816-1822.

[8]　JIANG P, LI Q W, NAN R. Research on design of adaptive connecting mechanisms for the cable-net and panels of FAST[J]. Research in Astronomy and Astrophysics, 2017, 17(9): 99-1-99-10.

[9]　王清梅，朱明，王启明，等 . FAST 主动反射面健康监测系统数据处理方法研究及应用 [J]. 天文研究与技术，2017, 14(2): 164-171.

[10]　LI Q W, JIANG P, LI H. Prognostics and health management of FAST cable-net structure based on digital-twin technology [J]. Research in Astronomy and Astrophysics, 2020, 20(5): 67-1-67-8.

[11]　李庆伟，李辉，姜鹏 . 一种基于数字双胞胎技术的 FAST 主动反射面面形精度实时监测方法 CN201910192126.6[P], 2020-10-02.

[12]　LI H, JIANG P. An open-loop control algorithm of the active reflector system of FAST [J].

Research in Astronomy and Astrophysics, 2020, 20(5): 65.

[13] LI H, SUN J, PAN G, et al. Preliminary running and performance test of the huge cable robot of FAST telescope [C]// GOSSELIN C, CARDOU P, BRUCKMANN T, et al. Cable-Driven Parallel Robots. Mechanisms and Machine Science, 2018, 53: 402-414.

[14] 李辉, 汤为, 孙才红. FAST 舱 - 索悬挂系统阻尼识别的原型试验研究 [J]. 机械工程学报, 2023, 59(13): 1-10.

[15] LI H, ZHANG X, YAO R, et al. Optimal force distribution based on slack rope model in the incompletely constrained cable-driven parallel mechanism of FAST telescope [M]// BRUCKMANN T, POTT A. Cable-Driven Parallel Robots. Mechanisms and Machine Science. Heidelberg: Springer, 2013: 87-102.

[16] LI H, YAO R. Optimal orientation planning and control deviation estimation on FAST cable-driven parallel robot [J]. Advances in Mechanical Engineering, 2014, 6: 716097.

[17] 李辉, 孙京海, 朱文白, 等. FAST 望远镜柔性馈源支撑系统的全程仿真研究 [J]. 计算机辅助工程, 2011, 20(1): 106-112.

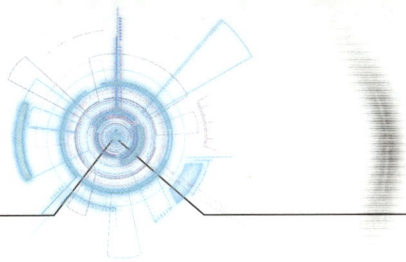

第 7 章　FAST 设备运行维护

2020 年 1 月 11 日，FAST 正式通过国家验收，进入全面正式的运行阶段，并于当年 2 月正式对国内科学家开放。2021 年 3 月 31 日，FAST 又正式面向全世界科学家开放。从 2020 年 1 月迄今为止的 3 年多运行期间，FAST 取得了多项重大科学成果和发现。2017 年 10 月 10 日，FAST 团队发布了在调试阶段就发现的 6 颗脉冲星，这是 FAST 首批科学成果，实现了中国设备成功搜索脉冲星零的突破。2020 年 9 月 1 日和 2022 年 1 月 6 日的两次 FAST 成果新闻发布会宣布，基于 FAST 观测数据的关于快速射电暴（Fast Radio Burst，FRB）探测和中性氢巡天方面的 4 项研究成果先后被《自然》杂志正式发表。此外，FAST 通过扫描大天区结合深度凝视观测，迄今发现和认证了 1000 多颗脉冲星，成为自其运行以来世界上发现脉冲星效率最高的望远镜设备。目前基于 FAST 数据发表的高水平论文已经超过 400 篇。可预测 FAST 将在未来 20～30 年保持世界一流设备的地位，并将吸引国内外一流人才和前沿科研课题，成为国际闻名的天文学术交流中心。

FAST 能够在短期内取得上述辉煌成果，除自身所拥有的超高灵敏度优势以外，还与 FAST 本身能够持续、稳定、正常工作和设备运行维护（简称设备运维）是密不可分的。然而，FAST 设备运维工作并不像人们想象的那样一帆风顺，与之相反，充满了各种意想不到的困难和挑战。相比于传统的射电望远镜，FAST 拥有三大自主创新，从而使得 FAST 具备巨大的灵敏度优势。然而，独一无二的创新技术同时也意味着 FAST 设备运维工作没有成熟经验可供借鉴，同样需要披荆斩棘走出具有自己特色的道路，与建设时期一样充满了艰辛和探索。

FAST 设备运维的主要目标为对设备进行必要的维护和保养，做到正确使用和精心维护，使设备处于良好状态，保证设备的长期安全、高效和稳定运转。其中，对结构和机电专业设备运维的具体任务包括：台址现场道路／库房／车间设施的维护和安全保障、望远镜结构部分的整体巡查和维护、望远镜机电设备的整体巡查和维护、设备维护与保养所必需的备品备件及消耗品采购、与望远镜运行相关仪器/工装设备/软件/数据库的运行维护等。文献[1]对FAST维保体系按机械部分、结构部分和电气控制部分进行了分类图示。FAST设备运维的难点和重点主要集中于以下几个方面。

① 地质灾害对设备安全威胁大。FAST台址处于喀斯特峰丛洼地，周边山坡陡峭，相对高差大，不良地质条件较多，建设期间的开挖又使得土石结构原状受到扰动。尽管当时进行了支护治理，但距FAST正式运行已有相当长时间。现场局部塌陷、滑坡和危岩滚落等地质灾害时有发生。

② 创新设备和非标设备数量多，工作条件复杂，需要及时解决随时可能出现的新问题。

③ 高空设备数量多，导致人员可达性差，不易维护。这在反射面单元、索网结构和6根索驱动钢丝绳及附属设备的巡查和维护方面显得特别突出，而且具有量大、坡陡和高差大的特点。

④ 尽可能做到观测与维护并行。FAST设备数量多，出现故障概率较高，针对常见故障问题，开发观测和维护可并行进行的工艺技术对提高FAST有效观测时间意义重大。

⑤ 关键核心设备国产化的要求对于解决供货周期漫长且容易被外国"卡脖子"的问题意义重大，主要体现在机电设备方面，需要尽早摆脱对国外产品和核心零部件的依赖。

FAST设备数量多、种类多、分布广，且涉及的专业也不少，设备运维工作十分繁重，需要解决的问题也很多，限于本书篇幅，不可能一一论述。本章将按专业分类，重点介绍在台址地质灾害防治与设施维护、望远镜主体结构巡查与维护、望远镜机电设备巡查与维护、软件与数据库运维等方面曾经出现或发现的问题以及解决方案和效果，使读者对FAST设备运维工作有比较全面的认识。

| 7.1 台址地质灾害防治与设施维护 |

7.1.1 台址地质灾害防治

FAST在工程建设期间包含六大系统，分别是台址工程、主动反射面、馈源支撑、测量与控制、接收机与终端和观测基地建设等，其中观测基地建设是 FAST 正常运行的基础保障，特别是台址工程是 FAST 建设的先行工程，对其进行有效巡查和维护为 FAST 其他系统运行提供基础保障。

FAST 台址所处的洼地地形、地质构造和地下岩溶情况均十分复杂，包含不稳定边坡和危岩等在内的众多不良地质条件。2011 年 3 月 FAST 启动台址开挖与支护工程，其中包含对不良地质条件的治理，2012 年年底该工程竣工，至今已超过 10 年。经过前期开挖，大量的土石方工程已经使得台址土石结构松动和暴露，再加上多年来降雨和坡面汇流冲刷的强烈影响，不良地质条件的影响再次凸显，如不及时治理，将可能进一步发展为地质灾害，对 FAST 运行造成严重威胁。

2017 年 5 月 23 日凌晨，FAST 尚处于设备调试期，因现场暴雨导致 1H 馈源支撑塔下方边坡的一块重约 1t 的危岩滚落，砸坏促动器 B311，并且巨大的冲击动能通过下拉索传递到索网节点盘，进而导致该节点附近的 7 块反射面单元受损，造成了约 118 万元的损失，经过约 5 个月修复才恢复原状，如图 7.1 所示。

图 7.1　危岩滚落导致反射面单元受损

1. 危岩防护与治理

危岩是 FAST 台址岩土工程需要处理的重要工程地质问题，根据 FAST 台址专项勘察、详勘报告、现场踏勘资料，危岩分布在 1H、3H、5H、7H 和 9H 馈源支撑塔附近的山崖上，其中 1H 高边坡危岩位于台址东北侧、1H 馈源支撑塔的北侧和西北侧，如图 7.2 所示。1H 高边坡由近水平产状的厚层状白云岩组成，基岩产状为 13°∠8°，边坡总体倾向为 217°，开挖后岩体较为完整，结构面结合程度一般，岩体类型为 II 类。

图 7.2　1H 高边坡危岩情况（拍摄于 2019 年 9 月）

经初步调查，1H 高边坡特别是西侧未治理区，存在危岩体 7 处、松散危岩体集中区两处，分布高程为 990～1060m。坡面岩体破碎，威胁下方望远镜面板、圈梁柱、下拉索促动器和地锚。经稳定性分析，勘察区危岩体在暴雨工况下处于基本稳定状态至欠稳定状态。根据现场前期的初步调查结果和软件模拟划定的崩塌危害范围，FAST 台址 1H 高边坡危岩威胁的资产、资源预测评估大于 1000 万元。根据《贵州省地质灾害调查技术要求（试行）》划分，其地质灾害的危害程度为特大级，灾害危害对象等级一级。

2019 年 9 月 28 日，FAST 团队在现场组织召开了 FAST 望远镜台址 1H 高边坡危岩（石）体专家咨询会，评估结论如下。

① FAST 工程 1H 高边坡由近水平产状的厚层状白云岩组成，现状坡体上构造裂隙、溶蚀裂隙和卸荷裂隙发育强烈，形成大量的危岩（石）体，易产生倾倒、坠落、崩塌破坏，对下方 FAST 望远镜主体结构造成巨大的安全威胁。

② 据现场调查，部分危岩（石）体已变形位移。在风化、降雨等自然应力因素影响下，危岩（石）体有随时崩塌的可能，需要立即进行防护和治理。

③ 建议加强危岩（石）体的巡查与监测，做好应急预案。

根据专家的意见，现场需要尽早启动对 1H 高边坡危岩体治理和维护，确保 FAST 的正常、安全运行。FAST 团队依托设计单位，组织人力和物力，于 2019 年 11 月对 1H 高边坡危岩体展开了专项勘察和治理设计，至 2020 年 2 月完成了全部设计工作。首先，针对危岩体对下方邻近的 FAST 反射面板、下拉索驱动装置和地锚的威胁和危害，完成了应急防护设计；其次，针对区域内危岩体的治理完成了专项永久治理的施工图设计。2020 年 3 月，项目设计通过了专家评审。

　　2020 年年初现场启动了 1H 高边坡危岩体治理应急防护施工工程，经过 30 天工期顺利完成了工程施工，为下一步 1H 高边坡危岩治理专项施工创造了良好条件。应急防护施工包括对危岩体周边距离较近的下拉索锚墩基础、圈梁和格构柱（含基础）以及线缆桥架进行防护；在高边坡的适当位置增设第一级被动防护网；加固高边坡下方的原有第三级被动防护网，并将其与高边坡下方新增设的第二级被动防护网连成一体，如图 7.3 所示；在高边坡下方环形检修道路末端铺沙防护；对人行通道进行防护，以及其他临时防护措施。

(a) 第一级被动防护网　　　　　　　　(b) 第二级被动防护网

图 7.3　1H 高边坡危岩治理应急防护施工照片

　　依据施工图设计，1H 高边坡危岩体治理专项施工工程于 2020 年 6 月 24 日正式开工，经历 90 天施工工期，顺利完成了对 1H 高边坡出现的 WY1、WY2、WY3、WY4、WY5、WY7 及松散危岩区 I 和松散危岩区 II 的治理施工作业，主要包括约 100m³ 危岩体爆破清除、25.5m³ 裂隙混凝土封闭、14.2m³ 钢筋混凝土支撑柱以及 4600m² 帘式防护网施工。经过专项施工，上述危岩均已得到有效清理或支撑或防护，如图 7.4 所示，其对下方 FAST 设备的威胁已经基本解除，有效保障了 FAST 的正常、安全运行。

图 7.4　1H 高边坡现状（危岩治理完成后）

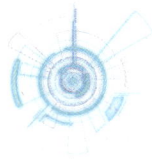

FAST 台址区的 1H 至 5H 崩塌槽东侧（环形检修道路上方、分水岭以内）区域地形起伏大，坡度较陡，地貌类型简单，局部山体陡峭，形成陡崖和峭壁。该区域在分水岭以下到环形检修道路以上的区间仍然还存在一定数量的危岩残留体，且坡面岩体节理裂隙发育，岩体较为破碎，地质环境总体较脆弱。此外，7H 崩塌堆积体区域坡面和反射面下方坡面局部区域也存在一些不稳定危岩块体。2020 年年底，FAST 现场启动了针对这 3 个区域危岩残留体治理的专项勘察和设计工作，如图 7.5 所示。2021 年 4 月完成了全部勘察和设计工作，并通过了专家评审。

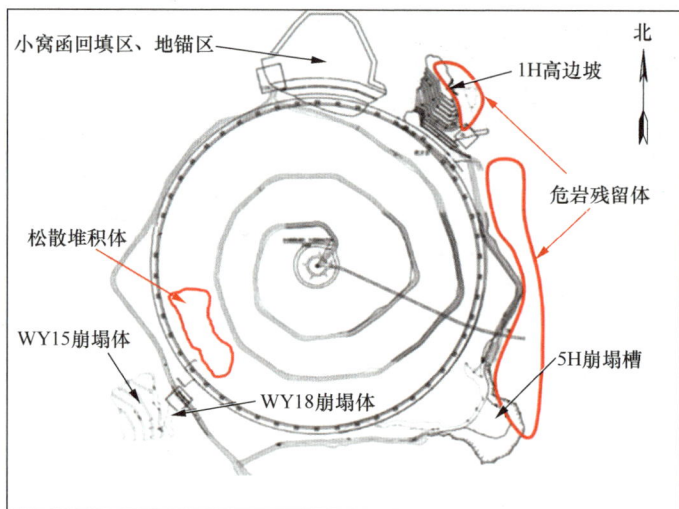

图 7.5　2021 年 FAST 台址危岩残留体及崩塌体勘察、设计与治理范围

这些危岩体威胁斜坡下方的 1H 馈源支撑塔及其设备房、3H 馈源支撑塔及其设备房、7H 馈源支撑塔及其设备房、下方道路、FAST 圈梁和反射面区域设施等。鉴于危岩体崩塌地质灾害现状，一旦再次遇到连续极端降雨天气或受到其他外力影响，发生崩塌的可能性较大，会对地质灾害威胁范围内的工作人员及基础设施造成极大危害，可能造成重大的财产损失，因此确定地质灾害危害对象等级为一级，本次地质灾害防治工程等级为一级。

依据施工图设计，该项目专项施工工程于 2021 年 8 月 24 日正式开工，经历 114 天施工工期，顺利完成了对 1H 至 5H 崩塌槽东侧、7H 崩塌堆积体区域和反射面下方坡面局部区域危岩残留体的治理施工作业，主要包括清除约 133.72m³ 危岩体、爆破清除 292.95m³ 大块岩石、16334.00m² 主动防护网和

5250.00m² 被动防护网的施工。经过专项施工，上述危岩均已得到有效清理或支撑或防护，其对下方 FAST 设备的威胁已经基本解除，有效保障了 FAST 的正常、安全运行。

2021 年 8 月施工期间，5H 崩塌槽顶部曾有一块体积约 0.5m³ 的块石滚落至环形检修道路上，如图 7.6（a）所示，当时被动防护网尚未施工。2022 年 9 月，在同样的位置附近又有一块体积约 0.5m³ 的块石滚落，这次被动防护网有效发挥了拦截作用，如图 7.6（b）所示。可见，此次治理产生了明显的效果，保障了下方设备的安全运行。

（a）无被动防护网　　　　　　　　　　（b）有被动防护网

图 7.6　5H 崩塌槽顶部两次块石滚落的结果对比

此外，在 2019—2022 年，现场先后多次对已发现的反射面坡面的零星孤立危岩进行了清理或加固治理，并建立了定期巡查和潜在危险及时上报制度，所有危险点均被纳入下一期地灾治理计划，基本上可消除危岩对下方促动器、管线和道路等的威胁。

2．不稳定边坡防护与治理

2020 年 6 月 8 日凌晨，现场受暴雨影响，台址区反射面坡面局部约 300m² 区域产生滑塌，滑坡位置处于 FAST 台址螺旋检修道路 K1+770 上部、7H ～ 9H 之间反射面 D 区坡面，滑塌体顶点位于促动器 D251 的地锚基础位置，如图 7.7 所示。该部位为大量泥夹石，滑坡面长 50 ～ 60m，宽 5 ～ 8m；大量泥石滚落到下部水沟内，部分较大块径孤石沿反射面坡面滚落到螺旋检修路面；滑塌体及其边缘存在块径较大的不稳定孤石，受雨水影响，有进一步滑塌滚落趋势，较大块径孤石体积为 1 ～ 2m³。

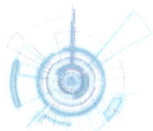

（a）平面位置　　　　　　　　　　　（b）实物照片

图 7.7　D251 滑塌体位置示意及照片

经过现场调查，共在台址区发现反射面坡面局部小规模滑塌体 1 处、陡坎垮塌 1 处、危岩体 2 处、坡面冲刷水毁 2 处、排水沟涵洞破损 1 处、排水沟堵塞点多处等。幸运的是，此次滑塌没有造成较大的望远镜设备损失。

经分析，滑塌发生的原因如下：滑面上方表层岩土体松散，植被茂密，坡面排水不畅，极易降雨入渗；滑面下方岩土体结构较为密实，雨水下渗至滑面处，开始沿滑面渗流。降雨入渗一方面致使滑面上部岩土体饱和自重增加，另一方面软化滑面附近岩土体，使其力学参数逐步降低至滑动临界值以下，致使滑面逐步贯通，在动水压力和重力双重作用下，最终导致滑塌发生。

灾害发生后，FAST 团队立即组织现场人力和物力，对突发的 D251 小规模滑塌体进行了临时处理和防护，处置方案包括在滑塌区内大粒径孤石下缘采用木桩、钢筋锚杆垂直插入滑塌体，尽量穿过滑移面以便支挡孤石，减小其下滑力，同时采用绳索捆绑、牵引孤石，阻碍孤石下滑趋势；整个滑塌体表面采用彩条布遮盖，避免滑塌体进一步受雨水冲刷下滑造成二次灾害。

随后 FAST 团队依托设计单位，立即启动了专项治理设计。首先，针对 D251 小规模滑塌体完成了应急防护治理设计，避免其再次受雨水冲击造成二次滑塌，2020 年 11 月完成了设计工作并通过了专家评审；其次，针对 D251 小规模滑塌体及其他水毁地灾完成了永久治理的专项施工图设计，2021 年 4 月，该项施工图设计与上述危岩残留体治理专项设计一起通过了专家评审。

依据应急治理施工图设计，该项目专项施工工程于 2020 年 11 月开工，经过 30 天施工工期，顺利完成了对 D251 小规模滑塌体的应急防护治理施工作业，主要包括砌筑四道约 131m³ 分级挡墙、砌筑 70m 新增单边排水沟、浆砌 13.30m³ 石挡墙、砌筑 90m JX1-3 排水沟、砌筑 72m 内部截水沟、砌筑 42m 新增单边排水沟、建造 4 座沉沙池和 13 处水沟盖板等。经过施工，D251 小规模滑塌体已得到有效防护，如图 7.8（a）所示，其对下方 FAST 设备的威胁暂时解除，有效保障了 FAST 的正常、安全运行。

依据永久治理施工图设计，该项目专项施工工程于 2021 年 8 月 24 日正式开工，经历 114 天施工工期，顺利完成了对 D251 小规模滑塌体和其他水毁地灾的永久治理施工作业，主要包括约 133.44m³ 锚喷支护，铺设 64m 排水管，浆砌 13.30m³ 石挡墙、267.50m³ 混凝土挡墙和 422.00m³ 混凝土格构梁工程等。经过专项施工，D251 小规模滑塌体及其他水毁地灾已得到有效治理或防护，如图 7.8（b）所示，其对下方 FAST 设备的威胁已经解除，有效保障了 FAST 的正常、安全运行。

（a）应急防护治理施工（分级挡墙）　　　　（b）永久治理施工（格构梁）

图 7.8　D251 小规模滑塌体治理

7.1.2　台址工程稳定性监测

由上述地质灾害防治可以看出，采取科学和有效的监测措施全面、及时了解台址边坡、危岩及地质灾害防治的稳定性是十分必要和紧迫的，可以对后续地质灾害防治计划提供及时和有效的指导。

在台址开挖和支护工程完成后，现场先后于 2013 年 12 月—2016 年 9 月、2017 年 7 月—2019 年 9 月开展了两期台址稳定性监测，分别得到了 25 期和 10 期监测月报。

第一期稳定性监测对台址现场开展了台址巡察、变形监测和应力监测等工作。其中台址巡察对象包括以下几方面：①台址区及周边范围，其中包含大窝凼分水

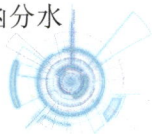

岭以内的危岩、道路边坡工程和其他可能失稳的部位；②台址区内的截排水沟及水淹凼泄水隧道出口；③山体坡面裂缝、地面裂缝、地面沉降、隆起、扭曲、渗水渗流及周边堆载等。变形监测对象可参考图 7.5 中黑色箭头所标示的区域，包括：①小窝凼地锚/回填区；② 1H 高边坡；③ 5H 崩塌槽的高边坡和斜坡；④ 7H 崩塌体（WY15 斜坡、WY18 斜坡和 WY18 抗滑桩）等。应力监测对象包括：1H 高边坡溶蚀槽埋设 10 个锚索索力测量计、WY18 抗滑桩埋设 5 个锚索索力测量计和 5H 崩塌槽埋设 4 个锚索索力测量计等，如图 7.9 所示。

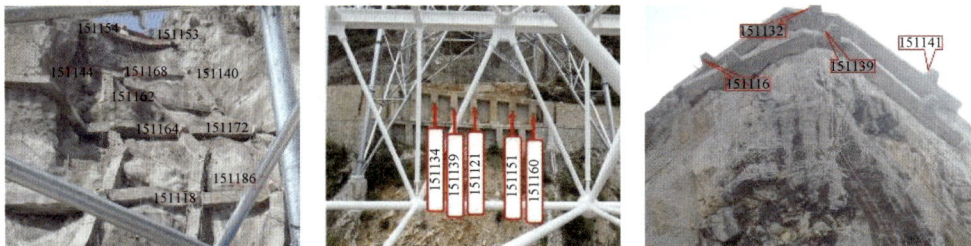

图 7.9　1H 高边坡、WY18 抗滑桩和 5H 崩塌槽埋设锚索索力测量计

　　第一期监测的结论是各个边坡总体处于稳定状态。巡察工作基本查明了大窝凼分水岭范围内的地质环境条件，对所发现危岩体的稳定性分别进行了评价，提出了相应的防治方案。特别是建议对 1H 高边坡和 5H 崩塌槽等风险点及时进行治理。此外，还建议对于各监测区域部分累计位移量较大的监测点，在后续中应继续加强监测。建议应持续对 1H 高边坡溶蚀槽进行应力监测。

　　第二期稳定性监测作为第一期稳定性监测工作的继续，其监测范围基本一致。经过两期变形数据的分析，各监测点在 2014 年 1 月—2019 年 7 月的监测时间段内，累计位移量虽较大，但总体趋向于稳定，建议对巡查新发现的和已治理的地灾点进行监测。经过两期应力监测数据对比，各边坡应力值主要与温度以及边坡内部湿度有关，受力变化趋势基本一致，是稳定的，建议持续对数据健全的应力监测点进行数据采集监测。第二期巡察过程中新发现危险隐患点 22 处，未治理的地灾危险隐患点 15 处，建议对新出现的地质灾害点进行及时、有效的专项治理。

　　2022 年 11 月，FAST 台址开展了第三期稳定性监测工作，与前两期稳定性监测相比，取消了对小窝凼地锚/回填区的变形监测和对大部分已损坏的锚索索力测量计监测，增加了对已治理的 1H 高边坡、D251 滑塌体和 2H 陡坡的变形监测，对 5H 崩塌槽和 WY18 堆积体的深层位移和孔隙水压力监测，对 D251 滑塌体的孔隙水压力监测，以及对 WY18 抗滑桩砼裂缝的监测等，如图 7.10 所示。

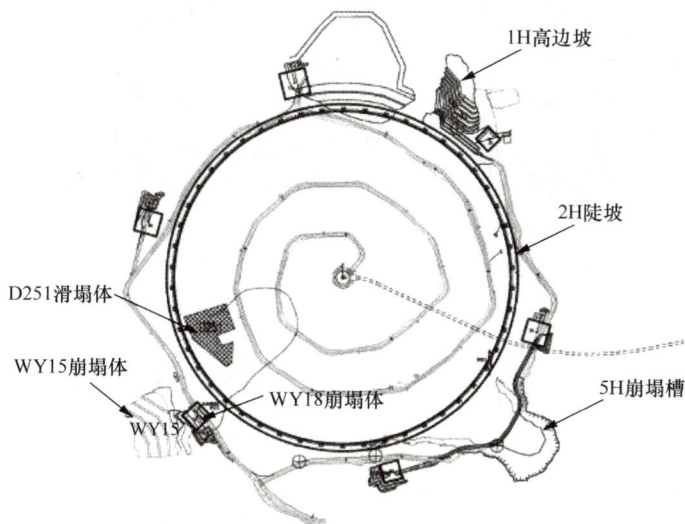

图 7.10　第三期台址稳定性监测点平面分布示意

2022 年 12 月—2023 年 1 月，第三期稳定性监测取得了首期监测月报数据。通过变形监测、深层位移监测、孔隙水压力监测及裂缝监测数据成果与分析，在本次观测期间，台址边坡处于稳定状态。在巡查过程中发现 135 处地灾隐患点，其中新隐患点有 88 处，原隐患点有 47 处，建议对其中的 21 处地灾隐患点进行治理。目前第三期稳定性监测工作仍在进行中，其成果将对下一步的地灾防控和治理提供极强的指导作用。

7.1.3　台址设施维护和完善

台址场区的排水系统、各种场地道路（螺旋检修道路、环形检修道路、钢栈道和便道）、小窝凼库房和机修车间等是台址主要设施，也是需要重点维护的对象。

台址排水系统经过多年暴雨冲刷，存在泥沙淤积、沟底冲毁和坡面碎石堆积等问题，也是台址急需处理的工程地质问题。2020 年 6 月 8 日的暴雨同样对排水系统造成了较大范围沟底水毁水流冲段（以下简称"水毁"）和严重泥沙淤积问题，如图 7.11 所示，尽快清理和维护排水系统已是十分必要和迫切的工作。

（a）沟底水毁 　　　　　　（b）沉沙池泥沙淤积

图 7.11　排水沟沟底水毁和沉沙池泥沙淤积

随后 FAST 团队委托设计单位，立即启动了专项修复和修缮设计。2021 年 4 月，排水系统修复的施工图设计与上述危岩残留体治理设计和 D251 滑塌体治理设计一起通过了专家评审。

依据施工图设计，该项目专项施工工程于 2021 年 8 月 24 日正式开工，顺利完成了对现场排水系统修复治理施工作业，主要包括约 581.80m³ 人工清运落石及沉渣、32.50m³ 浆砌片石修复沟底及沟壁、155.90m³ 混凝土修复沟底、2596.20m² M10 水泥砂浆沟壁抹面和 6188m² 清除地表植被。经过专项施工，排水系统已得到有效清理或修复，减少排水不畅和水毁灾害的发生，有效保障了 FAST 的正常、安全运行。

台址各种场地道路是现场设备巡查和维护得以顺利开展的重要设施，是通向每一个反射面促动器、测量基墩和设备基础并进行巡查和维护的"毛细血管"。现场道路存在的主要问题包括：①部分设备基础附近缺失钢栈道和人行便道，人员可达性差，造成设备维护困难；②环形检修道路和螺旋检修道路缺乏限高、限速、道路分界线等交通标志，部分路段缺失防撞墩、减速带和反光镜等安全标志，缺少明确停车位划线，交通安全隐患较大；③部分路段钢构锈蚀严重或遭遇水毁垮塌，需要修缮或加固。2019 年至 2022 年，经过每年一度的基础设施修缮和维护工程，上述问题逐步得到缓解或解决。

机修车间是现场机电设备检修维护的重要场所，也是部分设备和构件加工的地方。为方便促动器设备的检修维护，现场专门增加了 5t 的吊车和行车梁。小窝凼库房是现场备品备件存储仓库，占地约 1200m²，净高约 5.5m。自 2020 年以来，随着备品备件数量的日益增多，库房现有面积日益紧张。为充分利用库存空间，现场增加了两层钢架结构，扩大了库房有效面积。

现场反射面坡面和馈源支撑塔底部的植被清理也是现场设施维护工作的一部

分。植被过于稀疏不利于现场水土保持，但植被过密、过高也严重影响促动器和其他设备的巡查与维护，因此现场植被需要定期清理和控制，并包含清除道路青苔和边坡灌木，防治蚂蚁、马蜂、老鼠等生物入侵工作。

| 7.2　望远镜主体结构巡查与维护 |

7.2.1　日常巡查和维护

FAST 的主体结构包括圈梁（含格构柱）、索网、反射面单元、馈源支撑塔、设备基础及其附属设备等。

圈梁维护工作包括日常巡检和日常故障维护。日常巡检主要包括检查构件变形锈蚀情况、滑移支座异常情况、构件焊缝异常情况、螺栓异常情况、附属设备（电柜、传感器、耳板靶标、走线）异常情况、生物侵蚀情况等。在巡检过程中发现异常情况应立即向相关人员反馈，并在力所能及的情况下评估其危险等级，及时对异常采取必要的应急防护措施。日常故障维护主要包括螺栓紧固、油漆修补等。

索网日常巡检主要包括主索结构、下拉索结构和主索节点结构等的巡检。索网日常故障维护内容主要包括下拉索退旋处理、破损热缩套修复和结构锈蚀处理等。

反射面单元日常巡检主要包括检测单元面板、背架和端点轴。反射面单元日常故障维护主要包括断裂杆件临时绑扎、松动螺栓紧固等。

馈源支撑塔日常巡检主要包括检查塔体结构变形或锈蚀情况、螺栓松动情况、塔顶附属设备异常情况、生物侵蚀情况等。馈源支撑塔日常故障维护主要包括螺栓紧固、油漆修补等。

设备基础及附属设施的日常巡检主要包括巡检混凝土基础是否有明显开裂、破损，基础周围地面是否存在裂隙及其他隐患，道路路面是否有落石、大树等阻碍通行，路面、路基、路肩等结构是否损坏，道路上部开挖面和挡墙是否破损或存在裂缝、垮塌等隐患，路边防护栏（墩）及交通安全标识是否损坏等。

7.2.2　反射面单元维修改造

1. 故障及原因分析

2018 年年底至 2019 年年初，现场维护人员首次发现部分相邻反射面单元之

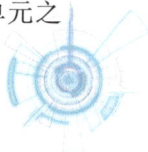

间的缝隙存在异常，表现为缝隙两端宽窄不一，反射面主动变形时单元的 1# 连接机构存在异响。此后现场陆续又发现了多起单元间隙不均匀、间隙消失或异常增大的现象，甚至有多块反射面单元下滑并与相邻单元碰撞在一起的现象，如图 7.12 所示。至 2019 年 8 月，出现异常的反射面单元达到 400 多块。

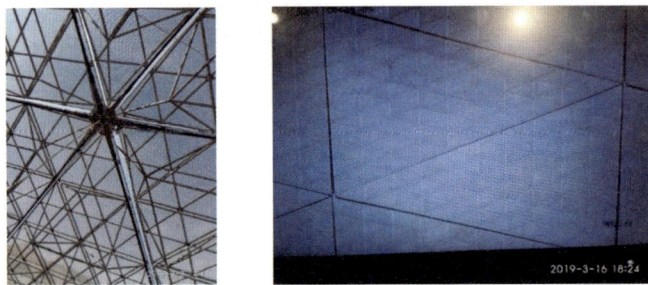

图 7.12　反射面单元缝隙异常现象

此外，还发现部分反射面单元存在结构损伤问题，如图 7.13 所示。一些单元受损较严重，单元背架中与 1# 连接机构相连接的杆件螺栓断裂，导致节点球与杆件的连接脱开；所有的故障单元中均发现 1# 连接机构端点轴的节点球存在局部转动，导致与其连接的 3 根杆件受损或有明显变形。

维护人员选择一块位置较低的异常反射面单元，登梯 4m 爬至节点盘后观察，进一步发现 1# 连接机构也存在问题，如图 7.14 所示。1# 连接机构的端点轴在轴承球套中已滑动到极限位置，球套也转动到极限位置。正常情况下轴承球套应该位置居中，右图端点轴的色差也显示了正常位置。从现象观察，这是导致上述反射面单元下滑和单元间隙异常的原因。进一步观察后发现，大部分异常单元的 1# 连接机构已基本丧失滑动功能，望远镜工作时引发的单元滑动完全依靠强制单元背架结构变形实现，单元结构安全受到极大威胁。

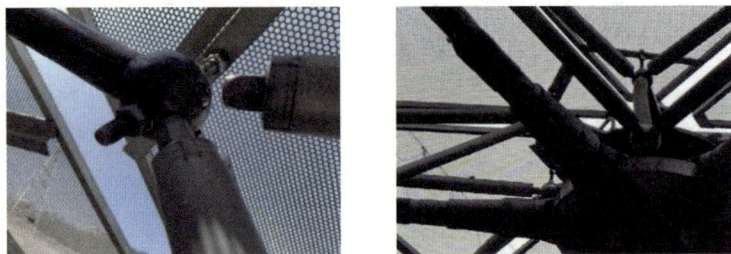

（a）螺栓断裂　　　　　　　　　　　（b）杆件扭曲损伤

图 7.13　反射面单元背架结构螺栓断裂、杆件扭曲损伤

（a）正常　　　　　　　　　　　（b）异常

图 7.14　正常 1# 连接机构与异常 1# 连接机构的对比

由于 FAST 反射面单元数量多达 4445 块，且与索网结构的连接约束情况均类似。若不及时采取有效措施，可以推测上述所发现的问题随着时间的推移将会逐步蔓延到其他单元。在这种非正常工作环境下，已发现问题的单元若得不到及时处理，其情况也将会进一步恶化。

文献 [2] 仔细分析了这些故障现象，并给出了故障单元失效的两大主要原因。1# 连接机构润滑性能失效是其中一项主要原因。由于 FAST 反射面单元均处于野外工作的恶劣环境，机构润滑效果在长期的日晒雨淋和风霜雪雾等自然因素作用下将不可避免地不断衰减，随着时间推移，甚至丧失润滑功能，引发单元单向滑动困难和单元损伤的后果。多数情况下，1# 连接机构往下的滑移量会大于往上的滑移量，连接机构端点轴便会慢慢地下滑乃至超出滑移的极限和轴承的摆动角极限，于是造成 1# 连接机构因超出滑移和摆动极限而出现卡死的现象。此外，0# 和 1# 连接机构在反射面单元的布局使得单元受力并不合理，容易导致 1# 连接机构中的端点轴横向侧压力和相邻的背架球节点弯矩过大。此球节点抗弯正是整个单元背架的薄弱环节，最终导致了连接螺栓断裂和杆件变形的结果。

根据上述分析结果，需要对现有的反射面单元进行修复和改进，包括①将三角形反射面单元的 0# 和 1# 连接机构的位置进行互换，使得反射面单元的受力更加合理，如图 7.15 所示；②研制可自润滑且免维护的具有长效寿命的 0# 和 1# 连接机构替换现有的 0# 和 1# 连接机构；③更换单元受损的结构杆件。此外，对于已经受损但未及时维护的反射面单元，采用了反射面单元临时绑扎固定的方案，即被维护的故障单元在解除部分约束后，通过柔性绑扎临时吊挂在索网主索上，将故障单元的重力转移到两侧主索索体上，故障单元可随主索进行伴随运动，但

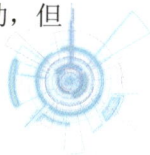

不会有干涉和碰撞情况发生，如图 7.16 所示。

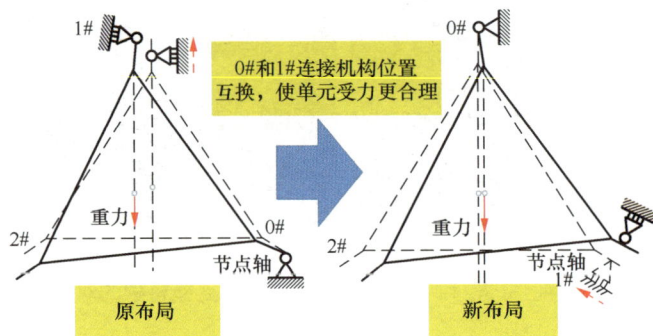

注：虚线代表单元滑动前的原位置。

图 7.15　0# 和 1# 连接机构位置互换

图 7.16　用柔性绑带临时绑扎故障单元

2．新型连接机构性能要求

根据上述分析和解决方案，我们对于需要加工采购的新型连接机构产品，提出以下性能要求。

① 三角形反射面单元新型 0# 连接机构是对原 1# 连接机构通过增加限位装置进行改造得到的。限位装置承载能力需要满足 5kN 的径向载荷要求。

② 三角形反射面单元新型 1# 连接机构是对原 0# 连接机构总成进行更换得到的，满足原 0# 连接机构与单元背架结构和面板的连接要求。

③ 四边形反射面单元新型 0# 连接机构用于更换原 0# 连接机构。

④ 四边形反射面单元新型 1# 连接机构用于更换原 1# 连接机构总成。关节轴承承载能力需要满足 15kN 的径向载荷要求。

⑤ 对于上述 4 种新型连接机构，均要求其关节轴承在 FAST 现场野外环境（无防护、无油润滑、潮湿、酸雨、灰尘等）下工作，并具有至少 30 年自润滑、耐腐蚀和免维护等功能。自润滑衬套需要采用 PTFE 复合材料或织物，材料摩擦系数不大于 0.2，钢背衬需要采用不锈钢等防腐蚀材质制造。

3. 新型 1# 连接机构摩擦系数和寿命试验

对新型连接机构的一项重要改进指标为关节轴承具有至少 30 年自润滑和免维护等功能，且材料摩擦系数不大于 0.2。其中，新型 1# 连接机构的端点轴与轴承内孔相对滑移的摩擦副是实现该项指标的关键。摩擦副从原来的钢对钢改为钢对 PTFE 织物后已经实现了关节轴承自润滑和免维护的功能，但是改进后的新型 1# 连接机构的摩擦系数是否达标？摩擦循环寿命是否满足 30 年使用要求？这需要进一步测试。

（1）试验原理

我们设计了测试 1# 连接机构关节轴承内圈孔与端点轴滑动副的摩擦系数和摩擦循环寿命的试验方案，试验原理如图 7.17 所示。试验中为了模拟 1# 端点轴的工作状态，采用 3 套轴承部件和 1 根端点轴组合在一起进行试验的方法。3 套轴承部件全部与 1 根端点轴配合，对中间的轴承部件进行竖向加载，模拟反射面单元的重力作用，其是试验轴承，两边各 1 套轴承部件起到支撑作用，是陪试轴承。3 套轴承部件与端点轴组成的 3 个摩擦副在端点轴往复直线运动时，其摩擦区不重合。通过这样的试验方案可以测试产品的摩擦系数，进而可以通过加速摩擦循环试验测试产品的摩擦循环寿命。

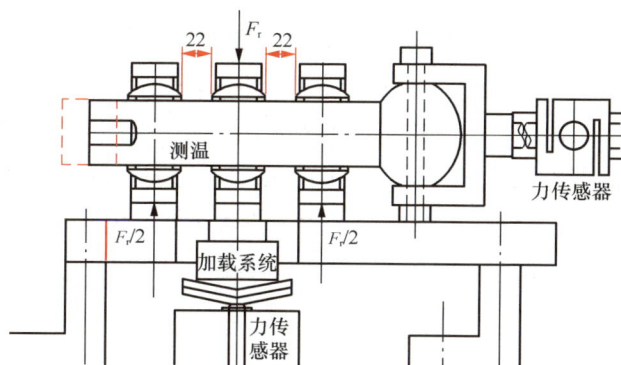

图 7.17　新型 1# 连接机构摩擦系数和摩擦循环寿命的试验原理

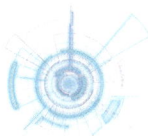

试验过程中，监测并记录径向载荷 F_r 和轴向拉压力传感器数值 f。由试验设备通过拉压力传感器自动测出推拉力数值 f（即 1 根端点轴与 3 套轴承部件配合摩擦副的摩擦力合力），然后除以径向载荷 F_r，从而得到摩擦系数 μ。

$$\mu = \frac{f}{2F_r} \tag{7.1}$$

摩擦力与径向载荷每间隔 0.025s 记录一次。根据记录数值计算摩擦系数，绘制摩擦系数随循环次数的变化曲线。试验样品分 3 组：第一组样品（钢—PTFE 摩擦副）为已经在 FAST 现场野外环境中工作 1.5 年的新型 1# 连接机构；第二组样品（钢—PTFE 摩擦副）为全新加工且还未安装至施工现场的新型 1# 连接机构；第三组样品（钢—钢摩擦副）为更换下来的原 1# 连接机构。试验过程中，通过风冷降温，并对 3 组样品 1# 端点轴摩擦表面温度进行监测。第一组样品端点轴表面最高温度未超过 38℃；第二组样品端点轴表面最高温度未超过 36℃；第三组样品端点轴表面最高温度未超过 40℃。对 3 组样品组件均进行连续的往复加载循环试验，直至加载循环次数超过 30 万次或者试件发现有明显磨损后停止。

（2）试验结果与结论

试验得到的 3 组样品组件的摩擦系数随时间变化的部分时程曲线如图 7.18 所示。其中，图 7.18（a）所示为第一组样品组件的摩擦系数时程曲线，试验从 2022 年 8 月 14 日开始至 8 月 31 日结束，结束条件是加载循环次数超过了 30 万次。可以看出，摩擦系数曲线有较小波动，但整体有缓慢升高趋势。图 7.18（b）所示为第二组样品组件的摩擦系数时程曲线，试验从 2022 年 9 月 5 日开始至 9 月 23 日结束，结束条件是加载循环次数超过了 30 万次。可以看出，其摩擦系数曲线与第一组样品试件的类似，但摩擦系数偏大。上述两组试件在绝大部分试验时间段内，摩擦系数均为 0.2 以下，最终试验停止时加载循环次数都超过了 30 万次。图 7.18（c）所示为第三组样品组件的摩擦系数时程曲线，试验从 2022 年 5 月 25 日开始至 5 月 27 日结束，结束条件是试件端点轴有明显磨损。该曲线仅在开始时的很短时间内摩擦系数小于 0.2，之后摩擦系数迅速增大，大部分时间都为 0.35 以上。当加载循环次数仅有 0.15 万次时，试件端点轴已经磨损严重。具体试验情况如表 7.1 所示。

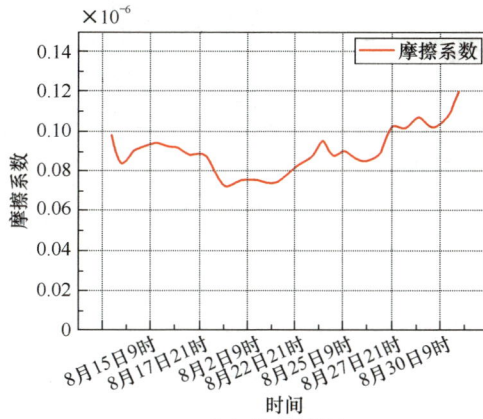

（a）第一组样品

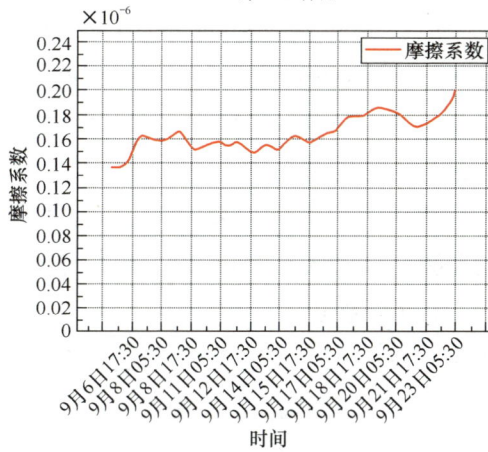

（b）第二组样品

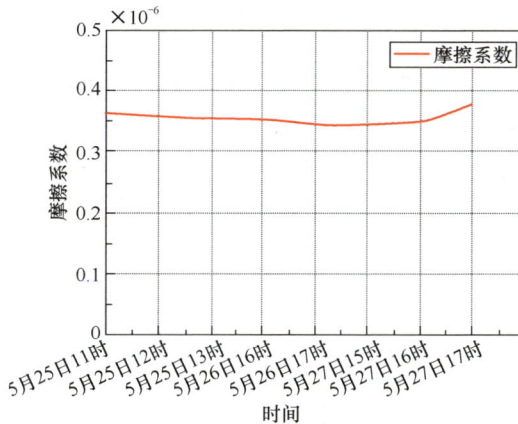

（c）第三组样品

图 7.18　3 组样品组件的摩擦系数随时间变化的部分时程曲线（截取部分时段）

表 7.1　三组样品组件具体试验情况

试验样品	试验条件		试验时间 /h	备注
	径向载荷 F_r/kN	往复频率 /Hz		
第一组	3	0.1	329.8（118758 次）	内孔衬垫层含 PTFE 轴承组件，现场使用时间为 1.5 年的新样品
	1.5	0.2	440（316800 次）	
第二组	1.5	0.2	440（316800 次）	内孔衬垫层含 PTFE 轴承组件，作为备件的新样品
第三组	3	0.1	5.6（1500 次）	内孔钢，旧样品

从试验结果可以看出，新型 1# 连接机构的摩擦系数和寿命相比原 1# 连接机构的确实有了巨大的提升。原 1# 连接机构的摩擦系数值明显超过了 0.35，其加载循环寿命很短，仅 1500 次后就发生明显磨损，比较合理地解释了现场反射面单元故障的原因。按照 30 年使用寿命期间，FAST 可能经历 228715 次观测任务的情况下，统计得到的索网主索疲劳次数约为 17 万次 [3]，这也对应于反射面单元连接机构在未来 30 年间的工作循环次数。目前对新型 1# 连接机构的寿命测试结果满足这个摩擦循环加载寿命要求，且有约 1 倍的安全储备。

4．反射面单元维修改造施工

在验证了新型连接机构产品的性能满足要求后，下一步的工作是反射面单元改造维护作业的实施方案，主要面临两个难题。第一，维护作业不能影响望远镜的运行观测。反射面单元数量多达 4445 块，作业时间跨度长，必须要做到观测和维护作业的并行进行。第二，所有的反射面单元均悬挂于离地面 4m 以上，属于高空作业，人员可达性差。如何提高维护工作的效率，缩短作业工期？这是反射面单元改造维护作业需要高度关注并解决的问题。

（1）反射面单元原位改造维护方案

对于反射面单元连接机构的更换作业而言，存在两种不同的施工方案。第一种是地面更换方案，即将解除约束的反射面单元拆卸到地面，更换新型连接机构后再安装回原位；第二种是原位更换方案，即解除原有机构的连接约束后，设计一套工装临时约束反射面单元，更换新型连接机构后再解除临时约束工装。作业期间反射面单元始终保留在原位。

第一种方案降低了对高空作业的要求，看起来较为简单可行，但每块反射面单元重约 480kg，只能采用建设期间安装反射面单元的大跨径缆索吊车拆卸回地面，效率极低（建设期间一天最多安装 20 块），而且使用缆索吊车对 FAST 观测的干扰极大，在望远镜正式运行期间完全不可行，因此只能按第二种方案实施。

基于第二种方案的反射面单元连接机构更换将作业面锁定在索网节点盘及附近主索，包含两项主要施工工艺流程。第一项是完成作业面施工准备，通过人工攀爬将人员和设备安全运输到作业面附近，同时设置合适的作业平台；第二项是完成反射面单元自适应连接机构的更换。这些工作主要通过人工完成。

相比第一种方案，第二种方案具有许多优点。首先，通过人工攀爬解决作业面的人员和设备可达性问题，可以多个班组和多个作业面并行施工，作业效率比较高；其次，此项工艺流程顺带也解决了日后反射面维护的定期巡检问题；最后，此项工艺流程很大程度上减少了对用电设备的使用，减少了对射电望远镜观测的干扰，便于观测和作业的交叉进行或并行进行。

（2）"蜘蛛人"攀爬滑移工艺流程

"蜘蛛人"攀爬滑移工艺解决施工人员和设备到达高空作业面的可达性和转移效率问题。完成此项流程后，事实上就可以顺利实施上述的改造维护作业。作业面施工准备可以分两类情况分别考虑实施。其登高工艺和设备工装如图 7.19 所示。

图 7.19　登高人员攀爬滑移的登高工艺和设备工装

① 节点盘离地面高度小于等于 10m 的情况

采用 12m 特制伸缩铝梯到达节点盘位置，然后在施工位置安装轻质吊篮，通过扶梯到达吊篮位置进行施工。操作人员高空作业时，由保险绳保护。保险绳的

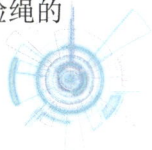

安装方式为在节点盘位置单独悬挂安全绳，作为操作人员安全保障措施，且操作人员必须安装紧线器。操作人员到达节点盘后，将两根吊带分别搭接在两个索网锚头上，同时务必将随身操作安全绳挂到一根拉索锚头，操作人员安装轻质吊篮，作为作业平台，人员位于吊篮内操作施工。

②节点盘离地面高度大于 10m 的情况

"蜘蛛人"从距离地面较低的节点盘位置通过扶梯到达节点盘主索位置，利用滑板通过索网主索滑动至下一节点盘，身上佩戴的节点转换器跨过节点盘位置，到达问题面板节点盘位置时，悬挂施工人员安全绳及吊点，通过地面人员辅助安装简易施工吊篮。

（3）"蜘蛛人"攀爬滑移工艺试验

为验证"蜘蛛人"攀爬滑移工艺的可行性，2019 年 8 月在现场进行了"蜘蛛人"攀爬滑移工艺试验及滑移效率测试。FAST 团队选择"蜘蛛人"的攀爬起点为圈梁边缘最近的节点盘，终点为现场螺旋检修道路二环路上方附近的索网节点盘，已经接近反射面的中心五边形开孔。滑移路线的直线距离超过 200m，高差超过 120m。"蜘蛛人"在做好安全保护措施后，中途全程依靠滑板及安全绳进行滑移。到达终点后，"蜘蛛人"再按照上述高度小于 10m 情况下的操作流程帮助作业人员、设备和吊篮等工装提升就位。经过试验测试，"蜘蛛人"可以在 1h 内到达终点，并完成所有作业面施工准备。这个滑移路线长度已经大于现场实际维护作业中任意两个索网节点盘攀爬滑移的距离，其效率完全可以满足现场维护作业的要求。

这套工装和工艺不仅为上述反射面单元维修改造作业顺利完成提供了保障，也为未来 FAST 反射面全范围的日常设备巡检和维护提供了必要条件，对保障 FAST 的运行维护具有重要意义。

（4）维护作业难点及解决方案

现场的改造维护作业需要使用工具、设备和工装，同时反射面单元新型连接机构的更换需要暂时解除单元与索网的连接约束，在更换过程中要求反射面单元相对于索网结构静止不动，而 FAST 观测要求反射面持续进行主动变形，导致索网和反射面单元二者之间处于相对运动状态，增大了反射面单元的改造维护难度，二者并行存在矛盾。

针对这个难题，FAST 团队需要提前了解每天发布的 FAST 观测计划，提前锁定反射面主动变形的区域（300m 口径抛物面）随时间（主要是白天）变化的路径，从而保证当天的作业位置及作业时间可避开这些变形区域，始终处于球面区域的静止状态。

FAST 观测期间为了避免作业工装及设备与 FAST 设备和仪器的干扰或碰撞，作业人员在作业过程中对所有连接点采用活动链接或者铰接，原则上禁止使用死结支撑或连接。临时的死结支撑或连接仅允许在无观测任务时间段内使用，作业完成后立即解除。每块单元的连接机构更换均当天完成，禁止在无人的情况下由临时点支撑受力。人员离开时必须解除所有连接，恢复单元原状。当天作业完成后，吊篮及相关工装设施原则上必须全部下放到地面。FAST 观测期间全程禁止使用电子和电气设备，避免对观测造成干扰。

经过对反射面单元改造维护工作的相关难点和重点的详细分析，以及针对问题解决方案的可行性验证，经过两年的努力，最终在 2021 年 10 月，FAST 团队完成了对所有 4445 块反射面单元的维修改造，单元润滑故障问题得到彻底解决。在此过程中，FAST 团队还发现了边缘 150 块四边形反射面单元的 2# 连接机构所存在的与圈梁抱箍门架干涉的问题，并对所有圈梁抱箍进行了有针对性的维修改造，解决了此问题。此外，FAST 团队还做到了望远镜观测和维护作业的并行进行，保障了 FAST 有效观测机时大于 5300 小时 / 年，保障了这一期间重大科学成果的产出，为科学家提供了完整服务。

值得注意的是，上述对所有反射面单元的大规模维修改造可能会对现有的反射面整体面形和单块反射面单元拼装面形造成一定影响。目前还没有一种成熟的直接检测方式来评估当前反射面的成形状态，或者对单元面板的面形及完好性展开智能检测。从 2021 年开始，FAST 团队定期对 FAST 增益进行测试（每月 2 ～ 3 次），测试结果能够间接反映反射面的整体面形精度。约两年的测试结果表明 FAST 增益存在以年为单位的周期性波动现象，但反射面面形精度总体上变化不大，详见《中国天眼·科学与数据卷》。在后续运行维护中，我们仍然将考虑开发一种成熟的直接检测方案，评估反射面整体面形精度和单块反射面单元拼装面形精度。

7.2.3　结构防腐维护

1. 索网主索防腐维护

反射面索网结构的主索是可抵抗超高应力幅疲劳载荷的特制钢索，故对于主索长度的加工精度有极高的要求，以控制疲劳工作应力幅度。在制造加工主索时，对高精度主索长度在工厂采用恒温控制，恒温下主索长度高精度控制为 ±1mm

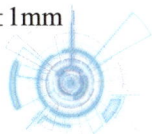

以内，锚具和叉耳之间要求留出调整长度和锁定工艺长度，即可调螺牙长度。恒温确定长度后，锁定长度，必然出现两者间一道环缝（间隙），如图 7.20（a）所示。该环缝为主索防腐的主要薄弱部位。在望远镜建设期间，经过工艺比选，对环缝防腐采用聚硫防腐密封胶进行填充处理，但使用寿命仅有 6 年。索网使用至 2020 年已将近 7 年，聚硫防腐密封胶由于索网结构特殊，长期暴露在空气中，不易维护，已进入老化阶段，出现胀脱、龟裂，失去密封作用而造成环缝内浮锈，环缝填充物老化、胀裂的现象，如图 7.20（b）所示。另外，主索及节点盘在长期使用过程中还经常面临节点盘螺栓盖板松动、索头 HDPE 护套破损和表面防护老化等问题，需要定期维护或更换，以确保索网结构的正常使用寿命。

当前需要采取有效措施针对所有的 6670 根主索（包含 13350 个索头）进行维护，包括对索头环缝密封防腐采用长效寿命的防腐材料和工艺，对节点盘螺栓和主索索头护套进行定期检查和维护。

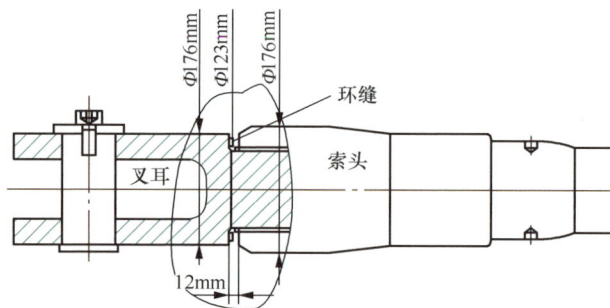

（a）主索索头环缝示意

（b）聚硫防腐密封胶老化

图 7.20　主索索头防腐老化锈蚀问题

聚硫防腐密封是此前所采用的密封防腐涂料方案，也是钢结构常用的防腐手段，具有成本低、工艺简单等优点，但缺点是对基体表面处理要求高，构件难以达到表面处理要求。另外，涂料施工时，很容易出现流挂、漏涂等现象，很难使涂层达到足够的保护厚度。因此，涂层在某些部位非常容易发生鼓泡、剥落，导致防腐寿命满足不了长效使用的要求。后续维护施工时，由于失效涂层和锈层难以去除，维护费用高，防护效果不理想。

氧化聚合型包覆防腐蚀（Oxidation Tape and Covering System，OTC）技术是一种新开发的防腐技术，可以很好地解决以上难题。该技术采用的材料由防蚀膏、防蚀带及外防护剂 3 层配套体系组成。防蚀膏、防蚀带的缓蚀剂中含有锈转化成分，表面处理要求低，无明显鼓泡和浮锈即可。施工后，在防护剂和防蚀带与空气接触的一侧，氧化聚合形成坚韧皮膜，具有良好的耐老化性能；粘贴在金属结构表面的一侧，则永久保持非固化、柔软的状态，从而达到最佳的防腐性能。OTC 材料柔软易贴合，广泛适用于各种复杂形状的结构、设备，防腐寿命大于30 年，当之无愧地被称为"可粘贴的重防腐涂料"。

OTC 技术包含 3 层紧密相连的保护层，由内到外依次为防蚀膏、防蚀带和外防护剂。防蚀膏是 OTC 技术中核心的材料，也是位于 OTC 技术最内层的部分，直接与被保护的金属基体紧密接触，含有的锈转化成分能将钢结构表面未处理完的铁锈转化成黑色的氧化亚铁膜，形成保护性封闭层，防止钢铁继续氧化、锈蚀，起到除锈、防锈双重作用。防蚀带是将特殊调制的防蚀材料浸渍到纤维无纺布中而制成的，非常柔软，可以粘贴到各种复杂形状的结构表面。施工后，防蚀带外表面通过氧化聚合作用变得干燥，而紧贴钢结构的一侧始终保持柔软状态，从而达到最佳的防腐性能。浸渍了特殊调制防蚀材料的防蚀带具有良好的密封性，可以将金属表面与水分、盐分、空气等腐蚀性因子隔离，从而达到最佳的防护性能。此外，氧化聚合型防蚀带还具有良好的阻燃性和耐候性。外防护剂是可固化的防护材料，涂刷在防蚀带表面，与空气接触后，在较短时间内氧化聚合成一种坚韧的皮膜，具有耐候、密封性能，有效防止紫外线照射老化和腐蚀介质进入，形成完整的保护膜。

主索索头防腐维护作业与反射面单元改造维护作业一样，均在索网节点盘附近，面临类似的难点，因此上述作业面准备工艺和工装均适用于主索防腐维护。在完成作业准备后，其施工流程为清除聚硫防腐密封胶→除锈、表面处理→粘贴分色纸→凹槽内填充、索头表面涂覆 O 型防蚀膏→包覆 O 型防蚀带→涂刷

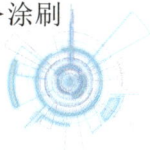

外防护剂。防腐维护作业完成后的效果如图 7.21 所示。

2021 年 8 月，FAST 团队完成了对所有 6670 根主索的防腐维护。在此过程中，FAST 团队同样做到了望远镜观测和维护作业的并行进行，保障了 FAST 有效观测机时大于 5300 小时 / 年，保障了这一期间重大科学成果的产出，为科学家提供了完整服务。

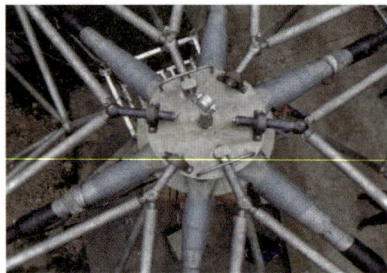

图 7.21　防腐维护作业完成后的效果

在顺利完成了上述的反射面单元和索网主索的维护作业后，鉴于现场这两种设备所处位置高，数量也比较多，出现其他意想不到的故障的可能性较大，因此我们继续应用"蜘蛛人"攀爬滑移工艺对反射面单元、索网结构等保持了常态化的巡查工作，对于发现的问题进行及时的处理，实现了反射面高空设备"全范围、近距离"的巡检和维护。

2. 圈梁结构防腐维护

圈梁为立体桁架结构，由圆钢管和焊接异形构件组成，圆钢管和焊接异形构件通过焊接球和节点板连接；圈梁的下弦设置了若干个节点，圈梁通过节点承受主索网传来的动载荷；圈梁通过支座落于 50 根格构柱上，格构柱落于格构柱基础上。圈梁的环梁球节点共 1200 个。现场巡查发现，圈梁部分球节点焊缝位置出现较严重的锈蚀情况，如图 7.22 所示。为保证圈梁结构稳定、望远镜运行正常，急需要对出现锈蚀的球节点进行防腐维护。

图 7.22　圈梁部分球节点焊缝锈蚀照片

2021 年和 2022 年，现场采用 OTC 技术先后完成了对 1200 个圈梁球节点的防腐维护，施工过程中同样要求维护作业与观测并行进行，且提供作业人员能够安全、高效到达圈梁球节点及格构柱顶部附近并可安全、高效作业的施工方案和吊篮工装。防腐维护后的效果如图 7.23 所示。预计球节点防腐寿命不少于 25 年。下一步工作是完成对格构柱球节点和其他焊接节点的防腐维护。

值得一提的是，由于圈梁和格构柱构件采用油漆涂覆方式防腐，在当地野外潮湿气候情况下，构件容易长青苔，类似情况也出现在反射面单元面板上。尽管不影响 FAST 正常工作，但影响 FAST 设备的整体美观形象。如何长期有效解决此类问题尚需要进一步的方案和试验。

7.2.4　索网主索备件采购

图 7.23　防腐维护后的效果

FAST 索网结构包含 6670 根主索，分为 300 多个不同型号和规格，每根主索都是可承受高达 500MPa 疲劳应力幅的非标特制钢索，但是目前 FAST 现场没有主索备品备件的储备。考虑到索网主动变形时相邻主索之间的联动影响、FAST 运行期间各种复杂工作条件、不可控因素和庞大的主索数量及规格种类，未来 30 年内小部分在役主索发生不可逆损伤的风险难以避免，需要存储一定数量的主索备件以满足随时更换的需求。

为确保任意一根主索发生问题时都可以被更换，需要采购的主索备件数量需综合考虑主索的规格型号、长度及每一种类所对应的数量等。先确定需要采购 260 根主索备件及 520 个附属向心关节轴承，覆盖所有主索的规格型号，如表 7.2 所示。后续还将继续根据主索的规格型号、长度及每一种类所对应的数量采购备品备件。

表 7.2　FAST 索网主索备品备件采购

项目名称		规格型号	单位	总数	数量小计
主索	主索 1	S2（D90&d50）	根	8	244
	主索 2	S2J（D90&d50）	根	9	
	主索 3	S3（D90&d50）	根	17	
	主索 4	S3J（D90&d50）	根	25	
	主索 5	S4（D105&d65）	根	31	
	主索 6	S4J（D105&d65）	根	24	
	主索 7	S5（D120&d70）	根	23	
	主索 8	S5J（D120&d70）	根	30	

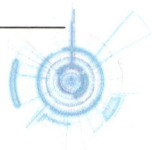

续表

项目名称		规格型号	单位	总数	数量小计
主索	主索 9	S6（D130&d80）	根	30	
	主索 10	S6J（D130&d80）	根	21	
	主索 11	S7（D150&d90）	根	13	
	主索 12	S7J（D150&d90）	根	8	
	主索 13	S8（D160&d100）	根	3	
	主索 14	S8J（D160&d100）	根	2	
边缘索	边缘索 1	S6J（D130&d80）	根	1	16
	边缘索 2	S8（D160&d100）	根	2	
	边缘索 3	S8J（D160&d100）	根	1	
	边缘索 4	S9（D160&d100）	根	3	
	边缘索 5	S9J（D160&d100）	根	9	
向心关节轴承 1		D90&d50	个	116	520
向心关节轴承 2		D105&d65	个	124	
向心关节轴承 3		D120&d70	个	116	
向心关节轴承 4		D130&d80	个	92	
向心关节轴承 5		D150&d90	个	44	
向心关节轴承 6		D160&d100	个	28	

此次采购的产品仍然需要满足非标特制钢索耐受 500MPa 疲劳应力幅的要求，但产品并非对建设期间设计图纸的简单重复，而是根据现场运行期间发现的问题和预计需要解决的问题进行了改进设计，具体如下。

① 每根主索备件的长度不固结，而是可在 ±20mm 范围内调整，这样可以尽量少的主索备件数量覆盖相同规格型号但长度有轻微差别的大批量在役主索。

② 将主索索体原钢绞线内灌注的防腐油脂更换为防腐蜡，蜡的性能指标满足《斜拉桥钢绞线拉索技术条件》（GB/T 30826—2014）中的要求。这是针对防腐油脂流动性较高，容易从在役主索索头处渗出的问题所提出的解决方案。

③ 进一步提高索头锚具表面防腐性能。针对前述在役主索索头防腐的问题，此次主索备件锚具表面采用粉末渗锌多元合金共渗工艺，该工艺经过中性盐雾试验测试可达 3604h 无红锈问题。

④ 设计特制的主索备件存取货架和存取方案。采购 260 根主索及 520 个向心关节轴承，每根主索长度为 10～12m，重约 200kg，需要考虑特别的存取货架和安全便捷的存取方案，如图 7.24 所示。

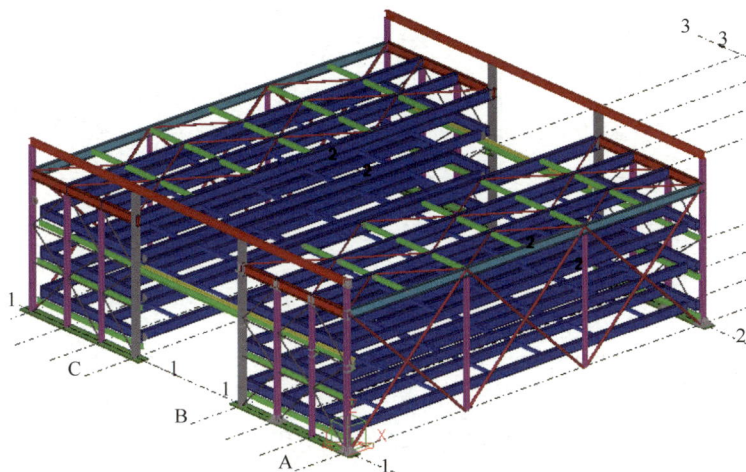

图 7.24　主索备件存取货架设计方案

货架采用钢结构，两侧对称布置货架。每侧下部 3 层为抽屉式活动托盘，第四层（顶层）为固定的钢结构梁。周边的钢结构柱、柱间支撑及顶层的钢梁构成稳定的空间结构受力体系，在柱底设置铰接支座。顶层钢梁设置了面内水平支撑，以提高钢结构的整体稳定性，顶层铺有 3mm 厚的防尘钢板。每侧货架的下部 3 层抽屉式活动托盘采用钢结构制作，由纵横向布置的钢梁构成，在端部钢梁下设置滑轮，可由货架中滑出进行装 / 卸货物。

在主索备件的生产过程中，为确保主索的力学性能和密封性能，FAST 团队按要求抽检主索产品进行了 3 组试件的静载锚固性能试验、3 组试件的疲劳性能试验和 1 组试件的动态水密封试验。试验结果分别如表 7.3 和表 7.4 所示。

表 7.3　静载锚固性能试验结果

规格型号	锚固效率系数（$\eta_a \geqslant 0.95$）	极限延伸率（$\varepsilon \geqslant 2\%$）	破断形式	备注
ST15-6J	1.03	2.8%	未拉断	试验时间 2022 年 9 月 14 日
ST15-5	1.01	2.4%	未拉断	试验时间 2022 年 10 月 8 日
ST15-5J	1.00	2.5%	未拉断	

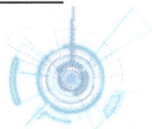

表 7.4　疲劳性能试验结果

规格型号	疲劳性能试验				疲劳性能试验后静载锚固性能试验			备注
	上限	应力幅 / MPa	循环次数 / 万次	断丝数	锚固效率系数 $\eta_a \geqslant 0.92F_{pm}$	极限延伸率 $\varepsilon \geqslant 1.5\%$	破断形式	
ST15-4J	$0.4f_{ptk}$	500	200	0	0.935	2.1%	未拉断	2022 年 9 月 17 日—26 日
ST15-4	$0.4f_{ptk}$	500	200	0	0.93	2.0%	未拉断	2022 年 9 月 28 日—10 月 8 日
ST15-6	$0.4f_{ptk}$	500	200	0	0.94	2.2%	未拉断	2022 年 10 月 9 日—18 日

　　静载锚固性能试验和疲劳性能试验的结果证明所抽检的主索备件力学性能全部达标。2022 年 10 月 12 日动态水密封试验正式开始，2022 年 10 月 19 日试验完成，2022 年 10 月 20 日对泡水锚头进行裁断检查，索体内部未进水，密封效果良好，如图 7.25 所示。

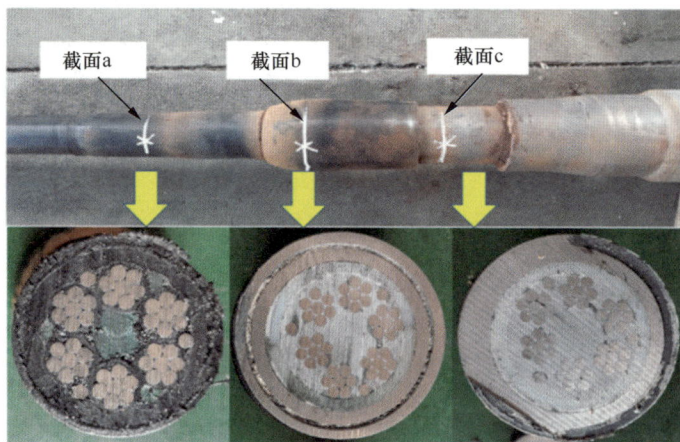

图 7.25　动态水密封试验后主索取出及断面检查结果

　　2022 年 10 月，所有采购产品均已被运输到 FAST 台址现场，完成货架安装和主索备件存储，如图 7.26 所示。后续还将使用主索备件在现场进行主索更换试验，验证换索方案的可行性。

图 7.26　主索备件运输至 FAST 台址现场并归类摆放至存取货架

7.2.5　馈源支撑塔维护

　　6 座馈源支撑塔为高耸结构，全部采用钢管塔结构，构件采用热浸镀锌防腐，在工厂完成所有加工放样和焊接，加工精度达到毫米量级，在施工现场仅采用普通螺栓法兰连接和插板连接方式完成塔体结构安装，因此现场对 6 塔的防腐维护工作较少。6 塔塔顶承受索驱动机构传递的交变循环钢丝绳拉力载荷，易造成连接螺栓螺帽的松弛。此外，最高的 11H 馈源支撑塔基础坐落于小窝凼回填区，可能会发生不均匀沉降。因此，馈源支撑塔的检查和维护工作每年进行一次，主要内容包括巡查发现松弛的螺帽并拧紧；对塔体垂直度和不均匀沉降进行年度观测并分析其发展趋势；对附属设施如索驱动线缆桥架、攀爬机的轨道及机器房、塔顶航空警示灯、托运轨道等进行必要的巡查和维护。

7.2.6　结构焊缝无损检测

　　为保证 FAST 结构和机电设备的安全运行，FAST 团队对于现场焊接或承受较大载荷的关键部位结构焊缝每年实行一次超声波无损检测评估。关键部位结构焊缝包括馈源舱上的 3 个舱—索锚固支座焊缝和 150 个圈梁耳板与球节点的焊缝，2021 年增加了塔顶导向滑轮的回转机构底座焊缝，2023 年又增加了索驱动机构卷筒焊缝和塔底导向滑轮底座焊缝。目前检测结果表明绝大部分焊缝未发现超标

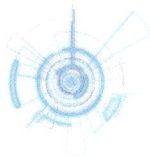

缺陷，按照《承压设备无损检测 第4部分：磁粉检测》标准评定，符合该标准Ⅰ级要求，小部分焊缝局部表面有缺陷，符合该标准Ⅱ级要求，结果合格。

| 7.3　望远镜机电设备巡查与维护 |

FAST机电设备维保内容主要包含液压促动器、索驱动机构、馈源舱、舱停靠平台、缆索吊车、铁塔攀爬机、机修车间和库房的维保等8个部分，其中与FAST观测运行直接相关的是前3项。

液压促动器共计2225台，在反射面主动变形中由近700台促动器各自独立、协调工作并张拉索网形成所需的瞬时抛物面面形。促动器具有数量多、分布广、并联协调工作等特点。此外，作为完全在野外工作且具有高精度定位和保位要求的液压机构，每台促动器也是一套复杂、精密的非标伺服设备。促动器的维保工作包括促动器日常巡检、促动器液压油定期检测、促动器故障维修等。

索驱动机构采用6索并联驱动的方式，这意味着从设备维保角度上看，6套驱动装置是串联的，任何一套出现故障则整个机构系统就无法正常工作。因此为最大限度保障索驱动机构的正常运行，其维保工作包括日常巡检、定期维护和故障维修，其中日常巡检和定期维护根据时间分为每日常规巡检、月度维护、双月维护、半年维护和年度维护等。

馈源舱是一个集结构、机构、测量、控制等相关技术于一体的光机电一体化的复杂系统，其大部分时间均在高空焦面内大范围运动，只能在每个月的有限时间内降舱，并对舱内设备进行检查和维护，包括对星形框架、AB转轴机构、斯图尔特平台、绕线机构等结构机电设备的维护等。

7.3.1　液压促动器

2017—2020年，现场使用的促动器绝大部分为旧型液压促动器，故障率很高。从2018年开始，现场的旧型液压促动器逐渐被新型液压促动器所取代，如表7.5所示，设备故障率也大幅下降。因此本节主要讲述新型促动器的巡查和维护。

表 7.5　新型液压促动器安装进度

年份	采购数量 / 台	到货数量 / 台	安装数量 / 台	备注
2018—2019	670	670	665	5 台试验
2020	1559	0	0	
2021	0	1300	1300	
2022	200	262	227	1 台试验

1．日常巡检

促动器的日常巡检周期为 45 天，每周期完成对 2225 台促动器的一次巡查。日常巡检内容如表 7.6 所示。

表 7.6　FAST 促动器日常巡检内容

项目	内容	备注
通行道路	巡检促动器步道和栈道，确保畅通	包括步道和栈道的保养
促动器周边杂草	巡检促动器周边杂草，不得有杂草缠绕在促动器和配电箱上	
连接螺钉	巡检促动器所有连接螺钉是否松动	包括上下接口螺栓及附属传感器固定支架
振动和噪声	巡检促动器运行时的振动和噪声情况	
漏油	巡检促动器有无漏油情况	
锈蚀	巡检促动器零部件是否锈蚀	包括活塞杆、油缸、阀组、底座、地锚预埋件等
光缆、电缆	巡检光缆、电缆是否破损	
浪涌保护器	巡检浪涌保护器状态是否正常	
节点箱内部环境	巡检节点箱内部是否有蚂蚁、是否渗水等	

2．液压油定期检测

有数据表明，75% 以上的液压系统故障是由油液清洁度等级降低导致的，因此为了解促动器液压油的清洁度状态，需要对液压油清洁度进行定期检测，目前的检测周期为 1 个月。液压油污染物包括气体、液体和固体 3 类，其中主要且危害最大的是固体污染物，因此对液压油清洁度的检测主要是检测油液中的固体颗粒物数量。FAST 促动器液压油清洁度检测采用的检测设备是便携式液体颗粒计数器（HIAC PODS+），由于每次液压油清洁度抽检需要消耗 50mL 油液，因此需

要根据抽检次数,对相应促动器损耗的液压油进行补充,并对检测结果和补油情况进行详细记录。

3．故障维修

现场维保人员针对日常巡检过程中发现的促动器故障及总控系统反馈的故障进行故障维修,使其恢复正常功能,并详细记录维修过程。根据维护数据统计,促动器的故障现象包括断通信、活塞杆速度低、活塞杆无速度、漏油、发现故障报警但经现场手动操作测试后为可恢复正常等,根据其原因可以细分为驱动器故障、光纤故障、液压故障、控制板故障、节点箱跳闸(电源故障)和其他故障等故障类型。表 7.7 列出了 2021—2022 年的促动器故障类型及数量统计。

表 7.7　2021—2022 年的促动器故障类型及数量统计

时间	液压故障	驱动器故障	光纤故障	控制板故障	联轴器故障	节点箱跳闸	其他故障	累计故障次数	备注
2021 年	15 次	39 次	12 次	4 次	13 次	18 次	33 次	134 次	共计安装 1965 台促动器
2022 年	19 次	75 次	23 次	29 次	0 次	17 次	153 次	316 次	共计安装 2192 台促动器

由表 7.7 可以看出,尽管 2022 年促动器故障次数有所增加,但这两年的平均故障率基本稳定控制在小于 1 台 / 天的水平,已能较好地满足反射面正常运行的要求。

促动器是复杂的机电液一体化设备,同样的故障现象,其原因可能有多种。如断通信可能的原因包括:①中继室至节点箱光纤链路发生故障;②核心节点箱或终端节点箱跳闸;③控制板发生故障。活塞杆速度低可能的原因包括:①伺服电机发生故障;②联轴器发生故障;③齿轮泵磨损;④单向阀发生故障;⑤溢流阀发生故障;⑥油箱缺油等。促动器故障维修对于人员技术要求较高,对每个故障都需要进行详细诊断后才能完成维护工作。下面对比较常见的故障现象和一些难点故障进行分析。

（1）220V 电源故障

故障现象有节点箱跳闸和电源线松动两种情况,其中节点箱跳闸比例超过80%,为主要故障模式。节点箱跳闸原因多与现场环境有关,属于偶然性故障,处理模式为重新上电。

（2）联轴器故障

现场反馈相当多数量促动器无速度故障。经现场维保人员发现,促动器联轴器滑脱,紧固螺钉尖部磨损较大,电机轴上对应的两个安装孔有被螺钉磨损的痕迹，且泵端联轴器与阀块偏磨，加速紧定螺钉的磨损。螺钉尖部被磨平，导致电机轴孔不起固定作用，联轴器滑脱，促动器运行无速度。

联轴器故障主要发生在伺服电机端，电机轴为光轴，联轴器采用紧定螺钉紧固，由于电机正反转频繁、振动等原因导致螺钉松动。该故障为设计性故障，建议通知厂家在后续进场产品上进行整改，并采用新方案进行安装，使用 4 个顶丝对其进行固定，提高联轴器的稳定性。

（3）驱动器故障

促动器伺服驱动器在运行过程中偶发报警 Er201 过流故障，导致促动器伸缩速度为 0，重新上电即可恢复。到 2022 年 5 月，此类故障累计已有 31 台次，其中 A137/0766 促动器重复故障次数高达 5 次。

经现场维保人员和厂家共同分析，并由厂家对故障驱动器进行反复上下电，且反复进行 RUN-RAY-RUN 测试时，复现了报警 Er201 故障，查看功能码，发现报警为 4201（P 相过流）。查看现场故障驱动器检测记录，发现母线电压波动幅度达到 280 ～ 330V。同时，过流报警表示 U、V 相电流较小，基本为 0A。初步判断触发故障原因为现场频繁出现 RUN-RAY-RUN 切换，并在实验室反复测试，在电网波动＋伺服频繁 RUN-RAY-RUN 切换状态下复现了 4201（P 相过流）故障。

最终的解决方案是修改相关的伺服驱动器参数，并且保证相关参数的修改不影响促动器定位和保位精度。2022 年年底现场基本完成所有促动器相关参数的修改，所统计的 Er201 故障明显减少，其中重复出现 5 次故障的促动器 A137/0766 完成参数修改后未再出现 Er201 故障。

目前 FAST 团队正在进行促动器智能故障诊断和剩余寿命预测课题的相关研究，拟希望通过研究能实现绝大部分故障的智能诊断和剩余寿命预测，进而提高维护效率。

7.3.2　索驱动机构

1. 常规巡检和维护

索驱动机构的常规维保包括设备巡检和维护。设备巡检和维护根据时间分为日常巡检、每周巡检、月度保养、双月保养、半年检查和年度检查等。

需要日常巡检的设备包括机器房、卷筒、钢丝绳及其附件、高速轴制动器、安全制动器、减速机、电机、电气柜、电气设备和塔顶屏蔽柜等，主要检查有无异常。需要每周巡检的设备包括减速机、卷筒及其附件、高速轴制动器、导向滑

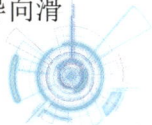

轮、塔顶屏蔽柜、钢丝绳和电机等，主要检查有无异常。需要月度保养、双月保养、半年检查和年度检查的项目分别如表 7.8 ～表 7.11 所示。

表 7.8　索驱动机构月度保养内容

维保项目	巡检内容	判断标准
卷筒及其附件	防叠绕限位无松动，转动灵活	正常 / 异常
	压板、支座、联轴器螺栓无松动	正常 / 异常
	卷筒凸轮限位安装牢固，无松脱，功能正常	正常 / 异常
	制动盘、浮动轴除锈	完成 / 未完成
高速轴制动器	检查限位开关是否牢固	正常 / 异常
	检查制动盘上是否有油污、异常划痕	正常 / 异常
塔顶导向滑轮	目测轮衬厚度，横向壁厚应大于 26mm，纵向壁厚应大于 20mm	正常 / 异常
锚固装置	钢丝绳锚固头有无异常变形	正常 / 异常
	销轴、拉板有无明显裂纹等	正常 / 异常
灭火器	灭火器状态检查	正常 / 异常
安全制动器	液压油油位是否符合要求	正常 / 异常
	液压油是否浑浊	正常 / 异常
	磨擦片磨损厚度大于 3mm	正常 / 异常
	限位开关固定是否牢固	正常 / 异常
连接结构	卷筒支座有无移动痕迹	正常 / 异常
	减速机底座有无移动痕迹	正常 / 异常
	电机底座有无移动痕迹	正常 / 异常
	电机固定螺栓有无松动	正常 / 异常
	卷筒支座固定螺栓有无松动	正常 / 异常
	安全 / 工作制动器固定螺栓有无松动	正常 / 异常
电气设备	柜内线路连接有无松动	正常 / 异常
	柜内设备有无松动	正常 / 异常
	测试烟感是否好用	正常 / 异常
	急停功能测试	完成 / 未完成
润滑	过壁轴承加注润滑脂（半月维保）	完成 / 未完成

表 7.9　索驱动机构双月保养内容

维护项目	维护内容	判断标准
润滑	加注卷筒联轴器润滑脂	完成 / 未完成
	加注卷筒支座轴承润滑脂	完成 / 未完成
	塔顶导向滑轮旋转轴承加润滑脂	完成 / 未完成
	塔顶导向滑轮加润滑脂	完成 / 未完成
	塔底导向滑轮加注润滑脂	完成 / 未完成
	塔底导向滑轮滚动轴承加润滑脂	完成 / 未完成
	舱索锚固轴处加润滑油	完成 / 未完成
其他	机器房走线槽检查	正常 / 异常
	检查线是否有虫、鼠咬痕迹	正常 / 异常

表 7.10　索驱动机构半年检查内容

维护内容	记录内容	判断标准
稳定性监测	制动盘端跳（小于 0.08mm）	具体数据
	浮动轴跳动检测（小于 0.08mm）	具体数据
减速机	减速机箱体、地脚螺栓等是否异常	正常 / 异常

表 7.11　索驱动机构年度检查内容

维护内容	记录内容	判断标准
减速机机油采样检测	由专业单位出具检测结果	上传检测报告
卷筒联轴器对中检测	小于 3°为合格	
钢丝绳磨损检测	根据检测数据评估结果	上传检测报告

2．役后钢丝绳剩余承载力试验

6 根驱动钢丝绳是索驱动机构上主要的承载部件，并承受反复的弯曲疲劳和磨损。钢丝绳上悬挂的缆线入舱机构滑车采用尼龙滚轮，缆线也经历反复的弯曲和伸长。根据设备使用维护要求，每 5 年需要对钢丝绳和缆线入舱机构进行更换，自 2015 年设备安装完毕至 2020 年钢丝绳和缆线入舱机构已经达到预计使用寿命。

钢丝绳具体更换过程与建设期间钢丝绳缠绕安装过程类似。与第一次安装不同的是，在换绳期间为塔底导向滑轮增加了加高支座，使滑轮底座免受地面潮气的影响而锈蚀，并对滑轮支座及预埋件进行了进一步的防腐处理。

2020 年 7 月，现场完成了 6 根钢丝绳的更换。考虑到钢丝绳复杂的工作条件，对换下来的 6 根旧钢丝绳进行进一步检测[4]，查明其服役 5 年后的性能状态和剩余承载力大小，对于今后评估索驱动钢丝绳的实际使用工况和寿命有极大的参考价值。

FAST 团队首先对换下来的钢丝绳进行了表面及内部的无损检测，结果显示换下来的钢索丝股间润滑良好，无断丝锈蚀状况，最大截面面积损失率为 4.6%，仍具备继续服役的能力。为进一步研究役后钢丝绳和舱—索连接锚具的实际剩余承载力，以及此二者可继续承受疲劳载荷的能力，人们截取了两根带有舱 索连接锚具的钢丝绳，另一端重新浇筑新锚具，分别进行了破断拉伸试验和拉伸疲劳试验。

破断拉伸试验采用 300t 卧拉式试验机对试件进行加载，索力测量精度为 0.3%。采用百分表进行内缩量测量，精度为 0.01mm。试验中对试件进行张拉时，按钢丝绳最小破断力的 24%、47%、71% 和 95% 分级加载，分级加载拉力分别为 451kN、902kN、1354kN 和 1805kN，加载速度为 100MPa/min；当加载到最小破断力的 95% 后，保压持荷 30min；然后逐渐缓慢加载，直至试件破断，或者钢丝绳从锚具中被拉出后终止试验。

试验得到的钢丝绳实际破断力约 1816kN，非常接近钢索的最小破断力。试验后锚具的前端钢丝绳形态正常，后端稍有内缩，内缩量为 0.83mm。试验后锚具形态如图 7.27（b）所示。锚具试验前后外观检查显示，锚具无变形，表面状况完好。

为进一步了解极限状态下舱—索连接锚具内部热铸体的变化情况，检验钢丝绳锚具的锚固性能，对破断拉伸试验后的锚具进行了剖切。剖开锚具后，发现锚具内部热铸体无滑脱；剖切面存在少量气孔，总体密实度和浇铸质量良好，如图 7.27（c）和图 7.27（d）所示。采用材料元素滴定法和光谱分析法对热铸体材质进行了化验，结果显示热铸体材料为锌基合金材料。

（a）钢索破断处　　　　（b）试验后的锚具
图 7.27　破断拉伸试验照片

（c）锚具剖切面（内侧）　　　（d）锚具剖切面（外侧）

图 7.27　破断拉伸试验照片（续）

拉伸疲劳试验采用 PMW800G4000 型电液式脉动疲劳试验机进行，仍采用与破断拉伸试验相同的测量仪器进行相关数据的测量。试验中，将试件的上限载荷定为 400kN，下限载荷定为 100kN，疲劳载荷应力幅约为 130MPa。基于文献 [5] 的分析，确定循环加载次数为 36 万次，加载频率为 2Hz。试验时先对试件进行预张紧，接着卸载至上限 400kN，然后进行循环加载，应力幅保持为 130MPa。

为准确记录拉伸疲劳试验过程，试验中每加载 6 万次检查 1 次钢索和锚具的状况，测量并记录锚具前端钢索的滑移量、后端内缩量、锚具变形、裂纹情况以及钢索的断丝和断股情况。最终试件完成了 36 万次的拉伸循环。根据检查记录表，在拉伸疲劳试验过程中，锚具和新浇铸的锚具均无变形、裂纹情况出现；锚具后端无内缩，锚具前端钢丝绳有轻微滑移（0.05mm），如图 7.28（a）和图 7.28（b）所示；钢索无断丝和断股情况。

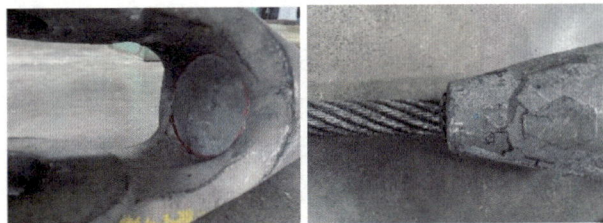

（a）锚具后端无内缩　　　　　（b）锚具前端轻微滑移

（c）锚具剖切面（内侧）　　　（d）锚具剖切面（外侧）

图 7.28　拉伸疲劳试验照片

为进一步了解拉伸疲劳试验后锚具内部热铸体的变化情况，检验锚具的锚固性能，对锚具进行了剖切，发现内部热铸体无滑脱，剖切面有少量气孔出现，密实度和浇铸质量总体良好。切开后锚具的情况如图 7.28（c）和图 7.28（d）所示。

由于弯曲试验装置缺乏，这次测试未包括钢丝绳弯曲疲劳试验，但上述试验在很大程度上也可以支持以下结论：运行 5 年后的钢丝绳和舱—索连接锚具仍具有足够的剩余承载力。由于钢丝绳更换需要较高的时间成本（需要停机 60 天左右），显然，如能在保证安全的前提下延长钢丝绳使用寿命，对于提高 FAST 的使用效率，有效增加科学产出是非常有意义的。这次试验研究为今后钢丝绳和锚具在适当的监测手段辅助下延长服役时间提供了试验依据。

3. 故障维修

（1）变频器维护

索驱动变频器自 2015 年安装运行以来，已稳定正常运行 7 年。在 2021 年日常巡检中发现变频器部分部件已开始老化，为确保设备正常运行，需对现有变频器进行维护，对老化部件进行更换。设备排线不合理，线缆靠近散热器，都会导致线缆外套熔化。

目前，索驱动部分产品已停产，如 ACSM1 变频器、VT41 伺服电机及 PLC 部分模块等，当现有设备出现故障后，需要采购新型号产品替换已有的设备，但面临的问题是需要考虑采购的设备与现有设备的兼容性以及调试周期。通过前期调研，存在现有设备不能兼容新型设备的情况。在此基础上，技术人员希望进一步搭建索驱动电气设备运行试验平台，用于设备的兼容性调试。

因 FAST 设备运行的特殊性，当设备出现故障后，需要在保障设备和人员的安全的前提下，以最少维护时间保障望远镜的观测任务。所以在现有情况下，不能对设备故障进行复现研究，对设备进行功能性测试以及优化等操作。同时，索驱动核心部件多为采购 ABB 集团的设备，设备维护专业性较强。不仅需要对设备结构及接线熟悉，同时需要掌握设备的调试方法，当现有设备出现故障后，现场维护人员才能以最短时间解决故障恢复天文观测。

技术人员在 FAST 停机维保期间，对设备进行拆解检修和测试，并对老化线路进行改进处理，对变频器风机进行更换，延长设备使用周期。同时，不断改进和升级试验平台设备，逐步完善试验平台功能，并提前进行平台的兼容性功能测试。最终实现平台各设备间通信试验及伺服电机的正反转控制测试。2022 年 1 月 15 日，技术人员完成了 6 台变频器的维护，变频器设备至今运行良好。

（2）索驱动机器房过壁轴故障诊断与维护

索驱动机器房过壁轴是连接索驱动电机和减速机的传动轴。根据 FAST 设备电磁屏蔽的要求，其两端的电机和减速机分别处于不同的隔间，因此过壁轴需通过一个特殊的迷宫结构过壁装置穿过隔间墙壁，降低电磁辐射泄漏风险，如图 7.29 所示。

（a）实物照片

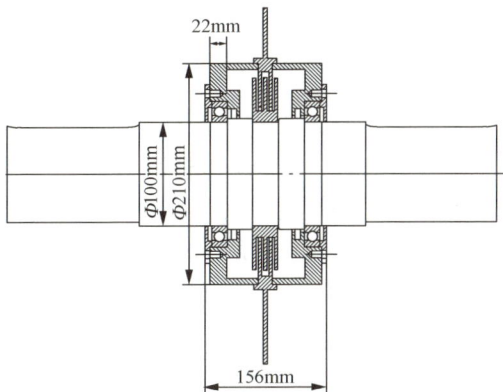

（b）设计图剖面

图 7.29　索驱动过壁轴及过壁装置

自 2015 年索驱动机构完成安装调试以来，除 3H 机器房外，其他 5 个机器房过壁轴轴承均发生过不同程度的磨损和更换，如表 7.12 所示。

表 7.12　索驱动过壁轴轴承故障情况统计（截至 2021 年 7 月）

机器房位置	更换轴承时间及类型	备注
1H	2016 年更换滚针轴承，2021 年 2 月更换滚针轴承，2021 年 3 月更换深沟球轴承	2021 年 2 月 11 日发现轴承窜动、发热、侧面压盖摩擦有杂音，更换备用滚针轴承。更换后又出现轴向窜动，检查发现轴承内圈和轴没有过盈，立即更换（球轴承）过壁轴，现在运行良好
3H	未更换	目前运行良好
5H	2021 年 3 月更换深沟球轴承	过壁轴也有异响
7H	2021 年 1 月更换滚针轴承，2021 年 2 月更换深沟球轴承	7H 更换两次，第一次是球轴承滚珠剥落，将其更换成滚针轴承，出现轴向窜动，检查发现轴承内圈断裂，目前球轴承有异响
9H	2016 年更换滚针轴承	9H 在 2016 年更换一次滚针轴承，因温度高 2016 年又做过一次检修，现运行良好
11H	2021 年 1 月更换滚针轴承	11H 更换 1 次，现在是滚针轴承，因存在磨损导致温度高，检修两次后稍好，高速换源的温度为 44℃左右

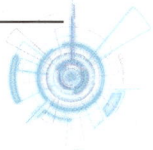

在不到 6 年的时间里 5 个机器房过壁轴轴承相继出现频繁的磨损和更换,其寿命远小于轴承的正常设计寿命。现场技术人员通过长时间的观察和分析,认为造成故障的原因如下。

① 轴承疲劳的特征是轴承滚珠或滚道剥落,这是由于轴承钢的微粒强度降低,从而引起微粒从滚道上剥落下来,剥落后的轴承表面粗糙,引起噪声和振动。

② 在安装中轴承过壁装置安装不正、扭力不均,有可能造成轴承受力不当,出现轴承损坏。

③ 滚针轴承的特性是轴向不能承受载荷,所以在高速运转过程中对轴承没有轴向约束力,轴承内套在轴上转动,轴与轴承内套配合间隙没有过盈量,是间隙配合,在高速运转情况下内套会出现轴向窜动现象,内套和轴承两端压盖发生摩擦,产生高温。

④ 不洁净的润滑油也是可能造成故障的因素之一。

上述故障分析大多停留在对轴承磨损现象和原因的解释上,更深层次的原因很可能是过壁装置所处的隔间墙壁安装精度未能达到机械设备安装精度的要求,其刚度也可能未能满足要求,造成振动过大。

目前的维护措施是保障现场有足够数量的过壁轴和轴承备件,发现故障后及时更换。目前对 6 个机器房过壁轴的运行状态还需要进行长期跟踪和观察。该故障诊断的难点在于,为保障 FAST 有效观测机时,现场无充足的设备调试和试验时间来复现故障,从而有效验证对故障原因的分析判断。在后续维护工作中应设法搭建一套额外的原型样机进行调试和试验,能够做到复现故障,并有针对性地进行改进。

(3) 缆线入舱机构滑车维护

索驱动 6 根钢丝绳上均悬挂 87 个滑车(见图 7.30),作为入舱供电和信号传输通道。从舱—索锚具端到塔顶,钢索上分别悬挂 4 个固定滑车、1 个重型固定滑车、65 个滑动滑车和 1 个牵引滑车。其中重型固定滑车是整根钢索的一个关键固定点,距离舱—索锚具约 100m 位置,由尼龙材料箍紧钢索,也是滑动滑车和固定滑车的分界点。65 个滑动滑车由拉绳串联,相邻滑车间距在 0.66 ~ 5m 范围内变化,适应 6 根钢索长度的变化。每个滑动滑车通过上部 2 个尼龙轮和下部 1 个尼龙轮悬挂在钢索上并自由滑动,上下 2 个尼龙轮构成的绳槽空间在扣除钢索截面后间隙为 5mm,保证了钢丝绳在滑车滑动中不易脱出绳槽。

在钢丝绳受力和截面自旋的情况下，重型固定滑车也容易随钢丝绳旋转，为保证其悬挂的线缆始终保持在正下方，在重型固定滑车上安装了不锈钢材质的自适应回旋体并吊挂弧形鞍板，使得线缆始终保持悬垂状态。在 2015 年进行索驱动安装调试时，工作人员发现当钢丝绳受力并升舱后，自适应回旋体不能在重型固定滑车旋转后有效回旋，悬挂的线缆存在翻转的危险。因此，人们又在弧形鞍板上加挂了约 10kg 的配重，暂时解决了缆线翻转的问题。

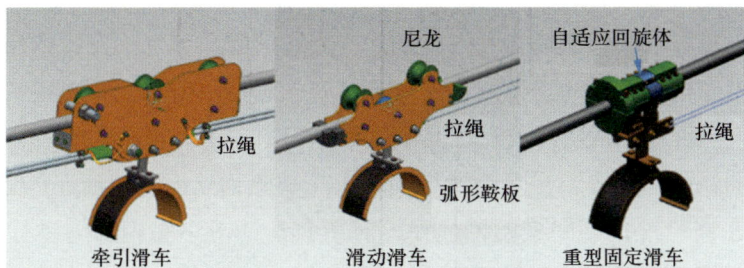

图 7.30　缆线入舱机构滑车

2022 年 8 月，现场首次观察到 7H 重型固定滑车所悬挂的线缆翻转了 360°，部分线缆搭在了钢丝绳上方。经分析，其原因是重型固定滑车至舱—索锚固端近 100m 长度的线缆和固定滑车发生了下滑，使重型固定滑车的拉绳拉力加大，拉绳的偏心受力使回旋体无法有效回旋。由此，FAST 团队重新改进了重型固定滑车回旋体的设计，使拉绳的拉力作用点上移至回旋体两侧，消除了偏心受力的影响，如图 7.31（a）所示，最大限度保障回旋体能够顺利回旋。2023 年 3 月完成了改进的新型 7H 重型固定滑车的安装，并且旧重型固定滑车也暂时未被拆除，如图 7.31（b）所示，以观察其效果，一旦满意则可将其推广到其他 5 根钢丝绳的重型固定滑车。

（a）设计图　　　　　　　　（b）实物照片
图 7.31　7H 重型固定滑车改进及安装

2022 年 12 月 14 日，现场首次观察到 3H 滑动滑车卡滞并被钢丝绳带到塔顶，造成部分滑车和线缆受损，由此导致现场不得不紧急停机进行故障排查。2023 年 1 月 30 日，类似的故障在 11H 塔顶再次发生。经分析，最后确定是由于钢丝绳表面渗出的油泥过多，且相当一部分被吸附到滑动滑车的尼龙滑轮上，造成滑车滑轮与钢丝绳之间缺乏间隙（原设计值为 5mm）并卡死。再加上天气寒冷，油泥固结硬化，在 FAST 高速换源模式下，滑动滑车完全失去了滑动能力，被牢固卡死在钢丝绳上。

　　为此，现场采取了 3 项临时措施来解决上述问题。首先，安排维保人员专门观察每天换源模式下滑动滑车的卡滞情况，安排总控室值班人员观察 6 塔塔顶在换源模式下是否有异常情况，及时汇报；其次，适时安排馈源舱走焦面大圆轨迹，使得所有的钢丝绳绳段都尽量经过塔顶，人工清除钢丝绳上的油泥；最后，安排维保人员在停机维护期间攀爬钢丝绳，对所有滑动滑车和钢丝绳进行检查和维护，及时更换严重吸附油泥的尼龙滑轮，如图 7.32 所示。至 2023 年 2 月底，上述滑动滑车问题暂时得到了解决。

　　综合分析上述滑车的问题后可以看出，作为非标件的索驱动滑车仍有许多不够完善的地方，需要根据近 3 年运维过程中发现的问题进

图 7.32　严重吸附油泥的 3H 滑动滑车尼龙滑轮

行有针对性的改进，并在下一次钢丝绳更换之前完成新型样机的试验和新型产品的采购。

7.3.3　馈源舱及舱停靠平台

1. 常规巡检和维护

　　馈源舱运行一个月左右需系统对其进行检查，对运动部位等进行润滑和防腐保养，并及时处理各类设备故障。在此期间，也对舱停靠平台进行月度检查和维护。馈源舱和舱停靠平台的月度检查和维护内容分别如表 7.13 和表 7.14 所示。需要注意的是，在升降舱的过程中要注意观察舱停靠平台的 3 个升降立柱定位锥上平面与"T"形平台的高度是否接近 60mm，以此判断缓冲器是否损坏，如果损坏则需要立即更换。

表 7.13　馈源舱月度检查和维护内容

维保项目	维保内容	判断标准
馈源舱外部	馈源舱的表面涂覆情况，内部结构件是否存在涂层损坏、锈蚀	正常 / 异常
	馈源舱外部焊缝是否有明显裂纹	正常 / 异常
	舱—索锚固处是否有异常（测量前端拉出长度及后端内缩长度，并记录，比较随时间变化的情况）	正常 / 异常
绕线机构	进舱电缆、光缆是否存在剐蹭、互相缠绕的现象	正常 / 异常
	舱内入舱电缆、光缆是否存在剐蹭、互相缠绕的现象	正常 / 异常
结构件的紧固螺栓	星形框架螺栓是否松动	正常 / 异常
	AB 转轴机构螺栓是否松动	正常 / 异常
	斯图尔特平台螺栓是否松动	正常 / 异常
A、B 轴	A、B 轴齿轮啮合处的润滑是否良好	正常 / 异常
屏蔽布	屏蔽布是否存在损坏、污损现象	正常 / 异常
设备处的电缆连接	设备是否完好，是否存在打火或烧黑、烧糊现象，端子的是否连接紧固	正常 / 异常
一级防雷箱	是否存在进水现象	正常 / 异常
	防雷模块工作是否正常，绿灯表示正常，红灯表示故障	正常 / 异常
二级防雷箱	防雷模块工作是否正常，绿灯表示正常，红灯表示故障	正常 / 异常
4 个屏蔽门	各处屏蔽门的簧片是否有污损、变形情况	正常 / 异常
照明灯	照明灯是否正常	正常 / 异常
接线端子	观察端子处是否有烧焦的现象，主要为强电设备的端子	正常 / 异常
风机	风机运行是否正常，风机风向是否正常	正常 / 异常
	风机进出口有无杂物，是否固定牢固	正常 / 异常
烟雾传感器	烟雾传感器是否能正常工作（需要总控系统配合）	正常 / 异常
波导窗	两个波导窗进风口异物清除	正常 / 异常
风速风向仪	检查风速风向仪及其线缆	正常 / 异常
驱动器	驱动器通风口异物清除	正常 / 异常
缆线入舱机构	离锚固头较近处缆线入舱机构是否存在安全隐患	正常 / 异常
光纤	光纤与波导管进出口处是否存在折弯、存在摩擦等	正常 / 异常
EMC	屏蔽情况检查，包含滤波器端子接线等	正常 / 异常
内部元器件	内部元器件的安装用紧固件是否正常	正常 / 异常
分支杆	分支杆上屏蔽套是否完好	正常 / 异常

续表

维保项目	维保内容	判断标准
星形框架	星形框架涂覆是否完好	正常 / 异常
下平台	驱动齿轮上润滑油润滑是否完好	正常 / 异常
锚固头检测	锚具前端钢丝绳滑移量（累计不超过 200mm）	填写具体数据

表 7.14　舱停靠平台月度检查和维护内容

维保项目	维保内容	判断标准
升降滑轮组	大滑轮转动检查	正常 / 异常
	锁定销伸、缩检查	正常 / 异常
	滑轮升降限位检查	正常 / 异常
	滑轮升降功能检查	正常 / 异常
	钢丝绳端部检查	正常 / 异常
	涂层目测检查	正常 / 异常
升降立柱	立柱升降功能检查	正常 / 异常
	涂层目测检查	正常 / 异常
配电柜及控制柜	配电柜、控制柜漏水检查	正常 / 异常
	压力传感器表头漏水检查	正常 / 异常
	配电柜加电测试	正常 / 异常
	控制柜加电测试	正常 / 异常
	控制机柜空调除湿	正常 / 异常
	压力传感器读数检查	正常 / 异常
	激光测距仪读数检查	正常 / 异常
	监控软件运行检查	正常 / 异常
	摄像机加电测试	正常 / 异常
	照明灯加电测试	正常 / 异常
换绳机构	换绳机构通电检查	完成 / 未完成
防雷模块	220V 电源防雷模块（21 处）检查	正常 / 异常
	24V 电源防雷模块（4 处）检查	正常 / 异常
	信号防雷模块（4 处）检查	正常 / 异常
	网络防雷模块（6 处）检查	正常 / 异常

2．故障维修

自从馈源舱和舱停靠平台投入使用以来，基本上能够正常运行，容易出现的是 AB 转轴机构的电机故障。据统计，仅在 2019 年 8 月 21 日—9 月 26 日期间就出现了 6 起 A2 和 B1 电机故障，极大地影响了 FAST 观测机时。经分析，该故障为电机 F8022 报警故障，当时的处理办法是断电后重启恢复正常或者远程 PLC 登录后复位，但是不久后就会故障复发。因此在 2022 年 10 月现场工作人员提出更改走线路径的优化解决方案，至今未再发生类似故障，目前还在继续测试中。

2022 年 7 月 6 日晚，总控系统出现报警，初步排查无法复位，后决定立即降舱维护，发现是馈源舱 A1 电机伺服 ER2019 故障。经分析，是伺服接线端子有松动，造成了本次故障。经过 6.5h 紧急抢修才恢复正常。关于 A1 电机的故障还处于跟踪观察和测试中。

3．柔性金属网封堵结构

FAST 反射面中心 5 块单元所处的平面区域与舱停靠平台基本重合，因此为方便馈源舱的建造和降舱维护，5 块单元需具备降舱前快速拆卸和升舱后快速安装的能力，这对 5 块反射面单元的设计是不小的考验。最初人们采用与其他反射面单元类似的刚性背架设计方案，以辅助相关机电设备实现此 5 块单元的快速装 / 卸功能，但此方案的主要问题在于：一旦机电设备出现故障，整个望远镜的降舱维护或者升舱观测都将受到影响。因此，人们转而要求通过完全的人工方式来实现 5 块单元的快速装 / 卸功能，以保证其绝对可靠性。

考虑到 5 块单元的总面积只占 FAST 实际照明面积的约 0.41%，完全忽略 5 块单元面积的贡献对 FAST 灵敏度或增益影响不大，在不考虑 5 块单元面形精度的情况下，采用柔性金属网代替 5 块刚性单元的方案可以实现人工方式快速装 / 卸功能，同时金属网也可以完全屏蔽地面热噪声对 FAST 灵敏度或增益的影响。

为进一步选择合适的材料，我们参考天线噪声温度测试时所采用的经典 Y 因子法，进行了钢板、304 不锈钢丝网（钢丝直径为 0.42mm，24 目）和软屏幕蔽 3 种材料屏蔽效果的对比测试，确认了不锈钢丝网具有良好的屏蔽效果。

2018 年 5 月，反射面中心封堵柔性金属网完成了安装，如图 7.33（a）所示，共分为 5 块钢丝网单元。该钢丝网不与周边其他设施干涉，其结构柔性和弹性可自动适应反射面的大幅度主动变形，对结构无影响。经现场试验，安装每块钢丝网单元用时约 1.17h，拆卸每块钢丝网单元用时约 30min。

2021 年 1 月，现场再次对反射面中心封堵柔性金属网进行了改造，将 5 块

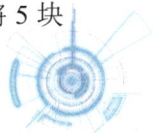

钢丝网单元组成的原封堵结构替换为周边 5 块近似梯形的柔性金属网单元和 1 块中心圆形的柔性金属网单元组成的新型柔性封堵结构，钢丝网材料不变，如图 7.33（b）所示。新型柔性封堵结构对升 / 降舱没有干涉，因此不需要拆卸，只有在需要从下方对馈源舱进行检查和维护时才拆卸中心的圆形金属网单元，10min 内即可完成拆卸和重新安装。

(a) 第一代柔性金属网   (b) 第二代柔性金属网

图 7.33　反射面中心封堵柔性金属网

7.3.4　其他设备

1. 缆索吊车和转运车

缆索吊车、转运车等设备维护保养按月度进行，要保证其经常处于良好状态。缆索吊车、转运车等设备的维保采用三级保养制度，即例行维保、一级维保、二级维保，每次要做好详细的维保记录。

例行维保每月进行一次，保证缆索吊车、转运车等设备的清洁、润滑、正常运行，设备运行时间单台不得少于 2h。一级维保每 3 个月进行一次，除了进行例行维保工作之外，再进行设备清洁、检查、紧固设备外部螺栓螺母，在规定的地方添加润滑剂，调整制动器及操作结构的间隙等；检查接触器等电器备件、控制电缆、刹车片等；检查液压油、齿轮油、柴油、锂基脂等。二级维保每 6 个月进行一次，除了进行例行维保及一级维保工作之外，主要是对关键零部件进行拆检、校核，以及消除设备运行中发现的故障，对象包括各个轴承、钢丝绳、电瓶、动力电缆等。

2. 库房与机修车间

库房维保的主要工作是管理现场维保所需的备品备件，确保维保工作顺利进行。FAST 库房包括小窝凼库房、车间库房和临时监控库房 3 处。管理人员的主要职责包括库房物品盘点、库房物品库存保管、库房卫生消防、物品出入库管理。

机修车间设备包括 CA6140 普通卧式车床、Z3050 摇臂钻床、XA6132 铣床及行车等设备，维护工作包括日常维护和月度保养。

3．铁塔攀爬机

铁塔爬塔机的维保周期为 1 个月，其维保内容如表 7.15 所示。铁塔攀爬机是特种升降设备，其核心部件防坠安全器应于每年由国家指定的相关安检单位进行年检，并且在连续使用 5 年后更换新的防坠安全器。

表 7.15　铁塔攀爬机维保内容

维保内容	判断标准
各机械结构件是否有异常、裂纹等	正常 / 异常
各处螺栓是否松动	正常 / 异常
各处线路连接是否正常、无松动	正常 / 异常
操作界面显示是否正常	正常 / 异常
发电机试运转是否正常	正常 / 异常
发电机油量是否足够	正常 / 异常
壁轮安装间隙等是否符合要求	正常 / 异常
上下运行两次检查是否有其他异常情况	正常 / 异常
其他检查项	正常 / 异常

| 7.4　软件与数据库运维 |

7.4.1　FAST 维保管理系统

由上所述，FAST 现场结构与机电设备日常巡查和维护的工作十分繁重和烦琐，设备和设施的种类和数量众多，需要采购的备品备件、出现异常和故障的种类和数量也非常多。在这种情况下，现场工作人员开始探索建立一套 FAST 维保管理系统。FAST 维保管理系统可以用来管理 FAST 运维过程中产生的维保数据及备品备件数据，用于维保数据的记录、查询及分析，备品备件的入库及出库，便于 FAST 维保人员及时掌握 FAST 相关设备的运行状况及备品备件的库存及使用情况。2021 年 2 月该系统正式投入使用。

该系统的主要功能包括系统管理、维保记录、故障申报及处理和备品备件管理等 4 大模块。系统管理模块主要包括用户管理、维保总则、系统帮助文档、部件管理、系统参数设置（界面设置、提醒设置、修改密码）、操作日志等；维保记录模块管理促动器、索驱动、馈源舱及停靠平台、箱变及中继室、反射面、圈梁、索网、支撑塔、台址、其他部件模块维保细则查看和下载、维保提醒、日常维保记录提交、统计分析，以及全部维保记录的维保提醒设置、数据统计分析、维保记录生成等；故障申报及处理模块负责故障申报及处理（处理故障、审核故障处理情况）、故障记录管理、故障处理提醒、故障统计分析、故障记录生成等；备品备件管理模块处理管理细则、备品备件库、入库申报、出库申报、报废申报、申报处理审核、库存提醒、统计分析、备件记录生成等。

通过这样一套维保管理系统基本实现了现场维保记录流程和数据存储的计算机自动化服务，对于资料存档、查询和分析都十分方便。2022 年，经过一年多的使用后，工作人员再次对系统进行了升级改造，修复了之前发现的一些隐含错误、故障，并针对新的功能需求及性能要求做了一些局部的更新。改造后的新系统于 2023 年 3 月正式投入使用，目前运行良好。

7.4.2 主索索力远程采集系统

准确、可靠的力学仿真模型是进行反射面主动变形控制和安全评估的基石，因此保持对主索索力的精确测量与监控十分重要。在索网结构建设期间，FAST 团队在 150 根边缘主索上安装了磁通量索力传感器，分布于 A、B、C、D 和 E 等 5 个扇区，并在主索出厂前进行了精确标定，这对调试期间索网力学模型的标定和修正起了很大作用。随着进入 FAST 运维期，每个月的停机维保时间被压缩为两天，原有传感器的不足也逐渐暴露出来。首先是磁通量索力传感器电磁干扰大，FAST 工作期间不能使用；其次是缺乏一个远程数据采集系统，150 个传感器的数据采集需要一个一个地人工进行，费时、费力；最后是 150 个传感器的数量和位置还不能覆盖整个索网，特别是索网中心区域（定义为 Z 区）。

针对上述不足，2021 年现场启动了对现有磁通量索力传感器及其采集系统的改造工作，主要的工作内容如下。

① 根据原有磁通量传感器的规格型号，设计并建立适应于 FAST 运行期工作特点和要求的主索索力远程采集系统，实现对 C 区、D 区、E 区和 Z 区主索索力数据的远程自动测量、采集和存储。

② 将本次建立的 4 个区的磁通量索力传感器数据远程采集系统与原有 A 区、B 区的磁通量索力传感器数据远程采集系统进行融合，形成一套具备完整功能的，可自动测量、采集上述 6 个区磁通量索力传感器数据的远程采集系统。

③ 同时检测并维修 FAST 索网结构中安装在 C 区、D 区、E 区和 Z 区的磁通量传感器。

2021 年 11 月上述工作顺利完成，现场工作人员可以做到在总控室远程控制所有磁通量传感器的开启和关闭，并完成索力数据的自动采集和传输。在 FAST 工作期间磁通量索力传感器全部关闭，少量通电设备的屏蔽效能也不低于 100dB。

7.4.3　力学辅助软件综合平台

在前期 FAST 设备调试和运维过程中，FAST 团队编写了很多有针对性的 MATLAB 程序。其中用于反射面调试的有球面标定精度评价、抛物面标定精度评价、基准球面数据计算、促动器行程补偿值计算和圈梁耳板监测等程序。FAST 设备运维过程中，人们又编写了现场设备维保辅助系统程序，可根据指定的观测计划文件，形成对应日期的抛物面顶点坐标，进而生成观测用抛物面动态图，可用于指导现场设备巡查和维护工作。这些程序都有特定的功能，但不够集中，且界面不够友好，计算结果也比较分散，不利于后期的软件和数据维护。为此，我们专门开发了一套辅助软件综合平台，将上述程序以各个模块的形式进行融合，达到程序使用便捷、界面清晰、数据协调存储、方便读取，并具备部分统计分析功能。未来计划利用该平台将 FAST 各类设备的监测数据也融合进来，方便对各类数据做到协调存储、方便读取并进行初步的统计分析。

7.4.4　促动器实时数据采集系统

现场 2225 台促动器每天均产生大量的运行状态数据，这对于分析促动器故障原因和故障规律提供了基础数据，对促动器维护具有重要意义。

早期促动器采集系统使用数据库存储模式，将所有促动器数据保存在数据库里面，分析和查询促动器数据需要一条一条地导出数据，使得导出促动器数据非常麻烦，如果 1min 导出一台促动器一天的运行数据，导出 2225 台促动器一天的运行数据需要人工连续操作大概 2225min（约 1.5 天）。

针对上述问题，现场工程师重新开发了一套新的促动器运行数据存储系统。新系统将促动器运行数据按每台和每天单独存储为一个文本文件（TXT 格式）的

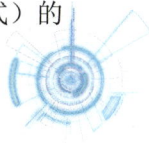

方式，因此每天的运行数据共计 2225 个文件。这样在分析和查询促动器数据的时候可以按天读取 2225 台促动器的数据，使得查询和分析比较简单且读取速度快，大概 10min 即能完成。

新系统主要以一个 2225 台促动器运行实时数据显示表格为主界面，主界面主要可以查看所有促动器运行的数据，可以对促动器数据按照不同类型进行升序排列、降序排列查看，这样方便通过各类型数据比较了解促动器运行状态。点击界面导出按钮可以导出某一时刻所有促动器的数据查询和分析。

新系统界面包含"整体节点分布""通讯状态""位移差值""其他参数分布""参数预置""数据导出"等几个操作查询菜单，方便查询促动器是否运行到位，并查看不到位的促动器，便于了解促动器运行状态，能及时对不到位的促动器进行维护。

7.4.5 索驱动工程师站系统

早期索驱动工程师站系统只能查询几天的数据且不能导出数据，部分实时趋势曲线数据只能对某一类数据进行显示，需要同时查看多类数据时十分不方便，不能查看 PLC 各类控制继电器状态，不能查看各 I/O 端口控制状态。

针对以上缺点，现场工程师重新开发了索驱动工程师站系统，该系统可以实时显示索驱动机器房设备状态，实时查询所有索驱动运行数据，可以对索驱动的各类数据进行简单的对比分析，存储所有索驱动运行数据，数据按天存储为 TXT 或者 CSV 格式文件，同时对索驱动运行产生的各类故障信息进行存储，以便事后对故障进行分析时查询和分析故障原因。

新索驱动工程师站主要由"状态图表—机器房""索驱动设备—波形图""存储数据—查看分析"3 个主界面与"消息操作"菜单构成。"状态图表—机器房"界面主要用于查看索驱动机器房各种控制设备的运行状态，实时掌握机器房设备运行状态，例如设备报警、伺服电机上电状态、散热风机运行状态、塔顶摄像头云台开启与否、PLC 与上位机通信状态等。"索驱动设备—波形图"界面主要显示索驱动运行实时数据趋势曲线图，这样方便同时对比 6 个机器房的同一类数据。"存储数据—查看分析"界面主要用于存储数据波形查看与分析、各类控制脉冲数据查看、存储开关、存储格式选择等。

通过上述主界面的升级改造，极大地弥补了索驱动工程师站系统数据无法方便地查询、导出和分析的缺陷，为下一步索驱动设备维护和工作改进提供了基础分析数据。

7.4.6　数据库与设备运维

FAST 设备种类和数量众多，为保障设备的正常运行，对很多设备、零部件，以及设备运行环境进行了监测，因此在运维过程中产生了海量的运行数据，这些数据记录了各个设备运行状态、参数和环境气象条件等，还包括观测计划和维保管理系统所存储的维保数据，这些数据构成了一个巨大的 FAST 运维数据库。如何科学、系统地分析和利用好这些运维数据，从中发现规律，从而更好地指导 FAST 设备的运维？如何尽量少走"弯路"，提前发现问题并及时解决问题？这是 FAST 维保人员当前面临的一项重要任务。本小节用 3 个例子说明运维数据分析对于设备运维工作的重要性。

1. 馈源舱风速数据分析

FAST 馈源舱位置的风速测量和统计对于馈源支撑控制精度分析具有高度的相关性。在 FAST 开始调试运行之前的 20 年间，虽然对大窝凼现场的环境风速进行了长期的监测，但其位置都在周边山岭、山坡或山凹，远离高空 FAST 焦面区域。2018 年馈源舱顶部安装了一台风速风向仪，从 2019 年 1 月 21 日到 2021 年 6 月 4 日，共采集了 66533854 条瞬时风速数据，采样周期为 1s。人们依据此风速数据，对洼地正上方 140m 高焦面范围的实际风环境情况进行了初步分析。图 7.34（a）和图 7.34（b）所示分别为瞬时风速时程曲线和 10min 平均风速时程曲线。

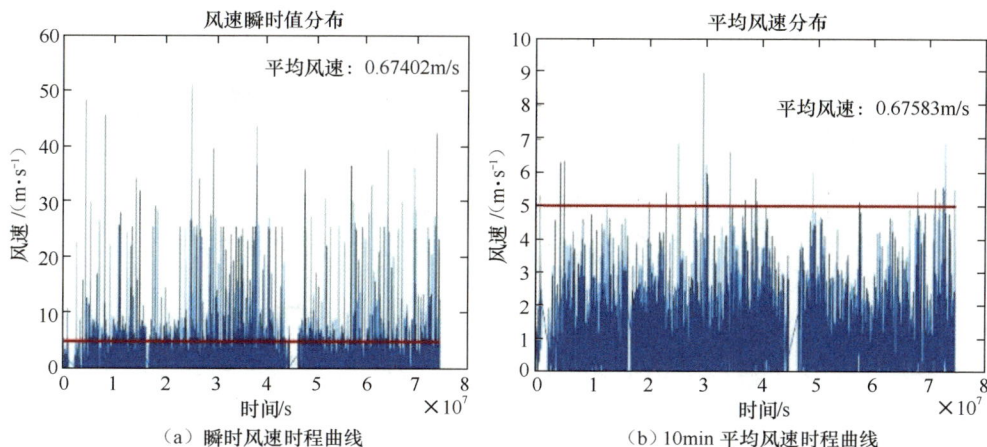

（a）瞬时风速时程曲线　　　　　（b）10min 平均风速时程曲线

注：空白间隔表示停机维保时间。

图 7.34　馈源舱风速时程曲线

图 7.34（a）中多处出现了超过 20m/s 的极强瞬时风速，经分析后认为可能是该型风速风向仪受到强脉动风干扰后产生的瞬时跳变，因此图 7.34（b）中的 10min 平均风速时程曲线更符合现场风环境的实际情况。从图中可以发现，绝大部分焦面空域的风速都为 5m/s 以下，即在图中红色分割线以下，整段时间的平均风速约为 0.67583m/s，这与馈源支撑全过程仿真对焦面空域的最大工作风速设置为 6m/s 的假设是一致的[1]。

图 7.35～图 7.37 给出了从 2020 年全年和 2021 年上半年按月统计的最大平均风速（10min 平均值）的情况。由此可见，在绝大部分时间，最大平均风速都小于 6m/s，只有在 2020 年 1 月 5 日、2 月 23 日和 8 月 11 日的极个别时间，平均风速超出了限值，此时馈源支撑定位精度相对较差。

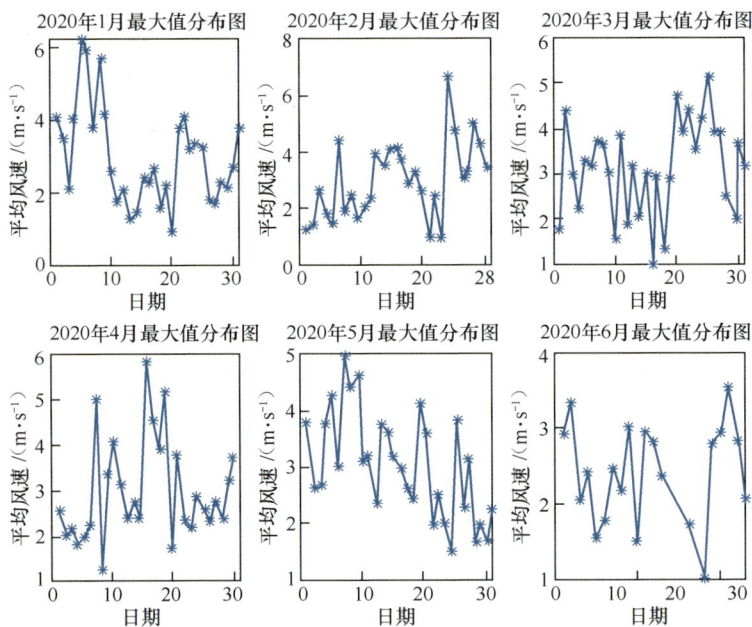

图 7.35　2020 年上半年 10min 平均风速最大值统计

1　馈源支撑全过程仿真设定离地面 10m 的工作风速（10min 平均值）最大不超过 4m/s，换算到 140m 高度的焦面空域约为 6m/s。

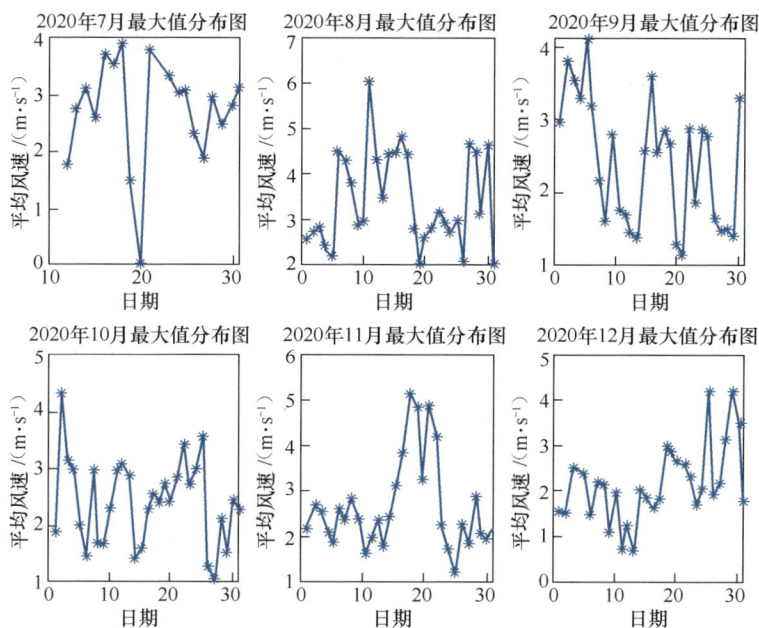

图 7.36　2020 年下半年 10min 平均风速最大值统计

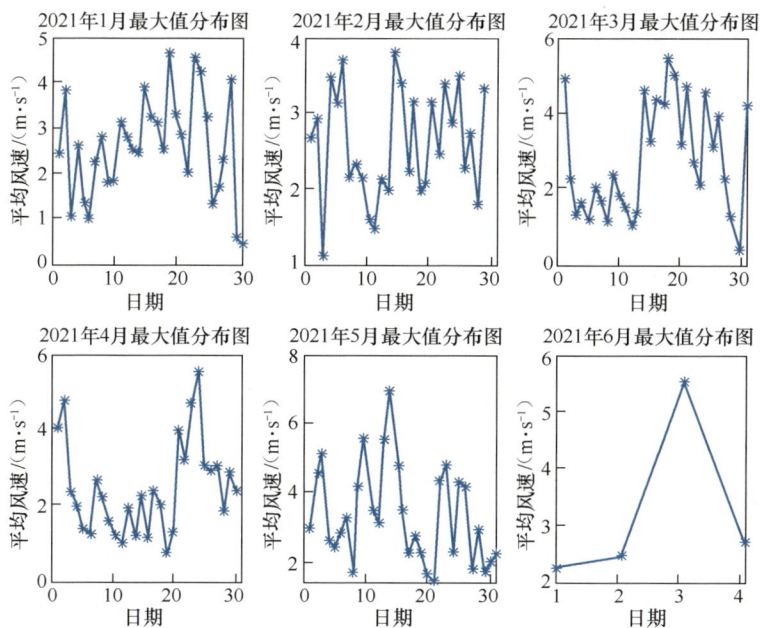

图 7.37　2021 年上半年 10min 平均风速最大值统计

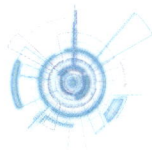

后续工作还需结合馈源支撑控制误差时程曲线，继续分析风速与控制误差的相关性，并根据实测风速时程曲线进行馈源支撑仿真分析。同时，对更多时段的风速数据进行统计分析，得到洼地环境脉动风的风速谱并与常用的达文波特谱进行对比。此外，还计划对风速风向仪进行更新，使采集数据的测量精度更高且更为可靠。

2．索驱动钢丝绳实际弯曲疲劳次数统计

6根钢丝绳是索驱动机构的关键承载部件，其中钢丝绳在收/放时缠绕塔顶导向滑轮、塔底导向滑轮和机器房卷筒的反复弯曲疲劳工况是影响钢丝绳使用寿命的一个关键因素。在建设期间，因其为非标设备，无先例可循，FAST团队简单采用每天20个起重工作循环和不少于5年的使用寿命来简单估算钢丝绳的弯曲疲劳次数。其中在1个工作循环中钢丝绳长度从最长变化至最短，再恢复到最长。由此可估算出钢丝绳在使用寿命中应承受的弯曲疲劳次数，再根据经验公式适当考虑反向弯曲的影响，最终得到5年的正向弯曲疲劳总次数应不低于19万次。基于此计算结果和其他参数，FAST团队选择了合适的钢丝绳产品。

截至2023年1月，FAST已正式运行3年，FAST团队可以根据3年来每天发布的观测计划统计馈源舱的运行位置和轨迹曲线，进而计算钢丝绳的长度变化曲线，最后统计2020—2022年每年钢丝绳实际的总弯曲疲劳次数，如图7.38所示。

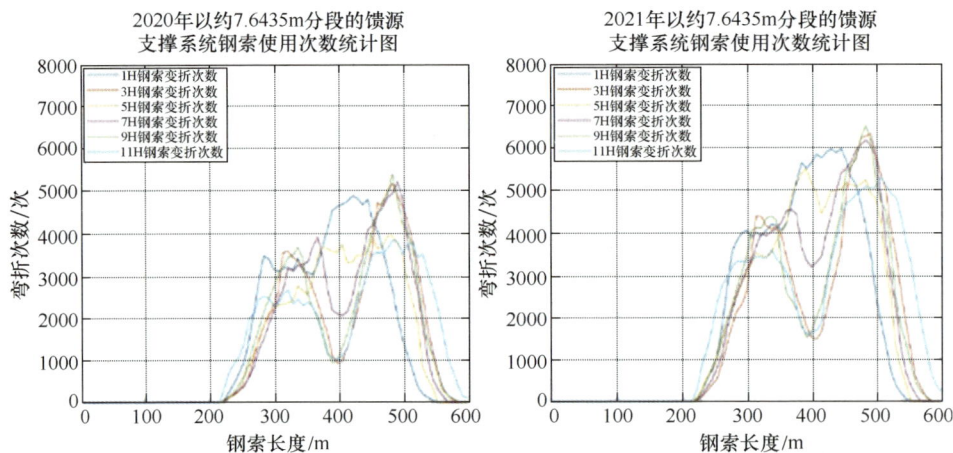

图7.38　2020—2022年索驱动钢丝绳沿绳长分布的实际弯曲疲劳次数

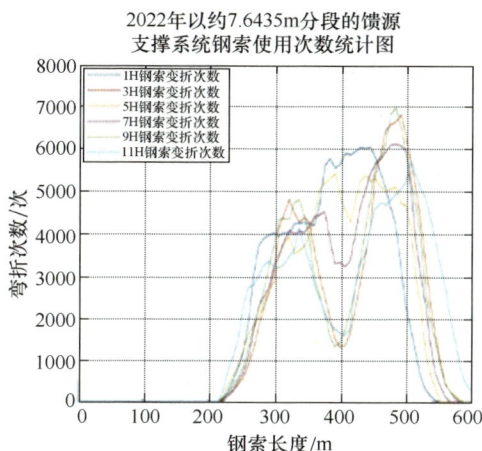

图 7.38　2020—2022 年索驱动钢丝绳沿绳长分布的实际弯曲疲劳次数（续）

在统计过程中，将每根长约 600m 的钢丝绳按约 7.6435m 分成数段，分别统计每一绳段的弯曲疲劳次数。绳段完整经过一次塔顶导向滑轮或塔底导向滑轮即完成一次弯曲疲劳加载，卷入或卷出机器房卷筒算 0.5 次，然后统计所有绳段在 3 处位置弯曲疲劳次数的简单叠加，取所有绳段的最大值即得到统计结果，如表 7.16 所示。

表 7.16　6 根钢丝绳最大弯曲疲劳次数统计

年份	钢丝绳最大弯曲次数 / 次					
	1H	3H	5H	7H	9H	11H
2020 年	4866.5	5160.5	3930	5206	5388.5	3832
2021 年	5985	6326.5	5507	6184.5	6536	5300.5
2022 年	6094	6863	5464.5	6167.5	7022.5	5774.5

可以看出，6 根钢丝绳出现最大弯曲疲劳次数的位置均为距离舱—索锚固端将近 500m 处。从 2020 年至 2022 年钢丝绳弯曲疲劳次数呈现出逐步增长的态势，这与 FAST 有效观测机时稳步增长的趋势吻合。2022 年 9H 钢丝绳达到了最大弯曲疲劳次数，为 7022.5 次，即使考虑塔顶导向滑轮反向弯曲的不利影响，等效正向弯曲疲劳次数可能为上述数字再乘以约 1.2 的放大系数，也远远小于建设期间估计的弯曲疲劳次数，未来可根据实际工况适当调整索驱动钢丝绳的更换周期，这对于将更多时间用于宝贵的 FAST 观测机时是极为有利的。

3．促动器故障预测与健康管理系统

FAST 促动器数量达到 2225 台，近两年的故障率达到约平均每天 1 台的水平。促动器构成复杂、分布广、所处地形复杂，导致促动器故障修复周期长。该问题不但影响望远镜反射面面形精度，而且对索网结构安全构成隐患。文献 [6] 提出了一套促动器故障预测和健康管理（Prognostics and Health Management）系统，如图 7.39 所示。

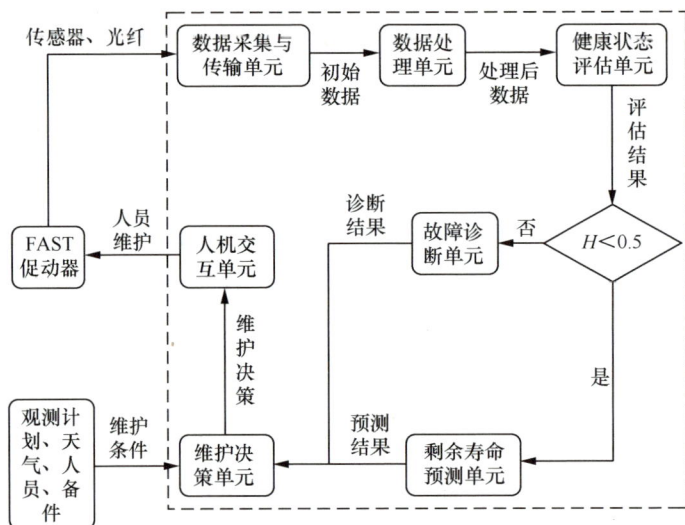

图 7.39　促动器故障预测和健康管理系统

该系统以 2225 台促动器的运行状态历史数据为基本输入，主要包括活塞杆速度、电机转速、控制板温度、驱动器温度、累计运行时间、活塞杆位置、有杆腔油压、液压油温度、累计行程等各种物理量。对这些运行状态历史数据进行分析处理，实现促动器健康状态评估、故障诊断和剩余寿命预测等关键功能，将目前促动器的维护模式从被动式事后维护转变为主动式视情维护，有望将故障修复周期从 26h 减少到 16.53h。

本章小结

本章主要论述了 FAST 运维期间台址设施、结构和机电设备的日常巡检和维护，也包括相关软件和数据库的改造、维护和分析处理等。

FAST 设备运维的主要目标为对设备进行必要的维护和保养，做到正确使用和

精心维护，使设备处于良好状态，保证设备的长期安全、高效和稳定运转。FAST 属于创新设备，设备运行维护同样无先例可循，很多工作处于边摸索边改进的阶段。

首先，本章论述了台址地质灾害防治和台址设施维护。危岩和不稳定边坡是目前台址面临的两类主要地质灾害，2017 年 5 月危岩滚落事件和 2020 年 6 月 D251 小规模局部滑塌体事件都严重威胁到了 FAST 设备的安全运行。从 2019 年起，FAST 团队先后对 1H 高边坡、环形检修道路上方 1H ~ 5H 分水岭以内孤立危岩和 7H 崩塌堆积体的孤立危岩进行了治理，对 D251 小规模局部滑塌体进行了治理，同时对其他巡查发现的地质灾害也进行了治理。此外，FAST 团队还启动了对台址稳定性的监测工作，目前已进入第三期，可以对后续地质灾害防治计划提供及时和有效的指导。目前对台址地质灾害的常态化巡检和对已发现地质灾害的及时治理成了保障 FAST 安全的一道有力屏障。在开展台址地质灾害防治的同时，FAST 团队还对台址场区的各种设施，如排水系统、各种场地道路（螺旋检修道路、环形检修道路、钢栈道和便道）、小窝凼库房和机修车间等，展开了及时的修复和维护工作，保障了 FAST 各种设备巡检和维护工作的顺利进行。

其次，本章论述了主体结构的巡查和维护工作。反射面单元故障问题及修复改进是主体结构维护的一项重大挑战，也是 FAST 进入正式运行以来面临的一大难题，具有数量多、难度高和工作繁重的特点，涉及故障原因分析、连接机构工艺改进和试验、实施的可行方案改造、维护与观测并行等具体问题的解决。FAST 团队经过 3 年的摸索和实践，最终克服了种种困难，完成对所有反射面单元的修复和改进，其间还顺利保障了 FAST 有效观测机时大于 5000 小时 / 年，创造了奇迹。对索网主索索头和圈梁球节点的 OTC 防腐是主体结构维护的另一项亮点，保障了主体结构关键部位的防腐寿命大于 30 年。此外，FAST 团队还采购了一批索网结构主索备品备件，大大降低了未来在役主索发生不可逆损伤，从而导致 FAST 难以正常运行的风险。

再次，本章讨论了机电设备的巡查和维护工作。机电设备的日常巡查和维护需要注意的琐碎细节较多，离不开规范细致的保养手册和表格记录，同时需要有应对意外突发设备故障的应急预案。索驱动机构的巡查和维保工作是重中之重。本章通过役后钢丝绳剩余承载力试验、变频器维护、机器房过壁轴维护和缆线入舱机构滑车维护等 4 项工作内容说明索驱动机构维护工作的进展和其中尚存在的问题。

最后，本章论述了软件和数据库对于提升设备维护效率或指导设备运维工作

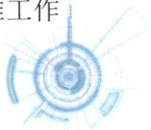

的重要作用。FAST 维保管理系统可以用来管理运维过程中产生的维保数据及备品备件数据，用于维保数据的记录、查询及分析，备品备件的入库及出库等，便于 FAST 维保人员及时掌握 FAST 相关设备的运行状况及备品备件的库存及使用情况。主索索力远程采集系统方便了索力数据的采集，为准确、可靠的反射面力学仿真模型标定提供了便利。力学辅助软件综合平台将已有的辅助反射面标定和现场维保的分析程序进行了融合，达到了程序使用便捷的目的。存储海量数据的 FAST 运维数据库记录了各个设备运行状态、参数和环境气象条件等，可以为提升设备维护效率或指导设备运维工作提供进一步数据分析和处理的基础。

参考文献

[1]　吴若飞, 雷政, 杨磊, 等 . FAST 望远镜设备的维护与保养 [J]. 清华大学学报（自然科学版）, 2022, 62(11): 1741-1750.

[2]　李辉, 宋立强, 杨清阁, 等 . FAST 三角形反射面单元自适应连接机构滑动故障与结构损伤的力学分析和改进方法 [J]. 清华大学学报（自然科学版）, 2022, 62(11): 1823-1832.

[3]　姜鹏, 朱万旭, 刘飞, 等 . FAST 索网疲劳评估及高疲劳性能钢索研制 [J]. 工程力学, 2015, 32(9): 243-249.

[4]　李庆伟, 李辉, 姜鹏, 等 . FAST 馈源支撑钢索及舱索连接锚具役后剩余承载力研究 [J]. 清华大学学报（自然科学版）, 2022, 62(11): 1758-1763.

[5]　姜鹏, 王启明, 赵清 . 巨型射电望远镜索网结构的优化分析与设计 [J]. 工程力学, 2013, 30(2): 400-405.

[6]　雷政, 姜鹏, 王启明 . FAST 促动器故障预测与健康管理系统 [J]. 清华大学学报（自然科学版）, 2022, 62(11): 1796-1802.

第8章 总结与展望

本书主要从岩土、结构、力学和机电设备专业的角度介绍了 FAST 台址设施、设备研发、设备调试和设备运行的全部过程。FAST 台址工程、馈源支撑和主动反射面三大系统是本书的主要内容和着力点。本书主要围绕 FAST 的三大创新，即找到独一无二的大型天然洼地台址、光机电一体化的柔性轻型馈源支撑、基于瞬时抛物面成形技术的主动反射面，逐步深入展开论述，介绍由此带来的挑战和难题、由此需要开展的探索和研究工作、为实现这些创新功能而细分的各个子系统、所需满足的设计条件及其技术指标、工程实施过程、设备调试过程、设备运行过程、调试运行中发现的问题和解决方案等。

本书主体部分共 6 章。第 2 章介绍了 FAST 预研究至初步设计期间人们所开展的前期探索和研究工作。第 3 章论述了建设期间大窝凼洼地如何从天然喀斯特洼坑变成适宜于安置 FAST 的"家"的过程。第 4 章和第 5 章主要论述了建设期间 FAST 主动反射面和馈源支撑两大系统的设备从设计蓝图变成工程实体的过程，总共用 9 节篇幅着重介绍了 9 个比较重要的子系统。第 6 章论述了调试期间主动反射面和馈源支撑两大系统的设备功能调试及最终达到工艺验收性能指标的过程。第 7 章介绍了运维期间 FAST 台址设施、结构和机电设备的日常巡检和维护保养，也包括相关软件和数据库的改造、维护和分析处理等。

作为一台完全创新的射电望远镜，FAST 具有迥异于传统射电望远镜的工作模式，由此带来的巨大挑战和难题是 FAST 工程实施过程中必须越过的门槛。本书内容的重点也是围绕这些难题和解决方案进行深入、细致的论述。

大窝凼台址环境、边坡和地基的稳定性是 FAST 在此安"家"并"长治久安"的基础。大型洼地的地形、地质构造和地下岩溶十分复杂，通常的工程建设都会避开大型岩溶洼地，但 FAST 工程却逆向而行，选址于这种特殊的地形地貌环境，因此所面临的挑战是全新的。对不良地质条件和地质灾害的治理、对台址稳定性的监测是 FAST 台址工程的重中之重。危岩和崩塌体是 FAST 所面临的主要地灾威胁，其治理工作从建设期持续到现在，与其相关的台址稳定性监测也一直持续到现在，在可以预见的将来也是 FAST 设备运维期间需要考虑的主要问题之一。

索网结构是 FAST 主动反射面系统实现瞬时抛物面成形的关键子系统，也是一种"形控"结构。与一般的"力控"结构不同，索网主动变位产生的结构内力是其主要控制载荷，而且对主动变位后的面形精度有较高要求。作为一种实现特殊功能的特殊结构，FAST 索网并无现成先例可供参考。从整体张拉式索网方案到索网构型优化、主动变位的仿真分析，再到超高应力幅抗疲劳主索研制，最后到可工程实施的详细设计与优化，每一个阶段都凝聚了大量的创新性工作和研发工作，包括对各种情况的考虑、分析、试验、比较和择优等。索网结构的安装施工属于超大跨度柔性拉索结构的安装作业，无现成的案例可供参考，同样需要进行技术创新。其安装最终采用了柔性施工索道来解决超大跨度安装作业的问题，并借助圈梁实现构件的运输和柔索的固连和张紧，从而克服了现场地形高差大、道路条件差、高空作业等不利因素的影响。

为实现反射面主动变形和对目标射电源进行连续跟踪的功能，达到预期控制精度，反射面控制算法也进行了创新，采用了基于力学仿真技术的开环控制算法，包括对索网及周边支承结构的主动变形力学仿真分析、索网安全评估系统开发与调试、反射面主动变形实时控制算法开发与调试等。索网主动变形力学仿真分析是这些工作的基础。

索驱动机构和馈源舱是 FAST 馈源支撑系统实现对目标射电源进行指向跟踪的关键子系统，其跟踪精度最终体现为对舱内馈源位姿的精确实时跟踪和定位。FAST 馈源支撑系统通过三级位姿调整机构实现对馈源位姿精确实时跟踪和定位的功能，该机构即索驱动机构、馈源舱内的 AB 转轴机构和斯图尔特平台。

馈源支撑系统的三级位姿调整机构是一个刚柔耦合的并联机器人，也是一个超大跨度柔性复杂动力学系统，其跨度达到了 600m。在如此巨大的跨度下实现误差不大于 10mm 和 0.5° 的馈源位姿跟踪定位精度是 FAST 的另一大挑战。FAST 团队为此先后建设了 3 个较大的缩尺试验模型，并建立了原型尺度的虚拟样机进行系统动力学和控制的全程仿真论证，对影响柔性系统动力学性能的阻尼进行了模型试验和原型试验，对入舱信号传输的动光缆进行了产品试验选型。在大量翔实的前期研究工作基础上，人们展开了索驱动机构和馈源舱方案的优化设计和详细设计，逐步完善了设备制造、安装和调试方案，最终完成了设备功能调试并满足了相关技术指标要求。

正当 FAST 投入使用之际，长期为 FAST 团队学习、参考和借鉴的美国阿雷西博射电望远镜却于 2020 年 12 月 1 日突然坍塌。尽管事故原因尚未完全清楚，但维护工作不到位是导致事故的非常重要的一环，这无疑为 FAST 运维工作敲响了警钟。如何保障 FAST 能够长期安全、稳定、正常工作？我们仍然任重而道远。

FAST 投入正式使用至今已经 3 年，在这期间的设备运维经验是 FAST 团队的宝贵财富。人们发现了台址设施、结构和机电设备中的许多问题，并且进行了及时、有效的处理，总体上保障了 FAST 的顺利运行和有效观测机时。这其中包括台址地灾防控和台址设施维护、反射面单元故障问题及修复改进、机电设备突发故障的及时处理等。

目前还存在哪些问题和隐患？解决的方案是什么？这是 FAST 团队和相关合作方需要逐步摸索，甚至需要提前规划的。独一无二的创新技术同时也意味着 FAST 设备运维工作没有成熟经验可供借鉴，同样需要披荆斩棘走出具有自己特色的道路，可能与建设时期一样充满了艰辛和探索，唯有把握问题实质和主动创新才是克服困难并取得成功的关键。

未来的 FAST 将如何发展？在 FAST 之后，我们还可以期待下一代的大型单口径射电望远镜会有哪些改进和发展？对于这两个问题并没有标准的答案，作者根据自己的经验提出一些建议和见解，仅供读者参考。

按照设计规划，FAST 至少需要正常运行 30 年。然而国际著名的大型天文望远镜在达到最初的设计寿命后，一般不会马上退役，而是经过升级改造以后继续使用，以期取得更多、更大的科学发现和成果，FAST 可能也不例外。一方面，我们需要根据 FAST 用户的观测需求和现实技术条件不断提升 FAST 的性能指标要求；另一方面，我们需要通过 FAST 设备运维在及时发现问题和处理问题之余，考虑问题产生的根本原因，从源头上对设备进行升级改造，降低旧问题继续产生的可能性。

结合 3 年来 FAST 运维工作的经验，从岩土、结构、力学和机电设备专业的角度看，作者建议可以进行如下的设备升级改造，或者设备运维工作改进，达到完善设备功能和提升 FAST 运维工作效率的目的。

① 坚持对台址环境和边坡稳定性的长期监测。定期监测数据和成果不仅可以指导台址环境和地质灾害的防控，还可以建立台址环境的长期监测数据库，对后来的大型望远镜选址具有极高的样本参考价值。

② 提高设备国产化水平。目前 FAST 还有相当一批机电设备或核心零部件完

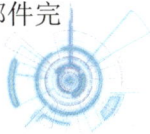

全依赖从欧美国家和日本进口，存在被"卡脖子"的风险，包括索驱动钢丝绳、液压促动器的齿轮泵、索驱动机构和馈源舱内的各种驱动电机、索驱动减速机和变频器等。这些设备和零部件中有些可以采购国内产品进行替代，有些可以与国内的研发团队厂家合作研发解决，如钢丝绳和促动器，另外一些目前研发难度较大但用备件替换相对容易，可以提前多采购备件，后期再开展相关研发工作。

③ 设备升级和优化。这主要体现在馈源舱斯图尔特平台的改造方面。目前馈源舱斯图尔特平台采用 AB 转轴机构和刚性 6 腿并联机构（斯图尔特平台）实现馈源位姿的二次精调，AB 转轴机构和刚性 6 腿并联机构的自重超过了 7.5t，占了馈源舱全部质量（不超过 30t）的很大一部分，不但减少了馈源平台的有效载荷，也限制了馈源平台尺寸无法做大，无法同时承载更多馈源接收机。改造后的馈源舱斯图尔特平台在保持现有补偿精度的同时，不仅可以提高有效载荷，还计划进一步扩大馈源指向的补偿角范围，适当扩大 FAST 可观测天区。

④ 解决高空设备维护人员可达性问题。这主要体现在反射面系统的索网和反射面单元、馈源支撑系统的 6 根钢丝绳和缆线入舱窗帘机构的巡查和维护中。目前反射面系统设备基本上都能做到人员近距离的巡查和维护，为此 FAST 团队通过摸索和试验专门开发了高空作业"蜘蛛人"巡检和维护的新工艺，实现了对反射面单元和索网主索索头防腐的维护。目前还无法做到对索驱动 6 根钢丝绳和缆线入舱窗帘机构的全面近距离巡查和维护，因此存在一旦设备出现问题无法及时得到有效处理的风险，这是下一步急需解决的问题。

⑤ 优化运维软件和运维数据统计分析，提高运维效率。FAST 有大量的设备和设施，其每日运维过程通过运行日志、状态监测记录或控制系统运行数据等方式被存储下来，形成存储海量数据的 FAST 运维历史数据库。数据库记录了各个设备运行状态、参数和环境气象条件等，可以为提升设备维护效率或指导设备运维工作提供进一步数据分析和处理的基础。目前人们还需要在该领域充分发掘潜力，总结经验，发展专门的数据统计分析方法，更好地指导实践。

回顾射电望远镜的发展历史，创新是永恒的主题。人们不断把新的技术应用到射电望远镜的建造和调试中，追求更高的灵敏度和更高的分辨率是其中的两项主要目标。从全可动望远镜到"中国天眼"FAST，单口径射电望远镜技术已经经历了两次跨越式的发展。技术的发展是无止境的，FAST 创造了一个新的里程碑，但人们不会局限于这个里程碑而止步不前。未来的大型单口径射电望远镜技术将会怎么发展？这是一个值得所有科学家和工程师思考的问题。目前，由于

FAST 取得的巨大成功，国内天文学家和工程师倾向于再建 5 个 FAST 类型的射电望远镜，构成巨型射电望远镜阵列（FAST Array），继续保持我们当前的领先优势。是不是所有新建的巨型射电望远镜都去简单复制 FAST 模式呢？能不能在 FAST 基础上继续有所创新？这也是一个值得思考的问题。

要回答这个问题，我们需要了解目前 FAST 还存在哪些局限和不足。首先，FAST 工作频段较低，目前最高工作频段为 3GHz，未来可能升级到 8GHz。在超过 10GHz 的工作频段上仍然是全可动望远镜"一统天下"。FAST 工作频段较低也与 FAST 反射面主动变形的工作原理有关。FAST 主反射面在球面和抛物面之间进行切换，理论上如果球面上有足够的点可调节，则球面可以精确调整为抛物面。但考虑到工程实现的成本，FAST 的反射面被划分成了 4450 块边长约为 11m 的反射面单元，每次反射面主动变形均由大约 1000 多块反射面单元拟合形成抛物面，因此就形成了拟合误差。此误差已经经过了优化，但无法消除。此外，还有制造误差、温度误差、测量误差和控制误差等，总的面形误差达到 3～5mm。不同频段的宇宙电波信号一般会携带不同的天体信息，FAST 工作频段的提升将有助于扩大它的科学目标范围，获得更多的天文发现。

其次，FAST 的可观测天区还不够大。目前 FAST 的最大可观测天顶角为 40°，大约是阿雷西博射电望远镜的 2 倍，但仍显著小于全可动望远镜的。FAST 的一个主要科学目标是新脉冲星样本搜索，而银河系中心可能存在大量的暗弱脉冲星样本。以 FAST 台址的地理纬度，FAST 要观测银河系中心则必须实现大于 56°的天顶角，这意味着主反射面球冠的张角要从目前的不到 ±60°增加到约 ±80°，否则变形抛物面完全溢出了球面，望远镜灵敏度将急剧下降。同时，馈源舱也要被拉到更高、更边缘的位置，实现更大的俯仰角。在工程上怎么低成本地解决上述问题，进一步扩大可观测天区有重大意义。如果在保持望远镜灵敏度不下降或下降幅度有限的情况下，能够将目前的最大天顶角再增加 10°，达到 50°左右，则意味着 FAST 可以搜索更多的天体目标，对于望远镜巡天和观测到更多银河外星系样本也是意义重大。

作者希望下一代的新型单口径射电望远镜不仅能在有效口径上有所提升，更应该在工作模式上能够继续创新，尝试在上述两个瓶颈上有所突破，继 FAST 之后再创新的辉煌。

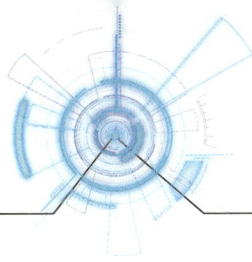

附录 A　本书常用术语列表

术语名称	解释
FAST	500 米口径球面射电望远镜，被誉为"中国天眼"
全可动望远镜	指反射面 / 反射体可以绕两个正交轴进行刚体旋转，以便完成指向跟踪和观测的大型天文望远镜。目前全球绝大多数大型单口径射电望远镜属于全可动望远镜
射电望远镜阵列	又称天线阵列或综合口径望远镜（Aperture Synthesis Telescope），能够克服单口径射电望远镜分辨率低、无法成像的缺点，具有高空间分辨率、高灵敏度、能够成像的优势，一般由具有不同基线方向或不同位置排布的多台单口径射电望远镜构成一个大范围的阵列，其数量可多达上千台。射电望远镜阵列的有效口径相当于其最长基线的长度，即相距最远两台单口径望远镜的距离，其工作原理与射电干涉仪类似
SKA	平方千米阵列是一种包含上千台小口径望远镜的巨型射电望远镜阵列，其接收面积相当于 $1km^2$。SKA 计划始于 1993 年，在国际无线电科学联盟在日本京都举行的大会上，10 个国家天文学家联合提议建造 SKA。目前 SKA 项目正在建设中，参与建设的 SKA 成员国包括澳大利亚、加拿大、中国、印度、意大利、新西兰、南非、瑞典、荷兰和英国 10 个国家，于 2016 年开始在南非和澳大利亚两地兴建上千台射电望远镜
台址	适合建造天文望远镜的场址。本书特指适合建造 FAST 的场址，其地质地貌属于典型的喀斯特岩溶洼地
反射面	射电望远镜的基本组成部分。本书特指 FAST 反射面，也称为主动反射面系统或反射面系统，是 FAST 的四大工艺系统之一，两大结构机械设备之一。反射面包括圈梁和格构柱、索网结构、反射面单元、促动器、挡风墙和健康监测系统等
馈源支撑	射电望远镜的基本组成部分。本书特指 FAST 馈源支撑，也称为柔性馈源支撑或馈源支撑系统，是 FAST 的四大工艺系统之一，两大结构机械设备之一。馈源支撑包括馈源支撑塔、索驱动系统、馈源舱、舱停靠平台和动态监测系统等
接收机与终端	射电望远镜的基本组成部分，也是射电望远镜接收电磁波信号的主要设备，一般位于望远镜反射面的焦点位置。本书特指 FAST 接收机与终端，属于 FAST 的四大工艺系统之一

术语名称	解释
主动变形	也称为主动变位或变位，是指FAST反射面面形从曲率半径为300m的球面变化到口径为300m的瞬时抛物面的过程。在此过程中，索网结构的位移和应力产生明显变化，反射面单元与索网结构之间产生相对滑动
反射面单元	FAST反射面按照拟合精度的要求分割成4450个面积相当的球面基本单元，每一个基本单元称为反射面单元，大部分单元为边长约11m的普通球面三角形结构，其中最外缘为150个四边形单元。每个单元包括面板、背架结构（铝合金空间网架）和连接机构。三角形单元的3个端点分别与索网结构的3个节点盘约束连接。四边形单元有2个端点与圈梁抱箍连接，其他与索网节点盘连接。设计使用寿命为30年
索网结构	简称为索网，是FAST反射面系统实现主动变形的关键部件，包含6670根主索、2225根下拉索和2225个索网节点盘。其中主索网格采用短程线网格划分，每6根主索汇聚到1个节点盘。每根主索均为可抗500MPa疲劳应力幅值的特制钢索，能够抵抗因索网频繁变形所致超高应力幅疲劳载荷，设计使用寿命为30年
连接机构	也称为自适应连接机构，是反射单元与索网结构节点盘连接的关键零部件，包括0#、1#和2#共3种类型的连接机构。这3种连接机构分别为：0#连接机构释放3个转动方向的约束；1#连接机构释放3个转动方向的约束及1个沿轴方向的滑动约束；2型连接机构释放3个转动约束和2个在节点盘平面内的滑动约束。通过连接机构的滑移约束，保障反射面单元与索网结构的连接牢固，且在反射面主动变形时反射面单元不会发生结构损伤
主索	也称为面索或拉索，构成索网结构的基本承载单元。全部主索与索网节点盘连接构成球面状的主索网，大部分主索长度在11m左右。所有主索均为可抵抗超高疲劳应力幅的特制钢索，对每根主索长度的加工精度有极高的要求，以控制疲劳应力幅度在设计范围内
促动器	在FAST项目预研究期间也被称作卷索机构，是实现反射面主动变形功能的动力单元，共2225台
圈梁抱箍	圈梁与四边形反射面单元的连接接口，抱箍托盘上安装门架，起到保护单元作用，托盘是为四边形单元的2#连接机构提供支撑和滑动的平面
馈源支撑塔	简称支撑塔或馈源塔，共6座，是馈源支撑系统的主体支承结构
柔索牵引并联机构	也称为绳牵引并联机构、绳牵引并联机器人或柔索牵引并联机器人。机构学专有名词，指利用并联的柔性绳索牵引终端平台运动，并实现平台位置及姿态角调整和定位的机构或机器人，具有结构简单、惯性小、载荷自重比高，以及工作空间大的优点
索驱动系统	也称为索驱动机构、6索牵引并联机器人或6索牵引并联机构，属于馈源支撑子系统，负责对馈源舱位置和姿态角（位姿）的一次粗调，实现FAST的初步指向和跟踪

续表

术语名称	解释
馈源舱	是 6 索牵引并联机构的终端平台，承载接收机与终端设备，并负责实现对接收机与终端设备位姿的二次精调
AB 转轴机构	也称为 AB 轴旋转机构、AB 轴机构、XY 轴机构或 AB 转台，属于馈源舱内的位姿调整机构，其功能是以准静态的方式进一步补偿馈源舱内接收机与终端姿态角与目标值之间的差值
斯图尔特平台	也称为斯图尔特精调平台、6 杆并联机构或 6 杆并联机器人（Hexapod），机构学专有名词，指利用并联的刚性杆（伸缩支腿）牵引终端平台运动，并实现平台位置及姿态角调整和定位的一种机构或机器人。斯图尔特平台属于馈源舱内的位姿调整机构，其功能是实现对接收机与终端设备位姿的二次精调补偿，满足馈源支撑系统的控制精度要求
舱—索悬挂系统	也称为舱—索系统或舱—索悬挂动力学系统，是馈源舱与索驱动系统 6 根钢丝绳构成的柔性动力学系统，对整个馈源支撑系统的动力学响应特性和控制精度有决定性的影响
缆线入舱机构、滑车与动光缆	缆线入舱机构是实现地面与空中悬浮馈源舱之间稳定供电和信号传输的机构，克服了馈源舱与地面之间没有刚性连接，且位置和姿态角不断变化的难题。该机构分别悬垂于索驱动系统的 6 根钢丝绳上，包括数十个滑车（FAST 预研究期间也称为索夹）、可反复弯曲的电缆和可反复弯曲的光缆等部件。这种光缆是经特别研制的、可承受 10 万次反复弯曲疲劳试验且光信号传输基本不衰减的光缆，称为动光缆
地锚	也称为促动器基础或锚墩，共 2225 个，用于承载促动器伸缩对其所施加的变载荷上拔力
面形精度	指几何面的实际面形与理想面形之间的误差，误差值越小，面形精度越高。本书所提到的反射面面形精度特指 FAST 反射面的实际面形与目标抛物面之间的误差。通常可用反射面上一定数量的点的误差统计 RMS 近似表示。反射面面形精度是衡量 FAST 反射面性能的一项重要技术指标
跟踪（Sidereal Tracking or Tracking）	天文望远镜的一种观测模式，指望远镜持续指向并跟踪目标天体的运动并进行观测的过程
换源	天文望远镜改变指向并开始跟踪观测新目标天体的过程，期间通常伴随着望远镜指向的快速变化。对应于 FAST 馈源支撑，体现在馈源舱的快速和大范围运动及姿态角的快速变化；对应于 FAST 反射面，体现在指向原有目标的抛物面快速消失和指向新目标的抛物面快速形成
指向精度和跟踪精度	指向精度和跟踪精度通常是望远镜或雷达天线在跟踪目标时的瞄准误差，一般用角秒（arcsec）表示，反映了望远镜或雷达天线对准目标的能力。指向精度注重于某个跟踪时刻的瞄准误差，跟踪精度注重于整个跟踪时段的瞄准误差统计值。对应于 FAST 指向和跟踪，则是指反射面主动变形形成瞬时抛物面，抛物面对称轴持续指向并跟踪目标天体，同时馈源支撑调整接收机与终端位姿，持续跟踪瞬时抛物面的焦点。馈源支撑控制精度与指向精度和跟踪精度直接相关。指向精度和跟踪精度是衡量 FAST 性能，特别是馈源支撑性能的一项重要技术指标

续表

术语名称	解释
漂移扫描	天文望远镜的一种观测模式，也称为静态扫描或静态漂移扫描。对应于 FAST，是指反射面和馈源支撑均保持某个指向不变，馈源舱保持空中静态悬浮，FAST 进行观测的过程
OTC 防腐技术	氧化聚合型包覆防腐蚀技术。防腐材料由缓释膏、缓释带及外防护剂 3 层配套体系组成。缓释膏、缓释带的缓释剂中含有锈转化成分，表面处理要求低，无明显鼓泡和浮锈即可。施工后，防护剂和缓释带与空气接触的一侧，氧化聚合形成坚韧皮膜，具有良好的耐老化性能；粘贴在金属结构表面的一侧，则永久保持非固化、柔软的状态，从而达到最佳的防腐蚀性能。OTC 材料柔软易贴合，可以广泛适用于各种复杂形状的结构、设备，防腐寿命大于 30 年，是当之无愧的可粘贴的重防腐涂料
天顶角	天文学常用术语，指光线或者电磁波信号的入射方向与竖直于大地平面方向的夹角

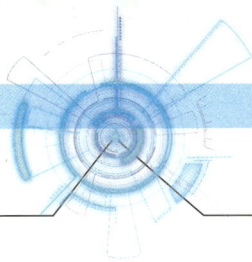

附录 B 本书涉及的标准

序号	国家标准或规范名称	标准号
1	变形铝及铝合金牌号表示方法	GB/T 16474—2011
2	变形铝及铝合金状态代号	GB/T 16475—2008
3	不锈钢热轧钢板	GB/T 4237—2015
4	承压设备无损检测 第4部分：磁粉检测	NB/T 47013.4—2015
5	单丝涂覆环氧涂层预应力钢绞线	GB/T 25823—2010
6	锻轧钢棒超声波检测方法	GB/T 4162—2008
7	钢锻件超声检测方法	GB/T 6402—2008
8	钢管混凝土结构设计与施工规程	CECS 28：90
9	钢结构高强度螺栓连接技术规程	JGJ 82—2011
10	钢结构工程施工规范	GB 50755—2012
11	钢结构工程施工质量验收规范	GB 50205—2001
12	钢结构设计规范	GB 50017—2003
13	钢铁制件粉末渗锌	JB/T 5067—1999
14	工程结构可靠度设计统一标准	GB 50153—92
15	公路桥梁钢结构防腐涂装技术条件	JT/T 722—2008
16	关节轴承向心关节轴承	GB/T 9163—2001
17	关节轴承额定动载荷和寿命	JB/T 8879—2001
18	关节轴承额定静载荷	JB/T 8567—2010
19	合金结构钢	GB/T 3077—1999
20	厚钢板超声波检验方法	GB/T 2970—2004
21	混凝土结构设计规范	GB 50010—2010

序号	国家标准或规范名称	标准号
22	货运架空索道安全规范	GB 12141—2008
23	架空输电线路钢管塔设计技术规定	DL/T 5254—2010
24	建筑边坡工程技术规范	GB 50330—2013
25	建筑变形测量规范	JGJ 8—2007
26	建筑地基处理技术规范	JGJ 79—2002
27	建筑地基基础设计规范	GB 50007—2002
28	建筑工程预应力施工规程	CECS 180:2005
29	建筑基桩检测技术规范	JGJ 106—2003
30	建筑结构可靠度设计统一标准	GB 50068—2001
31	建筑结构载荷规范	GB 50009—2006
32	建筑抗震设计规范	GB 50011—2010
33	建筑物防雷设计规范	GB 50057—2010
34	建筑桩基技术规范	JGJ 94—2008
35	交流电气装置的过电压保护和绝缘配合	DL/T 620—1997
36	交流电气装置的接地	DL/T 621—1997
37	交流电气装置的接地设计规范	GB 50065—2011
38	金属和其他无机覆盖层热喷涂锌、铝及其合金	GB/T 9793—1997
39	紧固件机械性能不锈钢紧定螺钉	GB/T 3098.16—2014
40	客运架空索道安全规范	GB 12352—2007
41	空间网格结构技术规程	JGJ 7—2010
42	铝合金建筑型材 第2部分：阳极氧化、着色型材	GB 5237.2—2008
43	铝合金结构设计规范	GB 50429—2007
44	铝及铝合金管材外形尺寸及允许偏差	GB/T 4436—2012
45	铝及铝合金挤压棒材	GB/T 3191—2010
46	铝及铝合金热挤压管 第2部分：有缝管	GB/T 4437.2—2003
47	铝及铝合金热挤压管 第1部分：无缝钢管	GB/T 4437.1—2015
48	铝及铝合金热挤压管 第1部分：无缝圆管	GB/T 4437.1—2015
49	起重机设计规范	GB/T 3811—2008
50	起重机械安全规程 第1部分：总则	GB 6067.1—2010

续表

序号	国家标准或规范名称	标准号
51	起重机无损检测　钢焊缝超声检测	JB/T 10059—2006
52	桥梁缆索用高密度聚乙烯护套料	CJ/T 297—2008
53	桥梁预应力及索力张拉施工质量检测验收规程	CQJTG/TF 81—2009
54	索结构技术规程	JGJ 257—2012
55	梯形螺纹　第 1 部分：牙型	GB/T 5796.1—2005
56	无粘结钢绞线斜拉索技术条件	JT/T 771—2009
57	斜拉桥钢绞线拉索技术条件	GB/T 30826—2014
58	斜拉桥热挤聚乙烯高强钢丝拉索技术条件	GB/T 18365—2001
59	形状和位置公差未注公差值	GB/T 1184—1996
60	一般公差未注公差的线性和角度尺寸的公差	GB/T 1804—2000
61	优质碳素结构钢	GB/T 699—1999
62	预应力钢结构技术规程	CECS 212：2006
63	预应力混凝土用钢丝	GB/T 5223—2002
64	预应力筋用锚具、夹具和连接器	GB/T 14370—2007
65	预应力用电动油泵	JG/T 5029—1993
66	预应力用液压千斤顶	JG/T 5028—1993
67	重型机械通用技术条件　第 8 部分：锻件	JB/T 5000.8—2007
68	重型机械通用技术条件　第 9 部分：切削加工件	JB/T 5000.9—2007

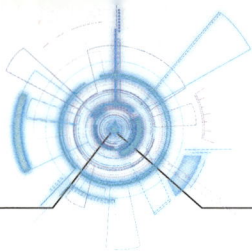

致 谢

　　本书是各位作者集体劳动和智慧的结晶，是在参考或引用了大量 FAST 课题组内部资料（如研究报告、技术资料、试验报告和其他相关文档等）的基础上创作而成的。本书作者对编撰这些内部资料的课题组、项目团队及其成员表示诚挚的感谢！

　　作者在撰写本书的过程中，还得到了东南大学郭正兴教授、长沙理工大学骆亚波副教授和清华大学邵珠峰副教授的悉心审阅及许多有益的修改意见，在此一并表示衷心的感谢！

　　同时作者也衷心感谢出版社各位同志对本书格式、行文用词规范和书中部分遗漏之处等所进行的勘定和校正！